国家重点研发计划项目（2016YFC0500300）、中国科学院野外站联盟项目（KFJ-SW-YW026）、中国科学院战略性先导科技专项子课题（XDA19040503）和国家地球系统科学数据中心黑土与湿地分中心联合资助出版

谨以此书献礼

中国科学院东北地理与农业生态研究所成立60周年

（1958~2018）

东北地区重要生态功能区生态变化评估

Assessment of Ecological Changes of
National Key Ecological Function Zones in Northeast China

何兴元　王宗明　辛晓平　郑海峰 等　著

科 学 出 版 社

北 京

内 容 简 介

　　本书是在总结国家重点研发计划项目"东北森林区生态保护及生物资源开发利用技术及示范"、中国科学院野外站联盟项目"东北地区生态变化评估"、中国科学院战略性先导科技专项"地球大数据科学工程"子课题"基于地球大数据的典型区 SDGs 评价应用示范"和国家地球系统科学数据中心黑土与湿地分中心研究成果的基础上完成的。本书以东北地区野外长期定位观测和研究数据与遥感数据为主要的数据源，并综合应用其他空间化与非空间化数据源，对东北地区大兴安岭生态功能区、长白山生态功能区、三江平原生态功能区、呼伦贝尔生态功能区和吉林省西部生态功能区的环境要素、生态系统宏观结构、主要生态系统服务能力、存在的主要问题与生态保护建议等进行了系统分析。

　　本书可供生态环境保护和自然资源管理的各级政府部门，从事生态学、地理学、环境学、资源科学技术研究的专业人员，以及各高等院校相关专业的师生参阅。

审图号：GS(2020)4050 号

图书在版编目（CIP）数据

东北地区重要生态功能区生态变化评估／何兴元等著.—北京：科学出版社，2020.11
　　ISBN 978-7-03-066161-6

Ⅰ.①东⋯　Ⅱ.①何⋯　Ⅲ.①生态环境–环境生态评价–研究报告–东北地区　Ⅳ.①X821.23

中国版本图书馆 CIP 数据核字（2020）第 179535 号

责任编辑：李轶冰／责任校对：樊雅琼
责任印制：肖　兴／封面设计：无极书装

科 学 出 版 社 出版
北京东黄城根北街 16 号
邮政编码：100717
http://www.sciencep.com

三河市春园印刷有限公司 印刷
科学出版社发行　各地新华书店经销
*
2020 年 11 月第 一 版　开本：787×1092　1/16
2020 年 11 月第一次印刷　印张：35
字数：825 000
定价：458.00 元
（如有印装质量问题，我社负责调换）

前　言

　　建设生态文明，是关系人民福祉、关乎民族未来的长远大计。党中央、国务院高度重视生态保护工作，生态保护工作取得重要进展与积极成效。但从总体上看，我国生态环境脆弱，生态系统质量较低，生态安全形势依然严峻，生态保护与经济社会发展矛盾突出。面对我国资源约束趋紧、环境污染严重、生态系统退化的严峻形势，党的十八大首次把生态文明建设提升至与经济、政治、文化、社会四大建设并列的高度，列为建设中国特色社会主义"五位一体"的总体布局之一，成为全面建成小康社会任务的重要组成部分。国家《中华人民共和国国民经济和社会发展第十三个五年规划纲要》（2016—2020 年）（简称"十三五"规划）首次将"加强生态文明建设"写入五年规划，并提出"筑牢生态安全屏障，实施山水林田湖生态保护和修复工程，全面提升自然生态系统稳定性和生态服务功能"的生态理念。党的十九大报告中 43 次使用生态一词，4 次提及生态修复，单辟专章阐述生态文明与美丽中国建设。党的十九大报告明确指出"实施重要生态系统保护和修复重大工程，优化生态安全屏障体系，构建生态廊道和生物多样性保护网络，提升生态系统质量和稳定性。完成生态保护红线、永久基本农田、城镇开发边界三条控制线划定工作。开展国土绿化行动，推进荒漠化、石漠化、水土流失综合治理，强化湿地保护和恢复，加强地质灾害防治。完善天然林保护制度，扩大退耕还林还草。严格保护耕地，扩大轮作休耕试点，健全耕地草原森林河流湖泊休养生息制度，建立市场化、多元化生态补偿机制。"

　　东北地区（包括黑、吉、辽三省和内蒙古东部）是我国重要的农业、林业基地和著名的老工业基地，也是我国重要的生态屏障。《中共中央国务院关于加快推进生态文明建设的意见》和《全国农业可持续发展规划（2015—2030 年）》等均把东北地区作为生态文明建设和农业可持续发展的重点地区。然而长期以来，粗放型的发展模式导致东北地区土地退化，支撑区域可持续发展的能力严重受损。近年来，国家先后出台系列政策，加强东北地区生态保护和生态环境建设。国务院出台的《东北地区振兴规划》指出，要把东北建设成为"国家生态安全的重要保障区"。2016 年 4 月，中共中央国务院提出了《中共中央国务院关于全面振兴东北地区等老工业基地的若干意见》，明确指出，要打造北方生态屏障和山青水绿的宜居家园；生态环境也是民生，要牢固树立绿色发展理念，坚决摒弃损害甚至破坏生态环境的发展模式和做法；努力使东北地区天更蓝、山更绿、水更清，生态环境更美好。良好的生态环境是促进东北地区全面振兴的重要基础和物质保障,为加快实施党中央、国务院提出的全面振兴东北地区等老工业基地的战略目标,必须大力保护和改善东北地区生态环境。国家环境保护部和中国科学院 2015 年联合发布《全国生态功能区划》,在划定的 63 个全国重要生态功能区中,有 9 个位于东北地区;《中国生物多样性保护战略与行动计划》(2011—2030 年)确定的 32 个内陆陆地和水域生物多样性保护优先区域中,有 6 个位于东北地区。然而,数十年经济与社会的快速发展已经威胁着东北地区的生态安全,重点生态功能区生态系统的现状、变化过程与变化态势如何,尚不是十分清楚,亟待进行科学评估并提出相应的对策建议。科学评估该区域生态环境变化及其问题,并提出生态保护与恢复的合理建议,可为区域生态安全和国家粮食安全提供重要的科学参考和决策支持。环境保护部与中国科学院组织了“全国生态环境十年变化(2000—2010年)”调查评估,分析了东北地区生态系统服务能力的变化趋势。但该评估的时间尺度仍较短,且以宏观的遥感调查为主,缺乏长期生态学观测基础,使用的评估模型为国家尺度,区域适用性不强。

2015 年中国科学院启动了野外站联盟项目“东北地区生态变化评估”(KFJ-SW-YW026)。此项目联合中国科学院东北地理与农业生态研究所、中国科学院沈阳应用生态研究所、中国农业科学院农业资源与农业区划研究所、东北林业大学和内蒙古农业大学,基于院内外主要生态站长期监测、研究数据和区域尺度长时间序列遥感数据,对东北地区重要生态功能区和重大生态工程区生态变化进行科学评估,并提出生态保护和生态建设对策建议,为东北地区国土空间格局优化和生态安全格局构建提供科学决策依据,此项目成果是编著本书的重要基础。除此之外,国家重点研发计划项目“东北森林区生态保护及生物资源开发利用技术及示范”(2016YFC0500300)、中国科学院战略性先导科技专项“地球大数据科学工程”子课题“基于地球大数据的 SDGs 评价应用示范”(XDA19040503)、“应对气候变化的碳收支认证及相关问题”子课题“东北地区固碳参量遥感监测”(XDA05050101)、环境保护部“全国生态环境十年变化遥感调查与评估”专项课题“东北地区土地覆盖遥感监测”(STSN-01-02)和国家地球系统科学数据中心黑土与湿地分中心为本书提供了坚实的数据和技术方法基础。

本书利用东北地区野外长期定位观测和研究数据并辅之遥感数据,在《全国生态环境十年变化(2000—2010 年)遥感调查与评估报告》的基础上,构建适合东北地区重要生态功能区综合监测与评估的指标体系和评价方法,全面评估了重要生态功能区生态系统宏观结构变化和主要生态系统服务能力的变化,并在此基础上提出生态保护和恢复的建议。本书由主编和副主编组织撰写。在各章作者完成初稿后,由何兴元、王宗明、郑海峰、辛晓平审阅和统稿并提出修改意见,各章著者按照主编的审阅意见进行认真修改,最后由主编审定。

全书共分为六章：第一章阐述了东北地区重要生态功能区概况及评估的基本思路和技术方法；第二章对大兴安岭生态功能区的环境要素、生态系统宏观结构和主要生态系统服务能力的变化进行评估，提出该生态功能区存在的主要问题和生态保护建议；第三章评估长白山生态功能区环境要素、生态系统宏观结构、主要生态系统服务能力的变化，进而提出长白山生态功能区存在的主要问题和生态保护建议；第四章针对三江平原生态功能区，对该区的环境要素、生态系统宏观结构和主要生态系统服务能力的变化进行评估，最后提出三江平原生态功能区存在的主要问题和生态保护建议；第五章评估呼伦贝尔生态功能区环境要素、生态系统宏观结构和主要生态系统服务能力的变化，进而提出功能区存在的主要问题和生态保护建议；第六章以吉林省西部生态功能区为研究对象，评估该区环境要素、生态系统宏观结构和主要生态系统服务能力的变化，提出存在的主要问题和生态保护建议。

我们衷心感谢中国科学院野外站联盟项目、国家重点研发计划项目、中国科学院战略性先导科技专项子课题和国家地球系统科学数据中心黑土与湿地分中心联合资助，感谢东北地区生态变化评估科学指导组傅伯杰院士、刘兴土院士、冯仁国研究员、欧阳志云研究员、刘世荣研究员、于贵瑞研究员、黄铁青研究员、杨萍研究员的指导、支持和帮助。感谢中国科学院东北地理与农业生态研究所、中国科学院沈阳应用生态研究所、中国农业科学院农业资源与农业区划研究所、东北林业大学和内蒙古农业大学各级领导和同行专家的帮助。感谢参加本书撰写的全体研究人员的共同努力和通力协作。感谢科学出版社的支持与帮助。本书为东北地区生态变化评估研究成果的系统总结，限于作者水平，本书尚存在一定的局限性，且不足之处实难避免，真诚地希望读者给予批评、指正。

作　者

2018 年 8 月

目 录

|第一章|　东北重要生态功能区生态变化评估的基本思路、数据源与方法

第一节　重要生态功能区生态变化评估的基本思路

一、总体工作思路

本研究以"构建基础数据集—建立评估指标体系和模型—完成生态变化评估报告—提出生态保护对策建议"为主线（图1-1）。

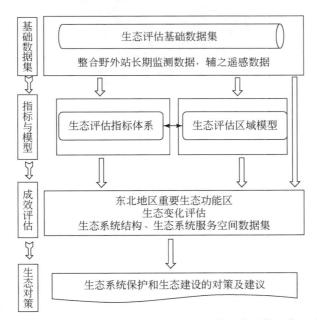

图1-1　东北地区重要生态功能区生态变化评估总体工作思路

二、总体实施方案

1. 东北地区重要生态功能区生态评估基础数据集成

依托位于东北地区、具备长期观测工作基础的 8 个生态系统野外观测站（图1-2，

表 1-1）, 包括森林生态系统观测研究野外站联盟的大兴安岭森林站、长白山森林站、清原森林站、帽儿山森林站, 农田生态系统观测研究野外站联盟的大安农田站, 湿地生态系统观测研究野外站联盟的三江平原湿地站, 荒漠–草地生态系统观测研究野外站联盟的呼伦贝尔草地站、长岭草地站, 整合并构建东北地区重要生态功能区主要生态系统（森林、草地、湿地、农田等）长期定位观测数据集, 包括水、土、气等环境因子和生物群落长期监测数据, 并收集、处理和整合不同管理方式与利用方式下的生态系统长期定位试验与研究数据。

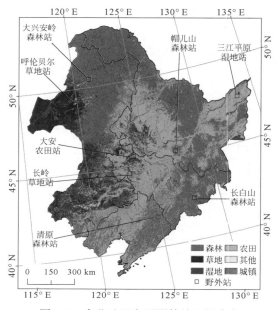

图 1-2　东北地区主要野外站空间分布

表 1-1　本研究涉及的东北地区野外站基本信息

野外站名称	野外站类型	依托单位
内蒙古大兴安岭森林生态系统国家野外观测研究站	森林站	内蒙古农业大学
吉林长白山森林生态系统国家野外科学观测研究站	森林站	中国科学院沈阳应用生态研究所
中国科学院清原森林生态系统观测研究站	森林站	中国科学院沈阳应用生态研究所
黑龙江帽儿山森林生态系统国家野外科学观测研究站	森林站	东北林业大学
中国科学院大安碱地生态试验站	农田站	中国科学院东北地理与农业生态研究所
中国科学院三江平原沼泽湿地生态试验站	湿地站	中国科学院东北地理与农业生态研究所
内蒙古呼伦贝尔草原生态系统国家野外科学观测研究站	草地站	中国农业科学院农业资源与农业区划研究所
中国科学院长岭草地农牧生态研究站	草地站	中国科学院东北地理与农业生态研究所

获取覆盖东北地区重要生态功能区的长时间序列（主要为 1990～2015 年的数据）、不同时间和空间分辨率的遥感影像数据, 收集、整理其他基础地理信息要素数据, 形成地理空间数据集；收集长时间序列气象数据与水文、水资源观测资料, 收集、获取相关行业部门的生

态系统监测数据、国家和地方行业部门发布的生态系统研究报告、工程报告等(图 1-3)。

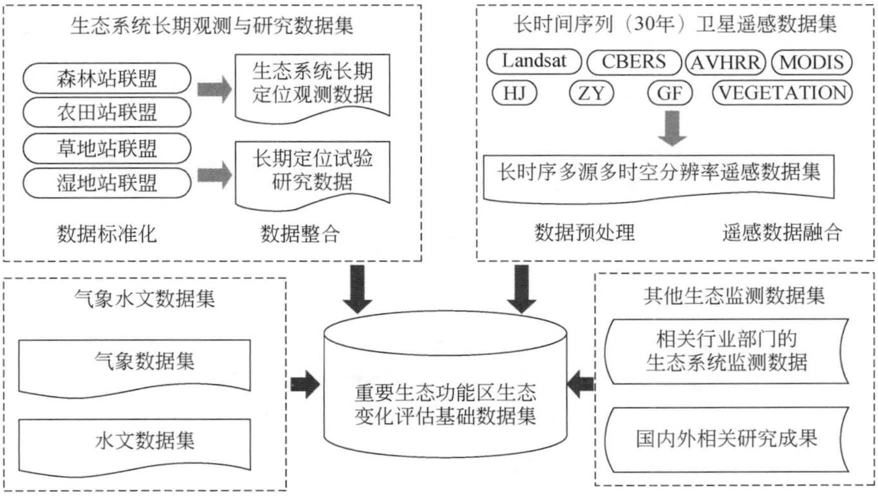

图 1-3 东北地区重要生态功能区生态变化评估基础数据集成

2. 重要生态功能区生态变化科学评估

参考国内外研究成果,例如联合国《千年生态系统评估综合报告》(*The Millennium Ecosystem Assessment*)、美国国家生态系统状况报告、英国国家生态系统评估、澳大利亚环境状况评估、中国西部生态系统评估、《三江源区生态系统综合监测与评估》、《全国生态环境十年变化(2000~2010 年)遥感调查与评估》和中华人民共和国国家环境保护标准《生态环境状况评价技术规范》(HJ 192—2015),并结合本研究实际情况,建立东北重要生态功能区生态变化评估的指标体系。从以下两个方面进行重点生态功能区生态变化的科学评估:生态系统宏观结构、主要生态系统服务能力。其中,生态系统宏观结构评估的主要指标包括:各生态系统类型面积、动态度、平均斑块面积、群落结构特征等;生态系统服务能力评估的主要指标包括:植被净初级生产力(net primary productivity,NPP)、野生动物栖息地适宜性、生态系统碳储量、水源涵养能力、防风固沙量、土壤保持量等。根据不同重大生态工程的核心目标(天然林保护、湿地保护、退耕还林、盐碱地治理等),选择相应的评价指标。此外,还包括叶面积指数(leaf area index,LAI)、叶面积指数年变异系数(coefficient of variance,CV)、植被覆盖度(fractional vegetation cover,FVC)、植被覆盖度年变异系数等指标。

基于野外站长期监测数据,提取生态系统宏观结构、质量和生态系统服务评估的重要指标;选用适合于东北地区的区域评估模型与方法,应用长时间序列生态系统定位观测数据集进行评估模型的参数校准、尺度扩展和精度验证;结合遥感数据和 GIS,生成不同时期、东北地区生态系统宏观结构和生态系统服务能力空间数据集。

在数据集的基础上,针对各生态功能区的主导生态系统服务(水源涵养、生物多样性保护、土壤保持、防风固沙、洪水调蓄等)和辅助生态系统服务,进行生态变化评估,完成 5 个重要生态功能区的生态变化评估(图 1-4,图 1-5)。

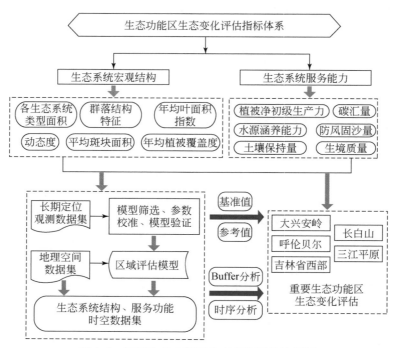

图 1-4　重要生态功能区生态变化评估流程图

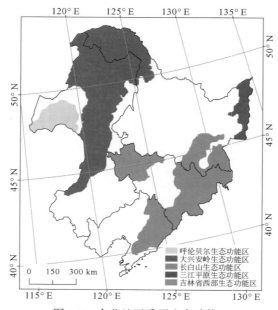

图 1-5　东北地区重要生态功能区

3. 重要生态功能区生态保护与生态恢复对策建议

整合各野外站长期定位观测数据与试验数据和重要生态功能区生态变化评估结果，提出典型生态系统保护和恢复、退化生态系统修复的对策建议（图 1-6）。

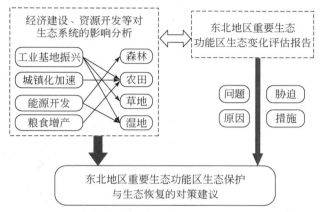

图 1-6　东北地区重要生态功能区生态保护与生态恢复对策建议

第二节　基于遥感技术的生态系统分类数据源与方法

一、基础地理信息数据

东北地区重要生态功能区的基础地理信息数据主要包括：河流水系数据、道路交通数据、行政区划数据、地形数据、地貌类型数据、植被类型数据、土壤类型数据等矢量和栅格数据。其中，河流水系、道路交通等基础地理信息数据来源于国家基础地理信息中心，比例尺为 1：25 万；地形、地貌类型、植被类型、土壤类型等环境背景数据主要来源于中国科学院东北地理与农业生态研究所遥感与地理信息研究中心。

1. 河流水系数据

东北地区重要生态功能区水系发达，包括：黑龙江、乌苏里江、鸭绿江、图们江、额尔吉纳河和绥芬河。东北地区重要生态功能区河流水系图如图 1-7 所示。

2. 道路交通数据

道路交通数据包括高速公路、国道、省道、铁路等不同级别和类型的道路分布矢量数据。东北地区重要生态功能区道路交通如图 1-8 所示。

3. 行政区划数据

东北地区重要生态功能区行政区划上包括辽宁、吉林、黑龙江三省及内蒙古自治区东部部分县市。行政区划数据包括省界、地区界、市（县）界等不同行政等级界线的矢量数据。东北地区重要生态功能区行政区划图如图 1-9 所示。

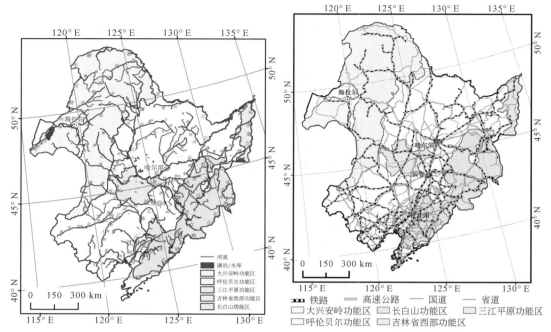

图 1-7　东北地区重要生态功能区河流水系图　图 1-8　东北地区重要生态功能区道路交通图

4. 地形数据

地形数据为空间分辨率为 30m 的数字高程模型（digital elevation model，DEM）数据，来自 ASTER GDEM，通过国际科学数据服务平台下载获得，下载地址为 http://datamirror. csdb. cn/dem/search1. jsp。数据下载后，经过拼接与投影转换等处理，获得覆盖整个研究区的 DEM 数据。东北地区重要生态功能区数字高程如图 1-10 所示。

5. 地貌类型数据

收集得到研究区 1∶50 万地貌图，通过扫描矢量化处理，得到东北地区重要生态功能区的地貌类型分布图。东北地区重要生态功能区地貌类型分布如图 1-11 所示。

6. 植被类型数据

研究区植被分布数据主要来源于张新时等编制的全国 1∶100 万植被类型图，通过裁切处理得到研究区的植被类型分布空间数据。东北地区重要生态功能区植被类型分布如图 1-12 所示。

7. 土壤类型数据

研究区土壤类型分布数据主要通过收集各省（自治区）土壤类型图件资料和扫描数字化得到 1∶50 万比例尺的研究区土壤类型矢量数据。东北地区重要生态功能区土壤类型分布如图 1-13 所示。

8. 气象数据

研究区气温、降水数据主要通过中国气象数据网（http://data. cma. cn）获得，通过克里格插值获取气温和降水空间分布数据。东北地区重要生态功能区气温、降水空间分布格局如图 1-14 所示。

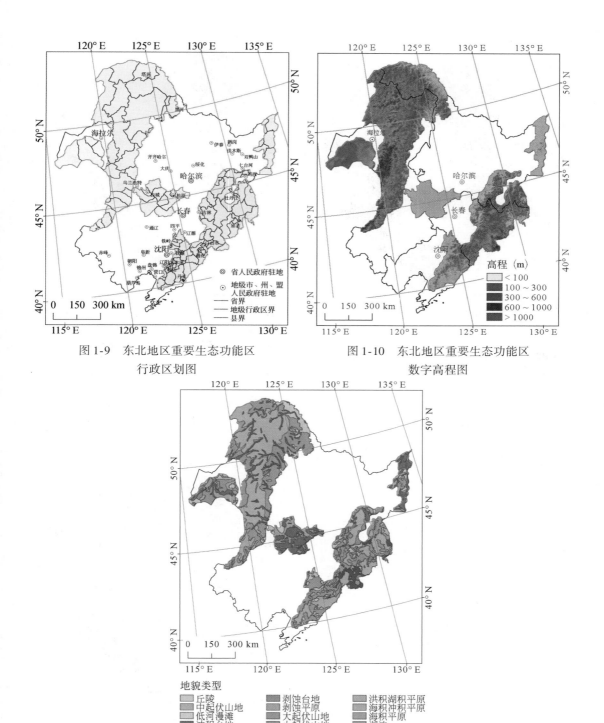

图 1-9 东北地区重要生态功能区
行政区划图

图 1-10 东北地区重要生态功能区
数字高程图

图 1-11 东北地区重要生态功能区地貌类型分布图

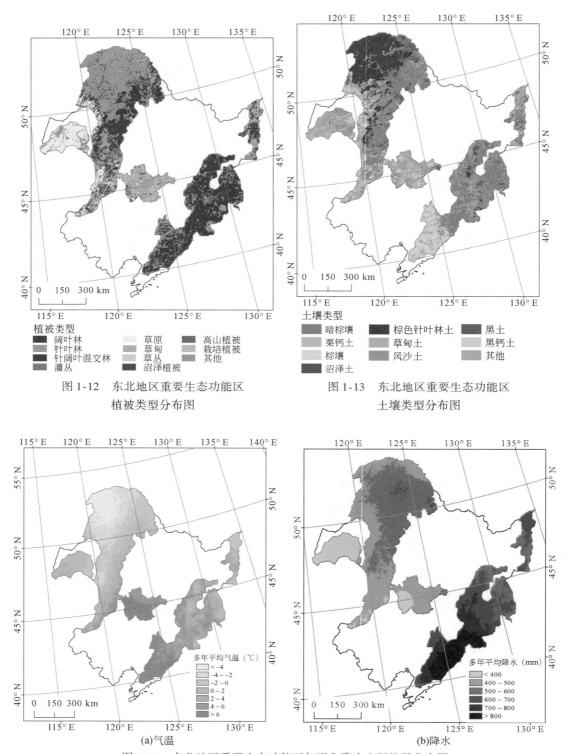

图 1-12　东北地区重要生态功能区
植被类型分布图

图 1-13　东北地区重要生态功能区
土壤类型分布图

(a)气温

(b)降水

图 1-14　东北地区重要生态功能区气温和降水空间格局分布图

二、生态系统分类流程

1. 生态系统分类体系与定义

根据项目的总体要求，以生态系统为对象，考虑地方植被类型特征，并参照全国土地覆盖分类体系（吴炳方等，2017），设计东北地区重要生态功能区生态系统分类体系，其中包括Ⅰ级类6类，Ⅱ级类38类（表1-2）。该分类体系能够体现生态系统类型的变化，对生态系统服务能力变化监测起到基础作用。

表 1-2　基于遥感技术的东北地区生态系统分类体系

Ⅰ级分类	Ⅱ级分类	指标
森林	常绿阔叶林	$3m \leqslant H \leqslant 30m$，$C \geqslant 0.2$，常绿，阔叶
	落叶阔叶林	$3m \leqslant H \leqslant 30m$，$C \geqslant 0.2$，落叶，阔叶
	常绿针叶林	$3m \leqslant H \leqslant 30m$，$C \geqslant 0.2$，常绿，针叶
	落叶针叶林	$3m \leqslant H \leqslant 30m$，$C \geqslant 0.2$，落叶，针叶
	针阔混交林	$3m \leqslant H \leqslant 30m$，$C \geqslant 0.2$，$25\% < F < 75\%$
	常绿阔叶灌丛	$0.3m \leqslant H \leqslant 5m$，$C \geqslant 0.2$，常绿，阔叶
	落叶阔叶灌丛	$0.3m \leqslant H \leqslant 5m$，$C \geqslant 0.2$，落叶，阔叶
	常绿针叶灌丛	$0.3m \leqslant H \leqslant 5m$，$C \geqslant 0.2$，常绿，针叶
	稀疏林	$3m \leqslant H \leqslant 30m$，$0.04 \leqslant C \leqslant 0.2$
	稀疏灌丛	$0.3m \leqslant H \leqslant 5m$，$0.04 \leqslant C \leqslant 0.2$
	乔木园地	人工植被，$3m \leqslant H \leqslant 30m$，$C \geqslant 0.2$
	灌木园地	人工植被，$0.3m \leqslant H \leqslant 5m$，$C \geqslant 0.2$
	乔木绿地	人工植被，人工表面周围，$3m \leqslant H \leqslant 30m$，$C \geqslant 0.2$
	灌木绿地	人工植被，人工表面周围，$0.3m \leqslant H \leqslant 5m$，$C \geqslant 0.2$
草地	温性草原	$K < 1$，$0.03m \leqslant H \leqslant 3m$，$C \geqslant 0.2$
	温性草甸	$K \geqslant 1$，土壤湿润，$0.03m \leqslant H \leqslant 3m$，$C \geqslant 0.2$
	草丛	$K \geqslant 1$，$0.03m \leqslant H \leqslant 3m$，$C \geqslant 0.2$
	稀疏草地	$0.03m \leqslant H \leqslant 3m$，$0.04 \leqslant C \leqslant 0.2$
	草本绿地	人工植被，人工表面周围，$0.03m \leqslant H \leqslant 3m$，$C \geqslant 0.2$
农田	水田	人工植被，土地扰动，水生作物，收割过程
	旱地	人工植被，土地扰动，旱生作物，收割过程
湿地	乔木湿地	$W > 2$ 或湿土，$3m \leqslant H \leqslant 30m$，$C \geqslant 0.2$
	灌木湿地	$W > 2$ 或湿土，$0.3m \leqslant H \leqslant 5m$，$C \geqslant 0.2$
	草本湿地	$W > 2$ 或湿土，$0.03m \leqslant H \leqslant 3m$，$C \geqslant 0.2$
	湖泊	自然水面，静止

Ⅰ级分类	Ⅱ级分类	指标
湿地	水库/坑塘	人工水面，静止
	河流	自然水面，流动
	运河/水渠	人工水面，流动
城镇	建设用地	人工硬表面，包括居住地和工业用地
	交通用地	人工硬表面，线状特征
	采矿场	人工挖掘表面
其他	苔藓/地衣	自然，苔藓或地衣覆盖
	裸岩	自然，坚硬表面，石质，$C<0.04$
	戈壁	自然，砾石表面，砾漠，$C<0.04$
	裸土	自然，松散表面，壤质，$C<0.04$
	沙漠	自然，松散表面，沙质，$C<0.04$
	盐碱地	自然，松散表面，高盐分
	冰川/永久积雪	自然，水的固态

注：C 为覆盖度/郁闭度；H 为植被高度（m）；F 为针叶树与阔叶树的比例；W 为一年中被水覆盖的时间（月）；K 为湿润指数

2. 遥感数据源与预处理

（1）多源遥感数据的收集与购置

收集、购买、整理覆盖研究区的 1990 年、2000 年、2010 年和 2015 年四期的遥感数据。其中，1990 年、2000 年、2015 年遥感数据以 Landsat TM/ETM+/OLI 为主；2010 年遥感数据以 HJ-1A/B 为主，辅以 Landsat TM 遥感数据；其他环境背景数据集主要用于面向对象分类技术的辅助信息提取，包括东北地区重要生态功能区 1∶100 万土壤图（1995年）、东北地区重要生态功能区 1∶100 万植被类型图（2001 年）、三江平原 1∶20 万植被类型图、东北地区重要生态功能区 30m 空间分辨率 DEM、东北地区重要生态功能区省级、县市级行政区划界限矢量数据。东北地区重要生态功能区 1∶100 万土壤图由全国土壤普查办公室 1995 年编制出版的《1∶100 万中华人民共和国土壤图》经扫描、数字化获得。东北地区重要生态功能区 1∶100 万植被类型图由中国科学院中国植被图编辑委员会 2001年编制经科学出版社出版的《中国植被图集 1∶1000000》扫描、数字化获得。1985 年三江平原植被空间分布数据集，比例尺为 1∶20 万，来源于"七五"期间国家自然科学基金项目"三江平原区域资源环境信息系统"项目。东北地区重要生态功能区 30m 空间分辨率 DEM 数据来源于美国国家航空航天局（National Aeronautics and Space Administratio，NASA）和国家影像制图局（National Imagery and Mapping Agency，NIMA）。对 SRTM 数据进行校正和投影转换，获得研究区的 DEM 和坡度空间数据。东北地区重要生态功能区行政区划、基础地理要素矢量数据集来自中国科学院地理科学与资源研究所建立的中国自然资源数据库。

（2）遥感数据预处理

本研究利用已经具备空间参考系统的 Landsat TM/ETM+数据作为控制空间来完成对其他遥感影像（如环境星影像等）的配准。具体步骤为：①选取地面控制点，主要选择如道路交叉口、城郭边缘、堤坝等明显且不易发生变化的地区，并且在地物复杂的地区多选些控制点，同时在影像边缘部分均选取一定控制点；②利用控制点建立校正数学模型，一般选择二次多项式的拟合校正方法；③重采样，选择最临近法的重采样方式，完成像元空间位置变换。

将经过几何精纠正的遥感影像数据根据地理坐标进行影像镶嵌。在进行影像镶嵌的时候首先要指定一幅参照影像，作为镶嵌过程中对比度匹配及镶嵌后输出影像的地理投影、像元大小、数据类型的基准；重复覆盖区各个像元之间应该有较高的配准精度，必要时要在影像之间利用控制点进行配准；尽管其像元大小可以不一样，但应包含与参照影像相同数量的层数据。影像匹配或配准后，需要选取合适的方法来决定重复覆盖区上的输出亮度值。用东北地区的矢量边界将镶嵌好的影像进行裁剪，获得研究区所需的影像区域。

为了高效、精确地完成东北地区生态系统类型分类任务，将整个区域分割成若干个制图子区域，确保子区域内生态系统类型相对均质或分类特征明显。

3. 建立解译标志

（1）样本采集

整个野外采样工作基本上基于沿公路两旁 2km 视觉范围内的地物采样，在野外采样与标定在车载 GPS 导航系统和屏幕勾绘中实现。在野外逐点进行标定，并将描述的信息填写在野外采样表和矢量属性表中，在检索和到达采样地物时，利用空间相对关系确定地块的准确位置（GPS 有一定误差），并在样点库中输入属性信息，依据野外调查表的内容进行一一描述和照相，调查人员应该与后期的分类人员一致。

（2）解译标志库建立及分区参量择取

解译标志库建立主要基于遥感野外核查和地面调查数据，为决策树指标划分、阈值设定提供主要数据，解译标志库以采样区为单元，建立各类型的信息标志库。

4. 面向对象的生态系统分类技术

采用面向对象的遥感影像分类软件 eCognition 作为分类平台，以多尺度分割得到的影像对象为基础，结合多源辅助信息，运用分层分类、逐级掩膜，成员函数法和最邻近距离法相结合的方法对中国环境星数据、Landsat TM/ETM+/OLI 数据等遥感数据进行分类，从而获得较高精度的东北地区生态系统类型分布数据。

面向对象的自动分割技术是影像分类的核心技术。遥感影像分割是基于面向对象的遥感影像分类的基础步骤，是指根据需要选定一些特征（纹理、亮度、颜色、形状等），将遥感影像分割成不同的特征区域，并从中提取出感兴趣区域的技术和过程，从而使具有相同或相近特征性质的像元在同一区域内，而具有明显差异特征性质的像元则在不同区域内（Baatz and Schäpe，2000）。在实际分类过程中，根据遥感影像的特点，需要采用不同尺度进行分割。地表信息在不同的时间跨度上和空间跨度上有着不同的表现（Weiers et al.，2004），如一块稻田在夏季获得的真彩色影像上显示为绿色，在秋季则显示为黄色；当视线贴近城市影像观察时所识别的只是单个的房屋，而当视线远离城市影像观察时所识别的则是城市。这只是尺度在人们生活中常见的例子之一，说明相同的地表在不同的尺度上有不同的表现。因此，在面向对象的自动分割中，需要进行多尺度的分割和最优尺度的选择。面向对象的自动分割技术在 eCognition Developer 8.64 中能够实现，实现界面如图 1-15 所示。

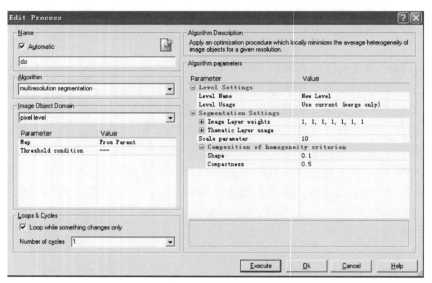

图 1-15　面向对象的自动分割技术界面

面向对象的多尺度影像分割技术实施的具体步骤如下：首先设置分割参数，主要包括波段选择、最佳分割尺度确定及形状因子权重的设定等。在形状因子中，根据大多数地物类别的结构属性，需要确定紧致度和光滑度因子的权重，其次以影像中任意一个像元为中心开始分割（周春艳等，2008）。

面向对象影像分割是给影像对象多个特定的尺度，根据指定的光谱和形状的同质准则，使整幅影像的同质分割达到高度优化的程度，从而获得满意的分割结果。在影像多尺度分割过程中，主要的分割参数包括：波段权重、分割尺度、光谱形状特征权重。下面根据东北地区不同生态系统类型的特点，阐述面向对象的自动分割过程中参数的选择方法。

（1）波段权重的选择

遥感影像在进行分割尺度中可以根据专题应用任务中感兴趣信息的特征，来设置参与分割波段权重。如果需提取的信息在某一个波段影像中特别明显，易于识别，则此波段权重就越高。那些对特定类别信息提取没有很大贡献的影像波段层，则赋予较小的权重或权重为0。例如，在彩红外数据中近红外波段对植被信息的显示效果较好，绿波段其次，红波段与蓝波段的贡献最小。因此，分割前设置波段分割权重存在差异，近红外波段的权重最大，为1；其他波段的权重可以相对小一些。在分类过程中，针对不同地物类型的提取，采用不同的波段权重选择。

（2）分割尺度的选择

尺度在遥感影像分析中可以理解为人类识别目标的抽象程度，在多尺度影像分割中，影像对象的抽象程度由尺度参数决定。多尺度影像分割中的尺度是一个关于多边形对象异质性最小的阈值，决定生成最小多边形的级别大小，与空间分辨率是两个不同的概念。多尺度影像分割表示在分割过程中可采用不同的分割尺度值，所生成的对象大小取决于分割前确定的尺度值；分割尺度值越大，所生成的对象层内多边形面积越大而数目越小，反之亦然。如果尺度选得不合适，则难以取得理想的结果。影像对象具有尺度依赖性，在同一幅影像上，可以根据需要建立不同尺度下的影像对象。因此，影像分割时尺度的选择很重要，它直接决定影像对象的大小、感兴趣地理信息所处的尺度层次及信息提取的精度。对每一幅影像进行多尺度分割都要求有其特殊的尺度（黄慧萍，2003）。例如，对于同一幅影像，识别城镇需要用大尺度，识别建筑物需要用小尺度；提取房子和树木需要的尺度明显小于提取森林与草地需要的尺度。分割尺度不同，形成的多边形差异很大；尺度越小，形成的多边形越多，单个多边形的面积越小。对于一种确定的地物类型，最优分割尺度值是分割后的多边形能将这种地物类型的边界显示得十分清楚，并且能用一个对象或几个对象表示出这种地物类型，既不能太破碎，也不能边界模糊。因为进行分割层之间的叠加所需要的时间很长，所以选择的分割层要尽可能的少；当然，在运算效率与分割质量之间的权衡，需要根据具体情况而定。

（3）形状特征参数

影像分割结果的质量不仅取决于分割尺度、波段权重，还与光谱、形状特征的权重及两个形状参数有关。形状参数指影像对象的紧致度与光滑度，即形状异质性的两个方面（Muller and Jena，2003）。紧致度用来描述对象形状是否接近矩形，在城市区域提取建筑物时，由于屋顶大多是矩形的，可以将紧致度的权重调高。希望得到近似矩形的分割对象时，可以增大紧致度的权重。光滑度用来描述对象边界的光滑程度，对于异质性较大的影像如雷达影像，这一参数的设置可以避免形成边界呈锯齿状的对象。在提取较窄的河流、道路时，适当设置光滑度参数，可以得到边界光滑且连续性较好的对象。紧致度和光滑度并不是相互对立的两个参数，高紧致度的对象也可能具有高光滑度。在实际应用中需要合理设置这两个参数，从而得到更理想的分割结果。通常情况下光谱特征较为重要，然而形状特征的参与有助于避免影像对象形状的不完整，可以用于提高分割的质量。光谱特征是影像数据中所包含的主要信息，形状特征的权重太高会导致光谱均质性的损失。因此，在进行影像分割的过程中要遵循两条原则：一是尽可能地将光谱特征的权重值设的较大；二是对于那些边界不很光滑但聚集度较高的影像对象使用尽可能必要的形状特征。一般情况下光谱特征的权重值为 0.8 或 0.9，形状因子的权重值为 0.2 或 0.1，其中光滑度为 0.7，紧致度为 0.3。

总之，在对新的影像数据进行分割时，应采用多次反复尝试的方法，使用不同的参数进行分割，直到取得令人满意的分割结果。由于待分析影像数据量较大，可在分类前裁出一块具有代表性的子集进行分割试验，找到了适合的分割参数后，则把它们用于整个影像或影像数据库。如果分类的范围较大，遥感影像获取的状态或时相有所差异，即使对所有影像进行了色彩的平衡处理，相邻不同景的影像在色彩与亮度上还是有差异的，这种情况下影像分割的因子权重值需要作适当的调整，并不能将确定的分割因子权重值统一使用于所有的影像中。

（4）均质因子权重的确定

均质因子包括颜色和形状（紧致度和光滑度）。在分割过程中，因为光谱信息是影像数据中所包含的主要信息，所以认为光谱特征最重要，应该充分利用光谱信息，因此光谱信息（颜色）的权重不能小于0。颜色因子与形状因子之和为1，形状因子权重太高则颜色因子权重就会降低，会导致光谱均质性的损失，不利于信息的提取。然而形状因子的参与作用是有助于避免影像对象形状的不完整，从而提高分类精度。形状因子又包含了紧致度和光滑度两个因子，即形状异质性的两个方面，这两个因子之和也为1。

（5）影像对象信息提取

采用逐级分层分类的方法，把不同尺度分割作为分层分类的依据，在生态系统类型分类体系的基础上建立生态系统类型分类规则库，最终实现影像对象信息的自动提取。技术流程包括以下3个步骤。

1）分类层次建立。根据遥感影像中某一生态系统类型的光谱特征和纹理特征，从分析该生态系统类型在各个特征空间的特点及其组合的可行性出发，将遥感影像上的生态系统类型划分为若干一级层，每一个层包含若干种生态系统类型，然后在每一个一级层的基础之上划分为一个以上的二级层，以此类推，直到将所有的生态系统类型提取出来。

2）分类特征选取与分类规则建立。计算影像对象包含像元的光谱信息，多边形的形状、纹理、位置等信息及多边形之间的拓扑关系信息等。具体分类规则可以根据所需提取的地物的特点，将影像对象所提供的各种信息进行组合，以达到充分利用特征来提取具体地物类型的目的。分类过程中可以用到的影像对象特征主要包括：均值、标准方差、面积、长度、长宽比、密度、纹理等。根据所提取的地物特征信息，选择典型特征，使遥感对象可以区别其他遥感对象的特征建立分类规则。不同的层次可以根据本层次待提取的地物特点建立各自规则，不同的层次间可以传递不同的分类规则，因此，分类规则的建立还可利用其相邻层次的对象信息。在本研究中，选取的特征参数具体如下（张晶，2016）。

（a）归一化植被指数（normalized differential vegetation index，NDVI）。NDVI是植被生长状态的最佳指示因子，与植被覆盖度、生物量及叶面积有密切的相关性，在特征参数的选取中，NDVI的应用最为广泛。其公式：

$$NDVI = \frac{\rho_{nir} - \rho_{red}}{\rho_{nir} + \rho_{red}}$$

（b）归一化水体指数（normalized differential water index，NDWI）。利用NDWI提取遥感影像中的水体信息具有较好的效果。与NDVI相比，它能有效地提取植被冠层的水分含量，NDWI能及时在植被冠层受水分胁迫时做出响应，对于旱情监测具有重要意义。

$$NDWI = \frac{\rho_{green} - \rho_{nir}}{\rho_{green} + \rho_{nir}}$$

（c）地表水分指数（LSWI）。LSWI 已被用于植被生长动态的识别，由于短波红外波段对土壤水分含量和植被水分含量敏感，短波红外波段比近红外波段对植被含水量变化敏感，这两个波段被用来获取对水分敏感的植被指数（贾明明，2014）。

$$\text{LSWI} = \frac{\rho_{\text{nir}} - \rho_{\text{swir}}}{\rho_{\text{nir}} + \rho_{\text{swir}}}$$

（d）居民地指数（RRI）。通过 RRI 可以反映居民地的特征指标，蓝波段和近红外波段的城镇光谱特征对比度最大，是最佳比值波段。RRI 是一种提取城镇居民地信息的理想方法，尤其适合裸地较多的干旱半干旱地区。

$$\text{RRI} = \frac{\rho_{\text{blue}}}{\rho_{\text{nir}}}$$

式中，ρ_{nir}、ρ_{red}、ρ_{swir}、ρ_{green}、ρ_{blue} 分别代表近红外、红波段、短波红外、绿波段及蓝波段反射率。光谱特征参数为 R：G：B＝TM5：TM4：TM3 的色调组合；几何特征参数为各对象的形状指数，即各对象的周长与面积的 4 次根方的比值；拓扑特征参数为不同对象间的距离大小。

基于分割完成对象的特征参数，利用 See 5.0 软件建立分类决策树，如图 1-16 所示。

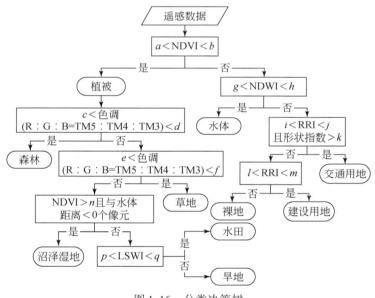

图 1-16　分类决策树

图中英文小写字母代表各特征参数阈值，对研究区不同区域阈值不同

由图 1-16 所建立的分类决策树可知，对于东北地区，适当地选取 Landsat 影像 NDVI 的值可以区分植被与非植被；调整影像色调（R：G：B＝TM5：TM4：TM3）可以提取森林和草地；调整 NDVI 和与水体的距离可以提取沼泽湿地；调整 LSWI 可以提取旱地和水田；控制 NDWI 的阈值可以提取水体；调整 RRI 与形状指数结合可以提取交通用地；继续调整 RRI 可以提取居住地和裸地。其中，由于采矿场与工矿用地、湖泊与水库/坑塘遥感影像信息相近，不易区分，采取手动方法提取。

3）影像分类。在分类过程中，遵循由易到难的原则，根据不同的需要选择不同的特征影像和不同的分类方法，逐层提取对象信息，并制作相应的模板，将已提取的生态系统类型作为掩膜剔除掉，以消除它对其他未分类信息的影响，使剩下的生态系统类型越来越少，最后将逐级分层分类的结果叠加起来，形成最终的分类结果。

三、野外调查数据获取与生态系统分类结果验证

1. 野外调查数据获取

野外调查数据获取主要针对生态系统类型的空间分布合理地选择采样路线、布设采样点，达到节约时间、人力、财力，验证遥感影像分类准确性，提高分类精度的目的。野外调查设备包括 GPS、望远镜、照相机、钢卷尺等。首先，建立东北地区（或典型样区）生态系统类型 1km×1km 格网数据，并将其与遥感影像自动分类获得的生态系统类型图进行叠加，这样每一个格网就包含了它所覆盖的每一个生态系统类型面积占整个格网面积的比例，通过栅格属性提取每一个格网中生态系统类型的最大面积比例，可以达到降低数据量和突出生态系统类型空间分布规律的目的。比例越低的地区生态系统类型越复杂，应选择为采样区并选择较多的采样点。其次，将县级行政区划、道路网等信息与上面的格网比例数据叠加进行综合分析。野外调查受经费、人力条件等诸多因素的限制，因此野外调查应综合考虑经济、人力条件及道路可达性等因素，考察路线选择尽可能短并不重复；结合气候、植被、地貌等环境分异特征设计采样路线；针对影像上不易识别和无法确定的地物尽量增加样点；另外，还要考虑各个制图分区内部的采样路线合理性，自然景观单一、景观异质性小，采样路线尽量少；生态系统类型变化快，则要加密采样路线的布设。

确定采样路线后，在实施采样的过程中，参照遥感影像，选择典型地点，进行定点观测记录，首先用 GPS 记录经纬度，然后用数码相机拍摄野外景观照片，对特殊的地点可以用 GPS 摄像机跟踪摄像；对有代表性的道路、沟渠、防护林网等，可以进行实地测量记录。最后对野外调查 GPS 数据，生成 SHP 文件，添加经纬度、生态系统类型等信息。2010 年主要针对三江平原、内蒙古东部、辽宁南部生态系统类型进行野外调查，记录调查点为 9323 个。2016 年针对东北地区所有生态系统类型进行野外调查，验证生态系统遥感分类精度，累计调查天数为 78 天，累计调查里程为 18 646km，累计拍摄照片达 12 746 张，记录调查样点为 20 327 个，如图 1-17 所示。

2. 精度评价方法

遥感影像分类的精度评价是指比较分类结果与地表真实数据，以确定分类过程的准确程度。本研究利用误差矩阵（error matrix）对生态系统类型分类结果进行精度评价。该方法简单直接，是目前遥感技术中应用最广的精度评价方法之一（Foody，2009）。误差矩阵，也称混淆矩阵，是一个用于表示分为某一类别的像元个数与地面检验为该类别数的比较阵列。通常，阵列中纵列代表参考数据，行列代表由遥感数据分类得到的类别数据。混淆矩阵主要包括总体分类精度、用户精度、制图精度和 Kappa 系数等评价指标（贾明明，2014）。

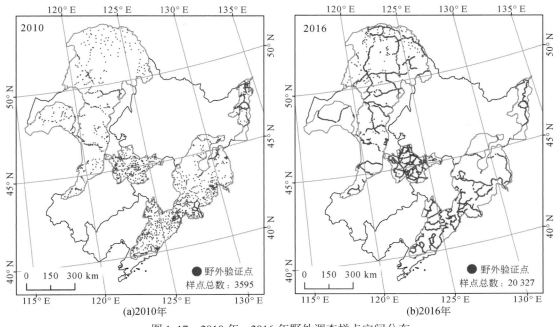

图 1-17 　2010 年、2016 年野外调查样点空间分布

（1）总体分类精度

它是具有概率意义的一个统计量，表述的是对每一个随机样本分类的结果与地面对应的区域的实际类型相一致的概率。

$$P_c = \sum_{i=1}^{n} P_{ii}/P$$

（2）用户精度（对于地 i 类）

它表示从分类结果中任取一个随机样本，其所具有的类型与地面实际类型相同的条件概率，如下式所示：

$$P_{u_i} = P_{ii}/P_{i+}$$

（3）制图精度（对于地 j 类）

它表示相对于地面获得的真实样点中的任意一个随机样本，分类图上同一地点的分类结果与其相一致的条件概率，如下式所示：

$$P_{a_i} = P_{ii}/P_{+i}$$

（4）采用一种的多元技术

考虑误差矩阵的所有因素，测定两幅图之间吻合度或精度的指标。其公式为

$$Kappa = \frac{P\sum_{i=1}^{n} P_{ii} - \sum_{i=1}^{n}(P_i P_{+i})}{P^2 - \sum_{i=1}^{n}(P_{i+} + P_{+i})}$$

Kappa 计算结果为-1.00 ～ 1.00，但通常 Kappa 是落在 0 ～ 1.00，并可分为五组来表示

不同级别的一致性：0.81～1.00 表示几乎完全一致、0.61～0.80 表示高度的一致性、0.41～0.60 表示中等的一致性、0.21～0.40 表示一般的一致性、0～0.20 表示极低的一致性（路春燕，2015）。

以上各式中，P 为样本的总和；P_{ii} 为误差矩阵中第 i 行第 i 列的样本数；P_{+i} 为分类结果中第 i 类的总和，P_{i+} 为地表真实数据中第 i 类的总和；n 为类别的数量。

3. 精度评价结果

精度评价结果表明：东北地区重要生态功能区 2010 年生态系统类型分类遥感解译数据的精度为：一级类型 95.11%，二级类型 86.2%。其中，森林、草地、湿地、农田、城镇和其他的总体分类精度分别为 91.23%、94.23%、87.12%、95.45%、94.02% 和 91.96%。东北地区重要生态功能区 2015 年生态系统分类遥感解译数据的精度为：一级类型 96.1%，二级类型 87.6%。其中，森林、草地、湿地、农田、城镇和其他的总体分类精度分别为 96.12%、96.76%、90.16%、97.01%、96.89% 和 94.03%。项目组利用 Landsat TM/ETM+遥感数据结合变化监测方法，获取 1990 年、2000 年生态系统遥感分类数据，并利用已有的野外调查样点数据及其他参考数据，如植被图、部分地区的土地利用图等，进行上述两期生态系统分类数据的精度验证。结果表明，1990 年、2000 年东北地区重要生态功能区生态系统遥感分类数据及类型总体精度在 90% 以上，二级类型总体精度在 80% 以上。

第三节　生态系统服务能力估算方法

一、植被生态系统数据集构建

1. 叶面积指数

（1）叶面积指数数据来源与精度验证

本研究中叶面积指数（LAI）的计算方法为基于冠层辐射传输模型，采用查找表（look up table，LUT）的方法来反演 LAI，该方法是在冠层辐射传输模型的基础上建立查找表，进而通过遥感影像中每个像元的波段反射率或者相应的植被指数（如 NDVI 等）在查找表中进行查找匹配，实现 LAI 的遥感反演。具体步骤如下：运行冠层辐射传输模型，按一定的步长输入相应的 LAI，及其他所需要的辅助参数（如植被类型、叶倾角等），模拟冠层反射率或植被指数，建立查找表；根据标准化处理后的遥感影像反射率或植被指数，构建代价函数，在查找表中查找最接近的项，并进行插值，然后获取该像元对应的 LAI 值。

本研究所采用的遥感数据为 EOS/Terra 卫星的 MODIS（moderate resolution imaging spectroradiometer，中分辨率成像光谱仪）产品之一 MOD15A2（第 6 版本），时间范围为 2000～2015 年的遥感影像，每年均获取 46 期影像，所有数据从 NASA 网站（http://reverb. echo. nasa. gov/）下载。MOD15A2 是由 8 天合成的 500m 分辨率的 HDF （hierarchical data format，分级数据格式）格式文件，具体包括 LAI、光合有效辐射分量（FPAR）、质量评价等数据层。作为 L4 级产品，MOD15A2 已根据参数文件中的参数，对影像进行了几何纠正；其次，还根据质量评价数据集，对 LAI 进行了基本质量评估，LAI 数据总体质量较好。另外，本研究还运用 MODIS Reprojection Tool（MRT）对 MOD15A2 进行了拼接与重投影，将初始的正弦曲线坐标重投影为 WGS84，然后剪切出研究范围的 TIF 格式的 LAI 图，在输出的 LAI 图中，DN（digital number）值范围为 0～255，其中，根据 MOD15A2 用户指南中的说明，单位为 m^2/m^2，有效值范围为 0～100，填充值范围为249～255，变换尺度为 0.1。

项目组依托呼伦贝尔野外观测站，于 2013 年在呼伦贝尔草甸草原区针对 MODIS LAI 数据进行了验证。结果表明：在时间上，MODIS LAI 数据产品能够较好地反映草甸草原的长势与物候变化（李振旺等，2015）。

MODIS LAI 数据产品具体验证方法如下。

首先，根据 MODIS LAI 数据产品的像元大小，把3km×3km 样区分成 9 个 1km×1km 的小样区，在每个 1km×1km 的小样区内布设 3～4 个 30m×30m 的样方。样方设置要求覆盖所有 3 个生态系统类型，且周围地势平坦，优势草种单一，空间分布均匀。最终样区内共布设 29 个样方获取样区内的 LAI 信息。

LAI 的获取使用 LAI-2000 冠层分析仪，并加装 90° 遮光盖避免直射光的干扰。采样时，观测者背对太阳，在每个 30m×30m 的样方内，采用"十"字形的模式在 5 个角（交）点布设采样点，采用"一上六下"的方式获取各采样点的 LAI 值，通过平均获得样方的 LAI 值。测量同时利用 GPS 对实验场地精确定位，从而获取经纬度和地面高程信息（李振旺等，2015）。

尺度不匹配、地理位置误差及地面植被异质性等原因，利用地面实测点对 MODIS 产品直接验证的方法存在很多的不确定性。本研究利用高分辨率卫星影像作为中间桥梁，通过建立地面实测 LAI 值与图像植被指数的统计关系，生成高分辨率 LAI 图像，通过对比分析，检验 MODIS LAI 数据产品的生产精度。结果表明，MODIS LAI 数据产品与地面实测数据吻合度较高，数据精度符合应用需求。

（2）叶面积指数年变异系数（CV_LAI）计算方法

指标含义：全年叶面积指数的变异程度。计算方法如下：

$$CV\_LAI = \frac{\sqrt{\sum_{j=1}^{36}(L_{ij} - M\_LAI_i)^2/35}}{M\_LAI_i}$$

式中，CV_LAI 为叶面积指数年变异系数；i 为年数；j 为旬数；L_{ij} 为第 i 年第 j 旬 LAI 值。

2. 植被覆盖度

（1）MODIS NDVI 数据产品

1）MODIS NDVI 数据预处理。

本研究中所使用的 MODIS 数据为 MOD13A3 的植被指数数据集，时间分辨率为月，空间分辨率为 250m×250m，来源自 NASA/EOS LPDAAC 数据分发中心的 MODIS 产品

（https://lpdaac.usgs.gov/），时间跨度为 2000～2015 年。原始 MODIS 产品采用分级数据格式，其投影为正弦曲线投影（sinusoidal projection）。为构建与研究区实际地理基础一致的 MODIS 时间序列数据集，需进行：①格式转换，即利用遥感分析软件提取原始数据中的 NDVI 指数层，并转换成该软件易识别的常规格式（贾明明等，2010）。②轨道镶嵌，即以每幅影像的地理坐标为基准将多幅影像拼接成完整的东北地区全图。③投影变换，即根据研究区地理位置和范围，将遥感数据与辅助数据均转换为经纬度坐标系统——WGS 84。④子区域裁剪，即裁剪已经转换好的数据，使其空间位置为研究区的外接四边形。⑤波段叠加，即将处理好的数据按照时间顺序进行排序叠加，整合为一个含有 25 层同一研究区不同时间的 NDVI 时序数据。经过以上多步预处理操作，最终实现在遥感处理软件中的分析。

利用 ArcGIS 软件的 ArcInfo workstation 环境对 MODIS NDVI 数据进行标准化处理，结合植被类型数据将非植被区设为掩膜，并将 NDVI =0 的像元设为空值。

2）MODIS NDVI 时间序列数据的去云算法。

HANTS（harmonic analysis of time series）算法是以傅里叶变换为基础的谐波分析法，它将 NDVI 时间序列表示为不同相位、频率和幅度的正弦函数组合。其中，植被的生长过程可用几个低频正弦函数描述，而 NDVI 影像中以斑点形式出现的云被认为是高频噪声。该算法的具体实现过程如下（梁守真等，2011）：首先，针对每个像元点的时间序列进行傅里叶变换；其次，选择几个低频分量进行反傅里叶变换，得到一个新的时间序列；再次，计算原始时间序列和新时间序列的差值，如果差值大于设定的阈值，那么该像元点将被认为是受到了污染，便从原始时间序列中去掉，用新序列中对应的值来填充；最后，对改变的原始时间序列重复上述过程，直到没有受云污染的像元点被找到或者达到设定的迭代结束条件为止。该过程的输出结果为平滑曲线。HANTS 算法在进行 NDVI 时间序列处理时，需要设置频率个数、误差阈值、最大删除点个数及有效数据范围等参数，这些参数的设置没有客观标准，只能根据经验或多次试验来确定。

Savizky-Golay 滤波方法是 Savizky 和 Golay 于 1964 年提出的一种最小二乘卷积拟合方法来平滑和计算一组相邻值或光谱值的导数。它可以简单地理解为一种权重滑动平均滤波，其权重取决于在一个滤波窗口范围内做多项式最小二乘拟合的多项式次数。这个多项式的设计是为了保留高的数值而减少异常值，可以应用于任何具备相同间隔的连续且多少有些平滑的数据，NDVI 的时间序列是满足此条件的。Savizky-Golay 滤波的概念框架和详细过程请参考文献 Chen 等（2004）。基于可视化交互语言 IDL6.3（interactive data language）实现 Savizky-Golay 滤波迭代算法，重建研究区高质量 NDVI 时间序列数据集。对比 Savizky-Golay 滤波迭代前后各生态系统类型 NDVI 时间序列曲线，可以看出原始 MODIS NDVI 数据存在噪声，通过 Savizky-Golay 滤波迭代，可以有效地平滑原 NDVI 曲线，最大限度地逼近原始 NDVI 资料的包络线，从而反映出各种生态系统类型的 NDVI 变化特征（贾明明等，2010）。

（2）植被覆盖度计算方法与精度验证

植被覆盖度是描述生态系统的重要基础数据，也是全球变化检测、水文、土壤侵蚀等研究中的重要参数指标。植被覆盖度已经成为一个重要的植物学参数和评价指标，并在农业、林业等领域得到广泛应用，也是研究全球和区域生态系统及其变化监测中的重要参数指标（韩佶兴，2012）。

像元二分法（赵英时，2003）的原理是假定遥感数据中每一个像元反射率可分为纯植被部分反射率 R_v 和非植被纯土壤部分反射率 R_s 两部分，因此每一个像元反射率值都可以定义为由纯植被覆盖部分与纯土壤部分的线性加权的和，其公式如下：

$$R = R_v + R_s$$

假定遥感数据中一个像元内植被覆盖度的值为 f_c，即有植被覆盖面积的比例，那么像元中非植被覆盖的面积所占像元总面积的比例为 $(1-f_c)$。如果该像元完全由植被所覆盖，则像元反射率为纯植被反射率 R_{veg}，如果该像元无植被覆盖，则该像元反射率为纯土壤反射率 R_{soil}。由此可见，混合像元中纯植被部分所贡献的反射率 R_v 可以认为是由纯植被的反射率 R_{veg} 与像元中植被覆盖度 f_c 的乘积，而非植被部分纯土壤所贡献的反射率 R_s 可以认为是纯土壤的反射率 R_{soil} 与 $(1-f_c)$ 的乘积：

$$R_y = f_c \times R_v$$
$$R_s = (1 - f_c) \times R_s$$

通过对以上公式求解可得到计算植被覆盖度的公式，如下：

$$f_c = (R - R_{soil})/(R_{veg} - R_{soil})$$

式中，R_{soil} 与 R_{veg} 为像元二分法的两个参数。只要求得这两个参数就能够利用遥感数据来计算每个像元的植被覆盖度。根据像元二分法的原理，也可以利用植被指数计算植被覆盖度。每个像元的 NDVI 值可以表示为由有植被覆盖部分地表与无植被覆盖部分地表组成的形式。因此，计算植被覆盖度的公式可表示为

$$f_c = (NDVI - NDVI_{soil})/(NDVI_{veg} - NDVI_{soil})$$

式中，NDVI 为所求像元的植被指数；$NDVI_{soil}$ 为完全是裸土或无植被覆盖区域的纯土壤像元的 NDVI 值，$NDVI_{veg}$ 则为完全由植被所覆盖的纯植被像元的 NDVI 值，即纯植被像元的 NDVI 值。对于大多数类型的裸地表面，$NDVI_{soil}$ 理论上应该接近 0，并且是不易变化的，但由于受众多因素影响，$NDVI_{soil}$ 会随着空间而变化，其变化范围一般为 $-0.1 \sim 0.2$。同时，$NDVI_{veg}$ 值也会随着植被类型和植被的时空分布而变化。计算植被覆盖度时，即使是对同一景影像，$NDVI_{soil}$ 和 $NDVI_{veg}$ 也不能取固定值，通常此数值需要借助经验来判断。

项目组依托三江站、海伦站、长白山站，于 2011 年 7~8 月，进行了三江样区、海伦样区、长白山样区不同植被类型植被覆盖度的野外实测，应用单反数码相机和鱼眼镜头（图 1-18），共获得 68 个样点的植被覆盖度数据，拍摄了 216 幅照片。应用地面观测植被覆盖度数据，对应用 MODIS NDVI 数据产品计算得到的植被覆盖度数据进行了精度验证（图 1-19）。

（3）年均植被覆盖度（M_f_c）计算方法

指标含义：全年植被覆盖度的均值。计算方法：

$$M\_f_{ci} = \frac{\sum\limits_{j=1}^{36} f_{cij}}{36}$$

式中，M_f_{ci} 为年均植被覆盖度；i 为年数；j 为旬数；f_{cij} 为第 i 年第 j 旬影像植被覆盖度。

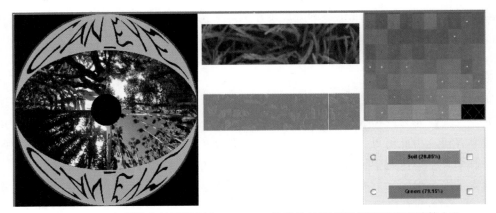

图 1-18　基于鱼眼镜头拍摄数据和 Can-EYE 软件的地面观测植被覆盖度计算方法

资料来源：韩佶兴（2012）

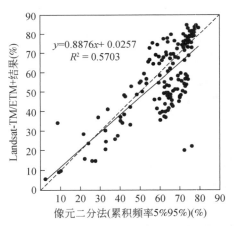

图 1-19　植被覆盖度地面观测样区分布及精度验证结果

资料来源：韩佶兴（2012）

（4）植被覆盖度年变异系数（CV_f_c）计算方法

指标含义：全年植被覆盖度的变异程度。计算方法：

$$CV\_f_{ci} = \frac{\sqrt{\sum\limits_{j=1}^{36} (f_{cij} - M\_f_{ci})^2 / 35}}{M\_f_{ci}}$$

式中，CV_f_{ci} 为植被覆盖度年变异系数；i 为年数；j 为旬数；f_{cij} 为第 i 年第 j 旬影像植被覆盖度；M_f_{ci} 为年均植被覆盖度。

3. 植被净初级生产力（NPP）

（1）植被 NPP 估算主要数据源

东北地区重要生态功能区植被 NPP 估算所用的 NDVI 数据为来自 NASA/EOS LPDAAC 数据分发中心的 MODIS 产品 MOD13A3 数据集（https://lpdaac.usgs.gov/），时间分辨率为月，空间分辨率为 250m×250m，时间跨度为 2000~2015 年。利用 MODIS 网站提供的专业处理软件 MRT TOOLS 对该数据进行投影转换、拼接、裁切等处理。所需的气象数据由中国气象数据网（http://cdc.cma.gov.cn/index.jsp）提供，包括 2000~2015 年的逐月气温、降水和日照百分率数据。根据气候经验模型，利用日照百分率数据，计算得到太阳总辐射；将气温、降水、太阳总辐射数据转成 SHP 格式后，在 ArcInfo 的 GRID 模块下，考虑数据本身特点，气温、降水和太阳总辐射分别采用克里格、IDW 插值法批量完成气象数据栅格化，得到像元大小与 NDVI 数据一致的多年逐月气象因子栅格数据集。

（2）植被 NPP 计算方法

植被 NPP 指标含义：指绿色植物在单位面积、单位时间内所累积的有机物数量，是从光合作用所产生的有机质总量中扣除自养呼吸后的剩余部分，反映了植物固定和转化光合产物的效率，也决定了可供异养生物（包括各种动物和人）利用的物质和能量（王宗明等，2009）。本研究采用修订后的 CASA（Carnegie-Ames-Stanford Approach）模型，模拟得到东北地区 2000~2015 年植被 NPP 数据。CASA 模型利用植被吸收的光合有效辐射（absorbed photosynthetically active radiation，APAR）和光能利用率 ε 计算 NPP，能够实现基于光能利用率原理的陆地 NPP 全球估算（毛德华等，2012）。

本研究根据研究区特点对 CASA 模型进行改进，利用改进后的模型模拟以月为时间步长的植被 NPP，模型原理为

$$\mathrm{NPP}(x,t) = \mathrm{APAR}(x,t) \times \varepsilon(x,t)$$

式中，t 为时间；x 为空间位置；APAR 为像元 x 在 t 月吸收的光合有效辐射；$\varepsilon(x,t)$ 为像元 x 在 t 月的实际光能利用率。

A. 太阳辐射因子子模型

植被吸收的光合有效辐射取决于太阳总辐射和植被本身的特性，公式为

$$\mathrm{APAR}(x,t) = \mathrm{SOL}(x,t) \times \mathrm{FPAR}(x,t) \times 0.5$$

式中，$\mathrm{SOL}(x,t)$ 为 t 月在像元 x 处的太阳总辐射量，可由大气上界太阳辐射量和日照百分率计算（Seaquist et al.，2003）。通过太阳常数、太阳赤纬和日序（day of year，DOY），每日不同纬度大气上界太阳辐射可由如下公式计算（Allen et al.，1998）：

$$S_0 = \frac{24(60)}{\pi} Q_0 d_r \left[\omega_s \sin(\varphi)\sin(\delta) + \cos(\varphi)\cos(\delta)\sin(\omega_s) \right]$$

式中，S_0 为大气外界辐射 $[\mathrm{MJ}/(\mathrm{m}^2 \cdot \mathrm{d})]$；$Q_0$ 为太阳常数，等于 0.0820 $[\mathrm{MJ}/(\mathrm{m}^2 \cdot \mathrm{d})]$，表示大气上界太阳辐射的总量；$d_r$ 为大气外界相对日地距离（无量纲）；ω_s 为太阳时角（rad），天体时角是指某一时刻观察者子午面与天体子午面在天极处的夹角，该角从观察者子午面向西度量；φ 为纬度（rad）；δ 为太阳赤纬（rad）。

计算太阳辐射时，需要确定太阳在天空中的位置。地球的纬度和经度平行线，可形成

天球的天纬度平行线和天经度子午线；天球纬度从天赤道向南或向北以度数表示，即天体偏角或赤纬。纬度以弧度表示，在北半球为正值，南半球为负值。大气外界相对日地距离 d_r，太阳赤纬 δ 通过下列方程计算：

$$d_r = 1 + 0.033\cos\left(\frac{2\pi}{365}J\right)$$

$$\delta = 0.409\sin\left(\frac{2\pi}{365}J - 1.39\right)$$

式中，J 为该年中所处的天数。日落时角 ω_s 经下面方程计算：

$$\omega_s = \arccos\left[-\tan(\varphi)\tan(\delta)\right]$$

太阳总辐射 SOL 可通过大气外界辐射 S_0 与日照百分率 $\frac{n}{N}$ 之间的经验关系求得

$$\mathrm{SOL} = \left(a + b\,\frac{n}{N}\right)S_0$$

$$N = \frac{24}{\pi}\omega_s$$

式中，SOL 为陆表太阳辐射（又称陆表短波辐射）$\left[\mathrm{MJ/(m^2 \cdot d)}\right]$；$n$ 为实际日照时数（h），通过气象资料获得；N 为最大日照时数（h）；$\frac{n}{N}$ 为日照百分率（无量纲）；a 和 b 表示晴天（$n=N$）大气外界辐射到达地面的分量，随大气条件（湿度、沙尘状况）和日落时角（纬度和月份）而变化。本研究 a 和 b 的取值来源于侯光良等（1993）所建立的经验关系（表1-3），该关系是通过中国多年实测辐射数据的经验回归得到的（侯光良等，1993），本研究区位于第四分区，a 和 b 分别取 0.207 和 0.725。

表1-3 中国陆表太阳总辐射计算分区参数表

分量	I	II	III	IV	V
a	0.353	0.216	0.229	0.207	0.191
b	0.543	0.758	0.679	0.725	0.758

资料来源：侯光良等（1993）

FPAR 为植被层对入射光合有效辐射的吸收比例；常数 0.5 表示植被所能利用的太阳有效辐射（波长为 $0.38 \sim 0.71\mu\mathrm{m}$）占太阳总辐射的比例。计算公式如下：

$$\mathrm{FPAR}(x,\ t) = \min\left[\frac{\mathrm{SR} - \mathrm{SR}_{min}}{\mathrm{SR}_{max} - \mathrm{SR}_{min}},\ 0.95\right]$$

式中，SR_{min} 取值为 1.08；SR_{max} 的大小与植被类型有关；SR 由 NDVI 求得

$$\mathrm{SR}(x,t) = \left[\frac{1 + \mathrm{NDVI}(x,t)}{1 - \mathrm{NDVI}(x,t)}\right]$$

B. 光能利用率子模型

在理想条件下植被具有最大光能利用率，而在现实条件下的光能利用率主要受温度和水分的影响（图1-20）。

$$\varepsilon(x,t) = T_{\varepsilon 1}(x,t) \times T_{\varepsilon 2}(x,t) \times W_\varepsilon(x,t) \times \varepsilon_{max}$$

式中，$T_{\varepsilon1}(x,t)$ 和 $T_{\varepsilon2}(x,t)$ 分别为低温和高温对光能利用率的胁迫作用；$W_{\varepsilon}(x,t)$ 为水分胁迫系数，反映水分条件的影响；ε_{max} 为理想条件下的最大光能利用率，本研究参考朱文泉等（2006）模拟的中国草地最大光能利用率，即 0.542。

$T_{\varepsilon1}(x,t)$ 反映的是在低温和高温时由于植被内在的生化作用对光合的限制而导致的净初级生产力降低，用下式计算：

$$T_{\varepsilon1}(x,t)=0.8+0.02\times T_{opt}(x)-0.0005\times[T_{opt}(x)]^2$$

式中，$T_{opt}(x)$ 为某一区域一年内 NDVI 值达到最高时的当月平均气温。已有许多研究表明，NDVI 的大小及其变化可以反映植被的生长状况，NDVI 达到最高时，植被生长最快，此时的气温可以在一定程度上代表植被生长的最适温度。

$T_{\varepsilon1}(x,t)$ 表示环境温度从最适温度 $T_{opt}(x)$ 向高温和低温变化时植被光能利用率逐渐变小的趋势，这是因为低温和高温时高的呼吸消耗必然降低光能利用率，生长在偏离最适温度的条件下，其光能利用率也一定会降低：

$$T_{\varepsilon2}(x,t)=1.1814/\{1+\exp[0.2\times(T_{opt}(x)-10-T(x,t))]\}\times$$
$$1/\{1+\exp[0.3\times(-T_{opt}(x)-10+T(x,t))]\}$$

水分胁迫系数 $W_{\varepsilon}(x,t)$ 反映植被所能利用的有效水分条件对光能利用率的影响。随着环境中有效水分的增加，$W_{\varepsilon}(x,t)$ 逐渐增大，取值范围为 0.5（在极端干旱条件下）到 1（非常湿润条件下），公式为

$$W_{\varepsilon}(x,t)=0.5+0.5\times EET(x,t)/PET(x,t)$$

当月均温小于或等于 0℃时，认为 PET 和 EET 为 0；则该月的 $W_{\varepsilon}(x,t)$ 等于前一个月的值（Potter et al.，1993），即

$$W_{\varepsilon}(x,t)=W_{\varepsilon}(x,t-1)$$

式中，$PET(x,t)$ 为潜在蒸散量，由 Thornthwaite 法（刘晓英等，2006；张新时，1989）计算求得；$EET(x,t)$ 为实际蒸散量，根据周广胜和张新时（1995）的区域实际蒸散模型求取。

$$EET(x,t)=[P(x,t)\times R_n(x,t)\times\{[P(x,t)]^2+[R_n(x,t)]^2+P(x,t)\times R_n(x,t)\}]$$
$$/\{[P(x,t)+R_n(x,t)]\times[(P(x,t))^2+[R_n(x,t)]^2]\}$$

式中，$P(x,t)$ 为像元 x 在 t 月的降水量（mm）；$R_n(x,t)$ 为像元 x 在 t 月的地表净辐射量（mm），由于一般的气象观测站均不进行地表净辐射观测，计算地表净辐射需要的气象要素也很多不易求取，因此本研究利用周广胜和张新时（1996）建立的经验模型求取。

$$R_n(x,t)=[E_{p0}(x,t)\times P(x,t)]^{0.5}\times\left\{0.369+0.598\times\left[\frac{E_{p0}(x,t)}{P(x,t)}\right]^{0.5}\right\}$$

$$PET(x,t)=[EET(x,t)+E_{p0}(x,t)]/2$$

式中，$E_{p0}(x,t)$ 为局地潜在蒸散量（mm）。

$$E_{p0}(x,t)=\begin{cases}16\times\left[\dfrac{10\times T(x,t)}{I(x)}\right]^{a(x)}\times CF(x,t)\\[2mm][-415.85+32.24\times T(x,t)-0.43\times T^2(x,t)]\times CF(x,t)\end{cases}$$

$$\begin{cases} 0 \leqslant T(x,t) < 26.5 \\ T(x,t) < 0 \ \text{或} \ T(x,t) \geqslant 26.5 \end{cases}$$

式中，$CF(x, t)$ 为因纬度而异的日长时数与每月日数的系数。

$$a(x) = \left[0.675\,1 \times I^3(x) - 77.1 \times I^2(x) + 17\,920 \times I(x) + 492\,390 \right] \times 10^{-6}$$

$$I(x) = \left[\frac{T(x,t)}{5} \right]^{1.514} \qquad 0 < T(x,t) < 26.5$$

式中，$I(x)$ 为 12 个月总和的热量指标，$a(x)$ 则是因地而异的常数，是 $I(x)$ 的函数。

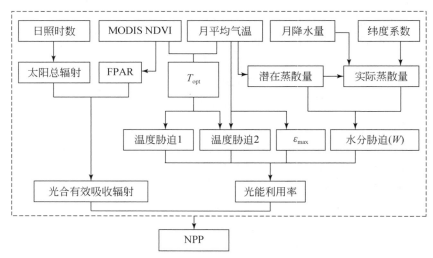

图 1-20　基于 CASA 模型的东北地区植被 NPP 估算技术路线图

（3）东北地区植被净初级生产力模拟结果验证

项目组依托松嫩草地站、大安碱地站，于 2008 年 8 月、2009 年 7～8 月、2015 年 8 月进行东北地区松嫩西部草地地上生物量采样，即松嫩西部草地地上生物量最大时期。共设置 162 个样地，每处样地设置大小为 10m×10m 的大样方，每个样地内部设置 5 个或 3 个小样方，作为重复，并用 GPS 记录各样方编号及中心经纬度，齐地面收集每个样方内地上的绿色部分，将剪下的样品以小样方为单位装袋，并做好标记。采样结果带回实验室后，仍以小样方为单位 65℃烘干，至恒重，用电子天平称重，取各样地所有小样方生物量的平均值，得到各样地地上生物量数据。根据温性草甸草地地下净初级生产力（belowground net primary productivity，BNPP）与地上净初级生产力（aboveground net primary productivity，ANPP）的比值 5.26（朴世龙等，2004），结合生物量与 NPP 的转换系数 0.45（方精云等，1996）得到松嫩平原西部草地总净初级生产力 TNPP（total net primary productivity）。利用 ArcGIS 软件，以采样点为中心提取其对应的模拟净初级生产力 NPP，将二者进行对比，得到散点图（$R^2 = 0.64$，$P < 0.05$），可知，模拟值与实测值相关关系显著，草地 NPP 的模拟精度能够满足长时间植被 NPP 的趋势分析（罗玲等，2011）。

项目组依托三江站等沼泽湿地生态站，于 2012 年 8～9 月开展了东北地区沼泽湿地野外调查，构建沼泽湿地植被生产力观测数据集。野外观测依托遥感影像湿地信息提取结果，结合典型湿地保护区分布状况，拟定野外调查采样路线。总结前期调查成果和文献积累，考虑湿地植物群落类型分布，初步拟定样地分布。松嫩平原典型湿地有：扎龙湿地、珰奈湿地、向海湿地、莫莫格湿地；三江平原典型湿地有：兴凯湖湿地、珍宝岛湿地、东升湿地、七星河湿地、东方红湿地、洪河湿地、三江湿地、挠力河湿地、嘟噜河湿地。以保护区为中心进行辐射野外调查。野外调查采取可视化导航（高精度 GPS 与笔记本电脑相连，实现遥感影像与调查路线叠加可视化）和样地调查方式开展，每个样地为 100m×100m，样地内设 3~5 个样方（1m×1m）。三江平原湿地共采集 100 个样地，松嫩平原湿地共采集 31 个样地。用 GPS 记录各样方的地理坐标和高程信息，同时分别调查各样方内的主要植物群落类型、植物种类数目和覆盖度，测量样方内湿地水深，植被平均层高度和穗高。采用 LAI-2000 重复测量法来测定湿地植被冠层的有效 LAI。收割样方内植被地上生物量，并带回风干后实验室进行 65℃ 条件下 48h 烘干至恒重。将每个样地获取的植物样方地上生物量和叶面积指数进行平均，取均值分别作为本样地的地上生物量值和叶面积指数值。以 0.45 将干物质生物量进行碳系数转换，获取样地地上生产力值。与计算草地 NPP 的方法相同，利用地下净初级生产力与地上净初级生产力的比值系数，计算出每个样点的实测湿地 NPP。结果表明，野外实测 NPP 与模拟 NPP 值误差在 87% 以内，相关系数为 0.861，本研究中沼泽湿地 NPP 模拟值精度在模型模拟可控范围内，精度可靠（毛德华，2014）。

（4）净初级生产力年总量（T_NPP）技术方法

指标含义：全年各月净初级生产力的总和。计算方法：

$$T\_NPP_i = \sum_{j=1}^{36} \sum_{k=1}^{n} NT\_N_{ijk} \times S_k$$

式中，T_NPP_i 为净初级生产力年总量；NT_N_{ijk} 为第 i 年第 j 旬影像中第 k 个像元 NPP 值；S_k 为第 k 个像元面积。

二、生态系统服务能力估算方法

1. 生态系统碳储量估算方法

（1）原理简介

陆地生态系统中碳储存，一般分为四种基本碳库：地上部分碳、地下部分碳、土壤碳、死亡有机碳。InVEST 模型的评估单元为植被覆盖类型，计算四种基本碳库的同时还考虑了第五碳库，即木材产品或林副产品储碳量（如建材、家具等）。由于中国木材经营缺乏标准的采伐计划、营林策略，无法获得木材产品或林副产品衰减率，因而在本研究中第五碳库不予考虑。地上部分碳包括土壤上所有活的植物生物量（如树皮、树干、树枝、树叶）；地下部分碳包括植物活的根系系统；土壤碳包括矿质土壤有机碳、有机土壤碳；死亡有机碳包括凋落物、倒木、枯立木中储存的碳量（Sharp et al.，2015）。

碳储量计算方式如下：

$$C_i = C_{i(\text{above})} + C_{i(\text{below})} + C_{i(\text{dead})} + C_{i(\text{soil})}$$

式中，i 为某种生态系统类型；C_i 为生态系统类型 i 的碳密度（t/hm^2）；$C_{i(\text{above})}$、$C_{i(\text{below})}$、$C_{i(\text{dead})}$、$C_{i(\text{soil})}$ 分别为生态系统类型 i 的地上部分碳密度、地下部分碳密度、死亡有机碳密度和土壤碳密度（t/hm^2）（Jiang et al.，2017）。

$$C = \sum_{i}^{n} C_i \times S_i$$

式中，S_i 为生态系统类型 i 的面积（hm^2）；n 为生态系统类型的数量；C 为总碳储量（t）。

（2）模型输入数据及其获取途径

InVEST 模型的碳模块（图 1-21），是基于生态系统类型图、不同植被类型对应的四大碳库（地上部分碳、地下部分碳、土壤碳、死亡有机碳）的碳密度等，来计算不同地类固定的碳的数量及研究时段内固定或释放的碳总量。碳密度参数主要来源于研究区参考文献及野外台站长期观测数据，主要区分不同生态系统类型和不同植被类型的碳密度。

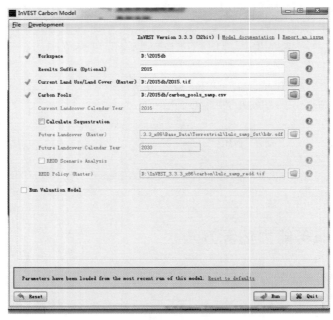

图 1-21　InVEST Carbon Model 模块

（3）模型参数优化与调整

在生态系统类型一定的情况下，就需对碳密度参数进行检验，本研究基于东北地区各野外站长期观测数据和相关参考文献（王治良，2016；包玉斌，2015；曹扬等，2014；牟长城等，2013；米楠等，2013）［可参考《黑龙江省乔木林和生态系统碳储量表》及林业科学数据中心黑龙江分中心（http://hljsdc.nefu.edu.cn/index.php）］对该模块进行优化。以下是 InVEST 模型的碳密度参数表（表 1-4）。

表 1-4　各生态系统类型碳密度参数表　　　　（单位：t/hm²）

I 级生态系统	II 级生态系统	C_above	C_below	C_soil	C_dead
森林	落叶阔叶林	53.50	26.75	170.51	2.51
	常绿针叶林	147.37	73.68	189.91	2.16
	落叶针叶林	68.10	34.05	166.2	2.16
	针阔混交林	60.03	30.01	160.92	2.16
	落叶阔叶灌丛	9.37	4.69	118.61	2.23
	常绿针叶灌丛	9.37	4.69	118.61	2.23
	稀疏林	7.14	3.09	64.29	2.00
	稀疏灌丛	1.31	2.42	29.90	0.35
	乔木园地	18.30	8.69	82.29	13.00
	灌木园地	18.30	8.69	82.29	13.00
	乔木绿地	17.28	8.64	25.44	2.26
	灌木绿地	17.28	8.64	25.44	2.26
草地	温性草原	2.33	7.3	43.72	3.80
	温性草甸	90.00	60.00	110.00	30.00
	草丛	3.37	7.48	44.36	55.00
	稀疏草地	1.66	3.41	10.93	2.00
	草本绿地	1.52	3.11	34.80	1.99
湿地	草本湿地	4.80	2.40	382.80	1.50
	灌木湿地	15.90	7.95	330.60	1.80
	乔木湿地	65.33	32.66	239.90	3.75
	湖泊	2.75	0	144.13	0
	水库/坑塘	2.30	0	146.26	0
	河流	3.25	0	0	0
	运河/水渠	1.31	2.42	29.90	0.35
农田	旱地	4.70	0	33.46	0
	水田	4.70	0	33.46	0
城镇	采矿场	0	0	0	0
	建设用地	0	0	0	0
	交通用地	0	0	0	0
其他	裸土	0	0	0	0
	裸岩	0	0	0	0
	沙漠	0	0	0	0
	盐碱地	0	0	0	0
	苔藓/地衣	0	0	0	0

2. 区域产水量估算方法

（1）主要数据源

InVEST 模型产水量模块需要数据包括：生态系统类型栅格数据、年降水量栅格数据、潜在蒸散量栅格数据、土壤有效含水量栅格数据、土壤深度栅格数据，需要确定的参数包括：Zhang 系数、植被蒸散系数（Kc）、植物根深（root_depth）及生态系统类型是否有植被（有植被为 1，无植被为 0）。

本研究使用的东北地区 1990 年、2000 年和 2015 年生态系统类型数据来源于中国科学院东北地理与农业生态研究所地理景观遥感学科组，空间分辨率 30m，研究区共涉及森林、草地、农田、湿地、城镇及其他用地 6 种生态系统类型。降水数据来自于中国气象数据网（http://data.cma.cn），年潜在蒸散数据利用 Modified-Hargreaves 计算，植被可利用水利用土壤质地计算，土壤深度数据来自于全国第二次土壤普查数据集，植物蒸散系数、植物根深均来自参考文献。

（2）产水量模型原理

InVEST 模型中的产水量模块主要是用于计算生态系统的产水量（即水源供给量），此模块是基于水量平衡的原理，各栅格的降水量减去实际蒸散发后的水量即得该栅格产水量。具体计算公式（Wu et al., 2018；Tallis et al., 2011）如下：

$$Y_{xj} = \left(1 - \frac{\text{AET}_{xj}}{P_x}\right) \times P_x$$

式中，Y_{xj} 为 j 类生态系统类型、栅格 x 的产水量；AET_{xj} 为 j 类生态系统类型、栅格 x 的实际蒸散量；P_x 为栅格 x 中的年降水量。$\frac{\text{AET}_{xj}}{P_x}$ 是布德科曲线（Budyko curve）的近似值，其计算公式（Zhang and Walker, 2001）如下：

$$\frac{\text{AET}_{xj}}{P_x} = \frac{1 + \omega_x R_{xj}}{1 + \omega_x R_{xj} + \frac{1}{R_{xj}}}$$

式中，R_{xj} 为土地利用/覆被类型 j、栅格 x 处的布德科干燥度指数，它是潜在蒸散与降水量的比值；ω_x 为改进的、无量纲的植被可利用水量与年预期降水量，根据 Zhang 和 Walker（2001）的定义，其是一个用于描述自然的气候–土壤属性的非物理参数。其计算方法如下：

$$\omega_x = Z \frac{\text{AWC}_x}{P_x}$$

式中，AWC_x 为植被可利用的体积含水量（mm），其值是由土壤质地和有效土壤深度决定；Z 为代表季节降水分布和降水深度参数。对于冬季降水为主的地区，Z 值接近 10，而对于降水均匀分布的湿润地区和夏季降水为主的地区 Z 值接近于 1。

布德科干燥度指数 R_{xj} 的计算公式如下：

$$R_{xj} = \frac{K_{xj}\text{ETo}_x}{P_x}$$

式中，ETo_x 是栅格 x 内的潜在蒸散量；K_{xj} 为植被的蒸散系数。

（3）数据处理

1）年均降水量数据。

通过东北地区及周边 128 个气象站点的降水数据用反距离权重插值法获得研究区 1990 年、2000 年、2015 年年均降水量空间分布数据（吴健等，2017）。

2）潜在蒸散量数据。

通过 Modified-Hargreaves 计算年潜在蒸散量（孙兴齐，2017），公式如下：

$$ETo = 0.0013 \times 0.408 \times RA \times (T_{avg} + 17) \times (TD - 0.0123P)^{0.76}$$

式中，ETo 为潜在蒸散量（mm/d）；RA 为太阳大气顶层辐射［MJ/（mm·d）］；T_{avg} 为日最高温均值和日最低温均值的平均值（℃）；TD 为日最高温均值和日最低温均值的差值（℃）；P 为月均降水量（mm）。

3）植被可利用含水量。

植被可利用含水量是为了评估出土壤为植物所存储和释放的总水量的参数是由土壤的机械组成和植被根系的深度所决定的，根据周文佐等（2003）的算法来进行计算，具体计算方法如下：

$$PAWC = 54.509 - 0.132sand - 0.003(sand)^2 - 0.055(silt)^2 - 0.738clay + 0.007(clay)^2$$
$$- 2.688OM + 0.501(OM)^2$$

式中，PAWC 为植被可利用含水量；sand 为土壤砂粒的含量（%）；silt 为土壤粉粒的含量（%）；clay 为土壤黏粒的含量（%）；OM 为土壤有机质的含量（%）。

4）生物物理量参数表。

实际蒸散发与潜在蒸散发的比值称为植被蒸散系数，其用来反映作物的栽培条件和作物本身的生物学性状对需水量和耗水量的影响。本研究中主要参考联合国粮食及农业组织（Food and Agriculture Organization of the United Nations，FAO）提供的灌溉和园艺手册中的作物蒸散数据并结合研究区地表植被覆盖实际情况确定（傅斌等，2013），参数如表 1-5。

表 1-5　产水量模块参数表

生态系统类型	植被蒸散系数	植物根深	是否是植被
落叶阔叶林	1	5000	1
常绿针叶林	1	5000	1
落叶针叶林	1	5000	1
针阔混交林	1	5000	1
落叶阔叶灌丛	0.9	2000	1
常绿针叶灌丛	0.9	2000	1
稀疏林	0.9	3000	1
稀疏灌丛	0.9	2000	1
乔木园地	0.9	3000	1
灌木园地	0.8	700	1

生态系统类型	植被蒸散系数	植物根深	是否是植被
乔木绿地	0.9	3000	1
灌木绿地	0.9	2000	1
温性草原	0.6	500	1
温性草甸	0.6	500	1
草丛	0.6	500	1
稀疏草地	0.65	500	1
草本绿地	0.6	500	1
水田	0.7	300	1
旱地	0.75	300	1
乔木湿地	0.9	3000	1
灌木湿地	0.9	3000	1
草本湿地	0.5	300	1
湖泊	1	1	0
水库/坑塘	1	1	0
河流	1	1	0
运河/水渠	1	1	0
建设用地	0.001	1	0
交通用地	0.001	1	0
采矿场	0.001	1	0
苔藓/地衣	0.65	1	1
裸岩	0.001	1	0
裸土	0.001	1	0
沙漠	0.001	1	0
盐碱地	0.001	1	0

5）Zhang 系数。

Zhang 系数是表示地区降水量特征的一个参数，表征降水的季节性分布特征，范围为 1～10，在模型中输入不同的该系数值时对其进行校验，在产水量模拟效果最优时得到 Zhang 系数（张媛媛，2012）。经过多次试验校正，将 Zhang 系数设置为 3.2 时，InVEST 模型模拟产水量结果最佳。所以本研究选取 3.2 为研究区的 Zhang 系数。

3. 生境质量评价方法

（1）主要数据源

本研究中评价生境质量所需的基础数据包括 MODIS NDVI 数据，来自 MOD13A3 的植被指数数据集，时间分辨率为月，空间分辨率为 250m×250m，来自 NASA/EOS LPDAAC 数据分发中心的 MODIS 产品（https://lpdaac.usgs.gov/），时间跨度为 2000～2015 年。湖泊分布、河流分布、居民地和道路分布数据、生态系统类型数据等，来自生态系统遥感分类数据，获取方法请参考本章第二节。

（2）生境质量评价方法与结果验证

如何选取关键的评价因子对生境质量评价至关重要。生境质量评价因子的选择基于以下两个原则：①环境因素对生境质量是否有直接影响；②气候、地形等大尺度因素对生境质量影响程度如何（董张玉等，2014）。基于以上原则，结合研究区特点，选取对生境质量具有直接影响的生存环境控制因子包括：水源状况（湖泊密度和河流密度）、干扰因子（居民地密度和道路密度）、遮蔽条件（生态系统类型和坡度）和食物丰富度（NDVI）。湖泊、河流、居民地、道路和生态系统类型等数据可通过遥感影像解译获得，并利用ArcGIS 10.3.1 中的 Density 模块得到研究区湖泊、河流、居民地和道路等密度。

每种因子对生境质量的影响程度不同，所以需要对每个因子设置可靠的权重（Tang et al.，2016）。结合熵值法和层次分析法确定每个因子的权重，这样可以有效避免人为主观因子干扰。各因子的权重结果见表1-6。

表1-6 生境质量评价因子权重

目标层	准则层		决策层	
	影响因子	权重	影响因子	权重
生境质量	水源状况	0.3	河流密度	0.35
			湖泊密度	0.65
	干扰因子	0.2	道路密度	0.45
			居民地密度	0.55
	遮蔽条件	0.2	生态系统类型	0.75
			坡度	0.25
	食物丰富度	0.3	NDVI	1

生境质量计算公式如下：

$$HSI = \sum_{i=1}^{n} w_i f_i$$

式中，HSI 为生境质量；n 为指标因子个数；w_i 为权重；f_i 为指标因子计算值。指标因子权重见表1-7。

为便于对1990 年、2000 年和2015 年生境质量比较，将三期生境质量进行标准化，并按照适宜性得分，分为适宜性最好（75～100）、适宜性良好（50～75）、适宜性一般（5～50）、适宜性差（0～25）4 个等级，生境质量评价具体流程如图1-22 所示。

利用实测数据对生境质量评价结果进行验证非常困难。项目组采用如下方法来进行生境质量等级评价结果的验证：因野生水禽对生境质量的条件要求较高，本研究收集了位于松嫩平原西部典型湿地保护区的 28 个湿地水禽鸟巢位置信息、三江平原典型湿地保护区的 12 个湿地水禽鸟巢位置信息；确定各鸟巢所处的经纬度，将其与本研究得出的区域生境质量评价结果进行叠加。结果表明，所有湿地水禽鸟巢都位于本研究评价得到的生境质量最优的区域，这从一定程度上表明，本研究的评价结果具有合理性（Dong et al.，2013）。

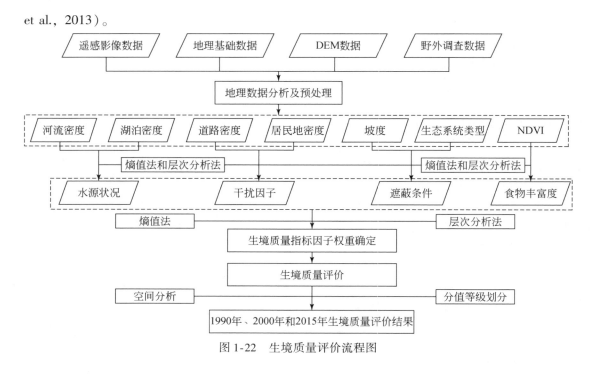

图 1-22 生境质量评价流程图

4. 防风固沙能力

（1）主要数据源

估算区域防风固沙量所需要的气象因子中，包括风速、积雪覆盖天数、气温、降水等，数据直接在中国气象共享网站上获得，是由科学技术部"国家科技基础条件平台建设"支持建设的数据中心试点之一，由国家气象信息中心气象资料室负责对本网站的建设和管理，网址为 http：//data. cma. cn/site/index. html。土壤性质数据：土壤粗砂含量、土壤粉砂含量、土壤黏粒含量、有机质含量及碳酸钙含量等。本研究土壤数据来源于联合国粮食及农业组织和维也纳国际应用系统研究所所构建的世界和谐土壤数据库气象数据，网址为 http：//westdc. westgis. ac. cn/。坡度数据：在 ArcGIS 软件中对高程（DEM）进行 Slope 命令计算获得，DEM 数据来源为地理空间数据云，网址为 http：//www. gscloud. cn/。植被覆盖度（NDVI）：数据源为地理空间数据云 MODIS NDVI 产品，在 ArcGIS 中拼接和裁剪，最终获得 NDVI 数据产品。

（2）防风固沙量的估算方法与精度分析

防风固沙量采用修正风蚀方程进行估算（Ouyang et al.，2016；江凌等，2016）。通过风速、土壤、植被覆盖等因素估算潜在和实际风蚀强度，以两者差值作为生态系统固沙量来评价生态系统防风固沙功能的强弱。潜在风蚀量的计算公式如下：

$$S_L = \frac{2 \cdot z}{S^2} Q_{max} \cdot e^{-(z/s)^2}$$

$$S = 150.71 \times (WF \times EF \times SCF \times K' \times C)^{-0.3711}$$

$$Q_{max}=109.8\times(WF\times EF\times SCF\times K'\times C)$$

防风固沙量的计算公式如下：

$$SR=\frac{2z}{S^2}Q_{max}\cdot e^{-(z/s)^2}$$

$$S=150.71\times[WF\times EF\times SCF\times K'\times(1-C)]^{-0.3711}$$

$$Q_{max}=109.8\times[WF\times EF\times SCF\times K'\times(1-C)]$$

式中，S_L 为潜在风蚀量（kg/m²）；SR 为防风固沙量（kg/m²）；S 为区域侵蚀系数；Q_{max} 为风蚀最大转移量（kg/m）；z 为距离上风向不可蚀地面的距离，这里假设 z=S。

1）气象因子。

$$WF=Wf\times\frac{\rho}{g}\times SW\times SD$$

$$Wf=\frac{\sum_{i=1}^{N}u_2(u_2-u_1)^2}{500}\times N_d$$

$$SW=\frac{ET_p-(R+I)(R_d/N_d)}{ET_p}$$

$$ET_p=0.0162\cdot\frac{SR}{58.5}(DT+17.8)$$

式中，WF 为气象因子（kg/m）；Wf 为风场强度因子 [(m/s)³]；ρ 为空气密度（kg/m³）；g 为重力加速度（m/s²）；SW 为土壤湿度因子；SD 为雪盖因子，无积雪覆盖天数研究总天数；u_2 为监测风速（m/s）；u_1 为起沙风速（取 5m/s）；N_d 为计算周期的天数；R_d 为月平均降水日数；SR 为太阳辐射（cal[①]/cm²）；DT 为平均温度（℃）；ET_p 为潜在蒸散量（mm）；I 为灌溉量（mm）（本次取 0）。

2）土壤可蚀性因子。

$$EF=\frac{29.09+0.31S_a+0.17S_i+0.33(S_a/Cl)-2.59OM-0.95CaCO_3}{100}$$

式中，EF 为土壤可烛因子，无纲量；S_a 为土壤粗砂含量（%）；S_i 为土壤粉砂含量（%）；Cl 为土壤黏粒含量（%）；OM 为有机质含量（%）；$CaCO_3$ 为土壤中碳酸的含量（%）。

3）土壤结皮因子。

$$SCF=\frac{1}{1+0.0066(Cl)^2+0.021(OM)^2}$$

式中，SCF 为土壤结皮因子；Cl 为土壤黏粒含量（%）；OM 为有机质含量（%）；在 RWEQ 模型的标准数据库中，适用于方程的各种物质含量的范围见表 1-7，超过这个范围的值是否仍然适用于这两个方程，目前还没有进行验证。

---

① 1cal=4.184J。

表 1-7　RWEQ 标准数据库中物质含量范围表　　　　　（单位:%）

	S_a	S_i	Cl	S_a/Cl	OM	$CaCO_3$
范围	5.5~93.6	0.5~69.5	5.0~39.3	1.2~53.0	0.18~4.79	0.0~25.2

4）植被覆盖因子。

$$C = \mathrm{EXP}\left(-\alpha \times \frac{\mathrm{NDVI}}{\beta - \mathrm{NDVI}}\right)$$

式中，C 为植被覆盖因子；α、β 为常数系数，α 为 2、β 为 1；NDVI 为归一化植被指数。

5）地表粗糙因子。

$$K' = \cos \alpha$$

式中，α 为地形坡度，以 ArcGIS 软件中的 Slope 工具实现。

通过与其他相关研究对比分析，本研究中的防风固沙能力数据计算较为合理。表 1-8 为本研究中 2010 年防风固沙能力模拟结果与其他相关研究模拟结果的比较。

表 1-8　本研究防风固沙能力模拟结果与其他相关研究模拟结果的比较

（单位：t/km^2）

本研究		其他相关研究		
地区	单位面积固沙量	地区	单位面积固沙量	文献来源
东北地区	2720.16	全国	86.77	《全国生态环境十年变化（2000—2010 年）遥感调查与评估》项目
吉林	1632.53	吉林	1008.23	《全国生态环境十年变化（2000—2010 年）遥感调查与评估》项目
黑龙江	2879.48	黑龙江	216.92	《全国生态环境十年变化（2000—2010 年）遥感调查与评估》项目
辽宁	2121.23	辽宁	2605.61	《全国生态环境十年变化（2000—2010 年）遥感调查与评估》项目
内蒙古（东部）	3224.06	内蒙古全区	2850.44	《全国生态环境十年变化（2000—2010 年）遥感调查与评估》项目
		内蒙古全区	4879.66	江凌等（2016）
		浑善达克沙地防风固沙功能区	1262.22	申陆等（2016）
		黑河下游重要生态功能区	5653	韩永伟等（2011）

5. 食物生产能力

（1）主要数据源

本研究进行食物生产能力评估的数据主要为统计年鉴数据，来源于辽宁省、吉林省、黑龙江省、内蒙古自治区历年统计年鉴。

（2）数据指标

本研究采用各县级行政单元主要作物总产量数据作为基本数据项，根据各研究区的报告，汇总各研究区的作物总产量，主要考虑的作物包括：玉米、水稻、大豆、小麦等。

第二章 大兴安岭生态功能区生态变化评估

第一节 大兴安岭生态功能区概况

一、地理概况

大兴安岭生态功能区（118°E ~ 127° E，44°N ~ 54°N）位于我国黑龙江省北部和内蒙古自治区东北部，行政范围涉及黑龙江省的黑河市和大兴安岭地区及内蒙古自治区的呼伦贝尔市、兴安盟、通辽市、赤峰市，面积为291 538km²；东与黑河地区毗邻，西抵内蒙古自治区额尔古纳市，南邻广阔的松嫩平原，北至黑龙江与俄罗斯隔江相望。功能区内山地连绵起伏，地势西高东低，北高南低，河谷开阔，河床蜿曲。该区内以伊勒呼里山为分水岭，岭北为黑龙江水系，岭南为嫩江水系，主要河流有多古河、呼玛河、塔河、多布库尔河、甘河，流域面积达50km²以上的河流有154条，流域面积在1000km²以上的河流有28条（司国佐等，2006）。

大兴安岭生态功能区主要发挥水源涵养与生物多样性保护功能，对黑龙江省北部和内蒙古自治区大兴安岭西部地区具有重要的生态安全屏障作用。该区是嫩江、额尔古纳河、绰尔河、阿伦河、诺敏河、甘河、得尔布河等诸多河流的源头，是重要水源涵养区。该区的北部植被类型主要是以兴安落叶松为代表的寒温带落叶针叶林，广泛分布于丘陵和低山区，并在林缘及宽谷地区发育了沼泽化灌丛和灌丛化沼泽，南部主要分布有落叶阔叶林，该区丰富的生物多样性对维持区域生态平衡、保障国家和东北亚生态安全具有不可或缺的作用，是我国重要商品粮和畜牧业生产基地的天然屏障，对调节东北平原、华北平原气候乃至全球气候具有无可替代的保障功能，如图2-1所示。

综合考虑温度带和干湿状况，参照中国生态地理分区，将大兴安岭生态功能区划分为北部、中部和南部三个区域（图2-2）。

二、气候条件

大兴安岭生态功能区属寒温带大陆性季风气候，冬季寒冷干燥，夏季温凉湿润，日照时间长，昼夜温差大。年有效积温为1700 ~ 2100℃，年平均光照时间为2400 ~ 2700h，无霜期为80 ~ 110天，年平均气温为−3.5℃，1月是最冷的月份，雨季集中在7 ~ 9月，年平均降水量为 400~500mm（初兴国，2016）。

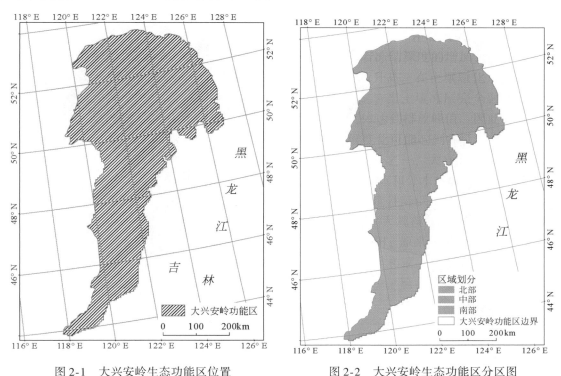

图 2-1　大兴安岭生态功能区位置　　　　　图 2-2　大兴安岭生态功能区分区图

1. 气温

大兴安岭生态功能区年平均气温为 –3.5℃，由北向南呈逐渐增高的趋势，东部和南部从 –2℃至 –5℃，西部和北部从 –5℃至 –7℃。冬季漫长寒冷，由于大兴安岭地区位于东亚季风区，冬季受西伯利亚寒冷空气控制，气温从 10 月下旬转入零下直至第二年 4 月中旬升至零上，1969 年 2 月 13 日漠河最低气温为 –52.3℃，是最低气温纪录。7 月最热，平均气温为 17~19℃。气温年较差为 43~49℃，日较差为 13~17℃。春季升温快，秋季降温快，夏季温暖而短暂，冬季寒冷而漫长。近年来大兴安岭生态功能区暖季变长，暖季日平均值变暖，地区变暖趋势明显；冷季天数变少，日平均值亦更低，所以在冷季变短的情况下，气温变得更低（图 2-3）（代海燕等，2016）。

2. 降水

大兴安岭生态功能区夏季受太平洋暖湿空气影响，湿润多雨，全区降水量分布具有明显的空间异质性，总体呈现由西向东的递增趋势，5~10 月降水量约占全年降水量的89%，主要降水时间集中在 7 月和 8 月，降水量可达年降水量的 46% 以上。而 11 月至次年 4 月的降水量，仅为全年降水量的 11% 左右。降水量的年际变化悬殊，一般年份降水量在 450mm 左右，干旱年降水量仅为 200mm，而洪涝年则可达 800mm 以上，汛期 6~9 月的最大降水量可达 300mm 以上，嫩江水系历年平均降水量为 539mm，黑龙江沿线历年平均降水量为 436mm（图 2-4）。

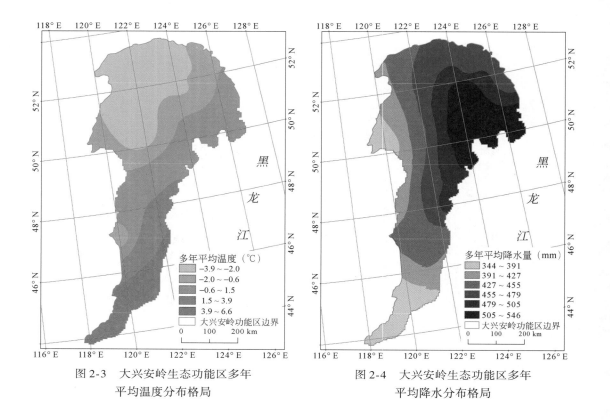

图 2-3　大兴安岭生态功能区多年　　　　图 2-4　大兴安岭生态功能区多年
　　平均温度分布格局　　　　　　　　　　　平均降水分布格局

三、地形地貌

　　本研究考虑的大兴安岭生态功能区地形因子主要为高程和坡度两个方面。高程对地理景观格局影响明显，在不同高程范围内，植被类型差异鲜明，在高程相对较低的地区，多为农业植被，如玉米、大豆和水稻等农作物类型及草原植被类型；高程较高的地区多为自然生长的森林植被类型。坡度因子是影响自然环境的重要因子，坡度的大小决定土地利用情况，坡度较小的地区，人类利用程度较大，而坡度较大的地区，主要是森林植被类型。

　　大兴安岭生态功能区内总体呈现中间高、四周低的地势，全区平均海拔为 1200 ~ 1300m（图 2-5）。该区域内的大部分地区坡度低于 15°，坡度大于 15° 的地区仅占全区面积的 13% 左右。空间特征同高程分布类似，坡度随山体的走向发生变化；中部地区坡度较高，多大于 10° 以上；东北部坡度较缓，大多为 0° ~ 5°。全区坡度低于 23° 地区约占全区面积的 87%（图 2-6 和图 2-7）。

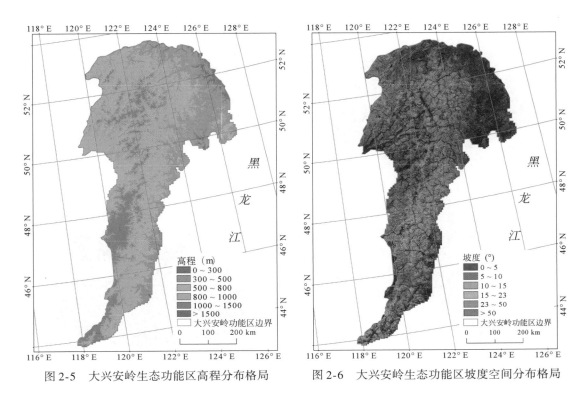

图 2-5　大兴安岭生态功能区高程分布格局　　　　图 2-6　大兴安岭生态功能区坡度空间分布格局

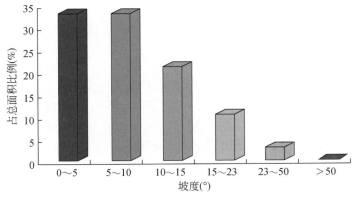

图 2-7　大兴安岭生态功能区坡度空间分布比例

　　大兴安岭生态功能区地貌类型以中海拔中起伏山地和低海拔小起伏山地为主。中山有山脉形态，但分割较碎；低山山形圆浑，地面零碎，较丘陵分布规则。全区地形呈东北—西南走向，属浅山丘陵地带，北部、西部和中部较高。大兴安岭为重要的气候分带，夏季海洋季风受阻于山地东坡，故东坡降水多，西坡干旱，二者呈鲜明对比，但整个山区的气候较湿润。地势呈西高东低，位于第一阶梯地、第二阶梯地及其结合部，南北走向的中山系大兴安岭山脊以东为第三阶梯地，以西为第二阶梯地。该区山地、平原、丘陵、台地、湖泊地貌各占全区总面积的比例依次为81.09%、12.06%、6.68%、0.16%、0.01%（图2-8和图2-9）。

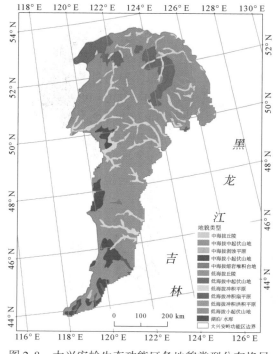

图 2-8　大兴安岭生态功能区各地貌类型分布格局

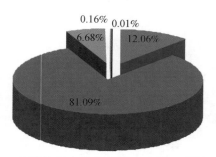

图 2-9　大兴安岭生态功能区
各地貌类型分布比例

四、土壤类型

　　大兴安岭生态功能区土壤的形成和分布是当地地质、地貌、气候、水、植被等成土因子综合作用的结果，土壤类型主要包括冲积土、暗棕壤、栗钙土、棕色针叶林土、江河内沙洲岛屿、沼泽土、潮土、灰色森林土、盐化草甸土、岩土、石灰性草甸土等（图 2-10）。各种土壤类型的分布明显受地表岩性和地貌条件的控制。

　　大兴安岭生态功能区以北以落叶松林下发育的棕色针叶林土为主，其次为樟子松林、柞树林、杨树林等阔叶林或针阔混交林下发育的暗棕壤，再次是在草原化草甸下发育的草甸黑土及低洼积水、半积水的草甸土，以及灌木沼泽下发育的各种沼泽土。大兴安岭生态功能区土壤因为湿度过低，有机质分解不良，有效肥力低，适宜于绝大多数树木生长。尤其是在各种棕色针叶林土上适宜于落叶松的生长。在海拔 300m 左右的沟谷，为草甸黑土带，适宜发展农业种植业。各土壤类型分别占全区土壤总面积比例如图 2-11 所示。

五、植被类型

　　受气候、地形、土壤等诸多因素的影响，大兴安岭生态功能区的植被分布呈现明显的垂直分布特征，以森林植被为主，北部是以兴安落叶松为主的寒温带山地针叶林，往南经针阔混交林逐渐过渡到以蒙古栎为主的温带丘陵落叶阔叶林，草甸植被类型是由中生草本植物组成的植物群落，主要生长在林缘缓坡、林间隙地及宽谷边缘；湿地植被类型多分布在针叶林林缘、谷底和河滩；草原主要分布在大兴安岭生态功能区西侧，灌丛与农业植被主要分布在大兴安岭生态功能区南缘（图2-12）。

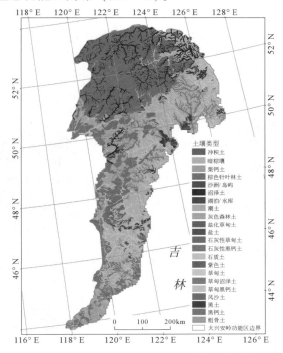

图2-10 大兴安岭生态功能区土壤类型分布格局

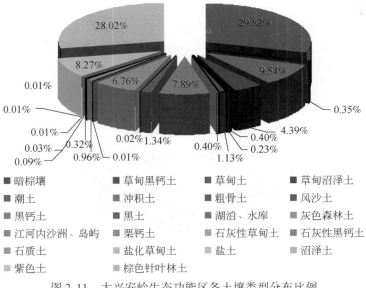

图2-11 大兴安岭生态功能区各土壤类型分布比例

六、生态系统格局现状

受地形、气候等自然条件的影响，大兴安岭生态功能区的生态系统类型以森林为主，占全区总面积的67.18%，主要分布在山地、丘陵地带。该区是我国最大的国有林区，曾是我国主要的木材生产基地。其次，湿地面积占全区总面积的13.33%，草地面积占全区总面积的11.81%，农田面积占全区总面积的6.5%，草地、农田集中分布于大兴安岭生态功能区南部；城镇及裸地分布较少（图2-13和图2-14）。

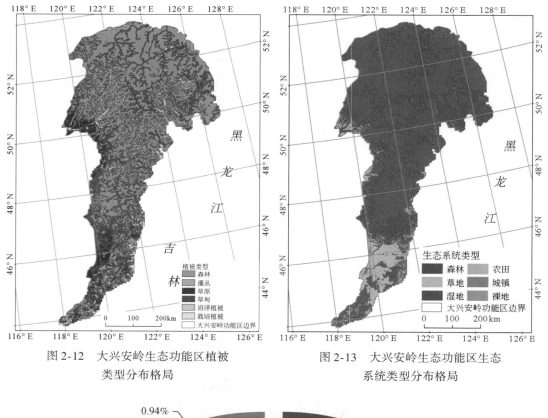

图 2-12　大兴安岭生态功能区植被
类型分布格局

图 2-13　大兴安岭生态功能区生态
系统类型分布格局

图 2-14　大兴安岭生态功能区生态系统类型分布比例

第二节　环境要素变化

一、气候变化

（一）区域气候变化

本研究选取大兴安岭生态功能区及其周边的 19 个气象站点 1971～2013 年的气温、降水等气象观测数据，采用一元线性回归分析、曼－肯德尔（Mann-Kendall）检验法和小波分析法研究了大兴安岭生态功能区内各气象要素的趋势变化、时间突变、变化周期、变化空间差异等气候变化特征。大兴安岭生态功能区气象站点分布图见图 2-15。

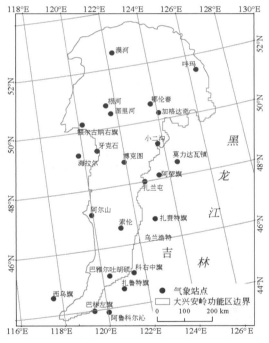

图 2-15　大兴安岭生态功能区气象站点分布图

1. 温度

（1）年平均气温时间变化趋势分析

从时间尺度来看，在 1971～2013 年大兴安岭生态功能区年平均气温整体呈显著上升趋势，上升速率为 0.36℃/10a（图 2-16）。其多年均值为 0.28℃，最高值出现在 2007 年为 2.06℃，最低值出现在 1976 年为－1.1℃，两者相差达 3.16℃，说明年平均气温年际变化幅度较大。在 1971～1988 年，年平均气温均低于 0℃；从 1989 年开始，年平均气温基本在 0℃以上。大兴安岭生态功能区北部、中部和南部区域的年平均温变化趋势基本一致，均呈显著升高趋势，北部、中部、南部三个区域的多年平均气温分别为 - 2.39℃、-0.63℃、3.87℃。

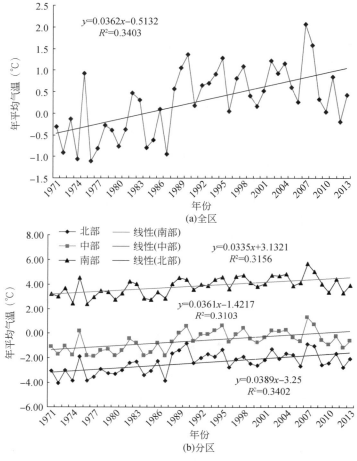

图 2-16 1971 ~ 2013 年年平均气温变化趋势

（2）年平均气温突变检验

采用曼-肯德尔检验突变检验法对大兴安岭生态功能区 1971 ~ 2013 年的年平均气温进行突变检验分析（图 2-17）。若 UF 曲线一直处于 0 水平线以上，表明气温呈增加趋势；反之，呈下降趋势。由图 2-17 可以看出，从 1981 年开始，大兴安岭生态功能区 UF 曲线呈上升趋势，持续时间较长；并且在 1990 年左右上升趋势通过了 0.05 的显著性水平检验。UF 曲线与 UB 曲线在置信区间内只有 1 个交点，由此推断在 1971 ~ 2013 年的年平均气温可能只发生了 1 次突变，大致时间为 1986 年。大兴安岭生态功能区北部、中部和南部区域的气温表现出不同的突变特征，其中，北部和中部与大兴安岭生态功能区的特征较一致，分别从 1974 年和 1985 年开始，UF 曲线呈上升趋势，持续时间较长，分别在 1988 年和 1992 年左右上升趋势通过了 0.05 的显著性水平检验；而南部区域的 UF 曲线在1982 ~ 2004 年处于 0 水平线以上，其中 1984 ~ 2002 年上升趋势通过了 0.05 的显著性水平检验。三个区域的 UF

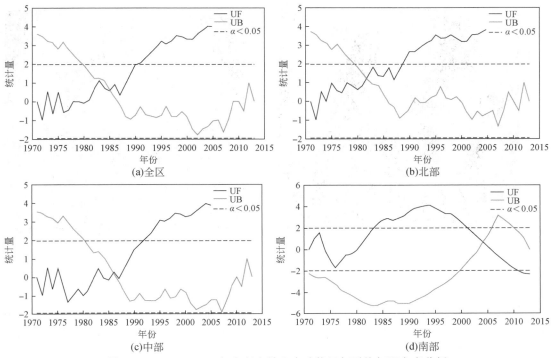

图 2-17　1971～2013 年大兴安岭生态功能区年平均气温突变分析

曲线与 UB 曲线在置信区间内均只有 1 个交点，由此推断在1971～2013 年年平均气温均只发生了 1 次突变，大致时间分别为 1982 年、1986 年、2004 年。

（3）年平均气温周期性变化分析

图 2-18 给出了年平均气温周期性变化 Morlet 小波变换系数实部图。小波实部图中信号的强弱通过色泽深浅来表示，颜色越浅表示信号越强，颜色越深表示信号越弱。颜色由黑变白或由白变黑所对应的时刻即为由少变多或由多变少的突变点。

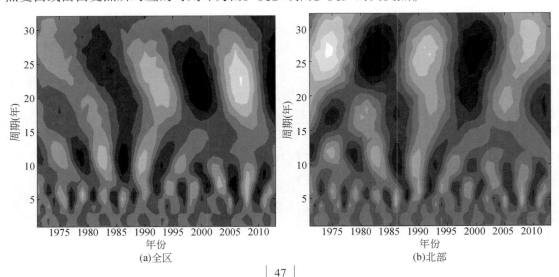

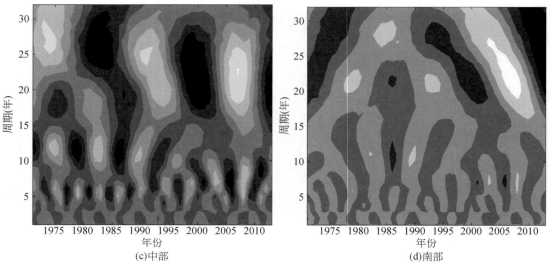

图 2-18　1971～2013 年大兴安岭生态功能区年平均气温周期性变化 Morlet 小波变换系数实部图

从图 2-18 中可以看出，近 43 年内蒙古大兴安岭生态功能区年平均气温包含了多个不同尺度的周期性变化，形成了各种尺度正负相间的振荡中心，存在明显的年代和年际变化。年际变化中具有 3 个明显的 23 年、11 年、6 年尺度周期的嵌套结构，其中 6 年尺度周期主要经历了多个枯-丰交替，并且具有全域性；11 年尺度周期主要集中在 1971～1994年，主要经历了 6 个明显的枯-丰交替；23 年尺度周期主要集中在 1992～2008 年，主要经历了 2 个明显的枯-丰交替。这表明该林区气温变化受多重时间尺度周期的共同作用。

气温的周期性变化同样存在区域差异。其中，南部区域周期性变化不明显，仅具有 21年的非全域性周期；北部区域具有 3 个明显的 27 年、11 年、6 年尺度周期的嵌套结构，其中 6 年尺度和 27 年尺度周期经历了多个枯-丰交替，并且具有全域性；中部区域的周期特征与北部区域较接近，也具有 3 个明显的 25 年、11 年、6 年尺度周期的嵌套结构，其中 6 年尺度和 25 年尺度周期主要经历了多个枯-丰交替，并且具有全域性。

2. 降水

（1）年降水量变化趋势分析

从时间尺度来看，在 1971～2013 年大兴安岭生态功能区年降水量变化趋势不明显，变化率为 1.0mm/10a（图 2-19）。其多年均值为 452.08mm，最大值出现在 1998 年，为692.69mm，最小值出现在 2007 年，为 322.41mm，两者相差达 370.28mm，说明年降水量年际变化幅度较大。大兴安岭生态功能区北部、中部和南部区域的年降水量表现出不同的变化趋势，三个区域的多年平均降水量分别为 482.65mm、447.57mm、426.01mm。

（2）年降水量突变检验

采用曼-肯德尔检验突变检验法对内蒙古大兴安岭生态功能区 1971～2013 年年降水量进行突变检验分析（图 2-20）。若 UF 曲线一直处于 0 水平线以上，表明降水量呈增加趋势；反之，呈下降趋势。由图 2-20 可以看出，UF 曲线整体上经历了下降—上升—下降—

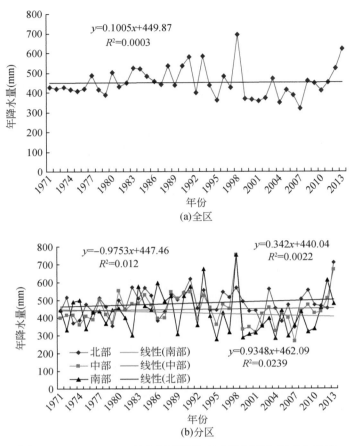

图 2-19　1971～2013 年大兴安岭生态功能区降水量变化趋势

上升的趋势，可判断该林区降水经历了枯—丰—枯—丰的过程。在 1982～2003 年处于上升趋势，持续时间比较长，并且在 1987～1993 年上升趋势通过了 0.05 的显著性水平检验。UF 曲线与 UB 曲线在置信区间内大致有 5 个交点，其中在 1977～1980 年出现 3 个交点，距离较近，可近似看作 1 个交点，由此推断在 1971～2013 年该林区年降水量可能发生了 3 次突变，大致时间分别为 1972 年、1978 年、1998 年。

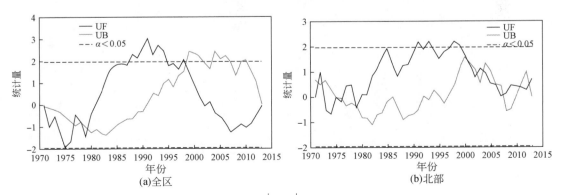

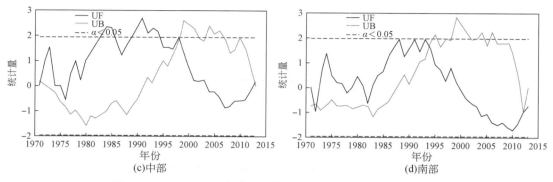

图 2-20　1971~2013 年大兴安岭生态功能区年降水量突变分析

大兴安岭生态功能区北部、中部和南部区域的降水量表现出不同的突变特征，其中，中部和南部区域的特征较接近，UF 曲线整体上经历了上升—下降—上升—下降—上升的趋势；中部区域在 1983~1986 年和 1990~1994 年上升趋势通过了 0.05 的显著性水平检验；而北部区域的 UF 曲线整体上经历了下降—上升—下降—上升的趋势，在 1990 年、1994 年、1997~2000 年上升趋势通过了 0.05 的显著性水平检验。中部和南部区域的 UF 曲线与 UB 曲线在置信区间内均有 3 个交点，由此推断在 1971~2013 年中部和南部区域的降水量均可能发生了 3 次突变，大致时间分别为 1972 年、1998 年、2013 年和 1972 年、1993 年、2012 年；北部区域的 UF 曲线与 UB 曲线在置信区间内有 12 个交点，将距离较近的点近似看作 1 个交点，由此推断在 1971~2013 年北部区域的降水量可能发生了 6 次突变，大致时间分别为 1972 年、1976 年、1979 年、2002 年、2006 年、2012 年。

（3）年降水量周期性变化分析

图 2-21 为内蒙古大兴安岭林区年降水量周期性变化 Morlet 小波变换系数实部图。从图 2-21 中可以看出，近 43 年内蒙古大兴安岭林区年降水量包含了多个不同尺度的周期性变化，形成了各种尺度正负相间的振荡中心，存在明显的年代和年际变化。年际变化中具有 4 个明显的 25 年、11 年、7 年、4 年尺度周期的嵌套结构，其中 11 年尺度主

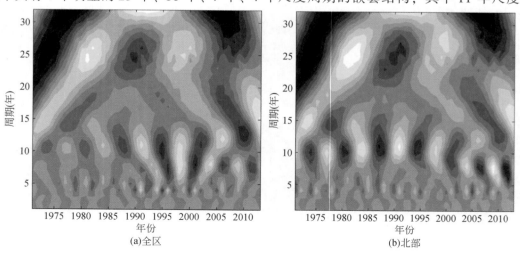

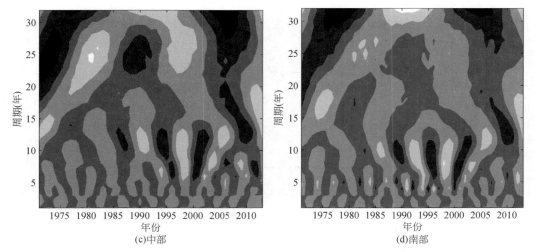

图 2-21　1971～2013 年降水量周期性变化 Morlet 小波变换系数实部图

要经历了多个枯-丰交替，并且具有全域性；25 年尺度周期主要集中在 1971～1998 年，主要经历了 3 个明显的枯-丰交替；7 年尺度周期主要集中在 1996～2012 年；4 年尺度周期主要集中在 1978～2006 年。这表明该林区降水变化受多重时间尺度周期的共同作用。

降水量周期性变化同样存在区域差异。北部区域具有 3 个明显的 25 年、9 年、4 年尺度周期的嵌套结构，其中 9 年和 4 年尺度周期经历了多个枯-丰交替，并且具有全域性；中部区域和南部区域周期性变化不明显，中部区域具有 25 年、12 年和 8 年尺度的非全域性周期嵌套结构，南部区域具有 10 年和 5 年尺度的非全域性周期嵌套结构。

3. 日照时数

从时间尺度来看，1971～2013 年大兴安岭生态功能区年日照时数整体在波动中呈微弱上升趋势，变化率为 15.9h/10a（图 2-22）。其多年均值为 2674.38h，最高值出现在 1988 年，为 2857.04h，最小值出现在 1984 年，为 2455.27h，两者相差达 401.77h。随着时间推移，日照时数的波动范围呈现逐渐减小的变化趋势，年际差异在缩小。大兴安岭生态功能区北部区域日照时数呈微弱减少趋势，中部、南部区域的日照时数呈增加趋势，北部、中部、南部三个区域的多年平均日照时数分别为 2476.98h、2648.40h、2897.77h。

4. 风速

从时间尺度来看，1971～2013 年大兴安岭生态功能区年均风速整体呈显著下降趋势（图 2-23），变化率为 -0.18m/（s·10a）。其多年均值为 2.66m/s；最大值为 3.23m/s，出现在 1973 年；最小值为 2.27m/s，出现在 2003 年。大兴安岭生态功能区北部、中部、南部三个区域年均风速均呈现显著下降趋势，多年平均风速分别为 1.68m/s、1.95m/s、3.13m/s，下降速率从北向南逐渐增大。

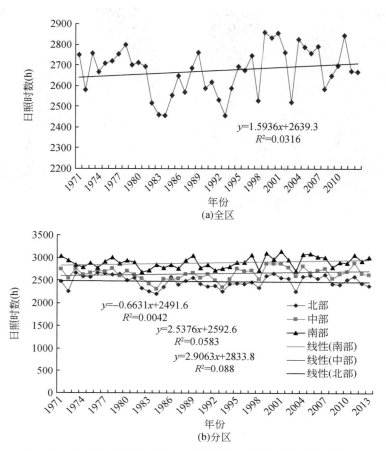

(a)全区

(b)分区

图 2-22　1971～2013 年大兴安岭生态功能区日照时数变化趋势

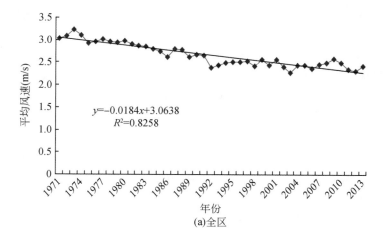

(a)全区

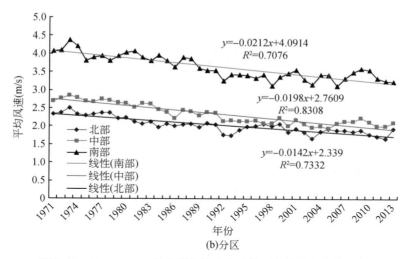

图 2-23　1971～2013 年大兴安岭生态功能区年均风速变化趋势

（二）森林小气候变化

利用大兴安岭兴安落叶松林生态系统定位观测站 2011～2014 年生长季（6～10 月）的气象观测数据，分析了兴安落叶松林生态系统各环境因子［降水、土壤含水量、气温、水汽压、光合有效辐射（photosynthetic active radiation，PAR）］的变化特征（图 2-24～图 2-26）。

（1）降水和土壤水分季节变化特征

图 2-24 所示为兴安落叶松林 2011 年、2012 年、2013 年和 2014 年生长季节日降水量和土壤相对含水量日均值的月动态变化。2011 年总降水量为 486.6mm，6～10 月生长季降

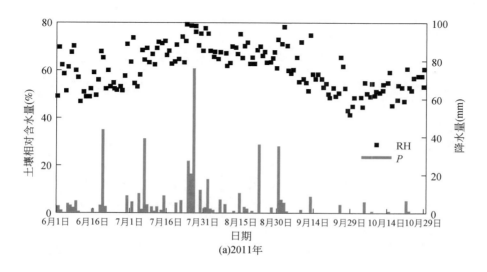

(a)2011年

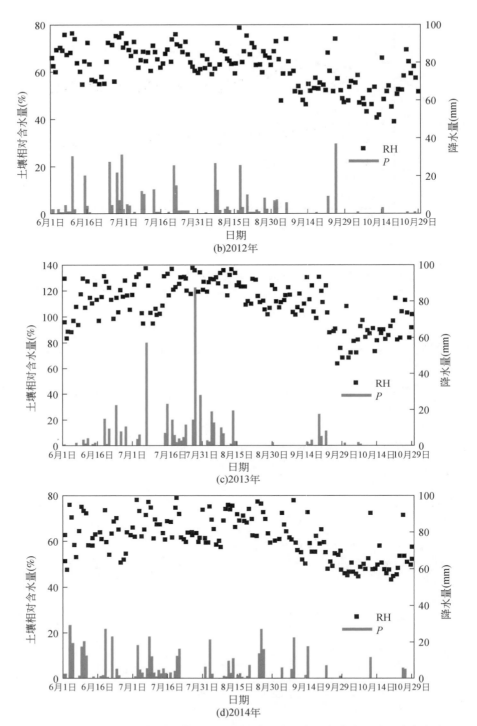

图 2-24　2011～2014 年兴安落叶松林生长季土壤含水量和降水量季节动态变化

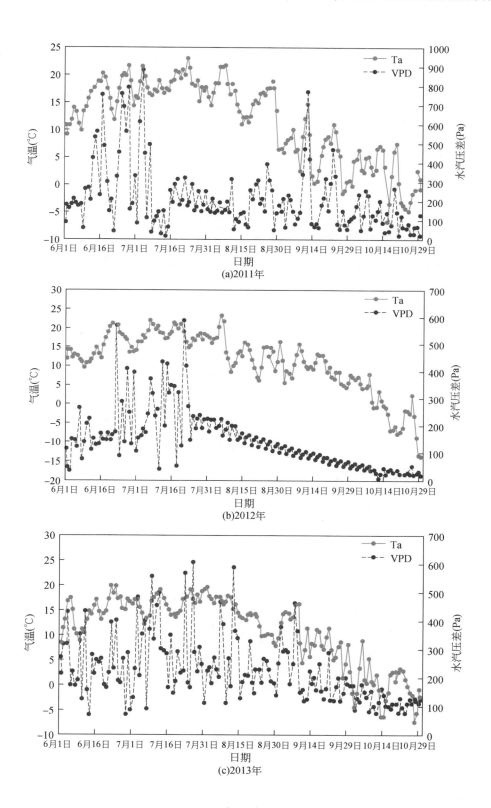

(a)2011年

(b)2012年

(c)2013年

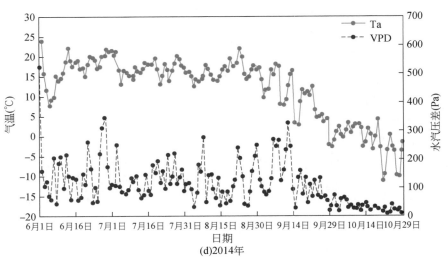

图 2-25   2011～2014 年兴安落叶松林生长季气温和水汽压差季节变化

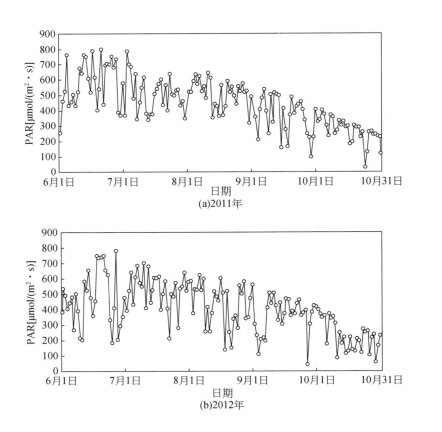

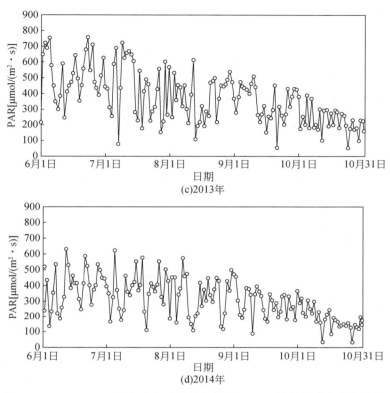

图 2-26　2011～2014 年兴安落叶松林生长季 PAR 日均值的动态变化情况

水量为 377.7mm，降水天数为 65 天，其中，7 月降水量最多。2012 年总降水量为 447.7mm，6～10 月生长季降水量为 342.3mm，降水天数为 68 天，其中，6 月降水量最多。2013 年总降水量为 858.2mm，6～10 月生长季降水量为 699.3mm，降水天数为 77 天，其中，7 月降水量最多。2014 年总降水量为 461mm，6～10 月生长季降水量为 395.2mm，降水天数为 76 天，其中，6 月降水量最多。分析时段内，每年的 6 月或 7 月降水量最多；2013 年生长季的降水最多，接近其他年份的两倍。

　　2011～2014 年 6～10 月生长季土壤相对含水量年际变化趋势不明显，各年份月均值分别为 75.34%、76.41%、78.55%、76.44%。分析时段内，每年的 7 月或 8 月达到最大值，与最大降水量的出现时间相比，存在一定的滞后性。土壤相对含水量的季节变化与降水量的季节变化关系密切，太阳辐射、风速、水汽压差等也是影响土壤相对含水量的因素（黄志宏等，2003）。

　　（2）气温和水汽压差季节变化特征

　　图 2-25 给出了兴安落叶松林生态系统 2011～2014 年 6～10 月生长季气温和水汽压差日均值的月动态特征。2011 年生长季平均温度为 12.3℃，变化范围为-1.8～23.4℃；水汽压差的平均值为 258.5Pa，变化范围为 17.6～1158.7Pa。2012 年生长季平均温度为 10.7℃，变化范围为-2.1～23.7℃；水汽压差的平均值为 197Pa，变化范围为 8.03～842.6Pa。2013 年生长季平均温度为 10.5℃，变化范围为-4.7～23.9℃；水汽压差的平均

值为310Pa，变化范围为42.7~869.4Pa。2014年生长季平均温度为12.3℃，变化范围为−17.7~50.8℃；水汽压差的平均值为300.9Pa，变化范围为9.3~850.7Pa。

总体而言，分析时段（2011~2014年生长季）内，除2014年在6月达到气温最高值外，其他年份气温最高值均出现在7月，6~8月平均气温维持在10℃以上，降水较多，处于水热优越时段，有利于植被生长；9月底至10月初温度接近0℃，降水量明显减少，兴安落叶松林逐渐停止生长并开始进入休眠期。2013年和2014年的水汽压差较2011年、2012年有明显升高。

（3）光合有效辐射生长季月变化特征

图2-26为兴安落叶松林生态系统2011~2014年6~10月光合有效辐射（PAR）日均值的月动态特征。云层变化和太阳高度角均对太阳辐射有影响，从图2-26可以看出，PAR随季节变化幅度较大，整体来看，6~8月PAR日均值较高。另外，2011~2014年研究时段内PAR出现的暂时性低值是因为受雨季阴雨天降水的影响。根据王文杰等（2007）对东北林区晴天的定义，日均PAR需大于$500\mu mol/(m^2 \cdot s)$，由此得知，兴安落叶松林区2011~2014年生长季的晴天数分别占生长季总天数的36%、32%、20%和9.2%。从此可知，本研究中2011~2014年生长季的晴天数呈现逐渐减少的趋势，2014年晴天数最少。

二、水文水环境变化

1. 水资源量变化

黑龙江大兴安岭地区内各条河流穿行于山谷间，坡陡流急，水量丰沛，除小河在冬季部分时间发生连底冻外，较大河流常年川流不息，流域内植被良好，水土流失轻微，河流含沙量甚少，有利于水资源的开发利用。根据近年来实际资料分析计算详见图2-27（司国佐等，2006）。

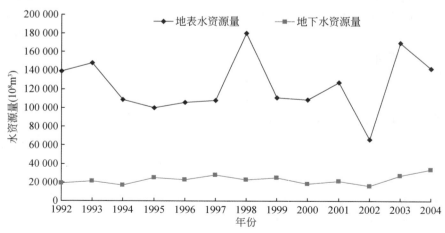

图2-27　黑龙江大兴安岭地区近年来水资源量变化

资料来源：司国佐等（2006）

从图 2-27 中可以看出，地表水资源量年际变化起伏较大，趋势不明显，在 1998 年达到最大值，最小值出现在 2002 年；而地下水资源量相对较为稳定。利用 1992～2004 年区域年降水量与地表水资源量和地下水资源量进行相关分析，结果表明年降水量与地表水资源量呈显著正相关关系，相关系数为 0.74，这说明黑龙江大兴安岭地区河流水资源量主要受降水量的影响，降水也是地表水资源的主要供给来源。

2. 主要河流径流量变化

黑龙江大兴安岭地区径流的主要来源是天然降水。该地区降水强度受东南季风的影响极大，也有沿黑龙江河谷到达的水汽。当东南季风强烈时，则该年降水量大，河川径流量也大，表现为丰水年。相反，东南季风微弱，相应河川径流量也小，表现为枯水年。由此可见，降水量的年际变化大，必然导致河川径流量年际变化也大。根据实际资料统计黑龙江和内蒙古大兴安岭地区主要河流径流特征见表 2-1 和表 2-2。

表 2-1　黑龙江大兴安岭地区主要河流径流量特征分布表

河名	站名	历年径流量（$10^8 m^3$）		历年径流模数 $[m^3/(10^3 s \cdot km^2)]$		历年径流深（mm）	
		最大	最小	最大	最小	最大	最小
盘古河	甘三站	8.94	7.08	9.13	7.23	288.5	228.5
盘古河	盘古	4.915	1.784	12.3	4.44	387	140.5
呼玛河	呼玛桥	97.86	41.1	9.97	4.18	314.9	132.2
呼玛河	固其故（二）	43.11	14.5	12.6	4.24	396.2	133.2
呼玛河	碧水	31.97	12.5	13.1	5.16	416.2	162.7
塔河	塔河	27.47	10	13.2	4.83	417.4	152
塔河	新林	12.36	4.04	16.6	5.43	524	171.3
多布库尔河	松岭（二）	15.85	3.99	16.3	4.07	512.3	129
甘河	加格达奇	37.4	14.27	12.4	4.73	390.6	149

资料来源：司国佐等（2006）

表 2-2　内蒙古大兴安岭主要河流径流量特征分布表

水系	河名	站名	历年径流量（$10^8 m^3$）		
			最大值	最小值	平均值
额尔古纳河	激流河	满归水文站	25.9	7.19	17.5
	海拉尔河	坝后水文站	70.2	10.3	32.8
嫩江	诺敏河	小二沟水文站	83.21	9.63	30.6
	阿伦河	那吉水文站	27.03	0.73	5.5
	甘河	柳家屯水文站	93.5	8.86	36.7

资料来源：司国佐等（2006）

选择海拉尔河的坝后水文站和诺敏河的小二沟水文站，分析大兴安岭地区历年径流量的变化特征（图2-28）。从图2-28中可以看出，1998年两个水文站的径流量均出现了一个明显的峰值，分别达到65.4×10⁸m³和83.2×10⁸m³；坝后水文站在1984年也出现了一个明显的峰值（70.2×10⁸m³）；从1989年开始（除1998年外），年径流量均呈现明显波动下降的趋势。

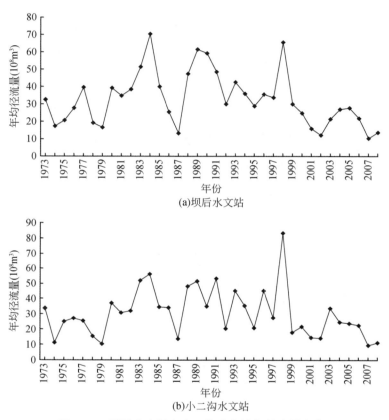

图2-28 坝后水文站和小二沟水文站年径流量变化

3. 水环境变化特征

（1）区域水环境变化特征

大兴安岭地区河川径流由降水、冰雪融化和地下水三部分补给组成，河川径流年内分配变化大，有明显的丰、枯水季之分，并与降水量分配基本一致，但其变差比降水更大。每年10月下旬开始积雪，地表封冻，地表径流停止，江河结冰，河川径流进入稳定退水期。冬季是大兴安岭地区一年内最枯水的季节，长达6个月之久（牛亚芬等，2010）。

额尔古纳河和嫩江是大兴安岭地区的两大主要水系，对整个大兴安岭生态功能区有重要的水源涵养和调节作用，维系着松花江水系的水文水环境系统。该区输出水量为北方城市居民生活和工业生产用水，分析大兴安岭地区的水质变化趋势对了解其水污染现状，制定污染防止措施，合理开发、利用水资源具有重要意义。

据国家《地表水环境质量标准》（GB 3838—2002），对大兴安岭地区的河流水质变化状况进行分析。评价参数包括 pH、高锰酸盐指数、BOD_5（biochemical oxygen demand，生化需氧量）、亚硝酸盐氮、砷化物、挥发酚、六价铬、铅、氨氮。水质类别Ⅰ～Ⅲ类定义为水质合格，超过水质类别Ⅲ类（Ⅳ类、Ⅴ类）定义为污染，劣Ⅴ类水质类别定义为严重污染。

额尔古纳河是黑龙江的正源，上游发源于大兴安岭西侧吉勒老奇山西坡的海拉尔河，同蒙古国境内流来的鄂嫩河在根河口汇聚，向下称为黑龙江。嫩江发源于伊勒呼里山南坡，岭南为嫩江干流及上游主要支流的发源地，其中甘河和多布库尔河为嫩江右岸的两大支流，雅鲁河、洮儿河是嫩江下游的两大支流。

额尔古纳河干流的黑山头，支流海拉尔河的八号牧场、牙克石和嫩江下游的成吉思汗、斯力很 5 个监测断面 2003～2014 年的水质评价结果见表 2-3（来源于内蒙古自治区环境监测中心站）。从表 2-3 可以看出，额尔古纳河的黑山头监测断面水质较差，基本为Ⅳ类水质；海拉尔河上的两个监测断面除 2005 年为Ⅳ类水质外，其他年份基本为Ⅱ～Ⅲ类水质，其中，2006～2009 年均为Ⅱ类水质，水质状况改善较为明显；嫩江支流上的监测断面 2003～2006 年的水质状况较差，为Ⅳ类、Ⅴ类水，2006 年之后保持在Ⅱ～Ⅲ类水质。

表 2-3　代表性监测断面 2003～2014 年的水质评价结果

年份	额尔古纳河	海拉尔河		雅鲁河	洮儿河
	黑山头	八号牧场	牙克石	成吉思汗	斯力很
2003	Ⅳ	Ⅱ	Ⅱ	Ⅳ	Ⅳ
2004	Ⅴ	Ⅲ	Ⅲ	Ⅴ	Ⅳ
2005	Ⅳ	Ⅳ	Ⅳ	Ⅳ	Ⅳ
2006	Ⅳ	Ⅱ	Ⅱ	Ⅴ	Ⅲ
2007	Ⅳ	Ⅱ	Ⅱ	Ⅲ	Ⅲ
2008	Ⅳ	Ⅱ	Ⅱ	Ⅲ	Ⅲ
2009	Ⅳ	Ⅱ	Ⅱ	Ⅲ	Ⅱ
2010	Ⅳ	Ⅲ	Ⅲ	Ⅲ	Ⅱ
2011	Ⅳ	Ⅲ	Ⅲ	Ⅱ	Ⅲ
2012	Ⅳ	Ⅲ	Ⅲ	Ⅲ	Ⅲ
2013	Ⅳ	Ⅲ	Ⅳ	Ⅲ	Ⅲ
2014	Ⅳ	Ⅲ	Ⅲ	Ⅲ	Ⅲ

资料来源：牛亚芬等（2010）

嫩江上游支流甘河的加格达奇、多布库尔河的松岭两个有代表性的监测断面 1975～2006 年的水质评价结果见表 2-4，所选断面多年平均水质类别为Ⅰ～Ⅳ类，处于清洁或轻污染状态，总体呈下降趋势，但并不显著，水质比较稳定。1975～1984 年所选断面水质状况较好，基本为Ⅰ类水质；1985～2006 年所选断面水质类别维持在Ⅲ～Ⅳ类，基本满足相应的水功能区的使用要求（牛亚芬等，2010）。

表 2-4 加格达奇和松岭控制断面 1975 ~ 2006 年的水质评价结果

年份	加格达奇	松岭	年份	加格达奇	松岭
1975	I	I	1991	IV	IV
1976	I	I	1992	IV	IV
1977	I	I	1993	IV	IV
1978	I	I	1994	III	IV
1979	I	I	1995	III	IV
1980	I	I	1996	IV	III
1981	I	I	1997	IV	III
1982	I	I	1998	III	III
1983	II	I	1999	IV	III
1984	I	I	2000	II	III
1985	III	IV	2001	II	IV
1986	IV	IV	2002	IV	III
1987	IV	IV	2003	III	IV
1988	IV	IV	2004	IV	IV
1989	IV	IV	2005	IV	IV
1990	IV	IV	2006	IV	IV

资料来源：牛亚芬等（2010）

（2）森林生态系统水环境变化特征

大兴安岭生态站分别在 1998 年、2008 年和 2015 年对站内的地表水水质状况进行了监测，用于分析林区局部区域水环境变化特征（图 2-29）。

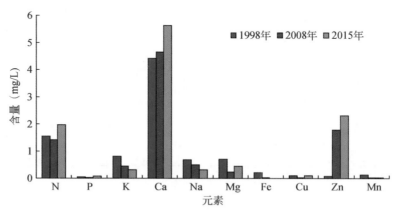

图 2-29 大兴安岭生态站地表水水质监测结果

N、P 是水体中的营养元素，用于表征水体的富营养化状态。从图 2-29 中可以看出，与 1998 年相比，2015 年的 N、P 含量均有所增加，但变化幅度不大。根据《地表水环境质量标准》（GB 3838—2002）可知，研究区 P 的含量为Ⅲ~Ⅳ类、N 的含量为Ⅳ~Ⅴ类。

K^+、Na^+、Ca^{2+}、Mg^{2+}是天然水体中常见的 4 种阳离子，从图 2-29 中可以看出，Ca^{2+}的浓度最高，且随时间呈逐渐增加趋势；而 Mg^{2+}浓度较低，其浓度呈现出降低趋势。Ca^{2+}、Mg^{2+}的浓度主要反映水体的硬度，表明研究区水质硬度总体增加。K^+、Na^+的特性相近，对水质影响不显著，主要反映水中的含盐量，其浓度均呈现逐渐降低趋势，表明含盐量减少。

根据《生活饮用水卫生标准》（GB 5749—2006），监测点处 Fe、Cu 和 Mn 的含量基本满足标准要求，且变化不明显；而 Zn 的含量在 1998 年较低，从 2008 年开始，远远超过 1.0mg/L 的质量标准。各种工业废水的排放是引起水体 Zn 污染的主要原因，在水体中污染物可通过溶解态随水流动或通过吸附于悬浮物而转输，悬浮物沉积于水底将污染物带入沉积物中，同时污染物可通过氧化还原、络合分解等作用发生迁移转化。

三、林火变化

1. 林火动态变化

以黑龙江省和内蒙古自治区大兴安岭地区（49°N~53°34′N，120°E~127°E）1972~2006 年日值火灾数据（包括火灾发生的日期、火灾次数、过火面积、火因、火发生位置的经纬度坐标等），分析 1972~2006 年大兴安岭生态功能区北部林区林火发生时空特征（王明玉，2009）。

（1）时间分布

1972~2006 年，平均年发生火灾次数为 80 次，其中人为火 54 次，雷击火 26 次。过火面积大于 100hm² 的重大森林火灾年均 16 次。火灾次数最多的年份是 1982 年，为 207 次；雷击火最多的年份为 2000 年，共 110 次；2000 年开始虽然人为火次数增加不大，但雷击火数量的增加，导致从 2000 年开始总的火灾数量有了很大的增长。2000 年之前雷击火占总火灾次数的 23.77%，2000 年之后雷击火占总火灾次数的 60.56%（图 2-30）。

1972~2006 年，年均过火面积为 182 010.52hm²，人为火过火面积 161 876.05hm²，雷击火过火面积 20 134.47hm²，人为火占总过火面积的 88.94%，雷击火占总过火面积的 11.06%（图 2-30）。

随着气候变化和林火管理能力的提高，出现了比较明显的两个转折点，一是 1987 年后，总的森林火灾次数和面积下降；二是 2000 年后，雷击火次数日益增多。

（2）空间分布

森林火灾的空间分布受火因、地形、人类活动、气候变化、可燃物分布等综合因素的影响，某一区域多年的林火分布特征，是多年多种因素综合作用的结果，具有一定的稳定性，分析林火的空间分布特征有助于在林火管理工作中针对不同的区域采取不同的措施，也是火险区划等的基础性工作。大兴安岭林区的火因主要是人为火和雷击火，将 1972~2006 年大兴安岭雷击火点、人为火点分别与研究区域地理图层叠加，计算以 40km 为半径圆内火点的数量，则此数量即为半径 40km 圆的雷击火、人为火密度（图 2-31），用于分

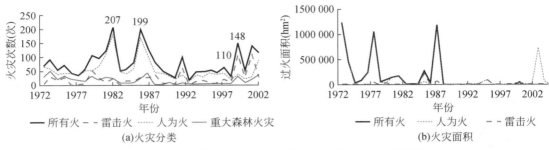

图 2-30 大兴安岭 1972~2006 年林火次数、过火面积统计

资料来源：王明玉（2009）

析其空间分布特征。

从图 2-31 中可以看出，雷击火和人为火均有集中的分布区域，雷击火在北部呈带状分布，而人为火沿主要铁路和公路呈聚集分布，其中在东南部聚集度最高。

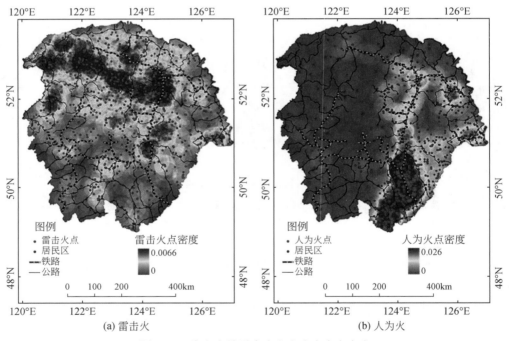

图 2-31 大兴安岭雷击火和人为火火点密度

资料来源：王明玉（2009）

2. 林火后土壤环境变化

林火是北方针叶林生态系统最重要的自然驱动力，不仅影响森林生态系统的结构和功能（Reich et al.，2001；Wirth et al.，1999），还影响元素的生物地球化学循环（DeLuca et al.，2006）。林火干扰对森林生态系统生态过程有非常重要的影响，也是北方针叶林土

壤养分循环的重要调节者（Bisbing et al., 2010）。研究表明，林火改变了土壤物理化学和生物学性质，减少了土壤持水量、酸度和微生物生物量，增加了土壤有效养分，促进了土壤养分循环（Holden et al., 2016；孔健健和杨健，2014；Turner et al., 2011；Certini, 2005）。大兴安岭是我国唯一的寒温带针叶林生态系统，该区域70%的面积覆盖着兴安落叶松，为全国提供了30%的木材，但该区域也是我国森林火灾频繁发生区。

（1）火烧后演替初期森林土壤磷的动态变化特征

以大兴安岭呼中国家级自然保护区2000年和2010年的火场为研究区，选择附近未过火区作为对照，综合分析了火后1年、5年、11年矿物层土壤总磷含量的动态变化及火后土壤环境的变化对矿物层土壤总磷含量的影响，对火后早期植被的更新具有重要意义（孔健健等，2017）。

研究发现（图2-32），较于对照区，火后1年，土壤总磷（TP）含量与土壤有效磷供给速率均显著增加，其中土壤总磷显著增加了55%，有效磷含量增加了270%；且土壤总磷含量、土壤有效磷供给速率均与林火烈度呈显著正相关。火后5年和火后11年时，土壤总磷含量仍显著高于对照区，但土壤总磷含量与林火烈度间不存在显著相关关系。而在火后11年时，土壤有效磷供给速率则已恢复至火前水平。这些结果表明，野火能显著增加矿物层土壤总磷含量，并且这种影响可持续较长时间。而火后演替初期土壤总磷含量总的变化趋势则表现为：火后立即增加，然后随火后时间增加而逐渐减少。火后土壤有效磷的供给速率也显著增加（孔健健等，2017）。

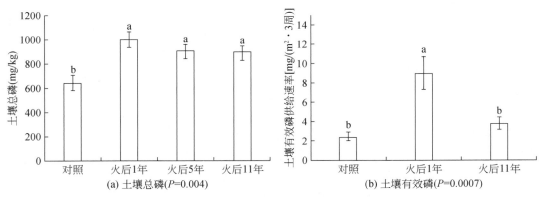

图2-32　火后土壤总磷含量、有效磷供给速率的变化

资料来源：孔健健等（2017）

（2）火烧后森林土壤微生物生物量及酶活性变化特征

采用熏蒸法和土壤酶活性测定法，研究了内蒙古大兴安岭不同火烧迹地土壤微生物生物量碳氮和酶活性的变化特征。结果表明：与对照（未过火的）相比，火烧后不同年份的火烧迹地土壤微生物生物量碳氮、土壤脲酶活性和土壤蔗糖酶活性均极显著下降。除了土壤脲酶活性外，轻、重度火烧迹地2003年显著或极显著高于2008年和2012年。随着火烧后恢复年限的增长，土壤微生物生物量碳氮、土壤脲酶活性和土壤蔗糖酶活性均有所提高，经过大约10年的恢复，可达到了未过火对照组水平，相比之下土壤过氧化氢酶活性

恢复得较快（宝日玛等，2016）。

（3）不同火烧年限森林土壤 C、N、P 化学计量特征

通过测定大兴安岭呼中林区不同火烧年限（火后 4 年、14 年、40 年、70 年，对照为 120 年内未火烧）、不同坡度（坡地、平地）土壤 C、N、P 含量及其化学计量比，分析了火烧对土壤养分的长期影响。结果表明：不同火烧年限土壤 C、N、P 含量及化学计量比间差异显著，且随土壤深度增加而降低；无论坡地还是平地，火烧后 4 年土壤养分含量及化学计量比都基本与 120 年未火烧（对照）处理相近（杨新芳等，2016）。

（4）不同火烧时间、火烧强度对土壤 pH 和土壤养分的影响

以我国大兴安岭呼中林业局偃松–兴安落叶松林火烧迹地为研究对象，采用双因素方差分析法研究了不同火烧时间（1996 年、2010 年和未火烧）、不同火烧强度（轻度、中度和重度）对土壤 pH 和土壤养分的影响（表 2-5）。结果表明：火烧时间相同时，土壤 pH 随火烧强度的增强而增大。火烧强度相同时，火烧后时间越长，土壤 pH 越小，但火烧迹地的土壤 pH 大于未火烧的对照组；在相同火烧强度条件下，不同火烧时间偃松–兴安落叶松林迹地的土壤养分含量不同，但未达到显著水平（$P>0.05$）；在火烧时间相同，不同火烧强度条件下偃松–兴安落叶松林的土壤有机质和全氮含量存在差异（$P<0.05$）。火后 5 年（2010 年火干扰）、19 年（1996 年火干扰）后，偃松–兴安落叶松林并未恢复至火烧前生长水平（谷会岩等，2016）。

表 2-5　各样地土壤 pH 和土壤养分

指标	未火烧	轻度火烧		中度火烧		重度火烧	
		2010 年	1996 年	2010 年	1996 年	2010 年	1996 年
pH	4.65	4.95	4.72	5.13	4.89	5.32	5.26
	(0.30)	(0.07)	(1.22)	(0.27)	(0.17)	(1.22)	(0.39)
有机质含量	126.83	119.45	121.74	87.93	89.16	72.55	79.34
	(3.32)[a]	(9.18)[a]	(1.87)[a]	(4.01)[b]	(4.11)[b]	(3.92)[c]	(3.62)[c]
全 N 含量	5.46	5.23	5.28	4.20	4.49	4.41	4.40
	(0.43)[a]	(0.28)[a]	(0.63)[a]	(0.23)[b]	(0.47)[b]	(0.37)[b]	(0.17)[b]
全 P 含量	0.96	0.87	0.93	0.53	0.62	0.44	0.46
	(0.27)	(0.34)	(0.52)	(0.21)	(0.23)	(0.37)	(0.23)
全 K 含量	11.64	10.40	10.96	9.92	9.38	9.61	9.68
	(1.10)	(1.27)	(0.71)	(2.43)	(1.12)	(1.24)	(1.35)
C∶N 值	22.89	22.83	23.05	20.93	21.42	20.25	20.49
	(1.85)	(2.11)	(1.76)	(1.44)	(1.59)	(1.37)	(1.19)

注：括号内为标准差；相同字母表示差异不显著（$P>0.05$），不同字母表示差异显著（$P<0.05$）
资料来源：谷会岩等（2016）

3. 林火后植被变化

（1）森林组成变化

1988 年是我国森林防火工作的重要转折点，森林防火工作得到各级政府的重视，各级森林防火机构逐步得到健全。多年来我国积极的森林防火政策使森林火周期改变了，进而

引起森林结构和可燃物组成的变化（田晓瑞等，2005）。

白桦、山杨等阔叶林逐渐被针叶林取代，火烧迹地缀块的减少，也导致森林景观丰富度降低。森林火周期延长会使林地可燃物载量增加，反过来，可燃物载量增加将导致潜在火强度升高，发生树冠火和森林大火的概率增大。这一地区森林火灾的发生类型及其组成将发生变化，森林生态系统受到的干扰由低强度多次干扰变为高强度少次干扰，生态平衡更容易被打破。人为干扰（包括采伐、火灾等），导致交通便利的地方森林破坏严重，原始林主要分布在偏远地区。采伐迹地和火烧迹地主要由人工针叶林和自然更新的山杨、桦木等阔叶林替代，这些森林不易发生森林火灾。

森林火周期延长对该地区一些树种的分布将产生影响。大兴安岭林区主要树种有兴安落叶松、樟子松、白桦、蒙古栎、山杨、云杉等。许多树种对火烧有适应性，如兴安落叶松树皮厚、坚实、抗火性强，树皮在火的刺激下，还有增厚的特性。兴安落叶松种子较小，有翅，能飞播远达 50～150m，种子在土壤中埋藏 1～2 年，仍具有发芽力。火烧掉枯枝落叶层，有利于兴安落叶松种子更新。森林火周期延长意味着低强度地表火次数减少，发生高强度大面积火灾的可能性增大，也就增加了火后产生大面积同龄林的概率。樟子松虽不耐火，但在极重度火灾迹地，胸径>28cm 的情景可以存活。樟子松每年结果，球果具有迟开性。火可以促进球果开裂，使种子飞散，有利于天然更新。云杉对火非常敏感，在大兴安岭地区云杉林的分布不但受水分条件的限制，更受林火干扰的影响。如果排除林火干扰，云杉林的分布范围将扩大。阔叶树种如白桦和山杨是侵入火烧迹地的先锋树种，若长期没有火烧，它们将演替为针叶林。蒙古栎树皮厚、坚实，对火有较强的抵抗力，在火灾经常出现的地段，蒙古栎大量分布，火烧促进其天然更新。

（2）群落变化

以大兴安岭地区兴安落叶松林为研究对象，把火干扰和群落动态变化作为不可分割的整体，采用空间代替时间序列方法，对大兴安岭地区兴安落叶松群落对火干扰的响应研究结果（孙家宝，2010）如下。

1）以植物的重要值为指标，对不同强度火干扰后的兴安落叶松林开展的演替分析结果显示：重度火干扰后，群落中乔木重要值在恢复早期主要集中在阔叶树种上，后期逐渐由针叶树占据；草本植物物种数在恢复早期较多，中后期开始降低，几种主要物种的重要值在后期逐渐占据主要位置；灌木植物的物种数和重要值变化趋势与草本植物相类似；重度火干扰后，兴安落叶松林群落演替趋势为：杂草丛或灌草丛→白桦山杨混交林→兴安落叶松阔叶混交林→兴安落叶松林。中度火干扰后，恢复早期阶段，乔木层的阔叶树种所占比例较大，随恢复时间增加，针叶树占总重要值比例逐渐加大；兴安落叶松林的群落演替趋势为：杨桦林或以阔叶树为主的针阔混交林→兴安落叶松林。轻度火干扰后，对兴安落叶松林群落的影响较小，不能改变原有的树种组成，林分群落结构变化只是在灌木层和草本层中有一些物种的更替，主要表现在一些旱生物种与中湿生物种的替代过程。不同火干扰后，如无外界强度过大干扰情形下，均可最终演替成适应本区域立地条件的兴安落叶松林，在阳坡、半阳坡形成杜鹃-兴安落叶松林，在平坦和缓坡的潮润地段形成草类-兴安落叶松林、杜香-兴安落叶松林，在溪旁、河谷地带，形成丛桦-兴安落叶松林。

2）不同火干扰强度对兴安落叶松林物种多样性的研究结果显示，随着火干扰强度的增加，兴安落叶松林物种多样性指数和均匀度呈现线性下降趋势，优势度呈现乘幂性上升趋势。重度火干扰后，乔木层物种丰富度和多样性指数随火后恢复时间增加呈上升趋势，而草本、灌木层随火后恢复时间增加呈单峰型分布，群落多样性的稳定需要 60～70 年的时间。中度火干扰后，兴安落叶松林的乔木层的物种丰富度指数呈现总体增高的趋势；乔木层、灌木层多样性指数和均匀度指数均表现出先升高后降低的趋势，草本层的多样性指数和均匀度指数均随着火后恢复时间梯度表现出逐渐降低的趋势；草本层多样性达到最大的时间为 10～15 年，灌木层为 20～30 年，而乔木层要在 30 年以上，此后各层多样性指数逐渐下降直到稳定状态。轻度火干扰后，对兴安落叶松群落的各个演替阶段中的各多样性指数影响不大。

3）不同强度火干扰后，群落地上生物量均随火后恢复时间梯度呈递增趋势，但四种兴安落叶松林在不同演替阶段的生物量积累存在差异，呈现草类林>杜鹃林>杜香林>丛桦林规律。重度火干扰后，初期的草丛或灌草丛阶段，群落总生物量主要由草本层生物量和灌木层生物量构成；林分生物量在火烧后 20 年左右开始集中于乔木层，并将此优势延续到顶极阶段。中度火干扰后，乔木层、灌木层和林分总生物量均随着恢复时间的增加而不断增加，草本层则表现出递减型分布规律；林分生物量在火烧后 10 年左右时集中在乔木层。轻度火干扰对四种林型的各层生物量的积累影响较轻，表现为各层生物量占总生物量的比例在火干扰后各阶段无明显变化。

4）干扰对兴安落叶松林的枯落物的积累量有不同程度的影响，随着火后恢复时间的增加，枯落物积累能力逐渐恢复，其中重度火干扰后的恢复最慢，轻度火干扰后的恢复最快，同时轻度火干扰后裸露的地面可为种子与土壤接触提供机会，促进了兴安落叶松的更新过程；火干扰后的不同演替阶段，枯叶凋落量占总枯落物的比例较大，针叶与阔叶枯落量比例可反映演替阶段特征。

（3）NPP 变化

1987 年 5 月 6 日～6 月 2 日，大兴安岭地区的北部塔河、阿木尔、图强、西林吉四个林业局发生特大森林火灾，过火总面积达 114 万 hm^2，林地过火面积达 87 万 hm^2，森林覆被率下降 15%。这次特大火灾过火范围位于 52°37′N～53°33′N、122°56′E～124°5′E。

以大兴安岭地区 1985 年一类森林资源连续清查资料和 1987 年林火资料为数据基础，结合 GIS 技术，进行大兴安岭 1987 年火后 NPP 恢复研究，发现火后乔木层的 NPP 恢复在 21 年间呈逐渐增加的趋势，并且恢复趋势表明在火后 23～24 年的时候中度火灾后的乔木层 NPP 可达到未过火林地的水平（孙龙等，2009）。

经计算得到火烧后 1 年、3 年、5 年、10 年、12 年、17 年、20 年和 21 年的落叶松林乔木 NPP，以及火后 1 年、3 年、5 年、7 年、10 年、13 年和 20 年的对照林分的乔木 NPP（图 2-34）。对照样地的 NPP 趋势即代表未发生林火的落叶松林乔木的生产力的情况。从图 2-34 中可知，对照样地的 NPP 值随着未过火时间的增加而增加，之后又有下降趋势。与之相比，火后迹地内的平均 NPP 值大约低 18gC/（m^2·a），说明火烧后林地乔木的生产力有所下降，这可能是大兴安岭林区的火灾以地上火为主，故火烧后林冠的叶量遭到大量破坏，直接导致乔木层的生产力下降。但是从火烧迹地 NPP 值的走向来看，火后林地乔木的 NPP 随着火后恢复时间的增加而增大，并且与未发生火灾的林地乔木 NPP 之间的差值逐渐减小。如图 2-33 所示，火后 20 年以后，火烧迹地内的 NPP 值变化不大；在火后23～24 年的时候，火烧迹地内的 NPP 值几乎与对照样地的乔木 NPP 相等，并且之后有继续上升的趋势。这说明林地在火烧 20 年后，生产力水平基本稳定；火后 23～24 年后，乔木生产力将恢复到未发生火灾的森林的乔木生产力水平，甚至生产力有继续增加，超过未过火的林地的乔木生产力的趋势。

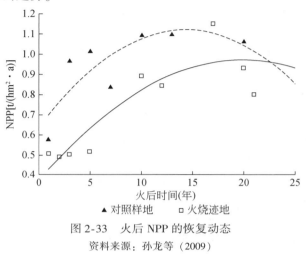

图 2-33　火后 NPP 的恢复动态

资料来源：孙龙等（2009）

四、冻土环境变化

（一）冻土

冻土是指温度在0℃或0℃以下，并含有冰的各种岩石和土壤。冻土是气候和地质地理因素综合作用的产物。一般可分为短时冻土（数小时/数日以至半月）、季节冻土（半月至数月）及多年冻土（又称永久冻土，是指持续二年或二年以上的冻结不融的土层）。

（二）区域冻土变化特征

大兴安岭有中国面积最大的寒温带森林和森林沼泽湿地，为高纬山地多年冻土发育和生存提供了较好条件。大兴安岭山地及森林-湿地生态系统是抵御西伯利亚寒流和外蒙风沙的屏障，对保护东北地区及华北平原生态环境起到重要保护作用。在气候变暖和人为因素作用下，本区冻土呈区域性退化，尤其近 30～40 年来，冻土退化速度明显加快。本区冻土分布受多种因素影响，但明显受局地因素制约，特别是沼泽湿地。这些因素基本控制多年冻土分布、温度、厚度及冻土组构等（金会军等，2009）。

本区多年冻土的退化规律是表现在地带性特征基础上的"杂乱有章"。区域性冻土退化速度南部快于北部，城镇快于田野，农田快于林区，采伐过的林区快于原始林区。在局部小范围冻土退化顺序为：先高后低，先山上后谷地或盆地中心，先阳坡后阴坡；从地表状况，即植被类型、覆盖程度及表土层水分等分析，退化程序为农田（或裸地）—草地—灌丛—树林—沼泽湿地，即多年冻土从无到有，地温从高到低，冻土退化速度从快到慢，沼泽湿地是明显地抑制和减缓冻土退化强度与速度的地段。地带性和非地带性及人为因素在具体地理环境中综合影响并制约着本区冻土的地域分异规律。这种规律构成目前本区内正在退化的多年冻土的分布格局、地温、厚度及冻土组构等特征（金会军等，2009）。

该区多年冻土是全新世以来冻土退化的继续和加强。冻土退化一般滞后于气温变化相当长一段时间。具体时间尺度将取决于气候和环境变化的方式及冻土本身的岩性、含水量等特征，一般在数十年至上千年尺度上。如果未来40～50年气温维持现今状态或略有升高，今后冻土退化速度还要加快。冻土强烈的退化必将进一步破坏林区环境和生态系统平衡，可能显著影响林区经济建设（金会军等，2009）。

1. 冻土退化现状

金会军等（2006）、何瑞霞等（2009）研究认为，近50年来，在气候变暖与人类经济活动的双重影响下，本区内冻土退化显著，并伴有加快的趋势，主要表现在以下几方面。

（1）冻土南界北移而导致冻土总面积减少、空间分布破碎化

该区多年冻土处于欧亚大陆多年冻土的东南缘，热稳定性差。国内通常以0℃气温等值线作为多年冻土南界，虽然0℃气温等温线不能代替多年冻土南界，但其等值线的变化说明了多年冻土南界的变化趋势和状态。不同类型的多年冻土表征了多年冻土的纬度地带性。从不同年代的平均气温0℃等值线（图2-34）可以看出，在过去50年内，东北地区多年冻土南界逐渐北移。近20年内，随着气温的显著升高，该区多年冻土南界向北方向变化明显。−3℃气温等值线一般作为岛状多年冻土与连续和大片多年冻土区的分界线，其纬度方向变化也尤为明显。伊春地区，气温显著升高，由20世纪60年代的0.25℃上升到21世纪初的1.83℃，气温升高了1.58℃。原岛状多年冻土逐渐变为季节性冻土。呼伦贝尔草原区岛状多年冻土随气候变暖逐渐退化，近20年来，该区年均气温已经大于0℃，新巴尔虎左旗地区气温变化由1961～1979年的平均−0.65℃升高到2001～2009年的平均1.17℃，平均气温升高了1.82℃。鄂伦春自治旗（简称鄂伦春旗）地区气温由−1.58℃升高到0.18℃，部分地区岛状多年冻土面积逐渐缩小（毛德华，2011）。

（2）最大季节融化深度加深

20世纪60～70年代的调查显示，在大兴安岭阿木尔地区苔藓层20cm厚的沼泽湿地地段，最大季节融化深度一般为50～70cm；而90年代初期的调查表明在相同条件下其季节融化深度多为90～120cm。1978～1991年，该区最大季节融化深度增加32cm，20cm深度处地温升高了0.8℃。此后又经历了20世纪气温升高最显著的10年，受其影响最大季节融化深度进一步加深。哈尔滨铁路局伊图里河分局多年冻土观测研究站（50°32′N，121°29′E）2002年最大季节融化深度显著增加（图2-35），1981～1989年，虽然年平均气温变幅较大（−5.5～−3.0℃），但其最大季节融化深度变化平稳（1.0～1.2m）。1990～1997年最大季节融化深度有波动增加趋势，其后，最大季节融化深度迅速增加并保持在1.7m以上。

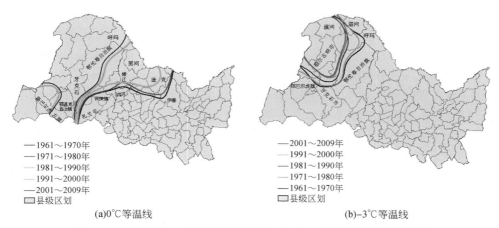

—1961~1970年
—1971~1980年
—1981~1990年
—1991~2000年
—2001~2009年
☐县级区划

(a)0℃等温线

—2001~2009年
…1991~2000年
—1981~1990年
—1971~1980年
—1961~1970年
☐县级区划

(b)-3℃等温线

图2-34 1961~2009年不同年代平均0℃和-3℃气温等值线变化图

资料来源：毛德华（2011）

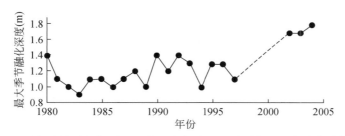

图2-35 哈尔滨铁路局伊图里河分局多年冻土观测研究站最大季节融化深度

（3）融区扩大、多年冻土岛消失

自20世纪50~60年代以来，随着大兴安岭林业开发，森林采伐逐渐向大兴安岭北部推进，并相继建立许多林业局及大小居民点。这些建筑群大多选在山坡与谷底的过渡地带及大中河流阶地上。据勘探，这些地方一般多年冻土较薄，且地温高或有融区存在。40~50年来，由于气候变暖及人为活动影响，上述林业局及居民点场址地带多年冻土层消退而成融区，而且大中河流沿岸的融区在扩展。多年冻土岛消退主要出现在大兴安岭南部的岛状多年冻土区。由于这里多年冻土地温（年变化深度处年平均温度）多为-0.5~0.5℃，厚度一般仅为5~15m（有的多年冻土厚度小于年变化层厚度），加上人为活动开始时间早、作用强度大，这里多年冻土退化显著，主要表现为多年冻土岛的不断缩小及最终消失。例如，多年冻土南界附近的牙克石、加格达奇、大杨树等地区，在20世纪50年代初城镇开始兴建时普遍发现有多年冻土岛，30~40年后受人为活动影响所及范围内多年冻土岛消退殆尽。

（4）冻土温度升高、厚度变薄、稳定性降低

多年冻土厚度变薄主要出现于原先多年冻土厚度较薄的中小河流谷地，如呼玛河下游韩家园子沙金矿区的河漫滩地段，1982年以前该区多年冻土底板均在5.0m深度以下，到1987年很多地段多年冻土底板已抬升至3.8~4.0m，1995年个别地段多年冻土岛已消失。

阿木尔地区的 CK38 号孔（终孔时间：1979 年 10 月）和 CK3 号孔（终孔时间：1991 年 10 月）是处于同一半阴坡、高度相同（海拔为 740m）且距离 <15m 的天然观测孔。地温曲线对比可见（图 2-36），CK38 号孔中的多年冻土埋藏深度为 5.0～12m；CK3 号孔中的多年冻土埋藏深度为 8.0～10m，即 12 年时间多年冻土厚度变薄了 5.0m。

伊图里河铁路科研所多年冻土站观测场天然状态下 14 号孔，位于伊图里河北岸一级阶地上，场地内生长茂盛的塔头草，该孔周围数十米范围内曾发现不活动冰楔，此孔的地温监测时段为 1980～2005 年。YT-2 孔是 2009 年钻取的，距离 14 号孔约 30m，于 2009 年 11 月开始监测。在 20 世纪 80 年代早期，其多年冻土厚度超过 40m，20m 处的年平均地温为 $-0.8℃$，但是 2010 年相同深度的年平均地温已经升到 $-0.5℃$。自 1984 年以来，受周围城镇化（道路建设和热岛效应）和气候变暖影响，多年冻土各深度年平均温度逐年升高（图 2-37）。年平均地温升高幅度随深度有较快衰减趋势，在 13m 深处，1984～1997 年年平均温度升高约 $0.2℃$，而 1997～2010 年年平均温度升高约 $0.4℃$（常晓丽等，2013）。

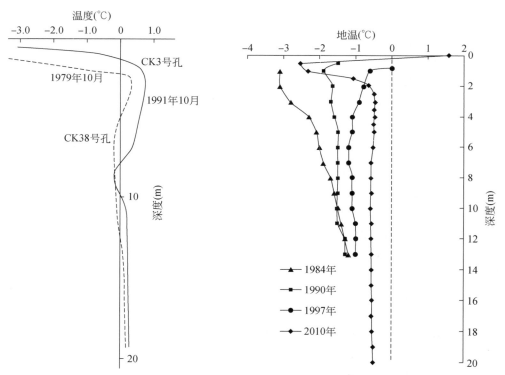

图 2-36 阿木尔地区 CK38 号孔与 CK3 号孔地温曲线

资料来源：常晓丽等（2013）

图 2-37 大兴安岭伊图里河多年冻土站 14 号孔（1984～1997 年）和临近 YT-2 孔（2010 年）年平均地温变化

资料来源：常晓丽等（2013）

2. 冻土退化影响

东北地区冻土与森林、沼泽、草地等共同构成了相互作用的生态系统，冻土退化无疑会引起其他与冻土依存的生态系统稳定性的显著变化（魏智等，2011）。

（1）冻土退化可能引起的环境及工程问题

1）温室气体排放量增加。温室气体 N_2O 年总排放量的 70% 左右发生在土壤融化过程。在冻结过程中，大量的 N_2O 和 CH_4 在冻层下产生；随着冻结深度的增加，N_2O 和 CH_4 的富集层逐渐下移，冻层下不同土壤深度的最高浓度值逐渐升高。在土壤融化期内，土壤母质层中有机质含量较低，N_2O 和 CH_4 最大浓度值保持稳定。当土壤冻层完全融通后，气体上移释放，原冻层下 N_2O 和 CH_4 浓度迅速下降，温室气体达到排放峰值。因此，冻土融化将导致冻层下累积的 N_2O 和 CH_4 集中释放，对区域气候变化可能起到负反馈作用。

2）湿地面积萎缩。东北地区是中国湿地资源主要分布区之一，大兴安岭又是东北地区湿地的主要分布区之一，其湿地主要分布在河谷、缓坡坡地和分水岭附近的平坦沟谷。由于冻土与沼泽湿地共生，冻土退化将引起湿地生态系统稳定性降低，甚至湿地消失。继1986 年之后，2000～2005 年东北地区自然湿地又经历了一次大规模萎缩。2007 年考察时发现，东北地区冻土南界附近很多沼泽湿地目前已经变为农田；原来以针叶林为主导的冷湿生态环境已变为农林交错区。湿地生态系统退化会引起干旱和荒漠化的加剧，甚至形成草地沙化、沙漠化。近年来，东北地区旱灾和沙尘暴频频发生，这显示寒区生态环境已经发生了显著变化。

3）针叶林森林生态系统退化。东北地区冻土（南）下界稍低于气候林线，二者比较接近，高差 200～900m。冻土退化将引起原始兴安落叶松、樟子松等大兴安岭主要建群树种林线抬升（或北移）；明亮针叶林带将逐渐向落叶针阔混交林演替。例如，20 世纪 60年代以来，在大杨树镇附近，随着岛状冻土消失，针叶林已退化为低矮的杨树和桦树次生林。优势树种演替改变了叶面积指数，也改变了地面太阳辐射，从而将进一步引起土壤水分场和温度场的变化。

4）引起滑坡、热融湖和融冻泥流等地质灾害。冻土升温或退化，形成融区或季节冻土，其强度大为降低，孔隙水压力增加和自重作用引起道路边坡失稳，路面沉陷，山地斜坡上形成融冻泥流或山体滑坡，在地势平坦处容易形成热融湖塘、醉林等现象。失去植被层保护的冻土，则进一步加大融深程度，加速退化。

5）引起已建工程的破坏。东北地区北部许多已建工程位于多年冻土区，冻土融化过程中其抗剪强度和压缩模量急剧减小，引起建筑物基础的不均匀沉降，使建筑物内部产生附加应力，给已建工程的安全运行带来威胁。

（2）植物生态特征对冻土退化的响应

多年冻土退化，导致土壤水分及有机质含量降低，进而对地上植被产生影响。郭金停等（2017）基于空间替代时间的思想，通过分析植物生态特征随多年冻土活动层厚度的变化规律探讨了大兴安岭北坡冻土退化对植物群落生态特征的影响。

1）植物的科属组成随活动层厚度的变化。在三种不同活动层厚度的冻土区内，植物的科、属和种数的变化范围分别为 8～21、27～43 和 38～76（表2-6）。其中，科、属和种数最多的冻土区为活动层厚度 50～150cm，其次是活动层厚度大于150cm 范围的冻土区，活动层厚度小于50cm 范围的冻土区植物的科、属和种数最少，因此，物种最丰富的活动层厚度为50～150cm 的冻土区，而活动层厚度较小（<50cm）的冻土区不利于物种丰富度的增加。

表 2-6　不同活动层厚度下植物的科、属和种数

活动层厚度（cm）	科数	属数	种数
0～50	8	27	38
50～150	21	43	76
>150	16	34	49

资料来源：郭金停等（2017）

2）植物的生活型随活动层厚度的变化。如图 2-38，随着冻土区活动层厚度的增加，地面芽植物的物种数显著增加（$P<0.05$），高位芽植物的物种数显著减少（$P<0.05$），地上芽和地下芽植物的物种数随活动层厚度的变化不显著（$P>0.05$）。

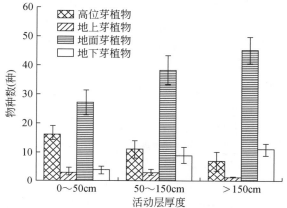

图 2-38　不同活动层厚度下生活型植物的种数

资料来源：郭金停等（2017）

3）植物的水分生态类型随活动层厚度的变化。对 4 种不同水分生态类型的物种数随活动层厚度的变化分别做柱形图分析其变化趋势（图 2-39），随着活动层厚度的增加，沼

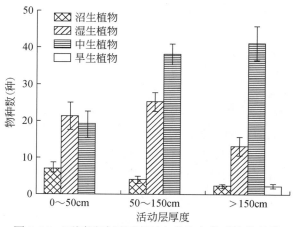

图 2-39　不同活动层厚度下水分生态类型植物种数

资料来源：郭金停等（2017）

生植物的物种数显著减少（$P<0.05$），中生植物的物种数显著增加（$P<0.05$），湿生植物和旱生植物的物种数随活动层厚度的变化不显著（$P>0.05$），但是，随着活动层厚度的增加，湿生植物物种数有减少的趋势，旱生植物物种数有增加的趋势，旱生植物在活动层厚度大于 150cm 的冻土区开始出现。

（三）森林环境冻土变化特征

为深入研究大兴安岭中，兴安落叶松、冻土与湿地的依存关系，对兴安落叶松生态系统冻土特征及影响因素进行系统合理的分析研究。选用大兴安岭生态站原始林和渐伐更新林观测点 2010 年 5 月 ~ 2014 年 5 月的冻土观测数据进行分析（观察点基本信息见表 2-7）。在观测点的井孔根据深度安装了多个电阻式温度计（探头深度如图 2-40 所示），所用温度计为中国科学院寒区旱区环境与工程研究所冻土国家重点实验室特制，当量程为 $-30 \sim 30℃$ 时，精度为 $±0.05℃$；当量程为 $30 \sim 50℃$ 或 $-45 \sim -20℃$ 时，精度为 $±0.1℃$。观测采取人工监测，2010 年 5 月 ~ 2012 年 9 月于每周 9：00 ~ 11：00 监测 1 次，2012 年 10 月 ~ 2014 年 5 月于每月 9：00 ~ 11：00 监测 1 次，同时采用标准地法调查了观测点的植被情况。

表 2-7　研究区原始林和渐伐更新林冻土观测点基本信息

原始林地下探头深度（m）	0	0.2	0.5	1.0	1.5	2.0	2.5	3.0	3.5	4.0	4.5	5.0	5.5	6.0
渐伐更新林地下探头深度（m）	0	0.2	0.5	1.0	1.5	2.0	2.5	3.0	3.5	4.0	5.0			
原始林林分特点	复层异林，未采伐，保持原始森林景观，兴安落叶松林，少量白桦，郁闭度为 0.7，成熟林居多													
原始林林下植被	以杜香为主，间有聚集分布的越橘和笃斯，覆盖度为 76%，有少量小叶章、红花鹿蹄草等													
渐伐更新林林分特点	复层异林，经过渐伐作业，有同龄林的特点，以兴安落叶松为主，伴有少量白桦，郁闭度为 0.6													
渐伐林林下植被	以杜香为主，间有聚集分布的越橘和笃斯，覆盖度为 65%，有少量小叶章、红花鹿蹄草等													

（1）土壤温度垂直变化特征

通过对原始林冻土 4 年观测数据的分析发现，在垂直层面上，各月地温的变化特征基本一致，即随着土层深度的增加，地温逐渐下降。以 2010 年 7 月数据为例，如图 2-40 所示，从地表开始，地温出现明显下降趋势；在土层深度为 $-0.5 \sim -1.0m$ 时，温度变化较为平缓，通过分析，该深度正是观测点的永冻层位置所在，该土层将季节性冻土层与永冻层进行分割，形成了两种不同的水热环境；在 $-4.5m$ 以下，地温基本稳定在 $-14.4℃$ 左右。

（2）冻融作用过程分析

土壤冻结和融化作用实质上就是土壤中水分发生相变的过程。植被层具有隔热、阻风挡雪及根系吸水作用，因此对土壤的水热周转过程有较大的影响。

通过对原始林冻土数据的分析发现，观测点地下 1m 处左右的地温常年在 0℃ 以下，

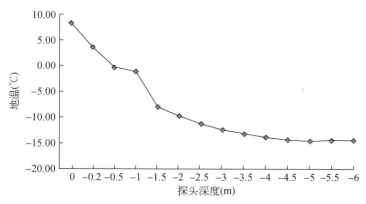

图 2-40　原始林土壤温度垂直变化特征曲线

属于永冻层。因此，本研究选取了土层深度在-1m以上的4个探头的冻土数据进行分析，从图 2-41 可以看出，兴安落叶松原始林区每年冻土的消融期和冻结期相差不大，消融期开始时间大致在每年4月末至5月初，冻结期开始时间为每年10月末至11月初，最大季节消融深度出现在每年8月末至9月中旬。森林植被在炎热夏季具有隔热效应，在寒冷冬季有保温作用。由于原始林比较稳定，受气温变化的影响较小，因此冻结期开始较晚。从变化趋势上分析，地表温度的变化趋势与-0.2m处土层较为接近，每年3~4月，随着气温的回升，地温开始升高，每年9~10月，气温下降，地温也随之下降；4年的最高地温总体呈现下降趋势。由于此处土层浅，因此受气温影响较明显。而土层深度在-0.5m处的土壤温度变化趋势与-1.0m处土层较为接近，温度变化幅度较上两层缓和，特别是在每年8~10月。从图 2-42 中也可看出，-1.0m处地温常年在0℃以下，属于永冻层，其下存在多年冻土；-0.5m处的土壤温度与-1.0m处较为接近，仅有个别月份的温度在0℃以上，且常年最高温度均低于1℃，其上属于季节性冻土。

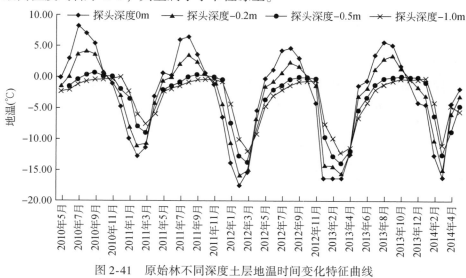

图 2-41　原始林不同深度土层地温时间变化特征曲线

（3）不同经营方式对冻土冻融过程的影响

通过与渐伐更新林的冻土监测（地下 0.2m 地层）进行对比（图 2-42）发现，森林采伐对兴安落叶松林下冻土的表层温度有明显的影响。在相同深度地层，渐伐更新林的地温明显高于原始林，且两种经营方式不同，地温变化幅度也存在差异。无论是消融期还是冻结期，地温变化幅度大小顺序均为：渐伐更新林>原始林，这表明采伐干扰改变了植被盖度、厚度、结构和密度，导致植被隔热效应减少，这种差异随着土层深度的增加逐渐减少。

不同的经营方式对森林土壤的冻融过程产生一定的影响。从消融和冻结开始的时间来看，原始林从每年 5 月中下旬才开始消融（地温>0℃），而渐伐更新林提前 1 个月左右开始消融；两种经营方式下土壤的冻结开始时间大致相同，均在每年 10 月下旬开始冻结（地温<0℃）。

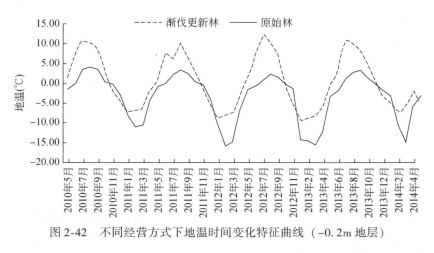

图 2-42　不同经营方式下地温时间变化特征曲线（-0.2m 地层）

第三节　生态系统宏观结构变化

一、生态系统构成与空间分布特征

从大兴安岭生态功能区生态系统类型的空间分布格局得知（图 2-43），森林和湿地是该区优势土地利用类型，草地和裸地只占一小部分。森林集中分布于 47°N 以北地区，森林覆盖面积占全区总面积的 67%。以大兴安岭主脊为界，岭西为额尔古纳河水系，岭东为嫩江水系，永久性支流约为 100 条。林区内永久性淡水湖泊有 220 个，其中面积为 10hm² 以上湖泊有 46 个。草地主要分布于该生态功能区西部及南部地区。

由表 2-8 可知，1990～2000 年，森林面积减少 589.78km²，年均减少 58.98km²；2000～2015 年，森林面积由 195 581.36km² 增加到 197 661.12km²，增加面积约为 2079.76km²，年均增加 138.65km²。

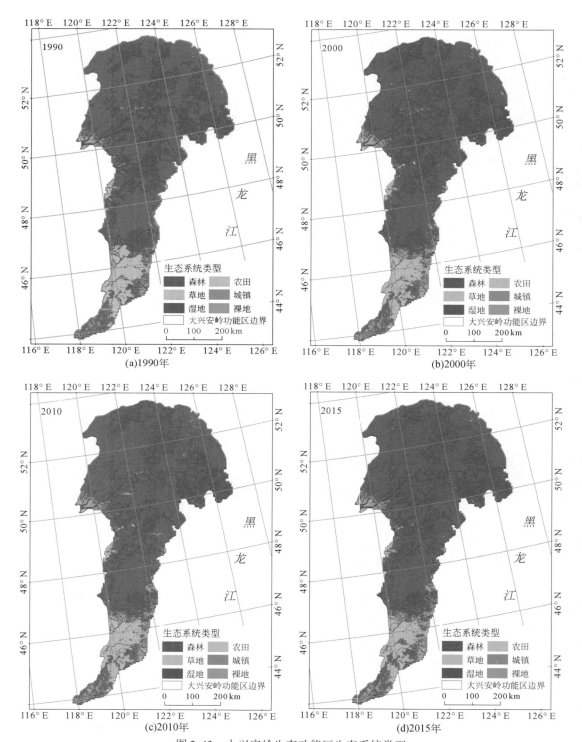

图 2-43 大兴安岭生态功能区生态系统类型

1990～2000 年,草地面积变化较显著,共减少面积 1426.50km²,年均减少 142.65km²;2000～2015 年,草地面积共减少 1365.02km²,年均减少 91km²。1990～2015 年共减少 2791.51km²,减少率达到 7.54%。

1990～2000 年,湿地面积减少 615.43km²,年均减少 61.54km²;2000～2015 年,湿地面积减少 1265.04km²,年均减少 84.34km²;1990～2015 年,湿地面积共减少 1880.47km²。1990～2015 年,裸地地面积共减少 226.80km²,减少率达 30.00%。

1990～2000 年,农田面积增加显著,由 1990 年的 16 116.28km² 扩展到 2000 年的 18 554.83km²,净增加了 2438.55km²,年均增加 243.86km²。2000 年以后,农田面积增长速度放缓,2000～2010 年,农田面积仅增加约 8.10km²;2010～2015 年,年均增长约 71.09km²。

1990～2000 年,城镇面积共计增加 186.59km²,年均增加 18.66km²,年增长率达 8.22%。2000～2015 年,城镇面积持续扩张,共计增加 317.68km²,年均增加 21.18km²;1990～2015 年,城镇面积共计增加 504.27km²,主要来源于占用的农田、湿地和草地。其中,占用农田面积约为 92.86km²。

综上所述,2000 年以后森林面积持续增长,1990～2015 年,草地、湿地和裸地面积总体呈减少趋势,分别减少 2791.51km²、1880.48km² 和 226.80km²,减少率分别为 7.54%、4.8% 和 30%;农田和城镇面积呈增加趋势,分别增加 2904.71km² 和 504.27km²,增加率分别为 18.02% 和 22.21%。

表 2-8　大兴安岭生态功能区生态系统类型面积及其变化　　　　（单位：km²）

类型	1990 年	2000 年	2010 年	2015 年	1990～2000 年变化	2000～2015 年变化	1990～2015 年变化
森林	196 171.14	195 581.36	196 635.77	197 661.12	-589.78	2 079.76	1 489.98
草地	37 010.78	35 584.28	34 909.80	34 219.27	-1 426.50	-1 365.02	-2 791.51
农田	16 116.28	18 554.83	18 562.93	19 020.99	2 438.55	466.16	2 904.71
湿地	39 213.29	38 597.86	38 299.99	37 332.82	-615.43	-1 265.04	-1 880.47
城镇	2 270.24	2 456.83	2 624.96	2 774.51	186.59	317.68	504.27
裸地	756.07	762.65	504.54	529.27	6.58	-233.38	-226.80

二、森林时空格局

1. 面积动态、转化分析

大兴安岭生态功能区是我国位置最北、面积最大的国有林区,森林分布集中,且覆盖率高,以天然林为主。2000 年以后,该功能区森林面积呈持续增加趋势,增加面积为 2079.76km²,森林面积比例从 67.3% 增加到 67.8%（图 2-44）。

从 1990～2015 年森林面积变化趋势（图 2-45）来看,呈现先减后增的趋势,1990～2015 年增加总面积达 1489.98km²,占 1990 年森林总面积的 0.76%。2000 年森林总面积为 195 581.36km²,2015 年森林面积为 197 661.12km²,比 2000 年增长 2079.76km²,占 2000 年森林总面积的 1.1%,总的来看森林面积增长速度较快。

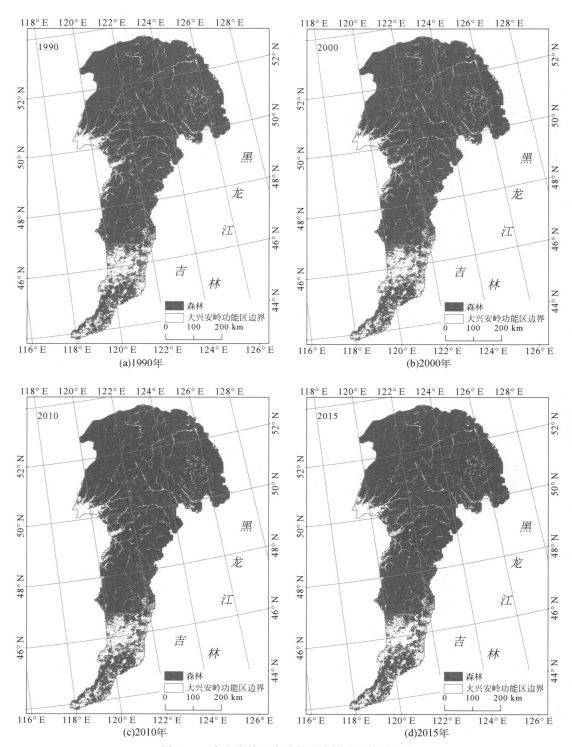

图 2-44   大兴安岭生态功能区森林时空格局演变

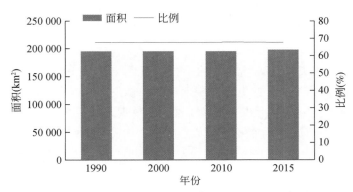

图 2-45 1990~2015 年大兴安岭生态功能区森林面积动态

从表 2-9 可以看出，1990~2000 年，森林面积有所减少，共有 876.98km² 的森林转化为其他类型（农田和城镇），其中转化为农田的面积为 675.79km²，农田开垦及居民地扩张对森林造成了一定程度的破坏。2000~2015 年，森林面积增加较为明显，共有 2759.88km² 的其他类型生态系统转化为森林，其中，草地转化为森林的面积最多，为 1965.45km²。

表 2-9 1990~2015 年大兴安岭生态功能区森林生态系统面积转化表（单位：km²）

生态系统		2000 年				
		森林	草地	农田	城镇	裸地
1990 年	森林		103.17	675.79	87.70	10.32
	草地	201.19				
	农田	25.79				
	城镇	0.00				
	裸地	15.48				
生态系统		2015 年				
		森林	草地	农田	城镇	裸地
2000 年	森林		784.12	629.36	196.03	25.79
	草地	1965.45				
	农田	531.34				
	城镇	46.43				
	裸地	216.66				

2. 森林面积变化驱动因子分析

大兴安岭生态功能区森林面积在 1990~2015 年呈现先降后升的趋势，其中 1990~2000 年森林面积下降 589.78km²，减少的这部分面积主要转化为农田。一方面，20 世纪 90 年代由于缺乏生态环保意识，在经济利益驱使下，加之人口数量增加，粮食需求压力增大，该地区居民大面积毁林造田，开垦疏林地、灌木林地、人工林地。大量林地被开垦，究其主要原因：一是经济利益驱动，畜牧业是该区支柱产业之一，但是畜牧业单位面积产值远低于种植业，因此出现大面积垦林种粮；二是水热条件，开垦土地向东扩张，大兴安岭东部水热条件更适宜农业发展；三是不适宜的政策导向，如屯垦戍边、以粮为纲等；四是法律法规不完善，一些森工企业假借"复合经营"名义擅自开垦林间土地，毁林开荒现象较为严重（彭德福，2001）。为此，引发农牧、农林矛盾，导致森林面积退化严重。另一方面，森林火灾也是破坏森林的不可忽视因素，从1994～1997年，仅呼伦贝尔的总过火面积达57.5万 hm^2，这也是造成森林面积减少的原因之一。

从2000年开始，大兴安岭生态功能区森林面积呈现持续稳定增长，到2015年森林面积增长2079.76km^2，主要原因是党的十三大以后，随着国民经济好转，开始了"三北"防护林建设。1998年洪灾以后，中央进一步强调加强生态环境保护与建设，防止水土流失，提出天然林保护工程（简称天保工程）。相继在2000年又出台了退耕还林还草政策等一系列保护森林资源禁止毁林开荒的相关政策法规，从根本上保护森林资源，遏制森林生态系统进一步恶化，并逐步恢复被破坏森林资源（高景文等，2003）。从2000年开始大兴安岭生态功能区森林面积稳定快速增长，其中对森林面积增长贡献最大的是草地，草地转化为林地总面积为1965.45km^2，因为1990～2000年曾大面积开垦，约有675.79km^{2}草地被开垦为农田，2000年以后国家大力倡导退耕还林还草政策，在国家大规模林业工程建设下，尤其是退耕还林还草工程的实施，我国生态环境得到很大改善，森林面积逐步增加。由于天然林保护工程的实施，开始封山育林和实施限额采伐作业，对森林生态系统的恢复与发展起了很大的作用，但同时造成很多林业职工下岗转向牧业养殖，间接加大草地资源承载压力，也是造成草地退化另一个间接因素（高维宇等，2005）。湿地生态系统对森林面积增长贡献仅次于草地生态系统，2000～2015年共有1011.1km^{2}湿地转化为森林，人们对湿地功能认识不足，重视不够，在湿地上筑垭排水改造，人工造林，导致湿地大面积转化为森林（商晓东，2009）。

总的来说，2000年以后，在国家一系列政策举措下，大兴安岭生态功能区森林生态系统得到很大程度上的恢复与改善，森林总面积不断增加。

3. 景观参数变化

景观参数变化分析是用各种定量化的指数来进行景观结构描述与评价。景观格局指数是指能够高度浓缩景观格局信息，反映其结构组成和空间配置某些方面特征的简单定量指标。本研究选取以下指数来定量描述景观参数变化（表2-10）。

表2-10　各景观指数名称及生态意义表

景观指数	景观指数全称	单位	公式描述	生态意义
NP	斑块数量	个	在类型级别上表示某类斑块总个数	NP反映景观的空间格局，能够描述景观的异质性，其值大小与景观破碎程度呈正相关
PD	斑块密度	斑块数/100hm^2	单位面积斑块数目比	能够反映景观的破碎程度，斑块密度越大，斑块面积越小，破碎化程度高
AI	聚合度指数	—	相应类型的相似邻接数量除以当类型最大程度上丛生为一个斑块时的最大值	表示景观区域中景观类型之间的空间格局聚散程度，或者是景观类型中斑块之间的聚散程度

景观指数	景观指数全称	单位	公式描述	生态意义
DIVISION	景观分割指数	—	DIVISION 等于 1 减去斑块面积除以整个景观面积的平方和	DIVISION 基于累积的斑块面积分布。当景观分割度指数为 0 时，景观由一个斑块组成；越接近 1，说明景观的分割程度越严重，如在栅格数据中，每个像元即为一个斑块类型。

从大兴安岭生态功能区森林景观指标分析结果（表 2-11）可见：1990~2015 年，该功能区森林斑块数量（NP）略有减少，该功能区斑块密度（PD）、景观分割指数（DIVISION）和聚合度指数（AI）基本保持不变，表明大兴安岭生态功能区森林景观较为稳定。

表 2-11 大兴安岭生态功能区森林景观类型指数

年份	NP（个）	PD（斑块数/100hm^2）	DIVISION	AI
1990	340	0.0012	0.5987	79.9507
2000	346	0.0012	0.6014	79.7940
2010	345	0.0012	0.5983	80.0445
2015	331	0.0011	0.6011	79.7509

三、其他类型时空格局

1. 草地时空格局

（1）面积动态、转化分析

1990 年大兴安岭生态功能区草地面积为 37 010.78km^2，占该区总面积的 12.7%。2000 年该功能区草地面积减少到 35 584.28km^2，与 1990 年相比减少了 1426.50km^2。2010 年该功能区草地面积约为 34 909.80km^2，占该区总面积的 11.97%，比 2000 年减少了 674.48km^2。2015 年大兴安岭生态功能区草地面积持续减少，减少约为 690.53km^2，草地总面积为 34 219.27km^2，占该区总面积的 11.73%。1990~2015 年，草地总面积呈减少趋势，减少了 2791.51km^2，下降率达 7.54%。草地面积减少最明显的时间段为 1990~2000 年（图 2-46 和图 2-47）。

从表 2-12 可以看出，1990~2000 年，草地面积减少较为明显，共有 1428.95km^2 的草地转化为其他类型用地，其中转化为农田的面积为 1196.81km^2，毁草开荒现象较为突出。2000~2015 年，又有 2641.24km^2 的草地转化为其他类型用地，其中，草地转化为森林的面积最多，为 1965.45km^2。

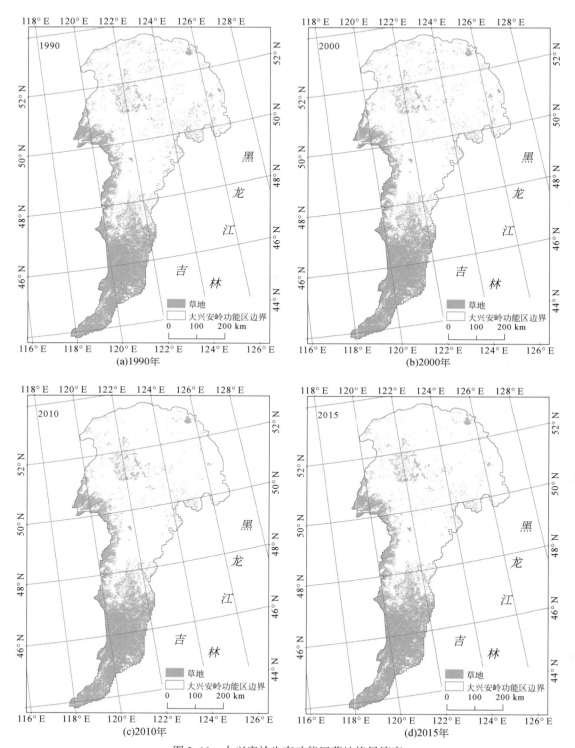

图 2-46 大兴安岭生态功能区草地格局演变

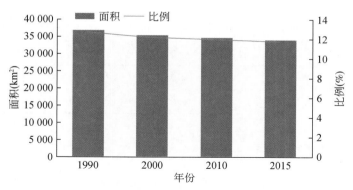

图 2-47 1990～2015 年大兴安岭生态功能区草地面积动态

表 2-12 1990～2015 年大兴安岭生态功能区草地转化表 （单位：km²）

生态系统		2000 年				
		森林	草地	农田	城镇	裸地
1990 年	森林		103.17			
	草地	201.19		1196.81	20.63	10.32
	农田		10.32			
	城镇		0.00			
	裸地		0.00			

生态系统		2015 年				
		森林	草地	农田	城镇	裸地
2000 年	森林		784.12			
	草地	1965.45		536.50	123.81	15.48
	农田		423.01			
	城镇		77.38			
	裸地		15.48			

（2）景观参数变化

从大兴安岭生态功能区草地景观指标分析结果（表 2-13）可见：1990～2015 年，该功能区草地 NP 和 PD 变化均较小，表明景观破碎化程度保持稳定；该功能区草地 DIVISION 接近于 1，且较稳定，表明草地景观分割程度较严重；该功能区 AI 保持在 54 左右，表明草地镶嵌体连通性保持稳定。

表 2-13 大兴安岭生态功能区草地景观类型指数

年份	NP（个）	PD（斑块数/100hm²）	DIVISION	AI
1990	812	0.0028	0.9959	54.0242

续表

年份	NP（个）	PD（斑块数/100hm²）	DIVISION	AI
2000	777	0.0027	0.9960	53.3635
2010	682	0.0023	0.9960	54.0797
2015	701	0.0024	0.9963	53.7804

2. 湿地时空格局

（1）面积动态、转化分析

大兴安岭生态功能区 1990~2015 年湿地面积持续减少。1990 年该功能区湿地面积约为 39 213.29km²，占该区总面积的 13.45%；2000 年相比 1990 年湿地面积减少了 615.43km²；2000~2010 年湿地面积减少了 297.87km²；2015 年湿地面积约为 37 332.82km²，占该区总面积的 12.79%。1990~2015 年，该功能区湿地面积共减少了 1880.47km²。其中，2010~2015 年湿地面积减少最为剧烈，主要在该功能区北部（图 2-48 和图 2-49）。气候变暖是大兴安岭湿地生态系统萎缩和退化的主要诱因之一（高永刚等，2016）；其次，是开垦农地、木材生产（刘钰景，2014）。

从表 2-14 可以看出，1990~2000 年，湿地面积减少，共有 666.47km² 的湿地转化为其他类型用地，其中转化为农田的面积为 546.82km²，开荒现象较明显。2000~2015 年，又有 758.33km² 的湿地转化为其他类型用地。

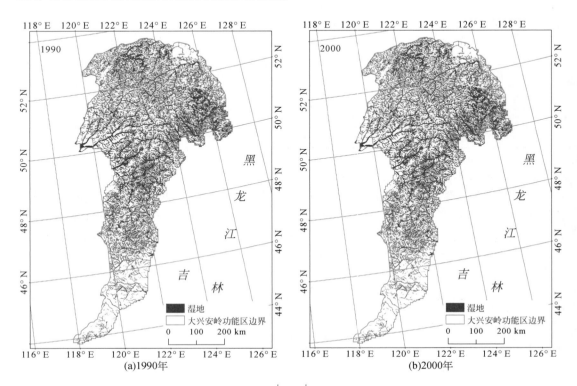

(a)1990年　　　　　　　　(b)2000年

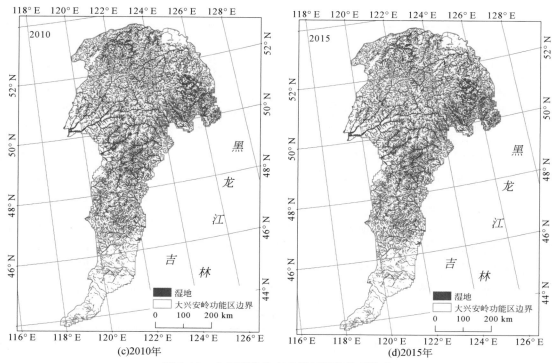

图 2-48　大兴安岭生态功能区湿地格局演变

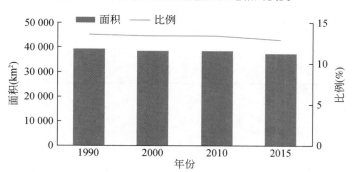

图 2-49　1990～2015 年大兴安岭生态功能区湿地面积动态

表 2-14　1990～2015 年大兴安岭生态功能区湿地转化表　　（单位：km²）

生态系统		2000 年			
		湿地	农田	城镇	裸地
1990 年	湿地		546.82	103.17	15.48
	农田	30.95			
	城镇	0.00			
	裸地	10.32			

续表

生态系统		2015 年			
		湿地	农田	城镇	裸地
2000 年	湿地		608.72	134.13	15.48
	农田	355.95			
	城镇	56.75			
	裸地	36.11			

（2）景观参数变化

从大兴安岭生态功能区湿地景观指标分析结果（表 2-15）可见：1990～2015 年，该功能区湿地 NP 略有增加，该功能区湿地 PD 基本保持不变；该功能区 DIVISION 维持在 1，表明湿地生态系统的景观分割程度较严重；该功能区 AI 略有减少，表明湿地镶嵌体连通性有所减弱。

表 2-15　大兴安岭生态功能区湿地景观类型指数

年份	NP（个）	PD（斑块数/100hm²）	DIVISION	AI
1990	2615	0.0090	1	25.5840
2000	2592	0.0089	1	25.2929
2010	2592	0.0089	1	25.2964
2015	2628	0.0090	1	25.0217

3. 农田时空格局

（1）面积动态、转化分析

1990 年，大兴安岭生态功能区农田面积为 16 116.28km²，占该功能区总面积的 5.5%，主要分布于大兴安岭生态功能区西部和东南部地势平坦区域；1990～2000 年，农田面积增长较快，增加面积为 2438.55km²，增长率高达 15.13%；2000 年以后，农田面积增加速度明显放缓。1990～2015 年，农田面积逐渐扩大，共计增加 2904.71km²，增长率为 18.02%（图 2-50 和图 2-51）。

从表 2-16 可以看出，1990～2000 年，农田面积增长较为明显，共有 2419.42km² 的其他类型用地转化为农田，其中草地转化为农田的面积为 1196.81km²，毁草开荒现象较为突出。2000～2015 年，又有 1821.01km² 的其他类型用地转化为农田，其中，湿地转化为农田的面积最多，为 608.72km²。

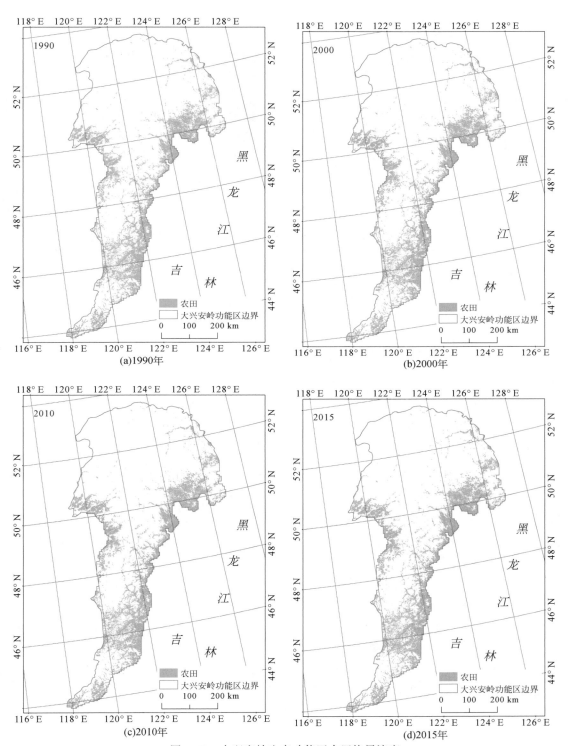

图 2-50　大兴安岭生态功能区农田格局演变

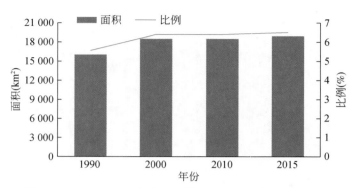

图 2-51　1990～2015 年大兴安岭生态功能区农田面积动态

表 2-16　1990～2015 年大兴安岭生态功能区农田转化表　　　（单位：km²）

生态系统		2000 年					
		森林	草地	湿地	农田	城镇	裸地
1990 年	森林				675.79		
	草地				1196.81		
	湿地				546.82		
	农田	25.79	10.32	30.95		5.16	0.00
	城镇				0.00		
	裸地				0.00		
生态系统		2015 年					
		森林	草地	湿地	农田	城镇	裸地
2000 年	森林				629.36		
	草地				536.50		
	湿地				608.72		
	农田	531.34	423.01	355.95		139.28	5.16
	城镇				41.27		
	裸地				5.16		

（2）景观参数变化

从大兴安岭生态功能区农田景观指标分析结果（表 2-17）可见：1990～2015 年，该功能区农田 NP 逐年增加，表明景观破碎化程度稍有增加；该功能区农田 PD 基本保持不变；该功能区 DIVISION 维持在 1，表明农田生态系统的景观分割程度较严重；该功能区 AI 有所增加，表明农田镶嵌体连通性有所增强。

表 2-17　大兴安岭生态功能区农田景观类型指数

年份	NP（个）	PD（斑块数/100hm²）	DIVISION	AI
1990	973	0.0033	1	29.5436
2000	1010	0.0035	1	31.4398
2010	1005	0.0034	1	31.5944
2015	1035	0.0035	1	30.9524

4. 裸地时空格局

（1）面积动态、转化分析

1990 年大兴安岭生态功能区裸地面积为 756.07km²，占该功能区总面积的 0.26%；1990～2000 年，裸地面积仅增加 6.58km²；2000 年以后，裸地面积急剧减少，2000～2010 年，减少约 258.11km²。1990～2015 年，裸地面积共减少 226.80km²（图 2-52 和图 2-53）。

从表 2-18 可以看出，1990～2000 年，裸地面积变化较小。2000～2015 年，共有 278.57km² 的裸地转化为其他类型（森林、湿地和城镇），裸地利用率有所提高，其中，裸地转化为森林的面积最多，为 216.66km²。

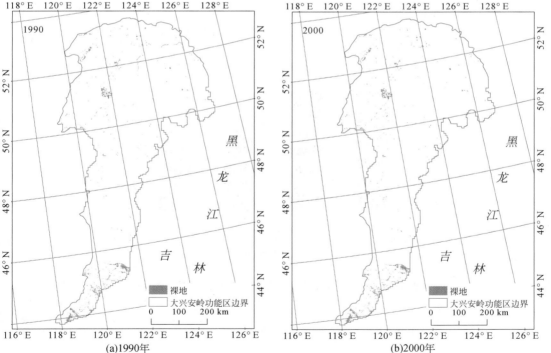

(a)1990年　　　　　　　　　　(b)2000年

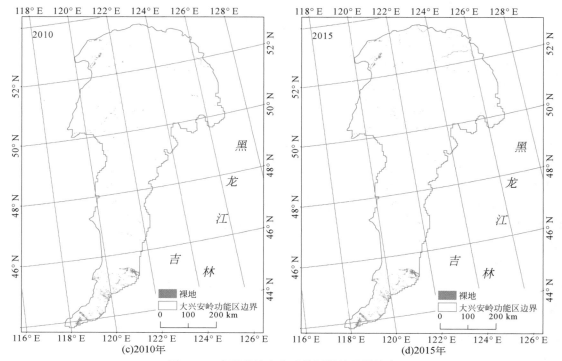

(c)2010年 (d)2015年

图 2-52　大兴安岭生态功能区裸地格局演变

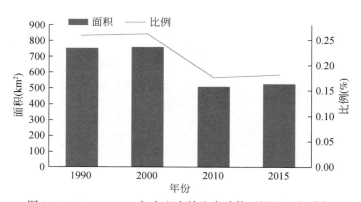

图 2-53　1990～2015 年大兴安岭生态功能区裸地面积动态

表 2-18　1990～2015 年大兴安岭生态功能区裸地转化表　　　　（单位：km²）

生态系统		2000 年					
		森林	草地	湿地	农田	城镇	裸地
1990 年	森林						10.32
	草地						10.32
	湿地						15.48

续表

生态系统		2000 年					
		森林	草地	湿地	农田	城镇	裸地
1990 年	农田						0.00
	城镇						0.00
	裸地	15.48	0.00	10.32	0.00	0.00	

生态系统		2015 年					
		森林	草地	湿地	农田	城镇	裸地
2000 年	森林						25.79
	草地						15.48
	湿地						15.48
	农田						5.16
	城镇						0.00
	裸地	216.66	15.48	36.11	5.16	5.16	

（2）景观参数变化

裸地在大兴安岭生态功能区分布较少，从大兴安岭生态功能区裸地景观指标分析结果（表2-19）可见：1990～2015 年，该功能区裸地 NP 呈逐年递减趋势，表明景观破碎化程度变小；该功能区裸地 PD 基本保持不变；该功能区 DIVISION 维持在 1，表明裸地生态系统的景观分割程度较严重；该功能区 AI 逐年递增，表明裸地镶嵌体连通性有所增强。

表 2-19 大兴安岭生态功能区湿地景观类型指数

年份	NP（个）	PD（斑块数/100hm²）	DIVISION	AI
1990	73	0.0003	1	19.1406
2000	75	0.0003	1	18.8462
2010	62	0.0002	1	20.3463
2015	59	0.0002	1	20.8889

第四节 主要生态系统服务能力变化

一、单位面积产水量变化

1. 区域变化特征

产水功能概念较广，主要表现形式包括生态系统的拦蓄降水、调节径流、影响降水量、净化水质等。不同生态系统的单位面积产水量具有差异性，包括不同森林、草地的种类之间及各种群内部的单位面积产水量的差异（龚诗涵等，2017）。我国生态系统产水功能受气候和人类活动的影响。特别是降水的影响，当降水量超过下垫面的截留、填洼、下渗等时，就会产生地表径流。不论是蓄满产流或是超渗产流，地表径流量都是随降水量的增大而增大，降水是决定地表径流量的最重要因子，进而影响产水功能。

大兴安岭生态功能区 1990~2000 年，区域产水总量下降明显，由 $1.77 \times 10^{10} \mathrm{m}^3$ 下降到 $8.49 \times 10^9 \mathrm{m}^3$；2000~2015 年产水总量明显增加，增加到 2015 年的 $1.72 \times 10^{10} \mathrm{m}^3$（表 2-20），增长率超过 50%。从空间分布变化（图 2-54 和图 2-55）来看，该功能区北部单位面积产水量有所增强，中部变化不明显，南部有所下降。

表 2-20　1990~2015 年大兴安岭生态功能区产水量变化

年份	区域总产水量 （$10^8 \mathrm{m}^3$）	单位面积产水量 （mm）
1990	176.79	66.57
2000	84.89	25.32
2015	172.01	49.84

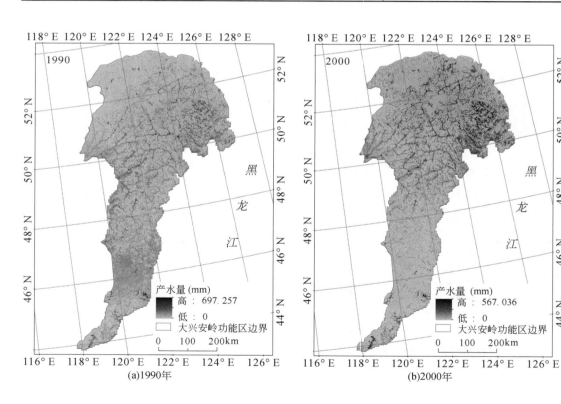

(a)1990年　　　　(b)2000年

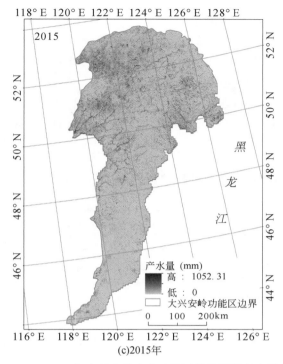

图 2-54 1990~2015 年大兴安岭生态功能区单位面积产水量空间特征

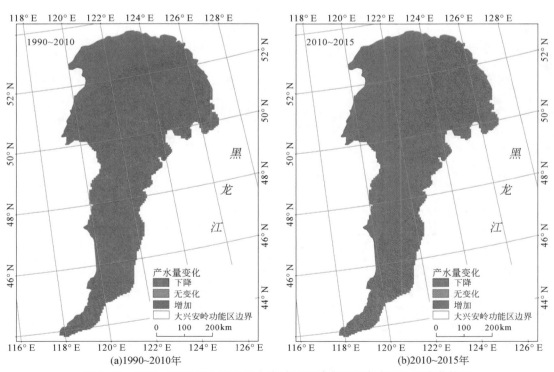

图 2-55 1990~2015 年大兴安岭生态功能区单位面积产水量空间变化格局

2. 各县（市、旗、区）变化特征

由于地理位置、气候条件、植被结构存在空间差异，各县（市、旗、区）单位面积产水量在不同年份表现各不相同（表2-21）。1990年单位面积产水量最大的是霍林郭勒市，为101.42mm，单位面积产水量最小的是漠河县[①]，为15.59mm；2000年单位面积产水量最大的是嫩江县，为59.72mm，最小的是乌兰浩特市，为2.58mm；2015年各县（市、旗、区）单位面积产水量最大的是额尔古纳市，为102.42mm，最小的为扎鲁特旗为14.70mm。

表2-21　1990~2015年大兴安岭生态功能区各县（市、旗、区）单位面积产水量及变化

（单位：mm）

地区	1990年	2000年	2015年	1990~2000年	2000~2015年
漠河县	15.59	23.52	86.23	7.93	62.71
塔河县	31.58	36.35	56.74	4.77	20.39
呼玛县	54.15	42.29	53.08	-11.86	10.80
额尔古纳市	32.11	25.11	102.42	-7.00	77.31
根河市	45.95	32.33	101.29	-13.61	68.96
鄂伦春旗	77.29	44.35	59.34	-32.94	14.99
黑河市区	84.49	56.37	84.11	-28.12	27.74
嫩江县	95.74	59.72	62.36	-36.02	2.64
牙克石市	71.32	22.62	59.52	-48.70	36.90
莫力达瓦旗	80.23	46.14	94.41	-34.09	48.27
陈巴尔虎旗	69.13	15.85	70.55	-53.28	54.70
新巴尔虎左旗	66.61	7.67	52.13	-58.95	44.46
阿荣旗	47.98	18.65	37.82	-29.33	19.18
鄂温克族自治旗	80.09	14.57	49.58	-65.52	35.01
扎兰屯市	58.73	11.37	26.36	-47.35	14.98
科右前旗	99.83	10.12	29.21	-89.71	19.08
扎赉特旗	78.87	8.84	27.95	-70.03	19.11
乌兰浩特市	82.33	2.58	26.37	-79.74	23.79
突泉县	92.05	8.30	20.25	-83.74	11.95
科右中旗	97.48	18.05	16.90	-79.43	-1.14

---

① 漠河县在2018年2月经国务院批准改为漠河市。

地区	1990 年	2000 年	2015 年	1990 ~ 2000 年	2000 ~ 2015 年
霍林郭勒市	101.42	38.88	55.49	-62.54	16.61
扎鲁特旗	48.97	9.06	14.70	-39.91	5.64
阿鲁科尔沁旗	59.32	19.10	17.18	-40.23	-1.92
巴林左旗	53.38	21.27	24.37	-32.12	3.10
巴林右旗	67.23	39.87	42.07	-27.36	2.20
林西县	39.00	25.41	25.52	-13.58	0.11
大兴安岭生态功能区	66.57	25.32	49.84	-41.25	24.52

注：1994 年国务院批准撤销额尔古纳左旗，设立根河市

从大兴安岭生态功能区各县（市、旗、区）的总产水量来看（表 2-22），1990 年该功能区总产水量最大的鄂伦春旗，为 $4.12 \times 10^9 m^3$，最小的是乌兰浩特市，为 $5.8 \times 10^5 m^3$；2000 年各县（市、旗、区）总产水量最大的是鄂伦春旗，为 $2.36 \times 10^9 m^3$，其次是呼玛县和额尔古纳市，总产水量分别为 $1.35 \times 10^9 m^3$ 和 $7.14 \times 10^8 m^3$，总产水量最小的是乌兰浩特市，为 $2.0 \times 10^4 m^3$；2015 年各县（市、旗、区）总产水量最大的是鄂伦春旗和额尔古纳市，总产水量分别为 $3.16 \times 10^9 m^3$ 和 $2.92 \times 10^9 m^3$，最小的是乌兰浩特市，为 $1.8 \times 10^5 m^3$。

表 2-22　1990 ~ 2015 年大兴安岭生态功能区各县（市、旗、区）总产水量及变化

（单位：$10^8 m^3$）

地区	1990 年	2000 年	2015 年	2000 ~ 2015 年
漠河县	2.86	4.32	15.86	11.54
塔河县	4.39	5.06	7.91	2.85
呼玛县	17.30	13.51	16.99	3.48
额尔古纳市	9.15	7.14	29.21	22.07
根河市	9.05	6.37	19.94	13.58
鄂伦春旗	41.15	23.61	31.59	7.98
黑河市区	5.83	3.89	5.81	1.91
嫩江县	4.02	2.51	2.62	0.11
牙克石市	19.33	6.13	16.13	10.00
莫力达瓦旗	0.99	0.57	1.16	0.59
陈巴尔虎旗	1.09	0.25	1.11	0.86
新巴尔虎左旗	0.26	0.03	0.20	0.17
阿荣旗	2.99	1.16	2.36	1.20

续表

地区	1990 年	2000 年	2015 年	2000～2015 年
鄂温克族自治旗	6.44	1.17	3.99	2.82
扎兰屯市	8.05	1.56	3.61	2.05
科右前旗	21.17	2.14	6.20	4.05
扎赉特旗	3.84	0.43	1.36	0.93
乌兰浩特市	0.0058	0.0002	0.0018	0.0017
突泉县	2.17	0.20	0.48	0.28
科右中旗	6.03	1.12	1.04	-0.07
霍林郭勒市	0.79	0.30	0.43	0.13
扎鲁特旗	3.73	0.69	1.12	0.43
阿鲁科尔沁旗	1.80	0.58	0.52	-0.06
巴林左旗	2.29	0.91	1.05	0.13
巴林右旗	1.44	0.85	0.90	0.05
林西县	0.61	0.40	0.40	0.004
大兴安岭生态功能区	176.79	84.89	172.01	87.11

从各县（市、旗、区）产水总量变化（图 2-56）来看，2000～2015 年，大兴安岭生态功能区北部县（市、旗、区）总产水量增加较多，中部和南部增加较少。全区科右中旗和阿鲁科尔沁旗总产水量减少，为 $7.0×10^6 m^3$ 和 $6.0×10^6 m^3$，其他县（市、旗、区）都有增加，增加最多的额尔古纳市、根河市、漠河县、牙克石市、鄂伦春旗，其余县（市、旗、区）增加的总产水量均在 $5×10^8 m^3$ 以下。增加最多的额尔古纳市达到 $2.2×10^9 m^3$。

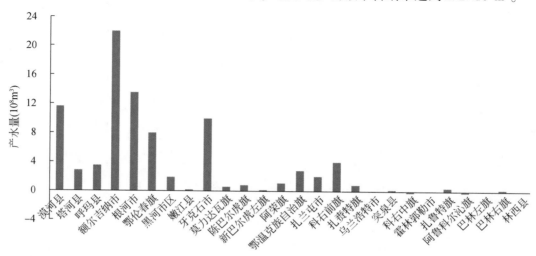

图 2-56　2000～2015 年大兴安岭生态功能区各县（市、旗、区）产水总量变化

从各县（市、旗、区）的单位面积产水量变化率（图 2-57）来看，2000～2015 年，大兴安岭生态功能区整体单位面积产水量增强，仅有科右中旗和阿鲁科尔沁旗单位面积产水量是减少的，分别减少 1.15m³/km² 和 1.92m³/km²。该功能区北部和中部水能力增加较多。单位面积产水量增加最多的是额尔古纳市，增加了 77.31m³/km²；其次是根河市和漠河县，分别增加 68.96m³/km² 和 62.71m³/km²。

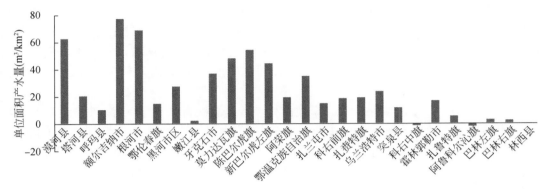

图 2-57　2000～2015 年大兴安岭生态功能区各县（市、旗、区）单位面积产水量变化

3. 不同分区变化特征

大兴安岭生态功能区不同区域的产水总量变化趋势基本一致（图 2-58），1990～2000 年该功能区各部分产水量均有不同程度降低，2000～2015 年产水量有所增加，其中北部地区 2015 年产水总量较 2000 年增加明显，从 2000 年的 64.88×10⁸m³ 增加到 2015 年的 124.00×10⁸m³，15 年间增幅达到 91%。单位面积产水量的变化与产水总量的变化特征基本保持一致。有人认为降水量及大气水分需求能力的变化是影响生态系统产水量增减的主要因素（尹云鹤等，2016）。

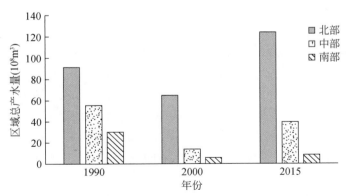

图 2-58　1990～2015 年区域总产水量变化

4. 产水量变化驱动因子分析

大兴安岭生态功能区属寒温带大陆性季风气候，冬季漫长而寒冷，夏季短暂而炎热；年降水量为 300～500mm，集中于每年 7～8 月；年平均气温为 -3.2℃，极端气温

达$-49.8℃$。有研究表明大兴安岭生态功能区在 1990~2010 年降水量先下降后增加（1990 年为 579.42mm；2000 年为 432.26mm；2010 年为 563.46mm），降水气候倾向率具有很强的区域特点（边玉明等，2017）。在全球气候变化背景下，东北地区气候也存在一定程度的变化，吴健等（2017）采用 Pearson 相关分析法对研究区温度、降水与产水量间的关系进行分析。结果表明，降水量与 1990 年、2000 年和 2010 年产水量均存在极显著的正相关关系；而年平均温度、年平均最高温度仅与 1990 年和 2010 年的产水量呈显著的正相关关系，年平均最低温度则只与 2010 年的产水量呈显著的正相关关系。1990~2000 年、2000~2010 年及 1990~2010 年产水量的变化一方面与年平均最高温度的变化呈现出极显著的负相关关系，另一方面与降水量的变化呈现出极显著的正相关关系。

此外，1990~2000 年森林面积、草地面积、湿地面积均有不同程度减少，而研究表明产水量与森林覆盖率均存在显著的正相关关系，而与未利用地覆盖率均呈显著的负相关关系（吴健等，2017），土地利用变化影响陆面的实际蒸散发、土壤理化性质和水分状况，进而影响研究区产水量，因此大兴安岭地区森林草地面积减少是 2000 年产水量较低的又一原因。2000~2015 年，大兴安岭生态功能区森林面积增加 2079.76km^2，湿地面积减少 1265.04km^2，森林面积增加使植被覆盖率增大，从而直接提高产水量，湿地面积减少导致蒸散降低；降水增加、蒸散减少，功能区产水量增加。不同土地利用/覆盖方式的转换，其水文效应有较大的差别，人口、GDP 等社会经济数据与产水量变化也呈显著正相关，原因在于城市化的发展，城市建设用地等不透水地层增加，促进了流域产水量增加（孙小银等，2017；吴哲等，2014）。

二、生态系统碳储量变化

1. 区域研究结果

生态系统碳储量（carbon storage）是生态系统长期积累碳蓄积的结果，是生态系统现存的植被生物量有机碳、凋落物有机碳和土壤有机碳储量的总和。森林生态系统碳大多储存在树干、枝和叶，通常被称为生物量；另外，碳也直接储存在土壤中。对海洋与湿地而言，固碳不仅源于水生植物和藻类光合作用所固定转化的 CO_2，更重要的来源是通过河水输入有机质的沉积，湿地因其具有巨大土壤碳库、高甲烷排放及其在泥炭形成、沉积物堆积与植物生物量积累等方面的固碳潜力，使其成为全球碳循环的重要组成部分（牟长城等，2013）。陆地生态系统固碳速率（carbon sequestration rate）则主要是指在单位时间内单位土地面积上的植被和土壤从大气中吸收并储存的碳或 CO_2 数量。陆地生态系统总固碳量是指植物光合作用固定转化 CO_2 为有机碳的总量，它既可以是一定时间内总初级固碳量（GPP）的积分值，也可以是净初级固碳量（NPP）的积分值。

（1）区域碳储量变化特征

1990~2000 年，大兴安岭生态功能区单位面积碳储量呈现下降趋势，从 1990 年的

1.94×10⁶t/km²下降到 2000 年的 1.92×10⁶t/km²；1990 年总碳储量为 6924.82Tg①，高于 2000 年的 6885.12Tg。

2000~2015 年，大兴安岭生态功能区单位面积碳储量基本保持不变为 1.92×10⁶t/km²（表2-23），2000 年大兴安岭生态功能区的碳储量为 6885.12Tg，单位面积碳储量最低值分布在该功能区南部，最高值分布在北部黑龙江省境内；2015 年该功能区总碳储量为 6881.08Tg，与 2000 年基本持平。从碳储量变化空间分布（图 2-59~图 2-61 和表 2-24）来看，该功能区各县（市、旗、区）均有不同程度的增减，分布比较分散，碳储量减少最多的为鄂伦春旗，减少约为 6.31Tg；增加最多的为科右中旗，增加约为 2.34Tg。各县（市、旗、区）出现差异的主要原因是人为干扰和森林火灾等（戚玉娇，2014 年；Gu et al.，2012）。

表 2-23 1990~2015 年大兴安岭生态功能区碳储量变化

年份	总碳储量（Tg）	单位面积碳储量（10⁶t/km²）
1990	6924.82	1.94
2000	6885.12	1.92
2015	6881.08	1.92

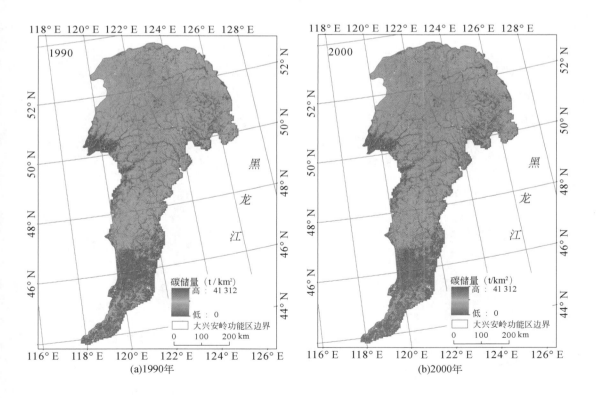

(a)1990年 (b)2000年

---

① 1Tg=10¹²g。

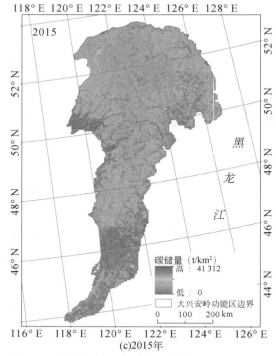

图 2-59　大兴安岭生态功能区碳储量空间分布格局

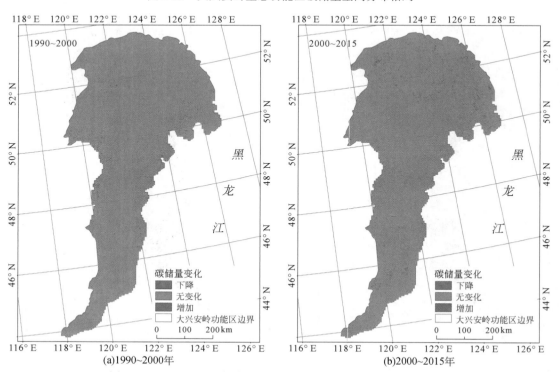

图 2-60　1990～2015 年大兴安岭生态功能区碳储量变化空间格局

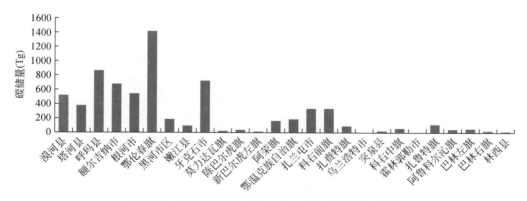

图 2-61 2015 年各县（市、旗、区）碳储量柱状图

表 2-24 大兴安岭生态功能区县（市、旗、区）各年份碳储量统计表 （单位：Tg）

地区	1990 年碳储量	2000 年碳储量	2015 年碳储量	2000～2015 年碳储量变化
漠河县	519.78	519.34	518.80	-0.54
塔河县	379.60	379.35	379.56	0.21
呼玛县	868.19	864.90	862.42	-2.48
额尔古纳市	678.19	676.53	677.54	1.02
根河市	542.10	541.26	541.93	0.67
鄂伦春旗	1435.80	1420.43	1414.12	-6.31
黑河市区	184.51	184.01	184.58	0.56
嫩江县	98.36	96.63	94.87	-1.77
牙克石市	729.14	725.90	723.63	-2.27
莫力达瓦旗	24.43	22.67	21.71	-0.96
陈巴尔虎旗	36.75	36.85	36.53	-0.33
新巴尔虎左旗	9.93	9.89	9.88	-0.01
阿荣旗	162.97	160.05	159.72	-0.33
鄂温克族自治旗	185.46	184.21	185.76	1.54
扎兰屯市	334.70	332.93	332.46	-0.47
科右前旗	334.07	332.97	334.14	1.17
扎赉特旗	88.45	86.85	86.99	0.14
乌兰浩特市	0.05	0.05	0.04	0.00
突泉县	18.20	18.19	20.25	2.06
科右中旗	54.11	53.14	55.48	2.34
霍林郭勒市	5.39	5.24	4.39	-0.84
扎鲁特旗	107.79	107.01	108.95	1.94
阿鲁科尔沁旗	40.19	40.05	40.08	0.03

续表

地区	1990 年碳储量	2000 年碳储量	2015 年碳储量	2000～2015 年碳储量变化
巴林左旗	49.84	49.81	50.50	0.69
巴林右旗	20.97	20.96	21.07	0.11
林西县	15.86	15.88	15.68	−0.20
大兴安岭生态功能区	6924.82	6885.12	6881.08	−4.04

（2）不同生态系统碳储量变化特征

从主要生态系统类型来看（图 2-62），1990～2015 年，碳储量最高的均为森林生态系统，且较稳定。其碳储量增加约 1.18%，1990 年、2000 年、2015 年森林生态系统碳储量分别为 5122.37Tg、5101.26Tg、5161.48Tg。

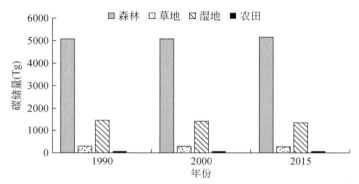

图 2-62　1990～2015 年大兴安岭生态功能区主要生态系统类型碳储量

1990～2000 年，森林生态系统碳储量减少 21.11Tg，湿地生态系统减少 34.13Tg，草地生态系统减少 4.52Tg，农田生态系统增加约 18Tg。

2000～2015 年，由于湿地面积的减少，湿地生态系统碳储量减少约 2.5%，2000 年、2015 年分别为 1412.27Tg、1375.6Tg。草地和农田的碳储量也有所减少，2000 年、2015 年草地的碳储量分别为 296.69Tg、278.17Tg；农田的碳储量分别为 84.45Tg、78.87Tg。

（3）不同分区碳储量变化特征

从不同分区来看（图 2-63），大兴安岭生态功能区的碳储量自北向南逐渐降低。该区北部区域森林植被分布较多，1990 年、2000 年、2015 年碳储量分别为 4622.19Tg、4597.31Tg 和 4587.84Tg；南部区域分布有较多的农田和城镇，1990 年、2000 年、2015 年碳储量分别为 409.48Tg、406.77Tg 和 414.95Tg；中部区域的碳储量分别为 1892.71Tg、1880.79Tg 和 1877.87Tg。从变化上来看，2015 年该区各区域的碳储量与 2000 年相比，基本稳定，其中北部区域和中部区域略有降低，南部区域有所增加，1990 年碳储量在各区域中均比 2000 年和 2015 年稍高。

2. 碳储量变化驱动因子分析

大兴安岭生态功能区总碳储量在 1990～2015 年呈现下降趋势，其中 1990～2000 年减

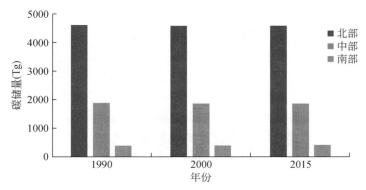

图 2-63 1990~2015 年大兴安岭生态功能区北、中、南各区域碳储量

少较多，2000~2015 年变化较小。从各生态系统碳储量转化表（表 2-25 和表 2-26）中也可以看出，1990~2000 年由于森林与湿地生态系统面积大量转化为农田生态系统，森林生态系统碳储量和湿地生态系统碳储量均下降较多，同时有部分森林和湿地退化成裸地，因此，1990~2000 年总碳储量减少较多；2000~2015 年，草地生态系统和农田生态系统较多转化为森林生态系统，森林生态系统总碳储量增加较多，湿地生态系统转化成其他生态系统类型的面积多于其他生态系统类型转化成湿地生态系统的面积，而湿地生态系统碳储能力在所有生态系统类型中最高，因此，1990~2015 年湿地生态系统面积持续减少是大兴安岭生态功能区总碳储量减少的一个重要影响因素。

表 2-25 2000~2015 年各生态系统间碳储量变化 （单位：Tg）

时段	生态系统类型转移					
	生态系统类型	森林	草地	湿地	农田	裸地	城镇
2000~2015 年	森林		-1.27	0.88	-1.24	-0.06	-0.43
	草地	3.14		0.57	-0.20	-0.01	-0.08
	湿地	-1.82	-0.45		-1.78	-0.05	-0.42
	农田	1.03	0.14	1.03		0.00	-0.04

表 2-26 1990~2000 年各生态系统间碳储量变化 （单位：Tg）

时段	生态系统类型转移					
	生态系统类型	森林	草地	湿地	农田	裸地	城镇
1990~2000 年	森林		-0.17	0.09	-1.31	-0.19	-0.02
	草地	0.33		0.30	-0.39	-0.01	-0.01
	湿地	-0.18	-0.20		-1.59	-0.32	-0.05
	农田	0.05	0.00	0.09		0.00	0.00

因为大兴安岭林区的开发始于 20 世纪 60 年代，尤其是改革开放初期对大兴安岭的大规模开发，而且人对木材的过度依赖，森林资源破坏严重，林分结构发生较大变化，大兴安岭原始林遭受严重破坏，取而代之的是次生林，而不同龄级森林碳储量不同，总体上呈

现中龄林>成熟林>近熟林>过熟林>幼龄林的趋势（胡海清等，2015）。2000年以后大兴安岭生态功能区在国家退耕还林还草、"三北"防护林建设等政策下，森林面积在不断增加，到现在为止新增加森林面积多为中龄林和幼龄林，森林面积增加较多，森林生态系统碳储量已达到近25年来最高，森林面积增加是森林生态系统碳储量增加的主要原因。林火是大兴安岭寒温带针叶林主要的自然干扰之一，对森林碳储量产生了重要影响（杨达等，2015），林火显著降低了森林地上植被碳储量，不同强度火干扰下森林植被碳储量不同（洪娇娇等，2017）。除森林生态系统总碳储量增加之外，湿地生态系统和草地生态系统总碳储量均呈现减少趋势。有研究表明，天然沼泽湿地的生态系统碳储量（27.5 ~ 38.8kg/m²）沿过渡带环境梯度基本上呈恒定分布规律性（牟长城等，2013）。而大兴安岭生态功能区湿地面积在1990 ~ 2015年共减少1880.47km²，这也是该功能区总碳储量减少的另一个原因。与此同时，大兴安岭生态功能区草地生态系统在1990 ~ 2015年共减少2791.51km²，而不同草地植被类型的碳储量也有不同（马文红等，2006），因而该功能区草地面积的减少直接影响该功能区总碳储量的变化。

3. 森林净生态系统碳交换及其环境控制

利用大兴安岭兴安落叶松林生态系统定位观测站2011 ~ 2014年生长季（6 ~ 10月）碳通量观测数据，经过坐标转换、储存项计算、数据筛选、数据插补等步骤，分析了兴安落叶松林净生态系统 CO_2 交换（NEE）的动态变化特征，并基于相关分析等统计学方法探讨了其主要影响因子（图2-64 ~ 图2-66）。

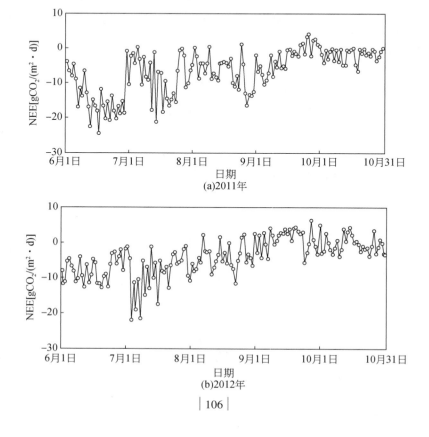

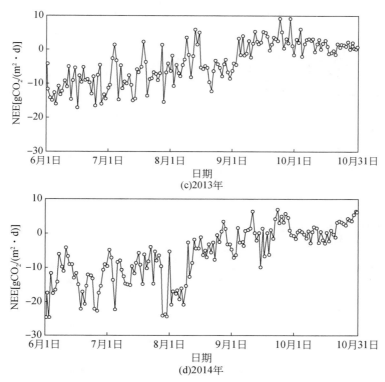

图 2-64　兴安落叶松林 2011～2014 年生长季逐日 NEE 的动态变化

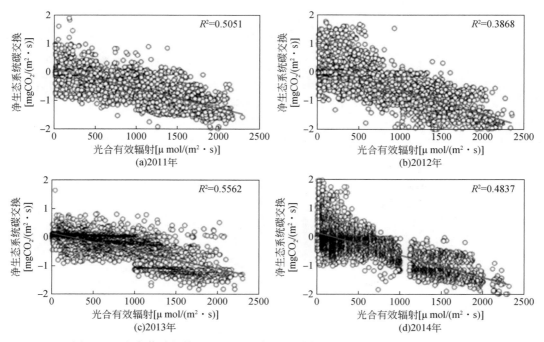

图 2-65　兴安落叶松林 2011～2014 年生长季白天 NEE 与 PAR 的相关性分析

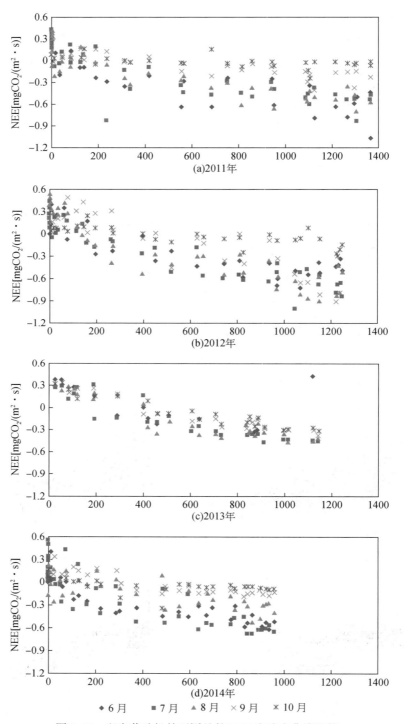

图 2-66　兴安落叶松林不同月份 NEE 光响应曲线比较

（1）兴安落叶松林净生态系统碳交换量生长季节变化特征

净生态系统碳交换（NEE）是生态系统总生产力（GPP）和生态系统呼吸（Re）之差。夜间不进行光合作用，因此夜间生态系统总生产力是0，观测得到的净生态系统碳交换就是 Re。兴安落叶松林 2011～2014 年 NEE 日总值生长季变化如图 2-64 所示，NEE 日总值定义为自零点开始，累加 24h 后的 NEE 总和。2011～2014 年生长季兴安落叶松林 NEE 量较大。随着温度的升高，6 月植被进入生长期，与外界的交换量也增加，因此，NEE 值升高；6 月下旬到 8 月叶片全部展开，叶面积不再变化，该时间段内兴安落叶松林生态系统内部活动最为旺盛，NEE 量达到峰值，是兴安落叶松林生态系统进行碳吸收的黄金时期，2011～2014 年碳的吸收峰值分别出现在 6 月 28 日 [–18.74gC/(m² · d)]、7 月 19 日 [–16.98gC/(m² · d)]、7 月 6 日 [–14.75gC/(m² · d)] 和 7 月 16 [–19.72gC/(m² · d)]；9～10 月，温度降低，植被逐渐进入生长末期，随之进行休眠，森林生态系统的碳吸收能力明显减弱，NEE 量逐渐由负值变为正值，该时间段内基本表现为碳源，2011～2014 年每日碳排放速率的峰值分别出现在 8 月 26 日 [14.04gC/(m² · d)]、10 月 11 日 [11.42gC/(m² · d)]、9 月 27 日 [9.80gC/(m² · d)] 和 6 月 6 日 [12.09gC/(m² · d)]。2011～2014 年整个生长季生态系统碳交换日均值分别为 –3.01gC/(m² · d)、–3.60gC/(m² · d)、–2.16gC/(m² · d) 和 –3.90gC/(m² · d)。

（2）兴安落叶松林 NEE 的环境控制因子

植被光合作用受太阳光能影响的同时，还受水分、温度等环境因素的影响。而呼吸作用主要由温度和水分驱动。而生态系统碳的净交换量跟光合作用与呼吸作用均息息相关，因此，太阳辐射、空气温度、土壤温度、土壤水分等因素均可成为驱动生态系统净碳交换的主要因素。本研究利用 Pearson 相关分析（SPSS 17.0）对白天 NEE 的半小时数据及主要环境因子进行了相关性回归分析。统计结果表明（表 2-27），兴安落叶松林白天 NEE 量与主要环境因子的相关系数大小依次为：光合有效辐射>空气温度>5cm 土壤温度>水汽压差。其中，2011～2014 年生长季 NEE 与光合有效辐射的正相关性最高相关系数分别是 0.505、0.387、0.556 和 0.484，由此说明光合有效辐射对 NEE 的影响较大，是其主要限制因子；2011～2014 年兴安落叶松林的 NEE 与水汽压差的相关关系不明显，这说明水汽压差不是 NEE 的主要限制因子；2011～2014 年兴安落叶松林 NEE 与 0～10cm 土壤相对含水量间的相关性也比较低，主要因为当地降水量充足或过多导致了土壤水分的变化，从而使生态系统总生产力与生态系统呼吸发生变化，这说明水分不是兴安落叶松林生态系统碳交换的主要限制因子。

表 2-27　兴安落叶松林 2011～2014 年生长季 NEE 与环境因子的相关性

项目	PAR		T_a		T_s		VPD		RH	
	r	P	r	P	r	P	r	P	r	P
2011 年 NEE	0.505	<0.01	0.044	<0.05	0.085	<0.05	0.0009	<0.05	0.019	<0.05
2012 年 NEE	0.387	<0.01	0.014	<0.05	0.027	<0.05	0.0001	<0.05	0.008	<0.05
2013 年 NEE	0.556	<0.01	0.111	<0.05	0.174	<0.05	0.0006	<0.05	0.002	<0.05
2014 年 NEE	0.484	<0.01	0.056	<0.05	0.056	<0.05	0.0123	<0.05	0.015	<0.05

注：PAR 为光合有效辐射；T_a 为 32m 空气温度；T_s 为 5cm 土壤温度；VPD 为 1.5m 水汽压差；RH 为 0～10cm 土壤相对含水量

1）光照对兴安落叶松林净生态系统碳交换的影响。图 2-65 为 2011～2014 年生长季节兴安落叶松林白天 NEE 与 PAR 的关系。随着 PAR 强度的增加，生态系统碳吸收能力也在增加，2011～2014 年 NEE 与 PAR 的相关系数分别为 0.5051、0.3868、0.5562 和 0.4837。植被吸收光能进行光合作用，固定 CO_2，光合有效辐射的大小是光合作用强弱的直接影响因素。

2）兴安落叶松林 NEE 光响应曲线特征。图 2-66 为 2011～2014 年 6～10 月兴安落叶松林生态系统的 NEE 光响应曲线。由图 2-66 可知，生长季 6～8 月，植被生长旺盛，NEE 较大；9～10 月，植被进入生长末期并开始休眠，因此 NEE 较小。2013 年 8～9 月和 2014 年 6～10 月枝叶饱和光强均比较小。

三、生境质量变化

1. 生境质量变化监测

（1）生境影响因子

对生境质量具有直接影响的生存环境控制因子包括：水源状况（湖泊密度和河流密度）、干扰因子（居民地密度和道路密度）、遮蔽条件（土地覆被类型和坡度）和食物丰富度（NDVI），如图 2-67 所示。

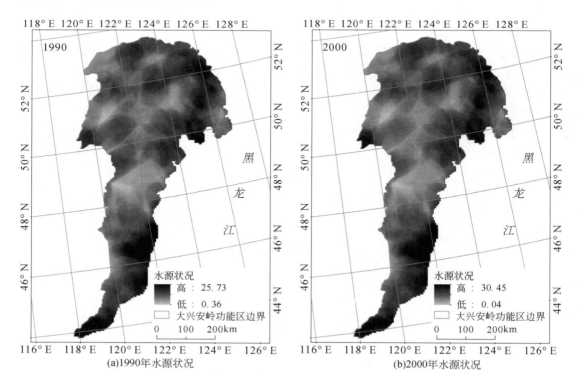

(a)1990年水源状况　　　　(b)2000年水源状况

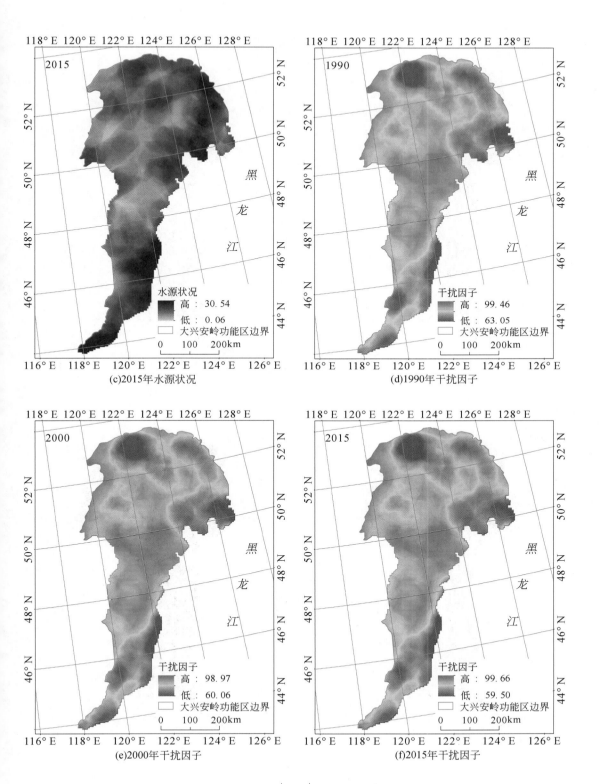

(c)2015年水源状况

(d)1990年干扰因子

(e)2000年干扰因子

(f)2015年干扰因子

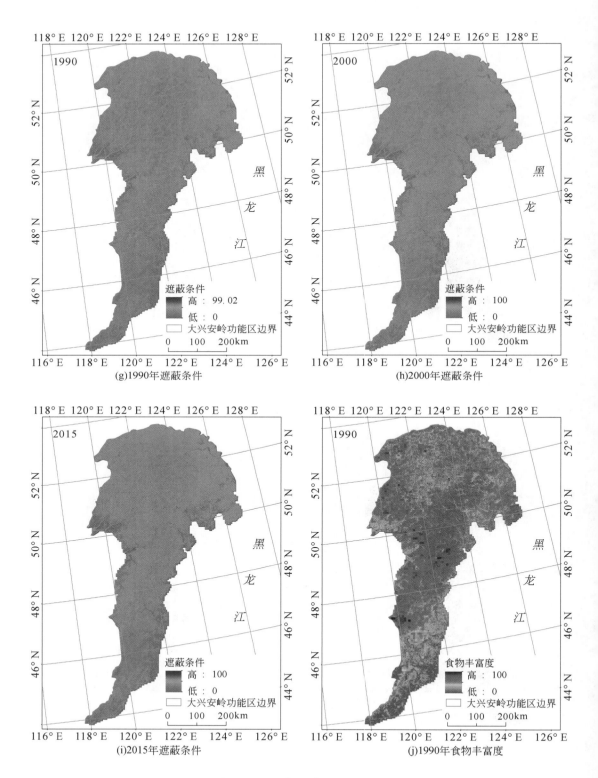

(g)1990年遮蔽条件

(h)2000年遮蔽条件

(i)2015年遮蔽条件

(j)1990年食物丰富度

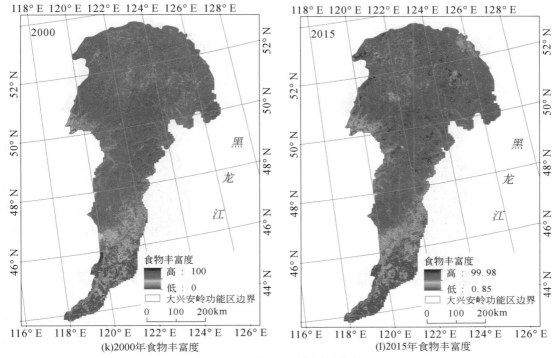

图 2-67　生境质量评价因子分布图

（2）生境质量动态监测

基于生境适宜性评价系统和环境因子数据集，获取大兴安岭生态功能区生境适宜性空间分布特征和不同适宜性级别的面积及其比例。从图 2-68 可以看出，该功能区内，生境适宜性最好的区域与森林、湿地空间分布较为一致，主要分布于该功能区的中部和北部，如内蒙古自治区的兴安盟、呼伦贝尔市，以及黑龙江省的大兴安岭地区。适宜性良好区域主要分布在漠河县、塔河县、黑河市市辖区、根河市及科右前旗部分地区。适宜性一般区域主要分布在该功能区南部，如扎兰屯市、科右前旗、扎赉特旗、乌兰浩特市、突泉县、科右中旗、霍林郭勒市、扎鲁特旗、阿鲁科尔沁旗、巴林左旗、巴林右旗、林西县，它们的遮蔽条件和 NDVI 值都比较低，与生境质量分布一致。适宜性差的区域集中分布于霍林郭勒市、科右中旗。截至 2015 年该功能区南部部分县（市、旗），如扎赉特旗、乌兰浩特市生境质量逐渐变好，转变为一般生境质量，较差的生境质量只有很少分布。

由表 2-28 和图 2-69 可以看出，1990～2000 年，大兴安岭生态功能区生境质量最好的区域增加了 2.43%，增加面积约为 7078.92km²，生境质量良好区域面积稍有下降，下降面积为 9500.56km²；1990 年生境质量良好以上面积为 245 594.32km²，2000 年生境质量良好以上面积为 243 172.68km²，1990～2000 年生境质量良好以上面积减少 2421.64km²；表明 1990～2000 年，大兴安岭生境质量有退化趋势。

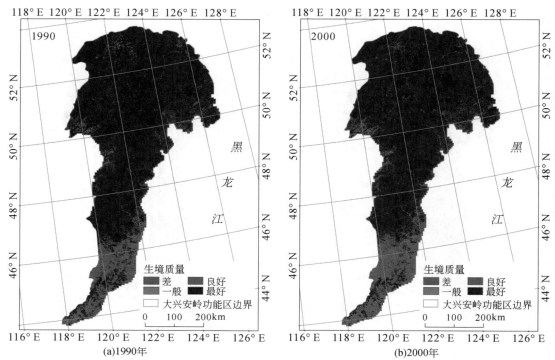

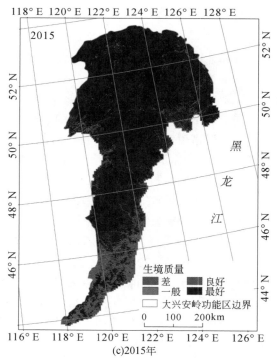

图 2-68　大兴安岭生态功能区生境质量分布图

表 2-28　大兴安岭生态功能区生境质量等级面积及其比例

年份	最好		良好		一般		差	
	面积（km²）	比例（%）	面积（km²）	比例（%）	面积（km²）	比例（%）	面积（km²）	比例（%）
1990	152 549.88	52.34	93 044.44	31.92	36 732.44	12.60	9 138.81	3.14
2000	159 628.80	54.77	83 543.88	28.67%	28 083.75	9.64	20 178.13	6.92
2015	166 374.80	57.09	82 543.56	28.32%	29 974.13	10.28	12 553.31	4.31

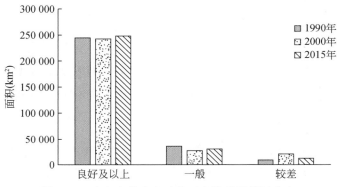

图 2-69　大兴安岭生态功能区生境质量等级分布

2000～2015 年，大兴安岭生态功能区生境质量最好区域的面积呈现增加趋势，增加了 2.32%。2000～2015 年，生境质量良好区域的面积下降了 0.35%，生境质量一般区域的面积增加了 0.64%，生境质量差的区域面积减少了 2.61%。生境质量良好以上面积增加了 5745.68km²，表明 2000～2015 年大兴安岭生态功能区生境质量已经得到逐步恢复。

从整体上看，2000 年以后生境质量良好及以上区域面积呈现增加趋势，2015 年该区域占大兴安岭生态功能区总面积的 85.41%，生境质量较差区域面积减少，表明大兴安岭生态功能区生境质量有所改善，生物栖息活动区生境质量逐渐提高。

（3）生境质量变化驱动因子分析

1990～2000 年大兴安岭生态功能区生境质量呈现退化趋势，良好以上生境面积减少 2421.64km²，一般及较差生境面积增加 2390.63km²；2000～2015 年大兴安岭生态功能区生境质量逐渐恢复，良好以上生境面积增加 5745.68km²，良好以下生境面积减少 5734.44km²。退耕还林还草工程实施是导致保护区生境质量改善的主要原因，1990～2000 年对原始林区保护不足，民众生态意识薄弱，对原始林区滥砍滥伐、过度放牧、毁林开荒等导致生境质量恶化；2000～2015 年在国家退耕还林还草、"三北"防护林建设、天然林保护等多项措施下，自然植被不断恢复，减少了人类活动对大兴安岭生态功能区生境的干扰，严厉禁止明火进山，从而使生境质量不断提高。

从图 2-69 上看，生境质量最好区域主要分布在大兴安岭生态功能区中部和北部，该区域森林面积覆盖率较高，食物量充足，水系丰富，气候适宜，受人类活动影响相对较小，非常有利于生物的生长繁衍；大兴安岭生态功能区南部生境质量较差区域主要是人工表面生态系统，人类活动干扰较大，食物量匮乏，表面植被覆盖率很低，遮蔽条件非常差，生物抗击外来干扰能力很弱，水源也相对缺少，不利于生物的生存。1990～2000年城市扩张，人工表面面积增加及农田面积增加，人类对该功能区干扰加剧，也是生境质量下降的主要原因，满卫东等（2016）研究发现：大规模的农垦活动虽然为国家的粮食安全提供了保障，但是大量自然资源的消耗，使区域生态环境遭受了破坏。2000年以后退耕还林政策实施、城镇及农田扩张得到有效限制、人工林面积不断增加是生境质量变好的主要原因，植被作为生境质量中最重要且敏感的自然要素，其覆盖率的高低是生境质量优劣的重要指标（陈涛和徐瑶，2006）。

2. 森林群落结构变化

利用内蒙古大兴安岭林业管理局各年的森林资源统计数据，从林地面积、优势树种构成、森林起源、树种组成结构等方面，统计分析大兴安岭森林资源的群落结构变化特征。

（1）林地面积变化

从图2-70可以看出，1997～2012年，内蒙古大兴安岭林业管理局的林地面积呈现先减少后增加的趋势。2000年以前，林地面积下降；从2000年开始，其林地面积逐渐增加，由此可见，随着我国退耕还林等工程项目的实施，对林地面积的增加起到了明显的推动作用；2007年以后，该地区林地面积趋于稳定，内蒙古大兴安岭林业管理局总土地面积为 $1.07 \times 10^7 \mathrm{hm}^2$，林业用地占比为94%左右。

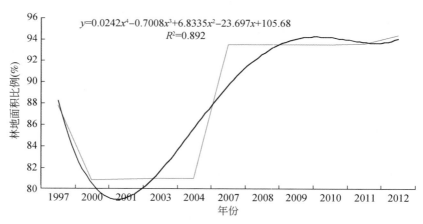

图2-70　林地面积比例变化

（2）森林面积变化

1997～2012年，该功能区森林面积总体呈现波动增加趋势（图2-71），2004年森林面积出现较为明显的下降。1997～2012年该地区森林面积从 $8.06 \times 10^6 \mathrm{m}^3$ 增加到 $8.41 \times 10^6 \mathrm{m}^3$，增长率为4.34%，年均增长 $2.34 \times 10^4 \mathrm{m}^3$，递增率为0.3%。

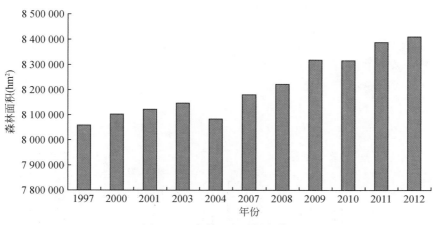

图 2-71 森林面积总量变化

（3）优势树种构成变化

大兴安岭林区的优势树种主要为兴安落叶松、白桦、山杨、樟子松和蒙古栎。1997～2013 年，总体上，兴安落叶松面积最大，占该林区总面积的 60% 以上，杨桦面积次之，樟子松面积最小，占该林区总面积的比例不到 2%。各优势树种的面积均发生了一定的变化，除蒙古栎外，其他各树种的面积均有不同程度的增加（图 2-72）。2013 年蒙古栎的面积相比 1997 年减少了 41%。大兴安岭林区仍然以兴安落叶松为主，并有增加趋势，但仍存在较大面积的次生杨桦林。从目前来看，蒙古栎林分布面积减少较快，蒙古栎林是大兴安岭最典型的退化次生林，有逐渐矮化的趋势，加强蒙古栎林的经营和管理，是大兴安岭生态功能区退化生态系统恢复与重建的重要内容。

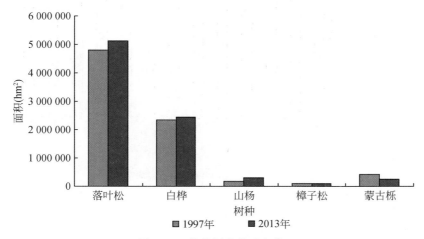

图 2-72 优势树种构成变化

（4）森林起源变化

大兴安岭生态功能区以天然林为主，天然林占比在 94% 以上（图 2-73）。1997～2012

年，天然林和人工林面积均呈现增加趋势。但是人工林面积增加较为明显，所占比例逐年增加，1997～2012 年，增加了近 2%。2012 年，人工林面积达到 $46×10^4 hm^2$，表明我国人工扩大森林面积的成效；同时，因为人工林生态系统的脆弱性，特别是我国营造的人工林基本以纯林为主，林分结构简单，功能单一，系统不稳定，所以，加强人工林的近自然经营，形成健康稳定的森林生态系统是大兴安岭生态功能区今后一段时间的重要任务。

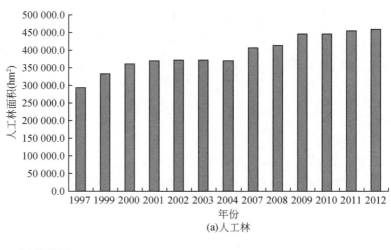

(a) 人工林

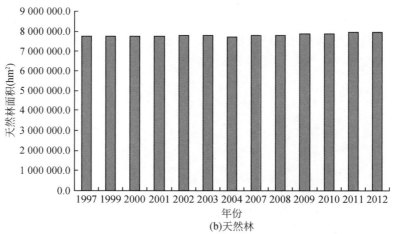

(b) 天然林

图 2-73　森林起源面积变化

（5）年龄结构变化

1997～2012 年，大兴安岭生态功能区过熟林和成熟林面积波动较小，较为稳定；中龄林和近熟林的面积呈现增加趋势；幼龄林面积呈现减少趋势（图 2-74）。1997～2012 年的均值大小顺序为：中龄林 > 成熟林 > 近熟林 > 过熟林 > 幼龄林。该功能区未成熟林面积占比为 72.9%，所占比例较大，年龄结构不尽合理，幼、中龄林需加强抚育。

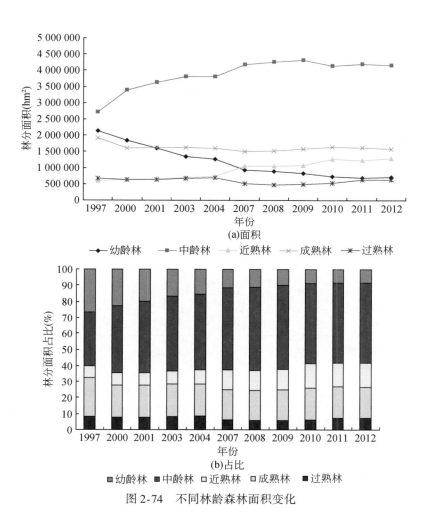

图 2-74　不同林龄森林面积变化

3. 森林更新特征

森林天然更新是森林生态系统自我繁衍恢复的手段（徐振邦等，2001）。研究森林天然更新与森林群落结构关系及更新机制，掌握森林演替和森林生态系统发生发展过程，对科学经营天然林至关重要。本节基于样地调查数据，统计分析了不同结构兴安落叶松林天然更新特征及影响因子，探讨了不同采伐方式（抚育间伐、渐伐、皆伐）和采伐强度对更新特征、生长发育和林下植物多样性的影响，其旨在为天然林抚育采伐、演替动态、天然林经营及森林碳循环的进一步研究提供理论依据（玉宝等，2009）。

（1）不同年龄更新特征

年龄 36～48 年草类–落叶松林平均更新密度为 1003 株/hm²，较年龄 56～65 年草类–落叶松林低 26.7%。随着林分年龄增大，不同结构特征的林分更新变化幅度较大，这主要受密度、树种组成及立地条件等因子影响（表 2-29 和表 2-30）。年龄 36～48 年草类–落叶松林，当年龄为 36 年和 48 年时更新最好，更新密度达 1533 株/hm²。年龄 56～65 年草类–

落叶松林，当年龄为 65 年时，更新最好，更新密度达 2516 株/hm²。天然林年龄结构复杂，同一林分当中，往往存在多代林木。但其他条件相近情况下，林分年龄是影响林分更新因子之一，随着林分年龄增加，林分更新有增加趋势。例如，样地 1 和样地 15，样地 4 和样地 13，林型相同，林分密度、树种组成和立地条件相近，但由于林分年龄不同，因此林分更新密度不同（玉宝等，2009）。

表 2-29　年龄 36～48 年草类-落叶松林更新情况

样地号	年龄（年）	平均胸径（cm）	平均高度（m）	林分密度（株/hm²）	树种组成	海拔（m）	坡度（°）	坡向	坡位	土壤厚度（cm）	更新密度（株/hm²）	聚集系数
10	36	7	6	3263	7 落 3 阔	960	30	NW	中	17	1533	3.68
13	39	12	14	983	9 落 1 阔	880	5	SW	下	16	118	0.3
16	42	10	10	1573	6 落 4 阔	850	5	SW	下	17	826	0.66
15	48	9	10	2359	8 落 2 阔	950	60	E	下	18	1533	2.61

注：树种组成中，阔表示白桦和山杨，下同

资料来源：玉宝等（2009）

表 2-30　年龄 56～65 年草类-落叶松林更新情况

样地号	年龄（年）	平均胸径（cm）	平均高度（m）	林分密度（株/hm²）	树种组成	海拔（m）	坡度（°）	坡向	坡位	土壤厚度（cm）	更新密度（株/hm²）	聚集系数
3	56	9.4	12.5	1533	9 落 1 阔	980	20	S	中	18	1022	3.49
4	58	9.2	9.3	1062	8 落 2 阔	1005	25	S	中	17	1140	2.52
2	61	9.6	14.4	315	7 落 3 阔	920	22	S	中	17	1101	1.61
12	61	9.7	12.8	2045	9 落 1 阔	1050	45	S	上	17	1062	2.04
1	65	7.8	8.2	2792	8 落 2 阔	900	10		下	21	2516	5.45

资料来源：玉宝等（2009）

（2）不同密度更新特征

不同密度的林分更新随着密度增加，呈现增加或单峰型变化趋势。但不同年龄的林分更新密度峰值出现在不同密度水平上（表 2-29 和表 2-30）。年龄 36～48 年草类-落叶松林，当林分密度为 2359 株/hm² 和 3263 株/hm² 时，更新密度最高，达 1533 株/hm²。年龄 56～65 年草类-落叶松林，当林分密度为 2792 株/hm² 时，更新密度最好，达 2516 株/hm²。在相同年龄、林型、树种组成和立地条件下，林分更新主要受密度影响，随着密度增加，林分更新密度也增加。例如，样地 1 和样地 4，样地 13 和样地 15，林分年龄和立地条件相近，林型和树种组成相同，但由于密度不同，其更新特征也不同（玉宝等，2009）。

（3）不同水平格局更新特征

种群空间格局是植物种群结构的基本特征之一（徐化成，1998）。兴安落叶松林不同水平格局的林分更新明显不同（图 2-75）。当聚集分布时，更新密度最高，达 1415 株/hm²；当随机分布时，更新密度次之，达 1165 株/hm²；当平均分布时，更新密度最小，仅为 118 株/hm²。即按更新密度高低顺序为：聚集分布>随机分布>平均分布。在 16 块样地中，仅 1 块样地林木格局为平均分布，是否当水平格局为平均分布时，林分更新较差，需要进一步探讨（玉宝等，2009）。

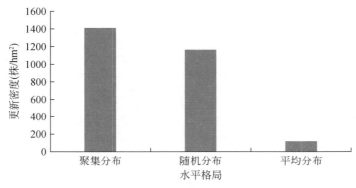

图 2-75　不同水平林分更新

资料来源：玉宝等（2009）

（4）林下植被影响

随着林分年龄增加，郁闭度也在上升，从而不利于灌木、草本生长。不同年龄和密度的林分林下植被不同。林下植被影响林分更新，林分更新密度为 865 株/hm² 以下的林分，其草本盖度和灌木盖度普遍高，影响了林分更新。例如，样地 13 和样地 16。随着林下草本盖度和灌木盖度增加，林分更新密度呈下降趋势（表 2-31），这是草本和灌木复合影响的结果（玉宝等，2009）。

表 2-31　不同草本和灌木盖度的林分更新

项目	样地号															
	10	13	16	15	3	4	2	12	1	14	7	5	9	11	8	6	10
林分密度（株/hm²）	3263	983	1573	2359	1533	1062	315	2045	2792	1966	1533	865	1101	2241	1691	1494	3263
灌木盖度（%）	16.2	20	25.6	25	5.7	0.7	0	3.4	13.3	22.1	70	60	70.9	14.6	56.7	49.5	16.2
草本盖度（%）	87.9	91	89.9	93.3	50	70	73.3	87.1	18.7	88.6	13.3	0	49.8	83.8	23.3	0	87.9

续表

项目	样地号																
	10	13	16	15	3	4	2	12	1	14	7	5	9	11	8	6	10
林分更新密度（株/hm²）	1533	118	826	1533	1022	1140	1101	1062	2516	1062	1927	1376	826	79	2359	865	1533

资料来源：玉宝等（2009）

（5）不同采伐方式和采伐强度影响

1）抚育间伐对兴安落叶松林分胸径和单株材积生长具有明显的促进作用，但对树高生长影响不明显，中度间伐措施效果最好（表 2-32 和图 2-76）。

表 2-32　不同抚育间伐强度对胸径的影响

间伐强度	伐前平均胸径（cm）	观测期间直径生长量									
		伐后第一个3年		伐后第二个3年		伐后第三个3年		伐后第四个3年		伐后整个12年间	
		胸径（cm）	比例（%）	胸径（cm）	比例（%）	胸径（cm）	比例（%）	胸径（cm）	比例（%）	胸径（cm）	比例（%）
对照	9.4	0.35	100	0.35	100	0.20	100	0.25	100	1.15	100
弱度	9.5	0.85	243	0.75	214	0.85	425	0.50	200	2.95	257
中度	9.5	0.93	266	1.02	291	0.90	450	0.90	360	3.75	326
强度	9.5	0.40	114	0.70	200	0.90	450	0.93	372	2.93	255

资料来源：玉宝等（2009）

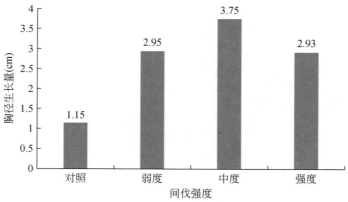

图 2-76　不同间伐强度胸径生长量

资料来源：玉宝等（2009）

2）中度抚育间伐的兴安落叶松林林下植物物种丰富度指数、多样性指数和均匀度指数均高于其他间伐样地（表 2-33）。

表 2-33 不同抚育强度兴安落叶松林林下植物物种丰富度指数值

抚育强度（%）	灌木（种）	草本（种）
65	7	7
43	8	10
17	7	6
对照	6	5

资料来源：玉宝等（2009）

3）皆伐林和渐伐林均比原始林更新效果好，相比于皆伐林，渐伐林更有利于幼苗幼树的生长（表 2-34）。不同强度抚育兴安落叶松林林下植物种类变化见表 2-35。

表 2-34 不同主伐方式更新幼树调查统计表

更新树种	原始林更新株数	渐伐林更新株数	皆伐林更新株数
兴安落叶松	2738	7006	5237
白桦	347	890	1309

资料来源：玉宝等（2009）

表 2-35 不同强度抚育兴安落叶松林林下植物种类变化

植物名称	对照	弱度抚育	中度抚育	强度抚育
杜香	√	√	√	√
越桔	√	√	√	√
笃斯越桔	√	√	√	
柴桦		√	√	√
绣线菊	√	√	√	
山刺梅	√	√		√
金露梅		√	√	√
蓝莓	√			
杜鹃				√
黄花忍冬			√	
野草莓		√	√	√
北极花	√			
红花鹿蹄草		√	√	√
薹草	√	√		
小叶章	√	√		
地榆	√	√	√	
林问荆				√
莎草	√	√	√	√
风毛菊			√	

植物名称	对照	弱度抚育	中度抚育	强度抚育
沙参			√	
老鹳草			√	
唐松草			√	
柳兰				√

注：√表示该种出现

资料来源：玉宝等（2009）

4. 野生动植物变化

通过查阅相关文献和网络资料，分析了大兴安岭野生动植物的变化。

天保工程实施以来，内蒙古大兴安岭物种种群数量出现了明显的增加。野生植物的繁茂、动物数量的增加给大兴安岭增添了勃勃生机。截至2008年，内蒙古大兴安岭林区已建立各类自然保护区12处，面积为$1.47×10^6 hm^2$，在自然保护区及周边已能看到貂熊、紫貂、原麝等珍稀濒危物种。

内蒙古大兴安岭林业管理局开展多项野生动植物专业调查和科研活动，查清并公布了内蒙古大兴安岭林区国家重点保护野生动植物名录及有经济、科研价值的野生动物名录，建立了覆盖内蒙古大兴安岭林区的野生动物疫源疫病监测网点，出台了多项管理办法，确保了对疫情的快速反应和有效隔离防控。2005年其还筹建了内蒙古库都尔野生动物救护繁育中心。

（1）动植物种群变化

内蒙古大兴安岭繁衍生息着寒温带马鹿、驯鹿、驼鹿、梅花鹿等各种珍禽异兽400余种，野生植物1000余种，是我国高纬度地区不可多得的野生动植物生存区域。但由于前些年过度采伐，大兴安岭生态系统恶化，野生动植物生存环境遭到破坏，一些动植物濒于灭种的边缘。1998年，国家实施天保工程后，内蒙古森工集团经营方式实行重大变革，由"木头经济"向"生态经济"转变，同时加大对林区自然环境的保护。截至2006年底，该地保护区面积占内蒙古大兴安岭林业管理局经营面积的13.8%，接近全国总体水平，其中森林生态类型保护区6处、湿地类型保护区5处、野生动物类型保护区1个。从数量上看，已经实现了国家林业局确定的抢救性保护的总目标。

自然保护区的建立，在有效保护森林、草原、湿地等自然生态系统，野生动物栖息地和珍稀濒危野生动物中起到了至关重要的作用。目前，由于栖息地的保护和恢复，大兴安岭物种种群数量明显增加，如狍子、飞龙、棕熊、驼鹿的数量增长很快；中华秋沙鸭、小天鹅和蓑羽鹤等珍稀鸟类数量也有明显增长；一些珍稀濒危的物种，如貂熊、紫貂、原麝等，目前在自然保护区及周边也能看到。出现了"狗熊有了温馨的家""马鹿增多粪为证""狍子与汽车赛跑""野猪走婚拐走家猪""黄鼠狼与人和平共处""青羊栖息地无人忧"的现象。例如，内蒙古赛罕乌拉国家级自然保护区世界濒危物种、国家二级保护动物斑羚（青羊）已由1997年的140余只增加到240多只，曾在中央电视台进行专题报道；野生马鹿由1997年的200头增加到300头；2010年新发现国家二级保护哺乳动物1种：兔狲；灰喜鹊由1997年调查的7只发展至2014年，已达2000只左右。保护区已知鸟类由

2000 年 151 种增至 242 种，重点保护鸟类由 29 种增至 39 种，新发现勺鸡、短趾雕、鬼鸮等 10 种国家二级保护鸟类。植物由原来的 665 种增至 791 种，其中新发现野大豆为国家二级重点保护植物。白音敖包国家级自然保护区内大鸨、黑琴鸡、马鹿等国家一级、二级保护动物种群数量有所增加，植物由原有的 68 科 239 属 460 种增加到现在的 74 科 263 属 535 种，沙地云杉林生态系统在科学规范的管护下呈现出较好的发展前景。高格斯台罕乌拉自然保护区和乌兰坝自然保护区的建立，打通了马鹿种群生态廊道，使这两个区域马鹿种群数量增加，马鹿适栖面积增加，减弱了这一区域马鹿斑块化分布趋势。

（2）驼鹿种群变化

2011～2014 年，通过对内蒙古大兴安岭林区的驼鹿种群数量和分布调查研究（支晓亮等，2014）发现：内蒙古大兴安岭林区的驼鹿种群密度为 0.0512±0.003 05 只/km^2（置信区间 80%），种群数量 2648±158 只，调查精度为 78.37%。与 2008 年该区域内的 3015±290 只相比较，减少率为 12.2%，年均减少率为 2.16%。采用实地调查与走访调查相结合的形式获得了驼鹿的分布范围，2014 年内蒙古大兴安岭驼鹿分布区总范围约为 88 512km^2，栖息地总面积约为 51 715km^2。与 1989 年对比，分布区总面积减少 24 730km^2，减少率为 21.8%，年递减率 0.98%。与 2008 年栖息地面积比较，减少 2665km^2，减少率为 4.9%，年递减率 0.83%。最近 6 年的驼鹿数量、栖息地下降趋势减缓，说明经过内蒙古大兴安岭林区野生动物保护工作的不懈努力，野生动物资源的保护与管理取得了一定的成效，这与天保工程等国家、地方宏观保护政策密切相关。但亟待寻求除森林禁伐、限伐、管护之外的驼鹿栖息地生态恢复与有效管理措施，进而遏制驼鹿种群和栖息地继续下降，从而使这一珍贵的濒危物种得到恢复。

（3）紫貂种群变化

根据紫貂（*Martes zibellina*）行为生态学特征，利用景观生态学的原理和技术，将大兴安岭呼中区紫貂生境划分成最适宜、一般适宜和非适宜三种类型。以其紧邻的呼中区自然保护区核心区 1989 年的生境格局代表呼中区 1970 年开发前的原始生境，揭示原始生境、1989 年、2000 年 3 个时期紫貂生境格局及变化。结果（李月辉等，2007）表明，1970～2000 年紫貂生境格局持续恶化，已极不利于紫貂的生存。适宜生境向非适宜生境呈现单一方向转变，且适宜生境由沟谷两侧向远离河谷的森林腹地大幅度萎缩。生境格局变化与经营时间长短关系密切，原始状态是以适宜生境为基质的均质状态，开发至一定时期，生境格局的异质化程度增大，继续开发则异质化程度又减小，从而形成以非适宜生境为基质的相对均质状态。大于巢区最小面积（4km^2）的生境斑块的面积比例、斑块密度明显下降，斑块间距离显著增大，进而对导致生境格局变化的要素进行分析后发现，持续采伐是紫貂生境格局变化的主要驱动因子，采伐改变了植被条件，而植被条件的非适宜性造成了紫貂非适宜生境。1989～2000 年的采伐格局也并不合理，各年伐区在研究区内均匀分布，采伐设计时没有考虑动物生境保护。但可以推断，1999 年后开始逐步实施的"天保工程"有利于紫貂生境的恢复。

（4）貂熊种群变化

2008 年在大兴安岭林区针对貂熊种群数量及分布范围进行调查的结果表明（黄首华等，

2009）：大兴安岭林区貂熊种群数量为 207 只，其中大兴安岭西坡（内蒙古大兴安岭林管局范围内）有 123 只，大兴安岭东坡（黑龙江省大兴安岭地区）有 84 只。1992 年的调查结果显示，该林区貂熊种群数量为 183 只左右，其中 107 只分布在牙克石林业管理局范围内，76 只分布在黑龙江省大兴安岭地区；2000 年的调查结果显示，整个大兴安岭林区貂熊种群数量为 185 只左右，其中内蒙古大兴安岭林业管理局范围内为 120 只，黑龙江省大兴安岭地区为 65 只。由此可以看出，大兴安岭林区过去 16 年中貂熊种群数量变化情况（图 2-77），总体上貂熊种群数量呈现增加趋势，特别是 2000 年以后，貂熊种群数量增加较为明显，表明随着政府保护政策的出台及人类保护意识的增强，貂熊种群数量开始恢复。

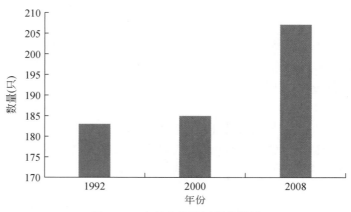

图 2-77　大兴安岭地区貂熊数量

资料来源：黄守华等（2009）

（5）兴安落叶松变化

1）兴安落叶松分布变化趋势。基于可能影响兴安落叶松林地理分布的气候变量，利用最大熵模型确定了我国兴安落叶松林地理分布区的气候特征为：$-28.8℃ \leqslant Tc \leqslant -19.5℃$；$39.0℃ \leqslant DTY \leqslant 46.2℃$；$90\,561.2MJ/m^2 \leqslant RAD \leqslant 111\,000.0MJ/m^2$；$1000.0℃ \cdot d \leqslant GDD_5 \leqslant 2100.0℃ \cdot d$（杨志香等，2014）。

2）兴安落叶松物候期变化。物候现象是气候变化的一个重要指示器，基于物候资料分析气候变化对兴安落叶松物候的影响，对于指导林业生产具有重要意义。利用额尔古纳市农牧业气象观测站 1987～2012 年兴安落叶松物候观测资料和 1961～2014 年气候数据，采用线性倾向估计、Pearson 相关系数等方法，分析了气候变化对大兴安岭林区兴安落叶松物候期的影响（杨丽萍等，2016）。由图 2-78 可知，1987～2012 年，额尔古纳市兴安落叶松花芽开放期、展叶始期、叶完全变色期和落叶末期均有所推迟；兴安落叶松不同物候期的持续日数不同，生长初期花芽开放期至展叶始期，以及生长末期叶完全变色期至落叶末期持续日数有所下降，且生长末期远高于生长初期的下降幅度，但展叶始期至叶完全变色期持续日数呈现明显的上升趋势，平均每 10 年延长 12.554 天。因此，兴安落叶松整个生长季长度表现为明显的增加趋势，平均每 10 年延长 7.214 天。

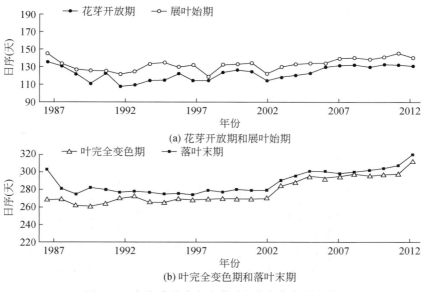

(a) 花芽开放期和展叶始期

(b) 叶完全变色期和落叶末期

图 2-78 额尔古纳市兴安落叶松物候期年际变化

资料来源：杨丽萍等（2016）

四、森林蓄积量变化

利用内蒙古大兴安岭林业管理局各年的森林资源统计数据，从活立木总蓄积量、各优势树种蓄积量、各龄组蓄积量和单位面积蓄积量等方面分别进行统计，分析大兴安岭森林资源的蓄积量变化特征。

1. 活立木总蓄积量变化

1997～2012 年，内蒙古大兴安岭林业管理局的森林活立木总蓄积总体呈现逐年增加趋势（图 2-79）。1997～2012 年活立木总蓄积量从 $6.8×10^8 m^3$ 增加到 $8.1×10^8 m^3$，增长率为 17.8%，年均增长 $8.2×10^6 m^3$，递增率为 1.2%。

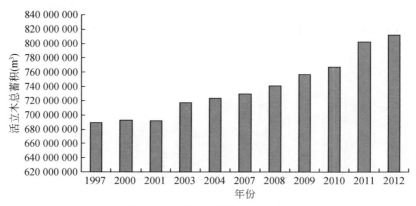

图 2-79 活立木总蓄积量变化

2. 森林蓄积量变化

（1）森林总蓄积量变化

1997～2012 年，森林总蓄积量与活立木总蓄积量变化趋势相似，总体呈现逐年增加趋势（图 2-80）。1997～2012 年森林总蓄积从 $6.4 \times 10^8 \, m^3$ 增加到 $7.7 \times 10^8 \, m^3$，增长率为 20.7%，年均增长 $8.8 \times 10^6 \, m^3$，递增率为 1.4%。

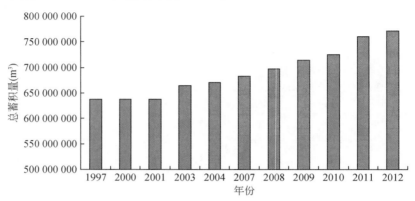

图 2-80　森林总蓄积量变化

（2）各优势树种蓄积量变化

内蒙古大兴安岭林区的优势树种主要为兴安落叶松、白桦、山杨、樟子松和蒙古栎。总体上，兴安落叶松的蓄积量最大，占 60% 以上，白桦的蓄积量次之，蒙古栎的蓄积量最小。1997～2013 年，各优势树种的蓄积量均发生了一定的变化，除蒙古栎在 2013 年蓄积量明显下降外，其他各树种的蓄积量均有不同程度的增加（图 2-81）。

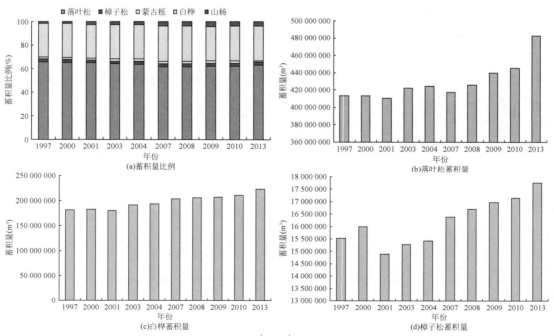

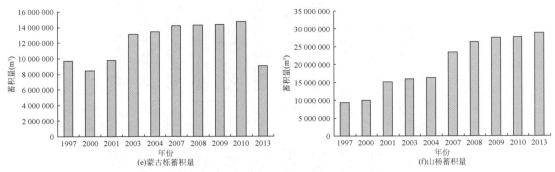

图 2-81 各优势树种蓄积量变化

（3）不同龄组蓄积量变化

1997～2012 年，内蒙古大兴安岭林区过熟林和成熟林的蓄积量波动较小，较为稳定；中龄林和近熟林的蓄积量呈现增加趋势；幼龄林的蓄积量呈现减少趋势。该林区 15 年间的蓄积量均值大小顺序为：中龄林>成熟林>幼龄林>近熟林（图 2-82）。

3. 森林单位面积蓄积量变化

单位面积蓄积量是反映林分质量的重要因子，一般森林单位面积蓄积量高可认为林分质量较好。内蒙古大兴安岭林区森林单位面积蓄积量 1997～2012 年以来呈现先减少后增加的变化趋势，平均值为 84.0m³/hm²（图 2-83）。2001 年该林区森林单位面积蓄积量最小为 78.6m³/hm²；2007 年以后该林区森林单位面积蓄积量增加较为明显，平均每年增加约 1.8m³/hm²。第八次全国森林资源清查（2009～2013 年）结果显示，森林每公顷蓄积量为 89.79m³，世界平均森林单位面积蓄积量为 110m³/hm²。2012 年该林区森林单位面积蓄积量为 91.6m³/hm²，高于全国平均水平，但低于世界平均水平。

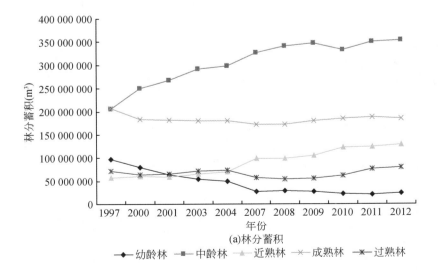

（a）林分蓄积

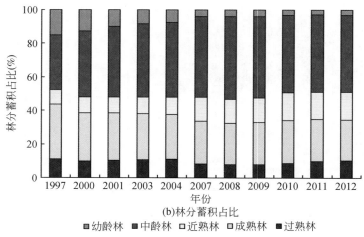

(b)林分蓄积占比

■幼龄林 ■中龄林 □近熟林 □成熟林 ■过熟林

图 2-82　不同林龄森林蓄积量变化

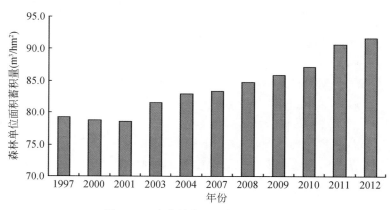

图 2-83　森林单位面积蓄积量变化

内蒙古大兴安岭林区不同龄组中，1997～2012 年成熟林的平均单位面积蓄积量为 112.6m³/hm²，质量最优，且波动较小，较为稳定。其次为过熟林，其平均单位面积蓄积量为 111.4m³/hm²，且呈现逐年增加的变化趋势。中龄林和近熟林的平均单位面积蓄积量波动也较小，1997～2012 年的平均单位面积蓄积量分别为 78.8m³/hm² 和 96.0m³/hm²。幼龄林的平均单位面积蓄积量最少，仅为 35.9m³/hm²；1997～2007 年，幼龄林的平均单位面积蓄积量呈现逐年下降的变化趋势，2007 年以后，相对稳定在 31m³/hm² 左右（表2-36）。

表 2-36　不同龄组单位面积蓄积量　　　　　　　　　　（单位：m³/hm²）

年份	幼龄林	中龄林	近熟林	成熟林	过熟林
1997	45.1	76.1	95.7	106.9	105.9
2000	43.4	73.9	96.0	113.4	102.0
2001	40.0	74.1	90.8	111.8	104.1

年份	幼龄林	中龄林	近熟林	成熟林	过熟林
2003	40.4	76.9	94.1	111.3	105.8
2004	39.7	78.4	95.4	112.0	107.1
2007	30.0	78.2	93.8	113.6	111.6
2008	31.5	80.0	95.3	113.1	113.2
2009	32.4	80.2	97.2	112.9	113.8
2010	29.8	80.5	96.9	112.5	115.8
2011	30.6	83.5	100.5	114.8	122.1
2012	32.4	84.6	100.1	116.8	124.1
均值	35.9	78.8	96.0	112.6	111.4

第五节　主要问题与生态保护建议

一、生态变化评估的主要结论

1. 环境要素变化

气候变暖，河川径流量减少。1971~2013 年，大兴安岭生态功能区年均气温整体呈显著上升趋势，变化倾向率为 0.36℃/10a；降水量变化不显著；该功能区北、中、南部区域的气温、降水变化特征存在一定差异。20 世纪 90 年代以来，该功能区河川年径流量呈现明显下降趋势；该功能区内各监测断面水质存在差异，但进入 2000 年以后相对较为稳定。

大兴安岭生态功能区冻土呈现南界北移、最大季节融化深度加深、融区扩大、多年冻土岛消失、冻土温度升高、厚度变薄、稳定性降低等特征，并对环境、工程、植被生态带来一定影响。

大兴安岭生态功能区林火频发，对森林植被和土壤带来一定影响。1972~2006 年，平均年发生火灾次数 80 次。1987 年后，总的森林火灾次数和火灾面积下降；2000 年后，雷击火次数增多。雷击火在该功能区北部呈带状分布，人为火沿主要铁路和公路呈聚集分布，其中在该功能区东南部聚集度最高。林火周期改变，影响森林结构和可燃物组成；林火能改变森林土壤的理化性质和养分含量，显著增加矿物层土壤 TP 含量，降低土壤微生物生物量碳氮、酶活性；一定强度林火干扰能提高林下植被物种多样性、生物量和生产力。

2. 生态系统宏观结构变化

森林面积增加，湿地、草地面积减少，农田面积增加，城镇发展迅速。1990~2015年，大兴安岭生态功能区森林面积共增加 1489.98km²；草地、湿地面积呈现递减趋势，分别减少了 2791.51km² 和 1880.47km²，主要转化为农田；农田面积大幅度增加，增加的总面积达 2904.71km²，增长率达 17.6%；同时城镇建设占用较多农田；裸地利用率提高，裸地面积共减少 226.80km^2，主要转化为森林和湿地。

景观分割程度较高，空间格局基本稳定。1990～2015 年，大兴安岭生态功能区各生态系统类型的 NP 较其他指数变化明显，其中草地和裸地的 NP 明显减少，农田的 NP 明显增加。除森林生态系统外，其他生态系统的 DIVISION 均维持在 1，该功能区景观分割程度较严重；森林的 AI 最高，DIVISION 最低，表明森林相比其他生态系统的分割程度低、聚合程度高、连通性好。裸地的 AI 有所增加，表明裸地镶嵌体连通性有所增强。

3. 生态系统服务能力变化

大兴安岭生态功能区单位面积产水量先增后降，碳储量下降。2015 年与 1990 年该功能区总产水量基本持平，为 1.72×10^{10}m^3；该功能区北部增强趋势明显，该功能区中部和南部呈现不同程度减弱。1990～2015 年该功能区的碳储量呈现下降趋势，减少约 0.6%；森林生态系统的碳储量有所增加；该功能区南部碳储量明显低于北部和中部。2000 年和 2015 年碳储量分别为 6885.12Tg 和 6881.08Tg，森林生态系统的碳储量有所增加；该功能区北部和中部的碳储量略有减少，南部有所增加。

大兴安岭生态功能区生境质量改善，种群数量有所回升。2000 年以后良好及以上生境质量区域面积呈现增加趋势，2015 年占该功能区的 85.41%，较差生境质量面积减少，现功能区的生境质量有所改善。近 10 年来，随着天保工程的实施、自然保护区的建立、人们的保护意识增强，主要保护对象种群数量和栖息地面积增加，野生动植物资源的保护与管理取得了一定成效。兴安落叶松物候期推迟，生长季延长，分布范围向北收缩，空间格局、林分密度、林下植被、采伐方式、采伐强度均对兴安落叶松的更新产生影响。

森林面积、蓄积量持续增长，森林质量不断提高，森林结构不尽合理。1997～2012 年，该功能区森林面积、蓄积量总体呈现增加趋势（特别是天保工程、退耕还林工程实施后），分别增加 4.34% 和 20.7%；兴安落叶松为主要优势树种，但仍存在较大面积的次生杨桦林；该功能区以天然林为主，人工林面积增加明显；未成熟林（幼、中、近熟林）面积比例较大，占 70% 以上；森林单位面积蓄积量总体呈增加趋势。

二、生态保护与建设问题及建议

（一）森林生态保护问题及建议

1. 存在的主要森林生态问题

森林是大兴安岭生态功能区的主要植被类型，约占该功能区总面积的 67%，森林生态系统对于该功能区的生物多样性保护和水源涵养起着重要作用。长期过度的采伐利用，造成森林生态系统退化，森林质量降低，从而导致生态功能不能有效发挥。具体表现为以下方面。

1) 该功能区地带性植被为以兴安落叶松为主的针叶林，由于长期的过度采伐形成大面积的天然过伐林和次生林。该功能区北部以极少部分没有明显人为干扰的原始林和天然过伐林为主，该功能区中部和南部以天然次生林和人工林为主。

2）该功能区树种组成不合理，白桦、山杨、蒙古栎等天然次生阔叶林面积比例大，达40%左右。

3）该功能区成、过熟林资源少，未成熟林所占比例大，幼、中、近熟林占比为72.9%，林地的生产潜力没有得到充分发挥，需加强森林经营，提质增效。

4）该功能区林木生长缓慢，森林单位面积蓄积量低，为91.6m³/hm²，比世界平均水平低20.4m³/hm²，不到德国的1/4。

5）该功能区人工林面积增加明显（1997～2012年增加近2%），但均为同龄纯林，结构单一，密度大，林内卫生条件不良，抗逆性、稳定性差。

6）该功能区生态系统服务能力发展空间巨大，但各区域差异明显。该功能区北部产水量从2000年的3.49×10⁹m³增加到2015年的8.82×10⁹m³，2000～2015年增幅达到153%；而该功能区中部和南部产水量均有不同程度下降。该功能区碳储量自北向南逐渐降低；生境质量差和一般的栖息地主要分布在该功能区南部。

2. 问题产生的主要原因

1）森林过度采伐，经营方式简单粗放。我国林业一直重视造林绿化增加森林面积和森林采伐利用，却忽视了森林全生命周期的经营和管理关键环节。我国普遍存在着"重造林轻管理、重采伐轻抚育、重数量轻质量"的现象。盲目追求木材的最大收获量，森林采伐利用以皆伐为主，森林的抚育、更新等经营方式简单粗放，甚至不进行抚育和管理，导致森林逆向演替，原生的森林结构发生较大变化，生态系统退化，生态功能脆弱。

2）对森林的生态功能认识不足，森林多功能经营理论和技术缺乏。该功能区历史上是我国重要的木材生产基地，因此以木材生产为主的思想根深蒂固，忽视了森林生态系统服务功能的经营和管理，以至于森林的多功能经营理论和技术落后，经营模式尚未形成，难以指导森林经营实践。

3）缺乏森林经营中长期规划，短期经营行为严重；资金投入不足，政策扶持不到位；基础设施落后，营林生产作业条件差，森林经营和管护效率低，制约了森林经营的有效开展。

4）科技技术力量薄弱，科技支撑的研究项目滞后，例如，退化森林生态系统的恢复、森林抚育更新、森林结构优化、森林质量和功能提升的理论与技术研究体系及森林可持续经营模式等研究成果难以满足复杂多样森林类型的经营需求。

3. 生态保护与建设建议

根据大兴安岭生态功能区的区位特点及功能定位，针对存在的主要问题、产生的主要原因，大兴安岭功能区应以提升森林主导功能为主，兼顾维持和增强辅助功能，充分发挥森林多种效益，保持和增强森林生态系统健康稳定、优质高效，应以维持和提高林地生产力为目标，加强森林资源保护与经营，持续提高森林质量，科学开展对森林抚育、退化生态系统修复；加快森林向寒温带地带性顶级群落演替，持续促进森林资源恢复性增长。

（1）强化森林资源保护

稳步推进天然林保护等林业重点工程。根据森林所处的生态区位的重要性和脆弱性，实行封山育林、退耕还林，全面恢复森林植被，使长期过度采伐的森林得到有效自然修复。严格实施林地保护利用规划，合理林地流转，严守生态红线。明确各级政府和社会、公民保护天然林的责任，建立有效的天然林管护体系。加强该功能区北部寒温带原始针叶林自然保护区的管理，全面封禁保护。

（2）加强森林经营，实施森林质量精准提升工程

该功能区北、中、南部自然条件差异大，森林类型各异、复杂多样，应分区施策，制定相应的经营技术体系，全面提升森林质量。

1）精细划分森林类型和森林经营类型，采取有针对性的森林经营措施。根据森林所处的对生态区位、自然条件、主导功能和分类经营的要求，将森林经营类型分为严格保育的公益林、多功能经营的兼用林和集约经营的商品林。在此基础上，按照森林起源、树种组成、近自然程度和经营特征，将森林划分为天然林（如原始林、天然过伐林、天然次生林）和人工林等类型，分别采取不同的森林经营措施（表2-37）。

表 2-37　不同森林类型的特点及经营措施

森林类型	天然林			人工林
	原始林	天然过伐林	天然次生林	
特点	由天然原生树种形成，基本未受人为干扰，生态环境保存完好	由天然原生树种形成，经过度采伐利用后残留的林分	原始林经过高强度采伐、火烧等干扰后，大部分原生植被消失，依靠自然力由大量萌生林木和部分实生林木形成	起源于人工造林
经营措施	严格保护	通过天然更新或辅以人工促进措施逐步恢复到原生状态	通过人工辅助经营措施促进正向演替，恢复地带性顶级群落	实施近自然经营，加强抚育经营，调整树种结构，提高其质量和稳定性

注：具体内容参见《全国森林经营规划（2016—2050年）》

2）按照生态区位、森林类型和经营状况，分区确定经营方向、明确经营目标、实施科学经营。该功能区北部宜林地少，森林以极少部分没有明显人为干扰的原始林和采伐后形成的天然过伐林为主。以兴安落叶松为主的寒温带原始针叶林区，没有明显的人为活动，树种组成和整体生态过程基本未受到干扰，具有丰富的生物多样性与很高的保护价值和科考价值，应依法采取严格的保护措施，实施全面封禁保护。天然过伐林由天然原生树种形成，经过度采伐利用后，其树种构成和生态过程偏离了自然应有的状态，森林结构、功能和动态变化超出了森林自身的短期恢复能力，应采取天然更新或辅以人工促进措施逐步恢复到地带性植被。

该功能区中部以天然次生林为主，经过高强度采伐、火烧等干扰后形成，大部分原生植被消失，退化为杨桦、蒙古栎林，该森林类型结构简单、林分稀疏、低质低效。应采取人工辅助天然更新和人工经营措施促进森林的正向演替。采取择伐、团状采伐和补植等林分改培技术措施，调整树种组成和林分结构，培育异龄复层混交林。

该功能区南部主要为农牧业区，森林以人工林和防护林为主，森林覆盖率低，林分质量低，森林抚育和更新改造面积大。森林经营的主要任务如下：一是加强宜林地造林和扩

大退耕还林还草，实施宜林则林、宜灌则灌、宜草则草，封飞造、乔灌草相结合，带网片、多树种配置的造林更新措施，扩大植被覆盖，促进生态扩容；二是加强人工林的抚育经营，根据林分的生长阶段采取透光伐、疏伐、生长伐等抚育措施，调整林分密度，同时采取"近自然森林经营"措施，调整树种组成结构和年龄结构；三是持续推进防护林建设，科学实施退化防护林带复壮更新。

3）加强幼、中龄林抚育经营。该功能区幼、中龄林面积大，约占森林总面积的60%，具备培育优质高效森林的天然禀赋和机会，森林提质增效的潜力巨大。生产实践证明，经过科学合理抚育的乔木林，单位面积蓄积量可增加20%~40%。研究实验表明，开展森林抚育经营，调整优化森林采伐利用方式，我国北方森林的生产潜力可达年均生长量$7m^3/hm^2$。所以，加强幼、中龄林的抚育经营，根据森林发育阶段、培育目标和森林生态系统生长发育与演替规律，确定合理的森林抚育方式：幼龄天然林或混交林结构复杂，应进行透光伐抚育；幼龄人工纯林应进行疏伐抚育，必要时进行补植；中龄林应进行生长伐，必要时进行补植，促进形成混交林；对遭受自然灾害严重的森林进行卫生伐（参照《森林抚育规程》（GB/T 15781—2015））从而提高林木的生长量，增加森林单位面积蓄积量，提升森林质量和生态服务功能。

4）开展森林质量提升经营技术和经营模式研究，建立森林经营示范基地。围绕提高森林质量和提升森林生态服务功能，开展退化森林生态系统的恢复、森林抚育更新、森林结构优化、森林质量和功能提升的理论与技术研究及森林可持续经营模式研究，为科学经营森林提供理论和技术支撑。同时，建立可持续经营的示范林和示范基地，指导森林经营的生产实践。目前，在该功能区已有比较成熟的经营技术模式，在该功能区北部开展了兴安落叶松过伐林可持续经营关键技术研究与示范，主要技术包括：兴安落叶松人工促进更新技术、白桦诱导混交林技术、抚育间伐技术等，并建立了沟系综合经营示范区（图2-84），为兴安落叶松过伐林的经营提供了技术支撑。

（3）保护和丰富生物多样性

1）严格执行生物多样性保护相关法律法规和技术规程。禁止超强度、不合理采伐和全面割灌除草，积极保护林下幼树、幼苗、灌草植物，促进自然演替、天然更新，保护珍稀濒危野生动植物栖息地及其生存环境，保持、恢复和改善森林生态系统完整性与生物多样性。

2）在森林经营过程中，注意野生动植物的保护。要注意保护有鸟巢、动物巢穴、隐蔽地的林木，野生动物的栖息地和动物廊道。保护国家或地方重点保护树种、列入珍稀濒危植物名录的树种、针叶纯林中的当地乡土树种、国家或地方重点保护的植物种类、有观赏和食用药用价值的植物。

3）建立生态保护示范区，加强生物多样性保护的科学研究。以该功能区丰富珍贵的野生动植物资源为根本，结合大兴安岭特色，建设一批以保护典型的寒温带针叶林为主的原始森林、珍贵野生动植物和森林生态系统为主要对象的保护区、示范区，开展对珍稀濒危野生动植物和生物多样性的保护和研究，加强生物多样性保护区域的保护工作，对重点区域生态系统加大研究和投资力度。具体措施包括生物多样性保护及扩繁技术，森林资源

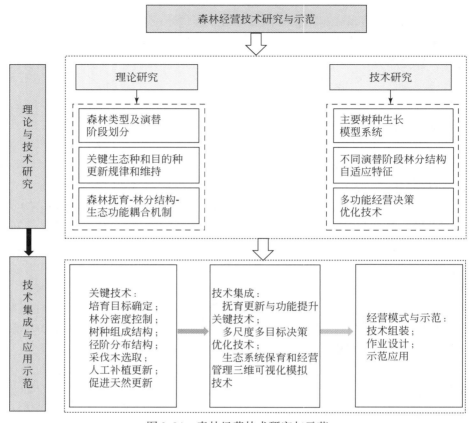

图 2-84　森林经营技术研究与示范

持续发展体系研究，自然保护区和典型生态功能示范区建设，生态环境定位监测研究站。

4）保护物种和基因。重点加强对珍稀濒危物种的保护。对生物物种加强现有保护，需要就地保护的应建立物种资源保护区。提取物种基因，作为北方寒温带的基因保存，建立基因库，特别注意珍稀濒危物种基因的保存。禁止一切猎杀和买卖濒危野生动植物的活动，严厉打击野生动植物的非法贸易，取缔非法交易市场，开展人工养护与繁育，恢复野生动植物种群和数量，提高整个生态系统的自我调控能力。

5）加强森林文化宣传，积极吸引大中小学生和广大群众参与

制定积极的政策，以政府为引导、社会团体为纽带，鼓励志愿者、公众参与到森林的管理和保护中来，让全社会真正了解、关注森林，并自觉保护森林，在丰富城市生态文化内涵的同时，进而形成社会主流生态价值观。近几年来，大兴安岭生态站联合根河林业局在潮查林场内通过积极开展森林生态保护宣传活动，取得了很好的宣传效果和社会反响。

（4）创新经济发展模式

为确保生态功能区的森林、湿地等自然生态系统得到有效保护，在确保森林资源总量持续增加、森林资源质量持续提高、生态产品生产能力持续提升、生态功能持续增强的基

础上，积极发展替代产业，优化产业结构，创新经济发展模式，注重民生改善、社会稳定，加大林区基础设施建设投入力度，逐步改善林区生产生活条件，完善社会保障机制，拓宽职工转岗就业渠道，妥善安置转岗职工，确保转岗职工基本生活有保障、生活水平不降低，并得到逐步改善，维护民族团结与林区社会和谐稳定。

1）建立生态补偿长效机制。建立以国家投入为主的稳定、长期的资金来源渠道，提高管护费用标准，加大资源管护、林政执法队伍和基础设施建设投入力度，提高资源管护效能。建立健全生态效益补偿立法，逐步完善生态补偿标准，加大生态补偿的财政转移支付力度，完善生态补偿的财政政策体系。完善森林生态效益补偿基金制度。扩大森林生态效益补偿基金制度范围，将一般公益林和商品林纳入生态效益补偿基金制度管理，并提高生态效益补偿标准。

2）积极推进林区开展森林碳汇经济试点。研究出台鼓励林区发展碳汇经济的政策，开展低碳经济试点工作，调整产业结构，发展循环经济，进一步推进环境友好型社会建设。

3）创新林区产业发展模式，推进林区产业转型升级。在生态保护的前提下，利用大兴安岭的资源、环境、区域优势，着力加强科技支撑和服务，开展特色养殖、种植、菌类资源林下经济利用和开发，全面提升绿色食品产业、林木深加工产业、林区商贸服务业等优势产业；同时，积极培育生态文化旅游业、北药产业、清洁能源产业三大新兴产业，形成产业结构合理、协调发展的林业产业体系，实现绿色增长。

4）利用地区特色，发展生态旅游。大兴安岭已入选国家森林步道工程，中国内蒙古森工集团有限公司根河源国家湿地公园已入选国家冰雪旅游地，利用这一契机，发展生态旅游，可带动当地经济发展。利用大兴安岭壮美的原始林海、独特的湿地景观、丰富的野生动植物种群、厚重的民族文化，构建一道亮丽的森林、生态、文化旅游风景线，建设国家旅游风景道、国家跨区域森林生态旅游区，争创全国生态旅游先行示范区、全国森林康养示范区、世界地标性旅游目的地。

大兴安岭林区是我国目前保持最好的寒温带原始林区，也是中国最大的生态氧吧，非常适宜旅游、疗养。从大兴安岭向西至嘎仙洞，可领略鄂伦春族的民俗风情；向北至漠河县北极村，可前往呼玛边境进行中俄边境观光。除此之外，还有呼中寒温带森林国家级自然保护区、莫尔道嘎国家森林公园、南瓮河湿地国家级自然保护区、多布库尔河漂流等多处旅游景区。

大兴安岭功能区北部还可充分发挥降雪早、雪期长、雪量大和雪质好等冰雪资源优势，围绕"中国冷极"品牌，打造冬季旅游知名品牌，通过深度开发冰雪观光、冰雪体验、冰雪文化等旅游资源，开发极地耐寒、极地冬泳、冰雪汽车、森林冰雪穿越等极寒冰雪挑战类产品，举办冰雪赛事运动，如冷极马拉松、冷极节等，同时推出一些特色产品，实现冬夏两旺季的旅游发展格局。

丰富冰雪观光旅游产品，积极开发大型冰雕、冰灯、雪雕景观及冰雪乐园。争取承办国家或国际水准的冰雕、冰灯、雪雕设计大赛。在沿江沿河气象条件适宜地带，挖掘开发冰挂雾凇景观，以北极村、北红村为节点，保持村落雪景的自然风貌，精心点缀大红灯笼、雪人等人文景观，打造独具特色的冰雪主题村落。

深度开发冰雪体验产品，精心设计最冷界江冬泳、最长冰雪滑梯、最美雪地摩托森林穿越和横跨冰雪大兴安岭、雪上集体婚礼、雪地火锅等体验旅游产品；开展马拉雪橇、雪地足球等大众化冰雪娱乐项目，组织游客参与堆雪人、冰上拔河、推爬犁和低温泼水等趣味性活动，加快建设冰雪主题酒店、冰雪摄影基地，满足游客对冰雪的体验。

创新冰雪节庆旅游产品，积极承办国家或国际冰雪汽车越野赛、江上汽车漂移大赛、雪地马拉松赛、冬泳邀请赛等挑战极限的体育赛事活动；以冰雪为主题，开展摄影大赛，积极开发冰雪文艺演出、冰上舞蹈、雪上体操等演艺产品。

挖掘冰雪文化旅游产品，对地域文化进行深入挖掘和整理提炼，使之与旅游业紧密融合，推进旅游小镇、旅游度假区、旅游产业集聚区、乡村旅游和"旅游+"等新兴旅游业态，大力培育全域旅游新产品、新业态。

（二）湿地生态保护问题及建议

（1）存在的主要生态问题

1990~2015年，该功能区湿地面积呈减少趋势，26年间减少了1880.47km²，主要转化为农田，开垦现象突出，湿地退化明显。湿地与冻土彼此均以对方的存在和状态为重要前提，湿地植被层和下覆泥炭层具有独特的热力学性质，即隔热和保储水分，不但使下覆冻土的冷储不易耗散，而且还可以增加冷储量，对冻土起保护增生作用。湿地萎缩，其上覆泥炭层遭到破坏，将会使冻土带内融区扩大和冻层厚度减小（金凤新等，2007）。

（2）问题产生的主要原因

近40年来，该功能区气温呈显著升高趋势，气候变暖是湿地萎缩和退化的主要诱因之一；除气温升高等自然因素外，人为因素也是造成湿地退化的主要原因。据黑龙江大兴安岭森工集团统计（李文华等，2008），近50年来由于采矿、开荒等人类活动的影响，被破坏的湿地面积为392km²，占该区天然湿地面积的3.6%。2007年考察发现，在本区最北部的漠河县北极村（年平均气温为−51℃），近10年来气象站周围的沼泽湿地基本开垦为农田。多年冻土南界附近很多沼泽湿地目前均变为大片农田。该区原来以针叶林为主导的冷湿生态环境目前已被破坏，变为农田交错区。大量的湿地被开垦为农田后，由于风蚀和土壤肥力下降，最后撂荒，由于撂荒地缺乏植被保护，很快就会被沙化，造成湿地面积萎缩、储水量下降、持续时间变短、涵养水源和净化水质的功能减弱，加速多年冻土退化。多年冻土退化后，土层的隔水功能减弱，地下水位下降，表层蓄水能力减弱，很难再维持沼泽湿地的原状，一般演化为草甸，大大减弱了对多年冻土的保护和增生作用（何瑞霞等，2009）。另外，乱砍滥伐对湿地退化也造成很大影响，主要包括砍伐野生植物、挖药材、打草搂草等。

（3）生态保护与建设建议

湿地的破坏，将使林区生物多样性锐减，给林区社会经济和生态环境建设及人民的物质文化生活带来极大危害，为了更好地、合理地保护湿地，使湿地的生态作用得以最大限度的发挥，应继续推进湿地立法工作，研究划定湿地保护红线，完善湿地国土空间规划，谋划湿地保护修复工程，不断扩大湿地面积，增强湿地生态系统稳定性，探索建立湿地生态补偿机制（王昕，2015）。

1）林牧为主，严格禁止开垦湿地、草原，对已开垦的地方应退耕还林还牧。种树种草要因地制宜，沙漠及沙漠化土地以林为主，林牧结合，在牧区以牧为主，以林养牧；在干旱缺水不能种树的地方或土壤钙积层深厚树木不能扎根的地方，要大力种草；局部自然条件较好的下湿滩地，可以发展农业，建立饲料基地。

2）建立和完善湿地保护政策、法律法规体系。认真贯彻落实相关法律法规，加大执法力度，通过经济和法律的手段，严厉打击破坏湿地资源的违法行为。探索建立湿地保护制度，划定湿地保护红线，初步提出自然湿地保护制度、退化湿地恢复制度、湿地生态效益补偿制度、湿地生态系统评价制度框架。努力在国家层面将湿地总面积、湿地保护面积纳入经济社会发展评价体系。制定专业标准和技术规范，继续开展湿地生态系统健康、功能和价值评价指标体系试点，探索建立湿地生态系统评价制度。

3）加大宣传力度，提高公众对湿地的保护意识。对湿地的保护，很大程度上取决于公众和管理者对湿地重要性的认识，因此做好"世界湿地日""湿地使者行动"等特色宣传活动，以政府为引导、社会团体为纽带，发动社会方方面面力量，努力扩大对湿地保护的宣传，鼓励志愿者、公众参与到湿地的管理和保护中来，使全社会真正了解、关注湿地，并自觉保护湿地，在丰富城市生态文化内涵的同时，形成社会主流生态价值观。

4）加强交流与合作，培养湿地保护专业人才。林区的湿地开发与保护需要大批管理与专业技术人才，通过多途径多渠道加强湿地管理与专业技术人员的培训与培养，进修、考察、学术研讨，还可以通过与大专院校、科研机构合作来培养湿地保护专业人才，以达到湿地保护与合理利用的目的。林区已有多家国家级湿地公园，这些公园更需要专业管理人员的管理和规划，以促进保护管理能力建设。

5）加强湿地科学研究工作。湿地保护属于公益事业，政府投资是湿地保护的主要资金来源，但同时也要争取民间投资和国际援助，建立长期稳定的湿地保护投入机制。加强湿地科学研究是认识和了解湿地的主要途径，也是促进湿地保护与合理利用的重要保证。要重视对湿地保护管理的科技支撑工作，建立定期调查和动态监测体系，掌握资源与环境动态，为湿地的保护、合理利用与管理提供科学依据。为加强湿地保护可以通过多方面的研究，如林区湿地生态系统结构、湿地保护与利用的最合理模式、生物资源及各种开发对湿地系统的综合影响等研究，寻求合理的湿地恢复与保护模式。例如，退化森林湿地的近自然恢复模式（倪志英，2007），即在火烧或采伐干扰后形成的退化森林湿地过渡带上，可按过渡带环境梯度，采取自然演替途径与人工重建途径相结合的综合恢复途径，优化森林沼泽过渡带上各群落的分布格局，建立近自然的持续稳定高产的森林沼泽群落。在森林湿地过渡带下部各生境地段可以通过自然演替途径恢复相应的草本沼泽群落、灌木沼泽群落和毛赤杨沼泽群落，以发挥各群落在演替前期阶段生物量生产力较高及有利于维持物种多样性和群落多样性方面的优势；而在其过渡带中上部生境地段，可通过人工湿地适当排水或高台整地造林途径，重建兴安落叶松混交沼泽林群落，以提高其生产力和维持生物多样性。

6）完善湿地公园的建设与管理。大兴安岭林区内保存着宽广而平坦的准平原面，冰缘地貌发达，河谷平缓宽阔，低洼地众多，为各种湿地类型的形成和分布提供了地貌条件，有利于生物多样性的增加和生物链的形成；同时，湿地还是整个区域工农业生产及农牧民生活的重要水源地，也是众多珍稀野生动植物的栖息地，在大兴安岭林区建立湿地公园，加强对湿地的保护，对进一步发挥湿地的服务功能具有关键作用。在湿地公园建设过程中要坚持生态优先，保护与利用相结合的原则，强化生态环境保护意识。合理进行湿地公园建设规划，提升湿地公园的文化内涵，建立并完善公园管理制度，加强对湿地公园开放过程的管理。

（三）冻土问题及建议

（1）存在的主要生态问题

大兴安岭生态功能区冻土退化明显，并有加快的趋势，寒温带原始兴安落叶松植被遭到严重威胁，主要表现在：冻土南界北移而导致总面积减少、空间分布破碎化，最大季节融化深度加深，融区扩大、多年冻土岛消失，冻土温度升高、厚度变薄、稳定性降低等。冻土退化带来一系列的环境与工程问题，如温室气体排放量增加，湿地生态系统萎缩，针叶林森林生态系统退化，引起滑坡、热融湖和融冻泥流等地质灾害，引起已建工程的破坏等。

（2）问题产生的主要原因

冻土退化的主要原因包括气候变化和人类活动两方面（何瑞霞等，2009；金会军等，2006）。

温度升高、气候变暖是大兴安岭生态功能区多年冻土退化的直接驱动因子。对该功能区 19 个气象台站 1971～2013 年年均气温统计分析，表明该功能区年均气温整体呈上升趋势，近 40 年间年均气温上升了约 1.4℃，其中北部变暖最明显。在 1971～1988 年，年均气温基本低于 0℃；从 1989 年开始，年均气温均在 0℃以上。气温升高导致地温逐渐升高，减缓了土壤的冻结速度，进而加速了多年冻土退化的进程。多种人为经济活动也对多年冻土退化起到了加速促进作用。

沼泽湿地具有隔热和蓄水功能，减弱冷储耗散或增加冷储，减缓多年冻土退化的速度和强度，使下伏多年冻土受到不同程度的保护。该功能区的农田多为近数十年来人类经济活动的结果。居民点附近森林砍伐致使沼泽干缩，涵水能力降低。多年冻土南界附近，农田总面积远远超过林地面积，使森林线逐渐北移。沼泽湿地变成农田后，土壤水分减少、导热率增大、地温升高，加速多年冻土退化（金会军等，2009）。

森林采伐后使采伐迹地气候环境受到极大的改变。20 世纪 50 年代以来，为满足国家建设需要，该功能区林木采伐量逐年增长。60 年代末，随着嫩林铁路的修通，森林开始大面积采伐，采伐作业向林区纵深推进，人口迅速增加，中小城镇建设速度很快。长期以来，对森林采育规律认识不足，造成林木采伐量超过生长量，使该区自然生态环境发生相当大的改变，森林覆盖率大幅度下降，未经采伐的原始林区屈指可数。植被覆盖对多年冻土退化的影响主要体现在植被落叶及腐殖质对土壤湿度的保湿和对太阳辐射的阻挡两个方面。采伐迹地失去森林植被和枯枝落叶层的热力屏蔽，使太阳辐射直达地表，增加了辐射强度（图2-85）（常晓丽等，2011）。不仅如此，森林采伐后因为林木植被减少，必然导致近地层风速增大，从而加强了采伐迹地表面与大气之间的热交换，促进季节融化层水分蒸发变干。上述过程的最终结果导致采伐迹地季节冻结融化层中含水（冰）量和相应的热力惰性减小，地温及其振幅升高，季节融化深度增大。森林采伐后，因为失去了森林的屏蔽效应，采伐迹地暖季升温和冷季降温幅度增大，且暖季升温幅度高于冷季降温的效果。因此，随着森林覆盖率下降，区域内岛状多年冻土面积逐渐减少。植被覆被的减少也是本区多年冻土退化的重要驱动因子。

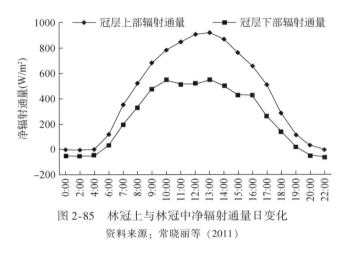

图 2-85 林冠上与林冠中净辐射通量日变化

资料来源：常晓丽等（2011）

城市发展、居民区扩展及工程建设是导致多年冻土退化最重要的人类活动。随着人口的逐渐增多、经济的不断发展，人类所居住的环境区域逐步扩大（图2-86），随之而来的是热岛效应等问题。处在热岛的区域，多年冻土逐渐退化，导致冻土面积减小、冻土厚度降低、冻土活动层加深等多种冻土退化方式。20世纪50年代在加格达奇镇、大杨树镇等城镇开始兴建时，普遍发现有冻土岛。经过20～40年的城镇人为活动，加格达奇镇内多年冻土上限由1964的1.7m到1974年的深达6m以下。大兴安岭西坡大片连续多年冻土区

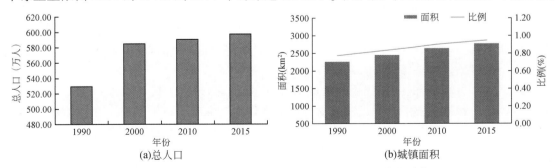

图 2-86 大兴安岭生态功能区总人口和城镇面积变化趋势

资料来源：何瑞霞等（2009）

内的根河市和图里河镇两地相距约 50km，均位于河谷阶地上，80 年代前同为林业局址所在地，城镇规模、人口等相似，所以两气象站气温和地面温度基本相同（表 2-38）。80 年代后期，根河改为县级市，人口增加，城市规模扩大，致使气温和地温较图里河镇高，最大季节冻结深度减少，季节冻层全部融完提前（表 2-39），足以说明快速城镇化导致的热岛效应对多年冻土水热状态的影响（何瑞霞等，2009）。同时，公路、铁路、输油管道等的建设是多年冻土退化的重要驱动因子。

表 2-38　根河与图里河站 1961~2000 年 10 年尺度气温比较

气象站	1960~1980 年地表均温（℃）	10 年尺度年平均气温的平均值（℃）			
		1961~1970 年	1971~1980 年	1981~1990 年	1991~2000 年
根河（市区）	−4.1	−5.5	−5.0	−4.0	−3.3
图里河	−4.1	−5.4	−5.0	−4.3	−3.9

资料来源：何瑞霞等（2009）

表 2-39　根河与图里河站 2000~2004 年年均气温、地表温度和最大季节冻结深度对比

气象站	5 年平均气温（℃）	5 年平均地表温度（℃）	最大季节冻结深度（cm）	季节冻层融完日期
根河（市区）	−3.4	−1.8	260	6 月底
图里河	−4.1	−2.6	300	7 月下旬

资料来源：何瑞霞等（2009）

除此之外，煤矿开发带来的城镇化及采煤工程本身对冻土的影响是深刻而剧烈的，对冻土环境的破坏和水资源的污染是严重的。煤矿开采破坏地表覆被情况、地表径流和排水条件；深挖煤、控制排水并采用非原始土体换填等均影响冻土层的传热和排水结构，这都可能引起冻土环境不可逆转的变化，如大兴安岭生态功能区北部霍拉盆地（何瑞霞等，2015）。

综上所述，可以认为气候变暖和森林采伐活动是造成大兴安岭生态功能区多年冻土退化的根本原因，而城市发展、居民区扩建及工程建设等多种人为经济活动起到了促进作用。

（3）生态保护与建设建议

从大面积冻土退化的角度来看，由于自然环境变化，保护多年冻土几乎是不可能的，但在局部，如工程的时空尺度上，在特定条件下有必要保护多年冻土。减少或避免人为地改变冻土赋存条件，是保护冻土环境较可行的途径。

1）积极发挥政府的引导作用。为应对冻土退化，当地政府应该有意识地提高农业人员的教育水平和种植技术，积极向群众推荐优良作物，推广包括生物技术在内的新的生产技术，支持当地发展森林旅游、山野食品等环保产业，依靠科技进步带领当地居民主动地适应冻土退化。

2）大力植树造林，改变采伐方式。继续推进天然林保护、退耕还林林业工程建设，大力植树造林，充分发挥植被覆盖对冻土的间接保护作用。改变原来粗放的皆伐方式，采用经营性择伐等，减少大面积森林采伐对冻土造成的影响。

3）工程管理与建设中，注意对冻土的保护。严格遵守环境影响评价制度，严禁新建对冻土环境影响较大的项目。已批复在建的项目要注意对冻土的保护，"青藏铁路工程与多年冻土相互作用及其环境效应"研究已取得阶段性成果，冷却地温、抛石护坡等切实可行的保护措施目前正用于指导青藏铁路的工程建设。

4）建立合理的生态补偿制度。为了体现"谁治理，谁受益"的环境经济思想，国家应该建立一套生态补偿体制，对东北地区多年冻土区受到利益损失的企业及居民进行生态补偿。

5）严格执行各项政策措施。各级执法部门要严格执行各项法律法规，严厉打击偷伐森林行为，深入基层，确保种苗质量和造林成活率。在国家规定可以砍伐的森林地区，要实行有限制的砍伐。间伐对原来的水热条件的平衡影响较小，不会剧烈改变冻土森林环境，间伐后的森林会自然恢复成林。

6）加强森林火灾的预防工作。森林火灾对冻土的影响非常大，大的火灾造成大片火烧迹地，火烧迹地植物绝缘层消退，地面热力状况发生变化，扩大融区，加速永冻层顶部的冰层融化。因此，当地政府应加强防火区的基础设施建设，实行防火领导责任制，组织森林防火演习，加强防火管理。

7）加强宣传教育工作。利用各种形式广泛开展群众性的宣传教育工作，向群众宣传实行生态保护政策的必要性；宣传人类与自然的关系、保护生态环境的意义。对法律法规的内容和成果要向民众公布，使法律、法规深入人心，形成知法守法、依法办事的良好局面。同时要注重发挥典型的示范作用。

（四）林火问题及建议

（1）存在的主要生态问题

大兴安岭生态功能区林火频发，火周期延长，潜在火强度升高，雷击火比例上升。1972～2006年，平均年发生火灾次数80次，其中人为火54次，雷击火26次。过火面积大于100hm^{2}的重大森林火灾年均16次。雷击火次数占总林火次数的比例呈显著上升趋势，2000年之后雷击火占总火灾次数的60.56%（图2-87）（张艳平和胡海清，2008）。1972～2006年，年均过火面积达182 010.52hm^2，人为火占总过火面积的88.94%。林火周期延长，林地可燃物载量增加，潜在火强度升高，发生树冠火和森林大火的概率增大。火烧后植被和土壤的恢复需要较长时间。

（2）问题产生的主要原因

森林火灾的发生需要具备可燃物、火险天气和火源三个条件。可燃物（包括树木、草灌等植物）是发生森林火灾的物质基础；火险天气是发生火灾的重要条件；火源是发生森林火灾的主导因素。

大兴安岭生态功能区森林覆盖率高，林中所有的有机物质，如乔木、灌木、草类、苔藓、地衣、枯枝落叶、腐殖质和泥炭等都是可燃物。1987年后，森林防火工作的加强使火烧轮回期变长，火烧频率减小，但林地可燃物大量积累，导致潜在火强度升高，发生树冠火和森林大火的概率增大。

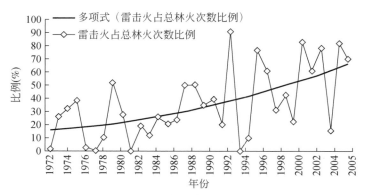

图 2-87　1972～2005 年雷击火占总林火次数比例

资料来源：张艳平和胡海清（2008）

　　大兴安岭生态功能区降水量变化不明显，气温呈上升趋势，气温升高使可燃物本身的温度也升高，从而使可燃物易点燃，为火灾的发生提供了条件。张艳平和胡海清（2008）比较了黑龙江大兴安岭各阶段林火发生及气象条件（表 2-40）。1988～1999 年年均林火次数仅为 18 次，这与 1987 年发生特大森林火灾后森林防火工作的加强有较大关系；同时，还与此阶段降水较多、相对湿度较大、气候较为湿润、气象条件不利于林火发生有关。1987 年后，森林防火工作的加强使火烧轮回期变长，火烧频率减小。但随着可燃物的大量积累，加之进入 21 世纪后降水明显减少、气温持续增加，干旱严重，气候向有利于林火发生的方向演变，造成林火数量急剧增加，2000～2005 年年均林火次数达到58 次。

表 2-40　各阶段林火次数与气象因子对比

时段	年平均林火次数（次）	降水量（mm）	气温（℃）	蒸发量（mm）	相对湿度（%）	伊凡诺夫湿润系数
1972～1987 年	48	448.97	-2.58	1024.10	67.47	15.35
1988～1999 年	18	511.80	-1.44	960.64	68.51	16.34
2000～2005 年	58	448.21	-1.39	745.04	67.98	14.21
多年平均值	39	471.01	-1.97	952.88	67.92	15.50

资料来源：张艳平和胡海清（2008）

　　火源按性质可分为自然火源和人为火源两类，自然火源中最多的是雷击火，在本区最常见。雷击火的发生，主要取决于气候条件。大兴安岭雷击火主要集中在夏季，占全年雷击火次数的 75.85%。雷击火的发生与夏季各气象因子的相关关系要大于年均各气象因子的相关关系，且雷击火次数与夏季气温相关性较显著，与夏季降水、相对湿度、伊凡诺夫湿润系数的相关性达到极显著水平（表 2-40）。大兴安岭各年代雷击火的发生与气候的干旱条件有着较好的对应关系（张艳平和胡海清，2008；表 2-41），该地区年均雷击火次数最少为 20 世纪 90 年代，此阶段降水较多、相对湿度较大，气候较为湿润。进入 21 世纪，由于夏季气候干旱严重，在气候朝变暖、变干方向演变的情况下，2000~2005 年年均雷击火次数达到 38 次。同时，由于夏季气候干旱严重，每年 7 月森林火灾有增加的趋势，而 8 月则为新的雷击火多发月。

表 2-41　大兴安岭雷击火次数与夏季各气象因子各年代变化比较

时段	年均雷击火次数 （次）	降水量 （mm）	气温 （℃）	蒸发量 （mm）	相对湿度 （%）	伊凡诺夫 湿润系数
1972~1979 年	13	269.47	16.77	506.72	67.43	14.11
1980~1989 年	10	324.08	17.31	450.46	67.49	16.27
1990~1999 年	7	328.02	17.71	438.76	68.72	16.61
2000~2005 年	38	267.07	18.02	745.04	67.18	14.21
多年平均值	15	302.33	17.43	952.88	67.72	15.50

资料来源：张艳平和胡海清（2008）

本区多次大规模的火灾都是由人为火造成的，人为火源又可分为生产性火源（如烧垦、烧荒、烧木炭、机车喷漏火、开山崩石、放牧、狩猎和烧防火线等）和非生产性火源（如野外做饭、取暖、用火驱蚊驱兽、吸烟、小孩玩火和坏人放火等）。人为火的发生与人口分布和人为活动有关，年人为火次数与直接决定林区人为活动水平的林业人口正相关（胡海清和金森，2002）。

（3）生态保护与建设建议

火灾对森林的演替造成严重的干扰和破坏。大兴安岭生态功能区是森林火灾频发地区，每年均有不同程度的火灾发生，随着该功能区人口的增加、社会经济的发展，加之该功能区气候呈变暖趋势，森林火灾发生的次数和强度可能会有所增加，大兴安岭功能区森林火灾的防控是森林管护与经营的重要工作内容（陈杰，2016）。

1）完善森林防火法律法规，建立健全组织机构，推进森林防火责任体系建设，强化责任落实。采用行政手段，严格控制火源，加强依法治火，对影响较大、损失严重的森林火灾案件进行督办和追责，提高各级政府、相关部门对森林防火工作的重视程度，激发现任党政领导干部对抓好森林防火工作的积极性；开展省、市、县、乡四级森林防火责任书的签订工作，力图做到责有人担、火有人管、指挥有序、处置高效。

2）加强队伍建设，提升防、扑火综合能力。抓好森林消防队伍建设，是提高森林火灾救灾处置能力的关键，也是实现科学、安全扑救的客观条件。发挥制度优势，坚持"以专业队为主，专群结合、军警民融合"的森林防扑火力量动员机制，坚持"预防为主，积极消灭"的工作方针，进一步加强专业、半专业森林消防队伍等森林消防力量的建设，做到救灾时有兵可用、用之能战、战之能胜。成立专业森林消防应急机动队，为森林消防队伍专业化、规范化建设增添新的活力。加强对扑火指挥员和扑火队员的培训是当今森林防火工作的重要任务，也是减少扑火人员伤亡的有效途径。为了切实提高森林防火指挥员的整体战斗力，确保科学、安全扑火，充分发挥林火预测、预警、扑火技术和装备的效能，举办"森林防火指挥员培训班"，开展森林防火指挥人员的技术培训工作，提高森林防火指挥员应急处置能力，为依法、有序、科学地开展森林防火工作打下基础。森林消防演练是检验和完善森林火灾应急预案的必要环节，也是提升森林消防队伍实战效能的必修课。为做好这项工作，开展专业森林消防队伍跨辖区应急机动能力演练，检验专业森林消防队伍的应急机动救援能力，增强各森防指成员单位的协同作战能力。与此同时，开展森林防火综合应急演练，为进一步提升专业森林消防队的应急处置能力打好基础。

3）加强林火预测预报。为了预防森林火灾带来的危害，可以综合考虑天气条件（包括各气象因子）、可燃物干湿程度（图2-88）及火源状况来预报林火发生的可能性。首先，应研究林区历史火灾资料，对林火发生的天气条件、地点、时间、次数、火源等进行统计和分析，对林火的发生可能性进行预报。其次，要利用可燃物湿度变化与气象要素的关系进行林火预报。森林可燃物的湿度（含水率）是影响森林火灾发生的一个直接因素，可燃物的湿度变化是气象要素作用的综合反应结果。测定可燃物的含水率需长期定点观测，同时还要观测各气象要素，从中找出它们之间的相关性。最后，要采取地面人员巡护、瞭望塔定点观察、空中飞机巡护和卫星监测等方式，对林火进行监测，如果发现火情，要及时报告，实现"打早、打小、打了"。只有这样才能做到预防为主，变被动扑火为主动防火。

针对雷击火，由当地气象部门或林业气象中心站承担，在雷暴盛行季节做好雷击预报工作，预报未来2~3h的雷击火险等级，主要靠当地气象站或雷达的直接观测雷雨云的移动方向和速度来决定，或根据闪电计数器的记录来做预报。将天气预报、火险预报和雷达观测资料进行综合分析，做出预报。为了防止雷击火蔓延扩大，可在林缘或林内设置防火线或隔离带。在雷击火的集中区，可设置地面防雷设施，或清除沼泽地杂草，以减少易燃性。

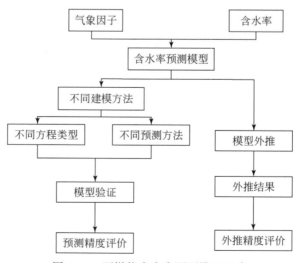

图2-88　可燃物含水率预测模型研建

4）提高森林防火科技含量，加强森林航空消防建设。除采取行政措施、严格控制火源、建立健全组织机构外，还应把森林防火工作纳入科学技术轨道，依靠科技进步，加强对森林防火实用技术、先进的防扑火装备、林火预测预报系统、林火阻隔系统、森林可燃物管理、GPS卫星定位跟踪系统、林火卫星遥感系统、火灾现场实时传输系统等的研究工作。要大力推广现代化的灭火手段，推动森林防火工作实现三个转变（即由传统工具、风力灭火方式向现代以水灭火、化学灭火方式转变，由群众灭火方式向专业化队伍灭火方式转变，由人力灭火方式向专业机械灭火方式转变），不断强化"以水灭火"的科学扑救手段，积极推广"以水灭火"方法。要加快推进森林航空消防事业发展。第一，进一步加大投入，增加森林航空消防飞机数量，尤其是购置超大型灭火飞机；第二，加强航空护林通用机场等基础及保障设施建设，充分发挥航空护林的优势；第三，加强培训和演练，建立相关单位参与的航空护林协作机制，做好地空配合的技战术研究，形成多层次、立体式的扑火格局。

5）加强森林防火基础设施建设，提高持续基础保障能力。为了不使林火进一步扩大，可以利用林区的公路、防火线、防火林带和河流、湖泊等人为或天然防火障碍物阻隔林火的蔓延。林区道路建设是一项长远性的预防措施，要尽可能与长远开发建设、木材生产相结合进行。一定密度的道路网，有利于森林防火的机械化和现代化，畅通无阻地及时运送扑火人员和物资到火场。合理设置防火线，阻隔林火蔓延。在铁路两侧开设铁路防火线，在农地、草原、居民点的交界处开设林缘防火线等，在贮木场、重要设施、仓库周围、墓地周围等处开设防火线，防止火灾相互蔓延。合理规划，并选择适合在北方林区种植的防火树种，建成防火林带。防火基础设施的增强，将有效地提高林火扑救的能力。

6）加强宣传教育，深化全民防火。只有增强民众的森林防火意识，才能促使森林防火工作群众化、社会化、经常化。面对不容懈怠的森林防火形势，各级森林防火部门要制定切实可行的宣传方案，充分利用广播、电视、网络等媒体，积极开展森林防火宣传活动，以群众喜闻乐见的形式，积极推进森林防火进农村、进单位、进学校、进家庭活动。在春耕等农事用火高峰时期，积极引导农民科学处置可燃物，禁烧秸秆，及时消除森林火灾隐患。在森林防火紧要期，加强与广电部门的联系，播发森林防火宣传专题新闻。同时，各级森林防火部门要与教育部门紧密合作，开展针对中小学校的森林防火安全教育活动，使森林防火意识的培养从娃娃抓起，力图达到"教育一个孩子，带动一个家庭，影响整个社会"的效果，切实营造全民防火的社会氛围。

7）建立完善的林火评估与管理体系，推动防火政策从主动灭火向积极利用转变。来自诸多自然保护区、大型林场的初步调查报告显示，我国自严格控制火灾的几十年来，有效遏制了特大森林火灾造成不可挽回的损失。但同时林中聚集的可燃物越来越多，且非常易燃。火灾不发生则已，一发生强度是非常可怕的，破坏也是非常大的。所以有专家认为，火灾一直在警戒线上，处于一个僵持的阶段。此时，从主动防火到科学管理、利用火已是时宜之策。

可参考美国黄石国家公园的做法，将林火分为良性与恶性两种，每当发生森林火灾时，需要首先对火做出评估，然后选择主动扑灭或者引导燃烧。同时，从火管理的角度，划分生态系统，采取不同的管理措施。例如，对于依赖火的生态系统，可在森林中实行计划火烧，定期、定点在某些地方进行火烧，维持森林生态系统的稳定和保持生物多样性，如针叶林（如松树）需要低频率的火烧，5～10 年一次；但是需要的火烧强度较大，而且需要树冠火，以刺激松树侧枝的萌发、松球的落地生根。这样火烧不但保护了特定的植物物种，同时火烧以后，林下的草丛等可燃物的可燃程度降低，发生大火的可能性降低，有利于森林生态系统的整体健康，而且草、阔叶树萌条增加可以为野生动物提供食物，促进某些动物种群的扩大。

良性森林火发挥作用需要科学的统筹和管理，所依据的科学标准包括火的频率、强度、扩散速度、严重程度，并结合土壤、气候、水文等科学技术，以期在可以控制的范围内使良性森林火达到其最大效用，实现林业的可持续发展。

在社区，则需建立科学的火文化。为了更好地管理火，需要结合当地的社会需求、经济需求和风俗习惯，建立火与人共存的社会共识。在火管理生态系统的科学范畴下，利用火的"刀耕火种"方式与"毁林开荒"是两个严格区分的概念，与国家退耕还林政策有着协调统一的关系，都旨在符合科学合理的生态系统休养生息规律。

第三章 | 长白山生态功能区生态变化评估

第一节 长白山生态功能区概况

一、地理位置与空间范围

长白山位于我国东北地区东部，是东北地区最负有盛名的山峰。长白山有广义和狭义之分，广义长白山是指长白山地，北起黑龙江省长白山生态功能区南侧，向南延伸至辽东半岛与千山相接，呈东北—西南走向，主要包括长白山、老爷岭、张广才岭、哈达岭等平行的断块山地，南北长度达 1300km，东西宽度为 400km，略呈纺锤形，平均海拔为 800～1500m。其中，以中段位于吉林省的长白山最高，为 2670m。狭义长白山是指长白山自然保护区，位于吉林省东南部，与朝鲜临接，行政区主要位于延边朝鲜族自治州（简称延边州）安图县、白山市①抚松县和长白朝鲜族自治县，南北最大长度为 80km，东西最宽达 42km。

长白山生态功能区是"十二五"规划中按照生态脆弱性与生态重要性两个指标划定的国家级重点生态功能区，是广义长白山的一部分，呈东北—西南走向，北至黑龙江省依兰县，南至辽宁省大连市普兰店区，占地面积约为 $1.87×10^5 km^2$，包括黑、吉、辽三省的 18 个地级市（图 3-1）。

二、地形地貌

长白山生态功能区北起长白山南部低山丘陵地区，南到辽东半岛千山山脉，从东到西山脉依次为：完达山、老爷岭、长白山、龙岗山地、张广才岭、哈达岭、大黑山。长白山生态功能区高程、坡度和地貌，分别如图 3-2～图 3-4 所示。从地质变迁过程、山脉分布、地势起伏、地貌形态、地质构造等方面看，长白山地是东北地区相对比较复杂的山地。从地质地貌特征表现出的共性，可以看出长白山地的形成过程呈现的规律性。

---

① 1994 年 1 月 31 日国务院批复同意将浑江市更名为白山市，4 月浑江市正式更名为白山市。

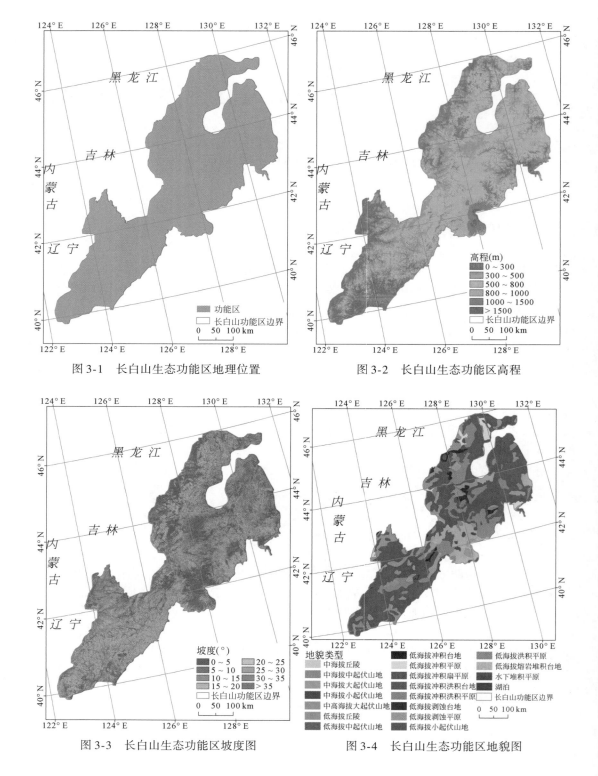

图 3-1 长白山生态功能区地理位置

图 3-2 长白山生态功能区高程

图 3-3 长白山生态功能区坡度图

图 3-4 长白山生态功能区地貌图

首先，山地的排列方向与地质构造线的方向一致。长白山地是欧亚大陆东岸华夏山地的一部分，地质构造呈现出东北—西南断裂活动或褶皱运动。这样的构造决定了长白山地的排列方向，在长白山地西侧有哈尔滨—长春—营口断裂带，东侧有鸭绿江断裂带，山地内部有著名的依兰—伊通断裂带和密山—敦化—抚顺断裂带。这些断裂带具有一定的宽度，或为张性断裂，或为地堑式的断裂。断裂带遭到河流的溯源侵蚀，形成了宽阔的河漫滩和河谷阶地。断裂复杂陷落或底层较为松软，河流冲积侵蚀形成河谷盆地。河流侵蚀导致在断裂带与断裂带之间相对抬升形成山地。断裂带的相间分布，使相对抬升的山地和堆积的河谷平原相间分布，因而长白山地的山脉和河流走向呈现出一定的规律性。这些山地和谷地、盆地、自东向西约可排列为：鸭绿江谷地；完达山、老爷岭、长白山、龙岗山中等山地；牡丹江、蛟河、辉发河丘陵盆谷地；张广才岭、哈达岭中低山地；蚂蚁河谷、舒兰、吉林、辽源丘陵宽谷盆地；大青山、大黑山丘陵。

其次，岩浆岩分布广泛，火山广泛发育。华西运动期间，长白山地有大量的花岗岩侵入，即吉林花岗岩，分布甚广，风化层较深厚，疏松而颗粒大，透水性强。它所形成的山地岭脊，多呈浑圆状，缺乏尖峰峻岭。

再次，广泛的古夷平面显著和河谷阶地普遍。燕山运动之后，直至新近纪，曾有长时间的地壳运动相对平稳阶段，侵蚀夷平作用达到了高潮，出现准平原。在新构造运动中，地壳发生或缓或急的上升运动，古老的夷平面被抬升，在间隙期间还形成局部山麓夷平面。古夷平面形成之后，长白山地在新构造运动中的上升强度各地不一，东部强度大，西部强度小。上述的特点在长白山地普遍存在，但是山地内部又出现差异，特别是对于山地和河谷盆地这种差异更为显著。长白山地由数条平行的华夏向山地组成，海拔从东向西降低，东部以中低山为主，西部低山丘陵占优势。

狭义长白山是指由于火山喷发形成的火山锥体，该锥体经过多次喷发形成，最近一次喷发距今约 300 年。山麓（海拔 1100 ~ 1800m）坡度约为 10°，由凝灰岩、石英粗面岩等组成，熔岩高原与火山锥体之间的过渡带，常有河流切割的"V"形谷地。海拔为 1800m 以上，山麓迥然有别，坡度极陡，孤峰矗立，直插云际，十分雄伟。山体由浮石、黑曜石、火山砾、火山砂等喷出物组成，其中，以碱性粗面岩最多，呈灰白色、黄色，远望则是银装素裹。山顶火山口积水成湖，即长白山天池，是中朝两国界湖。湖水极深，年内水位变化幅度仅为 80 ~ 90cm，最大也不超过 1m。原来它是一个非闭合源头区，地表积水面积约为 20km²，地下积水面积却可达 5720km²，水源充足。湖水从北面的阀门流出，是西流松花江的正源。湖的周围分布着 16 座山峰，以朝鲜境内的将军峰为最高，海拔为 2769m，其次为中国境内的白云峰，海拔为 2691m。山顶风云多变，风化剥落和流水冲刷，峭壁陡崖，倒石堆发达。西流松花江、图们江、鸭绿江均源出于此，众多支流呈放射状分布。河谷多为峡谷，幽深壮丽。

三、气候条件

长白山生态功能区属于温带湿润性季风区，多年平均气温和多年平均降水如图 3-5 和

图 3-6 所示。该区位于全球性季风气候的东北边缘，同时也受到大陆性气候的影响，其主要的气候特点是冬季漫长寒冷，夏季凉爽短暂。由于横跨近六个纬度，该区域南北气候差异较大。北部地区温度低，最冷月温度为 −20 ~ 16℃，如牡丹江最冷月平均温度为 −18.4℃，集安最冷月平均温度为 −16.6℃；夏季凉爽，最热月平均温度为 20 ~ 24℃，牡丹江最热月平均温度为 21.9℃，集安最热月平均温度为 23.4℃。无霜期为 120 ~ 150 天，时间较短，≥10℃活动积温为 2000 ~ 3000℃，植被的生长周期较短，农作物都为一年一熟。年降水量为 500 ~ 1100mm，北部地区由于受到地形的影响，不同的海拔下其降水量存在差异，如长白山底部降水量为 780mm，而长白山天池年降水量超过 1000mm。南部辽东半岛地区最冷月平均温度为 −15 ~ −10℃，如大连市普兰店区最冷月平均温度为 −10.6℃，营口最冷月平均温度为 −12.6℃；夏季最热月平均温度为 24 ~ 28℃，无霜期较长，为 150 ~ 180 天，≥10℃活动积温为 2800 ~ 3500℃。南部地区受季风影响较大，降水量大，达到 800 ~ 1100mm，多集中在夏季。

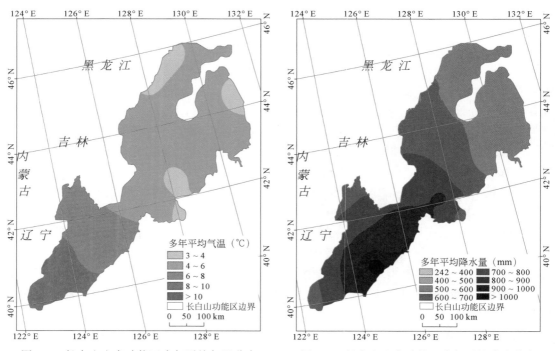

图 3-5　长白山生态功能区多年平均气温分布　　图 3-6　长白山生态功能区多年平均降水分布

该区域由于受海拔影响，随地形起伏，不同的海拔高度下，气候差异较大。以长白山自然保护区为例，随海拔上升，温度降低，降水量增加。在长白山底部，常年严寒，最冷月温度为 −24.9℃，记录最低温度为 −42℃；夏季温度较低，最热月平均温度为 8.2℃，记录最高温度为 17.7℃。年降水量较大，大约为 1400mm，多集中在 5 ~ 9 月，占全年降水量的 70% 以上。冬季降水量较小，降雪时间较早，在 8 月下旬就出现降雪。风力较大，蒸发较为强烈，相对湿度较低，为 3% 左右，再加上融雪水较少，火山岩系透水性强，土壤含水量低。

四、土壤类型

长白山生态功能区内土壤条件优越，土壤肥沃，利于农作物生长。土壤类型主要包括暗棕壤、棕壤、白浆土、棕色针叶林土等，各土壤类型的分布，明显受地貌、气候的综合作用。棕壤主要分布在辽东千山山脉一带排水良好的山坡和山脊上及高阶地的顶部，辽宁丘陵、山地的上部也有分布。暗棕壤的分布很广，是长白山生态功能区内面积最大的土类，东部山地及其边缘丘陵及北部黑龙江地区，均有大面积分布。从地形上来说，暗棕壤分布于不同坡度坡向的山坡上和不同高度的河谷阶地上，在长白山地区分布在 1000 ~ 1200m 以下的地区。白浆土主要分布在长白山山地的西坡，海拔在 700 ~ 900m 以下。棕色针叶林土是寒温带的土壤，主要分布在海拔为 1200 ~ 1700m 的山地。各土壤类型的分布如图 3-7 所示。

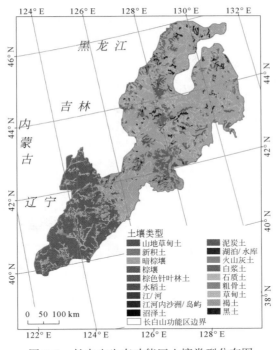

图 3-7　长白山生态功能区土壤类型分布图

五、植被类型

长白山地是世界资源的宝库，包括了从温带到极地所有的植被类型，长白山生态功能区内的植被属于长白山区系植被，生态系统比较完整，植物资源比较丰富。长白山地海拔为 500 ~ 2600m，高程高差相对较大，气候带从暖温带到中温带，从湿润区到半湿润区，土壤类型多样，地貌类型复杂，各种地理要素条件造就了植被类型多样，物种丰富。

长白山地是我国最大的林区之一，林种多样，该区域是以红松为主的针阔混交林，以冷杉、云杉和落叶松为主的针叶林，还有温带的阔叶林，但是没有常绿阔叶林，林内有较多的藤本植被和少量的附生植物。

长白山地属于中山丘陵地区，山地大部分是以低山丘陵为主，因此以红松针阔混交林为主的自然植被景观有广泛的分布，只有在少数海拔较高的地区，随着高度的升高形成了垂直分异景观。例如，在长白山自然保护区（2691m）、张广才岭的大肚子岭（1760m）有明显的植被垂直分异特性。其中，以长白山自然保护区植被垂直分异特性最为明显，由于气候、地形和土壤等各要素影响，长白山从下到上分为了四种植被景观类型，依次为：红松针阔混交林带、山地针叶林带、山地岳桦林带和高山苔原带。

长白山针阔混交林主要分布在 700~1100m，其发育的地带性土壤为山地暗棕壤，在排水不畅的山谷发育沼泽，因此在长白山针阔混交林带多发育林下沼泽。此带森林生长茂密，树种类型多样，是"长白林海"的景观主题，林分结构复杂多样，乔木、灌木和草本科植物层次分明，以红松常绿针叶树和针阔混交林组成的乔木层为主，零星分布着落叶针叶林，针叶树以红松为代表，树高可达 30~40m，红松为喜阴性植被，幼苗在避光的条件下才能生长，树干笔直粗壮高大，是我国多个地区优质的材质之一。除红松外，针叶林还有：长白落叶松（*Larix olgensis*）、红皮云杉（*Picea koraiensis*）、鱼鳞云杉（*Picea jezoensis* var. *microsperma*）及数量较少的紫杉（*Taxus*）等。混杂的阔叶树有：春榆（*Ulmus davidiana* Planch. var. *japonica*）、水曲柳（*Fraxinus mand shurica*）、蒙古栎（*Quecus mongolica*）、胡桃楸（*Juglans mandshurica*）、黄檗（*Phellodendron amurense*）、椴树（*Tilia tuan Szyszyl*）、槭树（*Acer* spp.）、山杨（*Populus davidiana*）、大青杨（*Populus ussuriensis*）、白桦（*Betula platyphylla*）等。混交林中的灌木类型也比较丰富，具有代表性的有：毛榛（*Corylus mandshurica* Maxim.）、五加（*Acanthopanax gracilistylus*）、刺五加（*Acanthopanacis Senticosus*）、卫矛（*Euonymus alatus*）等。混交林性的草本植被甚是多样，往往成片状分布，高者达到1m左右，最低的也 10cm 上下，常见的有：山茄子（*Lonicera caerules*）、木贼（*Equisetum hyemale* L.）、棉马（*Dryopteris crassirhizoma*）、掌叶铁线蕨（*Adiantum pedatum*）、蕨（*Pteridium aquilinum*）和阴地苔等。混交林中的藤本植物也非常常见，常常缠绕在乔木或者灌木林上。植物物种非常丰富，植物群落结构复杂多样，森林茂密。

根据植被垂直带分异的特点，针叶林带分布于针阔混交林带的上面，以长白山为例，其分布的海拔为 1100~1800m。由于海拔高差相对较大，根据林带的分布和林分的组成、结构等特点把针叶林带分为两个亚带：明针叶林带和暗针叶林带。明针叶林带分布在海拔为 1100~1600m，其土壤背景为山地暗棕壤，灰化现象不明显，主要树种有耐阴的鱼鳞云杉、臭冷杉（*Abies nephrolepis*）和沙松（*Abies holophylla* Maxim.），也有喜阳的赤松（*Pinus densiflora*）和落叶松（*Larix gmelinii*），阔叶树种非常少见。暗针叶林带分布在海拔 1600~1800m，其土壤背景山地暗棕壤灰化现象比较明显，海拔较高，降水量增加，气温降低，导致该植被带气候更加冷湿，主要的植被类型有鱼鳞云杉、臭冷杉、红皮臭（*Picea koraiensis*）所构成的针叶林。该植被带树木相对高大，枝叶稠密，郁闭度大，林内比较阴暗，所以称为暗针叶林带。阔叶林几乎没有分布，且灌木生长很差，只有零星分布。

针阔混交林上层为岳桦林带，其分布高度为1800～2000m，由于具有海拔较高，气温较低，活动积温较小，相对湿度较大，坡度较陡等特征，岳桦林带在长白山生态功能区只有长白山有分布，该植被带的土壤类型为山地草甸森林土，植被类型以岳桦林为主，少有云杉、冷杉、东北赤杨、落叶松分布，也有少量的牛皮杜鹃（*Rhododendron chrysanthum*）、笃斯越桔（*Vaccinium uliginosum*）等灌木树种分布。因为气候条件恶劣，乔木林（岳桦）稀疏，灌木呈现矮曲成丛生状态。因为具有较强的耐寒性，岳桦成为该功能区森林植被分布上限物种。

海拔2000m以上的地区，分布着高山苔原，该植被带在长白山生态功能区内只有长白山有分布，海拔较高、气温较低、常年大风、降水量大、相对湿度较大，土壤贫瘠，导致高山苔原植被具有独特的生活型。植被以植株低矮，根系发达的匍匐状小灌木和垫状多年生的草本植物为主，生长周期较短，植株矮小，匍匐贴地，具有强烈分枝，枝上密生常绿革质，或具有白色绒毛的叶片，形成密集而松软的垫状植物。这种形态的构造具有抵御寒冷、防范强风的特征。植物分布由下而上逐渐稀疏，种类逐渐减少。高大的乔木已经绝迹，仅有矮小的灌木、多年生的草本、地衣、苔藓等，形成了广阔地毯式苔原。

六、土地利用现状

长白山生态功能区内林地分布最为广泛，面积达146 484.6km²，占整个功能区总面积的78.4%，主要分布于山地、丘陵地区。农田面积次之，面积约为32 392.3km²，占整个功能区总面积的17.3%，主要分布于平原地区及坡度较缓的丘陵地区。湿地主要包括草本沼泽、河流、湖泊、水库/坑塘等，面积为3647.3km²，占整个功能区总面积的2.0%。人工表面面积为3059.0km²，占整个功能区总面积的1.6%。草地及裸地分布较少，面积为1316.9km²，占整个功能区总面积的0.7%（图3-8）。

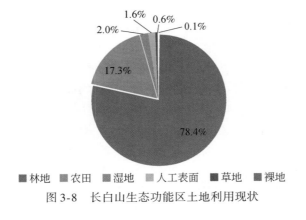

图3-8 长白山生态功能区土地利用现状

第二节 环境要素变化

一、气候变化

（一）区域气候变化

气候变化是指气候状态随时间发生改变（包括平均值及各种特征变率的变化），这种变化一般持续数十年以上（IPCC，2012）。它不仅受科学界的广泛关注，对经济、政治、工业等领域也产生巨大影响，已成为公众高度关注的全球性问题。气候变化领域中，全球重点关注的是气候变暖问题。据政府间气候变化专门委员会（Intergovernmental Panel on Climate Change，IPCC）报告指出，全球气候系统变暖的事实是毋庸置疑的。1880~2012年，全球平均气温已升高0.85℃（IPCC，2013）；1956~2005年，全球地表温度的线性趋势为0.13℃/10a（IPCC，2007）。而在我国，1951~2009年全国地表温度线性趋势为0.23℃/10a（《第二次气候变化国家评估报告》编写委员会，2011）。与此同时，关于全球降水及水文循环变化（Liu，2013），全球辐射亮暗波动（Martin，2009），全球风场静止化（Mcvicar，2012s）及极端天气/气候事件变化等气候变化问题的研究也在逐渐深入。因为气候系统受区域地形、下垫面类型等诸多因素的制约，故不同地区气候变化的程度、特征不尽相同。

我国东北地区属温带季风气候区，各气候要素时空分布不均，气候变率大，气候变化特征虽大体上遵循全球气候变化的趋势，但区域内生态环境多样，地形高低起伏，导致气候变化特征差异较大。有必要对东北地区重要的生态气候区域展开进一步的气候变化研究。

作为我国的重要生态功能区，长白山生态功能区内气候变化的程度、趋势、周期等特征会直接或间接影响长白山及其周边地区生态系统结构与功能的稳定性，从而驱动生态系统发生变化。因而，掌握长白山生态功能区各气候要素变化特征势在必行。

近年来，多位学者对长白山地区内的不同气候要素变化进行了分析。王焕毅等（2010）对三江-长白山区域29个气象站的温度、降水等气候要素进行了统计分析，发现1960~2008年，三江-长白山区域气候呈现暖干化，平均风速、日照时数总体呈现减少趋势，但区域内差异较大。王纪军等（2009）对长白山地区13个气象站的最高气温、最低气温及气温日较差进行了分析，发现1960~2007年平均、最高、最低气温显著上升，且最低气温的抬升幅度是最高气温的两倍。另外，丹东（陈凯奇等，2016；杜海波等，2013）、本溪（李志静等，2015；刘闯，2010）、大连（高燕等，2015）、抚顺（刘明等，2015）、鞍山（李绍云等，2009）、铁岭（刘敏等，2006）等地区也先后开展了单站气候变化研究，得出了长白山生态功能区内点尺度气候变化特征。

但当前，绝大多数研究均局限在单点尺度，缺乏整体性与区域性，同时研究指标庞杂，不具有对比性，导致目前对长白山生态功能区内气候变化情况的了解程度十分有限，对于整体状况的了解就更加匮乏。

长白山生态功能区气候变化研究区域如图 3-1 所示，选取该区域及其周边 30km 内气象站逐日常规气象观测资料，在剔除受人类活动影响过强的城市站点和观测时间序列较短的站后，最终对入选的 36 个气象站进行了气候变化研究。其中，长白山生态功能区内部气象站 21 个，周边地区气象站 15 个。本节利用 36 个气象站 53 年的气候数据，分析长白山生态功能区内各气候要素的空间分布、趋势变化、时间突变、变化周期等气候变化特征，为长白山生态功能区生态变化调查与评估提供依据。

长白山生态功能区内部不同区域的气候要素变化特征不尽相同，为方便分析，综合不同区域的地形条件、气候特点、气候变化特征等因素，将长白山生态功能区划分为如下六个子区域：长白山核心区、长白山支脉区、辽东半岛区、辽宁城市群、延边地区和牡丹江地区。各区域所包含的气象站点见表 3-1。

表 3-1   长白山生态功能区气候变化分区及包含站点

气候变化区域	气象站名称
长白山核心区	长白、东岗、二道、敦化、靖宇
长白山支脉区	临江、蛟河、集安、通化、新宾、恒仁、宽甸、桦甸*
辽东半岛区	岫岩、丹东、熊岳*、庄河*
辽宁城市群	本溪、清原、开原、昌图*、海城*、抚顺*、四平*、辽源*
延边地区	汪清、延吉、和龙
牡丹江地区	绥芬河、牡丹江*、尚志*、白城*、依兰*、勃利*、鸡西*

* 为长白山生态功能区外站点

根据气象资料的物理特性与统计类型，将长白山生态功能区气候变化要素分为四类，分别为热量因子、水分因子、光照因子和风因子。同时利用线性倾向估计法研究气象要素趋势变化，利用 Mann-Kendall 突变检验法与累积距平法相互印证研究气象要素突变状况，利用小波分析方法研究气象要素周期变化状况，利用反距离权重方法进行空间插值，从而综合分析长白山生态功能区内的气候变化状况。

1. 热量因子变化状况

长白山生态功能区热量因子基本情况见表 3-2。长白山生态功能区内全年平均气温为 5.59℃，年内温度季节分布不均，冬夏平均气温相差 33.18℃，最高、最低气温相差 62.85℃，春、秋平均气温基本相同。该功能区内年平均气温的气候倾向率为 0.27℃/10a，低于东北地区平均状况 0.3~0.6℃/10a。各季节平均气温气候倾向率大小顺序为：冬季>春季＝秋季>夏季。冬季气温的气候倾向率为 0.41℃/10a，年最低气温的气候倾向率甚至达到 0.84℃/10a，可见冬季气温升高十分明显，是导致全年平均气温增加的主要原因。对于热量资源来说，三类积温指标的气候倾向率均大于 0，使得该功能区内植被可利用的热量资源更加丰富。另外，极端最高气温的变化程度远小于极端最低气温，最高气温的气候变化趋势甚至不显著。

表 3-2　长白山生态功能区热量因子概况及其气候变化特征（1960～2012 年）

因子	多年平均值（℃）	气候倾向率（℃/10a）	离差系数	气候趋势系数
平均气温	5.59	0.27	0.12	0.62 **
春季平均气温	6.69	0.24	0.15	0.37 **
夏季平均气温	20.95	0.18	0.03	0.40 **
秋季平均气温	6.60	0.24	0.13	0.42 **
冬季平均气温	−12.23	0.41	0.13	0.40 **
≥0℃积温	3372.22	49.40	0.04	0.57 **
≥5℃有效积温	2281.22	41.45	0.05	0.57 **
≥10℃有效积温	1367.12	32.88	0.07	0.56 **
最低气温	−29.69	0.84	0.09	0.51 **
最高气温	33.16	0.13	0.03	0.18

** 为极显著（$P<0.01$）

（1）平均气温变化

a. 气温突变分析

长白山生态功能区内年平均气温的突变情况如图 3-9 所示，图 3-9（a）为 MK 检验曲线，图 3-9（b）为累积距平曲线。综合判读可以发现在 1987 年（UF 统计量与 UB 统计量的交点，累积距平曲线转折点附近），气温发生了由低到高的突变。

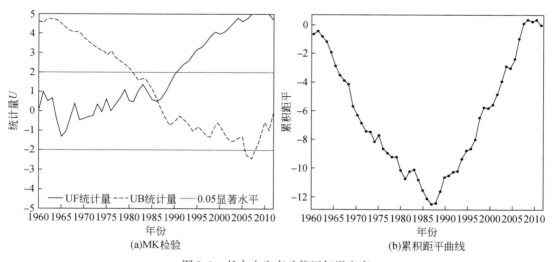

图 3-9　长白山生态功能区气温突变

b. 气温周期变化

图 3-10（a）为长白山生态功能区平均气温时间序列小波变换的实部等值线图（图中正值为实线等值线，以灰度值填充；负值为虚线等值线，以白色填充，下同）。若不同周期下气象要素有规律的正负周期震荡，则气候要素可能具有该周期变化。

图 3-10（b）为平均气温时间序列小波方差曲线，小波方差越大，表示在该时间尺度下周期震荡的能量越强，从而可以找到气候要素的重要周期。从图中可以看出，小波分析方法检测的周期在 46 年处有一峰值，在 53 年处取得最大值。但气温在 1960～2012 年呈现明显的上升趋势，这种上升在较长周期上显示为由负相位向正相位的波动，必然会导致气温曲线在大周期上呈类似波动的变化。但其并不是真正的周期变化，故 46 年与 53 年周期均为假周期。平均气温在时间上以上升趋势变化为主，周期变化不明显。

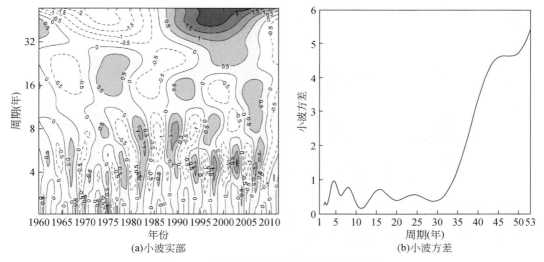

(a)小波实部　　　　　　　　　　　(b)小波方差

图 3-10　长白山生态功能区气温周期变化

（2）气温季节变化

a. 极端温度突变分析

通过突变分析可以发现长白山生态功能区内最高气温无明显突变点，而最低气温突变年份应为 1973 年。这与全球气候变化特征相吻合，全球气候变暖主要是较低温度抬高引起的。

b. 极端温度周期变化

从图 3-11 中可以看出，最高气温与最低气温各有一个较明显的周期，最高气温主周期为 9.5 年 ［图 3-11（b）］，且主周期所对应的小波实部 ［图 3-11（a）］ 的振幅逐渐增加，这说明最高气温波动幅度更加明显。最低气温主周期为 17 年 ［图 3-11（d）］，且主周期所对应的小波实部 ［图 3-11（c）］ 的振幅逐渐减小，这说明最低气温波动幅度在减小。

（3）积温变化

a. 积温时空变化

积温是温度的累积指标，本研究所探讨的三种积温（≥0℃积温、≥5℃有效积温、

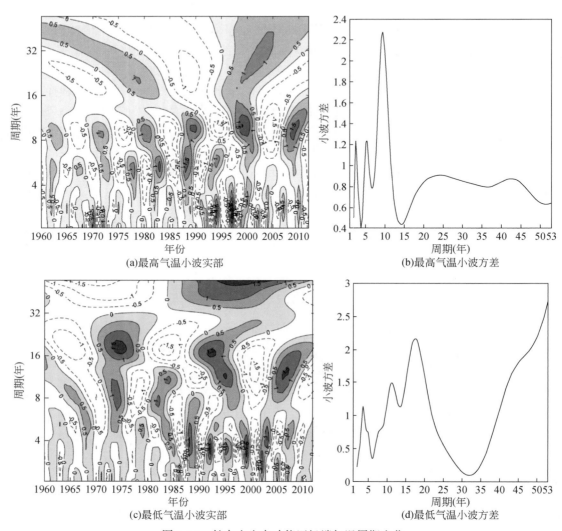

图 3-11　长白山生态功能区极端气温周期变化

≥10℃有效积温）的空间分布特征与平均气温的变化特征基本相同。均值为东北—西南依次递减，低值区出现在长白山核心区附近，同时该地区离差系数也较大。对于气候倾向率来说，不同站点状况差异较大，高值区出现在长白山核心区附近。

b. 积温突变分析

积温突变情况如图 3-12 所示，积温累积距平图［图 3-12（b）(d)(f)］显示在 1985～1995 年，三类积温分别发生了突变，结合积温 MK 检验曲线图［图 3-12（a）(c)(e)］可以发现，0℃积温突变年份为 1990 年，5℃有效积温突变年份为 1994 年，10℃有效积温突变年份为 1996 年。这种变化说明界限温度越高，突变发生得越迟，即气候变暖是从低温抬高开始的，逐渐影响到较高温度。另外，与年平均气温突变年份 1987 年（图 3-9）相比，积温的突变年份比平均气温要晚，因为温度累积指标稳定性更好，虽然有一定延迟，但更适合气候分析。积温指标在 20 世纪 90 年代后陆续发生突变，因此需要重新考量 90 年代后热量资源状况。

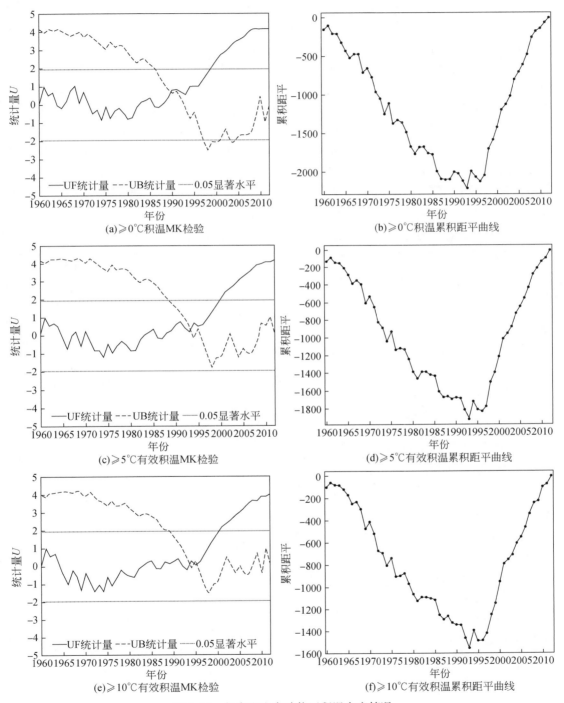

图 3-12　长白山生态功能区积温突变情况

2. 水分因子变化状况

长白山生态功能区内水分因子基本情况见表3-3，该功能区全年降水量多年平均值为708.69mm，降水主要集中在夏季，降水日数多年平均值为157.58d，相对湿度多年平均值为67.73%。全年降水量气候倾向率为-7.57mm/10a，夏、秋两季降水在减少，冬、春两季降水在增加。年降水日数发生显著下降（-7.01d/10a），相对湿度在降低（-0.24%/10a）。该功能区内降水的年际差异加大，表现为降水量离差系数较大。全年降水量离差系数为0.13，而冬季降水量离差系数甚至达到0.39。降水日数与相对湿度的年际差异较小。对于降水特征来说，虽然年降水量在减少，但其气候趋势系数较小，没有通过显著性检验，而降水日数在迅速降低，同时四季降水量有增有减。所以降水量的趋势变化虽然不显著，但降水日数和四季降水量的变化导致降水特性发生一系列的变化：①单次降水事件的降水强度在改变，小量级降水事件的频率在降低；②降水量的季节分配在发生变化；③不同相态降水的降水量也在发生变化。这使长白山生态功能区降水的变化更加复杂。

表 3-3　长白山生态功能区水分因子及其气候变化特征（1960~2012 年）

因子	多年平均值	气候倾向率	离差系数	气候趋势系数
全年降水量	708.69mm	-7.57mm/10a	0.13	-0.12
春季降水量	115.43mm	3.12mm/10a	0.22	0.19
夏季降水量	443.37mm	-9.16mm/10a	0.18	-0.18
秋季降水量	125.31mm	-2.88mm/10a	0.27	-0.13
冬季降水量	24.99mm	1.25mm/10a	0.39	0.20
降水日数	157.58d	-7.01d/10a	0.09	-0.74**
相对湿度	67.73%	-0.22%/10a	0.02	-0.27

** 为极显著（$P<0.01$）

（1）年降水量变化

a. 年降水量突变分析

由于年降水量趋势变化不显著，突变状况也不明显。

b. 年降水量周期变化

长白山生态功能区内年降水量呈现明显的周期变化，如图3-13（a）所示，年降水量有2个明显周期，其小波方差峰值均超过2［图3-13（b）］，分别为11年和25年。图3-13（c）为年降水量累积距平图，结合图3-13（a）可以发现1960~1983年为一个降水大周期，1983~2007年为另一个降水大周期，而每个大周期内又套有2个小周期。两个周期叠加形成年降水量波动。

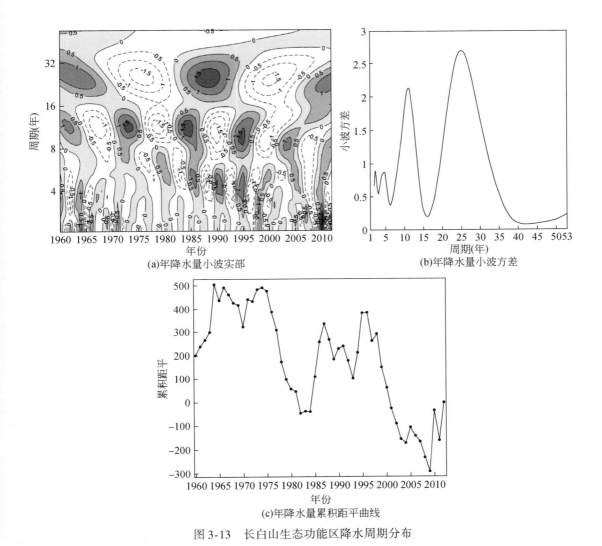

(a)年降水量小波实部

(b)年降水量小波方差

(c)年降水量累积距平曲线

图3-13　长白山生态功能区降水周期分布

　　气候变化导致长白山生态功能区内降水趋势变化不明显，虽整体呈现下降趋势，但仍有部分地区降水量在增加。但可以发现气候变化使降水量发生明显的周期震荡变化。

　　（2）降水量季节变化

　　a. 四季降水量时空变化

　　长白山生态功能区内四季降水量的趋势变化在空间上的分布并不相同。春季降水量显著增加的区域是该功能区南部和延边地区，均受到海洋的影响。夏季降水量显著减少的地区是该功能区南部，部分地区甚至超过30mm/10a，这也是导致该功能区南部年降水量减少的主要原因［图3-13（c）］。秋季降水量减少最明显的地区是辽宁城市群。冬季降水量增加最明显的地区是长白山核心区，这可能与冬季影响东北的天气系统的变化有关。虽然四季降水量变化程度不一，但长白山生态功能区主要的降水量分布在夏季，这导致夏季降水量的变化成为决定年降水量变化的主要因素。另外，夏季降水以降雨为主，冬季降水以降雪为主，春秋两季降雨降雪事件均有可能发生。随着四季降水量多寡的变化，长白山生态功能区内降水类型随之发生变化，仅从冬夏两季对比来看，可以推测该功能区内降雨在减少，降雪在增加。降水类型的变化一定程度上也会影响生态系统，这有待于进一步研究。

b. 四季降水量突变分析

由于四季降水量趋势变化不显著，突变状况也不明显。

c. 四季降水量周期变化

通过小波变换方法分析长白山生态功能区内四季降水量周期变化，可以发现虽然春季降水主周期为2.5年，但其小波方差不足1.3，周期并不明显；夏季降水有两个明显的周期，分别为10.5年和26年；秋季降水主周期为18年且较为明显；冬季降水主周期为4.5年，但小波方差较小，周期变化不明显。四季降水量周期变化以夏季最为明显，秋季次之。结合图3-13，年降水量的两个周期和夏季降水量波动周期基本吻合，再叠加秋季降水18年的主周期，最终形成降水量周期震荡变化。

（3）年降水日数变化

a. 降水日数突变分析

如图3-14所示，MK检验和累积距平两种方法均显示降水日数于1992年发生了由多到少的突变，且突变显著。综合降水日数的突变状况与降水量的周期变化，可以发现长白山生态功能区内降水变化更加复杂，有必要从降水强度、降水量级、降水过程持续时间的角度进一步研究降水变化特征。

b. 降水日数周期变化

长白山生态功能区内降水日数主要为趋势变化，周期变化不显著。

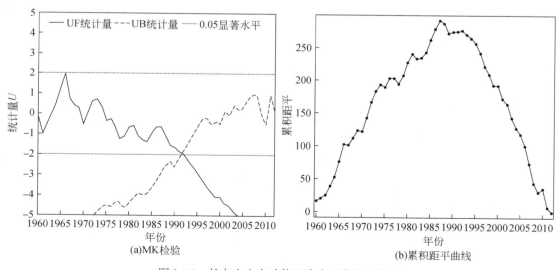

图3-14　长白山生态功能区降水日数突变情况

（4）相对湿度变化

a. 相对湿度突变分析

相对湿度的气候趋势系数为-0.27（表3-3），但并未通过显著性检验（$P<0.05$），而从MK检验中可以发现相对湿度于1991年发生了突变，这种突变使相对湿度在1991年以后开始逐渐下降，并通过了显著性检验（$P<0.05$）。

b. 相对湿度周期变化

长白山生态功能区相对湿度的主周期为4年和22年，主周期小波方差为1.3左右。相对湿度既有趋势变化，又有周期变化，但综合来讲其变化并不显著，这可能是其本身受气温、气压等诸多因素的影响，使其变化规律较为复杂。

3. 光照因子变化状况

（1）光照因子概况

根据气象站逐日观测资料，可以分析的光照因子指标有日照时数和日照百分率。二者都是衡量日照状况与辐射资源的常用指标，但日照时数受当地天文可照时数的影响，不同纬度可比性较弱。本研究涉及的站点来自跨纬度地区，故采用日照百分率作为衡量光照因子的指标更为恰当，略去日照时数的变化分析。

长白山生态功能区内光照因子概况见表3-4，该功能区内多年平均日照时数为6.61h，日照百分率为56%，日照时数气候倾向率为-0.10h/10a，与东北地区平均状况相当（表3-1），日照百分率与日照时数的气候变化趋势均为极显著（$P<0.01$）。

表3-4　长白山生态功能区光照因子概况

因子	多年平均值	气候倾向率	离差系数	气候趋势系数
日照百分率	56%	-0.85%/10a	0.04	-0.58 **
日照时数	6.61h	-0.10h/10a	0.04	-0.57 **

** 为极显著（$P<0.01$）

（2）日照百分率变化

a. 日照百分率突变分析

从图3-15（a）中可以看到，日照百分率MK检验的UF统计量与UB统计量在1983年产生交点，而图3-15（b）中累积距平在此附近也产生了转折。由此判断日照百分率在1983年发生了由高到低的突变。

b. 日照百分率周期变化

从图3-16可以看出，日照百分率的主周期为17年，对应小波方差为1.64。因为小波能量与周期成正比，周期越长，固有的小波能量也越大。所以对于17年周期来说，小波方差在数值上仍较小，周期变化并不明显。从累积距平图［图3-15（b）］中可以看出，日照百分率的变化以趋势变化为主。

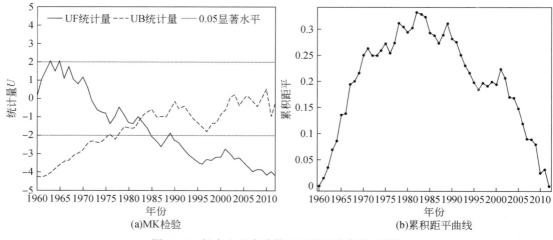

图 3-15　长白山生态功能区日照百分率突变情况

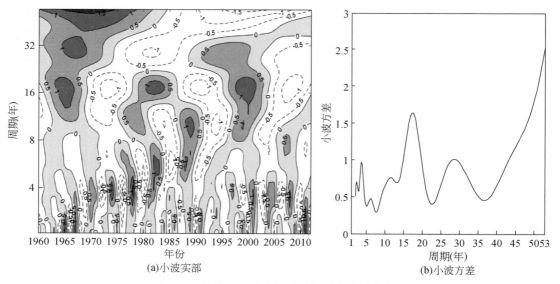

图 3-16　长白山生态功能区日照百分率周期变化

4. 风因子变化

（1）风因子概况

长白山生态功能区内风因子指标为近地层 10m 处的平均风速，其多年平均值为 2.54m/s，离差系数为 0.09，气候倾向率为 -0.13m/(s·10a)。气候趋势系数为 -0.88，达到极显著水平（$P<0.01$）。总体来看，长白山生态功能区内 10m 处风速在显著下降，且气候趋势系数高达 -0.88，气候倾向率虽然比东北地区平均状况小，但风速与时间的高度线性相关性说明风速在未来持续下降的可能性很大。

（2）平均风速突变分析

虽然平均风速与时间的线性相关性非常高，但通过 MK 检验［图 3-17（a）］并未发现有明显的突变点。累积距平图也显示平均风速没有明显的转折点［图 3-17（b）］，变化比较平稳。可见平均风速的变化不同于其他气候要素，虽然有明显的变化趋势，但不具有突变性。

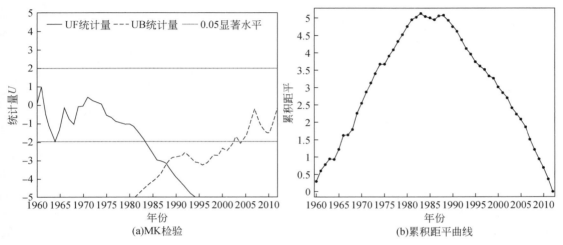

图 3-17　长白山生态功能区平均风速突变情况

平均风速的变化原因主要来自两方面，第一是气候变化引起的全球静止化大背景的影响，使全区域风速逐渐减弱；第二是人类活动的增强，城市化进程的推进导致的。另外，气象站的建站地点也有一定的影响。

（3）平均风速周期变化

通过小波分析发现，平均风速周期变化不明显。

5. 总结与讨论

（1）气候要素时间变化特征

长白山生态功能区内各气候要素时间变化特征见表 3-5。其中，趋势变化大小参考气候倾向率指标，正值为增加趋势，负值为减少趋势，趋势变化显著程度参考趋势系数显著性指标，突变点参考 MK 检验与累积距平综合分析的结果，周期变化参考小波分析方差最大处的周期年份，忽略部分小波方差较小的要素周期。总体变化特征通过前三项综合分析得出。

表 3-5　长白山生态功能区气候要素时间变化特征

气候要素	趋势变化	突变点	周期	总体变化特征
年平均气温	0.27℃/10a**	1987 年	—	趋势为主
春季气温	0.24℃/10a**	1985 年	5 年	趋势为主，周期为辅
夏季气温	0.18℃/10a*	1994 年	3 年	趋势为主，周期为辅

气候要素	趋势变化	突变点	周期	总体变化特征
秋季气温	0.24℃/10a**	1993 年	—	趋势为主
冬季气温	0.41℃/10a**	1985 年	16 年	趋势为主，周期为辅
极端最高气温	0.13℃/10a	—	9.5 年	周期为主
极端最低气温	0.84℃/10a**	1973 年	17 年	趋势为主，周期为辅
≥0℃积温	49.40℃/10a**	1990 年	—	趋势为主
≥5℃有效积温	41.45℃/10a**	1994 年	—	趋势为主
≥10℃有效积温	32.88℃/10a**	1996 年	—	趋势为主
年降水量	−7.57mm/10a	—	11 年、25 年	周期为主
春季降水量	3.12mm/10a	—	—	变化不明显
夏季降水量	−9.16m/10a	—	10.5 年、26 年	周期为主
秋季降水量	−2.88mm/10a	—	18 年	周期为主
冬季降水量	1.25mm/10a	—	—	变化不明显
降水日数	−7.01d/10a**	1992 年	—	趋势为主
相对湿度	−0.22%/10a	1991 年	4 年、22 年	趋势、周期较弱
日照百分率	−0.85%/10a**	1983 年	—	趋势为主
平均风速	−0.13m/s/10a**	—	—	趋势为主，无突变点

**为极显著（$P<0.01$），*为显著（$P<0.05$）

从表 3-5 中可以发现：①热量因子方面，年平均气温显著增加，四季气温在显著增加的同时还伴有一定的周期性（秋季气温除外），这可能与不同季节影响长白山地区的天气系统变化有关。极端最低气温与极端最高气温呈现截然不同的气候变化特征，极端最低气温增温趋势显著并叠加周期变化，而最高气温则增温趋势不显著，只有周期震荡变化。三项积温指标则以趋势变化为主且增温显著。②水分因子方面，年降水量以周期变化为主，且为两个较为明显的周期相互叠加。夏季、秋季降水以周期变化为主，冬、春季降水受到气候变化的影响较小。降水日数为显著减小的趋势变化。相对湿度为显著减小的趋势变化叠加周期变化，但总体变化较弱。③光照因子方面，日照百分率极显著减小，无明显周期变化。④风因子方面，平均风速极显著减小但无突变点，即平均风速随时间平稳减少。

综合长白山地区各气候因子时间变化特征，可用"气温升高，日照减少，风速减弱，降水量周期震荡变化"来概括长白山生态功能区整体气候变化情况。

（2）气候要素空间变化特征

a. 长白山核心区

长白山核心区位于长白山生态功能区中东部，是区域内海拔最高的地区。山地气候特点明显，地形高低起伏。这里各项温度指标均为区域内的最低值。但其平均气温升温幅度和变异性是全区域内最大的。这里降水量变化不明显，但降水日数的减少是全区最大的，最典型的是长白站，−15.5d/10a 的气候倾向率意味着 1960 年以来降水日数每年已经减少了约 82 天。同时这里也是相对湿度减少速度最快的地区。长白山主脉作为长白山生态功能区内生态资源最丰富的地区，同时又是对气候变暖敏感性最高的地区。温度的大幅度上升与降水日数的大幅度减少对生态系统的影响值得关注。

b. 长白山支脉区

长白山支脉区位于长白山生态功能区的中南部，东衔长白山核心区，北连辽宁城市群，西接辽东半岛。这里是全区域年降水量最丰沛、日照和风速最小的地区，各要素气候变化趋势接近全区平均水平。

c. 辽东半岛区

辽东半岛区位于长白山生态功能区最南端，是辽东半岛的一部分，海拔较低，温带季风气候受到海洋的调节，使这里成为区域内热量资源最丰富的地区。辽东半岛区的升温趋势较小，但冬季气温的变异性却较大。这里是降水减少速率最大的地区，最典型的是岫岩站，1960 年以来该地区年降水量每年已减少约 170mm，使辽东半岛区成为长白山生态功能区内暖干化趋势明显和风速减弱明显的区域。作为受海洋影响较大的地区，这里的气候变化特点与内陆不同。从而可能导致这里的生态环境对气候变化的响应也不同。

d. 辽宁城市群

辽宁城市群位于长白山生态功能区西北侧，该区域包含本溪、抚顺、辽阳、铁岭等人口密集型城市，区域内城市化水平高，工业活动强，下垫面类型变化多样，气候变化受人类活动影响强度大。从而导致辽宁城市群极端最高气温的增高程度在全区域内最大，且风速的减弱程度也是最大的，是长白山生态功能区内受人类活动影响最严重的区域。

e. 延边地区

延边地区位于长白山生态功能区的东部，东临日本海，南部、西部毗邻长白山核心区，该区域海拔较低，三面环山，一面靠海，其气候既受海洋的调节，又有山地作为屏障，使得这里各要素气候变化的趋势性和变异性均较小，是长白山生态功能区内受气候变化综合影响最小的区域。

f. 牡丹江地区

牡丹江地区位于长白山生态功能区的北部，南侧分别与延边地区和长白山核心区相连。这里气温升高的程度是全区域内最高的，其他要素变化趋势接近于全区域平均水平。

长白山气候功能区各子区域主要气候变化特点概括如下：长白山核心区是气温升高的敏感区，辽东半岛区是受暖干化影响最明显的区域，辽宁城市区是受人类活动影响最大的区域，延边地区则是受气候变化综合影响最小的区域，长白山支脉区和牡丹江地区气候变化接近区域平均状况。

气候要素作为区域生态系统最主要的能量（如辐射、风）和物质（如水、CO_2）来源，是导致生态系统变化的重要驱动力。长白山生态功能区各气候要素时间变化特征各有不同，多种要素相互叠加使整个气候系统的变化特征更为复杂。而各气候要素的空间变化特点也存在差异，不同区域的气候变化影响程度和机制也各不相同。

在气温升高，日照减少，风速减弱，降水量周期震荡的大环境下，生态系统的能流结构不可避免会发生改变，从而产生一系列的连锁反应，进而改变长白山生态功能区内生态系统稳定性。对于气候变化的影响，需要密切关注长白山生态功能区内生态系统对气候变化的响应过程，积极寻找应对气候变化的解决方案。

（二）基于野外站观测的气候要素变化

野外长期定位观测是森林生态学研究的重要手段，为了长期深入地开展长白山森林生态系统的定位研究，1979 年中国科学院林业土壤研究所（现中国科学院沈阳应用生态研究所）正式创建了长白山森林生态系统定位站，并加入了联合国 MAB 计划（man the biosphere programme，人与生物圈计划）。1989 年该站被中国科学院批准为院"开放站"，1992 年被批准为中国生态系统研究网络（Chinese Ecosystem Research Network，CERN）重点站，1993 年加入"国际长期生态学研究网络"（the International Long Term Ecological Research，ILTER），2000 年被批准为国家重点开放实验站试点站，2005 年被批准为国家野外站，定名为吉林长白山森林生态系统国家野外科学观测研究站（简称长白山站），开展森林生态学、森林水文学、森林气候学等多学科的科学研究工作，并对气象、水文、土壤、生物等进行长期定位观测研究。

本节将根据建站以来的长期气象要素定位观测结果，对温度、降水、辐射等要素的长期变化进行评估。森林气候监测作为野外长期监测的基础工作不但为森林生态学的各项研究提供基本数据，且应用于森林树木生长的模拟环境变化评估、物候研究，以及森林病虫害研究等，同时也为全球变化对森林生态系统的影响及其响应研究提供基本依据。本节利用中国科学院长白山森林生态系统定位站的气象观测数据对长白山红松阔叶混交林地区近 34 年的气候动态进行评估，分析该地区森林环境要素的长期变化特征和规律，进而为科学准确评估长白山生态功能区的变化研究提供参考和依据。

1. 资料

本书资料来自于中国科学院长白山森林生态系统定位站气象观测场 1982～2015 年的地面常规气象资料。气象观测场位于 $42°24'N$、$128°6'E$，海拔为 738m，周围数十公里范围内地势平缓。该气象观测场按国家基本气象站标准设计：南北和东西边长 35m，均质草皮地面，四周 20m 距离内天然林保持在 2m 以下，四周为大范围的天然红松阔叶混交林。

2. 分析方法

为全面综合地反映气候动态变化规律，统计了长白山站气象观测资料的光能因子（年日照时数、年日照百分率）、热量因子（年平均气温，1 月与 7 月月平均气温，年极端最高、最低气温，年积温）、水分因子（年总降水量、年最大雪深、年相对湿度、年总蒸发量）等气候因子近 34 年的动态变化。各气候因子的观测和计算方法如下。

日照时数：由暗筒式日照计进行记录，每日记录一次。再将每日日照时数加和，即得年日照时数。而年日照百分率=（该年日照总时数/全年可日照时数）×100%，其中全年可照总时数是日可照总时数累加值，日可照总时数=2｜ω_0｜/15，ω_0 是日出或日末时的时角，$\cos \omega_0 = -\tan \varphi \cdot \tan \delta$，$\varphi$ 是纬度，δ 是赤纬（天文年历中查出）。空气温湿度：利用水银玻璃温度表观测气温，用干湿球方法计算出空气相对湿度。气温与相对湿度每天观测 4 次，4 次观测的平均值为该日的平均值，年平均值由日统计值得出。

年极端最高、最低气温：分别利用最高温度表和最低温度表进行观测，每日观测一次并记录，年极值从日观测记录中挑选。

年积温：积温 $= \sum_{i=1}^{n} t_i$，t_i 为大于界限温度的日平均气温值，本书的界限温度取 0℃、5℃、10℃；$\sum_{i=1}^{n} t_i$ 为大于界限温度始日至终日（$1 \sim n$ 日）每日日平均气温之和。这里大于界限温度的始日与终日的确定采用气候学上的五日滑动平均法。

降水：利用 20cm 口径的虹吸式雨量计观测，每日记录日总量，年降水量由日降水量累计得到。

雪深：用直尺测量，积雪日每日测量一次并记录，年最大雪深从日记录中挑选。

蒸发量：利用 20cm 口径的蒸发皿观测，每日记录一次，年蒸发量由日值累计得到。

3. 气候因子动态变化特征

（1）光能因子的动态变化

长白山地区 1982～2015 年的年日照时数与年日照百分率的动态变化趋势如图 3-18 所示。在近 34 年中，年日照时数的平均值为 1944.5h，其中 1989 年为年日照时数最长的一年，其值为 2280.1h；而 2013 年为年日照时数最短的一年，其值为 1305.1h。该地区年日照时数 34 年的变化特点为：1982～1991 年，除 1983 年的年日照时数小于该地区的平均值外，其余各年的年日照时数均大于多年平均值；1991 年以后除 1996 年的年日照时数 2182.4h 和 1997 年的年日照时数 2066.9h 高于平均值以外，其余各年均低于多年平均值。由此可见，该地区的年日照时数在近 34 年里呈现下降的趋势。

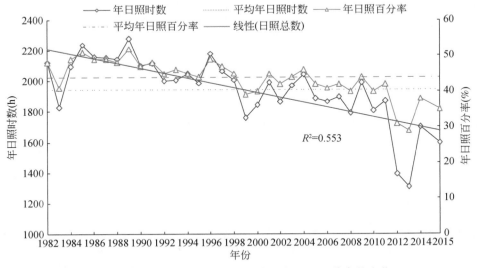

图 3-18　1982～2015 年年日照时数、年日照百分率的变化

年日照百分率的动态变化趋势与年日照时数相同：多年平均值为 44%，最大值为 1989 年的 52%，最小值为 2013 年的 29%。从 1982～1991 年的这段时期中除 1983 年的年

日照百分率 41% 低于多年平均值以外，其他各年的年日照百分率均大于平均值；而 1992～2003 年，除 1996 年的 49% 和 1997 年的 47% 大于多年平均值以外，其余各年均低于多年平均值。因此，年日照百分率同样呈现下降的趋势。

（2）热量因子的动态变化

a. 年平均气温

如图 3-19 所示，长白山地区 34 年的年平均温度为 3.66℃，其中 1998 年为年平均气温最高的一年，其值为 5.0℃，而年平均气温最低的一年为 1984 年，其值为 2.5℃。从图 3-31 中还可以看出近 34 年年平均气温的变化特点为降低—升高—降低的周期性变化，周期为 8 年左右。20 世纪 80 年代该地区年平均温度普遍较低，均低于多年平均气温，但气温达到最低的 2.5℃之后便逐年上升，并在 1990 年升至平均值以上达到 4.0℃；在 1991～1993 年，又出现一个相对的低温期，这 3 年的年平均气温均小于多年平均气温；而 1993～1998 年年平均气温逐渐回升并在 1998 年达到最大值；此后气温逐渐降低，在 2000 年出现一个年平均气温低值 2.8℃之后年平均气温又逐渐回升，并在 2007 年达到升高出现气温峰值；之后气温逐渐下降，在 2015 年又达到高值。呈现出降低—升高—降低—升高周期性变化，波动幅度约为 2.5℃。总之，长白山地区年平均气温在过去 34 年里，呈现周期性变化并缓慢波动升高的趋势。

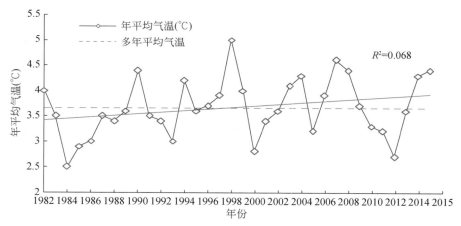

图 3-19　1982～2015 年年平均气温的变化

b. 1 月与 7 月月平均气温

根据长白山地区的气候特点，1 月和 7 月为该地区一年中的气温最低月和气温最高月。这两个月的月平均气温的年际变化如图 3-20 所示。

1 月平均气温 34 年的多年平均值为 -15.5℃，而该月平均气温最高值 -12.5℃ 出现在 1992 年，最低值 -19.2℃ 出现在 2001 年。年际动态呈现出 3～5 年的波动周期，其中 1983 年、1988～1989 年、1992 年、1994～1996 年、1999 年和 2002 年的 1 月平均气温高于多年 1 月平均值，其余各年均低于该平均值。

该地区 7 月平均气温 34 年的多年平均值为 19.64℃，而该月平均气温最高值 22.3℃ 出

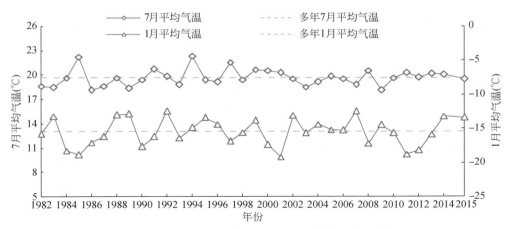

图 3-20　1982～2015 年 1 月、7 月平均气温的变化

现在 1994 年，最低值 18.1℃出现在 1986 年和 2009 年。34 年里该值的波动比 1 月平均气温要平缓一些。1982～1984 年、1986～1992 年为两个相对低值期，其余各年中除 1985 年、1994 年和 1997 年的 7 月平均气温略高于多年 7 月平均气温外，其他年份与多年 7 月平均气温平均值接近。

二者波动变化规律表现出 7 月的高温峰值往往伴随着 1 月低温谷值，在同一年中出现（如 1996 年、2008 年、2009 年）或在前、后一年出现（如 1985 年、1990 年、1995 年）。

c. 年极端最高、最低气温

从该地区年极端最高、最低气温的年际变化曲线（图 3-21）可以看出，该地区 34 年的年极端最高、最低气温的平均值分别为 32.96℃、−33.56℃。值得注意的是：一般当年极端最高气温出现高值时，年极端最低气温也相应地出现低值。例如，1987 年出现观测期

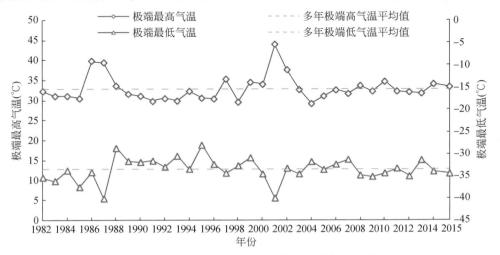

图 3-21　1982～2015 年年极端最高、最低气温的变化

间年极端最高气温的峰值，年极端最低气温在该年相应的出现 34 年的最低值；在 2001 年极端最高气温达到 34 年中最高的 43.7℃时，该年的年极端最低气温也降至 22 年的次低值 −40.1℃。

d. 年积温

图 3-22 显示了≥0℃积温、≥5℃积温、≥10℃积温的年际动态。从图 3-22 可以看出，1982～2015 年≥0℃积温平均值为 2778.68℃，而 34 年里的最大值 3080.4℃出现在 1998 年，最小值 2534.3℃出现在 1986 年。1982～1993 年除 1982 年、1983 年、1985 年和 1990 年的≥0℃积温略高于平均值外，其余各年均低于平均值；而在 1994～2015 年这段时间里除 1995～1997 年、2002 年、2005 年及 2011 年≥0℃积温低于平均值外，其余各年均高于平均值。可见≥0℃积温在 20 世纪 80 年代处于低值期，90 年代以后有着缓慢升高的趋势。

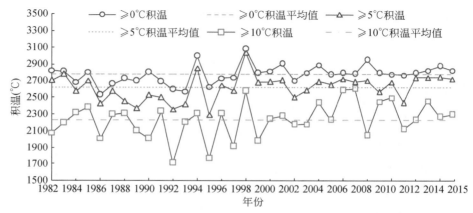

图 3-22 1982～2015 年≥0℃积温、≥5℃积温、≥10℃积温的变化

1982～2015 年≥5℃积温平均值为 2621.4℃，其间≥5℃积温最大值 3041.8℃出现在 1998 年，而最小值 2295℃出现在 1995 年。从图 3-22 中还可以看出近 34 年中≥5℃积温中以看℃的动态变化：该值在 1982～1993 年呈现波动下降的趋势，并在 1986 年降至多年≥5℃积温平均值以下，而 1993 年以后该值逐渐上升到≥5℃积温平均值以上；1994～2003 年这 10 年中，除 1995 年和 2002 年的≥5℃积温低于≥5℃积温平均值外，其他各年的值均大于平均值。

1982～2015 年≥10℃积温平均值为 2234.3℃，该值的最大值同样出现在 1998 年为 2578.7℃，最低值出现在 1992 年为 1712.6℃。具体变化为：1982～1991 年，该值的波动频率较小；1992～1999 年该值以 2～3 年为周期围绕多年平均值波动且波动幅度较大，而 1999 年以后的变化又趋于缓和。

（3）水分因子的动态变化

a. 年最大雪深

长白山地区 34 年里年最大雪深的平均值为 30.17cm。如图 3-23 所示，年最大雪深最大值 45cm 出现在 2007 年，最小值 13cm 出现在 1982 年。1983～1994 年，除 1984 年、1988 年、1990 年、1991 年和 1993 年这 5 年的年最大雪深低于多年平均最大雪深外，其余各年份均高于多年平均最大雪深，总体波动较小。1995～2015年，长白山地区年最大雪深呈逐年增加的趋势，并在2007年达到最大值，波动幅度约为30cm。

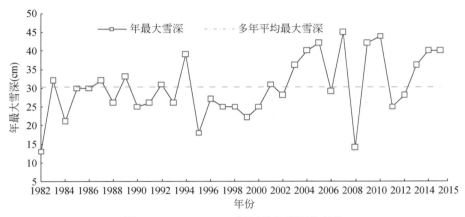

图 3-23　1982～2015 年年最大雪深的变化

b. 年相对湿度

长白山地区34年的多年平均相对湿度为70.21%。该地区年相对湿度1990年出现最大值76%，2006年出现最小值62%，波动幅度为14个百分点。如图3-24所示，年相对湿度在此34年呈现上升—下降—再上升的三个阶段。1982～1992年，年相对湿度呈现为阶梯式上涨的趋势，从66%上升至76%，达到34年的最大值。1992～2006年，年相对湿度呈现波动下降的趋势，从最高76%下降到62%，达到34年最小值。2006～2015年，年相对湿度有缓慢上升的趋势。总体来看，年相对湿度在34年总的趋势呈现波动下降。

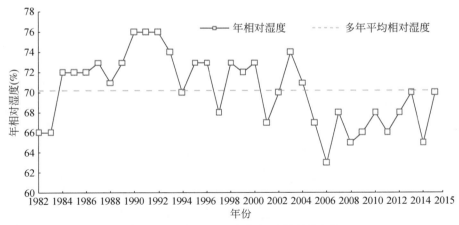

图 3-24　1982～2015 年年相对湿度的变化

二、水资源变化

1. 地表水资源的变化

长白山地区地表水资源年径流量的波动幅度较大，并且不同河流的地表水资源年径流量的波动存在一定的差异。以长白山四条典型的河流（松花江、西流松花江、图们江和鸭绿江）为例，对（图3-25～图3-28）分析表明：1956～2015年松花江、西流松花江、图们江和鸭绿江地表水资源年均值分别为 $356.13 \times 10^8 m^3$、$166.40 \times 10^8 m^3$、$50.45 \times 10^8 m^3$ 和 $152.27 \times 10^8 m^3$；2000～2015年松花江地表水资源年均值为 $341.45 \times 10^8 m^3$ 比 1956～1999 年年均值 $361.47 \times 10^8 m^3$ 降低了 5.5%；2000～2015年西流松花江地表水资源年均值为 $170.03 \times 10^8 m^3$ 比 1956～1999 年年均值 $165.08 \times 10^8 m^3$ 增加了 3.0%；2000～2015年图们江地表水资源年均值为 $49.55 \times 10^8 m^3$ 比 1956～1999 年年均值 $50.77 \times 10^8 m^3$ 降低了 2.4%；2000～2015年鸭绿江地表水资源年均值为 $140.38 \times 10^8 m^3$ 比 1956～1999 年年均值 $156.60 \times 10^8 m^3$ 降低了 10.4%。

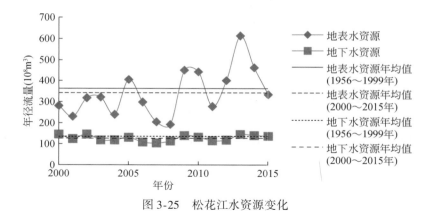

图 3-25　松花江水资源变化

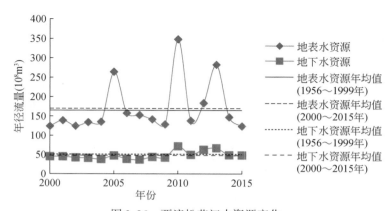

图 3-26　西流松花江水资源变化

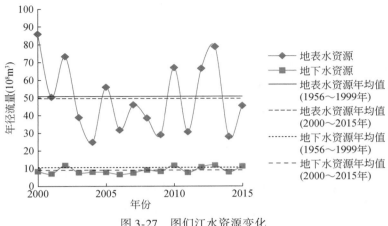

图 3-27　图们江水资源变化

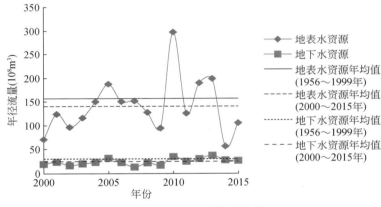

图 3-28　鸭绿江水资源变化

2. 地下水资源的变化

长白山地区地下水资源年径流量相较于地表水资源年径流量波动幅度较小，基本处于地下水资源年径流量平均值的周围。虽然不同河流地下水资源年径流量年际波动较小，但不同河流地下水资源年径流量之间的是有一定的差距的。由图 3-25 ~ 图 3-28 可知：1956 ~ 2015 年松花江、西流松花江、图们江和鸭绿江地下水资源年均值分别为 $133.26×$ $10^8 m^3$、$50.08×10^8 m^3$、$10.21×10^8 m^3$ 和 $28.21×10^8 m^3$。2000 ~ 2015 年松花江地下水资源年均值为 $126.83×10^8 m^3$，比 1956 ~ 1999 年年均值 $135.60×10^8 m^3$ 减少了 6.5%；2000 ~ 2015 年西流松花江地下水资源年均值为 $47.92×10^8 m^3$ 比 1956 ~ 1999 年年均值 $50.86×10^8 m^3$ 减少了 5.8%；2000 ~ 2015 年图们江地下水资源年均值为 $9.03×10^8 m^3$ 比 1956 ~ 1999 年年均值 $10.63×10^8 m^3$ 减少了 15.1%；2000 ~ 2015 年鸭绿江地下水资源年均值为 $24.36×10^8 m^3$，比 1956 ~ 1999 年年均值 $29.61×10^8 m^3$ 减少了 17.7%；1956 ~ 1999 地下水资源年均值大于 2000 ~ 2015 地下水资源年均值。

3. 水文站年径流量的变化

长白山地区径流的变化在不同的站点是有差异的，因此，选取长白山区域内典型的三个站点（二道白河站、汉阳屯站和松江站）为研究对象。根据站点已有数据（1959~2015年的数据）进行年径流量变化和年径流量变化趋势与突变分析，为长白山区域内的径流变化提供相应的数据支持。由图3-29可知：三个站点的年径流量都呈现出一定的波动性，且汉阳屯站的年径流量的波动幅度较大，其次为松江站和二道白河站；汉阳屯站年径流量是松江站和二道白河站年径流量的10倍左右；三个站点中二道白河站年径流量为正向变化，汉阳屯站年径流量为负向变化，而松江站年径流量变化较稳定，没有明显的正负方向的变化。

对三个站点年径流量的变化趋势和突变点的分析（图3-29），结果表明：二道白河站年径流量变化趋势为正［图3-29（a）］，表明在随着年份的变化年径流量变化趋势越明显，同时在突变分析中［图3-29（b）］，二道白河站年径流量变化不具有明显的突变点；汉阳屯站年径流量变化趋势为负［图3-29（c）］，且在突变分析中［图3-29（d）］，汉阳

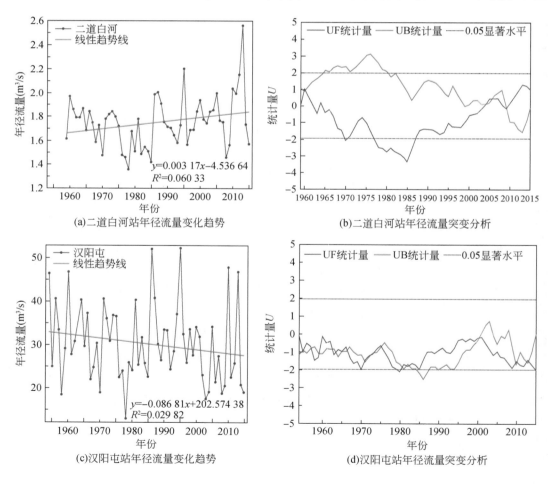

(a)二道白河站年径流量变化趋势

(b)二道白河站年径流量突变分析

(c)汉阳屯站年径流量变化趋势

(d)汉阳屯站年径流量突变分析

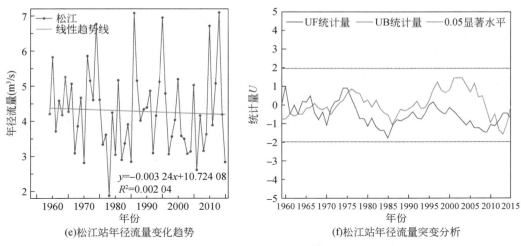

(e)松江站年径流量变化趋势　　　　　(f)松江站年径流量突变分析

图 3-29　水文站年径流量变化趋势和突变分析

屯站年径流量变化不具有明显的突变点；松江站年径流量变化趋势较弱［图 3-29（e）］，表明随着年份的变化年径流的变化不显著，且在突变分析中［图 3-29（f）］，松江站年径流量变化不具有明显的突变点。综上所述，二道白河站、汉阳屯站和松江站中二道白河站年径流量变化的趋势为正，汉阳屯站年径流量变化趋势为负，松江站年径流量变化趋势较弱，表明长白山地区年径流的变化根据地点的不同存在明显的差异性，并且三个站点年径流量变化不具有明显的突变点，因此，在这段时间内长白山地区没有发生特殊的环境变化，生态环境稳定。

4. 地下水埋深变化

通过对吉林长白山森林生态系统国家野外科学观测研究站的气象观测场内地下水井采样点进行地下水埋深变化观测，得到地下水埋深变化结果如图 3-30 所示。从图 3-30 可知：2005～2015 年地下水埋深先减小后略有增加，并且在 2013 年地下水埋深最小，其原因是当年降水量高于往年的数值，所以出现地下水埋深极小值。该地区逐年地下水埋深处于波动的状态，总体上来看，地下水埋深呈现逐渐减小趋势。

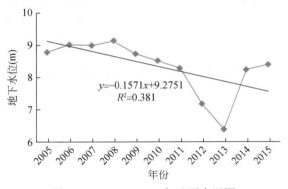

图 3-30　2005～2015 年地下水埋深

第三节 生态系统宏观结构变化

一、生态系统构成与空间分布特征

　　长白山生态功能区生态系统可以分为以下几类：森林、湿地、农田、城镇、草地及裸地。从长白山生态功能区各生态系统的空间分布来看（图3-31），森林、农田、湿地是该功能区优势生态系统类型。森林大面积分布在长白山生态功能区内，农田则分散分布于长白山生态功能区内。湿地主要分布于黑龙江省的安宁市、海林市，吉林省的吉林市、蛟河市，辽宁省的灯塔市、抚顺县、东辽县及长白山生态功能区内的鸭绿江水系、图们江水系、绥芬河水系。城镇主要包括采矿场、居民地和交通用地，分布较为零散；居民地包括城镇居民地和农村居民地，城镇居民地相对集中，面积较大，主要分布在各地级市县政府所在的城市区域，农村居民地则均匀分布于农田、森林之中；交通用地与居住地、采矿场相连接；采矿场分布在山区，地理位置偏远。长白山生态功能区内地级市仅有少量草地和裸地分布。

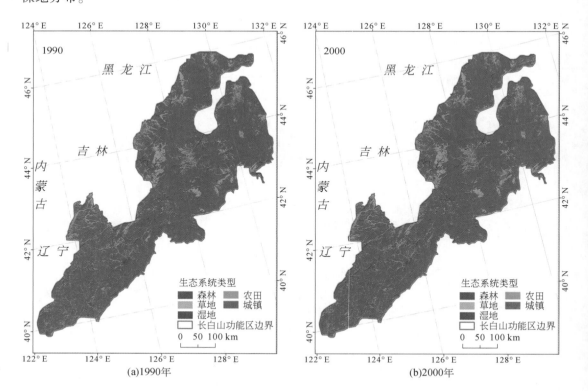

(a)1990年　　　　　　　　　　　　　　(b)2000年

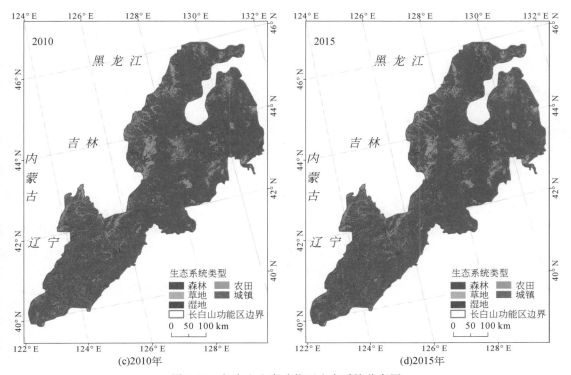

图 3-31　长白山生态功能区生态系统分布图

长白山生态功能区 1990 年、2000 年、2010 年和 2015 年四期各类生态系统的面积见表 3-6。该区山脉众多，森林覆盖率大，1990 年森林面积达到最大值（146 968.51km²），2000 年森林面积减少了 1008.36km²，2000～2015 年森林面积呈现增加趋势，至 2015 年森林面积达 146 484.60km²，但仍未恢复到 1990 年水平。丰富的森林资源为该区域提供了良好的生态环境。湿地面积在 1990～2000 年略有增加，但在 2000～2015 年，湿地面积逐渐减少，2000～2010 年湿地面积减少 66.00km²，2010～2015 年湿地面积减少 24.74km²。1990～2000 年，农田面积增加了 1077.95km²；但 2000 年以后，农田面积不断减少，2000～2010 年农田面积减少 328.27km²，2010～2015 年农田面积减少 331.58km²，说明退耕还林工程取得一定成效。城镇面积在 1990～2015 年逐渐增加，1990～2000 年、2000～2010 年和 2010～2015 年三个时段城镇面积分别增加 62.09km²、265.35km²、106.22km²，至 2015 年城镇面积达到 3059.00km²。草地和裸地在该区内所占比例较小，1990～2015 年，呈现持续减少的趋势，但面积减少的趋势逐渐变缓。

表 3-6　生态系统类型面积及其变化　　　　　　　　　　　（单位：km²）

生态系统	1990 年	2000 年	2010 年	2015 年	1990～2000 年	2000～2010 年	2010～2015 年
森林	146 968.51	145 960.15	146 191.28	146 484.60	-1 008.36	231.13	293.32
农田	31 974.20	33 052.15	32 723.88	32 392.30	1 077.95	-328.27	-331.58

生态系统	1990 年	2000 年	2010 年	2015 年	1990~2000 年	2000~2010 年	2010~2015 年
湿地	3 675.61	3 738.04	3 672.04	3 647.30	62.43	-66.00	-24.74
城镇	2 625.34	2 687.43	2 952.78	3 059.00	62.09	265.35	106.22
草地	1 292.31	1 139.66	1 056.43	1 029.30	-152.65	-83.23	-27.13
裸地	364.09	322.61	303.47	287.60	-41.48	-19.14	-15.87

二、森林时空格局

1. 森林时空分布

长白山生态功能区内从东到西的山脉依次为：完达山、老爷岭、长白山、龙岗山地、张广才岭、哈达岭、大黑山。长白山生态功能区森林分布集中，该功能区内各地区均有分布，主要分布于山地、丘陵地区，全区森林覆盖率极高，多以天然林为主。1990~2000 年长白山生态功能区森林面积呈现减少趋势，但在 2000~2015 年森林面积有所恢复，2015年长白山生态功能区森林覆盖率为 78.4%。

1990 年长白山生态功能区森林覆盖率在各个时期数据中最高，达 78.6%，面积约为 146 968.51km²。2000 年该区森林覆盖率下降至 78.1%，面积约为 145 960.15km²，与 1990 年相比，减少了 1008.36km²（图 3-32 和图 3-33）。2010 年该区森林面积增加至

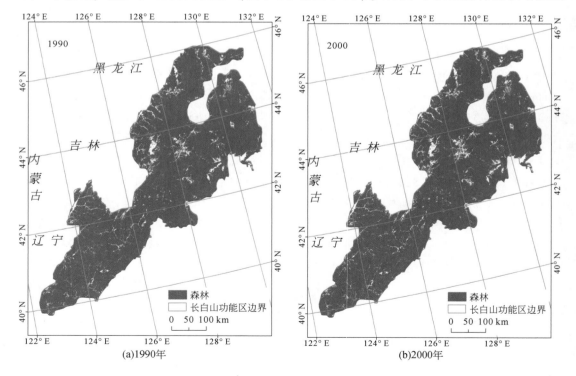

(a)1990年　　　　　　　　　　　　　(b)2000年

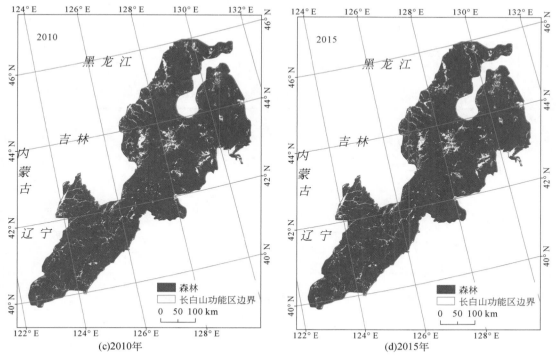

图 3-32　长白山生态功能区森林格局演变

146 191.28km²，受退耕还林工程的影响，2000~2010 年有大量农田退耕为森林，同时也有森林被居住地和交通用地等占用。2015 年该区森林覆盖面积约为 146 484.60km²，2000~2015 年该区森林覆盖率有所增加。

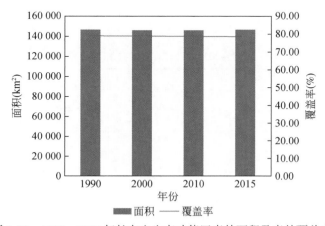

图 3-33　1990~2015 年长白山生态功能区森林面积及森林覆盖率

1990~2000 年、2000~2010 年、2010~2015 年，每个时段都有一定面积的森林转化为其他生态系统类型，主要转化成为农田和城镇；同时也有其他生态系统类型转化为森林，其中面积最大的是农田。

1990~2000年，森林面积减少了1008.36km²，其中主要转化为农田；在此期间，也有215.64km²的农田和164.76km²的草地转化为森林。2000~2010年，森林增加了231.13km²，主要来自于农田的转化，期间仍有一定面积的森林被开垦为农田。2010~2015年，森林面积继续增加，仍主要来自于农田的转化（表3-7~表3-9）。

表3-7　1990~2000年长白山生态功能区森林转化表 （单位：km²）

生态系统		2000年					
		森林	农田	草地	城镇	湿地	裸地
1990年	森林	—	1371.67	25.80	26.09	—	8.58
	农田	215.64	—	—	—	—	—
	草地	164.76	—	—	—	—	—
	城镇		—	—	—	—	—
	湿地		—	—	—	—	—
	裸地	43.38	—	—	—	—	—

表3-8　2000~2010年长白山生态功能区森林转化表 （单位：km²）

生态系统		2010年					
		森林	农田	草地	城镇	湿地	裸地
2000年	森林	—	838.19	24.05	110.32	—	2.94
	农田	1104.96	—	—	—	—	—
	草地	86.84	—	—	—	—	—
	城镇		—	—	—	—	—
	湿地		—	—	—	—	—
	裸地	14.83	—	—	—	—	—

表3-9　2010~2015年长白山生态功能区森林转化表 （单位：km²）

生态系统		2015年					
		森林	农田	草地	城镇	湿地	裸地
2010年	森林	—	2446.82	85.58	117.57	—	16.91
	农田	2796.68	—	—	—	—	—
	草地	114.68	—	—	—	—	—
	城镇		—	—	—	—	—
	湿地		—	—	—	—	—
	裸地	7.69	—	—	—	—	—

长白山生态功能区森林生态系统类型面积减少的原因之一是由于林区居民的主要经济来源就是用森林资源换取收入，大量滥砍盗伐森林资源；除了砍伐森林之外，森林面积锐减的第二个原因就是在长白山生态功能区内农村人口较多，用木柴做生活燃料，为了得到

薪柴，对树木的砍伐，造成森林面积减少；第三个原因就是毁林开荒，由于当时农民的生活所迫及人口的快速增长，现有耕地面积产生的粮食不能满足生活需要，当地农民把坡度很陡的山坡都开垦为耕地，导致森林面积大幅度减少。随着社会的快速发展，森林面积减少带来的环境危害越来越明显，为了保护和改善生态环境，国家提出了退耕还林工程政策，其基本措施是"退耕还林、封山绿化、以粮代赈、个体承包"，退耕还林政策成效显著，长白山生态功能区森林生态系统面积正在逐年恢复。

2015 年，白山市、七台河市和延边州的森林面积分别为 15 018.2km² 、598.9km² 和 35 565.7km²（表 3-10），森林覆盖率均超过 80%，其中白山市森林覆盖率高达 86.3%。1990~2000 年，长白山生态功能区有 12 个市（州）森林覆盖率呈现下降趋势，其中，森林面积下降剧烈的为牡丹江市，减少了 356.5km²；仅有 5 个市（州）森林覆盖率呈现上升趋势，其中，森林面积增加最显著的为抚顺市，增加 34.2km²。2000~2010 年，全区有 13 个市（州）森林覆盖率呈现上升趋势，其中，森林面积增加最显著的为白山市，增加了 140.9km²；有 5 个市（州）森林覆盖率呈现下降趋势，其中，森林面积减少最剧烈的为抚顺市，减少了 47.5km²。2010~2015 年，全区有 12 个市（州）森林覆盖率呈现上升趋势，其中，森林面积增加最显著的为哈尔滨市，增加了 356.6km²；有 4 个市（州）森林覆盖率呈现下降趋势，其中，森林面积减少最剧烈的为牡丹江市，减少了 247.4km²。

表 3-10　长白山生态功能区各市（州）森林面积及占各市（州）面积比例

地区	1990 年		2000 年		2010 年		2015 年	
	面积（km²）	比例（%）	面积（km²）	比例（%）	面积（km²）	比例（%）	面积（km²）	比例（%）
哈尔滨市	9 961.1	77.3	9 730.4	75.5	9 777.2	75.9	10 133.8	78.6
鸡西市	1 624.7	75.2	1 564.7	72.4	1 569.7	72.7	1 572.5	72.8
七台河市	608.8	85.9	596.0	84.1	597.0	84.3	598.9	84.5
牡丹江市	26 213.9	80.6	25 857.4	79.5	25 898.1	79.6	25 650.7	78.8
吉林市	11 582.7	70.7	11 610.0	70.9	11 635.4	71.0	11 809.5	72.1
延边州	35 984.2	83.1	35 673.7	82.4	35 717.8	82.5	35 565.7	82.2
四平市	3.5	66.0	3.5	66.0	3.6	67.9	3.6	67.9
铁岭市	4 299.2	60.9	4 298.4	60.8	4 289.7	60.7	4 358.2	61.7
辽源市	6.7	62.6	6.6	61.7	6.7	62.6	6.7	62.6
通化市	8 922.2	78.3	8 949.7	78.6	8 920.8	78.3	9 017.3	79.1
白山市	14 977.4	86.0	14 841.7	85.3	14 982.6	86.1	15 018.2	86.3
抚顺市	7 926.4	78.2	7 960.6	78.5	7 913.1	78.1	7 860.4	77.5
辽阳市	1 590.3	71.4	1 588.9	71.4	1 582.2	71.1	1 593.5	71.6
本溪市	6 705.1	80.6	6 714.7	80.7	6 692.2	80.5	6 634.2	79.8
鞍山市	3 939.3	72.1	3 936.6	72.0	3 937.5	72.1	3 951.2	72.3
丹东市	9 721.2	76.5	9 725.8	76.6	9 763.6	76.9	9 784.7	77.0
营口市	1 917.5	69.2	1 917.4	69.2	1 919.9	69.3	1 935.3	69.8

地区	1990 年		2000 年		2010 年		2015 年	
	面积（km²）	比例（%）	面积（km²）	比例（%）	面积（km²）	比例（%）	面积（km²）	比例（%）
大连市	984.3	68.5	984.1	68.5	985.2	68.6	990.2	68.9
总计	146 968.5	78.6	145 960.2	78.1	146 191.3	78.2	146 484.6	78.4

2. 森林景观破碎化

从长白山生态功能区斑块水平上的森林景观指标分析（表 3-11）可见：1990～2015 年长白山生态功能区和长白山保护区森林斑块数量（NP）和斑块密度（PD）逐年递增，表明森林景观破碎化程度加剧；景观分割指数（DIVISION）逐年降低，表示林地分割程度降低；聚合度指数（AI）表示空间格局聚散程度，AI 略有下降，说明森林景观连通性降低，破碎化程度略有增加，也说明了人类干扰强度明显增加。

长白山自然保护区比长白山生态功能区森林 PD 低，表明长白山自然保护区森林景观破碎化程度更低；长白山自然保护区比长白山生态功能区 DIVISION 低，也表明长白山自然保护区森林景观的分割程度不严重；长白山自然保护区比长白山生态功能区 AI 高，说明长白山自然保护区森林镶嵌体连通性更高，破碎化程度略低，也说明了人类干扰强度较小，森林稳定性较高。

表 3-11　长白山生态功能区和长白山保护区林地景观类型指数

	年份	NP（个）	PD（斑块数/100hm²）	DIVISION	AI
长白山保护区	1990	43	0.02	0.26	98.37
	2010	43	0.02	0.26	98.36
	2015	81	0.04	0.24	98.15
长白山生态功能区	1990	13 626	0.07	0.52	95.59
	2010	14 000	0.07	0.51	95.58
	2015	14 453	0.08	0.50	95.54

三、农田时空格局

长白山生态功能区农田主要分布于平原地区及坡度较缓的丘陵地区。1990～2015 年长白山生态功能区农田先增加后减少，1990～2000 年为了满足农业的发展，森林和湿地遭受了不同程度的破坏，大量森林和湿地转化为农田；2000 年以后，随着退耕还林工程等生态保护与恢复政策的实施，一定数量的农田转化为森林和湿地；随着城镇化和工业化进程加快，居民地和工业用地扩张也占用了大量农田。

1990 年长白山生态功能区农田面积达 31 974.20km²，占该区总面积的 17.1%（图 3-34）。2000 年长白山生态功能区农田面积增加到 33 052.15km²，占该区总面积的 17.7%，与 1990 年相比增加了 1077.95km²，主要来源于对森林和湿地的开垦。2010 年长白山生态功能区农田面积约为 32 723.88km²，占该区总面积的 17.5%，比 2000 年减少了 328.27km²（图 3-34）。2015 年长白山生态功能区农田面积继续减少，约为 32 392.30km²，占该区总面积的 17.3%。农田增加最剧烈的时间段为 1990~2000 年，农田增加的区域主要集中在长白山生态功能区的东南部（图 3-35）。

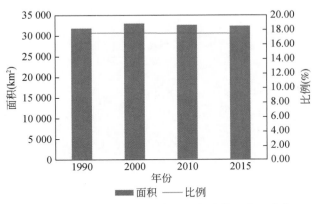

图 3-34　1990~2015 年长白山生态功能区农田动态

1990~2000 年，农田面积增加，主要来自于对于森林的开垦，在此期间共有 1371.67km² 的森林转化为农田，同期也有 202.13km² 的农田转化为森林（表 3-12）。2000~2010 年，农田面积减少，主要转化为森林和城镇（表 3-13）。2010~2015 年，农田继续减少，主要转化为森林、湿地和城镇（表 3-14）。

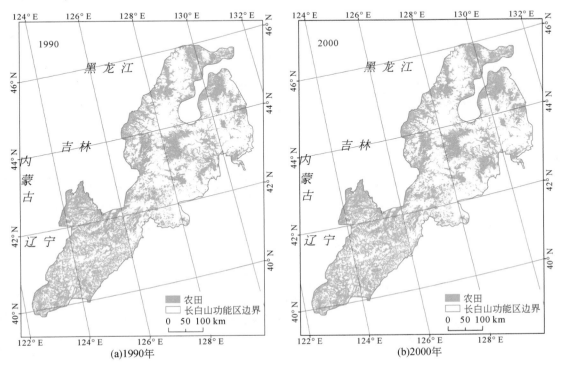

(a)1990年　　　　　　　　　　(b)2000年

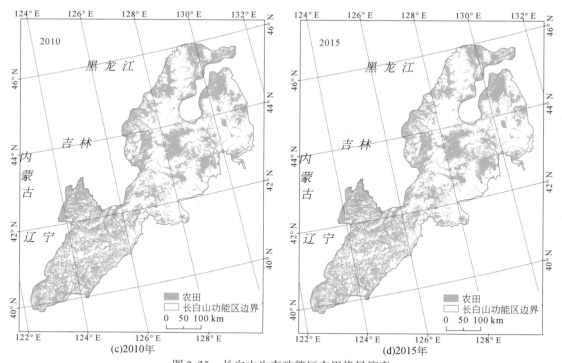

图 3-35　长白山生态功能区农田格局演变

表 3-12　1990～2000 年长白山生态功能区农田转化表　　　　（单位：km²）

生态系统		2000 年					
		森林	农田	草地	城镇	湿地	裸地
1990 年	森林	—	1371.67	—	—	—	—
	农田	202.13	—	1.52	54.04	150.32	0.14
	草地	—	13.24	—	—	—	—
	城镇	—	—	—	—	—	—
	湿地	—	83.08	—	—	—	—
	裸地	—	3.76	—	—	—	—

表 3-13　2000～2010 年长白山生态功能区农田转化表　　　　（单位：km²）

生态系统		2010 年					
		森林	农田	草地	城镇	湿地	裸地
2000 年	森林	—	838.19	—	—	—	—
	农田	1039.62	—	8.35	199.32	120.15	1.10
	草地	—	18.74	—	—	—	—
	城镇	—	—	—	—	—	—
	湿地	—	153.12	—	—	—	—
	裸地	—	3.85	—	—	—	—

表 3-14　2010～2015 年长白山生态功能区农田转化表　　（单位：km²）

生态系统		2015 年					
		森林	农田	草地	城镇	湿地	裸地
2010 年	森林	—	2446.82	—	—	—	—
	农田	2796.68	—	78.05	254.13	273.41	4.55
	草地	—	85.42	—	—	—	—
	城镇	—	—	—	—	—	—
	湿地	—	329.00	—	—	—	—
	裸地	—	4.03	—	—	—	—

1990～2000 年农田面积增加的主要原因是毁林（草）开荒，导致耕地面积增加。2000～2015 年农田面积减少的主要原因是国家退耕还林（草）政策的实施。虽然长白山生态功能区的农田总面积在增加，但在人均耕地面积上却与其他地方表现为同一趋势，即人均耕地在不断地减少，这是人口的不断增加所致，人口的增加使耕地的需求量增加，人口与耕地比例的变动使耕地变得更加紧张。人类大面积的毁林开荒虽然解决了粮食问题，却给生态环境带来了极大的伤害，2008～2011 年，中央财政累计安排专项资金 462 亿元巩固退耕还林成果，该项目取得了明显成效，主要表现在 5 个方面：林木保存率保持在较高水平；退耕农户口粮自给能力进一步增强；退耕农户收入快速增长；退耕农户生活方式发生可喜变化；退耕农户长远生计有了基本保障。

长白山生态功能区各地级市（州）农田面积统计结果及占各地级市面积比例见表 3-15。1990～2000 年，全区有 11 个市（州）农田占有率呈现上升趋势，其中，上升最显著的为延边州，面积增加 378.4km²；有 6 个市（州）农田占有率呈现下降趋势，其中，面积减少最剧烈的为本溪市，减少了 42.5km²。2000～2010 年，全区有 12 个市（州）农田占有率呈现下降趋势，其中，下降剧烈的为白山市，面积减少了 137.4km²；有 5 个市（州）农田占有率呈现上升趋势，其中，上升最显著的为抚顺市，面积增加了 29.1km²。2010～2015 年，全区有 7 个市（州）农田占有率呈现上升趋势，其中，上升最显著的为延边州，面积增加了 157.4km²；有 10 个市（州）农田占有率呈现下降趋势，其中，下降剧烈的为哈尔滨市，减少了 366.2km²。

表 3-15　长白山生态功能区各市（州）农田面积及占各市（州）面积比例

地区	1990 年		2000 年		2010 年		2015 年	
	面积（km²）	比例（%）	面积（km²）	比例（%）	面积（km²）	比例（%）	面积（km²）	比例（%）
哈尔滨市	2 564.6	19.9	2 807.9	21.8	2 752.3	21.4	2 386.1	18.5
鸡西市	423.2	19.6	478.7	22.2	486.5	22.5	477.3	22.1
七台河市	85.6	12.1	96.8	13.7	96.9	13.7	95	13.4

地区	1990 年		2000 年		2010 年		2015 年	
	面积（km²）	比例（%）	面积（km²）	比例（%）	面积（km²）	比例（%）	面积（km²）	比例（%）
牡丹江市	5 365.1	16.5	5 629.3	17.3	5 576.1	17.1	5 682.2	17.5
吉林市	4 069.1	24.8	4 095	25.0	4 099.8	25.0	3 939.9	24.1
延边州	5 699.8	13.2	6 078.2	14.0	6 062.6	14.0	6 220	14.4
四平市	1.6	30.2	1.7	32.1	1.7	32.1	1.7	32.1
铁岭市	2 311.8	32.7	2 324.9	32.9	2 297.3	32.5	2 267.8	32.1
辽源市	2.8	26.2	2.9	27.1	2.4	22.4	2.5	23.4
通化市	2 105	18.5	2 105.2	18.5	2 133.1	18.7	2 043.4	17.9
白山市	1 609.4	9.2	1 773.4	10.2	1 636	9.4	1 650.7	9.5
抚顺市	1 840.2	18.2	1 815.2	17.9	1 844.2	18.2	1 905.1	18.8
辽阳市	413.5	18.6	409.7	18.4	391.1	17.6	388.2	17.4
本溪市	1 118.9	13.5	1 076.4	12.9	1 064.8	12.8	1 115.6	13.4
鞍山市	1 173.7	21.5	1 173	21.5	1 162.2	21.3	1 160.4	21.2
丹东市	2 230.8	17.6	2 225.8	17.5	2 171.8	17.1	2 110.6	16.6
营口市	607.7	21.9	607.1	21.9	598.1	21.6	596.3	21.5
大连市	351.4	24.5	351.1	24.4	347	24.2	349.5	24.3
总计	31 974.2	17.1	33 052.2	17.7	32 723.9	17.5	32 392.3	17.3

四、湿地、草地和裸地时空格局

长白山生态功能区主要湿地类型有自然湿地和人工湿地。自然湿地主要包括河流、湖泊和沼泽湿地。长白山生态功能区河流水系众多，主要有松花江、绥芬河、图们江，鸭绿江为沼泽湿地的发育提供有利的水分条件。该区内沼泽湿地分布于水系沿岸，与水系分布具有高度的空间一致性。在自然条件和人为因素双重作用下，1990～2015 年长白山生态功能区湿地总面积呈现萎缩趋势，减少的湿地主要转化为农田。湿地受自然条件干扰强烈，随着气温升高和降水减少，湿地面积锐减，水面退化。

1990 年长白山生态功能区湿地面积约为 3675.61km²，占该区总面积的 1.97%。2000年长白山生态功能区湿地面积约为 3738.04km²，占该区总面积的 2%，与 1990 年相比增加了 62.43km²（图 3-36）。2010 年长白山生态功能区湿地面积约为 3672.04km²，占该区总面积的 1.96%，与 2000 年相比减少了 66km²。2015 年长白山生态功能区湿地面积约为3647.3km²，湿地面积占该区总面积的 1.95%。湿地减少最剧烈的时间段为 2000～2010年，湿地减少的区域主要集中在长白山生态功能区的中部（图 3-37）。

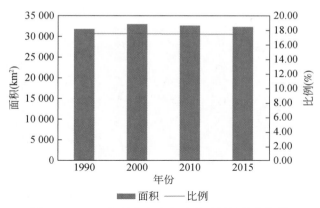

图 3-36　2015 年长白山生态功能区湿地分布格局

　　1990～2000 年湿地面积增加，2000～2010 年、2010～2015 年湿地面积逐步减少，但是减少幅度有所下降。每个时段都有一定面积的湿地转化为其他生态系统类型，主要转化为农田；同期也有一定面积的其他生态系统类型转化为湿地，其中转化为湿地面积最多的是农田（表 3-16～表 3-18）。1990～2000 年，湿地呈现增加趋势，主要来自于农田的转化；同期 83.08km² 的湿地转化为农田。2000～2010 年，湿地呈现减少趋势，主要转化为农田，面积达 153.12km²，同期有 120.15km² 的农田转化为湿地。2010～2015 年，湿地面积继续减少，转出方向主要为农田，有 329.00km² 的湿地转化为农田，同期也有 273.41km² 的农田转化为湿地。

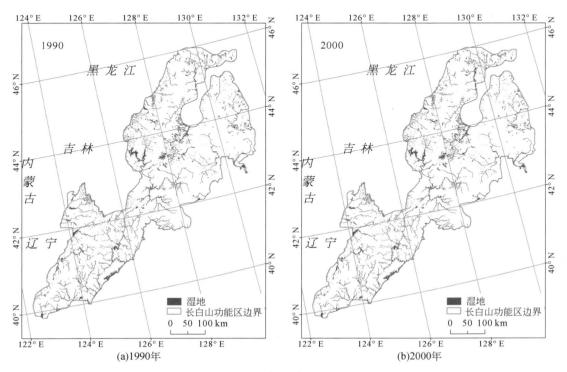

(a)1990年　　　　　　　　　　　　　(b)2000年

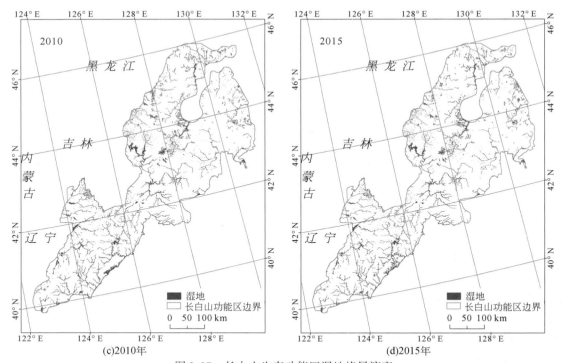

图3-37 长白山生态功能区湿地格局演变

表3-16 1990~2000年长白山生态功能区湿地转化表 （单位：km²）

生态系统		2000年					
		森林	农田	草地	城镇	湿地	裸地
1990年	森林	—	—	—	—	—	—
	农田	—	—	—	—	150.32	—
	草地	—	—	—	—	1.79	—
	城镇	—	—	—	—	—	—
	湿地	—	83.08	0.16	3.77	—	0.88
	裸地	—	—	—	—	3.13	—

表3-17 2000~2010年长白山生态功能区湿地转化表 （单位：km²）

生态系统		2010年					
		森林	农田	草地	城镇	湿地	裸地
2000年	森林	—	—	—	—	—	—
	农田	—	—	—	—	120.15	—
	草地	—	—	—	—	1.20	—
	城镇	—	—	—	—	—	—
	湿地	—	153.12	0.73	16.03	—	1.33
	裸地	—	—	—	—	4.67	—

表 3-18　2010～2015 年长白山生态功能区湿地转化表　　（单位：km²）

生态系统		2015 年					
		森林	农田	草地	城镇	湿地	裸地
2010 年	森林	—	—	—	—	—	—
	农田	—	—	—	—	273.41	—
	草地	—	—	—	—	1.19	—
	城镇	—	—	—	—	—	—
	湿地	—	329.00	8.78	18.96	—	7.85
	裸地	—	—	—	—	1.34	—

农业开垦、改变天然湿地用途和城镇扩张占用天然湿地是湿地减少的主要动因。随着湿地保护措施的实施，该区内建立了雁鸣湖湿地保护区、鸭绿江源湿地保护区和龙凤湖湿地保护区、倭肯河湿地保护区等。今后应大力开展湿地恢复工作，减缓湿地退化；加强宣传教育力度，强化民众湿地保护意识；在保护湿地的前提下，合理利用湿地，制订科学的经济技术政策，引导湿地资源合理开发和有效保护。

长白山生态功能区各市（州）湿地面积统计结果及占各市（州）面积比例见表 3-19。1990～2015 年近 25 年里，该区各市（州）湿地面积大多呈现减少趋势，自然因素为湿地的退化提供了内在原因，而人为因素则加速了这种变化，人为影响叠加在自然因素之上，对湿地的退化产生放大作用。人们对湿地保护工作的意义认识不够，湿地面积减少、生态环境退化、生物多样性降低等问题仍很严重，以致该区各市（州）湿地遭到了破坏，其中，延边州湿地萎缩问题最为严峻，2015 年该地区湿地面积与 1990 年相比，减少了 127.5km²，减少了 19.2%（表 3-19）。1990～2000 年，全区 7 个市（州）湿地占有率呈现略微增加趋势，其中，上升明显的为牡丹江市，面积增加了 80.5km²；全区有 9 个市（州）湿地占有率呈现下降趋势，下降最大的为吉林市，面积减少了 31.9km²。2000～2010 年，全区有 10 个市（州）湿地占有率呈现上升趋势，其中哈尔滨市上升最多，面积增加了 11.0km²；全区有 7 个市（州）湿地占有率呈现下降趋势，其中，下降剧烈的为延边州，面积减少了 70.6km²，吉林市次之，面积减少了 27.5km²。2010～2015 年，全区有 6 个市（州）湿地占有率呈现上升趋势，牡丹江市上升幅度最大，面积增加了 118.1km²；全区有 10 个市（州）湿地占有率呈现下降趋势，其中，下降剧烈的为延边州，面积减少了 47.2km²（表 3-19）。

表 3-19　长白山生态功能区各市（州）湿地面积及占各市（州）面积比例

地区	1990 年		2000 年		2010 年		2015 年	
	面积（km²）	比例（%）	面积（km²）	比例（%）	面积（km²）	比例（%）	面积（km²）	比例（%）
哈尔滨市	205.6	1.6	203	1.6	214	1.7	213.7	1.7
鸡西市	41.6	1.9	39.9	1.8	38.7	1.8	41.4	1.9

地区	1990 年		2000 年		2010 年		2015 年	
	面积（km²）	比例（%）	面积（km²）	比例（%）	面积（km²）	比例（%）	面积（km²）	比例（%）
七台河市	8.5	1.2	8.9	1.3	8.7	1.2	8.8	1.2
牡丹江市	589.3	1.8	669.8	2.1	672.8	2.1	790.9	2.4
吉林市	541.5	3.3	509.6	3.1	482.1	2.9	443.1	2.7
延边州	663.9	1.5	654.2	1.5	583.6	1.3	536.4	1.2
四平市	0.0	0.0	0.0	0.0	0.0	0.0	0.0	0.0
铁岭市	169.7	2.4	160.8	2.3	166	2.3	141.5	2.0
辽源市	0.9	8.4	0.8	7.5	1.4	13.1	1	9.3
通化市	186.4	1.6	181	1.6	175.8	1.5	165	1.4
白山市	265.2	1.5	262.8	1.5	259.5	1.5	259.5	1.5
抚顺市	169.2	1.7	175.2	1.7	177.8	1.8	165.1	1.6
辽阳市	83.6	3.8	87	3.9	95.2	4.3	90.8	4.1
本溪市	199.8	2.4	235.8	2.8	241.9	2.9	244.6	2.9
鞍山市	59.6	1.1	59.6	1.1	57.4	1.1	55.6	1.0
丹东市	386.2	3.0	384.2	3.0	387.2	3.0	389.8	3.1
营口市	41.8	1.5	42	1.5	44.7	1.6	41.9	1.5
大连市	62.5	4.4	63	4.4	65.4	4.6	57.9	4.0
总计	3675.3	2.0	3737.6	2.0	3672.2	2.0	3647.0	2.0

从表 3-20 可知，1990 年长白山生态功能区草地和裸地面积达 1656.40km²，占该区总面积的 0.89%。2000 年长白山生态功能区草地和裸地面积减少到 1462.27km²，占该区总面积的 0.78%，与 1990 年相比减少了 194.13km²，主要去向为农田的开垦。2010 年长白山生态功能区草地和裸地面积约为 1359.90km²，占该区总面积的 0.73%，比 2000 年减少了 102.37km²。2015 年长白山生态功能区草地和裸地面积持续减少，约为 1316.90km²，占该区总面积的 0.7%，比 2010 年减少了 43.00km²。草地和裸地减少最剧烈的时间段为 1990～2000 年，2000～2015 年草地和裸地的面积持续稳步减少。

表 3-20 长白山生态功能区各市（州）草地和裸地面积及占各市（州）面积比例

地区	1990 年		2000 年		2010 年		2015 年	
	面积（km²）	比例（%）	面积（km²）	比例（%）	面积（km²）	比例（%）	面积（km²）	比例（%）
哈尔滨市	25.7	0.2	10.8	0.1	9.2	0.1	27.6	0.2
鸡西市	27.3	1.3	31.9	1.5	20.4	0.9	28.4	1.3

地区	1990 年		2000 年		2010 年		2015 年	
	面积（km²）	比例（%）	面积（km²）	比例（%）	面积（km²）	比例（%）	面积（km²）	比例（%）
七台河市	1.9	0.3	2.3	0.3	1.4	0.2	1.4	0.2
牡丹江市	45.2	0.1	41.3	0.1	36.8	0.1	88.5	0.3
吉林市	70.3	0.4	47.7	0.3	26.1	0.2	24.1	0.1
延边州	305.7	0.7	235.0	0.5	205.5	0.5	202.5	0.5
四平市	0.1	1.9	0.1	1.9	0.0	0.0	0.0	0.0
铁岭市	66.1	0.9	57.5	0.8	56.3	0.8	43.1	0.6
辽源市	0.1	0.9	0.1	0.9	0.1	0.9	0.1	0.9
通化市	41.6	0.4	17.7	0.2	15.2	0.1	1.8	0.0
白山市	321.8	1.8	298.6	1.7	282.4	1.6	212.1	1.2
抚顺市	85.1	0.8	68.6	0.7	74.6	0.7	74.1	0.7
辽阳市	84.3	3.8	84.6	3.8	73.0	3.3	64.1	2.9
本溪市	98.6	1.2	88.5	1.1	80.0	1.0	77.7	0.9
鞍山市	202.7	3.7	203.1	3.7	202.7	3.7	192.4	3.5
丹东市	102.5	0.8	97.1	0.8	97.7	0.8	111.2	0.9
营口市	149.8	5.4	149.8	5.4	151.0	5.4	140.3	5.1
大连市	27.6	1.9	27.6	1.9	27.5	1.9	27.5	1.9
总计	1656.4	0.9	1462.3	0.8	1359.9	0.7	1316.9	0.7

第四节　主要生态系统服务能力变化

一、产水量变化

1. 区域研究结果

从 1990 年、2000 年和 2015 年长白山生态功能区产水量的空间分布情况来看（图 3-38），长白山生态功能区的产水量空间分布特征差异较明显，主要因为长白山生态功能区特殊的地理位置与气候条件。长白山生态功能区内河流水库众多，蓄水能力强，长白山天池、图们江、鸭绿江、牡丹江、松花湖、镜泊湖、白山水库、云峰水库等都对长白山生态功能区的产水量总量产生影响。长白山生态功能区南北气候差异较大，该功能区内年降水量为 500～1100mm，南部地区受季风影响较大，降水量为 800～1100mm，降水的不均匀分布是 1990 年、2000 年和 2015 年长白山生态功能区产水量空间分布特征差异明显的主要原因。由表 3-21 可知，1990～2015 年长白山生态功能区的单位面积产水量与区域产水量总量的变化趋势都是先减少后增加，2000 年长白山生态功能区单位面积产水量较 1990 年减少

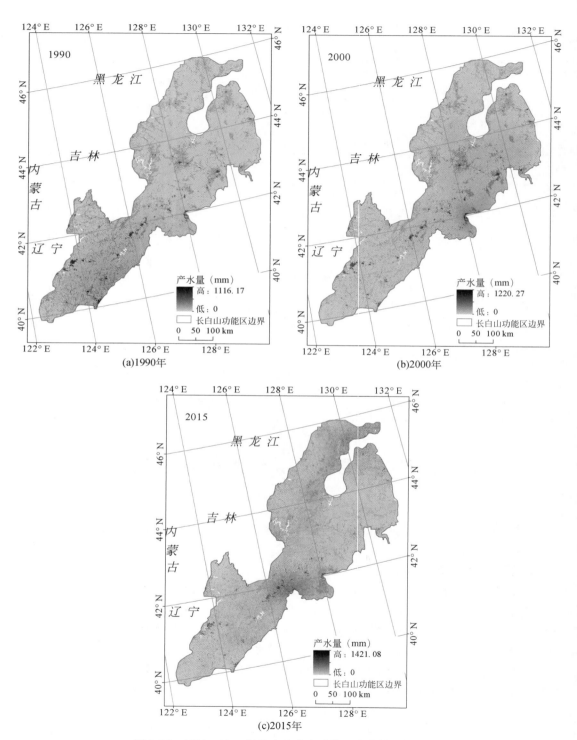

图 3-38　1990～2015 年长白山生态功能区产水量空间分布

3238m³/km²，2015 年单位面积产水量较 2000 年增加 13 485m³/km²，较 1990 年增加 10 247m³/km²；2000 年长白山生态功能区的区域产水量总量较 1990 年减少 6.05×10⁸m³，2015 年的区域产水量总量较 2000 年增加 25.21×10⁸m³，较 1990 年增加 19.16×10⁸m³。

表 3-21　1990~2015 年单位面积产水量与区域产水量总量的变化

项目	1990 年	2000 年	2015 年	1990~2000 年	2000~2015 年	1990~2015 年
单位面积产水量（m³/km²）	111 044	107 806	121 291	-3 238	13 485	10 247
区域产水量总量（10⁸m³）	207.54	201.49	226.70	-6.05	25.21	19.16

　　将本研究时段始末端点时间 1990 年、2000 年和 2015 年产水量结果数据进行差值计算，生成 1990~2000 年、2000~2015 年和 1990~2015 年产水量空间变化图（图 3-39）。从图 3-39 中可以看出，1990~2000 年长白山生态功能区产水量空间变化较大，产水量增加的区域集中分布在长白山生态功能区北部，尤其是白山市的产水量增加较为明显，但是七台河市和吉林市东部的产水量是减少的；产水量减少的区域集中分布在长白山生态功能区南部，其中丹东市的产水量减少量较为明显。2000~2015 年长白山生态功能区产水量增加的区域分布范围较广，其中白山市和七台河市的产水量增加量较多；长白山生态功能区产水量减少的区域小范围的分布在延边州，该州内更有部分地区产水量减少量较多。1990~2015 年长白山生态功能区产水量变化也有较明显的区域差异，长白山生态功能区北部地区以产水量增加为主，白山市和七台河市的产水量增加量较多，但是延边州内仍有小部分区域的产水量是减少的；长白山生态功能区南部以产水量减少为主，丹东市的产水量减少量最为明显。

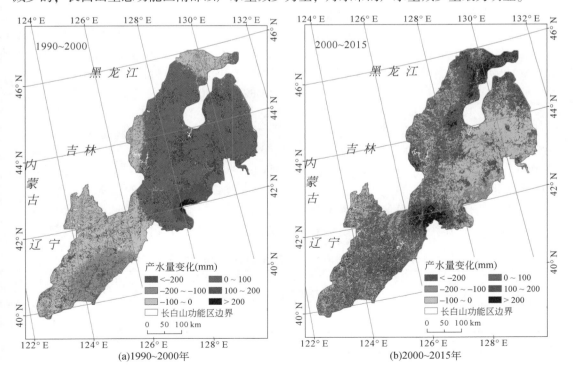

(a)1990~2000年　　　　　　　　　　(b)2000~2015年

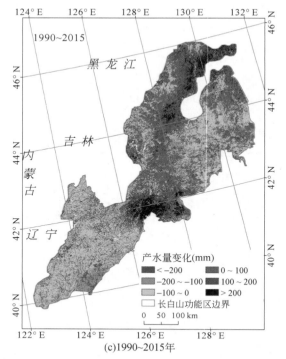

图 3-39　1990~2015 年长白山生态功能区年产水量空间变化特征

2. 不同生态系统类型的产水量总量分析

1990 年、2000 年和 2015 年长白山生态功能区森林生态系统、湿地生态系统和农田生态系统的区域产水量总量如图 3-40 所示。由表 3-22 可以得出，森林生态系统的区域产水量总量 1990~2015 年是逐年增加的，由 1990 年的 135.49×10^{8}m^{3}增加到 2000 年的 136.24×10^{8}m^3，由 2000 年的 136.24×10^{8}m^{3}增加到 2015 年的 171.33×10^{8}m^3。湿地生态系统的区域产水量总量在 1990~2015 年呈现先减少后增加的趋势，由 1990 年的 5.77×10^{8}m^{3}减少到 2000 年的 4.85×10^{8}m^3，由 2000 年的 4.85×10^{8}m^{3}增加到 2015 年的 5.06×10^{8}m^3。农田生态系统的区域产水量在 1990~2015 年呈现逐年减少的趋势，由 1990 年的 54.68×10^{8}m^{3}减少到 2000 年的 49.85×10^{8}m^3，在 2015 年又减少到 41.45×10^{8}m^3。从这三种生态系统类型的产水量总量对比来看，森林生态系统的区域产水量总量最大，农田生态系统的区域产水量总量次之，湿地生态系统的区域产水量总量最低，之所以产生这种情况是因为森林生态系统是长白山生态功能区的主要生态系统类型，森林覆盖面积大，且森林的蓄水能力强。

表 3-22　1990~2015 年长白山生态功能区各生态系统类型区域产水量及变化（单位：10^{8}m^3）

生态系统	1990 年	2000 年	2015 年	1990~2000 年	2000~2015 年	1990~2015 年
森林	135.49	136.24	171.33	0.75	35.09	35.84
湿地	5.77	4.85	5.06	−0.92	0.21	−0.71
农田	54.68	49.85	41.45	−4.83	−8.40	−13.23

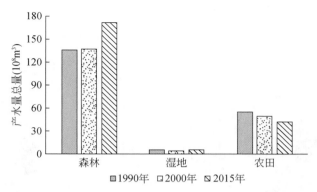

图 3-40 1990~2015 年长白山生态功能区各生态系统的产水量总量

3. 典型森林群落产水量变化

在吉林长白山森林生态系统国家野外科学观测研究站的固定样地–长白山天然水文径流场内，对降水量、地表径流和林分蒸散量进行了长期定位观测；并利用公式计算产水量，其公式为

$$W = (R - E) \times A$$

式中，W 为产水量（m^3/a）；R 为年均降水量（mm/a）；A 为研究区域面积（hm^2）；E 为平均蒸散量（mm/a）。

产水量变化结果如图 3-41 所示，从图 3-41 中可以得到：2005~2015 年产水量呈现增加的趋势，由 2005 年 102.36m^3/a 增加到 2015 年 208.41m^3/a，增加趋势明显（$P<0.05$），表明长白山红松阔叶混交林产水量在 2005~2015 年呈现增加态势。

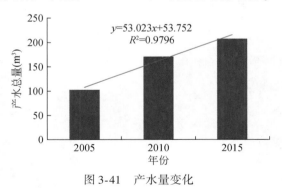

图 3-41 产水量变化

二、生物多样性维持能力变化

1. 生境质量评价

对生境质量具有直接影响的生存环境控制因子包括：水源状况（湖泊密度和河流密度）、干扰因子（居民地密度和道路密度）、遮蔽条件（土地覆被类型和坡度）和食物丰富度［植被生长状况，以遥感植被指数 NDVI 作为指标］（图 3-42）。

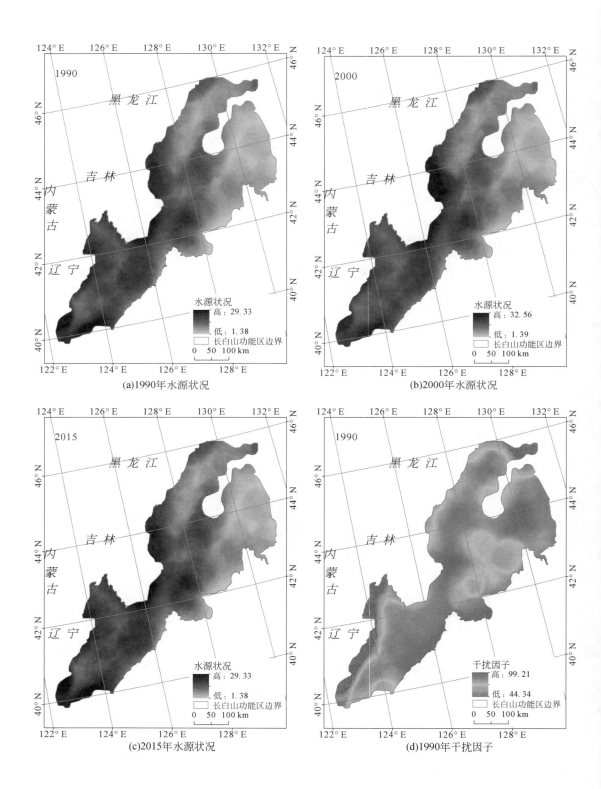

(a)1990年水源状况

(b)2000年水源状况

(c)2015年水源状况

(d)1990年干扰因子

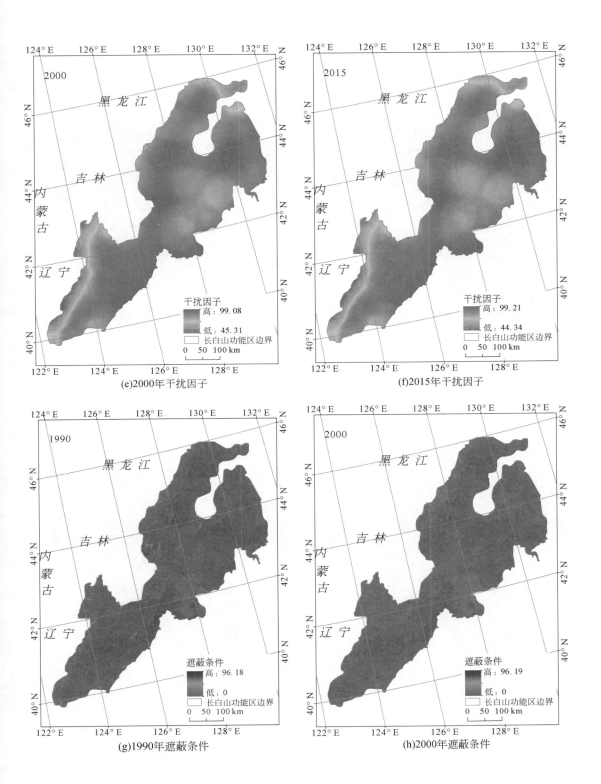

(e)2000年干扰因子

(f)2015年干扰因子

(g)1990年遮蔽条件

(h)2000年遮蔽条件

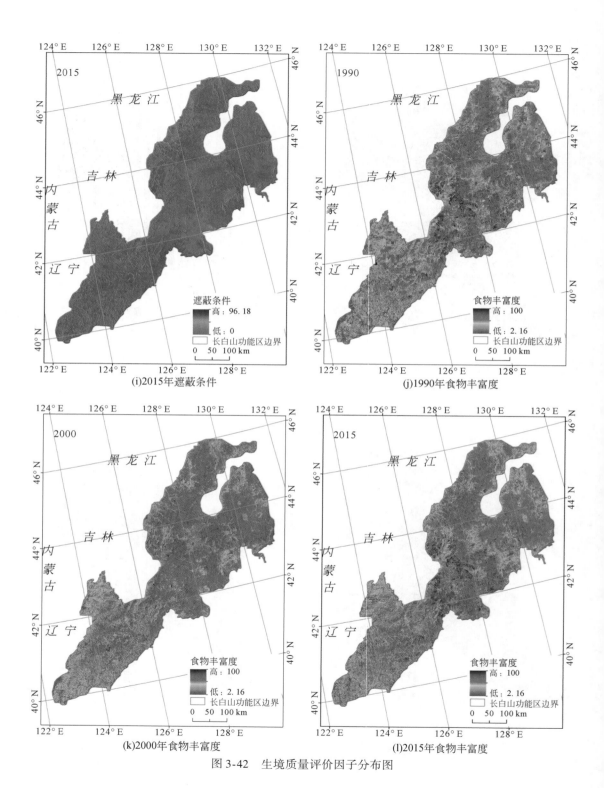

图 3-42　生境质量评价因子分布图

2. 生境质量动态监测

基于生境质量评价系统和环境因子数据集，获取长白山生态功能区生境质量等级空间分布特征和不同等级的面积及其比例。从图 3-43 可以看出，长白山生态功能区生境质量最好的区域与森林的空间分布较为一致，主要分布于吉林市、白山市、通化市、本溪市、抚顺市和丹东市。生境质量良好区域广泛分布在延边州、牡丹江市、哈尔滨市。生境质量一般区域分布较零散，各个市（州）均有分布。生境质量差的区域集中分布于延边州中东部、牡丹江市东部。

1990～2000 年长白山生态功能区生境质量呈现变差的趋势，主要原因是至 2000 年长白山生态功能区森林生态系统的面积减少，生境质量评价因子中的平均食物丰富度小于 1990 年水平，平均遮蔽条件也小于 1990 年水平，与 1990 年相比，2000 年，生境质量最好区域的面积减少了 1.06%，生境质量良好区域的面积减少了 0.47%，生境质量一般区域的面积增加了 0.99%，生境质量差的区域面积增加了 0.55%。2000～2015 年长白山生态功能区生境质量呈现变好的趋势，2015 年长白山生态功能区森林生态系统的面积增加，各生境质量评价因子较 2000 年略有好转是长白山生态功能区生境质量逐渐变好的主要原因。与 2000 年相比，长白山生态功能区生境质量最好区域的面积增加了 4.82%，生境质量良好区域的面积在 2000～2015 年略有减少，减少了 4.78%，生境质量一般区域的面积变化波动性较小，在 2000～2015 年生境质量一般区域面积仅减少了 0.1%，生境质量差的区域面积在 2000～2015 年小幅度增加，增加了 0.06%（表 3-23）。

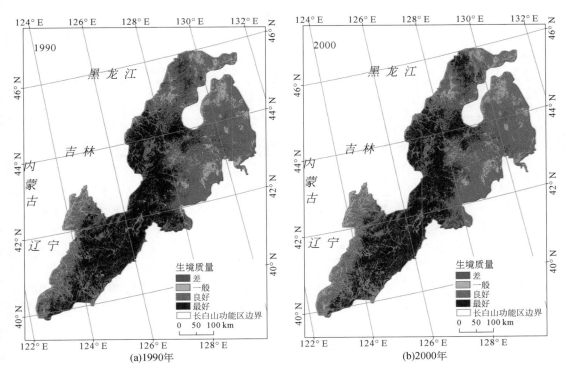

(a)1990年　　　　　　　　　　(b)2000年

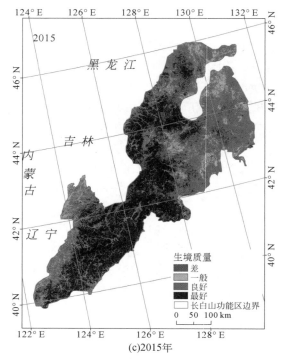

图 3-43　长白山生态功能区生境质量等级分布图

表 3-23　长白山生态功能区生境质量等级面积及其比例

年份	最好		良好		一般		差	
	面积（km²）	比例（%）	面积（km²）	比例（%）	面积（km²）	比例（%）	面积（km²）	比例（%）
1990	60 917.99	32.59	108 593.11	58.10	16 400.33	8.77	988.68	0.53
2000	58 926.13	31.53	107 704.36	57.63	18 248.99	9.76	2 020.64	1.08
2015	67 942.66	36.35	98 770.46	52.85	18 051.19	9.66	2 135.81	1.14

3. 生境质量变化的驱动因素分析

（1）土地利用变化的影响

土地利用变化是影响生境质量的最重要因素。不同土地利用类型为野生动物提供的生存环境差异较大。从空间分布上看，生境质量最好区域与森林的空间分布有明显的空间一致性，1990~2015 年长白山生态功能区森林面积由 1990 年的 146 968.51km²减少到 2000 年的 145 960.15km²，又恢复到 2015 年的 146 484.60km²，森林面积的变化是长白山生态功能区生境质量面积变化的主要原因。

相较于旱田，水田提供的生境质量优于旱田，但比湿地要差一些；在 2000~2015 年长白山生态功能区水田面积减少了 419.41km²，使得生境质量良好的区域呈现减少趋势。草地是生境质量良好的生存环境，在 2000~2015 年，与水田变化相比，草地的变化较为微小，对于生境质量良好区域面积变化的贡献较小。

长白山生态功能区道路和居民地面积呈现增加趋势，对生境质量有较强烈的干扰，但与旱田相比，它们的面积所占比例较小，反映到长白山生态功能区内，它们的干扰作用被旱田弱化，所以生境质量一般的区域面积变化与旱田变化的空间分布较为一致。

（2）人类活动因素的影响

人类活动作为一种外界压力对生境质量变化起着重要作用，人类活动通过改变土地利用与土地覆盖间接影响生境质量。1990～2015 年长白山生态功能区内各地级市的总人口数量呈现增长趋势，人口的增长直接促进粮食需求增长和生存生活必需基础设施与场所的规模扩大，导致生境质量一般的旱田快速扩张，占用生境质量最好的湿地、森林和草地等自然生态系统，使长白山生态功能区生境质量降低。

作为反映经济发展状况的重要指标，国内生产总值作为衡量人类经济活动的指标，其变化对生境质量也会有一定的影响。1990～2015 年长白山生态功能区内各地级市经济大幅度增长，经济发展加快城市化进程，城市规模及其配套交通网络不断扩增，使得生境质量评价系统中干扰条件的作用增加。

随着退耕还林工程等生态保护与恢复工程的启动，较大面积的耕地被转化为森林，长白山生态功能区 2015 年林地面积较 2000 年林地面积增加 524.45km²，使得长白山生态功能区生境质量较好区域的面积呈现增加趋势。

自然保护区的建立不仅对个别重要物种进行保护，而且生态环境和生物资源也得到了保护，为当地居民带来良好的经济效益和生态效益，并达到永续利用的目的。自 1994 年以来，长白山生态功能区建立了 14 个国家级自然保护区，保护区内生境质量均得到有效保护。随着保护区的保护有效性增加，生境质量变差的趋势逐渐放缓。

（3）自然因素变化的影响

长白山生态功能区水资源主要来自于大气降水，气候变化通过影响水源状况，进而影响该地区生境质量。长白山生态功能区气温呈现波动上升趋势，降水量的波动性较大，呈现先增加后减少趋势。气候的变干、变暖，引起湿地退化、结构和功能等遭到破坏，以及湖泊消退等，进而引起生境质量下降。

三、生态系统碳储量变化

碳储量是陆地生态系统为人类提供调节服务的重要方面，它在全球碳平衡中发挥着重要的作用。生态系统碳储量的变化可以调节大气中 CO_2 等温室气体在大气中的浓度，对于调节全球气候变化具有至关重要的作用（Zhou et al., 2013）。土地利用与土地覆盖变化通过改变植被覆盖度对陆地生态系统的分布和结构产生重要影响，进而影响生态系统的功能和过程，是造成全球碳循环不平衡的重要原因之一。人类活动主要通过改变土地覆被或土地利用方式及农林业活动中的经营管理措施影响着陆地生态系统的碳储量，如草地退化及其向耕地的转化都使植被生物量减少、增大土壤中碳的释放；反之，退耕还林、退耕还草将有利于碳储量的增加。

1. 长白山生态功能区碳储量变化

长白山生态功能区是我国森林的重要分布区，该区域土地利用与土地覆盖变化势必会引起长白山生态功能区生态系统碳储量的变化。本节利用 InVEST 模型分析 1990～2015 年土地利用与土地覆盖变化对长白山生态功能区生态系统碳储量的影响，为该区域的环境保护提供科学依据。

从1990年、2000年和2015年碳储量的空间分布情况来看（图3-44），长白山生态功

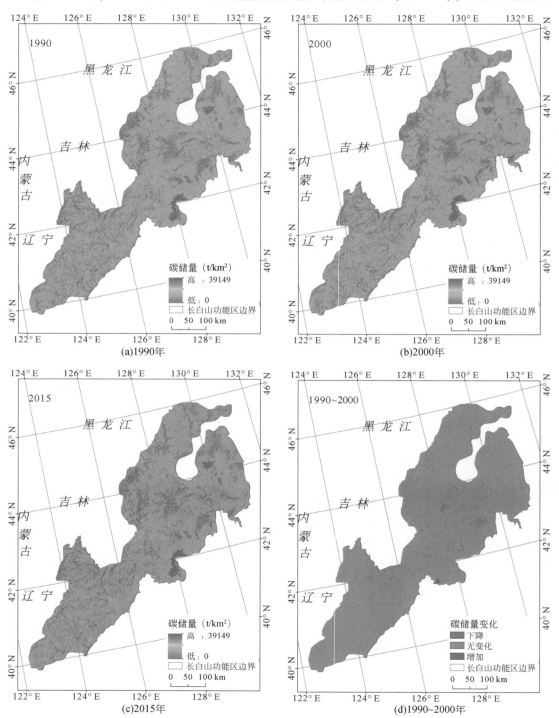

(a)1990年

(b)2000年

(c)2015年

(d)1990~2000年

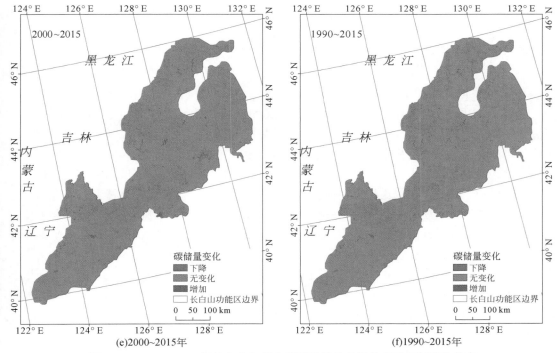

图 3-44　1990~2015 年长白山生态功能区碳储量空间分布及空间变化分布

能区碳储量分布的空间特征无明显差异，主要因为长白山生态功能区森林覆盖率高且分布较均匀，其中碳储量高值区集中在长白山国家级自然保护区和牡丹江六峰山国家森林公园，保护区和森林公园内植被高度覆盖且植被生长状况良好，森林茂密，人类干扰强度小；碳储量的低值区多分布在各地级市人口密集的城区，植被覆盖度低，人类活动干扰性强是碳储量低的主要原因。

　　1990~2015 年，长白山生态功能区总碳储量呈现先减少后增加的趋势，增加和减少的区域分布均较为分散，大部分区域的碳储量基本以无变化为主。其中，1990~2000 年长白山生态功能区总碳储量由 1990 年的 3979.76Tg 减少到 2000 年的 3958.80Tg，减少了 20.96Tg，单位面积碳储量由 21 256.38t/km² 减少到 21 211.42t/km²，减少了 44.96t/km²（表 3-24），碳储量增加明显的区域集中分布在延边州的帽儿山国家森林公园（1992 年经林业部批准正式建园）周围和延边州的大川林场、新立林场、新开岭林场周边；而碳储量下降的区域不均匀分布在各市（州），大面积的林地开垦，生态系统结构的改变，旅游区的建立，人类过多的干扰，破坏大于保护是长白山生态功能区碳储量下降的直接原因；2000~2015 年长白山生态功能区碳储量总体是呈现增加的趋势的，由 2000 年的 3958.80Tg 增加到 2015 的 3965.46Tg，增加了 6.66Tg，单位面积碳储量由 21 211.42t/km² 增加到 21 233.33t/km²，增加了 21.91t/km²，虽然增加的总量较少，但是趋势是好的，说明退耕还林工程的政策得到落实，还需继续加强。

表 3-24　1990～2015 年长白山生态功能区碳储量变化

项目	1990 年	2000 年	2015 年	1990～2000 年	2000～2015 年	1990～2015 年
总碳储量（Tg）	3 979.76	3 958.80	3 965.46	−20.96	6.66	−14.30
单位面积碳储量（t/km²）	21 256.38	21 211.42	21 233.33	−44.96	21.91	−23.05

2. 不同生态系统类型碳储量分析

由表 3-25 可知，长白山生态功能区总碳储量呈现先减少后增加的趋势，虽然减少的总量大于增加的总量，但是随着退耕还林工程政策的实施，人们环保意识增强，生态系统得到了恢复。在各生态系统类型中，森林生态系统碳储量占主要地位，变化较明显，其他生态系统类型总碳储量变化较小，森林生态系统面积的变化是长白山生态功能区总碳储量变化的主要原因。1990～2000 年长白山生态功能区总碳储量减少 20.95Tg，其中森林生态系统和草地生态系统总碳储量呈现减少的趋势，分别减少 25.37Tg 和 1.64Tg，农田生态系统和湿地生态系统总碳储量呈现增加的趋势，分别增加 4.12Tg 和 1.94Tg；2000～2015 年长白山生态功能区总碳储量增加 6.65Tg，其中森林生态系统总碳储量呈现增加的趋势，增加 16.13Tg，农田生态系统和湿地生态系统总碳储量呈现减少的趋势，分别减少 2.51Tg 和 6.97Tg，草地生态系统总碳储量无变化；1990～2015 年长白山生态功能区总碳储量减少 14.30Tg，其中森林生态系统、草地生态系统和湿地生态系统的总碳储量是减少的，分别减少 9.24Tg、1.64Tg 和 5.03Tg，但是农田生态系统的总碳储量是增加的，增加 1.61Tg（图 3-45）。

表 3-25　1990～2015 年长白山生态功能区各生态系统类型碳储量及变化　（单位：Tg）

生态系统	1990 年	2000 年	2015 年	1990～2000 年	2000～2015 年	1990～2015 年
森林	3769.73	3744.36	3760.49	−25.37	16.13	−9.24
农田	122.01	126.13	123.62	4.12	−2.51	1.61
草地	14.50	12.86	12.86	−1.64	0.00	−1.64
湿地	73.52	75.46	68.49	1.94	−6.97	−5.03
总碳储量	3979.76	3958.81	3965.46	−20.95	6.65	−14.30

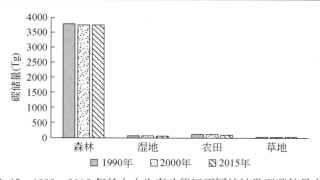

图 3-45　1990～2015 年长白山生态功能区不同植被类型碳储量变化

3. 生态系统类型变化对碳储量变化的影响

不同生态系统类型碳密度及相互转换面积的差异，对区域碳储量产生了影响（表 3-26）。1990～2000 年在生态系统类型变化的作用下，生态系统碳储量总减少量 20.95Tg。2000～

2015 年，由生态系统类型变化带来的碳储量总增加 6.65Tg。生态系统类型变化导致的碳储量增加，主要是由于其他生态系统类型向森林生态系统的转变。受退耕还林工程等政策实施的影响，1990～2000 年和 2000～2015 年分别有 4.27Tg 和 63.56Tg 增加量来源于农田生态系统向森林生态系统的转变，其次是草地生态系统向森林生态系统的转变 2.21Tg 和 2.61Tg。碳储量减少主要来源于森林生态系统向其他低碳密度生态系统类型的转变，1990～2000 年和 2000～2015 年，森林生态系统的转出造成碳储量减少 29.74Tg 和 62.13Tg。

表 3-26　71990～2015 年生态系统变化过程中碳储量的变化　　（单位：Tg）

时段	类型	森林	农田	草地	湿地	城镇	裸地
1990～2000 年	森林	0.00	−28.42	−0.35	−0.11	−0.64	−0.21
	农田	4.27	0.00	0.01	2.36	−0.18	0.00
	草地	2.21	−0.10	0.00	0.01	−0.01	0.00
	湿地	0.16	−1.23	0.00	0.00	−0.07	−0.02
	城镇	0.18	0.06	0.00	0.02	0.00	0.00
	裸地	1.04	0.01	0.01	0.06	0.00	0.00
2000～2015 年	森林	0.00	−53.03	−1.33	−2.34	−4.92	−0.51
	农田	63.56	0.00	0.60	4.61	−1.68	−0.02
	草地	2.61	−0.74	0.00	0.01	−0.15	−0.01
	湿地	1.74	−6.53	−0.08	0.00	−0.56	−0.15
	城镇	1.79	0.60	0.05	0.32	0.00	0.00
	裸地	1.29	0.03	0.01	0.10	0.00	0.00

长白山生态功能区蓄水、移民迁建、安置、配套设施建设及城镇化进程是以森林生态系统和农田生态系统为代表的植被景观类型转出的一个重要原因，1990～2000 年和 2000～2015 年其他生态系统类型向城镇生态系统转换造成碳储量减少 0.90Tg 和 7.31Tg，其他生态系统类型转为农田生态系统造成碳储量减少 29.68Tg 和 59.68Tg。由此可以看出，2000～2015 年其他生态系统类型向农田生态系统和城镇生态系统转换是碳储量减少的主要原因；而 1990～2000 年森林生态系统转为农田生态系统是碳储量减少的主要原因，造成碳储量减少 28.42Tg，这可能与 1990～2000 年人口的快速增长与粮食产量供给不足而导致的大量森林生态系统中的灌丛被开垦为农田生态系统有关。

四、森林生产力与蓄积量变化

1. 叶面积指数

（1）叶面积指数变化

植被叶面积指数（LAI）通常被定义为单位地表面积上的叶投影面积，可为植物冠层表面能量交换描述提供结构化定量信息，是生态系统研究中最重要的结构参数之一。作为表征冠层结构的关键参数，它影响植物光合、呼吸、蒸腾、降水截留、能量交换等诸多生态过程，从而成为众多模拟区域和全球陆地生态系统与大气间相互作用的生态模型、生物地球化学模型、动态植被模型和陆面过程模型中的重要状态变量或关键输入数据。LAI 已经成为一个重要的植物学参数和评价指标，并在农业、林业及生态学领域得到广泛应用。在生态学中，LAI 是生态系统的一个重要结构参数；LAI 越高，说明植被生长发育越好越茂密；LAI 越低，说明植被生长发育越差越稀疏。

从 2000~2015 年长白山生态功能区平均 LAI 的年际变化（图 3-46）可以看出，LAI 总体上呈现线性增加趋势，年均增量约为 0.02。

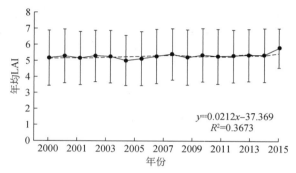

图 3-46　2000~2015 年长白山生态功能区年均 LAI 变化趋势

从空间分布上看，长白山生态功能区全区年均 LAI 值较高，年均 LAI 值为 5.78，全区年均 LAI 最高值可达 10，零星分布在长白山生态功能区各市（州）；辽宁省营口市、大连市、鞍山市、丹东市南部地区、铁岭市西部地区、吉林省通化市中部地区、延边州中东部及中西部地区年均 LAI 值相对较低（图 3-47）。

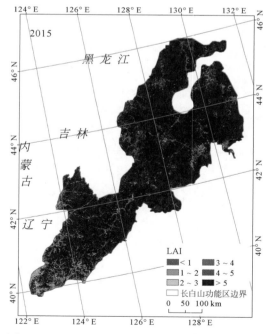

图 3-47　2015 年长白山生态功能区 LAI 空间分布

2000～2015 年长白山生态功能区 LAI 以无显著变化为主，所占比例约为 65.6%，面积为 122 090km²；其次为显著上升区，所占比例约为 15.03%，面积为 27 981km²；极显著上升区所占比例约为 11.32%，面积为 21 068km²（表3-27）；显著下降区和极显著下降区所占比例极小，面积极小。

表 3-27　2000～2015 年 LAI 变化统计

变化趋势	LAI 变化范围	面积（km²）	所占比例（%）
极显著下降	LAI<-2	4 595	2.47
显著下降	-2<LAI<-1	10 382	5.58
无显著变化	-1<LAI<1	122 090	65.60
显著上升	1<LAI<3	27 981	15.03
极显著上升	LAI>3	21 068	11.32

从区域分布上看，1990～2015 年长白山生态功能区 LAI 极显著上升区集中分布在铁岭市，分散分布在营口市、大连市、鞍山市及延边州中东部地区和中西部地区，其他变化趋势类型分布较为分散（图3-48）。

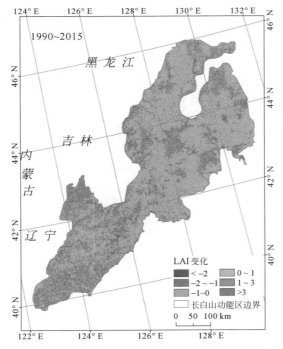

图 3-48　1990～2015 年长白山生态功能区年 LAI 空间变化特征

（2）LAI 年变异系数

2000 ~ 2015 年植被 LAI 年变异系数为 21% ~ 34%，属于中等变异。该变异系数在 2000 ~ 2008 年为下降趋势，2008 ~ 2009 年增加，2009 ~ 2014 年又有小幅度下降，2014 ~ 2015 年下降较为明显（图 3-49）。

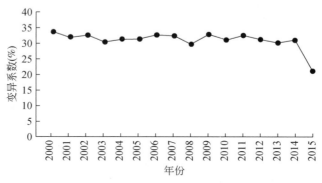

图 3-49　2000 ~ 2015 年植被 LAI 年变异系数

（3）LAI 变化分析

从三种主要生态系统 LAI 值对比来看，森林生态系统 LAI 值最高，农田生态系统 LAI 值略低，湿地生态系统 LAI 值最低。2000 年、2010 年和 2015 年长白山生态功能区森林生态系统、湿地生态系统和农田生态系统年平均 LAI 值及其变异系数如图 3-50 和图 3-51 所示。可以看出，森林生态系统 LAI 在 2000 ~ 2015 年明显增加，由 5.51 增加到 6.04，其 LAI 变异系数逐年减小。湿地生态系统 LAI 在 2000 ~ 2015 年明显增加，由 3.72 增加到 4.12，其 LAI 变异系数逐年增加，说明湿地生态系统 LAI 差异逐年增加。农田生态系统 LAI 在 2000 ~ 2010 年略微减少，由 5.03 减少到 4.04；2010 ~ 2015 年略微增加，由 4.04 增加到 5.06；2000 ~ 2015 年总体呈现增加趋势，其 LAI 变异系数逐年减小。

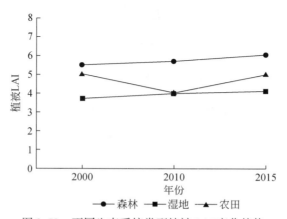

图 3-50　不同生态系统类型植被 LAI 变化趋势

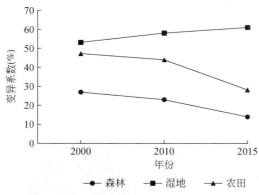

图 3-51　不同生态系统类型 LAI 变异系数

2. 植被覆盖度

（1）植被覆盖度变化

FVC 是描述生态系统的重要基础数据，已经成为一个重要的植物学参数和评价指标，也是研究全球和区域土地覆盖变化及变化监测中的重要参数指标。例如，在水文模型中，FVC 的时间动态变化与空间分布可以用来估算评价水能量或水流动；FVC 作为一个重要的生态学参数被应用在多种气候模型和生态模型中；在生态功能评价中，FVC 是用来评估植被状况、土地退化和沙漠化的有效指数；同时，FVC 也是水土流失的控制因子之一，对土壤侵蚀研究有重要意义，在 USLE（universal soil loss equation，通用土壤流失方程）模型中 FVC 就作为其中一个重要的参数，其大小很大程度上决定了水土流失的强度。植被覆盖与气候因子关系极为密切，研究植被覆盖变化对气候的影响是气候变化研究的主要内容之一。由此可见，FVC 及其变化的研究对研究水文、生态、气候、土地利用与土地覆被变化、全球变化等都具有重要意义，其计算方法的改进及计算精度的提高是各领域发展的需要。随着遥感技术的不断发展，基于不同空间分辨率和时间分辨率的数据源的长时间序列的遥感数据不断积累，为研究 FVC 的方法提供了新的发展方向，尤其是为获取大范围的，如大洲尺度、全球尺度的 FVC 提供了可能。

从长白山生态功能区 2000~2015 年年均 FVC 变化（图 3-52）可以看出，FVC 总体上呈现线性增加趋势，年均增量约为 0.004。

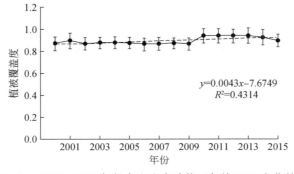

$$y=0.0043x-7.6749$$
$$R^2=0.4314$$

图 3-52　2000~2015 年长白山生态功能区年均 FVC 变化趋势

从空间分布上看，长白山生态功能区全区年均 FVC 值较高，FVC 为 0.90，全区年均 FVC 最高值可达 0.99，零星分布于长白山生态功能区各地级市；辽宁省营口市、大连市、鞍山市、丹东市南部地区、铁岭市西部地区、吉林省通化市中部地区、延边州中东部及中西部地区年均 FVC 值相对较低（图 3-53）。

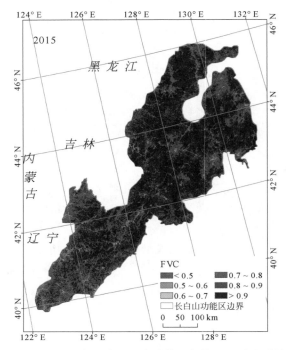

图 3-53　2015 年长白山生态功能区年均 FVC 空间分布

2000～2015 年长白山生态功能区年均 FVC 以无显著变化为主，所占比例约为 91.46%，面积为 169 483km²；其次为显著上升区，所占比例约为 6.20%，面积为 11 486km²；极显著上升区、显著下降区和极显著下降区所占比例极小，面积极小（表 3-28）。

表 3-28　2000～2015 年 FVC 变化统计

变化趋势	FVC 变化范围	面积（km²）	所占比例（%）
极显著下降	FVC<-0.2	993	0.53
显著下降	-0.2<FVC<-0.1	1 977	1.07
无显著变化	-0.1<FVC<0.1	169 483	91.46
显著上升	0.1<FVC<0.2	11 486	6.20
极显著上升	FVC>0.2	1 364	0.74

从区域分布上看，1990～2015年长白山生态功能区年均FVC无显著变化区广泛分布，显著上升区大部分在铁岭市，其他变化趋势类型分布较为分散（图3-54）。

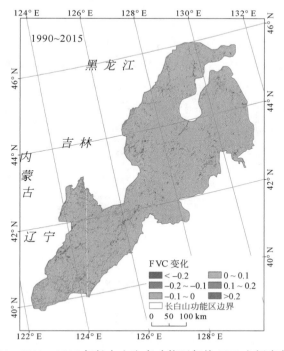

图3-54　1990～2015年长白山生态功能区年均FVC空间变化特征

（2）FVC年变异系数

2000～2015年FVC年变异系数为5.67%～8.03%，属于微小变异（图3-55）。FVC年变异系数在2000～2007年呈现下降趋势，2007～2015年呈现上升趋势（图3-55）。

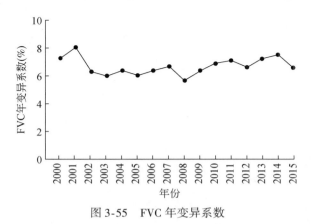

图3-55　FVC年变异系数

（3）年均FVC变化分析

年均FVC的大小与植被类型和气候条件等有直接的关系。2000年、2010年和2015年长白山生态功能区森林生态系统、湿地生态系统和农田生态系统年均 FVC 和 FVC 变异系数如图 3-56 和图 3-57 所示。由此可以看出，森林生态系统 FVC 在 2000~2010 年略微增加，由 0.88 增加到 0.95；2010~2015 年 FVC 略微减小，由 0.95 减小到 0.91；2000~2015 年 FVC 呈现增加趋势；FVC 变异系数先减小后不变。湿地生态系统 FVC 在 2000~2010 年略微增加，由 0.80 增加到 0.87；2010~2015 年 FVC 略微减小，由 0.87 减小到 0.84；2000~2015 年 FVC 呈现增加趋势；FVC 变异系数先增加后减少。农田生态系统 FVC 在 2000~2010 年略微增加，由 0.82 增加到 0.90；2010~2015 年 FVC 略微减小，由 0.90 减小到 0.87；2000~2015 年 FVC 呈现增加趋势；FVC 变异系数基本没变。三种生态系统平均 FVC 对比来看，森林生态系统 FVC 最高，农田生态系统 FVC 略低，湿地生态系统 FVC 最低。

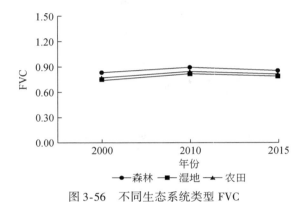

图 3-56　不同生态系统类型 FVC

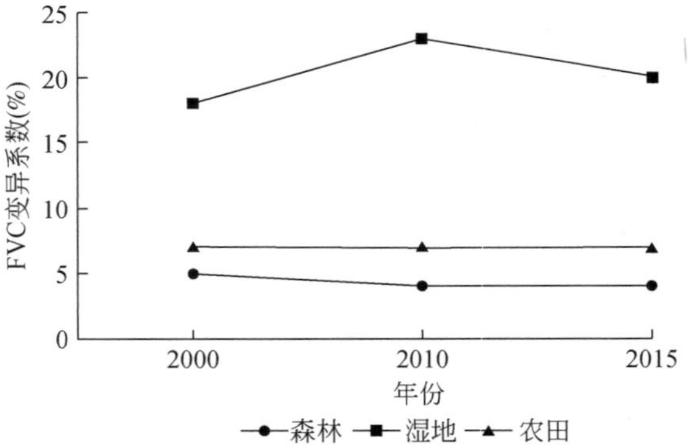

图 3-57　不同生态系统类型 FVC 变异系数

3. 净初级生产力

（1）净初级生产力变化趋势

植被净初级生产力（NPP）是表征植被活动的关键变量，是地球表面绿色植物在单位时间内单位面积上由光合作用所产生的有机物质总量中扣除自养呼吸后的剩余部分。从本质上看，NPP 的形成主要涉及碳的固定与消耗，与全球碳平衡和碳扰动等有着密切关系，是表征陆地生态过程的关键参数。

从长白山生态功能区 2000～2015 年不同年份平均 NPP 的年际变化（图 3-58）可以看出，该区年 NPP 均值维持在 300～500gC/（m²·a）的水平。2000～2005 年 NPP 呈现增加的趋势，2005～2007 年 NPP 呈现下降的趋势，2007～2015 年 NPP 呈现增加的趋势；2000～2015 年 NPP 总体上呈现波动增加趋势，年均增量约为 4.20gC/（m²·a）。

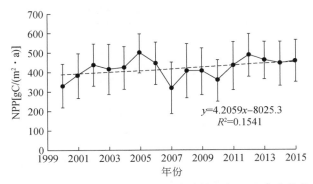

图 3-58　2000～2015 年长白山生态功能区年 NPP 变化趋势

从空间分布上看，长白山生态功能区 2015 年 NPP 由西向东逐渐升高，辽宁省营口市、大连市、鞍山市、丹东市南部地区、吉林省白山市东部地区和延边州东部地区 2015 年 NPP 值高于其他地级市，最高值高达 819.75gC/（m²·a）；吉林市北部地区、哈尔滨市 2015 年 NPP 值多集中在 200～300gC/（m²·a）（图 3-59）。

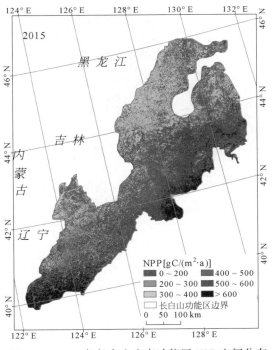

图 3-59　2015 年长白山生态功能区 NPP 空间分布

2000~2015 年长白山生态功能区 NPP 以极显著上升为主，其所占比例约为 70.27%，面积为 131 335km²；其次为显著上升区，所占比例约为 24.17%，面积为 45 172km²；无显著变化区所占比例约为 5.50%，面积为 10 266km²（表 3-29）；显著下降区和极显著下降区所占比例极小，面积极小。

表 3-29　2000~2015 年 NPP 变化统计

变化趋势	NPP 变化范围 [gC/(m²·a)]	面积（km²）	比例（%）
极显著下降	NPP<-100	27	0.01
显著下降	-100<NPP<-50	98	0.05
无显著变化	-50<NPP<50	10 266	5.50
显著上升	50<NPP<100	45 172	24.17
极显著上升	NPP>100	131 335	70.27

从区域分布上看，2000~2015 年长白山生态功能区 NPP 极显著上升区遍布全区；其他变化趋势类型的分布较为分散（图 3-60）。

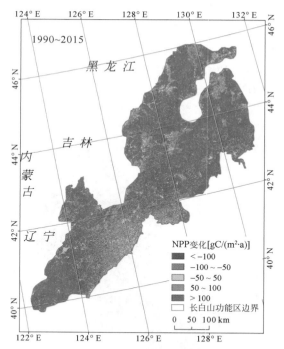

图 3-60　2000~2015 年长白山生态功能区年 NPP 空间变化特征

（2）NPP 年变异系数

2000~2015 年长白山生态功能区 NPP 年变异系数为 20%~41%，属于中等变异（图 3-61）。NPP 年变异系数呈现波动下降趋势，说明 NPP 的空间差异在逐年减小。

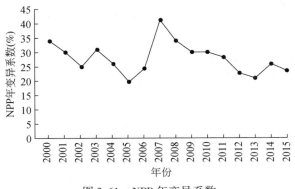

图 3-61　NPP 年变异系数

（3）NPP 变化分析

植被年 NPP 的大小与植被类型和气候条件等有直接的关系。2000 年、2010 年和 2015 年长白山生态功能区森林生态系统、湿地生态系统和农田生态系统年均 NPP 和 NPP 年变异系数如图 3-62 和图 3-63 所示。可以看出，湿地生态系统 NPP 在 2000 ~ 2015 年明显增加，由 302.60gC/（m² · a）增加到 397.76gC/（m² · a）；NPP 年变异系数先增加后减小。

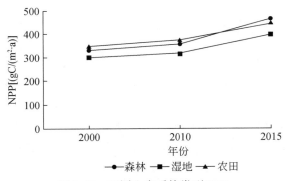

图 3-62　不同生态系统类型 NPP

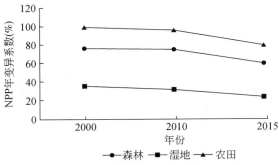

图 3-63　不同生态系统类型 NPP 年变异系数

森林生态系统 NPP 在 2000～2015 年明显增加，由 329.53gC/（$m^2 \cdot a$）增加到 461.55gC/（$m^2 \cdot a$）；NPP 年变异系数逐年减小。农田生态系统 NPP 在 2000～2015 年明显增加，由 345.43gC/（$m^2 \cdot a$）增加到 444.78gC/（$m^2 \cdot a$）；NPP 年变异系数逐年减小。

4. 典型森林群落生产力分析

红松阔叶混交林是世界上为数不多的大面积原生针阔叶混交林，也是长白山生态功能区典型森林群落类型；主要分布于海拔 500～1100m 的玄武岩台地上，处于云冷杉针叶林带与阔叶林带之间，是长白山垂直分布带谱中面积最大的一块，向东延伸到朝鲜北部，向北延伸到西伯利亚的东南部。与同纬度的欧美地区相比，长白山红松阔叶混交林以其结构复杂、组成独特、生物多样性丰富而著称。该林分结构复杂，多混交复层异龄林，各种绿色植物可充分利用生长空间，因而通常具有较高的生物量和生产力。对此，已有相关文献报道（王淼等，2006），主要基于遥感或者生物量调查的方法。本书采用涡动相关技术，以野外长期定位监测的方式获取森林生产力的定量评估数据。

原始红松阔叶混交林主要建群种有红松（*Pinus koraiensis*）、椴树（*Tilia amurensis*）、蒙古栎（*Quercus mongolica*）、水曲柳（*Fraxinus mandshurica*）和色木（*Acer momo*）。由于干扰和林分状况的不同，其中还有不同数量的长白落叶松（*Larix olgensis*）、臭冷杉（*Abies nephrolepis*）、榆树（*Ulmus pumila* L.）等。灌木层主要有毛榛（*Corylus mandshurica*）、东北溲疏（*Deutzia amurensis*）和刺五加（*Acanthopanax senticosus*）等。草本常见有山茄子（*Brachybotrys paridiformis*）、透骨草（*Phryma leptostachya* var. *asiatica*）和各种蕨类、苔草等。林分总蓄积量约为 380m³/hm²，立木株数为 560 株/hm²，郁闭度为 0.8。立木层红松不论按株数或材积计算均能占 30% 以上，其他为椴树、水曲柳、色木槭、蒙古栎等阔叶树。立木通常有二层或三层林冠，第 1 层为水曲柳、椴树和红松组成，其中阔叶树占优势，径级较大，一般为 35～45cm，最大的达 80cm，平均树高约为 27m；第 2 层为红松、色木、椴树或白牛槭（*Acer mandshuricum*）等中小径木组成，但红松占明显优势，株数近 200 株/hm²，蓄积量为 55m³/hm²；第 3 层多为亚乔木，以花楷槭（*Acer ukurunduense*）、青楷槭（*Acer tegmentosum*）和小叶槭（*Acer Tschonoskii*）等为主，生长多呈现灌木状。

森林生产力是衡量树木生长状况和生态系统功能的重要指标之一。早期的森林生产力研究多基于小尺度、多样方的生物量连续调查或生产力模型估算等，由于调查资料获取的时序长度有限，不能很好地解译森林生产力的形成和变化机制。本研究通过对相对完整的 2003～2010 年的通量观测数据进行分析，揭示长白山红松阔叶混交林森林生产力的长期变化趋势。

（1）涡动相关观测

在长白山红松阔叶混交林一号标准样地内建有高 62m 的微气象观测塔。在森林冠层以上和冠下分别安装了一套开路式涡度相关系统（open path eddy covariance，OPEC），对森林–大气间和土壤–大气间 CO_2 交换进行观测。为配合森林碳交换研究的进行，在观测塔的不同高度同时配备了一套常规气象系统和一套 7 层 CO_2 浓度廓线系统，对森林气象因子和 CO_2 浓度梯度进行连续测定。

为减少观测塔塔身尾流效应的影响，仪器安装支架通过延长臂向外伸出约 1.5m。OPEC 系统中，风速与空气虚温脉动采用 CSAT3 三维超声风温仪（Campbell Inc., USA）测量，CO_2 与水汽浓度脉动采用 Li-7500 CO_2/H_2O 红外气体分析仪（Li-Cor，USA）测量。所有湍流脉动信号采样频率为 10Hz，脉动数据通过 CR5000 数据采集器（Campbell Inc., USA）采集，并通过 Loggernet 软件自动下载到计算机上。

（2）微气象观测

观测塔上安装了一套小气候梯度观测系统，同步进行风速、温度、湿度、降水、光合有效辐射等常规气象要素观测。风速测量采用 A100R 风速传感器，观测高度为：2.5m、16m、22m、26m、32m、50m 和 60m。在观测塔 60m 高处，安置一雨量筒观测降水；同时，安装 W200P 传感器，用于测量风向。空气温/湿度测量采用的是 HMP-45C 空气温湿仪（Vaisala，Finland），观测高度为：2.5m、16m、22m、26m、32m、50m 和 60m。在观测塔 32m 高处，采用 CNR-1 净辐射表（Kipp & Zonen，Netherlands）测量净辐射；总辐射、反射短波辐射采用 CM11 短波辐射计测量（Kipp & Zonen，Netherlands）；光合有效辐射采用 Li190SB 光量子探头（Li-Cor，USA）测量。林下透射光合有效辐射采用 5 组分布在观测塔周围，由多探头组成的棒状阵列测量。在 5cm 土壤深处，安置 2 个 HFP01 土壤热通量板（HukseFlux，Netherlands）测量土壤热通量。土壤温度采用一套 107 热敏电阻和一套 105T 热电偶温度传感器（Campbell Inc., USA）平行测量，测量深度为 0cm、5cm、20cm、50cm 和 100cm。土壤含水量采用 CS616 传感器测量（Campbell Scientific，Inc），测量深度为 5cm、20cm 和 50cm。气象因子测量频率为 0.5Hz，通过 CR10X-TD 数据采集器（Campbell Inc., USA）每 30min 自动记录观测平均值。

（3）树木光合生产能力观测

采用 Li-6400（Li-Cor Inc，USA）型便携式光合作用仪对长白山红松阔叶混交林的优势树种进行光合能力测定。光强－光合响应的测定时间为上午 7：00～12：00。测定时，CO_2 浓度通过气袋控制在 400±5μmol/mol，温度控制在阳生植物光合的最适温度 25℃，相对湿度控制在 70%±5%。采用 Li-6400-02B 人工光源提供 0～2000μmol/（m²·s）的不同光强。每个光强下适应 3～5min 后测定。样树为壮龄红松、紫椴、蒙古栎、色木槭。对叶片采用离体测定，每次观测时，在树冠中、上部位各剪取 3cm 左右基径枝条，用湿棉布包裹截断面以减缓水分损失，选取健康叶片，测量 3 个重复。

基于长白山通量观测站长期观测结果，定量分析了长白山温带针阔混交林生态系统生产力动态及其与气候因子间关系。温度是长白山红松阔叶混交林土壤呼吸的主要驱动因子和限制因子，但过于干旱或湿润的土壤也会抑制呼吸的进行。基于呼吸对温度的依赖关系对森林总初级生产量（gross primary production，GPP）和呼吸的估算显示，长白山红松阔叶混交林的 GPP 可以达到 15.1tC/（hm²·a）（图 3-64），而平均呼吸消耗为 13.2tC/（hm²·a），这其中，土壤呼吸排放占到了 76% 左右。与国内外其他温带森林相比，长白山红松阔叶混交林具有较强的碳固定效应，同时属于同化吸收和呼吸代谢都比较活跃的森林（Wu et al.，2006）。

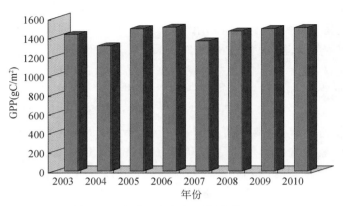

图 3-64   长白山红松阔叶混交林 GPP

进一步分析表明，长白山红松阔叶混交林的生产力存在年际变异，但变异强度较弱（变异系数 CV=0.05）。这可能与长白山地区气候条件较为温和有关。除了 2004 年因为存在两个明显的干旱时段，造成森林生产力较邻近年份显著偏低，其他年份并未出现明显的长期干旱事件或极端高温事件。这也与复杂的原始森林生态系统完善的自我调节功能有关。通过对观测期间森林生产力的变化趋势分析发现，虽然年际间变化不大，但存在较弱的线性增加趋势（$P<0.05$）。由于温度、生长季长度、降水、光照等环境影响因子的年际变化及森林生态系统各组分之间关系的复杂性，作为林龄超过 200 年的成熟天然林，森林 GPP 持续增加趋势的机制并不明晰。另外，8 年的研究结果对于定量森林这一复杂巨系统的生产力变化趋势仍显不足，准确揭示长白山红松阔叶混交林生产力变化特征及其控制因子还有待于更长期的监测。同时，涡度相关法是根据样区内数十至数千平方米范围内的实测值来推算生态系统或区域尺度上植被与大气之间净碳交换量，因为气候、土壤和植被等的空间异质性，以及观测场数目有限且空间上分离，使如何解决从局地测定向生态系统乃至区域尺度的转换，仍有待深入探讨。

赵晓松（2005）基于生物资源调查，根据经验公式和材积法得到长白山红松阔叶混交林 2003~2004 年群落的净生态系统生产力（net ecosystem productivity，NEP）分别为 $2.50\pm1.12tC/hm^2$ 和 $2.68\pm1.20tC/hm^2$，即森林年固定的碳量分别为 250 林年固定和 $268\pm1gC/m^2$。考虑到两者研究对象在空间尺度上的不完全匹配，涡度相关法和生物资源清查方法获得的森林净碳吸收能力基本一致。但需要指出的是，由于生物调查取样的随机性、经验方程的不确定性、系统自养呼吸和异养呼吸估算方法的粗放性，决定了森林资源清查方法作为森林生产力研究手段的局限性。特别是森林资源清查方法缺乏森林生产力形成机制的解析，因此，该方法更多的是用于森林初级生产力的估算。另外，张娜等（2003）运用基于遥感数据源的 EPPML 生物地球化学循环模型，对长白山红松阔叶混交林生态系统的碳平衡状况进行模拟显示，长白山红松阔叶混交林 NPP 为 $1084gC/(m^2\cdot a)$，NEP 为 $573gC/(m^2\cdot a)$。国家林业温室气体清单专题组据根据 1989~1993 年和 1994~1998 年森林资源清查数据，推算得到的我国红松阔叶混交林 NPP 平均值为 $1240gC/(m^2\cdot a)$，NEP 为 $620gC/(m^2\cdot a)$

（中国气候变化信息网：www. ccchina. gov. cn/source/ga/ga2002102301. htm）。综上所述，不同研究方法之间还有较大的差异。为了降低对森林生产力评价的不确定性，迫切需要解决不同研究尺度、不同研究方法之间的比较与整合。

5. 典型森林蓄积量变化的树种差异

根据长白山站红松阔叶混交林固定监测样地连续调查的结果，1981 年、2010 年和 2016 年的森林总蓄积量分别为 336. 8m³/hm²、433. 8m³/hm² 和 516. 8m³/hm²。1981 ~ 2016 年森林总蓄积量共增加 180. 0m³/hm²，年增长量为 5. 14m³/hm²。

除色木槭外，长白山红松阔叶混交林其他树种在 1981 ~ 2016 年里蓄积量都呈增加的趋势。其中红松、紫椴、水曲柳、蒙古栎的蓄积量由 1981 年的 98. 1m³/hm²、60. 8m³/hm²、106. 3m³/hm² 增加到 2016 年的 169. 3m³/hm²、128. 0m³/hm²、121. 5m³/hm²，年均增量分别为 71. 2m³/hm²、67. 1m³/hm²、15. 2m³/hm²、18. 0m³/hm²，每年增长量分别为 2. 03m³/hm²、1. 92m³/hm²、0. 43m³/hm²、0. 51m³/hm²（图 3-65），分别占森林总蓄积年增长量的 39. 5%、37. 4%、8. 37%、9. 92%。其中，红松和紫椴贡献了蓄积生长量的 76. 9%。

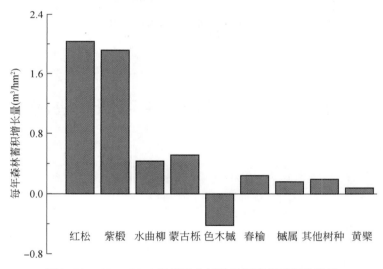

图 3-65　1981 ~ 2016 年样地分树种每年森林蓄积增长量

6. 蓄积量的径级差异

按 DBH[①]<10cm、10cm≤DBH<20cm、20cm≤DBH<30cm、DBH≥30cm 分为四个径级，分别计算每个径级的蓄积增长量（图 3-66）。结果表明，1981 ~ 2016 年，DBH<10cm 的蓄积增长量为 1. 1m³/hm²，10cm≤DBH<20cm 的蓄积增长量为 3. 1m³/hm²，DBH≥30cm 的蓄积增长量为 185. 7m³/hm²，而 20cm≤DBH<30cm 蓄积量为负增长，为 –9. 9m³/hm²。四个径级总蓄积增长量为 180. 0m³/hm²，年蓄积增长量分别为 0. 03m³/hm²、0. 09m³/hm²、

---

①　DBH 指 diameter at breast height，即胸高直径。

$-0.28\mathrm{m}^3/\mathrm{hm}^2$ 和 $5.30\mathrm{m}^3/\mathrm{hm}^2$。其中 DBH $\geqslant$ 30cm 的大径级林木贡献了年蓄积生长量的 103.1%，20cm 以下的林木的蓄积增量仅占 2.33%，这说明长白山红松阔叶混交林生产力的提高主要靠大径级林木的贡献。

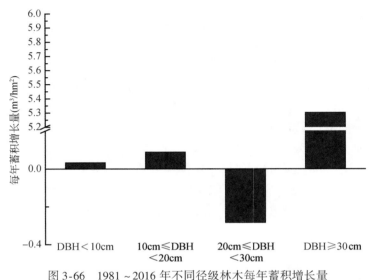

图 3-66　1981～2016 年不同径级林木每年蓄积增长量

第五节　主要问题与生态保护建议

一、生态变化评估的主要结论

1. 全区气候呈暖干化趋势，水资源量减少

"气温升高、日照减少、风速减弱、降水量周期震荡变化"为长白山生态功能区整体气候变化特征。其中，长白山核心区是气温升高的敏感区，辽东半岛区是受暖干化影响最明显的区域。总体上，全区地表水、地下水资源、年径流量呈减少的趋势。

2. 森林面积先减少后增加，森林景观破碎化程度加剧；湿地和草地面积持续减少农田面积先增加后减少，城镇面积明显扩张

森林生态系统面积变化明显，1990 年森林面积达 146 968.51km²，1990～2000 年，森林面积减少了 1008.36km²；2000～2015 年森林面积有所恢复，增加了 524.45km²；1990～2015 年长白山生态功能区森林斑块数量 NP 和斑块密度（PD）逐年递增，DIVISION 逐年降低，AI 下降，表明森林景观破碎化加剧；比较而言，长白山自然保护区内森林景观破碎化程度较低，森林景观连通性较高。湿地面积呈持续减少趋势，由 1990 年的 3675.61km² 减少到 2015 年的 3647.30km²。草地和裸地面积持续减少，1990～2015 年减少了 339.50km²，减少幅度达 20.50%。1990～2000 年农田面积增加了 1077.95km²，2000～

2015 年农田面积减少了 659.85km²，减少的农田主要转化为森林和城镇。

3. 生态系统质量有所好转，LAI、FVC 增加、NPP 提高

2000～2015 年长白山生态功能区平均 LAI 总体上呈线性增加趋势，年均增量约为 0.02。森林与湿地生态系统叶面积指数在过去 15 年中明显增加，而农田生态系统叶面积指数变化趋势不明显。

2000～2015 年长白山生态功能区平均 FVC 总体上呈线性增加趋势，年均增量约为 0.004。森林生态系统、湿地生态系统和农田生态系统年均 FVC 均先增加后减小，总体呈增加趋势。不同生态系统类型的平均 FVC 对比分析表明，森林生态系统 FVC 最高，农田生态系统 FVC 略低，湿地生态系统 FVC 最低。

2000～2015 年长白山生态功能区平均 NPP 总体上呈波动增加趋势，年均增量约为 4.2gC/m²。湿地生态系统、森林生态系统和农田生态系统 NPP 在 2000～2015 年明显增加。典型森林群落——红松阔叶混交林的生产力存在年际变异，但变异强度较弱（变异系数 CV=0.05）。观测其变化趋势发现，虽然年际间变化不大，但存在较弱的线性增加趋势（$P<0.05$）。

4. 长白山生态功能区产水量增加、生态系统碳储量增加，生境质量变好，典型森林群落结构稳定，固碳量和森林蓄积量逐年增长

1990～2015 年，长白山生态功能区单位面积产水量和区域产水量总量均呈先减少后增加趋势产水量增加的区域集中分布在长白山生态功能区北部，尤其是白山市的产水量更是增加到 200mm 以上。产水量减少的区域集中分布在长白山生态功能区南部。

不同生态系统类型之间差异较大；森林生态系统的区域产水量总量最强，农田生态系统的区域产水量总量次之，湿地生态系统的区域产水量总量最低，之所以产生这种情况是因为森林生态系统是长白山生态功能区的主要生态系统类型，森林覆盖面积大，且森林的蓄水能力强。

1990～2015 年，长白山生态功能区生境质量呈先变差后变好趋势，与 1990 年相比，2000 年生境质量最好区域的面积减少了 1.06%。2015 年各生境质量评价因子较 2000 年略有好转，生境质量最好区域的面积增加了 4.82%。1990～2015 年，长白山生态功能区碳储量分布的空间特征无明显差异。1990～2000 年长白山生态功能区碳储量总量由 1990 年的 3979.76Tg 减少到 2000 年的 3958.80Tg，减少了 20.96Tg。2000～2015 年长白山生态功能区碳储量总体是呈增加的趋势的，由 2000 年的 3958.80Tg 增加到 2015 的 3965.46Tg，增加了 6.66Tg。1990～2015 年长白山生态功能区总碳储量减少 14.30Tg，其中森林生态系统、草地生态系统和湿地生态系统的总碳储量是减少的，分别减少 9.24Tg、1.64Tg 和 5.03Tg，但是农田生态系统的总碳储量是增加的，增加 1.61Tg。

根据固定监测样地长期调查的结果，长白山红松阔叶混交林每年固碳量约为 229gC/(m²·a)，长白山红松阔叶混交林在 1981～2016 年蓄积量共增加 180.0m³/hm²，年增长量为 5.14m³/hm²。

二、主要生态问题、成因与生态保护建议

1. 生态系统结构

（1）森林面积虽有所恢复，但旅游等人类活动加剧森林景观破碎化，湿地面积持续萎缩

1990～2000 年，森林面积减少了 1008.36km^2；2000～2015 年森林面积有所恢复，增加了 524.45km^2；湿地面积呈持续减少趋势，由 1990 年的 3675.61km^2 减少到 2015 年的 3647.30km^2。草地和裸地面积持续减少，1990～2015 年减少了 339.50km^2，减少幅度达 20.5%。1990～2000 年农田面积增加了 1077.95km^2，2000～2015 年农田面积减少了 659.85km^2，减少的农田主要转化为森林和城镇。

景观是人类活动的载体，区域景观格局的动态变化会引起区域生态功能的流动（赵建军等，2011）。长白山地区经过长期的生态进化，其独特的地质地貌形态和丰富的物种，已经形成了稳定良好的自然景观。自 20 世纪 90 年代初，国家开发了长白山森林旅游业，人类的足迹深入长白山，人类开始在长白山地区开展各类生产实践活动，旅游业开发、城市规模扩大、土地利用类型的改变，都对长白山的自然景观产生了重大影响。快速发展的旅游业和采矿业加速了长白山生态功能区人工用地不断扩张。1990～2015 年，长白山生态功能区采矿厂、居民地和交通用地分别增加了 59.9km^2、204.8km^2 和 89.7km^2，平均每年增加 2.4km^2、8.2km^2 和 3.6km^2，增加幅度分别为 63.7%、9.1%、34.2%。由于当地政府和机构不断加强对基础设施的建设，同时加大了宣传的广度和力度，吸引了越来越多的游客来此地观光，旅游收入也不断提高。近年来长白山旅游业发展势头较快，来此观光的游客人数与旅游收入持续增长。2016 年，来此观光的游客人数与旅游收入持续增长，全区总产值达 31.5 亿元，年增率为 14.2%，全区共接待游客愈 313 万人次，超过了 2010 年的 1 倍，实现旅游收入为 29.7 亿元，是 2010 年的 2.6 倍，年增长率为 21.0%，其中长白山景区接待游客为 215 万人次，是 2010 年所接待游客人次的 2.4 倍，年增长率为 19.0%，旅游收入为 5.6 亿元，实现年增长率达 21.7%。目前全景区拥有景点 49 个，旅店及宾馆 49 家，其中星级酒店达 24 家。

30 年间，在人类各种干扰下，长白山地区土地利用类型变得更加丰富，大的景观类型被切割成更多小的景观类型，降低了景观类型间的连通性，致使景观破碎化程度增加。1990～2015 年，长白山生态功能区森林 NP 和 PD 逐年递增，DIVISION 逐年降低，AI 下降，表明森林景观破碎化加剧。

（2）实施天保工程等生态保护与恢复工程效果明显，实施旅游业统一管理，发展生态旅游十分必要

1990～2015 年，天保工程、退耕还林工程、全面禁伐政策的实施使全区生态状况趋于改善，生态系统服务能力、生态系统质量有所提高。水源涵养能力增强、生态系统碳储量增加，生境质量趋好，典型森林群落结构稳定，固碳量和森林蓄积量逐年增长。因此，继续实施天保工程等生态保护与恢复工程对长白山生态功能区的生态保护十分必要。

同时，建议严格落实《吉林省人民政府关于长白山保护与开发总体规划（2006—2020年）的批复》文件规定，对长白山旅游区内的旅游资源和项目建设实行统一规划、统一开发和统一管理。在坚持统一的旅游开发纲要的前提下，结合可持续发展理论及景观生态学理论，合理利用及开发长白山现阶段所拥有的自然资源和生态环境，对保护开发区内的建设项目进行统一部署和科学决策。例如，根据长白山地形、地貌、地脉等自然条件，充分发挥长白山周边十个节点城镇（简称"十镇"）地域相连、历史相承、文化同源、产业互融、交通衔接的优势，开展推进环长白山区域"十镇"一体化发展试点，打造环长白山生态旅游特色城镇集群，突显整体的区域特色。同时，加快长白山区域行政区划调整与管理体制改革，确立吉林省长白山保护开发区管理委员会（简称长白山管委会）的管辖区域范围，明确长白山管委会的职权范围，建立和完善保护开发区运行机制。在旅游品牌营销、景区规划与项目建设、旅游服务设施设备及其他行政事务方面进行统一管理。

长白山生态功能区，作为东北地区发展的生态屏障，发展生态旅游更是十分必要的。在旅游的过程中，提倡"呵护绿色的精神"。提倡到自然中来不是为了劫掠和破坏自然的美丽，而是为了在清幽的山林中做自然的朋友和呵护自然，要像爱护生命和眼睛一样爱护自然。同时配备专业导游，进行教育、帮助监督和引导的作用，并对游客进行生态、环保知识的讲解，积极引导游人爱护自然。

2. 生境保护和生物多样性维持

（1）虽然大型动物生境、种类、数量有所恢复，但珍稀野生动植物资源减少

长白山生态功能区内野生动物种类繁多，资源非常丰富，目前已知有动物 1586 种，其中昆虫 1225 种、鱼类 5 目 10 科 24 种、两栖类 2 目 5 科 9 种、爬行类 1 目 3 科 12 种、鸟类 18 目 50 科 230 种 10 亚种、兽类 6 目 20 科 56 种。在 1586 种野生动物中，属国家重点保护的动物有 58 种。其中，国家一级保护动物有东北虎（*Panthera tiris* Linnaeus）、金钱豹（*Panthera pardua* Linnaeus）、梅花鹿（*Cervus nippon* Temminck）、紫貂（*Martes zibellina*）、原麝（*Moschus moschiferus* Linnaeus）、金雕（*Aquila chrysaetos kamtschatica* Severtzv）、白肩雕（*Aquila heliaca*）和中华秋沙鸭（*Mergus squamatus* Gould.）等 10 种；国家二级保护动物有棕熊（*Ursus arctos* Linnaeus）、黑熊（*Selenarctos thibetanus* G. Cuvier）、猞猁（*Felis lynx* Linnaeu）、马鹿（*Cervus elaphus* Linnaeus）、鸳鸯［*Aix galericulata*（Linnaeus）］、鹗（*Pandion haliaetus*）、苍鹰（*Accipiter gentilis* Linnaeus）、雀鹰（*Accipiter nisus nisosimilis*）、花尾榛鸡（*Bonasa bonasia*）等 48 种。2003 年，长白山自然保护区就有国家一、二类重点保护动物 48 种，国家一、二、三类重点保护植物 24 种。但是目前这些珍稀物种已经几近灭绝，天然人参、党参、天麻等珍稀野生植物的数量和分布大幅度减少，即使在保护区内也很少见到。

作为长白山系食物链最顶层的东北虎和远东豹，其数量和分布范围一直受科学家的关注。东北虎，曾遍布中国东北地区，曾达到"众山皆有虎"的盛况。1963 ~ 1972 年，长白山腹地漫江公社，先后发现过七只野生东北虎（刘滨凡和吕任涛，2004）。由于人类活动的影响，其种群急剧衰减，其全球数量下降至 500 只以下。它在长白山系的大部分区域

也销声匿迹，目前仅在以珲春自然保护区为中心的中俄边境区域有野生东北虎频繁活动的证据和信息。长白山系的另一种著名大型猛兽——远东豹，其濒危状况更为让人担忧。其主要历史分布区几乎覆盖至整个长白山系，但是在近100年，其分布和数量急剧下滑，已近至灭绝的边缘，目前认为远东豹仅分布在中、俄、朝三国交界的非常狭小的范围内，数量不到50只。20世纪80年代前调查区域东北虎的密度约为0.22只/100km²，远东豹密度约为0.03只/100km²。而1985~2009年在调查区域没有见到东北虎的活动踪迹。这表明，20世纪80年代初期东北虎在长白山保护区已消失（朴正吉等，2011）。然而，北京师范大学生物多样性研究团队通过多年监测研究发现，2012~2014年，至少有27只东北虎和42只东北豹长期活动于靠近中俄边境的吉林省东部区域，其种群数量和活动范围有增加的趋势。近几年，在长白山综合观测内观测发现亚洲黑熊的踪迹。这些都表明长白山生态功能区部分地区生境条件得到改善，大型动物数量和种类有所恢复。

（2）大型动物种类与数量变化

对吉林长白山森林生态系统国家野外科学观测研究站的固定样地（即长白山红松阔叶混交林综合观测场）内进行大型动物种类和数量的观测，观测结果如图3-67所示。从图3-67中可以得到：2005~2015年，大型动物的种类和数量都呈增加的趋势，其中大型动物的种类增加了1种，大型动物的数量约增加了14.5%。近2年内，在该综合观测场内观测发现亚洲黑熊的踪迹。观测结果表明，天保工程对长白山红松阔叶混交林大型动物种类和数量的恢复起到了积极作用，大型动物的生存环境和条件得到改善，生物多样性得到恢复。

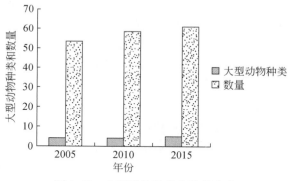

图3-67　大型动物种类和数量变化

（3）鸟种类与数量变化

通过对吉林长白山森林生态系统国家野外科学观测研究站的固定样地内鸟类种类与数量进行观测，得到鸟种类与数量变化的观测结果如图3-68所示，2005~2015年，该地区鸟种类数减少了2种，可能是外界环境的改变和人为活动的干扰，如旅游等，导致鸟种类略有变化；鸟类的总数量略有波动，总体上来看，基本趋于稳定状态，变化并不显著（$P<0.05$）。

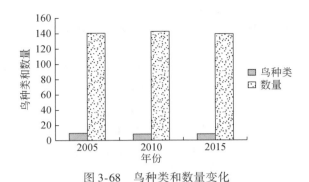

图 3-68　鸟种类和数量变化

（4）建议继续加大野生动物生境保护力度，扩大保护区面积

长白山生态功能区野生动植物种类繁多，资源丰富。2000 年、2010 年、2015 年，经评估发现长白山生态功能区生境质量稳定，适宜性最好的区域和适宜性良好区域面积之和分别占全区面积的 89.16%、91.34%、89.20%。长白山生态功能区生境质量的稳定使野生动植物资源恢复和发展成为可能。

同时，为加大野生动物生境保护力度，建议扩大长白山自然保护区范围。长白山依照海拔高度从下到上依次形成了五个植被垂直分布带，分别是：落叶阔叶林带（位于海拔500m 以下）、针阔混交林带（位于海拔 500～1100m）、暗针叶林带（位于海拔 1100～1800m）、亚高山岳桦（偃松）矮曲林带（位于海拔 1800～2100m）、高山苔原带（位于海拔 2100m 以上）。但长白山保护区成立时间较早，周边分布有大面积的原始森林，形成天然的外围保护地带，同时出于支持周边林业单位采伐任务的考量，使得长白山保护区在范围划定时仅覆盖了前四个植被带。因落叶阔叶林带和部分原始红松林没有划到该保护区范围内，大量林木遭到紧贴保护区的周边林业企业砍伐，不仅使原本贯通五个植被带的"生物廊道"发生阻碍，而且使周边森林植被及动植物物种资源持续减少，野生动物生存空间被严重压缩。目前长白山国家级自然保护区面积为 196 465hm²，但缺少 500m 以下的落叶阔叶林带地区，因此可以考虑合理扩大保护区面积，将保护区周边资源较好的林业局划入保护区范围。考虑到吉林森工集团露水河林业局位于落叶阔叶林带区，同时分布有 $1.2 \times 10^4 hm^2$ 的原始红松林，可优先把吉林森工集团露水河林业局纳入保护区范围。将保护区范围线适当向长白山下延伸，增大面积周长比，减小边缘效应，扩大野生动物的栖息地。

3. 矿产资源过度开发可能导致地下水资源减少等生态问题应引起关注

截至 2015 年 3 月，在长白山区域已建、在建和明确投资意向的矿泉水项目累计总产能已超过 $1 \times 10^8 t$，从而造成部分涌泉枯竭，地下水位下降，长白山瀑布在枯水期水量明显减少。据国土资源部历年来对矿泉水水源水质统一检测结果显示，长白山矿泉水水源地正在遭受不同程度的污染。这体现在三个方面：一是矿泉的上游的居民生活垃圾及他们使用的农药化肥对水的污染；二是一些企业只重视经济效益，忽视了资源保护，出现了盲目的、无序的、破坏性的开发现象；三是矿泉水保护区内的大面积林木遭到砍伐，湿地及泥炭地被围垦，导致植被破坏，涵养水源能力下降，从而影响了水资源量。

长白山生态功能区内四条主要河流地表水资源、地下水资源均呈下降趋势。监测数据表明：1956～2015 年松花江、西流松花江、图们江和鸭绿江地表水资源年均值分别为 $356.13\times10^8\,\mathrm{m}^3$、$166.40\times10^8\,\mathrm{m}^3$、$50.45\times10^8\,\mathrm{m}^3$ 和 $152.27\times10^8\,\mathrm{m}^3$；2000～2015 年松花江地表水资源年均值为 $341.45\times10^8\,\mathrm{m}^3$ 比 1956～1999 年年均值 $361.47\times10^8\,\mathrm{m}^3$ 降低了 5.5%；2000～2015 年西流松花江地表水资源年均值为 $170.03\times10^8\,\mathrm{m}^3$ 比 1956～1999 年年均值 $165.08\times10^8\,\mathrm{m}^3$ 增加了 3.0%；2000～2015 年图们江地表水资源年均值为 $49.55\times10^8\,\mathrm{m}^3$ 比 1956～1999 年年均值 $50.77\times10^8\,\mathrm{m}^3$ 降低了 2.4%；2000～2015 年鸭绿江地表水资源年均值为 $140.38\times10^8\,\mathrm{m}^3$ 比 1956～1999 年年均值 $156.60\times10^8\,\mathrm{m}^3$ 降低了 10.4%。

促进矿泉水资源有序开发，坚持"在保护中开发，在开发中保护"的总原则为：在矿泉水资源开发活动中，严格执行环境影响评价制度，重要矿泉水水源地由政府负责规划保护，防止在矿泉水资源开发活动中造成资源的污染和破坏。

1）矿泉水水源保护区规划。根据吉林省矿泉水资源分布特点和生态环境特征，结合矿泉水产业发展规划，在全区设立 9～11 个矿泉水水源地保护区，对集中分布的天然饮用矿泉水水源地实施有效保护，使宝贵的矿泉水资源免遭污染，为吉林省矿泉水资源始终保持绿色、持续发展和矿泉水资源的永续利用奠定基础。

2）矿泉水水源保护区建设。矿泉水水源保护区建设主要依据天然矿泉水水源集中分布特征，结合影响矿泉水形成与赋存的地形地貌、地层岩性、地质构造及矿泉水补给、径流和排泄条件确定。按照国家关于在保护区内不设保护区的规定，其上游补给区位于自然保护区内的，则以自然保护区边界为界，水源地下游排泄区边界则结合开采条件下的影响范围来确定。参照《饮用水水源保护区污染防治管理规定》中关于地下水水源保护区划定，结合矿泉水资源成矿环境和矿泉水循环条件，将保护区分为三级，即一级保护区、二级保护区和准保护区。

3）矿泉水地质环境保护与恢复治理。要按照《矿山地质环境保护管理规定》要求，加大矿泉水含水层的保护，科学开采，始终保持矿泉水的天然自流状态，禁止人工强烈开采及破坏含水层等活动；做好地质灾害防治工作，建立矿泉水水质、水量动态监测系统，实现绿色发展、低碳发展及循环发展，最终达到永续利用的目的。

4）矿泉水水源卫生防护区建设。依据国家和省（自治区）有关的法律、法规，参照《饮用天然矿泉水》（GB 8537—1995）和中华人民共和国国家质量监督检验检疫总局公告（2004 年第 83 号）中对矿泉水水源卫生防护的要求、规划将矿泉水水源卫生防护区进一步划分为严格保护区、限制区和监察区，其范围分别为 15m、100m 及 ≥300m。保护区内应设置界牌、界碑。

第四章 | 三江平原生态功能区生态变化评估

第一节 三江平原生态功能区概况

一、地理位置与空间范围

三江平原湿地生物多样性保护重要生态功能区位于黑龙江省松花江下游及其与乌苏里江汇合处，土地总面积为 27 684km²，东西宽约为 150km，南北长约为 405km，空间范围在东经 132°~134°，北纬 45°~48°。行政范围涉及黑龙江省鸡西、双鸭山和佳木斯三市（图 4-1）。该区是我国平原地区沼泽分布最大、最集中的地区之一，湿地植被类型以薹草沼泽为主，其次为芦苇沼泽；具有自然湿地面积大，生物多样性丰富，湿地生态系统类型

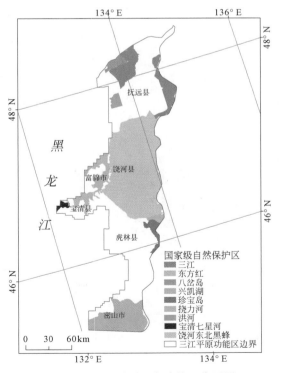

图 4-1 三江平原生态功能区位置图

多样等特点，有多处湿地被列入国际重要湿地名录。该生态功能区范围内分布有 9 个国家级自然保护区：八岔岛国家级自然保护区、三江国家级自然保护区（同时为国际重要湿地）、洪河国家级自然保护区（同时为国际重要湿地）、饶河东北黑蜂国家级自然保护区、挠力河国家级自然保护区、东方红湿地国家级自然保护区（同时为国际重要湿地）、珍宝岛湿地国家级自然保护区（同时为国际重要湿地）、宝清七星河国家级自然保护区（同时为国际重要湿地）、兴凯湖国家级自然保护区（同时为国际重要湿地）。

二、地形地貌

本书考虑的地形因子主要有高程和坡度两个方面。高程对于土地景观格局影响明显，不同高程范围内，植被类型差异明显，高程相对较低的地区，多为人工种植植被，如玉米、大豆和水田等农作物类型，人工育林的杨树、白桦和红松等森林植被。高程较高的地区多为自然生长植被。坡度因子是影响自然环境的重要因子，坡度的大小决定生态系统情况。坡度较小的地区，人类利用程度较大，而坡度较大的地区，如坡度大于 25°的范围地区，是不适合耕种和建设的。

三江平原生态功能区内总体上呈现中间高、四周低的地势，全区海拔为 29～827m，平均海拔高度为 90m（图 4-2）。该区域内的整体坡度低于 35°，空间特征同高程分布类似，

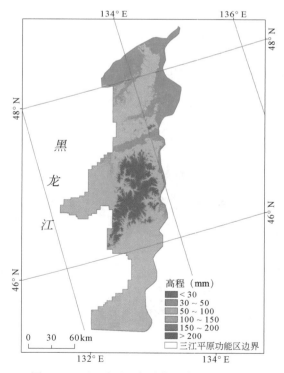

图 4-2　三江平原生态功能区高程分布格局

坡度随山体的走向发生变化；中部地区坡度较高，多位于5°以上；四周坡度较缓，大多位于2°以下。全区坡度位于2°以下地区约占全区面积的80%，随着坡度的升高，土地面积比例逐渐下降（图4-3和图4-4）。

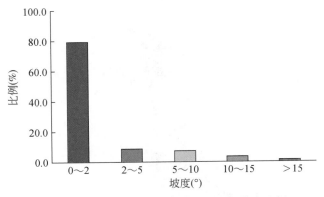

图4-3　三江平原生态功能区坡度空间分布比例

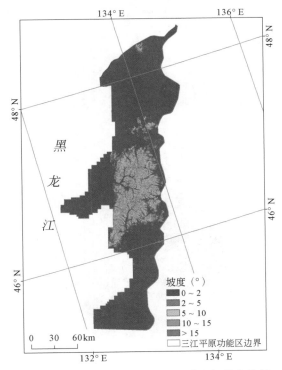

图4-4　三江平原生态功能区坡度空间分布格局

　　三江平原生态功能区地貌类型以低海拔冲积平原、冲积扇平原为主；该区中部地势相对较高，多发育小起伏山地，局部发育中起伏山地及丘陵地貌，其他地区呈广阔低平的地貌特征；结合该区降水集中夏秋的冷湿气候特征，径流缓慢、洪峰突发的河流及季节性冻融的黏重土质，使地表长期过湿，积水过多，易形成大面积沼泽水体和沼泽化植被、土壤，从而构成了独特的沼泽景观。该区平原、山地、丘陵、台地及湖泊地貌分别占总面积比例的67.1%、14.8%、8.8%、5.9%、3.4%，具体如图4-5和图4-6所示。

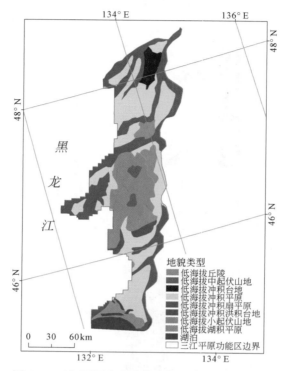

图 4-5　三江平原生态功能区各地貌类型分布格局

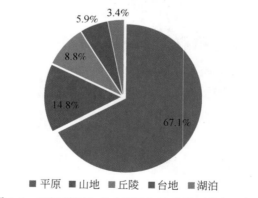

图 4-6　三江平原生态功能区各地貌类型分布比例

三、气候条件

三江平原生态功能区属温带湿润、半湿润大陆性季风气候，全年平均日照时数为

2400~2500h，1月均温为-21~-18℃，7月均温为21~22℃，无霜期为120~140天，10℃以上活动积温为2300~2500℃。冻结期长达7~8个月，最大冻深为1.5~2.1m。年均降水量为500~600mm，年均降水量75%~85%集中在6~10月。这里虽然纬度较高，年均气温为3~4℃，但夏季温暖，最热月平均气温在22℃以上，雨热同季，适于农业（尤其是优质水稻和高油大豆）的生长。以下主要从气温、降水、平均风速、日照时数四个方面来描述三江平原生态功能区内的气候状况。

1. 气温

三江平原生态功能区年平均气温（图4-7）呈现由北向南逐渐增高的趋势，全区年平均气温为3.8℃。在过去的几十年里该功能区内年平均气温呈现明显的上升趋势，最高年平均气温出现在2008年宝清地区，为5.8℃；最低年平均气温出现在1969年，为0.6℃。

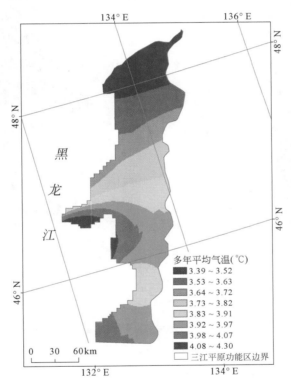

图4-7　三江平原生态功能区多年平均气温分布格局

2. 降水

三江平原生态功能区降水量分布具有明显的空间异质性，总体上呈现由东向西递减的趋势，虎林地区年均降水量最高（图4-8）。全区近60年来的年平均降水量为536.1mm，全年降水量的60%~70%集中在夏季，1950年至今总体上呈现轻度下降趋势。最高年降水量为849.1mm，出现在1981年虎林地区；最低年降水量为294mm，出现在2003年宝清地区。

3. 平均风速

三江平原生态功能区经常受南高北低的气压形势影响，全年最多主导风向为偏南风，占全年总频率的39%，其次以偏西风居多。春季和夏季多南风，夏秋阴雨天有东风，冬季多西风或西北风（图4-9）。年平均风速为3.4m/s。最大年平均风速为4.8m/s，出现在1980年宝清地区；最小年平均风速为2m/s，出现在2008年及2012年虎林地区。

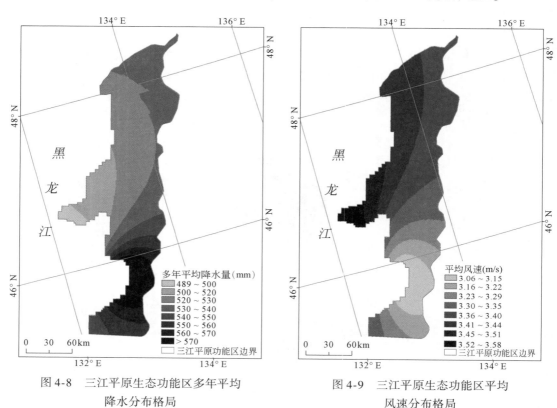

图4-8 三江平原生态功能区多年平均　　　　　图4-9 三江平原生态功能区平均
　　　　降水分布格局　　　　　　　　　　　　　　　风速分布格局

4. 日照时数

在日照时数方面，整个三江平原生态功能区1951～2013年的平均年日照时数为2439.4h，最大日照时数出现在2008年虎林地区，全年累计日照时数为2874.5h；最小日照时数出现在1993年富锦地区，全年累计日照时数为1953.7h。

四、土壤类型

三江平原生态功能区内土壤条件优越，土壤肥沃，利于农作物生长。土壤类型主要包括白浆土、沼泽土、暗棕壤、草甸土、新积土、泥炭土、黑土等。各土壤类型的分布，明显受地表岩性和地貌条件的控制，松花江、乌苏里江及其支流为新积土分布区域；白浆土、沼泽土、草甸土主要分布于辽阔低平的平原地区；暗棕壤主要分布于山地丘陵地区，地表覆盖主要为林地（图4-10）。各土壤类型分别占全区土壤总面积的比例如图4-11

所示。

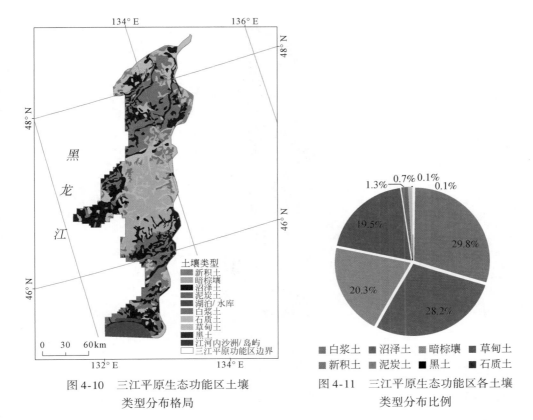

图 4-10 三江平原生态功能区土壤
类型分布格局

图 4-11 三江平原生态功能区各土壤
类型分布比例

五、植被类型

由于受地形、地貌、土壤、气候等诸多因素的影响，三江平原生态功能区内植被呈现明显的地理区域特征。该功能区内开阔低平地带植被类型以农作物为主，一年熟玉米、水稻、大豆分布广泛，部分地区分布有少量的春小麦、高粱等经济作物。沼泽湿地、草甸多沿河流分布或分布于保护区内，湿生和沼生植物主要有小叶章、沼柳、薹草和芦苇等；其中以薹草沼泽分布最广，其次是芦苇沼泽。森林主要分布于该区中部小起伏山地、丘陵地区，类型主要包括：阔叶林、针叶林及针阔混交林；其中阔叶林类型有：白桦、小叶白杨、紫椴、蒙古栎、色木槭等；针叶林类型包括：兴安落叶松、云杉等，详情如图 4-12所示。

六、生态系统现状

受自然因素、人类活动两方面因素驱动，三江平原生态功能区生态系统强度较大，截至 2015 年，该功能区内耕地分布最为广泛，面积达 14 883.7km²，占整个三江平原生态功

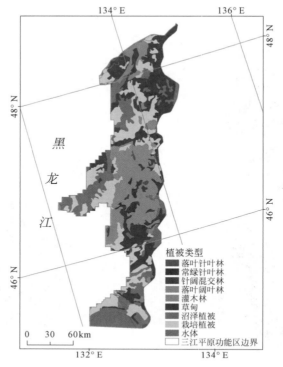

图 4-12　三江平原生态功能区植被类型分布格局

能区面积的 53.8%，主要分布于平原地带，该区域已发展成为我国重要的商品粮种植基地。林地面积次之，为 6742.1km²，主要分布于中部山地丘陵地带。湿地主要包括：河流、湖泊、草本沼泽，水库/坑塘等，面积为 5661.1km²。城镇扩张明显，面积已达 348.2km²。草地及其他类型分布较少（图 4-13）。

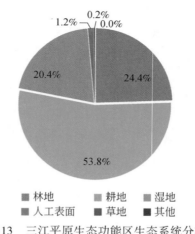

图 4-13　三江平原生态功能区生态系统分布比

第二节　环境要素变化

一、气候变化

1. 区域气候变化

（1）温度和降水量

研究区位于乌苏里江中下游（兴凯湖至江口）中国境内一侧，该区属于大陆季风性气候，多年平均气温为 3.8℃，蒸发量小，季节性冻土大面积发育，深层土壤长期冻结。全区近 60 年的年平均降水量为 536.1mm，全年降水量的 60%~70% 集中在夏季。夏季雨水多，大量河流泛滥补给沼泽湿地；秋季雨多，至秋末地表冻结，水分冻结存储，加上冬季的降雪，共同形成春季丰富的水资源，促进湿地植被的春季萌发和生长。

近 60 年来，三江平原生态功能区年平均气温变化为 1.29~4.93℃，年均温呈现显著上升趋势，全区平均倾向值高于 0.30℃/10a，远远超过我国整个东北区域（0.20℃/10a）的增暖趋势（图 4-14）。1988~1989 年发生了由低温到高温的突变；四季平均气温均呈现增高的趋势，其中冬季气温增幅最大，气候倾向率达到 0.53℃/10a，夏季气温增幅最小，为 0.24℃/10a。该区年均温和季节均温年际变化亦呈现明显的增暖趋势，年均温、春季均温和冬季均温均在 1981~1990 年开始变暖，夏季均温和秋季均温在 1991~2000 年开始变暖。该区年平均极值温度，尤其是极端最低气温，表现出显著的上升趋势，其增加倾向率与三江平原年均温倾向值相近（图 4-15）。以上结果表明，三江平原生态功能区是我国增温幅度最大的地区之一。

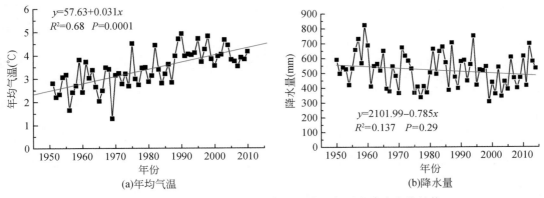

图 4-14　近 60 年（1951~2010 年）研究区气温和降水变化趋势

三江平原生态功能区年际和季节降水量距平曲线表明，1951~2010 年降水量变化可大致分为三个阶段，即 1955~1965 年和 1980~1999 年是降水增加阶段，1966~1979 年为降水减少阶段。三江平原的少雨期比东北地区的少雨期（1961~1984 年）的持续时间短，更

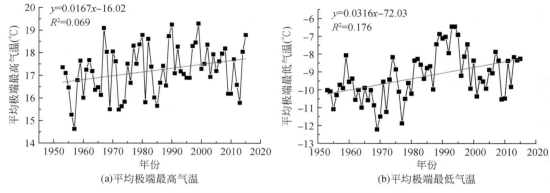

图 4-15　研究区年平均极端气温变化趋势（1953～2015 年）

旱地转入了少雨阶段，且降水振幅也比东北地区的平均值大。因此，1951～2010 年的气温和降水的变化表明研究区总体气候呈现明显暖干化趋势。

东北地区的百年增温幅度要远远大于全球和中国平均水平，温度的异常变化引发的气象灾害随之出现加重趋势，其中以旱涝灾害最为严重（孙凤华等，2006）。据统计，在1950～1969 年，三江平原的旱灾发生频率为 23.8%，洪涝发生频率为 33.3%；而在1970～1990 年，旱涝灾害发生频率分别涨到 33.3% 和 47.9%，旱涝灾害明显增加。应用数理统计方法对三江平原降水进行分析可知，近 60 年来三江平原降水变化与东北地区旱涝指数变化基本一致，呈现出"涝—旱—涝—旱"的特征。

对三江平原生态功能区和整个东北地区的大旱、重旱，大涝、重涝频次进行了统计和对比（表 4-1）。结果表明，1956～2012 年三江平原生态功能区大旱、重旱发生 7 次，大涝、重涝发生 9 次，涝的频次大于旱的频次。而整个东北地区大旱、重旱发生 11 次，大涝、重涝发生 8 次，旱的频次大于涝的频次。大涝、重涝发生于 20 世纪 60 年代，进入 21世纪，气候变暖使该地区旱、涝次数同时增加（韩晓敏等，2015）。

表 4-1　三江平原生态功能区旱涝灾害分析

时段	整个东北地区		三江平原生态功能区	
	大旱	大涝	大旱	大涝
1956～1965 年	1	2/2	0	2/2
1966～1975 年	2	0	1	0
1976～1985 年	4	0	1	0/1
1986～1995 年	0	1/1	1	2
1996～2005 年	1/1	0	2/2	0
2006～2012 年	1/1	1/1	0	1/1

注：为了便于统计，将重旱归类为大旱，将重涝归类为大涝，"/"左边为大旱、大涝频次，右边为重旱、重涝频次

资料来源：韩晓敏等（2015）

（2）风速和日照时数

近60年间，三江平原生态功能区年均平均风速为 2.2～4.3m/s 变化，年内最大风速主要出现在春季和冬季。1990 年以前，不同年际间平均风速波动较大；1990 年以后年际变化变小。对三江平原生态功能区内富锦、宝清、虎林和鸡西地区的年均风速进行统计分析，结果表明：三江平原生态功能区年均平均风速出现了显著下降的趋势，下降倾向率为 0.225m/（s·10a）（图 4-16）。三江平原生态功能区日照时数未发生显著的变化，但总体上年际波动较大，波动范围为 2180.65h（1993 年）至 2768.73h（1967 年）（图 4-17）。

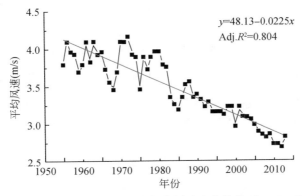

图 4-16　三江平原生态功能区多年年均风速变化趋势（1953～2015 年）

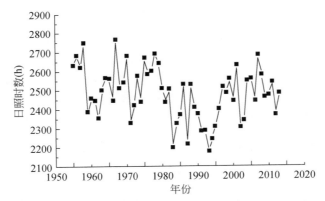

图 4-17　三江平源生态功能区年日照时数变化趋势（1953～2015 年）

2. 沼泽湿地小气候变化

（1）气温和极值温度

三江平原湿地站（简称三江站）沼泽湿地小气候空气温度和各月极值温度变化规律具有和区域温度变化趋势相同的特征。从 1990～2015 年变化趋势看，三江站沼泽湿地的年均气温达到 2.3℃，但无显著的整体上升或下降趋势，年均温波动特征明显，最高年均温度达到 3.5℃，最低温度为 1.5℃，年均温变化幅度在 2℃左右（图 4-18）。

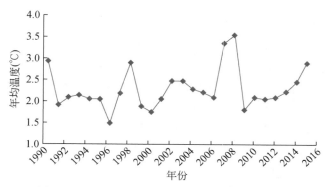

图 4-18　1990~2015 年三江站年均气温变化情况

从各月极值气温来看，三江站沼泽湿地气温的季节性变化较显著，冬季极值气温出现在 1 月，最低气温接近-40℃；而夏季极值气温已经接近 40℃，出现在 6 月，平均最高气温出现在 7 月，其极值气温的时间分布特征与区域气候特征存在一定差异（图 4-19）。

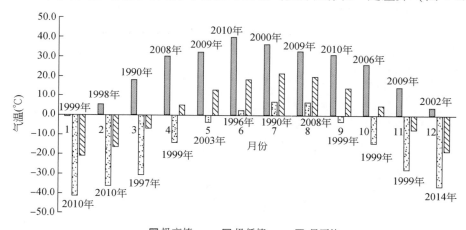

图 4-19　1990~2015 年三江站气温各月极值及月平均统计

（2）蒸散发量

三江平原冬季漫长，年均气温较低，年实际蒸发量较小，年陆面潜在蒸发量为 550~650mm。该区湿润指数较小，东部地区小于 1，西部地区为 1.0~1.1。从北部地区抚远至南部地区兴凯湖，湿润系数范围为 0.99~1.15（表 4-2）。三江平原地表水资源量丰富、蒸发弱，有利于沼泽湿地的发育生长（刘兴土，2007）。

表 4-2　三江平原各地降水量与蒸发量比较

地点	项目	春	夏	秋	冬	年	湿润系数
抚远	降水量	105.0	371.8	127.0	61.0	664.6	1.15
	蒸发量	144.9	320.9	86.5	26.3	578.6	

地点	项目	春	夏	秋	冬	年	湿润系数
建三江	降水量	79.8	326.5	115.9	58.5	563.7	0.99
	蒸发量	152.8	306.2	84.7	25.9	569.6	
佳木斯	降水量	71.3	347.2	100.2	39.6	558.2	0.99
	蒸发量	161.5	322.3	85.1	28.3	597.2	
饶河	降水量	81.1	332.1	144.5	54.2	600.7	1.11
	蒸发量	146.3	301.8	74.9	19.5	542.5	
虎林	降水量	87.3	306.0	136.2	60.5	590.0	1.05
	蒸发量	156.6	291.8	85.1	29.3	562.8	
兴凯湖	降水量	97.0	294.8	133.3	57.0	582.1	1.02
	蒸发量	142.1	311.7	92.3	26.5	572.6	

注：降水量、蒸发量单位为 mm
资料来源：刘兴土等（2007）

　　随着三江平原气候的变化，近年来三江平原北部地区沼泽湿地集中区（洪河农场地区）的蒸散发量出现了显著下降的趋势，2000～2015 年该地区沼泽湿地集中区的蒸散发量年均下降 11.4mm（图 4-20）。分析表明，蒸散发量的变化与大气净辐射量和风速存在显著相关关系，而与空气温度无显著相关关系（图 4-21），说明三江平原沼泽湿地集中区蒸散发量的年际变化趋势主要受辐射能量相关要素的影响。

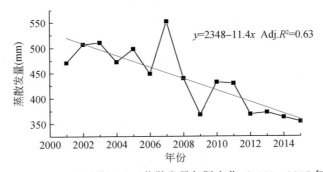

图 4-20　三江平原洪河地区蒸散发量年际变化（2000～2015 年）

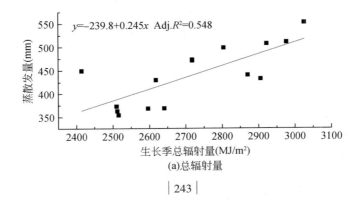

(a) 总辐射量

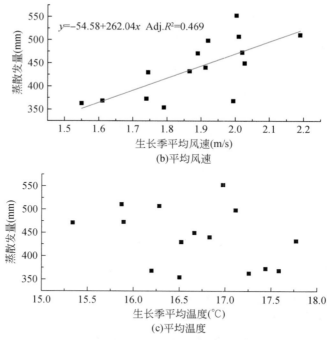

(b)平均风速

(c)平均温度

图 4-21　三江平原洪河地区蒸散发量影响因素分析

（3）农业垦殖对湿地小气候影响

农业垦殖过程显著改变自然沼泽湿地的地表能量平衡过程和水分传输特征。春季 5 月、6 月和秋季 10 月，自然沼泽湿地、水田和旱田系统地表净辐射差异显著，而夏季 7 月、8 月差异不显著。在整个生长季，三江平原自然沼泽湿地、水田和旱田系统地表净辐射总量分别为 959.84MJ/m^2、934.46MJ/m^2 和 921.39 MJ/m^2，沼泽湿地农田化过程显著降低了地表净辐射量（图 4-22）。

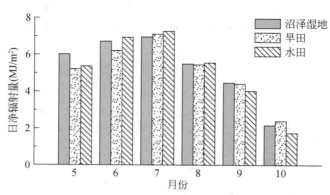

图 4-22　三江平原不同生态系统类型生长季净辐射量比较

资料来源：勒华安等（2008）

地表能量循环过程的改变，对垦殖后农田系统的地表温度产生显著影响。生长季 5 ~ 10 月，旱田地表 2m 高度气温在春季和秋季显著高于沼泽湿地，最大差值达 5.63℃；夏季旱田和沼泽湿地气温交替变化，地表气温相差不大，基本相等。整个生长季期间，沼泽湿地平均气温比旱田低 0.47℃，说明沼泽湿地开垦为旱田系统后，生长季地表气温将增加，但增加的整体平均幅度不是很显著，主要原因是夏季湿度差并不显著。夏季旱田作物（大豆）（4.22±0.74）远高于沼泽植被（1.9±0.43）（靳华安等，2008），因此具有较高的植物水分蒸腾潜力（图4-23）。在夏季地表水分较充足的情况下，旱田地表平均湿度高达 80% 以上，与自然沼泽湿地相近，因此自然沼泽湿地的冷湿效应强度相对降低（图4-24）。而对于三江平原地区的水田系统，与自然沼泽湿地相比，无论是季节还是年际间的地表温度均无显著差异。

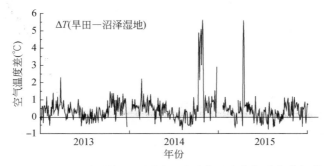

图 4-23　三江平原旱田和沼泽湿地地表温度差年季变化规律

资料来源：靳华安等（2008）

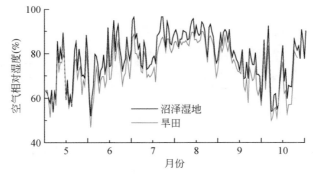

图 4-24　三江平原旱田和沼泽湿地地表相对湿度生长季变化规律

资料来源：靳华安等（2008）

（4）农业垦殖对土壤冻融过程的影响

农业垦殖过程显著改变地表土壤物理性状和热容特征，自然沼泽湿地垦殖为农田后，表层土壤容重由 0.57g/m³ 增加至 1.15g/m³，平均增加约 1 倍，而土壤热容却由 1.000kJ/（kg·℃）降至 0.837kJ/（kg·℃）（王春鹤，1999）。因此，自然沼泽湿地垦殖为农田系统后，土壤冻土活动层融化过程发生显著改变。监测数据表明，整个生长季沼泽湿地土壤温度显著低于农田土壤温度，其活动层融通时间比农田土壤活动层迟近 2 个月，旱田土壤活动层在 5 月中旬即可融通，而自然沼泽湿地土壤活动层融通时间在 7 月中旬（图4-25，图4-26）。

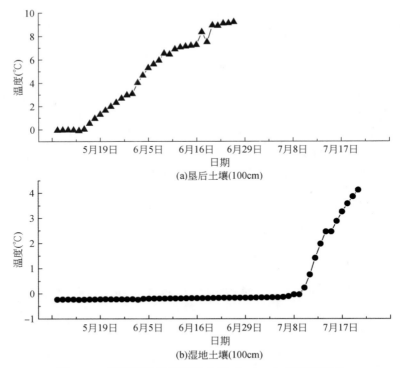

图 4-25　沼泽湿地及垦殖后土壤（100cm）融冻期变化

资料来源：王春鹤（1999）

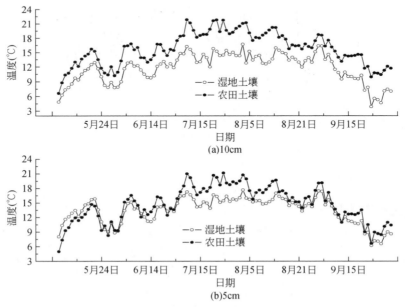

图 4-26　沼泽湿地及垦殖后土壤温度季节性变化

资料来源：王春鹤（1999）

二、水文水环境变化

1. 水文水资源变化

（1）地表河流水资源量变化

三江平原生态功能区地表径流量随降水、降水量的变化，年际波动幅度较大，从 20 世纪中叶至今，总体上呈现出降低的趋势。以三江平原两条典型沼泽河流（别拉洪河和挠力河）为例，其年径流累积距平分析表明，1975 年以后，三江平原地表径流量呈现出明显的波动式下降趋势（图 4-27）。利用 1975～2005 年区域平均年降水量与别拉洪河的年径流量进行相关分析，结果表明无显著相关性（$P=0.122$，$n=50$），说明别拉洪河作为三江平原水田种植开发比例最大的河流，河流水资源量已经不主要受降水量的影响，自然河流和基本属性已经丧失，水田种植已经严重改变了流域地表水资源补给和输出过程。

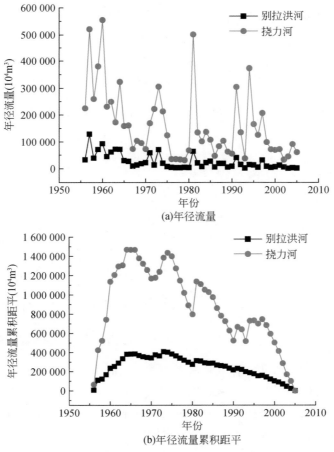

(a)年径流量

(b)年径流量累积距平

图 4-27　三江平原主要河流径流量变化特征

（2）地下水位及水量平衡过程变化

根据三江平原建三江管局 15 个农场浅层地下水位埋深数据，1997～2010 年三江平原水田种植集中区水位近年来呈现持续快速下降趋势，该区地下水位共下降 4.3m，平均每年地下水位下降 0.33m（图 4-28，图 4-29）。水稻的大面积推广种植是三江平原地下水位迅速下降的主要原因，三江平原年均水稻种植耗水量为每亩① 350～450m³，且 70%～80% 的耗水量集中于水稻种植期的 5～7 月，后期 8～10 月地下水位逐渐恢复，至 10 月末恢复至稳定水平，整个冬季三江平原地下水位保持相对稳定的水平，地下水的补给和排泄过程重新达到平衡（图 4-30）。

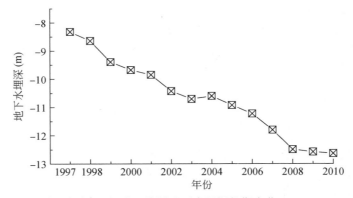

图 4-28　三江平原建三江地区浅层地下水埋深长期变化（1997～2010 年）

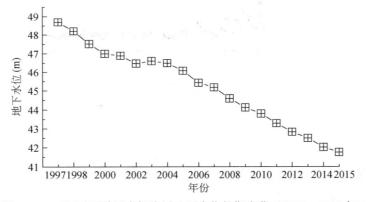

图 4-29　三江平原洪河农场浅层地下水位长期变化（1997～2015 年）

由于三江平原生态功能区地貌单元不完整，目前暂无针对确切三江平原生态功能区范围内的地下水资源评价，因此引用乌苏里江流域（中国侧 30 965km² 范围）相关研究结果进行评估。自中华人民共和国成立以来，三江平原地下水补给排泄过程的变化大致分为三个阶段，第一个阶段为 20 世纪 50～60 年代无灌溉开采时段的地下水自然循环阶段；第二

---

① 1 亩≈666.67m²。

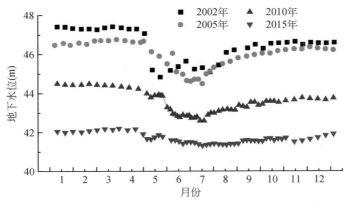

图 4-30　三江平原洪河农场浅层地下水位季节性变化规律

个阶段为 70~80 年代开采强度逐渐加大的阶段；第三个阶段为从 2000 至今的大规模开发利用地下水阶段。

在 20 世纪 50~60 年代，乌苏里江流域水田面积基本为零，地下水资源基本上未得到开发，地下水的补给项是大气降水入渗和来自山区的侧向流入补给，地下水以垂直运动为主，地下水位基本稳定，水交替较缓慢，地下水位埋藏很浅，降水入渗补给地下水量很小，地下水主要消耗于蒸发量，降水入渗补给量和蒸发量分别是地下水补给和排泄的主要通道。总补给量稍大于总排泄量，补给和排泄过程基本平衡。

从 20 世纪 70 年代以后，农业开垦逐渐增多，有少量的地下水被开采利用来进行水田灌溉，导致地下水的循环条件发生了改变，增加了地下水的循环量。地下水在 20 世纪 80 年代以后出现水位缓慢下降趋势，总排泄量大于总补给量。

1990 年以来，特别是进入 21 世纪以来，随着水田面积的大幅度增加，70%~80% 的灌溉用水来自于地下水开采，地下水的循环条件变得相对复杂，开采量的增加导致地下水位迅速下降，进而改变了河流与地下水之间的交换量及降水入渗量和地下水的蒸发量。由于灌溉水田面积迅速增加，地下水资源开采量有明显增加，现状比 20 世纪 50~60 年代增加了 $21.7\times10^8\,m^3/a$，补给排泄差额增加到了 $1.24\times10^8\,m^3/a$，地下水处于负均衡状态（周宇渤，2011）（表 4-3）。

表 4-3　乌苏里江流域不同时段年平均地下水资源量计算表　（单位：$10^4\,m^3/a$）

时段	补给量			总补给量	蒸发量	排泄量		总排泄量	补排差
	降水入渗补给量	山前侧向流入量	灌溉渗漏补给量			河渠排泄量	人工开采量		
1950~1960 年	162 750.0	4 654.3	0	167 404.3	155 984.2	11 218.4	0	167 202.6	201.7
1970~1980 年	186 258.3	3102.9	14 764.0	204 125.2	78 944.3	10 777.5	115 502.9	205 224.7	-1 099.5
1990~2005 年	180 833.3	3 207.9	101 189.7	285 230.9	67 767.5	12 782.1	217 110.8	297 660.4	-12 429.5

资料来源：周宇渤（2011）

2. 水环境变化特征

按照三江平原水资源承载环境特征，可以大致把三江平原的水系统分为地表自然沼泽河流系统、农业干渠系统、浅层地下水系统和深层地下水系统。地表自然沼泽河流主要包括像挠力河和浓江河这样的自然沼泽河流，也包括像洪河保护区、三江站沼泽湿地试验场这样的封闭、半封闭洼地沼泽湿地系统，水源补给主要由自然降水补给；农业排干系统主要是农业开发过程中为排洪修建的各种排水渠道，目前三江平原地区农业排干系统，兼具排洪排涝和输出水田退水的功能；浅层地下水系统主要是水田灌溉用水层以上的浅层地下水系统，三江平原地区浅层地下水一般根据水田机井深度划分，主要是地下 40m 以内区域，地下水交换相对强烈，为水田灌溉的主要用水层；深层地下水系统主要指饮用水含水层，深度一般为地下 100 ~ 150m，该层水源主要用于城镇引用和生活用水（杨湘奎等，2008）。

监测数据表明，三江平原各个水资源承载系统中营养物质和金属物质含量都具有显著的年际波动特征，不同物质在各系统间的富存特征和年际变化特征都有一定差异。2006 年之后，地下水、排干和湿地水体中 CODcr 的含量略有增加的趋势，说明 4 种类型水体的有机污染逐渐加重。深水井与浅水井各年份中 CODcr 的含量基本一致，而且变化趋势也无明显差异，说明在三江平原地区 35 ~ 40m 和 20 ~ 30m 的含水层中污染程度没有显著差异。沼泽湿地中 CODcr 的含量明显高于排干和地下水，4 种类型水体中 CODcr 的浓度大小顺序为：湿地>排干>深水井 ≈ 浅水井。4 种水体中 TN 和氨氮的含量无明显的年际变化规律，2006 年后，4 类水体中 TN 的浓度一直保持较高的水平，在 2.0mg/L 左右，甚至在深水井和浅水井中 TN 含量已与排干和湿地无明显的差异，标志着整个三江平原水体中存在着严重的氮污染。4 种水体中氨氮的平均值在 0.6mg/L 左右。整体来看，地下水中 TP 的含量略高于湿地和排干，2007 年后 4 种水体中 TP 的含量年际变化幅度较小，基本保持在 0.30mg/L 左右。4 种水体中铁、锰的含量年际变化无明显的规律，但都一直保持较高的水平，锰的平均含量高于 0.30mg/L，铁的平均含量大于 2.0mg/L（图 4-31）。

根据国家地下水质量标准（GB/T 14848—93），深水井水质Ⅳ ~ Ⅴ类，超标项目氨氮、锰、铁；浅水井水质多数年份为Ⅳ ~ Ⅴ类，有些年份甚至达到劣Ⅴ类，主要超标项目为氨氮、锰、铁。根据国家地表水环境质量标准（GB 3838—2002），排干水质多数年份为劣Ⅴ类，主要超标为 TN，多年平均值达到 3.7mg/L。某些年份 TP、CODcr 含量也超过Ⅴ类水质标准，TP 含量的多年平均值达到 0.28mg/L，CODcr 的多年平均值也达到 39.5mg/L，接近Ⅴ类水水质标准的上限。沼泽水质评价结果全部为劣Ⅴ类，主要超标项目 CODcr 和 TN，CODcr 的多年平均值为 93.7mg/L，远远大于国家Ⅴ类水质标准（40mg/L），TN 的多年平均值达到 4.3mg/L，超过国家Ⅴ类水质标准（2.0mg/L）一倍以上（图 4-31）。

地下水中铁和锰的含量超标主要是因为三江平原地区土壤背景值中铁和锰的含量较高，其地下水中含量超标与人类农业活动无关。

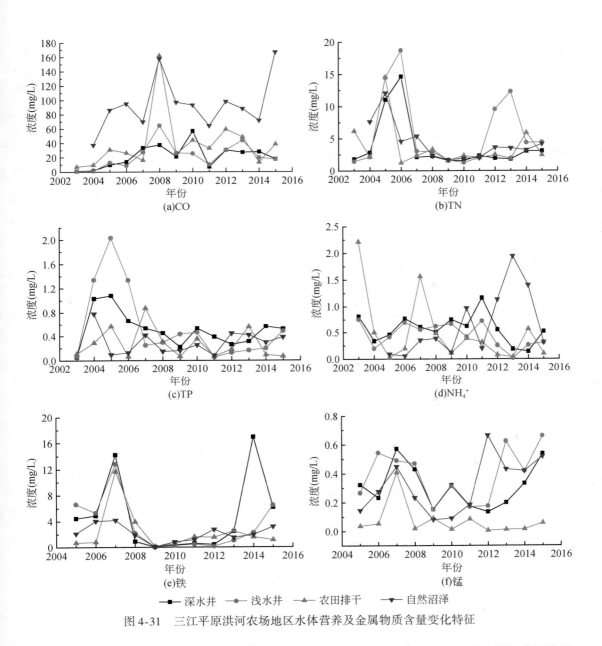

图 4-31 三江平原洪河农场地区水体营养及金属物质含量变化特征

水田面积的增加、氮肥的大量使用及较低的利用效率是导致三江平原氮素严重污染的主要原因。以建三江农垦分局为例，通过沼泽湿地的开发利用，建三江地区近 30 年水田面积增加了 5 倍，达到 $24.7 \times 10^4 \mathrm{hm}^2$（郭雷等，2009）。而且，该地区水田氮肥用量（以氮计）已从 2004 年的 $138 \mathrm{kg/hm}^2$ 增长到 2014 年的 $164 \mathrm{kg/hm}^2$，增加了 20%，氮肥的利用效率仅维持在 30.3%~43.5%，通过面源污染输出量占总施肥量的 10% 左右，其中侧渗过程是三江平原水田氮素输出的重要途径（祝惠和阎百兴，2011）。各种形态的氮进入地下及地表水中，造成水环境的污染。据估算，每年建三江地区氮的输出负荷将达到 4000t。

　　氮元素在三江平原各种水体中的累积已经达到了较为严重的程度，不同类型的地表河流系统中氮元素的季节含量数据进一步阐明了三江平原地表水系统中氮素的季节变化特征。对三江平原农业排干系统、小型河流和大型河流的监测结果表明，无论是总氮还是溶解性氮，其在自然河流中季节变化特征显著，而在农业排干系统中却没有明显的季节变化特征；在自然河流系统中溶解性氮素占总氮含量的 70%~80%，而在农业排干系统中溶解性氮素含量一般仅为总氮含量的 30%~40%，农业排干系统中悬浮颗粒物含氮比例显著大于溶解性氮素（直径小于 0.45μm）（图 4-32）。

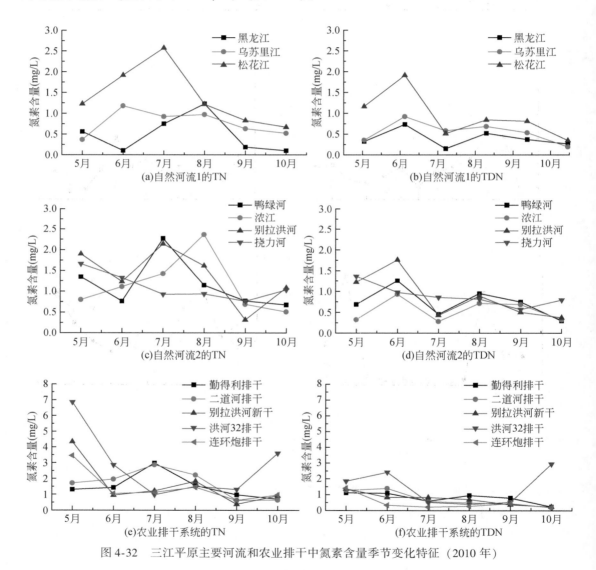

图 4-32　三江平原主要河流和农业排干中氮素含量季节变化特征（2010 年）

三、土壤环境变化

1. 农业垦殖对土壤物理性质及养分影响

沼泽湿地的垦殖破坏了土壤团聚体的结构，垦殖使得大团聚体数量剧烈减少，微团聚体的数量明显增加。沼泽湿地垦殖后，表层土壤水稳性大团聚体数量迅速减少。在垦殖初期的 5～7 年，下降速度最为迅速。垦殖 3 年后，表层土壤水稳性大团聚体数量由垦殖前的 55% 下降到 25%，垦殖 5 年后减少到 15%；垦殖 15～20 年之后，稳定在 4%～6%。然而，垦殖后，53～250μm 粒级的水稳性微团聚体数量却迅速增加，在垦殖初期的 5～7 年增长最快。垦殖 3 年后，表层土壤水稳性微团聚体数量由垦殖前的 26% 增加到 47%，垦殖 5 年后增加到 55%；垦殖 15～20 年之后，稳定在 55%～60%。湿地土壤的开垦耕作，破坏了土壤团聚体结构，大团聚体破碎，形成了更多的微团聚体（图 4-33）。

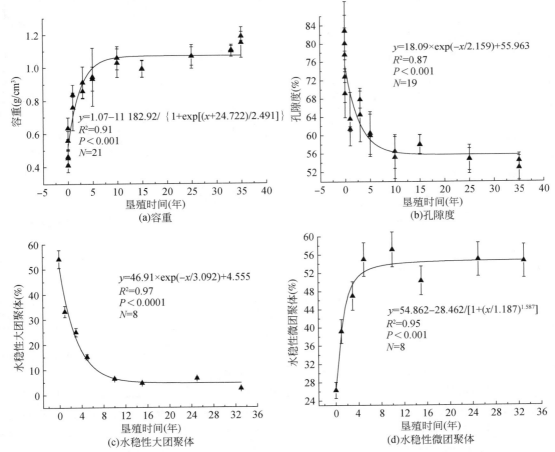

图 4-33　沼泽湿地垦殖后表层（0～10cm）土壤容重、孔隙度和水稳性团聚体的变化

资料来源：张金波（2006）

在沼泽湿地开垦初期的 5~7 年，表层土壤容重迅速升高。垦殖 3 年后，土壤容重由垦殖前的 0.48g/cm³ 增加到 0.81g/cm³，垦殖 5 年后增加到 1.04g/cm³；之后，土壤容重稳定在 1~1.2g/cm³。表层土壤孔隙度的变化正好相反，垦殖初期的 5~7 年，表层土壤（0~10cm）孔隙度迅速下降，垦殖 3 年后，下降了近 14%，垦殖 5 年后，下降了近 27%；垦殖 15~20 年后表土田间持水量变化平缓，趋于一个相对的稳定值，垦殖 35 年后下降了近 28%。表层土壤（0~10cm）田间持水量的变化与土壤容重相似，垦殖初期迅速下降，垦殖 3 年后，下降近 16%，垦殖 5 年后，下降近 32%；垦殖 15~20 年后表土田间持水量变化平缓，趋于一个相对的稳定值。因此，沼泽湿地垦殖后，土壤含水量明显地降低（$P<0.001$）（图 4-34）。沼泽湿地垦殖后，土壤容重、含水量、孔隙度等性质的变化导致土壤温度也发生了较大变化。随着剖面深度的增加，土壤容重增大，沼泽湿地土壤变化最为明显。但是，在剖面下层（20~40cm），湿地土壤和不同垦殖时间的农田土壤的容重差异很小。垦殖对土壤容重的影响主要发生在表层。随着剖面深度的增加，沼泽湿地土壤水稳性大团聚体数量明显减少，垦殖后的农田土壤变化不大。同样，在剖面下层（20~40cm），沼泽湿地土壤和不同垦殖时间的农田土壤，水稳性大团聚体数量差异很小。垦殖对土壤团聚体数量的影响也主要发生在表层（图 4-35）。

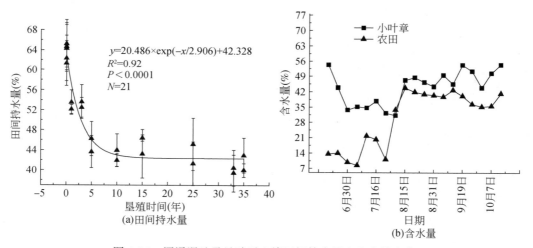

图 4-34　沼泽湿地及垦殖后土壤田间持水量和含水量变化

资料来源：张金波（2006）

在沼泽湿地开垦初期的 5~7 年，表层土壤有机碳损失较快，垦殖 15~20 年后有机碳损失趋于平缓，根据指数方程拟合结果计算，沼泽湿地开垦后 15 年间共下降 76.90%。土壤经过长期的耕作，土壤有机碳趋于一个相对的稳定值，为 2%~3%。表层土壤碳氮比（TOC/TN）的变化与有机碳相似，垦殖初期迅速下降，垦殖 15~20 年后趋于一个相对的稳定值，但是这一平衡值远远低于自然状态。随着剖面深度增加，沼泽湿地土壤有机碳含量明显降低。湿地和垦殖后农田表层土壤有机碳差异明显，然而，剖面下层（20~40cm）土壤有机碳差别很小，所以，沼泽湿地垦殖对土壤有机碳的影响主要发生在表层（张金波，2006）（图 4-36）。

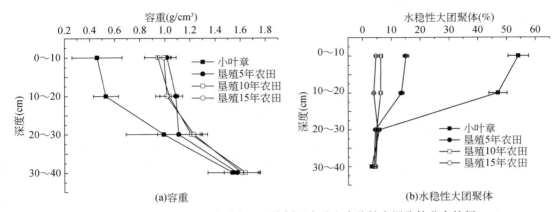

图 4-35　沼泽湿地及垦殖后农田土壤剖面容重和水稳性大团聚体分布特征

资料来源：张金波（2006）

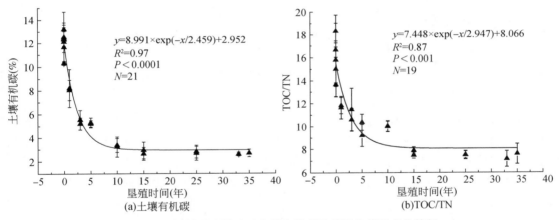

图 4-36　沼泽湿地垦殖后土壤有机碳及碳氮比值的变化特征

资料来源：张金波（2006）

2000 年以后，三江平原农业垦殖过程趋于减缓，农田新增面积逐渐下降，2001～2015 年的监测数据表明，各生态系统类型土壤表层（0～20cm）养分和重金属含量也趋于稳定，但自然沼泽湿地土壤养分和金属含量与垦殖的农田系统的差异非常显著。与自然沼泽湿地相比，除了有机质含量显著降低之外，土壤表层 TN 的含量也显著降低。尽管有数据表明近 50 年来三江平原的施肥量正在不断地增加，但农田土壤可测量的氮素的累积效率是非常低的。垦殖为农田后，三江平原土壤 TP 的含量变化不大，但 TK 的含量呈现出显著增加的特征，农田表层土壤总钾的含量增加近 2 倍（图 4-37）。

2. 垦殖农田退耕恢复过程中土壤特征变化

（1）退耕恢复后植物特征变化

自 20 世纪 90 年代以来，三江平原湿地开垦的势头基本得到控制，特别是近几年，黑龙江省已制定并开始实施一系列湿地保护工程，计划投资 1.2 亿～1.4 亿元在三江平原实施有计划的退耕还湿、退耕还林工程，首先在近5年时间内退耕还湿面积$20×10^5 hm^2$，这一工程不仅可以遏制区内沼泽湿地的退化，也将逐渐恢复三江平原土壤肥力状况。

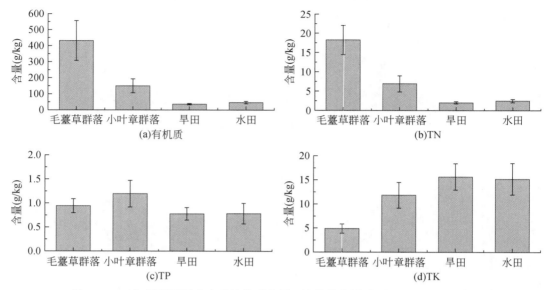

图4-37　三江平原不同生态系统类型表层土壤养分含量对比（2001～2015年）

资料来源：张金波（2006）

长期监测数据（表4-4）表明，在退耕农田自然恢复前2年，植被以1年生禾本科植物为主，第2年时，出现了少量的小叶章。退耕4年后，植被完全恢复为小叶章。在退耕恢复过程中，植物地上生物量差异并不大，弃耕初期禾本科植物的地上生物量反而要高于弃耕5～6年小叶章生物量；退耕13年和15年小叶章生物量已经略高于天然小叶章湿地地上生物量。但是，退耕恢复过程中地下根积累量却有非常明显的变化。弃耕初期1～2年，地下根积累量低（$30.6±5.3g/m^2$和$50.9±10.6g/m^2$）；退耕4年、6年后迅速增加到$1589.8±412.0g/m^2$、$2989.0±408.0g/m^2$，退耕13年后，增加到$4364.1±591.5g/m^2$（张金波，2006）。

表4-4　已垦殖土地弃耕后植被类型和生物量的变化

退耕时间（年）	植被类型	枯落物层（cm）	地上生物量（g/m²）	地下根积累量（g/m²）
1	1年生禾本科植物	0	501.9±43.3	30.6±5.3
2	1年生禾本科植物为主，少量的小叶章	0.1±0.1	531.0±33.1	50.9±10.6
4	小叶章	1.5±0.5	430.5±50.8	1589.8±412.0
5	小叶章	2.0±0.9	410.6±34.0	2757.9±398.3
6	小叶章	2.2±0.7	420.6±43.7	2989.0±408.0

退耕时间 （年）	植被类型	枯落物层 （cm）	地上生物量 （g/m²）	地下根积累量 （g/m²）
13	小叶章，有沼柳、柳叶绣线菊等灌木伴生	5.5±1.4	561.9±65.0	4364.1±591.5
15	小叶章，有沼柳、柳叶绣线菊等灌木伴生	6.1±1.1	552.3±72.5	4293.7±679.4
自然湿地	小叶章，有沼柳、柳叶绣线菊等灌木伴生	6.5±1.3	530.8±71.6	7319.1±1376.7

资料来源：张金波（2006）

（2）退耕土壤物理性质变化特征

退耕恢复后，表层土壤水稳性大团聚体的含量明显增加，符合 Logistic 增长方程。在退耕初期 1～2 年增长缓慢，弃耕 5～10 年后迅速增加；退耕 15 年左右之后，增长又逐渐变慢（图 4-38）。根据拟合得到的方程计算，表层土壤水稳性大团聚体含量要恢复到天然小叶章湿地水平，大约需要 20.6 年。相反，退耕后，表层土壤水稳性微团聚体的含量呈现明显下降趋势，符合指数递减方程。根据拟合得到的方程计算，表层土壤水稳性微团聚体含量要恢复到天然小叶章湿地水平，大约需要 28 年。

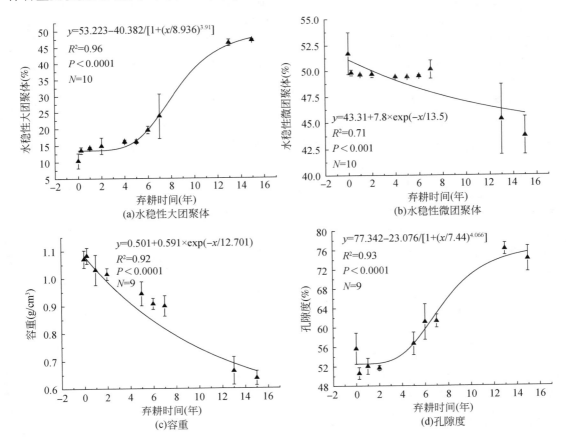

(a)水稳性大团聚体　(b)水稳性微团聚体　(c)容重　(d)孔隙度

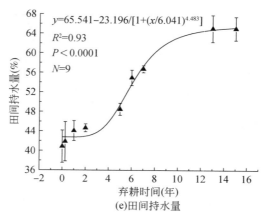

图 4-38　已垦殖土地退耕后表层土壤物理性质变化特征

资料来源：张金波（2006）

农田退耕后，表层土壤容重明显降低，符合指数递减方程。弃耕 6 年后，表层土壤容重由弃耕前的 1.07g/cm³ 下降到 0.91g/cm³；弃耕 13 年后，下降为 0.66g/cm³（图 4-39）。根据拟合得到的方程计算，表层土壤容重要恢复到天然小叶章湿地水平，大约需要 29.2 年。在土壤剖面上，随着深度的增加，土壤容重增大，退耕 13 年土壤变化最为明显。但是，在剖面下层（20~40cm），弃耕土壤和垦殖农田土壤的容重差异很小。所以，退耕后土壤容重的变化主要发生在表层（张金波，2006）。

在土壤剖面上，随着深度的增加，弃耕地土壤水稳性大团聚体数量明显减少，垦殖农田土壤变化不大。在剖面下层（20~40cm），弃耕地土壤和垦殖农田土壤的水稳性大团聚体数量差异很小。因此，弃耕后土壤团聚体数量的变化主要发生在表层。

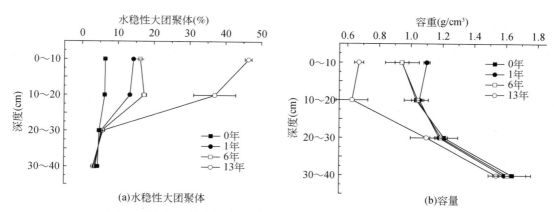

图 4-39　已垦殖土地弃耕后剖面土壤水稳性大团聚体和容重的变化特征

资料来源：张金波（2006）

与表层土壤水稳性大团聚体变化相似，弃耕后，表层土壤孔隙度明显增加，符合 Logistic 增长方程。根据拟合得到的方程计算，表层土壤孔隙度要恢复到天然小叶章湿地水平，大约需要 29.2 年。同样，弃耕后，表层土壤田间持水量也明显增加，符合 Logistic 增长方程。根据拟合得到的方程计算，表层土壤田间持水量要恢复到天然小叶章湿地水平，大约需要 24.8 年。由于上述物理性质恢复，农田弃耕后，土壤含水量有增加趋势。2003 年弃耕 4 年土壤生长季平均含水量为 39%，高于垦殖 10 年农田土壤（32%），但是，低于季节性积水的天然小叶章湿地（44%）。含水量和孔隙度等性质的恢复，使弃耕后地表温度有降低趋势。2003 年弃耕 4 年土壤生长季平均地表温度为 25.6℃，低于垦殖 10 年农田土壤（26.7℃），但是，远高于天然小叶章湿地（18.5℃）（图 4-40）。

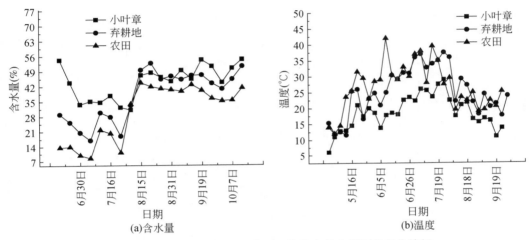

图 4-40　已垦殖土地弃耕后表层土壤含水量和温度的变化特征

资料来源：张金波（2006）

（3）退耕土壤有机碳的变化特征

退耕恢复后，表层土壤有机碳有明显的增长趋势（图 4-41），符合 Boltzmann（玻尔兹曼）增长方程。在弃耕初期 1~2 年增长缓慢，弃耕 5~10 年后迅速增加；弃耕 15 年左右

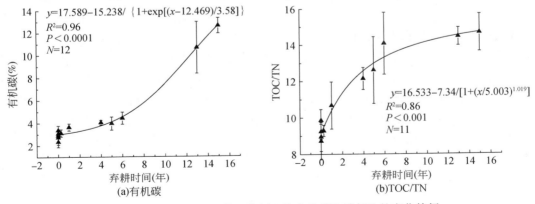

图 4-41　已垦殖土地退耕后表层土壤有机碳和碳氮比的变化特征

资料来源：张金波（2006）

之后，增长又逐渐变慢。根据拟合得到的方程计算，表层土壤有机碳含量要恢复到天然小叶章湿地水平，大约需要 17 年。退耕后，表层土壤碳氮比值的变化符合 Logistic 增长方程。退耕初期 1~6 年，表层土壤碳氮比值（TOC/TN）迅速增加，之后，增长变得缓慢。根据拟合方程计算，表层土壤碳氮比值要恢复到天然小叶章湿地水平，大约需要 26 年。

随着剖面深度增加，土壤有机碳含量降低；而且，随着退耕时间的增长，土壤剖面有机碳含量变化越来越显著。在剖面下层（20~40cm），退耕地土壤和垦殖农田土壤有机碳含量差异很小（图 4-42）。因此，退耕后土壤有机碳的变化主要发生在表层（张金波，2006）。

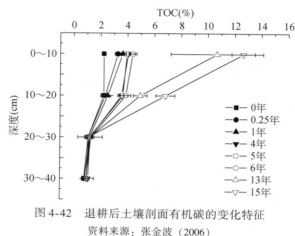

图 4-42　退耕后土壤剖面有机碳的变化特征

资料来源：张金波（2006）

第三节　生态系统宏观结构变化

一、生态系统构成与空间分布特征

1. 湿地、森林、草地和裸地的变化

从三江平原生态功能区生态系统类型的空间分布格局来看（图 4-43），农田、森林和湿地是该功能区优势生态系统类型。湿地主要分布于黑龙江、挠力河、乌苏里江和穆棱河沿岸，以及兴凯湖及其沿岸区域。1990~2015 年三江平原生态功能区北部抚远县[①]和同江市[②]湿地显著萎缩，南部兴凯湖周围的湿地也明显萎缩。森林集中分布于三江平原生态功能区中部，1990~2015 年，森林变化并不显著。三江平原生态功能区内仅有少量草地，主要分布在虎林县[③]。

———————————

① 2016 年 1 月 15 日撤抚远设立抚远市。
② 1987 年 2 月 24 日撤同江县设立同江市。
③ 1996 年 10 月撤虎林县设立虎林市。

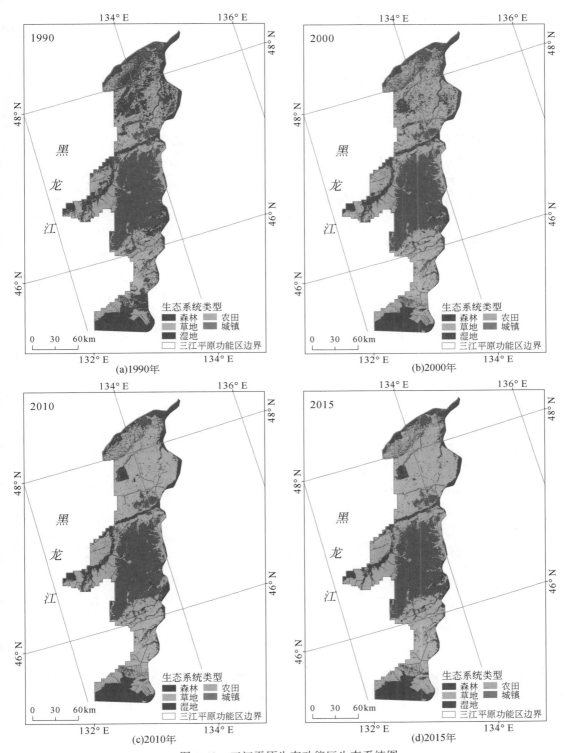

图 4-43　三江平原生态功能区生态系统图

由表 4-5 可知，1990～2000 年，三江平原生态功能区湿地面积变化极为显著，1990 年该功能区湿地面积为 11 254.6km²；到 2000 年共计减少了 3774.2km²，年均减少 377.4km²，减少率达到 33.5%。森林面积减少 236.6km²，年均减少 23.7km²。草地面积减少 10.8km²，年均减少 1.1km²。2000～2010 年湿地继续减少，净减少了 1553.5km²，年均减少 155.4km²。森林在 2000～2010 年面积略有增加，面积比例增加了 0.2%，共计增加 14.8km²。草地和裸地减少幅度非常大，分别减少了 44.4% 和 25.0%。2010～2015 年湿地面积持续减少，共减少 265.8km²，年均减少 53.2km²，减少幅度为 4.5%，相对前两个时段，其减少速度和幅度均变小。森林依然保持微弱的增加趋势。草地和裸地变化较小。

综合以上分析，1990～2015 年，湿地、森林、草地和裸地呈现减少趋势，分别减少 5593.5km²、186.6km²、52.0km²、2.4km²，减少率分别为 49.7%、2.7%、54.1% 和 35.3%。

表 4-5 三江平原生态功能区生态系统类型面积及其变化　　　　（单位：km²）

生态系统	1990 年	2000 年	2010 年	2015 年	1990～2000 年	2000～2010 年	2010～2015 年	1990～2015 年
湿地	11 254.6	7 480.4	5 926.9	5 661.1	−3 774.2	−1 553.5	−265.8	−5 593.5
森林	6 928.7	6 692.1	6 706.9	6 742.1	−236.6	14.8	35.2	−186.6
草地	96.1	85.3	47.4	44.1	−10.8	−37.9	−3.3	−52.0
裸地	7.0	6.8	5.1	4.6	−0.2	−1.7	−0.5	−2.4
农田	9 179.4	13 159.0	14 706.2	14 883.7	3 979.6	1 547.2	177.5	5 704.3
城镇	218.0	260.1	291.2	348.2	42.1	31.1	57.0	130.2

2. 农田的变化

1990 年农田主要分布于三江平原生态功能区中部地势平坦区域，经过 25 年的扩张，农田逐渐成为该功能区主导生态系统类型，广泛分布于整个区。1990～2000 年，农田变化显著，由 1990 年的 9179.4km² 扩展到 2000 年的 13 159.0km²，净增加了 3979.6km²，年均增加 398.0km²，增长率达到 43.4%。2000～2010 年，农田面积持续增加，增加的面积为 1547.2km²。2010～2015 年，农田面积继续增长，共增长 177.5km²，年均增长 35.5km²。

3. 城镇变化

1990 年三江平原生态功能区城镇约 218.0km²。2000 年城镇面积上升到 260.1km²，与 1990 年相比增加了 42.1km²，年均增加 4.2km²，增长率达到 19.3%。2010 年三江平原生态功能区城镇面积持续扩大，面积达 291.2km²。2015 年该功能区城镇面积达 348.2km²。1990～2015 年共增加城镇 130.2km²，主要来源于占用的农田、湿地和水体。其中，城镇化占用的农田约 85.0km²，占转化面积的 55.5%。城镇扩张也占用了相当数量的湿地，1990～2015 年共有 46.5km² 湿地转化为城镇（图 4-44 和图 4-45，表 4-6）。

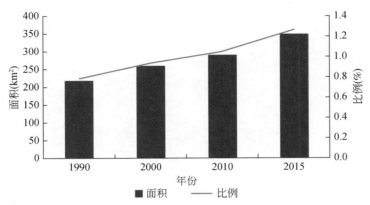

图 4-44　1990~2015 年三江平原生态功能区城镇面积变化

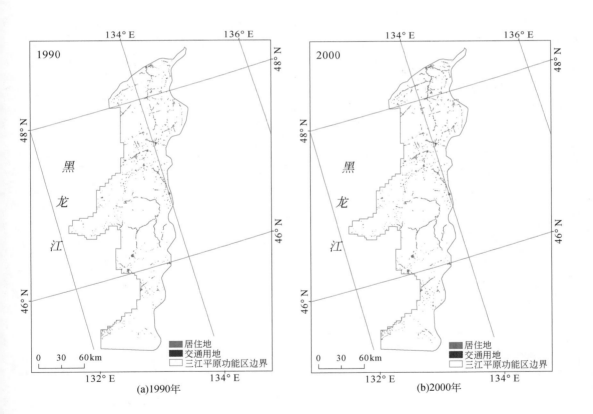

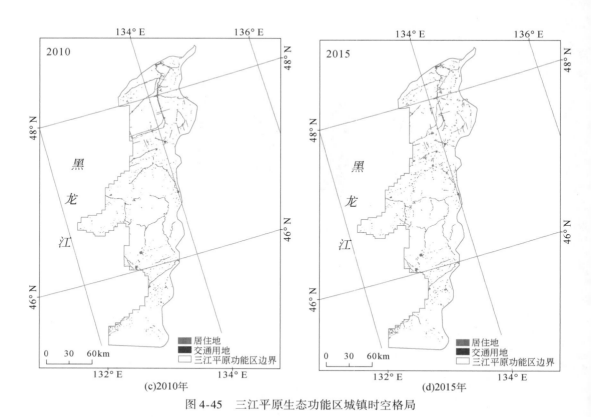

图 4-45 三江平原生态功能区城镇时空格局

表 4-6 1990～2015 年三江平原生态功能区城镇转化表　　　（单位：km²）

生态系统类型		2015 年					
		草地	农田	森林	其他	城镇	湿地
1990 年	草地	—	—	—	—	0.1	—
	农田	—	—	—	—	85.0	—
	森林	—	—	—	—	21.5	—
	其他	—	—	—	—	0.1	—
	城镇	—	—	—	—	—	—
	湿地和水体	—	—	—	—	46.5	—

　　三江平原生态功能区城镇包括居住地和交通用地。居住地包括城镇居民地和农村居民地，城镇居民地相对集中，面积较大，主要分布在各县市政府所在的城市区域；农村居民地则零星分布于农田之中，交通用地与居住地呈现连接态势。

　　由图 4-46 可知，1990～2015 年三江平原生态功能区居住地扩张显著，居住地面积大幅度增加，交通用地不断兴修。1990～2015 年对于不同类型的城镇而言，居民地和交通用地的面积均为增加趋势。1990～2000年、2000～2010年和2010～2015年三个时段居民地面积分别增加13km²、26.4km²和23.2km²，平均每年增加1.3km²、2.6km²和4.6km²，增加幅度分别为7.3%、12.7%、10.9%；三个时段交通用地面积分别增加29.2km²、4.8km²和33.7km²，平均每年增加2.9km²、0.5km²和6.7km²，增加幅度分别为73.6%、8.9%和42.7%。对比发现，除2000～2010年居民地面积增速比交通用地快之外，其余两个时段，交通用地扩张速度均高于居民地。

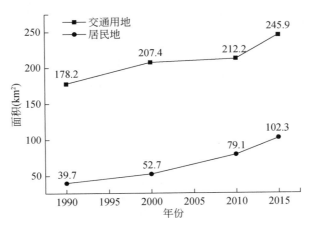

图4-46　三江平原生态功能区居民地和城镇变化

综上分析可知，1990～2015年三江平原生态功能区居民地和交通用地不断扩张，扩张速度逐年增大。1990～2015年，居民地和交通用地分别增加了62.6km²和67.7km²，平均每年增加2.5km²和2.7km²，增加幅度分别为25.4%和66.1%。交通用地扩张速度比居民地快。居民地的扩张方式是以居民地为中心向四周扩张，交通用地的扩张方式是原有交通用地的延长和新交通用地的建立。

1990～2015年，三江平原生态功能区所有县（市）城镇占有率呈现上升趋势，上升最显著的为抚远县，上升0.8%，上升最缓的为密山市[①]，上升0.2%。1990～2000年，三江平原生态功能区所有县（市）城镇面积比例呈现上升趋势，其中，上升最显著的为抚远县和同江市，上升0.3%，上升最缓的为富锦市。2000～2010年，三江平原生态功能区仅有1个县（市）城镇占有率呈现下降趋势，为饶河县，下降0.2%；其余县（市）城镇占有率呈现上升趋势，其中，上升最显著的为虎林市，上升0.3%，上升最缓的为密山市。2010～2015年，三江平原生态功能区所有县（市）城镇占有率呈现上升趋势，上升最显著的为富锦市[②]，上升0.4%，上升最缓的为同江市，上升0.01%（表4-7）。

---

① 1988年撤密山县设立密山市。
② 1988年8月30日撤富锦县设立富锦市。

表 4-7 三江平原生态功能区各县（市）不同时期城镇面积及面积比例

县（市）	1990 年		2000 年		2010 年		2015 年	
	面积（km²）	比例（%）	面积（km²）	比例（%）	面积（km²）	比例（%）	面积（km²）	比例（%）
宝清县	13.2	0.4	13.7	0.5	17.4	0.6	21.9	0.7
抚远县	50.3	0.8	67.2	1.1	81.4	1.3	99.3	1.6
富锦市	6.4	0.5	7.0	0.5	9.4	0.7	13.9	1.1
虎林市	46.8	0.7	55.8	0.8	74.4	1.1	82.0	1.2
密山市	12.6	0.5	15.0	0.6	15.5	0.6	17.6	0.7
饶河县	79.0	1.2	86.6	1.4	75.7	1.2	95.8	1.5
同江市	9.7	0.5	14.7	0.8	17.4	1.0	17.6	1.0

二、湿地时空格局

1. 湿地分布动态

（1）湿地空间分布现状

三江平原生态功能区内河流水系发达，主要有黑龙江、挠力河、乌苏里江和穆棱河，以及兴凯湖等湖泊，其为湿地的发育提供了充足的水分条件。该功能区内湿地分布于水系沿岸，与水系分布具有高度的空间一致性。在自然条件和人为因素双重作用下，过去的 60 年间三江平原生态功能区湿地总面积呈现逐年萎缩趋势，减少的湿地主要转化为农田。

（2）湿地时空变化

本研究中 1954 年湿地空间分布数据来自中国科学院东北地理与农业生态研究所地理景观遥感学科组。分析可知，1954 年三江平原生态功能区湿地面积约为 15 015.1km²，占该功能区总面积的 54.2%；1990 年三江平原生态功能区内湿地面积约为 11 254.6km²，占该功能区总面积的 40.7%；2000 年三江平原生态功能区湿地面积约为 7480.4km²，占该功能区总面积的 27.0%，与 1990 年相比减少了 3774.2km²，大量湿地被开发利用为农田；2010 年三江平原生态功能区湿地面积约为 5926.9km²，占该功能区总面积的 21.4%，与 2000 年相比减少了 1553.5km²；2015 年三江平原生态功能区湿地面积约为 5661.1km²，湿地面积占该功能区总面积的 20.4%（图 4-47）。1954 ~ 2015 年，三江平原生态功能区湿地面积减少了 9354.0km²，其中 90% 开垦为农田。1954 ~ 1990 年和 1990 ~ 2000 年湿地面积减少最为剧烈，主要集中发生在三江平原生态功能的北部；2010 ~ 2015 年，湿地面积的损失较小（图 4-48），一方面因为可开垦湿地越来越少；另外一方面由于湿地生态系统得到了有效的保护。

过去 60 余年间，湿地开垦、城镇扩张占用天然湿地是湿地减少的主要动因（表 4-8 ~ 表 4-10）。随着湿地研究的深入和湿地重要性的宣传，湿地保护意识有了很大程度的提高，该功能区内建立了多个以湿地为保护对象的国家级自然保护区。未来应大力开展湿地恢复，减缓湿地退化；加宣传教育力度，强化民众湿地保护意识；在保护湿地的前提下，合理利用湿地，制订科学合理的生态系统和生态保护政策，引导湿地资源合理开发和有效保护。

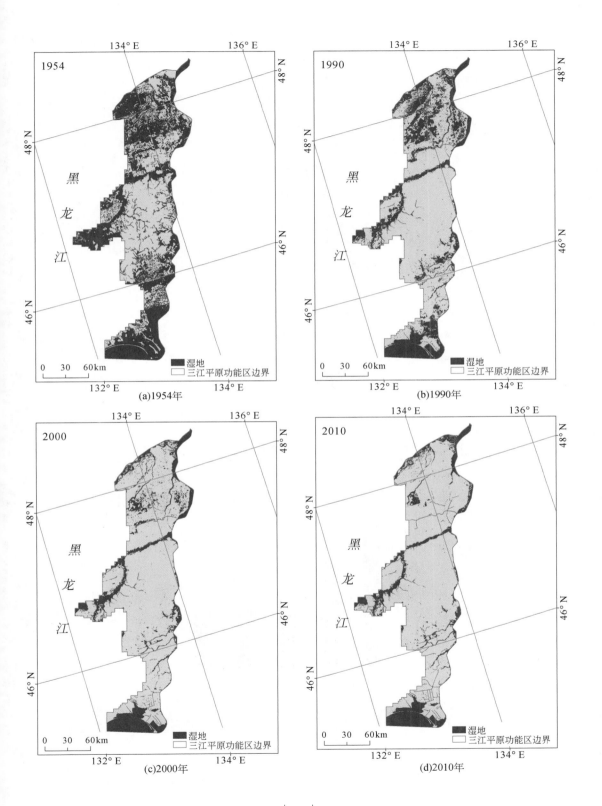

(a)1954年

(b)1990年

(c)2000年

(d)2010年

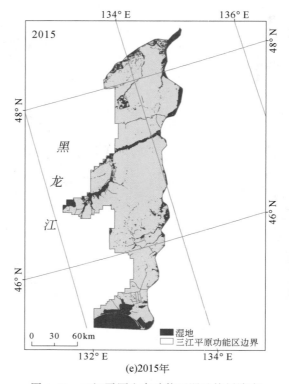

图 4-47　三江平原生态功能区湿地格局演变

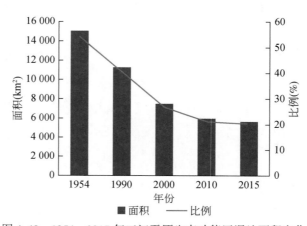

图 4-48　1954～2015 年三江平原生态功能区湿地面积变化

表 4-8　1954~2015 年三江平原生态功能区湿地和其他生态系统类型的面积转化表（单位：km²）

生态系统		2015 年					
		草地	农田	森林	裸地	城镇	湿地
1954 年	草地	—	—	—	—	—	—
	农田	—	—	—	—	—	104.1
	森林	—	—	—	—	—	—
	裸地	—	—	—	—	—	30.0
	城镇	—	—	—	—	—	—
	湿地	—	9493.8	—	1.8	135.4	—

表 4-9　1990~2000 年三江平原生态功能区湿地和其他生态系统类型的面积转化表（单位：km²）

生态系统		2000 年					
		草地	农田	森林	裸地	城镇	湿地
1990 年	草地	—	—	—	—	—	—
	农田	—	—	—	—	—	92.65
	森林	—	—	—	—	—	—
	裸地	—	—	—	—	—	4.97
	城镇	—	—	—	—	—	—
	湿地	—	3647.45	—	4.94	19.40	—

表 4-10　2000~2015 年三江平原生态功能区湿地和其他生态系统类型的面积转化表（单位：km²）

生态系统		2015 年					
		草地	农田	森林	裸地	城镇	湿地
2000 年	草地	—	—	—	—	—	—
	农田	—	—	—	—	—	250.08
	森林	—	—	—	—	—	—
	裸地	—	—	—	—	—	5.06
	城镇	—	—	—	—	—	—
	湿地	—	2053.97	—	2.08	20.25	—

（3）县（市）尺度对比

三江平原生态功能区各县（市）湿地面积及占各县（市）面积比例见表4-11，1954年抚远县湿地面积约为3809.2km²，湿地面积比例高达63.0%；富锦市、同江市和密山市湿地面积比例更高，分别为68.7%、76.2%和88.7%。1954~2015年，该功能区各县（市）湿地面积呈现大规模减少趋势，自然因素为湿地的退化提供了内在原因，而人为因素则加速了这种变化，人为影响叠加在自然因素之上，对湿地的退化产生放大作用。人们对湿地保护工作的意义认识不够，湿地面积减少、生态环境退化、生物多样性降低等问题仍很严重。其中，抚远县湿地损失最为严重，2015年该县湿地面积与1954年相比，减少了2614.1km²，湿地率下降了43.2%。

表4-11　三江平原生态功能区各县（市）湿地面积及占县（市）面积比例

县（市）	1954 年		1990 年		2000 年		2010 年		2015 年	
	面积（km²）	比例（%）	面积（km²）	比例（%）	面积（km²）	比例（%）	面积（km²）	比例（%）	面积（km²）	比例（%）
宝清县	1440.6	49.0	724.1	24.6	650.6	22.1	620.9	21.1	492.1	16.7
抚远县	3809.2	63.0	3915.0	64.8	2349.5	38.9	1306.9	21.6	1195.1	19.8
富锦市	887.8	68.7	658.9	51.0	471.0	36.5	343.1	26.6	330.3	25.6
虎林市	3375.4	51.0	2109.1	31.9	1071.6	16.2	1005.4	15.2	1067.5	16.1
密山市	2297.4	88.7	1865.2	72.0	1657.1	64.0	1660.1	64.1	1636.2	63.2
饶河县	1829.8	28.6	737.0	11.5	668.2	10.5	506.2	7.9	515.1	8.1
同江市	1374.9	76.2	1245.2	69.0	612.4	33.9	484.3	26.8	424.9	23.5

1954~1990年，三江平原生态功能区所有县（市）湿地面积比例呈现下降趋势，其中，下降剧烈的为宝清县，虎林县次之，湿地面积下降最缓的为同江市；抚远县湿地面积基本不变。1990~2000年，三江平原生态功能区所有县（市）湿地面积比例均呈现下降趋势，其中，下降最剧烈的为同江市，抚远县次之，下降最缓的为饶河县。2000~2010年，三江平原生态功能区有6个县（市）湿地面积比例呈现下降趋势，分别为抚远县、富锦市、同江市、饶河县、宝清县和虎林市，其中，下降最剧烈的为抚远县，富锦市次之，下降最缓的为虎林市；密山市湿地率基本不变。2010~2015年，三江平原生态功能区有5个县（市）湿地面积比例呈现下降趋势，分别为宝清县、同江市、抚远县、富锦市和密山市，其中，下降剧烈的为宝清县，同江市次之，其中下降最缓的为密山市；有2个县（市）湿地面积比例略有上升。

（4）国境内外湿地面积变化对比

以三江平原生态功能区与俄罗斯相邻的国界（黑龙江和乌苏里江河道中心线）为基准，向外做100km缓冲区，获得中俄湿地变化对比分析的研究区，如图4-49所示。

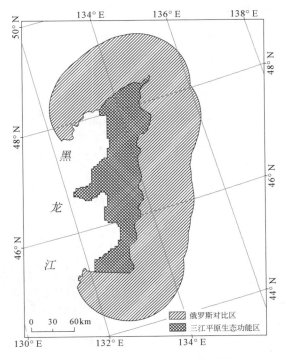

图 4-49 三江平原生态功能区和俄罗斯对比区

本研究分析用到的俄罗斯毗邻区域湿地空间分布数据来自中国科学院东北地理与农业生态研究所地理景观遥感学科组。从表 4-12 可见，三江平原生态功能区和俄罗斯对比区的湿地面积变化差异性显著。可以明显看出，1990～2015 年，三江平原生态功能区湿地面积呈现明显减少趋势，平均每年减少 223.7km²；俄罗斯对比区湿地面积呈现增加趋势，平均每年增加 3.0km²。

表 4-12　三江平原生态功能区和俄罗斯毗邻地区湿地面积变化对比

项目	三江平原生态功能区	俄罗斯对比区
1990 年湿地面积（km²）	11 254.6	36 795.6
2015 年湿地面积（km²）	5 661.1	36 869.9
湿地面积年变化量（km²/a）	−223.7	3.0

从表 4-13 和图 4-50 可见，1990～2015 年三江平原生态功能区湿地主要被农田占用，占用面积为 5527.80km²（占 92.27%）；森林和城镇占用湿地面积分别为 402.50km²（6.72%）和 46.50km²（0.78%）。俄罗斯对比区湿地来源主要是农田，转入量为 165.03km²，贡献率为 91.66%；湿地转出方向主要是转化为农田和城镇，转化量分别为 43.40km²（33.75%）和 41.65km²（32.39%）。

表4-13　1990～2015年三江平原生态功能区和俄罗斯对比区湿地转入和转出表

项目		草地		农田		森林		裸地		城镇	
		面积（km²）	贡献率（%）	面积（km²）	贡献率（%）	面积（km²）	贡献率（%）	面积（km²）	贡献率（%）	面积（km²）	贡献率（%）
三江平原生态功能区	转入	25.30	6.39	183.00	46.25	183.60	46.40	3.80	0.96	0.00	0.00
	转出	11.60	0.19	5527.80	92.27	402.50	6.72	2.60	0.04	46.50	0.78
俄罗斯对比区	转入	1.15	0.64	165.03	91.66	3.24	1.80	10.62	5.90	0.00	0.00
	转出	13.50	10.50	43.40	33.75	29.08	22.61	0.95	0.74	41.65	32.39

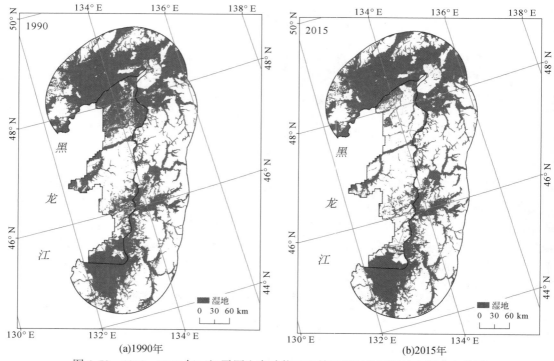

(a)1990年　　　　　　　　　　　　　　(b)2015年

图4-50　1990～2015年三江平原生态功能区和俄罗斯对比区湿地空间分布特征

2. 湿地景观破碎化分析

景观格局分析是用各种定量化的指数来进行景观结构描述与评价。景观格局指数是指能够高度浓缩景观格局信息，反映其结构组成和空间配置某些方面特征的简单定量指标。本研究选取以下指数来定量描述湿地景观破碎化程度的变化。

从三江平原生态功能区湿地景观指标分析结果（表4-14）可见：1990～2015年，三江平原生态功能区湿地 NP 和 PD 逐年递增，表明景观破碎化程度加剧；湿地 DIVISION 逐年升高，表示三江平原生态功能区湿地聚集程度降低，破碎化程度加剧。AI 表明三江平原生态功能区中空间格局聚散程度，AI 略有下降，说明湿地镶嵌体连通性降低，破碎化程度略有增加，也说明了人类干扰强度明显增加，湿地稳定性下降。

表 4-14 三江平原生态功能区湿地景观类型指数

年份	NP（个）	PD（斑块数/100km²）	DIVISION	AI
1990	2298	0.08	0.93	97.46
2015	2433	0.09	0.99	96.60

三、农田时空格局

1. 农田空间分布

农田是三江平原生态功能区最具优势的生态系统类型，分布广泛，除饶河县、虎林市北部和密山市外，其他县（市）均有大量分布。1990～2015 年三江平原生态功能区农田面积稳步增长；1990～2000 年为了满足农业的发展，森林和湿地遭受了不同程度的破坏，大量森林和湿地转化为农田；2000 年以后，随着退耕还林工程政策的实行，一定数量的农田转化为森林和湿地；随着城镇化和工业化进程加快，居民地扩张和工业用地修建也占用了大量农田。

2. 农田时空变化

1990 年三江平原生态功能区农田面积达 9179.4km²，占该区总面积的 33.2%。2000 年三江平原生态功能区农田面积增加到 13 159.0km²，占该区总面积的 47.5%，与 1990 年相比增加了 3979.6km²，主要来源于森林和湿地的开垦。2010 年三江平原生态功能区农田面积约为 14 706.2km²，占该区总面积的 53.1%，比 2000 年增加了 1547.2km²。2015 年三江平原生态功能区农田面积为 14 883.7km²，占该区总面积的 53.8%。农田增加最剧烈的时间段为 1990～2000 年（图 4-51），农田增加的区域主要集中在三江平原生态功能区的北部（图 4-52）。

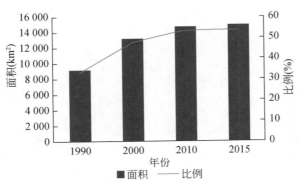

图 4-51 1990～2015 年三江平原生态功能区农田动态

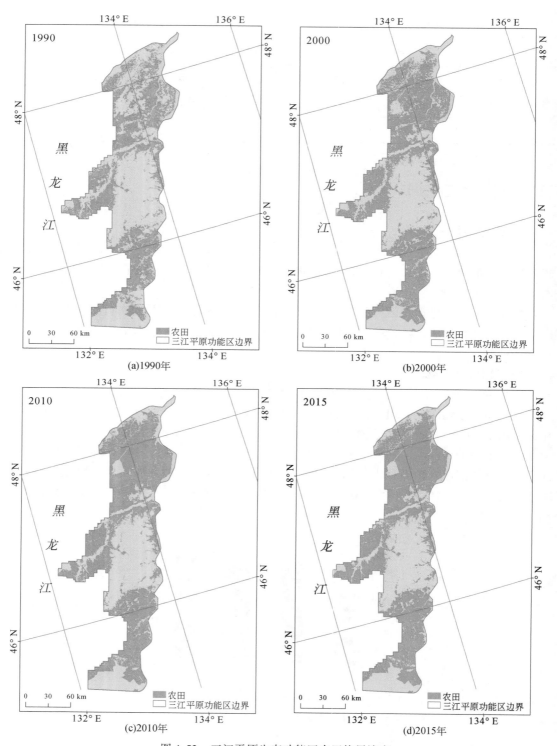

图 4-52　三江平原生态功能区农田格局演变

近25年来，三江平原生态功能区农田面积稳步增长，面积增加了5704.3km²，增加率为62.14%。其中，1990~2000年，该区农田面积增加量最大，2000~2015年，农田面积仍然在增加，但是增加趋势变缓。

1990~2015年，三江平原生态功能区增加的农田主要来源于对湿地的开垦，其间有5527.8km²的湿地转化为农田，森林对农田增加的贡献率仅次于湿地，1990~2015年有624.2km²的森林转化为农田。1990~2015年，减少的农田主要去向为森林和湿地，转化量分别为231.3km²和183.0km²。另外，随着经济社会的飞速发展，城镇化、工业化进程加快，城镇扩张、工厂修建占用了大面积农田，1990~2015年，该区城镇侵占农田的面积为85.0km²（表4-15）。

表4-15　1990~2015年三江平原生态功能区农田转化表　　　　（单位：km²）

生态系统		2015年					
		草地	农田	森林	其他	城镇	湿地
1990年	草地	—	40.8	—	—	—	—
	农田	5.4	—	231.3	0.1	85.0	183.0
	森林	—	624.2	—	—	—	—
	其他	—	0.4	—	—	—	—
	城镇	—	—	—	—	—	—
	湿地	—	5527.8	—	—	—	—

3. 县（市）尺度对比

农田作为三江平原生态功能区最大的土地覆被类型，在数量和结构上都占据明显优势。三江平原生态功能区内各县（市）农田面积比例均在增加，截至2015年，抚远县、富锦市和同江市农田面积比例均大于65%，其中，抚远县和富锦市农田面积比例为该区最大，约70.7%。1990年，该区各县（市）农田面积比例均小于50%。2000年，该区各县（市）中有4个县（市）农田面积比例在50%以上，分别为富锦市、同江市、抚远县和虎林市。2010年，这4个县（市）农田面积比例仍在50%以上，但是各县（市）农田面积比例较2000年有所增加。2015年，仍有4个县（市）农田面积比例在50%以上，仍然为富锦市、同江市、抚远县和虎林市，且各县（市）农田面积比例较2010年有所增加，但是2010~2015年的增加幅度小于1990~2000年和2000~2010年增加幅度（表4-16）。

表4-16　三江平原生态功能区农田面积及占县（市）面积比例

县（市）	1990年		2000年		2010年		2015年	
	面积（km²）	比例（%）	面积（km²）	比例（%）	面积（km²）	比例（%）	面积（km²）	比例（%）
宝清县	1160.7	39.5	1252.4	42.6	1292.1	43.9	1412.1	48.0
抚远县	1715.0	28.4	3196.2	52.9	4251.0	70.3	4275.3	70.7
富锦市	600.2	46.5	783.9	60.7	906.3	70.2	913.9	70.7

县（市）	1990 年		2000 年		2010 年		2015 年	
	面积（km²）	比例（%）	面积（km²）	比例（%）	面积（km²）	比例（%）	面积（km²）	比例（%）
虎林市	2328.4	35.2	3338.1	50.4	3412.7	51.5	3409.3	51.5
密山市	680.4	26.3	876.7	33.9	870.2	33.6	881.0	34.0
饶河县	2214.5	34.7	2671.2	41.8	2800.4	43.8	2977.2	46.6
同江市	480.2	26.6	1040.5	57.7	1173.4	65.0	1203.0	66.7

4. 水田时空变化分析

1990 年三江平原生态功能区水田面积仅为 1096.0km²，仅占该区总面积的 4.0%。2000 年三江平原生态功能区水田面积增加到 2572.8km²，占该区总面积的 9.3%，与 1990 年相比增加了 1476.8km²，主要来源于森林和湿地的开垦。2010 年三江平原生态功能区水田面积约为 8647.8km²，占该区总面积的 31.2%，比 2000 年增加了 6075km²。2015 年三江平原生态功能区水田面积持续增加，约为 10 012.3km²，占该区总面积的 36.2%（表 4-17）。1990～2015 年的整个研究时段内，三江平原生态功能区水田面积共增长了 8916.3km²，增长率为 813.5%。水田增加最剧烈的时间段为 2000～2010 年，水田增加的区域主要集中在虎林市和抚远县（图 4-53）。

表 4-17　三江平原生态功能区水田面积及占县（市）面积比例

县（市）	1990 年		2000 年		2010 年		2015 年	
	面积（km²）	比例（%）	面积（km²）	比例（%）	面积（km²）	比例（%）	面积（km²）	比例（%）
宝清县	117.8	4.0	249.0	8.5	520.8	17.7	765.7	26.0
抚远县	186.3	3.1	298.8	4.9	3 139.2	51.9	3 387.8	56.0
富锦市	64.0	5.0	143.4	11.1	484.0	37.5	615.9	47.7
虎林市	269.7	4.1	894.5	13.5	2 214.9	33.5	2 732.5	41.3
密山市	56.0	2.2	399.6	15.4	595.0	23.0	714.0	27.6
饶河县	317.8	5.0	478.9	7.5	1 111.3	17.4	1 173.2	18.4
同江市	84.4	4.7	108.6	6.0	582.6	32.3	623.2	34.5
全区	1 096.0	4.0	2 572.8	9.3	8 647.8	31.2	10 012.3	36.2

四、森林、草地和裸地时空格局

1. 森林空间分布现状

三江平原生态功能区森林分布集中，局部森林覆盖率极高，多以天然林为主。1990～2015 年三江平原生态功能区森林面积呈现先减少、后增加趋势，总体呈现减少趋势，减少面积为 186.6km²，森林面积比例从 25.0% 下降到 24.4%，主要转化为农田和城镇。森林损失和退化造成森林群落逆行演替，森林生态服务功能下降，生态稳定性降低。

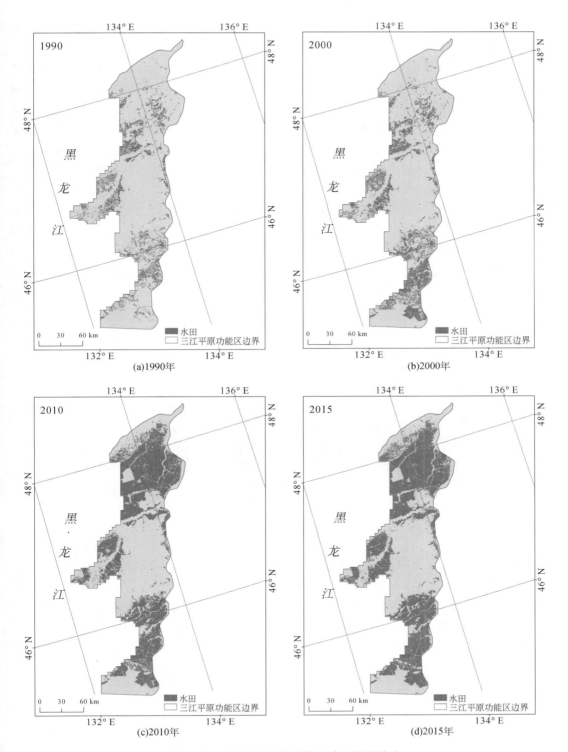

图 4-53　三江平原生态功能区水田格局演变

三江平原生态功能区内有完达山脉，坐落于该区中部，呈南北走向。森林多集中于山区，仅少量防护林零散分布于湿地和农田之间。该区完达山脉森林将三江平原生态功能区分为南北两部分：山北是松花江、黑龙江和乌苏里江汇流冲积而成的沼泽化低平原，亦称狭义的三江平原；山南是乌苏里江及其支流与兴凯湖共同形成的冲积-湖积沼泽化低平原，亦称穆棱-兴凯平原。该区完达山脉森林分布十分集中，局部森林面积比例极高，但全区森林覆盖率较低。森林主要分布在该区虎林市、饶河县和宝清县内，面积分别为 2043.9km^2、2977.2km^2 和 1011.3km^2（2015 年），占该区森林总面积的 89.5%。此外，还有大量田间防护林分布于该区优质农业种植区内，对于保护农田、降低风速、保障作物稳产和高产等方面有重要作用。

2. 森林时空变化

1990 年三江平原生态功能区森林面积比例为各期数据中最高，达 25.0%，面积约为 6928.7km^2；2000 年该区森林面积比例下降至 24.2%，面积约为 6692.1km^2，与 1990 年相比，减少了 236.6km^2，森林减少速率为各期最快，减幅最大。2010 年该区森林面积增加至 6706.9km^2，受退耕还林工程的影响，2000~2010 年有大量农田被转化为森林，同时也有森林被居住地和交通用地等占用。2015 年该区森林面积比例持续升高，为 24.4%，面积约为 6742.1km^2，分布于该区中部山区（图 4-54）。

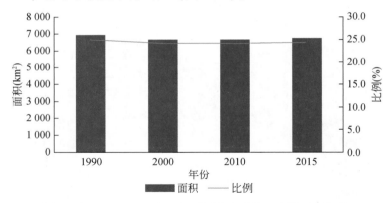

图 4-54 1990~2015 年三江平原生态功能区森林面积变化

1990~2015 年，三江平原生态功能区森林生态系统面积呈现先减少、后增加的趋势，如图 4-54 所示，但总体上略呈现减少趋势，减少了 186.6km^2，1990~2015 年减少森林面积约 0.7%。共有 836.8km^2 森林转移为其他土地覆被类型，主要转化成的类型为农田和湿地，转化面积分别为 624.2km^2 和 183.6km^2；森林转化为城镇的面积约为 21.5km^2，居民地扩张对森林造成了一定程度的破坏（表 4-18）。

表 4-18 1990~2015 年三江平原生态功能区森林转化表 （单位：km^2）

生态系统		2015 年					
		草地	农田	森林	其他	城镇	湿地
1990 年	草地	—	—	8.9	—	—	—
	农田	—	—	231.3	—	—	—

生态系统		2015 年					
		草地	农田	森林	其他	城镇	湿地
1990 年	森林	6.2	624.2	—	1.3	21.5	183.6
	其他			2.2			
	城镇	—	—	—	—	—	—
	湿地	—	—	—	—	—	—

3. 森林县（市）尺度对比

森林是三江平原生态功能区第二大优势生态系统（2015 年）。1990 年，饶河县、虎林市和宝清县森林面积超过 1000km²，面积分别为 3351.0km²、2058.7km² 和 1037.5km²，且森林面积比例均超过 30%，其中饶河县森林面积比例高达 52.4%。该区森林资源消耗利用结构处于以薪材、原木为主的低级水平上，经营粗放，重采伐、轻造林造成该区森林资源锐减。1990～2015 年近 25 年里，该区各县（市）中有 3 个县（市）森林面积比例减少，分别为宝清县、虎林市和饶河县，有 4 个县（市）森林面积比例增加，分别为抚远县、富锦市、密山市和同江市。1990～2000 年，该区有 2 个县（市）森林面积比例呈现下降趋势，分别为饶河县和宝清县，其中，下降剧烈的为饶河县；有 5 个县（市）森林面积比例呈现上升趋势，分别为同江市、抚远县、虎林市、密山市和富锦市，其中，上升最显著的为同江市。2000～2010 年，该区有 3 个县（市）森林面积比例呈现下降趋势，分别为同江市、抚远县和宝清县，其中，下降剧烈的为同江市；有 4 个县（市）森林面积比例呈现上升趋势，分别为饶河县、虎林市、密山市和富锦市，其中，上升最显著的为饶河县。2010～2015 年，该区有 2 个县（市）森林面积比例呈现下降趋势，分别为虎林市和饶河县，其中，下降剧烈的为虎林市；有 5 个县（市）森林面积比例呈现上升趋势，分别为同江市、抚远县、密山市、宝清县和富锦市，其中，上升最显著的为同江市（表 4-19）。

表 4-19　1990～2015 年三江平原生态功能区各县（市）森林面积　（单位：km²）

县（市）	1990 年		2000 年		2010 年		2015 年	
	面积（km²）	比例（%）	面积（km²）	比例（%）	面积（km²）	比例（%）	面积（km²）	比例（%）
宝清县	1037.5	35.3	1016.6	34.6	1010.2	34.3	1011.3	34.4
抚远县	362.2	6.0	428.2	7.1	403.1	6.7	469.6	7.8
富锦市	26.4	2.0	29.9	2.3	33.0	2.6	33.6	2.6
虎林市	2058.7	31.1	2091.1	31.6	2096.5	31.7	2043.9	30.9
密山市	31.8	1.2	41.1	1.6	43.9	1.7	55.1	2.1
饶河县	3351.0	52.4	2951.9	46.2	3000.7	47.0	2977.2	46.6
同江市	61.1	3.4	133.3	7.4	119.5	6.6	151.4	8.4

4. 草地和裸地时空格局

1990 年三江平原生态功能区草地和裸地面积为 103.1km²，占该区总面积的 0.4%。

2000 年三江平原生态功能区草地和裸地面积减少到 92.1km²，占该区总面积的 0.4%，与 1990 年相比减少了 11.0km²。2010 年三江平原生态功能区草地和裸地面积约 39.6km²，占该区总面积的 0.2%，比 2000 年减少了 39.6km²。2015 年三江平原生态功能区草地和裸地面积持续减少，其面积约为 48.7km²，占该区总面积的 0.2%。1990 ~ 2015 年的整个研究时段内，草地和裸地总面积呈现减少趋势，减少了 54.4km²（表 4-20）。草地和裸地减少最剧烈的时间段为 2000 ~ 2010 年，草地和裸地增加的区域主要集中在三江平原生态功能区的南部。

表 4-20　三江平原生态功能区草地和裸地面积及占县（市）面积比例

县（市）	1990 年		2000 年		2010 年		2015 年	
	面积（km²）	比例（%）	面积（km²）	比例（%）	面积（km²）	比例（%）	面积（km²）	比例（%）
宝清县	6.4	0.2	8.5	0.3	1.3	0.0	4.4	0.2
抚远县	2.2	0.0	3.7	0.1	2.3	0.0	5.4	0.1
富锦市	0.0	0.0	0.0	0.0	0.0	0.0	0.1	0.0
虎林市	78.4	1.2	52.4	0.8	32.4	0.5	18.7	0.3
密山市	0.0	0.0	0.0	0.0	0.0	0.2	0.1	0.0
饶河县	8.0	0.1	11.6	0.2	6.4	0.1	12.4	0.2
同江市	8.1	0.4	15.9	0.9	9.8	0.5	7.6	0.4
全区	103.1	0.4	92.1	0.4	52.5	0.2	48.7	0.2

第四节　主要生态系统服务能力变化

一、生物多样性维持能力变化

（一）生境质量变化

1. 生境质量评价因素

随着全球气候变化和人类活动日益密集，生态系统功能和属性发生了剧烈变化，严重影响了野生动植物的生存与发展（Tang et al.，2016）。土地覆被变化是影响野生动植物栖息地和生物多样性最重要的因素，其中，耕地的快速扩张对其影响最为显著。土地资源的供求矛盾引起的生境丧失与生境破碎化等环境问题日趋严重。水禽在湿地生态系统的能量流动和维持生态系统稳定性方面起着举足轻重的作用，环境问题对水禽的生存环境造成了巨大的压力（孔博等，2008）。近年来，水禽栖息地的保护成为政府和学者关注的焦点，政府提出了许多保护性政策和措施，如建立自然保护区和出台野生动植物保护法规。学者提出的水禽栖息地适宜性评价方法，为政府部门进一步提出保护水禽栖息地的政策和规划提供了客观、有力的数据支持与科学依据，对水禽栖息地的恢复和有效保护有重要意义（董张玉等，2014）。

对栖息地适宜性评价方法的研究起步较早。20 世纪 60 年代末，前人将栖息地适宜性指数作为衡量栖息地优劣的指标，虽能从整体上对栖息地适宜性做出推断，但不能从空间格局特征的角度加以分析（Glenz et al.，2001；Osborne et al.，2001）。随着遥感和地理信息系统技术的发展，国内外学者在栖息地适宜性分析及其时空分布方面进行了探索。Oja等（2005）利用土地覆被数据模拟了爱沙尼亚鸟类栖息地适宜性，证明了鸟类栖息地适宜性空间分布与湿地相关性显著。Dong等（2013）综合遥感和地理信息系统对盘锦湿地和松嫩平原西部水禽栖息地适宜性进行评估，分析了不同水禽栖息地适宜性等级空间分布特征。Dunkin等（2016）证明利用雷达和高光谱遥感数据能在区域尺度上对蠵龟（*Caretta*）栖息地适宜性进行更有效的评估。Wang等（2015）证明了1992~2012年三江平原水鸟栖息地适宜性差的区域呈现增加趋势，但对该时段内栖息地适宜性内部变化未做研究。Reza等（2013）集成遥感和地理信息系统技术完成了马来半岛大型哺乳动物栖息地适宜性空间制图。Tang等（2016）基于Landsat TM/ETM+/OLI数据和面向对象分类方法对鄱阳湖水禽栖息地适宜性进行评价，并分析了土地覆被对其变化的影响。Zhang等（2017）以遥感数据为基础分析了土地开垦对黄河三角洲河口栖息地适宜性的影响。遥感和地理信息系统技术越来越多应用于对栖息地适应性评价，利用该技术能够客观、准确地掌握栖息地适宜性变化的时空变化特征，对研究栖息地适宜性变化驱动因素具有重要意义。

2011年，《全国主体功能区规划》划定了25个国家重点生态功能区，确定了三江平原生态功能区为湿地生态功能区（黄麟等，2015）。三江平原生态功能区是我国平原地区沼泽分布最大、最集中的地区之一，具有自然湿地面积大、生物多样性丰富、湿地生态系统类型多样等特点，是具有国际意义的重要湿地区。近些年，随着农田面积逐渐扩大，湿地景观破碎化加剧（刘红玉等，2005），生境连通度显著降低，该区水禽栖息地适宜性受到了严重影响。科学、准确地评估水禽栖息地适宜性，对该区水禽栖息地保护具有重要意义（满卫东等，2017）。

依据评价体系权重结果，结合ArcGIS空间分析进行叠加，得到生存环境控制因子：水源状况（湖泊密度和河流密度）、干扰因子（居民地密度和道路密度）、遮蔽条件（土地覆被类型和坡度）和食物丰富度（NDVI）（董张玉等，2014），如图4-55所示。

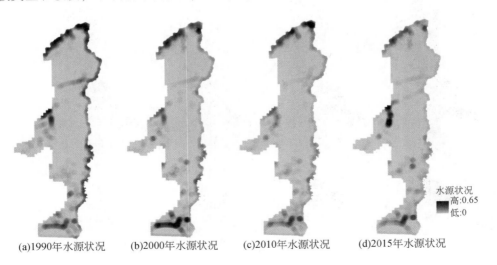

(a)1990年水源状况   (b)2000年水源状况   (c)2010年水源状况   (d)2015年水源状况

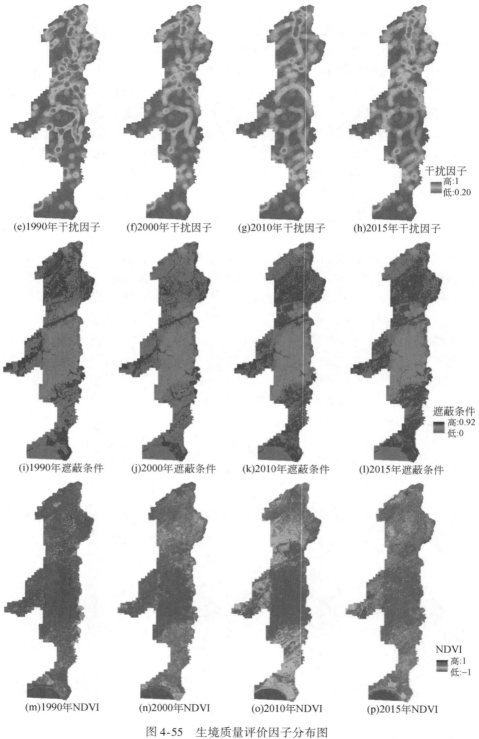

(e)1990年干扰因子　　(f)2000年干扰因子　　(g)2010年干扰因子　　(h)2015年干扰因子

干扰因子
高:1
低:0.20

(i)1990年遮蔽条件　　(j)2000年遮蔽条件　　(k)2010年遮蔽条件　　(l)2015年遮蔽条件

遮蔽条件
高:0.92
低:0

(m)1990年NDVI　　(n)2000年NDVI　　(o)2010年NDVI　　(p)2015年NDVI

NDVI
高:1
低:-1

图 4-55　生境质量评价因子分布图

资料来源：满卫东等（2017）

2. 生境质量动态监测

基于生境质量评价系统和环境因子数据集，获取三江平原生态功能区生境质量空间分布特征和不同适宜性级别的面积及其比例。由图 4-56 可以看出，三江平原生态功能区内，生境质量最好的区域与湿地空间分布较为一致，主要分布于黑龙江、挠力河、乌苏里江和穆棱河沿岸，以及兴凯湖沿岸区域。适宜性良好区域主要分布在饶河县，2010 年和 2015 年虎林市和抚远县有大量分布。适宜性一般区域分布较零散。适宜性差区域集中分布于兴凯湖、饶河县，2000 年在抚远县有大量分布。

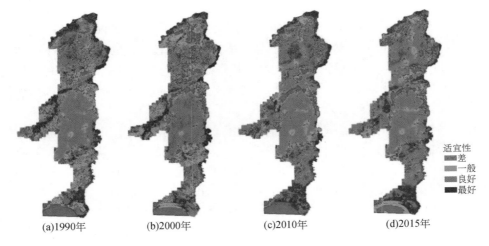

(a)1990年   (b)2000年   (c)2010年   (d)2015年

适宜性
- 差
- 一般
- 良好
- 最好

图 4-56 三江平原生态功能区生境质量分布图

资料来源：满卫东等（2017）

三江平原生态功能区生境质量最好区域的面积在 1990～2010 年逐年减少，主要发生于抚远县，该区内大量湿地转化为农田；2015 年生境质量最好区域的面积比 2010 年略高。总体来看，1990～2015 年三江平原生态功能区适宜性最好区域的面积呈现减少趋势（减少了 16.39%），并且减少趋势逐渐变缓（表 4-21）。

表 4-21 三江平原生态功能区生境质量等级面积及其比例

年份	最好		良好		一般		差	
	面积（km²）	比例（%）	面积（km²）	比例（%）	面积（km²）	比例（%）	面积（km²）	比例（%）
1990	5 483.64	19.81	11 565.02	41.79	7 093.88	25.63	3 532.25	12.76
2000	4 726.57	17.08	10 012.53	36.18	7 554.20	27.30	5 381.49	19.45
2010	4 557.69	16.47	12 657.33	45.74	5 630.67	20.35	4 829.11	17.45
2015	4 584.91	16.57	13 197.96	47.69	5 372.65	19.41	4 519.19	16.33

适宜性良好区域的面积变化波动性较强，在 1990～2000 年，其面积减少了 13.42%，主要发生在抚远县，该时段内大量湿地转化为旱田；适宜性良好区域的面积在 2000～2010 年和 2010～2015 年呈现增加趋势，分别增加了 26.41% 和 4.27%，主要分布于抚远县和虎

林市，该时段内大量旱田改为水田。总体来看，1990～2015 年三江平原生态功能区适宜性良好区域面积呈现增加趋势（增加了 14.12%）。

1990～2015 年，适宜性一般区域的面积呈现逐年减少趋势，25 年间减少了 24.26%。适宜性差区域的面积在 1990～2000 年大幅度增加（52.35%）；在 2000～2010 年和 2010～2015 年略微减少（−10.26% 和−6.42%）；1990～2015 年的整个研究时段内，适宜性差的区域面积增加了 27.94%。

3. 生境质量变化的驱动因素分析

（1）生态系统变化的影响

生态系统变化是影响生境质量的最重要因素（Seoane et al.，2006）。不同生态系统类型为水禽提供的生存环境差异较大。湿地是最适宜水禽栖息生存的环境。1990～2015 年，湿地减少了 5593.5km²；从空间上看，生境质量最好区域与湿地的空间分布有明显的空间一致性，同时，湿地减少区域与旱田增加区域有较为明显的空间一致性，所以湿地开垦为旱田是生境质量最好区域面积减少的主要原因。

相较于旱田，水田的生境质量较好，但比湿地要差一些；从水田、旱田和湿地的空间分布变化来看，三江平原生态功能区生态系统变化有明显的湿地→旱田→水田的变化过程，在 1990～2015 年水田增加了 8 倍以上，水田比旱地的水禽栖息地适宜性更好，使得生境质量良好的区域呈现增加趋势；尤其在 2000～2010 年，水田面积增加了 6075km²，从空间上来看主要来源于旱田。林地和草地是生境质量良好的生存环境，在 1990～2015 年，与水田变化相比，它们的变化较为微小，对于生境质量良好区域面积变化的贡献较小。

道路和居民地面积呈现增加趋势，对生境质量适应性有较强烈的干扰，但与旱田相比，它们的面积所占比例较小，反映到研究区内，它们的干扰作用被旱田弱化，所以生境质量一般的区域面积变化与旱田变化趋势较为一致。

1990～2000 年生境质量差的区域大幅度增加，与湿地转化为旱田区域的空间分布较为一致；可能在湿地开垦初期，作物生长状况较差，导致 NDVI 值较低，使得该区被评价为生境质量差的区域，从而导致生境质量差的区域大幅度增加；随着旱田改为水田，该区生境质量好转，使得生境质量差的区域在 2000～2015 年逐渐减少。

（2）人文因素的影响

人口作为一种外界压力对生境质量变化起着重要作用，人类活动通过改变生态系统与土地覆盖间接影响生境质量（满卫东等，2016）。1990～2015 年，三江平原生态功能区各县（市）人口数量整体上均呈上升趋势。其中，除密山市于 2000～2010 年总人口降低外，其他各县（市）在 1990～2000 年、2000～2010 年总人口数量快速增长，2010～2015 年总人口增长有所放缓。人口的增长直接促进粮食需求增长和生存生活必需基础设施与场所的规模扩大，导致生境质量一般的旱田快速扩张，占用生境质量最好的湿地、生境质量良好的林地和草地等自然资源被开垦，使得三江平原生态功能区生境质量降低。

作为反映经济发展状况的重要指标，GDP 对生境质量有一定的影响。1990～2015 年，三江平原生态功能区 7 县（市）GDP 均呈现上升趋势，其中 2000～2010 年涨幅最大。截至 2015 年，富锦市 GDP 最大，宝清县次之，密山市、虎林市、同江市、饶河县、抚远县依次减少。其中，富锦市、宝清县、密山市、虎林市均超过 100 亿元，饶河县、抚远县不足 50 亿元。经济发展加快城市化进程，城市规模及其配套交通网络不断扩增，使生境质量评价系统中干扰因子的作用增加。在经济利益驱动下，大规模旱田转为水田，三江平原生态功能区 2015 年水田面积是 1990 年的 9 倍，使得三江平原生态功能区生境质量较好区域呈现增加趋势。

自然保护区的建立不仅对个别重要物种进行保护，而且生态环境和生物资源也得到了保护（Lu et al.，2016），为当地社会经济发展和居民带来良好的经济效益，并达到永续利用的目的（赵献英，1995；洪必恭和赵儒林，1989）。自 1994 年以来，三江平原生态功能区建立了 9 个国家级自然保护区（图 4-57），保护区内生境质量得到有效保护。随着保护区的保护有效性增加，生境质量变差的趋势逐渐放缓。

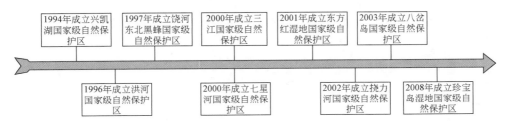

图 4-57　三江平原生态功能区国家级自然保护区建立时间

资料来源：满卫东等（2017）

（3）自然因素变化的影响

气候变化不仅影响植被生长发育、生产力、生物量、空间分布，还影响生态系统的结构分布、物种组成、种间关系、空间分布，垂直结构、年龄结构及生产者和消费者比例等，从而影响生物多样性，进而影响水禽栖息地适宜性（李晓东等，2011）。三江平原生态功能区水资源主要来自于大气降水，气候变化通过影响水源状况影响该地区生境质量。三江平原生态功能区气温呈现波动上升趋势，降水量的波动性较大，呈现略微减少趋势。气候的变干、变暖，引起湿地退化、结构和功能等遭到破坏，以及湖泊消退，进而引起生境质量下降。

（二）湿地生物多样性变化

1. 沼泽植被初级生产力变化

三江平原典型沼泽湿地植被群落毛薹草群落和小叶章群落分别代表了常年积水环境与季节性积水环境下的湿地植被群落。利用中国科学院三江平原沼泽湿地生态试验站常年积水区综合观测试验场和季节性积水区辅助观测试验场的湿地群落长期定位观测数据进行分析，结果表明：1974～2015 年，毛薹草群落和小叶章群落地上生物量的变化具有显著的年际波动特征，毛薹草群落地上生物量波动范围为 293.06～452.15g/m²，多年平均值为 360.46g/m²，近 50 年来地上生物量呈现逐渐下降的趋势；小叶章群落地上生物量变动范围为 299.72～528.5g/m²，多年平均值为 432.41g/m²（图 4-58）。因此，三江平原沼泽湿地典型植物群落地表生物量年际变化显著，空间变异性较大，小叶章群落生长季末期生物量空间最大差异达 232.57g/m² （2012 年），近 50 年来地上生物量变化趋势不明显。

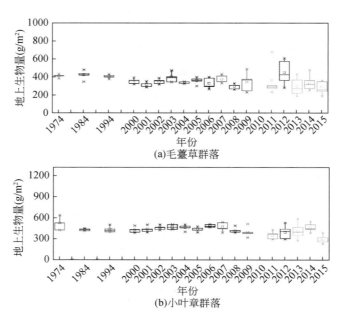

图 4-58　三江平原生态功能区典型沼泽植被群落地上生物量变化

众多研究表明，三江平原沼泽湿地植被群落特征主要受地表积水深度的影响，但地上生物量与地表年平均积水深度之间却没有显著的相关关系，与生长季平均温度等其他环境要素也不存在显著的相关关系。这说明三江平原沼泽植被生物量的年际变化受复杂因素的共同影响，并非单一的简单因素决定。

2. 湿地植被物种多样性变化

（1）重点保护地区湿地植被变化

对洪河国家级自然保护区和中国科学院三江平原沼泽湿地生态试验站植被观测场的调查表明，重点保护区湿地的常年积水沼泽中，优势物种为毛薹草和漂筏薹草。长期监测数据表明，1974～2015 年，该群落的多样性呈现明显的年际波动特征，Shannon-Wiener 多样性指数波动范围为 1.13～2.22 ［图 4-59（a）］，平均为 1.51。在 2000 年之前，植物多样性较高，但 2000 年植物多样性显著下降，至 2013 年虽有波动但总体趋势比较平稳，并且自 2013 年之后植物多样性逐渐升高。整体上看，三江平原生态功能区常年积水沼泽植物多样性变化不显著。

沼泽化草甸中，优势物种为禾草（小叶章或狭叶甜茅）。长期监测数据表明，1974～2015 年，该群落的 Shannon-Wiener 多样性指数波动范围为 0.64～2.59 ［图 4-59（b）］，平均为 1.36。在 2000 年之前，植物多样性相对较高。对比植物多样性变化趋势发现，2004 年之前植物群落多样性波动明显，而 2004 年之后呈现平稳的上升趋势。

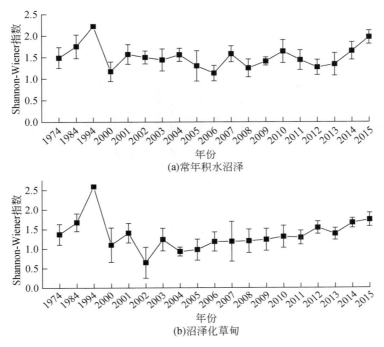

(a)常年积水沼泽

(b)沼泽化草甸

图 4-59　三江平原生态功能区湿地植被群落生物多样性变化

沼泽湿地毛薹草群落和小叶章群落的生物多样性特征同样具有显著年际变化特征。毛薹草群落植被主要包括毛薹草、漂筏薹草、狭叶甜茅等 15 种沼生植被物种，小叶章群落主要包括小叶章、狭叶甜茅、湿薹草、毛薹草、漂筏薹草等 14 种沼生植被物种。1974 ~ 2015 年典型沼泽植被群落的重要值变化趋势表明，毛薹草群落和小叶章群落的物种结构年际变化显著：2000 年以后，毛薹草群落出现喜湿物种比例逐渐增加、物种组成逐渐简单的趋势；小叶章群落同样有向喜湿群落演替的趋势，小叶章重要值逐渐下降，狭叶甜茅、毛薹草的重要值逐渐增加（图 4-60）。

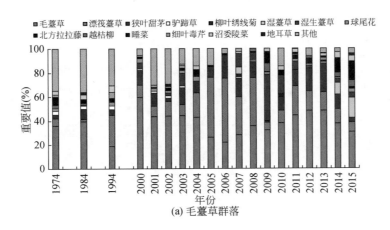

(a)毛薹草群落

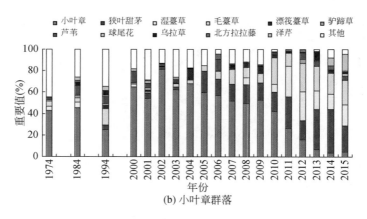

图4-60   三江平原生态功能区湿地典型沼泽植被群落生物多样性特征变化

2005年以后的10年中，三江平原沼泽湿地生长季地表平均积水深度均超过30cm，积水环境的稳定是沼泽湿地植被向喜湿植被逐渐过渡的主要原因。上述分析表明，地表水文环境的稳定促进了三江平原沼泽湿地生态恢复区的沼泽湿地植被向喜湿植被类型演替（图4-61和图4-62）。

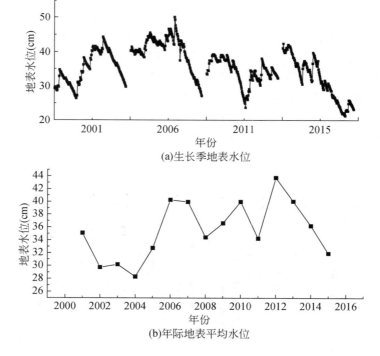

图4-61   三江平原沼泽湿地地表水位年际变化特征（2001～2015年）

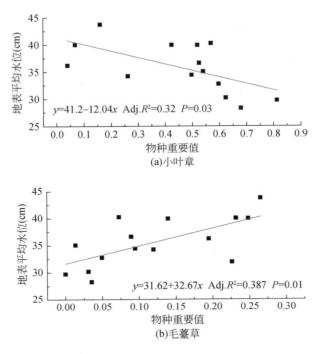

图 4-62　小叶章群落典型物种重要值变化与积水水位的关系

（2）三江平原生态功能区全域湿地植被变化对比

对比 1974 年和 2012 年三江平原地区主要湿地集中区（130°E～133°E，45°N～48°N）的全面调查表明：与 1973 年相比，2012 年的湿地植物群落向旱生化方向转变，其中喜湿的毛薹草群落变化最大，而小叶章群落变化最小。湿生植物物种数和贫营养湿地的典型植物物种数显著减少，而禾草和其他非典型湿生植物物种数增加。总体上看，三江平原生态功能区湿地植物有向旱生化和富营养化发展的趋势，典型原生湿地植被物种数量下降（Lou et al.，2015）。

物种组成方面，除趋势对应分析（DCA）表明，3 个植物群落沿着排序轴有着显著的年际分离，并且沿着第一排序轴表现出一致的群落组成变化方向。然而，3 个植物群落的变化幅度并不一致，毛薹草群落最大，而小叶章群落最小。沿着第二排序轴，以平均值来看毛薹草群落和灰脉薹草群落在相同的方向上发生变化，但更加值得注意的是，毛薹草群落在不同样方之间有着相反的变化方向（图 4-63）。

物种频度与盖度方面，指示种分析结果表明，毛薹草群落有最多的指示种（13 个），但在 1973 年只有 4 个具有样方组成的高度指示种。除毛薹草之外，其余所有物种的频度都明显下降（>30%）。对比之下，在 2012 年有 9 个指示种的频度和丰度方面增加了。其中，东北拉拉藤频度增加最大（66%），而其他物种增加较小（10%～30%）。灰脉薹草群落有 6 个显著的指示种，1973 年的是越桔柳，而 2012 年的是其他 5 个。群落中大多数物种表现出相同的指示值和频度变化趋势。然而，睡菜和越桔柳却表现出了相反的趋势。在小叶章群落中只有 1 个边际显著的指示种，即 1973 年的驴蹄草（表 4-22）。

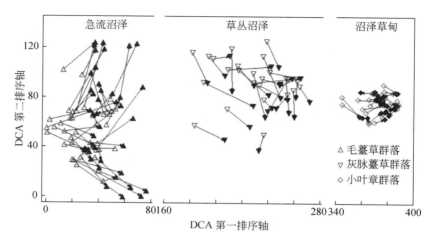

图 4-63　沼泽湿地植物组成 DCA 分析结果

资料来源：Lou 等（2015）

表 4-22　1974～2012 年湿地植被物种相对频率和相对丰度变化情况

群落	物种	指示值（%）			相对频率（%）			相对丰度（%）		
		1973 年	2012 年	P	1973 年	2012 年	差值	1973 年	2012 年	差值
毛薹草	毛薹草 *Carex lasiocarpa*	53	47	0.0002	100	100	0	53	47	-6
	细叶狸藻 *Utricularia minor*	45	0	0.0002	45	0	-45	100	0	-100
	燕子花 *Iris laevigata*	43	5	0.0010	55	21	-34	78	22	-56
	驴蹄草 *Caltha palustris*	41	14	0.0146	67	36	-31	62	38	-24
	球尾花 *Lysimachia thyrsiflora*	19	42	0.0456	45	74	29	43	57	14
	漂筏薹草 *Carex pseudo-curaica*	16	41	0.0344	40	67	27	39	61	22
	睡菜 *Menyanthes trifoliata*	8	32	0.0382	31	43	12	26	74	48
	越桔柳 *Salix myrtilloides*	7	35	0.0136	26	48	22	27	73	46
	沼委陵菜 *Comarum palustre*	4	30	0.0082	14	40	26	25	75	50
	小叶章 *Deyeuxia angustifolia*	1	20	0.0284	10	24	14	15	85	70

续表

群落	物种	指示值（%）			相对频率（%）			相对丰度（%）		
		1973 年	2012 年	P	1973 年	2012 年	差值	1973 年	2012 年	差值
毛薹草	毛水苏 *Stachys baicalensis*	1	23	0.0042	5	26	21	11	89	78
	地耳草 *Hypericum japonicum*	0	20	0.0102	2	21	19	6	94	88
	东北拉拉藤 *Galium manshuricum*	0	68	0.0002	5	71	66	5	95	90
灰脉薹草	越桔柳 *Salix myrtilloides*	37	2	0.0080	46	12	-34	81	19	-62
	小叶章 *Deyeuxia angustifolia*	16	47	0.0418	46	73	27	36	64	28
	东北拉拉藤 *Galium manshuricum*	4	32	0.0332	15	42	27	24	76	52
	漂筏薹草 *Carex pseudo-curaica*	2	37	0.0086	12	46	34	20	80	60
	毛水苏 *Stachys baicalensis*	1	45	0.0008	8	50	42	10	90	80
	毛山黧豆 *Lathyrus palustris var. pilosus*	0	24	0.0308	4	27	23	12	88	76
小叶章	驴蹄草 *Caltha palustris*	31	4	0.0490	12	15	-27	73	27	-46

资料来源：Lou 等（2015）

物种丰富度和更新方面，在每个植物群落中，所有样方内总的物种丰富度从 6 个增加到 8 个，即 1973 ~ 2012 年，每个群落有 8 ~ 14 个物种流失，并伴随着 15 ~ 20 个物种增加。不过，大部分新出现的或流失的物种只在 1 ~ 2 个样方内出现。在毛薹草群落中大部分新出现的物种也存在于 1973 年的其他两个群落中，而灰脉薹草群落和小叶章群落中新出现的物种则来自于周围的生境。在毛薹草群落和小叶章群落中，每个样方有大约 1.5 个物种的增加，但在小叶章群落中无明显变化（Lou et al.，2015）（表 4-23 和表 4-24）。

表 4-23　1974 ~ 2012 年湿地植被物种变化更新情况

群落	物种数		新物种数量	1973 年其他种群出现数量	减少物种数量	其他种群存在数量
	1973 年	2012 年				
毛薹草	31	39	15	13	7	2
灰脉薹草	48	54	20	7	14	6
小叶章	40	47	15	4	8	5

资料来源：Lou 等（2015）

表 4-24　1974～2012 年湿地植被物种变化显著性分析

群落	调查样方物种丰富度			配对样本 t 检验	
	N	1973 年	2012 年	t	P
毛薹草	42	6.71±0.31	8.26±0.24	4.51	<0.001
灰脉薹草	26	7.62±0.46	9.15±0.53	2.26	0.033
小叶章	26	5.65±0.31	5.92±0.37	0.58	0.565

资料来源：Lou 等（2015）

3. 洪河湿地迁徙鸟类数量变化

（1）小型迁徙鸟类数量显著降低

对洪河国家级自然保护区 2001～2010 年环志记录数据表明，鸦科、莺科、鸫科、雀科、山雀科、鹟科鸟类为洪河国家级自然保护区地区主要环志种类，期间环志检测到的鸟类组成及数量发生了较大变化。从环志鸟类的总体数量来看，该地区鸟类数量年际波动很大，2004 年达到鸟类数量的最高峰，共记录到 3148 只，2009 年鸟类数量最少，仅为 133 只。2009 年以后，鸟类整体数量虽然逐渐增加，但总体数量仍然保持较低水平（图 4-64）。不同种类鸟类变化趋势基本与上述规律一致，其中鸦科鸟类数量变化最为显著，鹟科鸟类环志数量相对变化最小（图 4-65）。

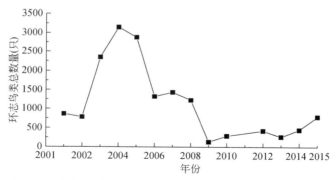

图 4-64　洪河国家级自然保护区环志鸟类总量年际变化特征

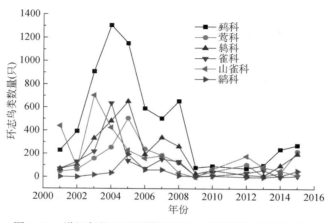

图 4-65　洪河保护区不同类型环志鸟类数量年际变化特征

经对比发现，灰头鹀、田鹀、黄喉鹀是鹀科环志优势物种，2004～2005年该科环志数量较多，自2006年开始逐年下滑，在2009年跌至低谷。其中田鹀数量在2008年虽有反弹但在2008年以后数量锐减。莺科环志优势种为黄眉柳莺、极北柳莺，10年间波动较大，在2004～2006年数量较多，自2007年开始该科环志数量锐减。鸫科环志优势种为红喉歌鸲、红胁蓝尾鸲，在2005年达到环志高峰，自2006年开始该科环志数量逐年降低，红胁蓝尾鸲在2007年、2008年环志量有较大增长，但在2009年环志量为0。雀科环志优势种为燕雀、长尾雀，在2004年、2005年前后环志数量较多，自2005～2010年环志数量逐年下滑，在2009年、2010年达到最低谷。山雀科环志优势种为沼泽山雀、煤山雀、银喉长尾山雀，3种鸟类环志量变化较大，沼泽山雀在2003年数量较多，但在随后的7年中为常见环志物种但数量较少；煤山雀2001年、2003年环志量较大，自2004年开始偶有环志，但数量很少；银喉长尾山雀在2004年环志量爆发之后环志数量逐年减少，至2009年、2010年跌至低谷。鹟科环志优势种为红喉姬鹟和北灰鹟，两种鸟类均在2005年到达环志高峰自2006～2010年环志数量逐年下降（图4-66）。

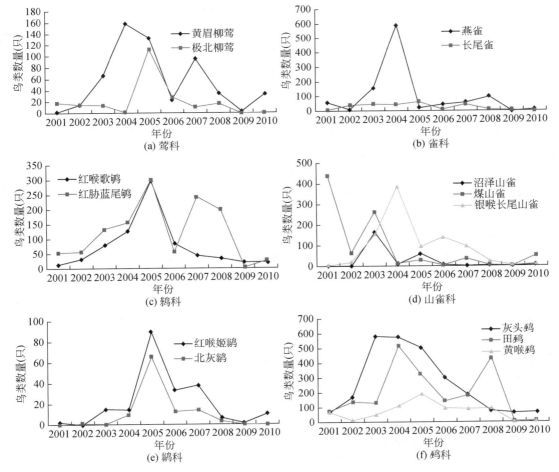

图 4-66 洪河保护区各科优势种环志数量变化曲线（2001～2010 年）

鹀科鸟类中灰头鹀、黄喉鹀、田鹀、黄胸鹀、栗耳鹀、栗鹀等物种在 2001～2010 年虽然环志数量上有所减少，但基本上每年都可以环志到，白眉鹀、小鹀、黄眉鹀、红颈苇鹀、白头鹀、三道眉草鹀、铁爪鹀等物种不仅环志数量急剧变化，在 2008 年、2009 年及 2010 年的 3 年之间环志量为 0。

莺科鸟类中黄眉柳莺、黄腰柳莺、棕眉柳莺、极北柳莺、戴菊莺、褐柳莺、黑眉苇莺属于常规环志种，10 年间环志数量虽少但每年都能环志到；极北柳莺、暗绿柳莺在 2001～2008 年环志数量较多，在 2009 年、2010 年两年间未环志到；日本树莺、厚嘴苇莺、小蝗莺、巨嘴柳莺、白喉林莺、鳞头树莺、东方大苇莺、冕柳莺、矛斑蝗莺、金眶鹟莺属偶见种，仅在环志刚开展的 2001～2005 年有环志记录，自 2006 年开始环志数量基本为 0。

鸫科鸟类中红喉歌鸲、红胁蓝尾鸲、斑鸫、黑喉石䳭、灰背鸫属常规环志种；白眉地鸫、蓝头矶鸫、赤颈鸫、红腹红尾鸲、虎斑地鸫、田鸫属偶见种，仅在单一年份有环志；红尾歌鸲、北红尾鸲、蓝喉歌鸲、白眉鸫、蓝歌鸲在 2008 年之前环志数量虽少但在连续几年或隔年有环志，在 2008 年之后未环志到。

雀科鸟类中燕雀、长尾雀、北朱雀属常规环志种，朱顶雀、灰雀、普通朱雀环志量较少，且基本上间隔 1～2 年才有环志，其他鸟类在 2007～2010 年环志量为 0。山雀科鸟类虽然环志数量变化较为剧烈，但是物种每年都有环志到。鹟科鸟类中除红喉姬鹟常见之外，其他鸟类在 2010 年均未环志到。

（2）洪河湿地大型水禽数量逐渐增加

近十余年间，洪河国家级自然保护区东方白鹳和丹顶鹤繁殖数量呈现稳步增加趋势，表明洪河国家级自然保护区湿地整体环境逐渐适于大型水禽鸟类的栖息繁殖。大型水禽鸟类在洪河国家级自然保护区繁殖巢数量稳步上升的原因之一在于该保护区实施了补水工程。2005 年开始，洪河湿地自然保护区先后投入资金 1400 余万元，对保护区下游水利工程进行修补重建，使得保护区核心区水位由原来的 51.2m 升高至 52.1±0.2m，洪河国家级自然保护区湿地自身的水文存储能力大大增强，全面缓解了干旱年份地表水位下降导致的沼泽湿地植被退化和明水面的萎缩。工程实施后，洪河湿地保护区湿地过渡带增加 10km²，下游区增加水位较高的湿地面积为 8km²，保护区内 1099.42hm² 的农田重新转化为草地或湿地（刘国强等，2008）。整体上，洪河国家级自然保护区湿地生态环境得到较大改善，大型珍稀水禽的数量因此稳步增加。另外，洪河国家级自然保护区从 2005 年后，开展利用人工巢穴搭建招引、保育东方白鹳等大型禽类，至 2014 年共人工修建巢穴 50 余处，大大提高了东方白鹳巢穴占用率和幼鸟哺育成功率。因此，人工保育措施的有效连续实施，也是洪河湿地保护区大型禽类数量逐渐增加的主要原因（图 4-67）。

二、生态系统碳储量变化

碳储量是生态系统长期固碳能力的综合体现。生态系统固碳主要指森林、草地、农田

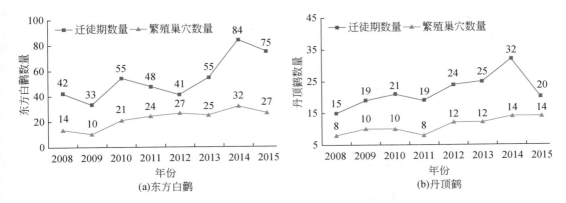

图 4-67　洪河保护区东方白鹳、丹顶鹤数量变化曲线（2008~2015 年）
资料来源：刘国强等（2008）

和湿地等生态系统在光合作用过程中自然捕获大气中 CO_2 的过程（李洁等，2014）。碳汇是指健康的陆地生态系统通过植物等在光合作用过程中捕获的碳量（段晓男等，2008）。通过对生态系统各种固碳方式与固碳潜力的科学认识，制定适合我国国情的生态固碳工程，对提升我国碳管理及在全球温室气体减排中的地位具有重大的意义。生态系统固碳方式包括两种：一是自然固碳，即生态系统固碳，包括光合作用固定在植被中，植被凋落物和根系分泌物残存在土壤中，以及通过运移至水体生物固碳；二是人为固碳，即通过 CO_2 捕获与封存（韩冰等，2008）。生态系统自然固碳主要通过保护森林和土壤，提高碳存储（如恢复和新建林地、湿地和草原）或减少 CO_2 排放量（如采用合理的农业耕作制度和生物固碳等）（赵敏和周广胜，2004）。

　　生态系统碳储量是生态系统长期积累碳蓄积的结果，是生态系统现存的植被生物量有机碳、凋落物有机碳和土壤有机碳储量的总和（高扬等，2013）。森林生态系统碳大多储存在树干、树枝和树叶，通常被称为生物量；另外，碳也直接储存在土壤中（吴庆标等，2008）。对海洋与湿地而言，固碳不仅源于水生植物和藻类光合作用所固定转化的 CO_2，更重要的来源是通过河水输入有机质的沉积。陆地生态系统固碳速率则主要是指在单位时间内单位土地面积上的植被和土壤从大气中吸收并被储存的碳或 CO_2 数量。陆地生态系统总固碳量是指植物光合作用固定转化 CO_2 为有机碳的总量，它既可以是一定时间内总初级固碳量（GPP）的积分值，也可以是净初级固碳量（NPP）的积分值（张璐等，2015）。

1. 三江平原生态功能区碳储量变化

　　三江平原 1990~2015 年总碳储量呈现减少的趋势，由 1990 年的 540.30Tg 减少到 2015 的 356.00Tg，减少了约 184.30Tg，下降率为 34.11%；单位面积碳储量的变化与总碳储量的变化保持一致，1990~2015 年表现为减少的趋势，由 19 516.73t/km² 减少到 12 859.54t/km²。1990~2000 年碳储量减少的速率为 23.57%，2000~2015 年碳储量减少的速率为 13.79%（图 4-68），可以看出，虽然两个时间段碳储量都在减少，但 2000 年以后减少速率明显下降，湿地垦殖强度的下降是其主要原因。1990~2015年，三江平原生态功能区碳储量减少的区域主要集中在北部，大量沼泽湿地转化为耕地，导致碳储量的减少；碳储量增加的区域分布零散，主要表现为耕地碳储量的增加（图4-69）。

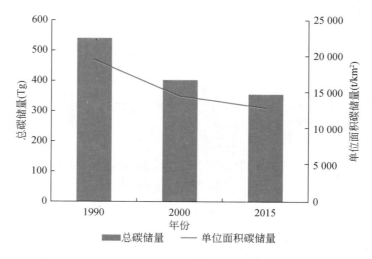

图4-68　1990~2015年三江平原生态功能区碳储量变化

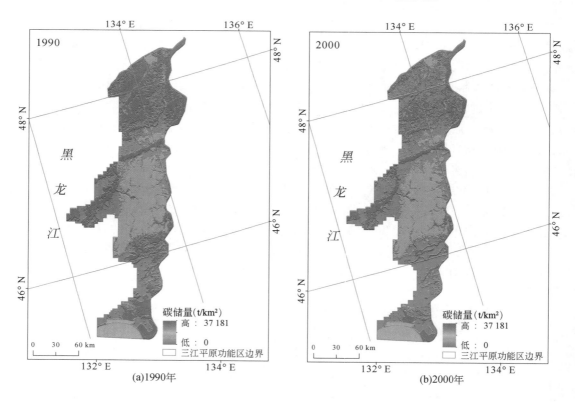

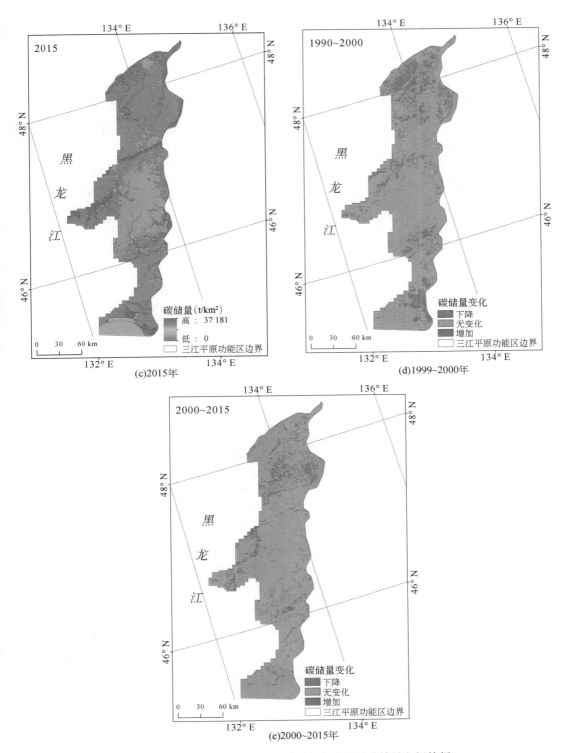

图 4-69　1990～2015 年三江平原生态功能区碳储量空间特征

2. 三江平原生态功能区各土地覆被类型碳储量变化

三江平原生态功能区各覆被类型中，湿地总碳储量呈现减少趋势（图4-70），在1990～2000年和2000～2015年分别减少了136.17Tg和61.46Tg；耕地的总碳储量呈现增加趋势，在1990～2000年和2000～2015年分别增加了15.89Tg和2.89Tg；林地的总碳储量呈现先减少后增加，在1990～2000年和2000～2015年分别减少和增加了6.56Tg和1.61Tg（表4-25）。特别注意的是，1990～2015年，三江平原生态功能区耕地碳储量出现了增加的趋势，其重要原因是：具有较高碳密度的自然沼泽湿地不断大面积的转化为耕地，因而新垦殖的耕地往往具有较高的碳储量，这样在一段时期内碳密度高的耕地面积不断增加，导致整体耕地碳储量的增加。对于某一特定耕地而言，进行农业耕作后土壤碳、氮含量是不断下降的，具体见第二章第三节"土壤环境变化"。

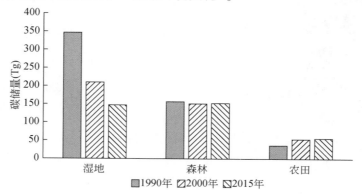

图4-70 1990～2015年三江平原生态功能区主要生态系统类型碳储量变化

表4-25 1990～2015年三江平原生态功能区各土地覆被类型碳储量变化 （单位：Tg）

类型	1990年	2000年	2015年	1990～2000年	2000～2015年
湿地	344.55	208.38	146.92	−136.17	−61.46
森林	156.72	150.16	151.77	−6.56	1.61
农田	37.27	53.16	56.05	15.89	2.89
总碳储量	538.54	411.70	354.74		

三、洪峰径流调节能力变化

沼泽湿地具有相对负地形条件，其湿地系统的水陆交互作用孕育了独特的土壤环境，湿地土壤特殊剖面结构使其水文物理特性体现出极强的持水和蓄水能力（刘兴土，2007；Lv et al.，2000），具有巨大的水源涵养和水文调节功能。三江平原生态功能区的沼泽湿地主要分布于河流冲积平原和阶地，湿地与河流主河道的地表水力联系的紧密程度往往存在明显的季节性特征。地势平坦的湿地分布区，在夏季丰水季节具有巨大的显性蓄水空间，同时湿地植被的存在可以显著减缓地表径流和大面积漫流的流速。因此，从流域整体角度看，流域中的沼泽湿地往往被视为一个大型生态水库，具有重要的调节径流、均化洪水的功能，尤其对沼泽湿地分布区的下游地区，其削减洪峰的作用对抑制洪水灾害的发生具有重要意义。然而，沼泽湿地系统的径流调节能力是流域内沼泽湿地景观整体分布格局的综合体现，无论流域内任何区域的湿地开垦都将对湿地径流调节能力产生直接或间接影响，最终将对流域下游洪水灾害的发生产生重要影响。

　　三江平原生态功能区内，挠力河流域是流域景观相对完整且湿地面积分布广泛的沼泽河流，本研究选择三江平原生态功能区内的挠力河流域（图4-71）作为典型流域来分析沼泽湿地动态变化对洪峰径流调节能力的影响。

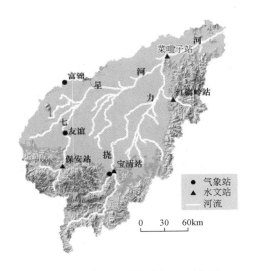

图 4-71　典型流域挠力河地理位置

　　挠力河流域位于中国东北的黑龙江省三江平原腹地，地处 131°31′E ~ 134°10′E，45°43′N ~ 47°45′N，是三江平原生态功能区内沼泽湿地分布最广泛且流域地貌单元分布较为完整的一个典型流域。挠力河流域东南以完达山为界，向东与乌苏里江连接，总面积为 2.42×10⁴km²。其中山地面积占总面积的 38.3%，平原占 61.7%。挠力河为乌苏里江的一级支流，发源于完达山脉勃利县境内的七里嘎山，自西南流向东北，在宝清镇北 15km 的国营渔亮子处，分为大小挠力河两段水流，行 50km 至板庙亮子汇合，形成一个橄榄形的"夹心岛"，在饶河县东安镇入乌苏里江，全长 596km，其中宝清镇以上为上游，长 183km，宝清至菜咀子为中游，长 283km，菜咀子以下为下游，长 130km。流域内大小支流 30 余条，呈不对称羽状分布，右岸支流发育，主要有大、小索伦河，蛤蟆通河，宝清河，七里沁河和大、小佳河，左岸主要有宝石河和内、外七星河。

　　为定量分析湿地土地利用变化，尤其是湿地垦殖对径流特征影响的大小，利用径流调节系数的概念，径流调节系数等于同期径流变异系数与降水变异系数之比，其含义是：当降水变异系数加大时，如果径流变异系数不同步等比例加大，甚至变小，说明流域的径流调节功能强，径流调节系数较小，反之则说明流域的径流调节功能低，径流调节系数较大（其中，降水变异系数和径流变异系数分别等于降水/径流日观测值的标准差比平均值）。采用的数据是宝清站和菜咀子站1959~2005年6~11月的逐日径流和降水数据。具体计算方法是：首先分别计算1959~2005年水文站各年6~11月的流量变异系数，以及各水文站点控制流域的各年份的降水变异系数；然后，计算出水文站点的径流调节系数（姚云龙和吕宪国，2009）。

采用6~11月的最大日径流量代表洪峰流量，对挠力河上游和下游水文站（宝清站和菜咀子站）1959~2005年的最大洪峰流量进行统计分析。结果表明，在1959~2005年宝清站的最大洪峰流量有22年的时间大于菜咀子站的最大洪峰流量，宝清站最大洪峰流量为1010m³/s，发生在1964年，而菜咀子站的洪峰流量为547m³/s，降低了45.8%；菜咀子站最大洪峰流量为750m³/s，发生在1981年，而宝清站的洪峰流量为629m³/s。从图4-72上还可以看出1981年以前宝清站出现较大洪峰流量时，菜咀子站并没有出现较大的洪峰流量，如1962年、1968年和1973年。而在1981年之后，宝清站的洪峰流量和菜咀子站的洪峰流量基本对应。挠力河湿地主要分布在中游地区的七星河国家级自然保护区、挠力河国家级湿地保护区及中上游流域沿岸地区。因此，上游洪峰经过中游湿地分布区域会产生洪峰削减和分流作用，下游洪峰流量相对减小，进而在流域尺度上体现出湿地对洪峰的削减作用。上述分析初步表明在1981年前期，流域湿地景观对上游中小型洪峰具有一定能力的削减作用，而1981年后期，湿地对洪峰的削减作用基本丧失（姚云龙和吕宪国，2009）。

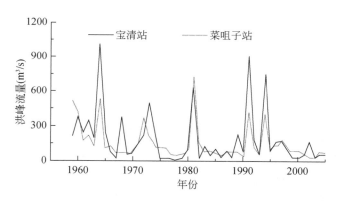

图4-72　挠力河流域宝清站和菜咀子站1959~2005年最大洪峰流量变化情况

资料来源：姚云龙和吕宪国（2009）

由挠力河流域下游菜咀子站1959年和1981年逐日降水量和径流量的过程线可以看出，在1959年的降水量（737mm）显著大于1981年降水量（623mm）的情况下：①1981年的洪峰流量要明显大于1959年的洪峰流量，1981年和1959年的最大洪峰流量分别为750m³/s和514m³/s，两者相差近50%；②1981年和1959年相比较，挠力河流域下游洪峰径流形成时滞显著变短，1959年是36天，而1981年是18天，整整缩短了一半的时间（图4-73）（姚云龙和吕宪国，2009）。

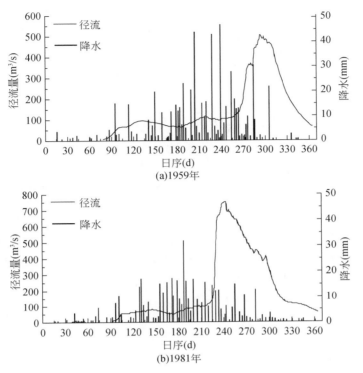

图4-73　挠力河菜咀子站逐日降水量和径流量的过程线

资料来源：姚云龙和吕宪国（2009）

从以上结论可以看出，湿地的大面积开垦（1954 年流域湿地面积为 9435.9km²，20世纪80年代流域湿地面积仅为 2397km²），挠力河流域洪峰径流产流系数显著增加，洪峰径流形成时间显著变短，流域湿地系统对洪峰径流的调节能力显著下降。

1959～2006 年，挠力河下游菜咀子站的径流变异系数有上升的趋势，降水变异系数有下降的趋势（图4-74）。但利用 Mann-Kendall 趋势检验发现，径流变异系数呈现上升趋势但不明显，Z 值为 1.16（$a_1 = 0.12 > 0.05$），降水变异系数有下降趋势也不明显，Z 值为 -1.08（$a_1 = 0.14 > 0.05$）。但当去除降水变化的影响时，即径流调节系数。结果表明，

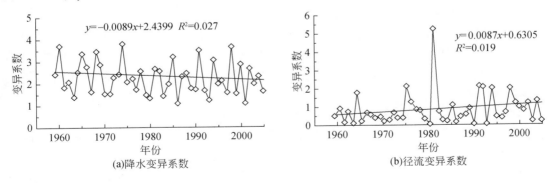

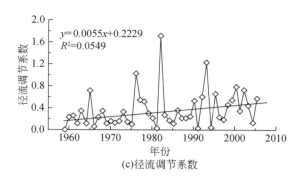

图 4-74　菜咀子站的径流变异系数、降水变异系数和径流调节系数变化

资料来源：姚云龙和吕宪国（2009）

1959～2006 年，挠力河下游菜咀子站的径流调节系数有上升的趋势，但利用 Mann-Kendall 趋势检验发现，径流变异系数上升趋势明显，Z 值为 1.72（$a_1 = 0.04 < 0.05$），利用线性拟合，拟合结果表明菜咀子站的径流调节系数以 0.05/10a 的速度增长，说明随着流域湿地大面积的开垦，流域的径流调节功能逐渐降低（姚云龙和吕宪国，2009）。

四、食物生产能力变化

食物是人类生存的基础，食物生产功能是生态系统重要的服务功能之一，不仅能维持人类生存，同时对区域生态环境的维护发挥着重要的作用，而且食物安全又是国家安全的重要组成成分，因此，维持生态系统的食物生产功能至关重要。随着全球工业化的发展、人口的急剧增长及自然环境的破坏，世界食物安全问题日益显著。改革开放以来，随着我国人口的迅速增长及工业化、城镇化的进程加快，大量优质农田、草原的面积减少，农业生态系统萎缩，导致食物生产不稳定，因此掌握中国食物生产现状，探求影响食物生产的因子，对维护食物安全具有重要的意义（王莉雁等，2015）。

作为重要的粮食产区，粮食供给服务是区域生态系统的重要衡量指标。三江平原生态功能区是以农田生态系统为主的区域，水稻、玉米和大豆在黑龙江省乃至全国的粮食产量贡献中占有重要地位。利用区域统计资料，分析不同地理单元的水稻、玉米、大豆和小麦总产量，阐明该区农业总产量变化情况，结果如图 4-75 所示。

1990～2000 年，三江平原生态功能区粮食总产量呈现增加趋势，总计增加 19.31×10^4 t：宝清县、富锦市和密山市农业总产量增加，分别增加 13×10^4 t、67.39×10^4 t 和 22.37×10^4 t；抚远县、虎林市、饶河县和同江市农业总产量减少，分别减少了近 14.41×10^4 t、18.57×10^4 t 和 7.11×10^4 t 和 43.34×10^4 t。

2000～2015 年，三江平原生态功能区粮食总产量增加迅猛：水稻增加量在 35×10^4 t 以上的县（市）为富锦市、抚远县、虎林市和同江市，分别增加 74.75×10^4 t、60.87×10^4 t、49.35×10^4 t、35.62×10^4 t，增加幅度最大的县（市）为抚远县，增加了近 18.6 倍；玉米产量增加量最大的县（市）是宝清县，2000～2015 年产量增加了 852.89×10^4 t，增幅达到

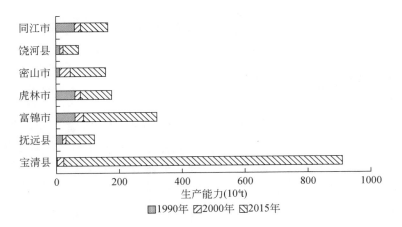

图 4-75　三江平原生态功能区食物生产能力变化

203 倍，抚远县和饶河县玉米产量增幅次之，分别增加了 45.9 倍和 38 倍；15 年间各县（市）大豆产量有增加趋势也有减少趋势，其中宝清县、富锦市、密山市大豆产量有所减少，减少最多的是富锦市，减少产量为 19.68×10^4 t，其余 4 个县（市）大豆产量增加，其中增加最多的县（市）是同江市，增加量为 34.37×10^4 t。2000～2015 年全区各县（市）小麦均呈减小趋势，其中富锦市小麦减少量最大，总共减少 6.57×10^4 t，平均每年减少 0.44×10^4 t。

　　整体上，1990～2015 年，三江平原生态功能区粮食总产量由 1990 年的 174.51×10^4 t 增加到 2015 年的 1562.27×10^4 t，各县（市）粮食总产量也显著增加，三江平原生态功能区粮食生产能力明显增强（表 4-26）。

表 4-26　三江平原生态功能区各县（市）农业总产量　　　　（单位：10^4 t）

县（市）	1990 年	2000 年	2015 年
宝清县	4.97	17.97	885.54
抚远县	22.38	7.97	91.78
富锦市	9.67	77.06	235.30
虎林市	48.46	29.89	99.64
密山市	12.27	34.64	112.53
饶河县	15.04	7.93	51.31
同江市	61.71	18.37	86.17
三江平原生态功能区	174.51	193.82	1562.27

第五节　主要问题与生态保护建议

一、生态变化评估的主要结论

1. 气候变化和农业垦殖共同影响下地表生态环境质量显著下降

在过去 60 年（1950 ~ 2015 年）间，三江平原生态功能区年均气温显著上升，倾向率在 0.30℃/10a 以上，增暖趋势较整个东北地区（0.20℃/10a）显著，该区降水量倾向率为 -7.85mm/10a，气候变化呈现暖干趋势，旱、涝灾害次数同时增加；农田开垦导致自然湿地土壤有机质含量 15 年降低 76.90%；地下水位平均每年下降 0.33m，目前研究区地下水开采量已经超过地下水补给量，地下水系统已经处于负均衡状态；主要河流地表水已属于中—重度污染状态，浅层地下水存在一定农业污染风险，农业来源的含氮物质是主要污染物。

2. 农田面积迅速扩张，湿地面积急剧下降，景观破碎化严重

1990 ~ 2015 年，三江平原生态功能区农田面积由 9179.40km² 扩张到 14 883.70km²，平均每年增加 228.20km²，增幅达到 62.1%，农田已成为该区主要生态类型。1954 ~ 2015 年，三江平原生态功能区湿地面积由 15 015.10km² 减少至 5661.10km²，减少 62.3%，减少的湿地 90% 开垦为农田；湿地垦殖导致剩余湿地景观板块数量增加 6%，景观分割指数增加 0.06，景观变化速度和破碎化程度远高于毗邻的俄罗斯地区；1990 ~ 2015 年三江平原生态功能区生境质量最好区域面积减少了 16.39%，适宜性良好区域的面积减少了 13.42%。

3. 生物多样性显著下降，湿地植被旱生化趋势显著

持续大面积的湿地垦殖，导致三江平原生态功能区 8% 的高等植物处于濒危状态，湿地植物类群向旱生化、富营养化类型转变，典型原生湿地指标物种减少；鸟类和鱼类多样性显著下降。

4. 生态系统服务能力变化显著，主要服务功能发生转变

三江平原生态功能区生物多样性保护功能快速下降，对小型鸟类、鱼类和典型沼泽植物的保育能力降低；三江平原生态功能区碳储量由 1990 年的 540.30Tg 减少到 2015 的 356.00Tg，共减少 184.30Tg，下降率为 34.11%；流域径流调节能力显著下降。相反，三江平原生态功能区粮食总产量由 1990 年的 174.51×10⁴t 增加到 2015 年的 1562.27×10⁴t。三江平原生态功能区生态服务功能由自然生态保育向粮食供给转变。

5. 湿地自然保护区建设对生态环境维系和生物保育具有主要贡献

湿地自然保护区是生物多样性保护的主体区域，生态水利工程建设及生物保育措施的有效实施，使局部区域湿地生态逐渐恢复，洪河国家级自然保护区原生湿地植被逐渐恢复，湿地过渡带增加 10km²，大型珍稀水禽东方白鹳和丹顶鹤鸟类数量增加 1 倍。

二、主要生态问题与生态保护建议

（一）水资源面临问题及生态保护建议

1. 主要问题：地下水资源量急剧下降，污染风险加剧，水资源难以持续利用

2015 年三江平原生态功能区农田面积为 14 883.7km²，占该区总面积的 53.8%。近 25 年来三江平原生态功能区农田面积稳步增长，面积增加了 5704.30km²，增加率为 62.14%。其中，水田面积由 1990 年的 1096.10km² 增加到约为 10 012.40km²，共增长了 8916.30km²，增长率为 813.46%。水田的快速增加，导致三江平原生态功能区灌溉水量增加迅速，开采量逐年递增，三江平原生态功能区地下水补给和排泄过程受到很大程度影响，自然水循环过程逐渐被改变，地下水平衡愈加失衡，可利用地下水资源量快速下降，以地下水为主的灌溉农业模式难以维系。进入 21 世纪以来，乌苏里江流域 70%～80% 的灌溉用水来自开采地下水，地下水的循环条件变的相对复杂，开采量的增加导致地下水位迅速下降，进而改变了河流与地下水之间的交换量及降水入渗量和地下水的蒸发量。由于灌溉水田面积迅速增加，地下水资源开采量有明显增加，现状比 20 世纪 50～60 年代增加了 27×10⁸m³/a，补给排泄差额增加到了 −1.24×10⁸m³/a，地下水处于负均衡状态。近 20 年间，三江平原生态功能区地下水位平均每年下降 0.33m，该区内可开采地下水资源量迅速减少，挠力河流域地下水超采 1.09×10⁸m³，超采程度 9.8%，属于严重超采；三江平原生态功能区内的穆棱河流域，超采 0.64×10⁸m³，超采程度 6.1%，属于中度超采（刘仁涛，2007）。

三江平原生态功能区农业的持续开发伴随着农药和化肥的累年施用，对可利用地表水和地下水资源的污染愈加严重。该区 1990 年每公顷农药用量 1.55kg，1994 年增至 2.08kg，每年增加 0.13kg/hm²。大剂量使用时产生的直接污染、非有效成分的伴随污染和短期残留污染等问题，仍将对该区的水体环境构成威胁。据统计，1990 年该区平均每公顷施用化肥 64.8kg，1994 年增至 120.6kg，2009 年已经增至 188kg。虽低于全国水平，但化肥用量逐年增长。根据中国科学院三江平原沼泽湿地生态试验站的监测数据表明，三江平原的地表水大部分河段已经处于Ⅳ、Ⅴ类水体，水质状况已经不适合饮用和大多数鱼类持续生存。更加严重的是，三江平原生态功能区部分农田集中区的地下水源也受到了严重的污染。三江平原生态功能区内的建三江所属部分农场，地下水质也都属于Ⅳ、Ⅴ类水体，其中亚硝酸盐、氨氮等超标严重，说明农业生产中施用的大量化肥严重影响了浅层地下水水质。

《国家粮食安全中长期规划纲要（2008—2020 年）》指出，由于农田减少、水资源短缺、气候变化等对粮食生产的约束日益突出，我国粮食的供需将长期处于紧平衡状态，保障粮食安全面临严峻挑战，而为农田尤其是灌溉农田提供持续的、充分的水资源保障，是应对这一挑战的关键所在。作为我国粮食增产潜力最大的东北黑龙江流域，担负着我国主要商品粮生产和未来国家粮食安全的重任，按照《全国新增 1000 亿斤粮食生产能力规划（2009—2020年）》，黑龙江省承担200亿斤[①]的粮食增产任务，面临着水资源保障的巨大压力。然而，从整个三江平原地区来看，地下水资源的水量补给由1954年的126.93×10^{8}m^{3}减少到2005年的29.16×10^{8}m^3。未来10年间，在温度逐渐升高、地表水资源补给逐渐降低的情况下，作为东北最重要的商品粮基地，三江平原地下水量能否满足增产计划的基本灌溉需求、粮食生产的经济成本能否得到有效控制，前景非常令人担忧。

2. 生态保护建议

（1）合理控制水田开发规模，科学规划灌溉开采水量

根据以上分析，三江平原生态功能区地下水资源持续下降的主要原因是水田面积的过度扩张导致的地下水资源补给量相对不足。因此，保障地下水可持续供给农业灌溉的首要途径就是合理控制区域水田开发规模，科学规划地下水开采量。以整个三江平原地区进行统计，根据中国科学院东北地理与农业生态研究所的相关研究结果及黑龙江水务部门资料整理结果，利用水均衡法及开采系数法对三江平原地下水可开采量进行计算研究，同时扣除了地表水与地下水的重复计算量，最后确定的三江平原地区多年平均地下水可开采量为46.54×10^{8}m^3，可利用地表水资源量为84.34×10^{8}m^3（王喜华等，2015）。可利用地表水资源量是地表水资源量与多年平均河道内最小生态需水量之差。河道生态需水量主要包括维持生态环境需水量及湖泊湿地等生态环境需水量，维持河道基本功能需水量主要包括河道基流量、冲沙水量和水生生物保护需水量，以多年平均径流量的百分数（一般取10%～20%）作为河流最小生态环境需水量，水生生物保护需水量一般认为应不低于河道多年平均径流量的30%（王建生等，2006）。因此，在考虑了地表水和地下水重复计算量及河道生态需水量的情况下，三江平原地区总可利用水资源量为130.88×10^{8}m^3。假设以现有的地下水可开采量（46.54×10^{8}m^3）为基础，同时结合内陆最大可利用地表水量进行灌溉（84.34×10^{8}m^3），且平水年水田灌溉定额每亩450m^3，可以得出理论上三江平原可开发的最大规模水田面积为18 500km^2。在此水田开发规模下，枯水年可以保证地下水补排量基本保持平衡，平水年和丰水年可以保障地下水资源量逐步回升（王喜华等，2015）。

2015年，三江平原地区实际水田面积已经达到26 960km^2。因此，按照理论最大水田开发面积18 500km^{2}计算，最少需要减少水田面积8460km^2。按照2015年三江平原整个地区水田面积与三江平原生态功能区水田面积（10 012.3km^2）比例计算，三江平原生态功能区内应退耕水田面积为3140km^2，占三江平原总退耕面积的37%。

三江平原水田的开发，主要经历了1990年后期，尤其是进入21世纪以来的迅速增加阶段，开发一部分来源于湿地垦殖的旱田，另一部分来源于旱田垦殖导致的退化湿地。因此，基于三江平原地区湿地垦殖的历史过程和目前湿地退化的严重局面，应首先确定退耕水田应重点恢复为自然湿地。但是，在何地开展退耕还湿工作，仍需多方面考虑，建议遵循以下几个原则：①鉴于湿地涵养水源、补给地下水的生态功能，退耕还湿

---

① 1斤=500g。

的重点区域应在主要湿地分布流域的中游和上游地区开展。河流上游和中游湿地面积的增加，不仅可以增加地下水侧向补给量，有利于地下水资源恢复，同时可以增加河流湿地对地表水资源的调节能力，增加地表可利用水资源量。②鉴于三江平原湿地系统的生物多样性维系的重要性，尤其对大型珍稀水禽的栖息地保育功能，应在目前已有自然保护区湿地分布区的基础上，扩大湿地栖息地范围，为迁徙鸟类提供更广阔的栖息地空间。

根据中国科学院东北地理与农业生态研究所鸟类研究组针对三江平原地区典型湿地珍稀水禽东方白鹳的相关研究，春季至夏季东方白鹳的迁徙路径主要从南至北，在各个国家级湿地保护区内停歇，最远到达三江国家级自然保护区，10 月上旬开始南迁，10 月下旬迁出，迁徙路线比较简单，沿途有多个停歇点主要为自然保护区湿地景观（图 4-76）。另外，在迁徙路线的栖息地范围内，东方白鹳活动路线表现为以下几种类型：H1 与 H3 空间活动类型呈三角形，活动范围约为 300m，形成三个较大活动位点热点区域；H2 的活动类型为"L"形，活动范围为 3km；H4 的活动类型为一字形，活动距离约为 3km（图 4-77）。由此可见，东方白鹳在繁殖期间，在栖息地的最大活动范围在 3km，这一活动范围为分析繁殖期栖息地湿地恢复提供了阈值基础。

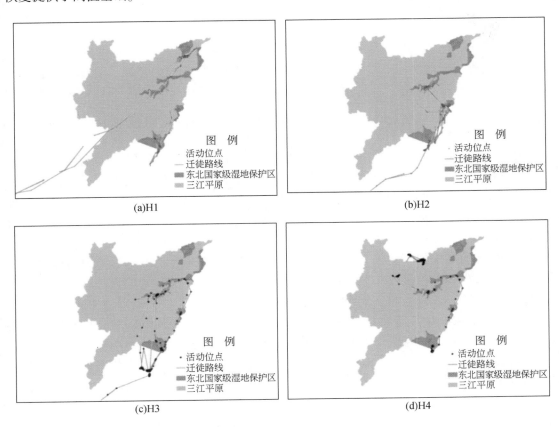

图 4-76　东方白鹳在三江平原地区的迁移路径

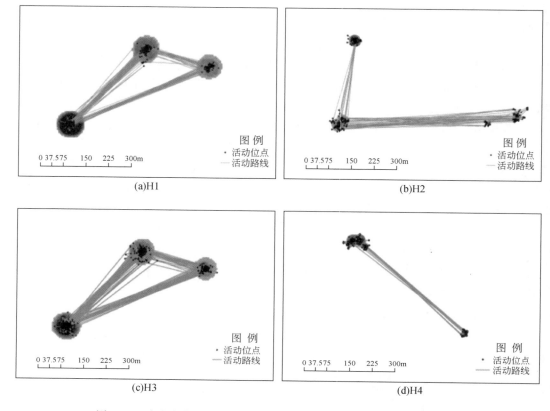

图 4-77　东方白鹳在三江平原栖息地繁殖期间的空间活动模式和范围

　　因此，根据上述两方面原则及观测到的东方白鹳栖息地活动范围，在进行退耕还湿过程中，应重点以目前湿地保护区为基础，尽量向河流中游和上游方向退耕还湿，湿地的恢复范围可以以河流中心或保护区为中心，两侧各 1.5km。湿地恢复的目标是使恢复后的湿地板块的最短边界距离大于 3km。根据三江平原地区目前湿地的分布情况，建议在挠力河流域七星河国家级自然保护区和挠力河国家级自然保护区以上地区（Ⅰ区）、浓江河流域的洪河国家级自然保护区上游（Ⅱ区），以及与三江国家级自然保护区、八岔岛国家级自然保护区相邻的鸭绿河流域（Ⅲ区）优先开展退耕还湿工程（图 4-78）。

　　（2）推广节水农业技术，节约灌溉用水

　　《国家粮食安全中长期规划纲要（2008—2020 年）》规定要使我国粮食自给率稳定在 95% 以上，2010 年我国粮食综合生产能力稳定在 5000 亿公斤以上，2020 年达到 5400 亿公斤以上。针对国家的千亿斤粮食增产计划，黑龙江省政府组织有关部门制定了《黑龙江省保障国家粮食安全战略工程规划》和《黑龙江省千亿斤粮食生产能力战略工程规划》，并提出从长远保障国家粮食安全，到 2012 年，黑龙江省粮食年播种面积要稳定在 1.6×10^8 亩，粮食综合生产能力将达到 1000 亿斤以上，比 2007 年增加 200 亿斤以上。在农田面积增加有限的前提下，保持粮食稳定增产，提高单产是重要途径。为了落实黑龙江省的 200

图 4-78　三江平原生态功能区退耕还湿建议区规划图示意图

亿斤粮食增产计划，黑龙江省计划投资 600 多亿元，用以改造中低产田和发展农田水利设施。这些都对保证我国粮食安全和生态安全具有深远意义，也对土地资源及水资源提出了更高的要求。

三江平原是我国九大商品粮基地之一，在国家的粮食安全中占有重要的地位。目前在黑龙江省新增 200 亿斤粮食的规划中，三江平原水田的种植面积还将继续扩大，在农田面积增加的前提下，保持粮食稳定增产，势必需要水资源的稳定保障。三江平原地下可开采水资源量已经达到极限，如何解决水资源的供需矛盾，是三江平原农业可持续发展亟待解决的紧迫问题，也是三江平原生物多样性保护生态功能区面临的重要战略问题。

发展节水型灌溉农业，是保障枯水年地下水资源稳定、粮食稳产、保障枯水年湿地基本生态用水的重要手段。三江平原地区井灌设施完备，单井灌溉面积为 200~300 亩，水利传输半径小，水资源运输损失小；同时，该区白浆土层分布广泛，整个生长季水分下渗量小，有利于减少水资源下渗损失（聂晓，2012）。目前，全面改进水稻灌溉模式，带动调整水稻种植技术，实现水稻种植的高水分利用效率和稳产、增产相结合的最佳生态目标与农业生产目标，在技术上仍有巨大提升空间，全面实施后将显著缓解三江平原地下水位持续降低和枯水期河流径流减少等湿地生态问题。推荐的节水灌溉技术有两种方式，其具体灌溉原则、方法及节水稳产效果对比如下（以下数据均为试验场技术条件）。

第一种是中国科学院东北地理与农业生态研究所刘兴土提出的节水灌溉模式（表 4-27）。该研究团队在寒地稻田水分交换过程、蒸散发及稻田热量平衡系统研究基础上，针对寒地稻作区农业的春季稻田土壤增温缓慢及三江平原井灌水稻灌溉水温偏低，影响水稻正常发育的问题，开展了适合三江平原寒地稻田的高效节水增产的水分调控模式的探索，并提出了以下灌溉技术：返青期，即水稻根未扎稳之前稻田有个缓苗过程，这个过程三种灌溉处理小区的稻田采用相同的灌溉方式，都是先不灌水，然后灌浅水（大水灌溉会使得水稻飘起）；分蘖期，控Ⅰ试验小区实行每日傍晚定额灌溉一次，定额量为灌溉后使田面水深保持在 30mm 左右，控Ⅱ试验小区实行每日傍晚定额灌溉一次，定额量为灌溉后使田面水深保持在 15mm 左右，对照小区实施传统的深水淹灌方式，田间水位始终保持在 50 ~ 100mm；水稻生长中后期（拔节孕穗、抽穗开花、乳熟期）控Ⅰ、控Ⅱ试验小区采取间歇灌溉处理。乳熟期末（8 月中旬），控Ⅰ、控Ⅱ试验小区及对照小区全部人工排水晒田。试验设三种灌水处理：控Ⅰ灌、控Ⅱ灌、对照淹灌。推荐采用的节水灌溉模式为第二种模式，在实验场技术条件下，0 ~ 15cm 的表层土壤温度在晴天可提升 0.5 ~ 1.2℃，全年水稻种植用水量为 517mm（不含前期泡田水量），比传统水稻种植节约用水 146mm，试验场条件下节水率达 22%，实际籽实产量可增加 11.9% ~ 12.7%。此节水灌溉模式的突出优点是水分利用效率高，水稻产量稳定。

表 4-27　第一种节水灌溉模式详解及总耗水量对比表

方式		返青期	分蘖期	拔节孕穗期	抽穗开花期	灌浆期	耗水量
控Ⅰ灌	白天	0 ~ 20mm	10 ~ 20mm	30mm	30mm	30mm	554mm
	夜间	0 ~ 20mm	20 ~ 30mm	70% ~ 80% 含水率	70% ~ 80% 含水率	70% ~ 80% 含水率	
控Ⅱ灌	白天	0 ~ 20mm	0 ~ 10mm	15mm	15mm	15mm	517mm
	夜间	0 ~ 20mm	10 ~ 15mm	70% ~ 80% 含水率	70% ~ 80% 含水率	70% ~ 80% 含水率	
对照淹灌	白天	0 ~ 20mm	50 ~ 100mm	50 ~ 100mm	50 ~ 100mm	50 ~ 100mm	663mm
	夜间	0 ~ 20mm	50 ~ 100mm	50 ~ 100mm	50 ~ 100mm	50 ~ 100mm	

第二种建议的节水灌溉模式来源于黑龙江省水利科学研究院的司振江等（2015）的研究。其选择水直播、旱直播、浅湿型灌溉、控制灌溉Ⅱ、控制灌溉Ⅰ五种灌溉模式，种植密度均为 24 穴/m²，不同灌溉模式水分控制指标见表 4-28。在试验场技术条件，未计入种植前期泡田水量情况下，此节水灌溉模式中控制灌溉Ⅰ模式节水量最大，相比传统浅湿灌溉模式，节水量达 221mm，节水率高达 34.6%。此节水灌溉模式的主要优点是节水量大，有利用地下水资源的高效利用。

表 4-28　第二种节水灌溉模式详解及总耗水量对比表

方式	上下限	返青期	分蘖期	拔节孕穗期	抽穗开花期	灌浆期	乳熟期	总耗水量
控制灌溉Ⅰ	上限	100%	100%	100%	100%	100%	100%	416.3mm
	下限	80%	70% ~ 80%	80%	80%	80%	80%	
控制灌溉Ⅱ	上限	30cm	0 ~ 20cm	20cm	20cm	20cm	20cm	462.7mm
	下限	80%	85%	60% ~ 80%	85%	85%	70%	
浅湿型灌溉	上限	30cm	30cm	30cm	20cm	20cm	20cm	637.3mm
	下限	100%	100%	100%	100%	100%	100%	

续表

方式	上下限	返青期	分蘖期	拔节孕穗期	抽穗开花期	灌浆期	乳熟期	总耗水量
水直播	上限	30cm	0~20cm	20cm	20cm	20cm	20cm	468.0mm
	下限	80%	60%~85%	85%	85%	85%	70%	
旱直播	上限	30cm	0~20cm	20cm	20cm	20cm	20cm	459.6mm
	下限	80%	60%~85%	85%	85%	85%	70%	

资料来源：司振江等（2015）

（3）加强地下水资源监测和预测管理

2011年中央1号文件和中央水利工作会议明确要求实行最严格水资源管理制度，确立水资源开发利用控制、用水效率控制和水功能区限制纳污"三条红线"，从制度上推动经济社会发展与水资源水环境承载能力相适应。水资源监测在推动最严格水资源管理制度贯彻落实，促进水资源合理开发利用和节约保护，保障经济社会可持续发展的作用越来越突出。但总体来说，三江平原地区目前地下水资源监测工作还比较薄弱，远不能满足实行最严格水资源管理制度的要求，更无法满足三江平原生物多样性保护区内湿地生态保育与污染恢复治理的工作需要，尤其对各个湿地保护区河段的水量–水质联合监测工作，基本属于空白，直至目前仍无法对兴凯湖湿地、挠力河湿地、三江湿地等重要湿地保护区提供相关关键水资源动态有效数据，而仅凭各湿地保护区自身的力量根本无法完成系统的、整体性的水文监测和统计工作，更无法在三江平原整体区域监测水资源变化过程。因此，加强基于重点生态保护地、重要湿地保护区、水质污染重度区、重要界河地区的相关河流、河段的水量、水质的监测工作，完善水资源监测手段和方法，已成为三江平原生物多样性保护区水文水资源管理的根本任务。

根据三江平原生物多样性保护功能区目前情况，主要工作应集中在：①加强水资源监测基础设施建设，完善监测网络体系。加强松花江、乌苏里江一级水功能区中保护区、缓冲区，二级功能区中排污控制区、饮用水源保护区、湿地保护区的水文站点功能的外延与组合，满足重要湿地保护区和湿地集中区边界、重要流经河流排污总量控制、重要地表饮用水源区对水量、水质信息的需要；加强挠力河、穆棱河下游区水田集中区地下水取用水、地下水监测网络建设，基本满足流域各省级行政区取水许可总量控制监测、用水效率控制指标监督考核和监测评价、地下水控制开采等要求；建立水生态监测网络，这对各个重要湿地保护区和湿地景观集中区，加强干旱期与枯水期旱限水位和流量、生态最低水位和最小流量的研究确定及监测预报工作，加强水工程运行对河湖生态影响监测及调度，推进兴凯湖湿地藻类和外来物种等生物类监测；②改进测验手段和方法，水位采用自动监测记录方法和远程数据传输技术手段；采取巡测、自动测流等技术；水质监测方面发展移动监测、自动监测和遥感监测，建立"常规监测与自动监测相结合、定点监测与跟踪监测相结合、定时监测与实时监测相结合"的新型监测模式；③增强水资源监测与监督能力：围绕三江平原生物多样性保护功能区重要水利枢纽、重要湿地保护区和经济发展中心地区（兴凯湖地区、抚远地区），新建和完善水文巡测基地和各级水环境监测中心实验室，引进先进的仪器设备，用新的方法和先进的仪器设备来增强水资源监测与监督能力，配备微机测流系统、GPS、ADCP（acoustic doppler current profiler，声学多普勒海流剖面仪）、激光粒度仪等先进仪器设备和机动巡测工具车、船，满足水文巡测及应急监测需要，以现代化、标准化建设三江平原生物多样性保护功能区水环境监测中心实验室；④加强地下水监测力度，建设三江平原地下水监测网络体系，实现区域地下水位动态、水量侧向-垂向补给、地下水输出过程的全面监测及水量平衡估算，建立地下水预警技术体系，尤其以建三江—抚远地区的水田发展集中区为重点，监测集地下水动态监测—水量平衡过程分析—地下水开采预警为一体的地下水监测体系（图4-79）。

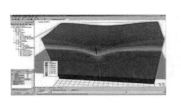

(a)水田集中区地下水位观测井布设方案　　　(b)地下水平衡过程分析-预警系统

图4-79　水田集中区下水监测—分析—预警系统方案示意图

（4）充分利用界河水资源，完善灌区水利工程，优化水资源时空配置

从整个三江平原地区来看，全区过境水资源量年均达$2673×10^8 m^3$，约是地下水资源量的15倍，且水质优良，但由于缺少水利工程，水资源利用率仅为8.17%，每年约$2600×10^8 m^3$的水白白流走。三江平原生态功能区毗邻的乌苏里江水资源量丰富，多年平均径流量为$78.61×10^8 m^3$，我国境内平均径流深达131.5mm（戴春胜等，2006）。因此，合理利用乌苏里江径流水资源是解决目前粮食生产的农田需求与地下水资源持续增加间矛盾的有效选择。目前，三江平原地区已经启动了"两江一湖"灌区工程，三江平原灌区项目共规划建设大中型灌区14个，在三江平原生态功能区范围内的灌区包括虎林、兴凯湖和饶河3个。根据规划，建三江管理局千万亩稻田的一半将实现地表水灌溉，地下水资源过量开采的问题将有效缓解。

三江平原生物多样性保护功能区是三江平原的一部分，其地表水资源、地下水资源的供给变化过程与整个三江平原水资源变化和农业发展状况密切相关。因此，不能单独的、割裂地制订三江平原生物多样性保护功能区范围内的局部水资源供给和地表水-地下水联合调度方案，应整体布局，结合区域农业和城镇化发展需求，统筹设计三江平原地区的水资源利用和调度方案。针对三江平原生物多样性保护功能区应突出湿地生物多样保护的用水需求，制定以生态保护和农业生产保障一体的联合目标，在整个三江平原水资源利用方案宏观框架下，合理分配地表水和地下水资源，采取必要水利工程建设措施，结合乌苏里江界河水量的合理利用，科学地制订三江平原生物多样性保护功能区水资源联合调度方案，其中要重点注意以下两个问题。

1）由于各地区水文地质条件和水资源条件差异较大，地下水、地表水联合利用、联合方式应因地而异，平原区和山丘区也应主、辅有别。三江平原生物多样性保护功能区低平原区应以井灌为主，井、渠结合，引用地表水实施补源灌溉。由萝北地区和安邦河地区东部、同抚地区和挠力河西北部组成的广大低平原区，地势低平，水文地质条件好，地下水可开采模数高，该地区农作物种植，仍应以开发利用地下水灌溉为主，但超采地区应引水补源。兴凯湖平原地区由于地处两江夹角地带，地下水补给条件最好，可开采模数较大，地下水位没有明显的集中降深。因此，三江低平原区及其他井灌集中的地区，应根据当地的水资源条件，在充分开采利用地下水的情况下，利用地表水以弥补不足，进行补源灌溉。

由于挠力河、穆棱河及安邦河平原区地形平坦，坡度小，引水渠系为满足坡降需要，往往是高填方，这不仅工程量大，而且渗漏也严重，衬砌投资大并有防冻胀的技术难度，应将引水渠与排水沟相结合，或提水灌溉，或拦蓄地表径流、灌溉退水，通过入渗补给地下水，既灌又排，充分利用当地水资源和饮用水。在灌溉时间上，由于春季江水流量小，水位低，不能满足灌溉需要，应开采利用地下水；进入雨季，江水水质相对较好且水量大，能满足灌溉需要，应以利用地表水为主。水田开发比较集中的挠力河下游、穆棱河等流域受水资源条件的约束也已接近负荷极限或超负荷运行，近年来各别支流发生了不同程度的少水、断流情况，应限制在此类河流上继续扩大水田灌溉面积，逐渐将水田灌溉面积的重点向过境水资源丰富的黑龙江、乌苏里江和兴凯湖沿岸转移，以实现水资源分布与生产力布局的相互平衡。

2）积极预防地下水污染。地下水污染的隐蔽性及时间滞后性，使得控制污染者排污具有技术上的非排他性，难以将排污者的外部成本内部化，从而导致排污者的排污成本很小，进而决定了水污染中"谁污染谁付费"的政策不适于地下水的管理。加之，地下水污染后，在现有技术、经济及知识水平下，难以将地下水恢复到原来水平。三江平原地区的地下水目前已经显现出了污染程度逐渐加剧的趋势，如何限制污染物质的继续输入，将决定三江平原地区地下水资源可持续利用潜力。因此，三江平原地区地下水资源利用方案必须考虑如何避免地下水资源持续污染。

（二）湿地面临生态问题及保护建议

1. 主要问题：湿地面积锐减，植被退化，区域生物多样性和生态服务能力显著下降

三江平原地区在 20 世纪 50 年代以前曾是一片人迹罕至的万里泽国，"棒打狍子瓢舀鱼，野鸡飞到饭锅里"是"北大荒"地区最真实的生物多样性写照。为了缓解人地矛盾，解决国家粮食需求，三江平原地区出现过多次大规模开荒高潮，尤其是 1983 年以后进入农业综合开发时期，各农场以旱田改水田、改造中低产田为主，展开了大面积的农业垦殖活动。截至 2015 年，三江平原生物多样性保护生态功能区内共有农田 14 883.7km²，仅

1990~2015 年，该区水域和湿地面积共减少 5593.4km^2，其中 98.8% 的水域和湿地转化为农田。对比 1973 年和 2012 年三江平原生态功能区的观测和调查结果，三江平原生态功能区湿地植物群落向旱生化方向转变的趋势显著，其中喜湿的毛薹草群落变化最大。同时，湿生植物物种总数量和贫营养湿地的典型植物物种数显著降低，而禾草和其他非典型湿生植物物种数增加迅速，表明研究区典型湿地物种优势度下降，且逐渐向旱生化、富营养化方向发展，湿地整体生态结构发生退化。

三江平原生物多样性保护生态功能区沼泽湿地植被物种非常丰富，具有野生种子植物116 科 575 属 1776 种（周以良等，1997）。位于三江平原区内的洪河国家级自然保护区和三江国家级自然保护区是本研究区最主要的湿地类型自然保护区，2 个保护区植物共 116科，湿地植物属数（332 属）和种数（693 种），占整个三江平原生态功能区的较大比例（赵魁义和陈克林，1999）。但随着湿地垦殖面积的扩大，农业垦殖区原始湿地物种基本消失殆尽，湿地保护区内沼泽植物也面临巨大威胁。据调查，三江、洪河国家级自然保护区约有高等植物 713 种，约有 60 种处于"生态濒危"状态，其中确定为濒危种的有 35 种（国家级濒危植物 6 种，黑龙江省级濒危植物 13 种）。同时，作为三江平原生态功能区沼泽湿地典型植被群落的毛薹草群落，分布面积已经减少 4/5 以上。据 2003~2004 年调查数据，毛薹草平均高度为 40.5cm，比 20 世纪 50 年代降低 33.2cm；平均生物量为 403g/m^2，远远低于 20 世纪 50 年代的生物量 653g/m^2。

20 世纪 50 年代，三江平原生态功能区沼泽广布，湿地珍禽繁多，鹤、鹳、天鹅等珍禽随处可见。据调查，当时三江平原生态功能区共有脊椎动物 6 纲 38 目 97 科 278 属 504种，其中国家一级保护动物 18 种，国家二级保护动物 61 种，黑龙江省重点保护动物 59种（刘兴土，2007）；据记载，三江平原生态功能区曾有大天鹅数千只，丹顶鹤和东方白鹳近几百只，马鹿、狍子等逾万头，每年收购的各种毛皮 10 万张左右。但由于农业过度开发，湿地景观的消失，水禽数量和兽类的总数量减少 90% 以上（吕宪国等，2009）。

三江平原生态功能区鱼类资源主要集中于乌苏里江兴凯湖—江口段（中国侧）及挠力河—七星河水系。乌苏里江为中俄两国的界江，江面宽阔，地势平缓，水流缓慢，许多河段形成曲流或网状水道，是三江平原生态功能区内鱼类资源最丰富的河流。挠力河是乌苏里江最大汇入河流，有 20 余条支流，鱼类资源也非常丰富。综合文献资料（解玉浩，2007；董崇智和姜作发，2004；任慕莲，1994，1981；中国水产科学研究院黑龙江水产研究所等，1985；易伯鲁等，1959），已记录到的乌苏里江鱼类物种合计 9 目 18 科 60 属 78种。鲤形目为其中的最大类群，49 种。除大麻哈鱼外，乌苏里江土著鱼类群落由 7 个区系生态类群的种类构成。据饶河县和虎林市的文献资料记载，1949~1958 年两县（市）境内的乌苏里江水域渔业捕捞量年均为 972.7t，1959~1968 年为 2079.6t，1970~1979 年为459.4t，渔获物主要种类为大麻哈鱼、鲤、银鲫、乌苏里白鲑等。其中，1959 年 9 月 9 日~10 月 6 日大麻哈鱼捕捞量折合 700t，分别占 1959 年黑龙江省大麻哈鱼总产量的 85.86% 和68.63%（分别为 209 650 尾和 1020t）。据董崇智等（2004）资料，两县（市）境内的乌苏里江水域 2000 年、2001 年的渔业捕捞量分别为 500t 和 460t。整体上，21 世纪初乌苏里江渔业产量比 20 世纪中叶产量下降 50%。

湿地景观的大面积丧失，导致三江平原生态功能区内挠力河流域洪峰径流产流系数显著增加，洪峰径流形成时间显著变短，流域湿地系统对洪峰径流的调节能力显著下降，湿地景观削减洪峰的作用基本丧失，丰水年洪水危害程度增加。

2. 湿地生态保护建议

（1）以湿地自然保护区为主，加强湿地保护区管理

上述调查研究说明，建立湿地自然保护区是保护三江平原生态功能区湿地生物的最有效措施之一，目前三江平原生态功能区内共有9个国家级自然保护区：八岔岛国家级自然保护区、三江国家级自然保护区、洪河国家级自然保护区、饶河东北黑蜂国家级自然保护区、挠力河国家级自然保护区、东方红湿地国家级自然保护区、珍宝岛湿地国家级自然保护区、宝清七星河国家级自然保护区、兴凯湖国家级自然保护区。各保护区的主要职能就是对区内生物进行保护和管理，湿地保护区是三江平原生物多样性保护生态功能区内生物多样性保护的主体和主要责任单位，担负着区域重要生物类群种类、数量和生存环境质量的监测和保育工作。因此，加强上述保护区的管理、完善保护区问责机制，是保障三江平原生态功能区生物多样性保护的基本要求和重要保障。

一是要加强三江平原生态功能区内各湿地自然保护区的管理。三江平原生态功能区各保护区均是国家级自然保护区，但保护区管辖范围内，尤其是缓冲区范围内，土地的使用权却不属于保护区，土地利用状况也千差万别。近几十年间，湿地保护区内荒地开垦、开发旅游、地表水随意利用等现象时有发生，主要是湿地保护区管理体制不够完善、湿地保护法律效力难以体现、湿地保护力度时强时弱等导致。因此，如何在实践中履行国家《中华人民共和国自然保护区条例》的相关规定，切实做到湿地保护区内的生态资源合理利用、生物资源有效保护、生态环境有效管理，是各湿地保护区工作的重点和难点。从全国范围来讲，由于我国在湿地自然保护区的体制探索上刚刚起步，各种关系还没理顺探索和完善，保护区管理的法律维护力度较弱，我国湿地自然保护区的管理体制修订势在必行。

二是要完善三江平原生态功能区湿地保护问责机制。必须通过建立健全湿地保护问责机制，保证将湿地保护工作真正落到实处，主要针对大湿地保护相关的法律责任、行政责任和民事责任等等。一方面，对各湿地保护区开发要问责，要确保湿地的开发在法律许可的范围内，确保湿地的可持续发展，对于湿地资源的超负荷开发、过度乱砍滥伐等行为要采取严惩，对于构成违法的要依法追究法律责任，并追究相关责任人的责任；另一方面，严格湿地保护的相关部门责任，建立健全各项责任机制，包括建立湿地生态环境考核不合格、湿地自然保护区行政首长引咎辞职等制度。通过法律形式，对大湿地管理部门赋予明确的权利和义务，对湿地主管部门、湿地资源的开发者和湿地资源的实际享用者（包括游客）均赋予明确的权利和义务。湿地管理部门有权对各种破坏湿地，损害湿地资源的行为进行处罚，包括民事损害赔偿、依法起诉追究相关责任人法律责任等。同时，应当明确湿地保护管理部门的义务，建立健全湿地自然保护区建设的监督机构，对于不履行义务、存在明显渎职行为的，要依法追究其法律责任。失去了监督，就会出现权力的滥用，必须通过监督机制的建立，对湿地自然保护区权力的用途、权力的分配予以监督，确保湿地保护工作的顺利开展。

三是要加大财政投入。我国已经建立了中央财政湿地保护补助专项，用于补助国际重要湿地、湿地自然保护区和国家湿地公园，开展湿地监控监测和生态恢复等工作。三江平原生物多样性保护生态功能区内各地方政府应当加大对各湿地自然保护区建设的资金投入，严格按照湿地保护规划进行各项恢复和重建工程，积极从多方面争取湿地保护资金，提高湿地保护工作人员工作待遇，建立高技术观测、监管和保护手段体系，以此促进各保护区保护工作和执法监督力度，以此来稳定队伍，发展保护区的各项事业。

（2）采取科学的生态管理和恢复措施，促进区域生物多样性恢复

在目前阶段，三江平原生态功能区内的 9 个国家级自然保护区面积已经基本覆盖了三江平原生态功能区绝大部分自然景观面积，如何有效发挥各个保护区的生态保护和生物保育功能，是实现未来时期三江平原生态功能区生态环境和生物多样性好转的关键所在。但是长期以来，各保护区生态保护工作以被动看护并防止人为干扰为主，对生态环境的监测数据缺失，对鸟类观测方法落后，各保护区依然没有形成有效的区域生态环境和生物观测基站，对迁徙鸟类的栖息地的管理缺乏科学的规划和方法。因此，上面章节中得出的近年来三江平原生态功能区生物栖息地适应性良好面积得到一定量提升，其中缺乏真正科学管理方面的贡献，在未来气候变化趋势无法确定及可利用水资源持续下降的情况下，保护区整体生态环境变化趋势存在不确定性。因此，应该转变保护区原有管理理念，应用科学方法开展生态环境和物种多样性观测、调查、管理等方面工作，具体建议如下。

1）规范保护区生态监测与保护工作内容，应用高新科技手段，科学高效地开展生态环境变化和生物动态监测工作，建立信息联网共享、管理和预警平台。通过规范管理制度，合理定位国家级自然保护区的生态监测和生物动态监测功能与职责，明确国家级保护区科研管理的重要性，通过专项科研经费等方式，增加保护区科研监测财政经费。在此基础上，应完善保护区生态监测规范和内容，重点突出，内容清楚，并采用先进的观测技术手段，如无人机、背负式远程 GPS 跟踪系统等设备，开展基本生态环境要素和生物数量、多样性等关键指标的长期监测。应加强移动信息采集系统平台在日常巡护和监测工作中的作用，建立基于移动信号的一体化资源监测平台（图4-80），整合三江平原生态功能区内生态环境和生物资源动态信息，为保护区科学管理提供切实有效的基础数据。

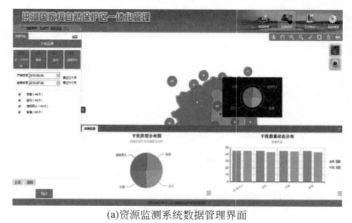

(a)资源监测系统数据管理界面

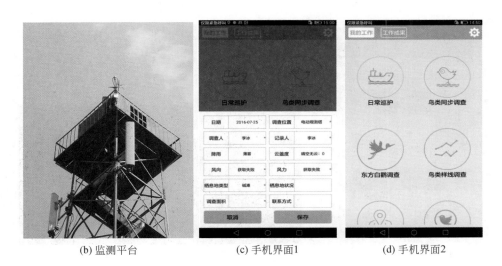

(b) 监测平台　　　　　　(c) 手机界面1　　　　　　(d) 手机界面2

图 4-80　洪河国家级湿地保护区移动资源监测平台界面及信号基站

2）应借鉴国外先进保护区生态管理理念和经验，各保护区应形成以生态资源监测数据为基础的、以完成科学、明确的生态管理和生态恢复目标为导向的科学管理工作思路，逐渐改变简单地以杜绝人类干扰、恢复地表水资源量为主的生态管理理念和工作方法。对于三江平原生态功能区内的湿地自然保护区，应明确以湿地生物样性保育为主要目标，兼顾湿地植被、动物和鱼类、鸟类整体生物多样性，因地制宜地科学设计湿地生物多样性保育方案，进而在整个三江平原生态功能区内提高生物保育水平。其中，对国外成熟的湿地管理理念和方法的借鉴尤为重要，科学设计保护区各生态功能区，合理利用不同功能区空间组合，发挥不同功能区最佳生态保育功能。例如，美国 Mingo 国家野生动物保护地的管理经验：①湿地地表水文过程的管理是与典型湿地植被的生长过程密切相关的，地表水位的控制根据功能区主要生态管理目标确定：湿地植被恢复地水位控制以优势植被需水特征进行调节，而水禽觅食的水位根据关键物种生态特征（喙的长度等）来调节；②根据迁徙鸟类栖息环境，采用人工构建等方法营造最佳觅食、栖息地环境，如在主要水禽觅食地较近且较干燥区域，采用人工去除入侵植物或完全去除地表植物的方法，增加地表温度，提供小型鸟类夜间栖息最佳场所；③在主要觅食区域，人工种植农业作物，为迁徙鸟类提供稳定食物供给来源（图 4-81）。整体上，建议在目前湿地保护区核心区、缓冲区和试验区功能区格局上，明确生物保育具体目标，进一步合理规划功能区，借助科学的人工规划和调节手段，对水资源等生物资源综合管理，促进保护区管理成效稳步提高。

（3）加强湿地保护区生态立法管理与生态保护宣传，遏制湿地人为破坏行为

在全国范围内，湿地保护管理机构和保护管理体系正在逐步建立和健全。三江平原生态功能区内，以自然保护区为主体，湿地公园、湿地保护小区等多种保护管理形式并存的保护管理体系在逐步形成，对湿地资源的调查和监测科研工作也不断得到加强。但是，关于生态功能区湿地协同监管与保护的立法和执法工作仍需要进一步加强。其中最为重要的是，必须通过立法明确各单位、各部门的职责，根据湿地管理的具体需要，将各项管理任

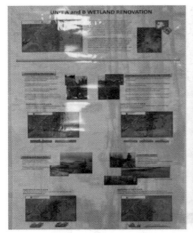 

(a)整体生态功能区规划图　　　　　　　(b)提供鸟类食物的高粱种植区

(c)优势植被水位恢复区(提供自然食物)　　(d)人工去除地表植被构建夜间栖息地

图 4-81　美国 Mingo 国家野生生物保护地生态功能区规划

务分解到各个地方政府部门，明确各部门对其管辖下湿地的监管权利范围；以立法的形式明确对各湿地保护区建设、生态管控设施、执法队伍建设等方面的资金支持。生态功能区区各湿地的保护管理、开发利用牵涉面广，多个部门因目标、利益不同，难以得到统一管理，建议由黑龙江省政府建立主管机构进行统一管理，建立健全湿地协调管理机制，统筹兼顾湿地的保护和开发利用工作，建立健全各部门各级湿地管理机构，建立部门间的公共决策协商机制，以便有组织地开展湿地保护管理。同时，建议在各地方相关行政管理机构之间，增强规划、城建、水利、海洋渔业、环保、林业、农业等部门间的联系和协调，便于在重大问题上取得共识。

20 世纪中叶以来，人们对湿地重要性的认识逐步深入。美国、英国、日本等发达国家对湿地保护的研究工作开展较早，人们在环境保护方面意识较高。而在我国国内，对研究区湿地的保护和合理利用的宣传、教育工作比较滞后，人们还普遍缺乏湿地保护意识，公众参与的积极性不高。但近几年来，三江平原生态功能区内兴凯湖湿地保护区、洪河国家级湿地保护区通过积极开展湿地生态保护宣传活动，取得了很好的宣传效果和社会反响。2010年以来，中国科学院三江平原沼泽湿地生态试验站、兴凯湖湿地保护区、洪河国家级湿地保护区先后联合开展了形式多样的以地区中小学生为主的生态夏令营等宣传活动（图4-82）。该站主要以湿地生态监测技术培训指导、科普讲座、生态保护夏令营及校园网络展示等多种形式开展科普教育宣传工作，对黑龙江省建三江管理局中小学，密山、鸡西周边中小学、北京师范大学附属中学等近千名师生开展湿地生态保护宣传教育，提高了中小学生和广大群众的湿地保护意识，扩大湿地宣传效应。这种多单位联合、形式多样化的生态保护宣传活动能够快速扩大湿地保护宣传影响范围，有益于形成湿地生态保护宣传品牌，以中小学生为主题，更有利于吸引广大群众参与，扩大宣传效果。

图 4-82　兴凯湖湿地保护区与中国科学院三江平原沼泽湿地生态试验站联合开展中小学湿地夏令营活动

　　扩大公众参与湿地保护对于此项工作而言具有双重意义，一方面可以加强湿地保护管理力量，为社会公众创造有效参与湿地保护管理工作的机会；另一方面可以减少对湿地环境的威胁因素，尤其是来自于公众生产生活方面的威胁因素。湿地保护是一项社会性、公益性都很强的事业，需要全社会的理解、支持和共同参与。湿地保护的教育是贯彻可持续发展基本国策的一项基础工程，而可持续发展是需要几代人甚至十几代人的持续努力才能成功的事业，因此，必须通过电视、报刊、广播、宣传画册、学校等多种手段，有针对性地开展湿地保护宣传教育，努力提高全民族特别是提高各级领导干部的湿地保护意识，提高广大人民群众对保护湿地重要性及其各项功能的认识。按照"公众参与原则"，利用"世界湿地日"、"爱鸟周"和"野生动物保护月"等时机，集中开展形式多样、内容丰富的科普宣传活动，让广大人民群众更多地了解、认识和保护湿地、保护鸟类，形成爱护湿地、爱护鸟类的良好氛围，提高全民保护湿地、保护鸟类的自觉性，在社会上引起比较强烈的反响。通过图片展示等，使人们进一步了解湿地破坏与退化所带来的生态环境功能丧失等严重问题，这些生态问题已经达到了何种令人触目惊心的程度，让更多的人懂得湿地与我们的生存环境息息相关，树立"保护湿地、人人有责"的意识，自觉地参与到湿地保护和可持续发展建设中来。

（三） 土壤环境面临生态问题及保护建议

1. 主要问题：耕作土壤碳储量和肥力显著下降，且长时间内无法有效恢复

近 60 余年的农业化进程显著改变了三江平原生态功能区地表景观格局，根据湿地景观转化过程和三江平原生态功能区土壤碳储量分布趋势的综合分析可以发现，三江平原生态功能区土壤碳储量的下降主要来源于为增加粮食产量而开展的湿地垦殖活动。不断增加的粮食产量需求，是三江平原生态功能区农业发展和社会经济文化发展的综合结果，其不仅导致三江平原生态功能区城镇土地扩张，而且导致三江平原生态功能区碳储量功能显著下降，农业耕作土壤有效养分、孔隙度等肥力指标显著下降。根据对垦殖土壤的长期定位监测结果，垦殖土壤碳储量和肥力指标的下降，在短期内非常快速，且在较长时间内无法恢复。因此，尽管取得了粮食增产、农业产值增加的短期成果，但长期来看，却大大削弱了区域农业可持续发展的基础。

三江平原生态功能区土地的农业开发，只用不养，旱年开、涝年撂，垦建脱节，工程不配套等，造成土地资源数量和质量明显下降。该区潜育草甸土是 50 余年来大面积开荒的主要对象，在农田土壤中占有最大的比例，为 36.92%。但是潜育草甸土质地差异很大，黏质草甸土在湿耕条件下易于黏朽，物理性质变坏，雨季土壤水分过多或积水成涝。已有调查研究表明，该区潜育草甸土经过 25 年开垦土壤肥力状况发生明显变化，除 pH 有所上升外，表层土壤有机质由开垦前含量为 98.97g/kg 下降到 21.26g/kg。另外，土壤中营养元素 N、P 的含量也有降低趋势，只有全 K 含量变化不明显。更重要的是，三江平原生物多样性保护生态功能区白浆土分布面积广泛，白浆土占农田总面积近 1/3，仅次于草甸土。但由于白浆土表层仅有 10~20cm 黑土层，亚表层下为贫瘠易板结的白浆层。因此，白浆土自然肥力不及草甸土，并且开垦后在人为因素影响下，肥力减退非常迅速。开垦初期土壤有机质、腐殖质、易氧化有机质下降速度较快。宝清县的东升乡草甸沼泽土有机质含量开垦前在 70~80g/kg，随着开垦年限增长，有机质逐年减少，平均每年下降 0.13%。另外，土壤中主要营养元素 N、P、K 含量也迅速降低，根据荒地与开垦 30 年的农田养分数据分析，N、P、K 含量年下降速率分别为 0.008%、0.002% 和 0.012%。

2. 生态保护建议

（1） 完善生态补偿机制，保护现有湿地

三江平原生态功能区土壤碳储量下降的根本原因是经济利益驱动下的湿地过度垦殖造成的，鉴于目前湿地丧失的危险依然存在，如何保护目前主要湿地面积不再遭受垦殖，仍然是稳定区域土壤碳储量的重要任务。其中，利用经济杠杆，完善湿地生态补偿机制，遏制湿地进一步开发，促进垦殖湿地恢复，是宏观政策层面的首要任务。

完善湿地生态补偿机制的首要问题就是选择合理补偿方式。直接补偿的优点是能够补偿受偿者在生态环境保护和建设过程中的受损价值，尽量减缓受偿者的利益损失，充分激发他们保护生态环境的积极性；缺点是不能从制度上扶助受偿者因保护生态环境而受益，且不能保障当地经济的可持续性发展。技术补偿及政策补偿一般被称为间接补偿，是政府及其他补偿主体利用项目支撑或给予优惠政策等形式，将补偿资金转变为技术项目在生态

保护地区实施，扶助当地农牧民建立替代产业，并发展生态经济产业，促进湿地保护地区形成自我发展机制，使补偿成为提升自我积累及自我发展的能力。间接补偿的优点是兼顾了受偿者的长期利益及生态保护地区的可持续性发展，缺点是农户缺少灵活支付能力，同时项目投资必须要有合适的主体。

以一种补偿方式为主，多种补偿方式辅助的形式进行湿地生态补偿。运用环境质量评价和生态评价等技术手段，分析生态建设者对受益者所产生的惠益，测试受益者的受益范围、时间、行业、领域和人群，依据环境资源提供的环境效果，使用效果评价法计算出受益者的受益总量，再根据环境恶化的不同程度，对具体的保护区域或者生态区域做出判断，选择最佳的补偿方式，再根据其他必要条件，辅以其他补偿方式。

在三江平原生态功能区各个湿地保护区及周边农户的调研中可知，农户主要的生产方式仍是从事农业生产，所占比例为95%以上。说明三江平原生态功能区湿地自然保护区周边社区居民的经济收入来源形式单一，且受湿地资源和自然资源的影响较大。农户的主要收入来源是畜牧业和农业，最需要的是危房改造、灌溉设施、大型机械及羊棚、机井等。虽然资金补偿是目前最常见的方式，但是实物补偿对于改善农户的生产能力、提高农村的生活水平来说是最直接的方式。

从保护和激励作用的效果来看，资金或实物补偿的方式往往不能获得持续性的效果，一旦政府停止了资金的补偿，生态补偿的激励效果也随之消失。而政府可以拿出同样数额的资金，用于更具激励性和合作性的补偿方式——社区共管。综合考虑以上四种补偿方式的优缺点及保护区周边现地调查和问卷调查的结果，认为国家级自然保护区湿地生态补偿最适合的方式是社区共管。社区共管，是指让社区居民参与湿地生态保护方案的决策、实施和评估过程，并协同保护区管理局共同管理生态资源的模式。三江平原生态功能区社区共管机制的建立在于通过政策促进生物多样性和其他自然资源利用形式的转变，使农业发展政策与湿地保护政策更好地结合起来。世界上很多成功的经验证明，政策的融合、资源利用方式的转变不仅没有影响保护地区社会经济发展，反而形成了可持续性更强、资源利用效率更高的发展模式，三江平原生态功能区在资源高效利用和协同管理方面具有广阔发展空间。

健全湿地生态补偿标准，完善生态补偿制度是促进区域协调发展的重要措施。但是一直以来，生态补偿机制在国内都处于尝试阶段，因此在实践运行的过程中，都存在很多问题，如生态补偿的主客体不明确、补偿的资金渠道少，生态补偿的政策体系不明确等，从而导致生态保护者积极性低等问题。因此，健全生态补偿标准体系刻不容缓。根据三江平原生态功能区生态系统的功能与特点，综合考虑生态保护的成本、发展成本和生态系统的服务价值，来确定湿地生态系统的生态补偿标准，将具体原则和操作方式细化，制定严格透明、科学合理的生态补偿标准。在生态系统的总体价值评估的基础上，结合生态环境的动态监测体系和生态破坏程度，利用成本费用核算原则，得出损益核算体系，以此来量化生态补偿的费用。

我国湿地生态补偿制度在实施中存在的主要问题包括：①缺乏专门性的生态补偿基本法律，生态补偿政策不具延续性。就目前的湿地生态补偿发展状况来看，国内尚未建成一套行之有效且有针对性的生态补偿法律政策体系和补偿机制，只是散见于地方性的生态补偿立法。②对于湿地生态补偿给付主体的规定过于单一，具体补偿机关的规定不明确。现有不同位阶的相关法律、法规、规章对生态补偿主体及具体补偿机关的职能划分有不同程度的涉及，如《中华人民共和国水污染防治法》《中华人民共和国野生动物保护法》等规定为补偿给付主体为国家，但补偿具体机关的规定不具体。③湿地生态补偿方式是以政府补偿为主导，而市场补偿滞后。④生态补偿标准过低，受偿者得不到足额补偿。近年来，从国家到地方各个层面都制定了一些生态补偿的相关制度和措施，探索建立了中央森林生态效益补偿基金制度、水资源和水土保持生态补偿机制等。但总体来说，生态补偿制度建设还比较薄弱，补偿标准过低，非足额补偿问题突出。⑤社会公众参与机制不健全。

健全三江平原生物多样性功能区湿地生态补偿制度应该包括：①明确生态补偿的目的。②生态补偿的原则具体为 a. 污染破坏者和受益者分担补偿原则；b. 以国家集中收入补偿为主和社会分散补偿为辅原则；c. 保护地区和受益地区共同发展原则；d. 生态效益和经济效益相结合原则。③建立生态补偿评估体系，包括资源的生态价值技术评估体系和生态文明建设考核评估体系。生态价值技术评估体系包括：环境效益的计量、环境资源的核算等技术层面的问题。生态文明建设考核评估体系包括：考核办法、奖惩机制。④健全不同领域生态补偿配套的法律制度。⑤根据各领域、不同类型地区的特点，分别制定生态补偿标准，逐步提高补偿标准。⑥强化生态补偿责任追究制度。将生态补偿的基本原则、重点领域、补偿范围、补偿对象、资金来源、补偿标准、相关利益主体间的权利义务、责任追究等内容以法律法规的形式固定下来，促进生态补偿工作走上规范化、法制化轨道。

（2）发展替代生计，促进退耕还湿

自 1971 年《关于特别是作为水禽栖息地的国际重要湿地公约》（简称《湿地公约》）缔结以来，湿地保护与恢复成为国际社会共同关注的焦点问题。三江平原生态功能区农田不断地对湿地进行蚕食是湿地面临的最大威胁，农民作为最主要的参与主体，也是湿地保护与退耕还湿涉及的利益主体，因此必须从农民的角度出发，研究其对湿地保护与退耕还湿的响应，才是实现湿地保护目标的关键。

通过对三江保护区周围村庄农民的调查发现，在整个研究区域内支持湿地保护的人数比例（75.17%）远远高于反对湿地保护的人数比例（10.97%）。一方面，这说明了近几年来在国家和保护区各种媒体的宣传下，湿地重要性已被广大农民认可，保护区农民的湿地保护意识有了很大的提高；另一方面，三江自然保护区农民生活来源大部分以农田为主，很少有以湿地作物作为经济来源的，保护湿地对其收入没有直接影响，相反还给他们提供了良好的生态环境，因此人们对湿地保护支持程度较高。

针对退耕还湿政策制定与实施，将研究村庄农民的退耕还湿响应类型划分为支持、不支持和不清楚三类。总体来看，退耕还湿的支持率占 56.13%，不支持率占 29.68%，不清楚占 14.19%。在调查中发现，支持退耕还湿农民 100% 的支持湿地保护，但支持湿地保护的农民不一定支持退耕还湿，反对湿地保护农民 100% 反对退耕还湿。因此，结果显示反对退耕还湿的比例（31.96%）要高于不支持湿地保护的比例（10.97%）。可见，农民在湿地保护方面扮演双重角色，从道德观念考虑，希望湿地被保护；从经济角度考虑，如果湿地保护与自身利益相冲突时，就会反对湿地保护。

另外，针对三江平原生态功能区不同地区的湿地保护态度调查结果说明不同区域农民对湿地保护态度的强度是不同的，存在一定差异。农民对湿地保护支持率与对农民利益触及较少两者的相关系数达到0.987，反对湿地保护率与对农民利益触及较多两者的相关系数达0.989，这说明在对待湿地保护问题上，经济利益是处于首要地位的。农民对退耕还湿的响应与对湿地保护的响应在地域分布上具有很大的一致性，反映了农业种植是三江自然保护区农民主要的生计来源。可见，要保证退耕还湿政策的有效实施，达到保护湿地的目的，需要寻求多种适宜的替代生计，引导农民走多元化致富之路，克服农民对农田的过度依赖。调查发现，不同年龄构成、受教育程度对湿地保护与退耕还湿的态度存在较大的差异。从年龄结构上看，随着年龄增加支持湿地保护和退耕还湿的人数在减少，而不支持的人数在不断增加（图4-83）。从受教育程度上看，随着文化程度的增长，湿地保护与退耕还湿支持率也相应增加。受教育年限在9年以上的人100%支持湿地保护。可见，从农民个体的角度出发，湿地保护取决于农民的认知能力、农民的环境意识和对新的发展模式的接受程度（张春丽等，2009）。

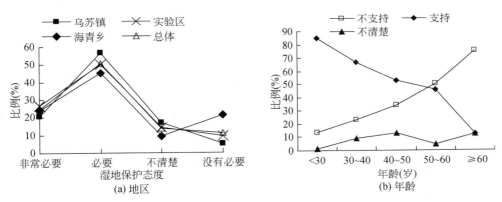

图4-83　不同地区、不同年龄农民对退耕还湿政策的支持比例

资料来源：张春丽等（2009）

湿地保护区内的人地关系是否协调，不取决于地而取决于人，农民对湿地保护与退耕还湿的响应，直接解释目前湿地保护与退耕还湿中存在的障碍因素。对三江自然保护区的研究表明，在湿地保护与退耕还湿的问题上还不能同时兼顾生态效益与农民的经济效益，其本质问题是退耕还湿补偿制度的不完善和替代生计引导的匮乏。从农民对湿地保护与退耕还湿的响应来看，尽管所处位置、利益关系和调查个体的不同，大多农民都表现出对湿地保护的积极态度，可见湿地重要性已被广大农民所认可。对湿地保护与退耕还湿的支持程度与各村庄农民的利益直接相关，农民最关心的是自身利益的最大化，其次才是生态环境效益，只有在不影响其经济利益的时候，农民对湿地保护才是支持的。

农民反对湿地保护与退耕还湿的主要原因是对未来茫然和缺乏安全感，其实质是没有一种比现实更好的生计模式。保护湿地，退耕还湿和改变原有的生活方式是势在必行，这又不可避免引发社会共同关注问题："农民的出路是什么?""农民如何改善生计状况"。问及农民就现有生活方式如何改变时，选择"没有想法，等着政府安排"的比例最高，可见农民对未来表现了茫然和不确定，同时，也暴露出地方政府在生计发展方面缺乏必要的引导和政策上的支持，这也是退耕还湿要面临的首要问题。

在对三江湿地保护区周围农民收入来源调查发现，以农业种植作为主要收入来源的占86.77%，养殖业占14.84%，打工所得占10.32%，个体经营占4.32%。调查发现，核心区依赖农业的程度比实验区高，实验区的生计模式比核心区丰富，如打工、个体经营和从事其他行业的户数比例都要高于核心区。目前，三江平原生态功能区农业种植模式比较单一，粮食作物种植局限于玉米、大豆、水稻等少数几种作物，没有进行多种经营的习惯。农民大都反映目前农田质量在逐年下降，只有依靠增加农田来维持生产水平。问及农民目前农田和农业发展存在哪些问题时，回答土壤肥力下降占100%；农业种植结构单一占82%，农业技术含量低、农田设施不健全占52.3%；农业靠天吃饭、自然灾害频繁占51.8%。在其他生计发展方面，畜牧业发展的规模较小，渔业"重捕轻养"现象严重，外出打工不稳定等问题也困扰着当地农民。可见，虽然当前农业种植业出现了衰退迹象，但由于其他生计模式的缺失或不健全，农民仍然会把土地作为以后生活的保障。

从农民对替代生计模式的选择看，加大农业科技投入发展精细农业、参与湿地生态旅游、永久性地进入城镇从事其他行业、发展农业与畜牧业结合所占的比例最高，分别是31.94%、23.87%、20.32%和20.32%；选择没有想法，等着政府安排的占24.3%（图4-84）。农业还是农民青睐的生计方式，其他方式虽然带来的收入可能要比农业高，但缺乏保障，所以农民依然把土地视为生活保险和储蓄手段，把其他收入来源作为农业生产的必要补充（张春丽等，2008）。

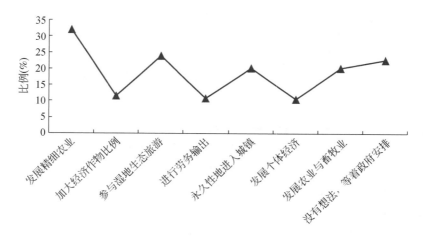

图4-84 三江平原湿地保护区周边农民对替代生计选择的响应

资料来源：张春丽等（2008）

合理的替代生计选择关系到退耕还湿政策能否顺利执行。目前，三江平原生态功能区农民生活来源仍以传统的农业种植为主，对现有发展模式改变的思考并不多，没有形成一种自下而上的有效替代生计模式。根据保护区内当地区域环境背景、经济发展水平和农民的发展意愿差异，提出了以下退耕还湿过程中可供参考的替代生计发展模式。

1）生态移民型发展模式。生态移民型发展模式主要是指三江自然保护区核心区边缘生产生活的村民，该区是三江湿地保护区建立和保护的重点地区，是严格控制人类活动的地区，而目前其内部的村民活动对动物资源栖息繁殖产生的影响却很大。可以分为以下三类替代生计引导模式：一是部分退耕且仍有满足生活需求农田的村民（人均农田面积大于3hm²的），可以引导其将退耕资金补助用于改善耕种质量和调整种植结构；二是退耕且不想从事农业生产的村民，可以通过培训引导其在城镇就业；三是退耕且想继续从事农业生产的村民，可以通过集体土地分配和引导其承包或购买他人土地而从事农业经营。

2）传统农业改造型发展模式。传统农业改造型发展模式主要适宜在三江自然保护区内的缓冲区内实施。对该区域实施传统农业改造模式的原因包括三点：一是保护区建立以前，缓冲区就有大量的农田存在，对这些农田完全的退耕还湿短期内难以实现；二是从各类产业发展来看，与湿地保护冲突最小的是农业发展；三是现有的农业发展模式结构单一，抵御自然灾害能力较差，在单产不足的情况下容易促使农民围湿造田增加收入，从而破坏湿地。因此，在替代生计发展上，政府要引导农民增加耕种科技含量、加快产业调整进程、改造中低产田、发展生态农业和生态农业示范区，积极探讨农业与湿地结合较好的环境友好型农业模式。例如，在地势较高、水资源不足地区实行种植业与畜牧业相结合的模式；在地势低洼、水资源充沛地区可以实行种植业与渔业相结合的模式。

3）多元化产业发展模式。多元化产业发展模式主要适宜在各个保护区的实验区进行，主要原因如下：一是实验区可进入性大，较适于发展生态产业；二是在维系三江平原国家商品粮基地方面，实验区有着不可推卸的责任；三是保护区核心区和缓冲区实施生态移民发展模式，实验区有着承担部分转移人口的职能；四是实验区作为湿地向外开放的构成部分，具有展现湿地特色的作用。因此，在实验区内产业发展可向低强度和生态化的二产与三产方向转变，实现产业多元化发展。例如，依托湿地资源发展生态旅游，既可以解决就业问题，又可以带动相关产业发展；依托其对俄贸易的优越区位发展商贸业，加强劳务输出；依托湿地资源发展生态农业、观光农业；依托湿地丰富的水草资源发展饲料加工业等。

第五章 呼伦贝尔生态功能区 生态变化评估

第一节 呼伦贝尔生态功能区概况

一、地理概况

呼伦贝尔生态功能区是《全国生态功能区划》的 50 个重要生态功能保护区之一。该区位于中国北部季风入侵我国东北地区的主要通道上，地处内蒙古自治区呼伦贝尔市西南部，包括内蒙古高原东北部的海拉尔盆地及其周边地区（47°22′N ~ 50°43′N，114°19′E ~ 122°09′E）。该区北连俄罗斯，东北边缘属于内陆华夏系沉降带，东部边缘毗邻大兴安岭西北麓低山丘陵区，西南与蒙古国相交界。呼伦贝尔生态功能区总面积为 40 646km²，最高海拔为 1124m，最低海拔为490m，平均海拔为 648m。该功能区内包含 4 个县域的局部地区：内蒙古自治区呼伦贝尔市的新巴尔虎左旗（47°10′N ~ 49°47′N，117°33′E ~ 120°12′E）、新巴尔虎右旗（47°38′N ~ 49°50′N，115°32′E ~ 117°48′E）、陈巴尔虎旗（48°48′N ~ 50°12′N，118°22′E ~ 121°02′E）和鄂温克族自治旗（47°32′N ~ 49°17′N，118°48′E ~ 121°09′E）（冯宇等，2013）（图 5-1）。

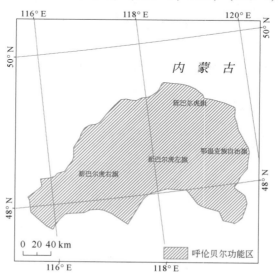

图 5-1 呼伦贝尔生态功能区地理位置与空间范围

二、地形地貌

呼伦贝尔生态功能区地形、地貌复杂多样，主要包括滨湖平原、冲积平原、河漫滩、沙地、低山丘陵、湖盆和高平原等类型。呼伦贝尔生态功能区属于大兴安岭新华夏系隆起带，整体上呈现四周高、中间相对平坦的地势，由西、东向中部逐渐降低，海拔为490～1124m，平均海拔高度为648m，大部分区域海拔为540m左右（图5-2）。

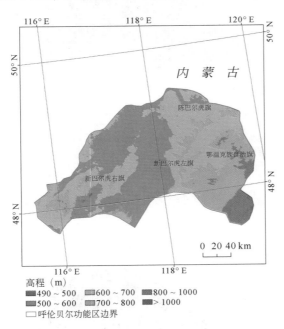

图5-2 呼伦贝尔生态功能区高程分布

该功能区整体坡度低于22°，略有不同波动起伏（图5-3）。坡度随山体走势变化，东南部地区最为陡峭。该功能区东部地区坡度介于0°～22°，西部地区坡度介于0°～7°，东部地区、西部地区坡度较高且波动频繁。中部地区坡度平缓，介于0°～2°。

呼伦贝尔生态功能区以低海拔冲积洪积台地、低海拔冲积扇平原、低海拔冲积平原为主，约占总面积的59%（图5-4）。呼伦贝尔沙化草地，集中分布于我国地貌的第二级台阶的边缘带上，特殊的地质与地貌格局是引发区域草地沙化的条件，而第四纪河湖冲积与洪积运动在地表所积累的深厚砂物质又为日后区域风沙活动提供了直接沙源，并导致地区自然环境具有较强的敏感性与脆弱性（刘东霞等，2007）。地质历史时期的构造运动为呼伦贝尔草原沙化奠定了特殊的地貌格局和脆弱的地表物质基础（张殿发和卞建民，2010；罗承平和薛纪瑜，1995）。地质特征以花岗岩、石英粗面岩、安山岩、玄武等为主，历经长期风化剥蚀，山体多浑圆，谷底、平原并列其间（刁兆岩，2015；冯宇等，2013），如图5-4所示。

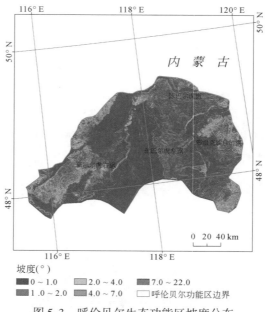

图 5-3　呼伦贝尔生态功能区坡度分布

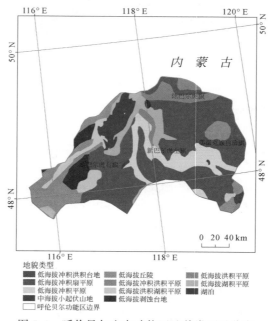

图 5-4　呼伦贝尔生态功能区地貌类型及分布

三、气候条件

呼伦贝尔生态功能区位于干旱大陆性气候区内，具有纬度高和辐射量少的特点。四季气候变化剧烈分明，冬季漫长严寒，夏季温和短促。由于气候干旱、风速过大等背景，呼伦贝尔生态功能区的草原风蚀比较严重。积雪期为 140 天左右，春季干旱大风，最大风力为 7 ~ 8 级。年极端最高气温为 35.8℃，极端最低气温为−44.2℃，全年太阳辐射总量为 4945.4 ~ 5714.1MJ/m²，全年日照时数为 2700 ~ 3200h。早晚温差较大，全年最高气温可达 41.3℃，最低气温达−45℃，风力资源极其丰富，全年很少出现无风日，草地植被年获取日照的时长约为总日照时长的 2/3 左右，全年蒸发量达到 1990mm。具体的各旗内的平均气温、降水量和无霜期数据见表 5-1。

表 5-1 呼伦贝尔草原防风固沙功能区内各旗的气候因子

旗	年平均气温（℃）	降水量（mm）	无霜期（d）
新巴尔虎左旗	−0.3	268	90 ~ 110
新巴尔虎右旗	0.4	250	128
陈巴尔虎旗	−2.6	308	90 ~ 100
鄂温克族自治旗	−2.4 ~ 2.2	350	100 ~ 120

1. 气温

呼伦贝尔生态功能区多年平均气温呈现由东向西逐渐增高的趋势，全区多年平均气温为 0.7℃，过去几十年的年平均气温呈现明显上升趋势。最高年平均气温出现在新巴尔虎右旗，为 1.7℃；最低年平均气温出现在新巴尔虎左旗，为−0.4℃（图 5-5）。

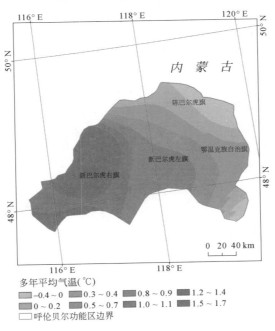

图 5-5 呼伦贝尔生态功能区多年平均气温分布格局

2. 降水

呼伦贝尔生态功能区降水量分布具有明显的空间异质性，总体上呈现由东向西递减的趋势。呼伦贝尔生态功能区近 60 年平均降水量为 276mm，最高年平均降水量出现在新巴尔虎左旗，为 384mm；最低年平均降水量出现在新巴尔虎右旗，为 192mm（图 5-6）。

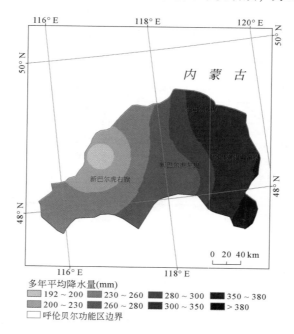

图 5-6　呼伦贝尔生态功能区多年平均降水量分布格局

3. 日照时数

呼伦贝尔生态功能区 1959～2015 年年日照时数的平均值为 2921h，其中 1978 年为年日照时数最长的一年，其值为 3249h；而 2006 年为年日照时数最短的一年，其值为 2543h。该地区的年日照时数在过去的几十年来整体处于下降状态。

四、土壤类型

呼伦贝尔生态功能区土壤类型主要为栗钙土、风沙土、草甸土、黑钙土（图 5-7）。栗钙土在该功能区分布范围最为广泛，覆盖面积占全区总面积的 64%；风沙土分布在该功能区的中部与东部的中高海拔区；草甸土分布在该功能区各地带性土壤区，以条带呈枝状伸展；黑钙土分布在功能区东部高海拔山区附近，主要位于鄂温克族自治旗境内及新巴尔虎左旗东南角。此外，该功能区还包括少量的沼泽土、盐土、粗骨土及碱土，约占全区总面积的 3%。

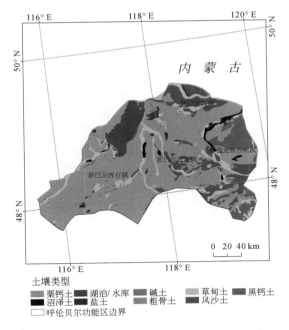

图 5-7　呼伦贝尔生态功能区土壤类型及分布

五、植被类型

呼伦贝尔生态功能区植被类型复杂多样，物种丰富，具有温性干草原向东部草甸草原过渡的显著特点。据统计，该功能区内已查明的维管束植物有 1220 种，隶属于 108 个科和 468 个属（万勤琴，2008）。该功能区内植被以典型草原为主，自东向西地带性植被依次为森林、森林草原、草甸草原、典型草原，隐域性植被为草甸植被、盐生植被、沙生植被、沼泽植被（图 5-8）。其主要植物物种为大针茅（*Stipa grandis*）、贝加尔针茅（*Stipa baicalensis*）、克氏针茅（*Stipa krylovii*）、羊草（*Leymus chinensis*）、糙隐子草（*Cleistogenes squarrosa*）、冰草（*Agropyron cristatum*）、洽草（*Koeleria cristata*）、冷蒿（*Artemisia frigida*）、小叶锦鸡儿（*Caragana microphylla*）、寸草苔（*Carex duriuscula*）、黄囊苔（*Carex korshinskyi*）、矮葱（*Allium Anisopodium*）等。森林植被类型主要由兴安落叶松（*Larix gmelinii*）、樟子松（*Pinus sylvestris*）和白桦（*Betula plathylla*）等组成。

呼伦贝尔生态功能区的代表性植被类型为大针茅或羊草群落。草本植物群中旱生禾草起主导作用，同时掺杂大量耐旱杂类草，在过度放牧条件下会引起糙隐子草草原和冷蒿草原的演替。河漫滩低湿地等发育不同程度的盐碱化草甸植被，主要类型包括马蔺盐化草甸、芨芨草盐化草甸等。呼伦贝尔生态功能区西南部受降水减少影响，植被类型以旱生小灌木、小半灌木和葱类为主，主要种类包括：狭叶锦鸡儿（*Caragana stenophylla*）、多根葱（*Allium polyrhizum*）、蒙古葱（*Allium mognolicum*）和冷蒿等。该区受气候变化影响，干旱

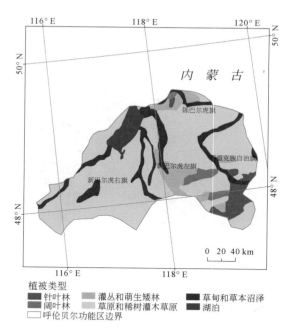

图 5-8　呼伦贝尔生态功能区植被类型及分布

现象明显，河滩低湿地盐生草甸，出现盐爪爪（*Kalidium foliatum*）等荒漠群落片段植物。沙地地区中的沙生植物包括差巴嘎蒿（*Artemisia halodendron*）、油蒿（*Artemisia ordosica*）和樟子松（*Pinus sylvestris*）等（刁兆岩，2015）。

六、土地利用

如图 5-9 所示，2015 年的统计资料显示呼伦贝尔生态功能区的主要土地利用类型是草地，包括草原和草甸两种类型，总面积超过 $3×10^4 km^2$，占全区总面积的 82.95%。呼伦贝

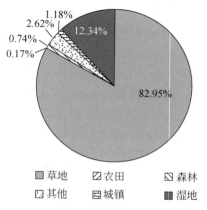

图 5-9　呼伦贝尔生态功能区 2015 年土地利用情况

尔生态功能区面积第二大的土地利用类型是湿，占全区总面积的12.34%，包括草本沼泽、灌丛沼泽、河流、湖泊、水库和坑塘等类型。另外，农田、森林和城镇三种类型加在一起仅占全区面积的2.09%。其他包括裸土、沙漠、沙地、稀疏灌木林、稀疏林和盐碱地等，总面积为1071.71km²，占全区面积的2.62%。

第二节　环境要素变化

一、气候变化

（一）资料来源

本书资料来自于中国气象科学数据共享服务网。

（二）分析方法

为全面综合反映气候动态变化规律，本书统计了呼伦贝尔生态功能区气象观测资料的光能因子（年日照时数）、热量因子（年平均气温，1月与7月月平均气温，年极端最高、最低气温，年积温）、水分因子（年总降水量）、蒸发量等气候因子动态变化。各气候因子的观测和计算方法如下：

日照时数：由暗筒式日照计进行记录，每日分析记录一次。

年极端最高、最低气温：分别利用最高温度表和最低温度表进行观测，每日观测一次并记录，年极值从日观测记录中挑选。

年积温：积温 $= \sum_{i=1}^{n} t_i \geq B$，$t_i \geq B$ 为大于界限温度的日平均气温值，本书的界限温度取5℃；为大于界限温度始日至终日（1~n日）之间每日日平均气温之和。这里大于界限温度的起始日与终日的确定采用气候学上的五日滑动平均法。

降水：利用20cm口径的虹吸式雨量计观测，每日记录日总量，月降水量由日降水量累计得到。

蒸发量：利用20cm口径的蒸发皿观测，每日记录一次，月蒸发量由日累计值得到。

（三）气候因子动态变化特征

1. 光能因子的动态变化

呼伦贝尔生态功能区1959~2015年的年日照时数呈现下降趋势（图5-10）。在过去56年中，年日照时数的平均值为2921h，其中1978年为年日照时数最长的一年，其值为3249h；而2006年为年日照时数最短的一年，其值为2543h。该地区年日照时数变化特点为：1965~1982年年日照时数始终高于该地区的平均值，其余各年处于波动变化状态，其中峰值年份高于平均值，大部分年份低于56年来的平均值。该地区的年日照时数在过去

56 年来整体处于下降状态。1959～1988 年年日照时数平均值为 3071h，1989～2015 年年日照时数平均值为 2777h。线性回归显示年日照时数多年间年平均减少日照 8.2h，年际间波动相关系数为 0.45。

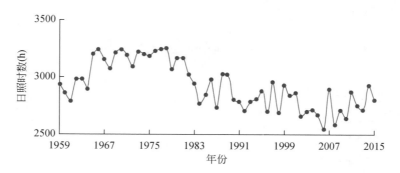

图 5-10　1959～2015 年年日照时数

如图 5-11 所示，呼伦贝尔生态功能区 1959～2015 年的年平均风速持续下降。多年平均风速为 3.2m/s，其中 1977 年达到最大值 4.6m/s，2012 年达到最小值 1.8m/s。线性回归显示风速多年间年均减少 0.04m/s，年际间波动很小，回归相关系数为 0.82。

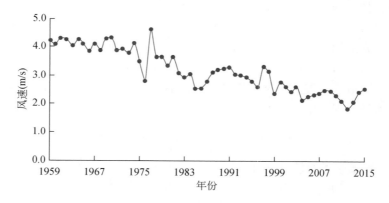

图 5-11　1959～2015 年年平均风速

2. 热量因子的动态变化

（1）年平均气温

如图 5-12 所示，呼伦贝尔生态功能区过去 56 年年平均气温为 0.36℃，其中 2007 年为年平均气温最高的一年，其值为 2.76℃，而年平均气温最低的一年为 1969 年，其值为-1.83℃。从图 5-12 中还可以看出近 56 年年平均气温的变化特点为：年平均气温年际间波动较大，1959～1986 年大部分年份年平均气温低于 0℃，这期间年平均气温均值为-0.28℃，1987～2015 年大部分年份年平均气温高于 0℃，这期间年平均气温均值为 0.99℃。呼伦贝尔生态功能区年平均气温在过去 56 年里，呈现周期性变化并缓慢波动升高的趋势。线性回归显示年平均气温多年间年平均增气温 0.04℃，年际间波动相关系数为 0.38。

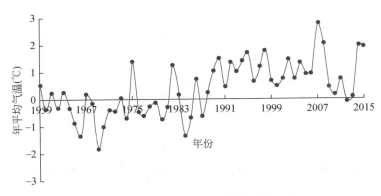

图 5-12　1959～2015 年年平均气温的变化

（2）1 月和 7 月月平均气温

根据呼伦贝尔生态功能区的气候特点，1 月和 7 月为该地区一年中的气温最低月和气温最高月。这两个月的月平均气温随年际变化如图 5-13 所示。

呼伦贝尔生态功能区 1 月月平均气温 56 年的平均值为-23.7℃，而该月平均气温最高值-18.3℃出现在 2002 年，最低值-29.4℃出现在 1977 年。除 1971～1976 年连续 6 年高于多年平均值和 2008～2013 年连续 6 年低于平均值外，1 月月平均气温始终在-23.7℃上下大幅度波动，再没有多年稳定偏高或偏低的现象。线性回归显示 1 月月平均气温多年间变化幅度为年平均增长 0.03℃，年际间波动的回归相关系数为 0.03。

呼伦贝尔生态功能区 7 月月平均气温 56 年的平均值为 21.3℃，最高值 23.6℃分别在 1999 年和 2007 年出现两次，最低值 19.1℃出现在 1965 年。7 月月平均气温年际间变化相对 1 月月平均气温较小，线性回归显示 7 月月平均气温多年间年平均增长 0.03℃，年际间波动相关系数为 0.16。

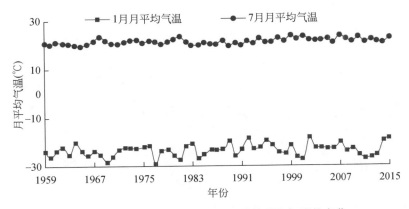

图 5-13　1959～2015 年 1 月和 7 月月平均气温的变化

（3）年极端最高、最低气温

从该地区年极端最高、最低气温的年际变化曲线（图 5-14）可以看出，该地区 56 年来年极端最高、最低气温的平均值分别为 31.7℃（2010 年）、-38.0℃（2001 年），值得注意的是：一般当年极端最高气温出现高值时，年极端最低气温也在前后出现低值。例如，年极端最高气温在 2010 年时，年极端最低气温在当年相应地降低至−34.5℃；在 2001 年极端最低气温达到−38.0℃时，该年的年极端最高气温也升至 31℃，因此无论是年极端最高气温还是年极端最低气温都具有较高的年际波动性。线性回归显示，56 年来年极端最高气温多年间年平均上升 0.03℃，年极端最低气温多年间年平均也上升 0.03℃，年极端最高气温年际间波动相关系数为 0.09，年极端最低气温年际间波动相关系数为 0.04。

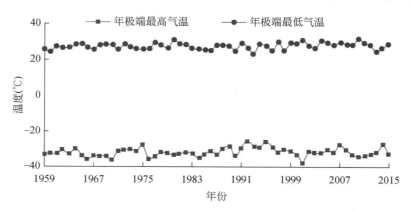

图 5-14 1959～2015 年年极端最高、最低气温的变化

（4）5℃年积温

图 5-15 显示了日平均气温稳定通过 5℃的积温（≥5℃积温）的年际动态。1959～2015 年≥5℃积温的平均值为 2677℃，最大值 3084℃出现在 2007 年，而最小值 2395℃出现在 1969 年。≥5℃积温在多年间处于小幅度波动缓慢上升状态，1959～1987 年≥5℃积温平均值为 2570℃，1988～2015 年≥5℃积温平均值为 2788℃，线性回归显示多年间≥5℃积温平均增加 7.1℃，年际间波动相关系数为 0.51。

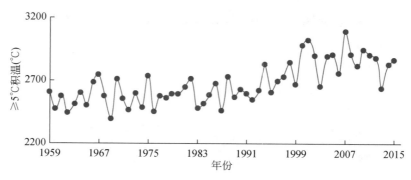

图 5-15 1959～2015 年≥5℃积温的变化

3. 水分因子的动态变化

（1）年降水量

图 5-16 显示了呼伦贝尔生态功能区自 1959 年以来的年降水量的变化。平均年降水量

为 280mm，最大值 591mm 出现在 1998 年，最小值 126mm 出现在 1986 年。1974 年、1990 年、1998 年和 2013 年是 57 年间的极端丰水年，降水量都超过 400mm；1980 年、1981 年、1986 年和 2001 年是 57 年间的极端缺水年，降水量都低于 200mm。呼伦贝尔生态功能区地区年际间降水量波动很大，多年间变化却并不大。线性回归显示年降水量多年间年年均增长 0.4mm，年际间波动相关系数为 0.006。

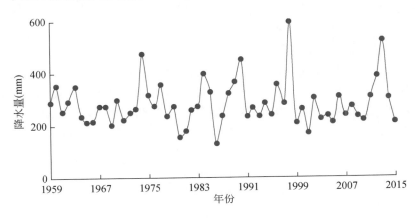

图 5-16　1959~2015 年年降水量的变化

（2）季节降水量

图 5-17 显示了呼伦贝尔生态功能区自 1959 年以来的 5 月和生长季 6~8 月月平均降水量变化。5 月月平均降水量为 18.5mm，生长季 6~8 月月均降水量为 63.9mm。其中 5 月月平均降水量最高的一年为 1990 年，达到 55.1mm，而 5 月月平均降水量最低的一年为 1986 年，整个 5 月没有任何降水；生长季 6~8 月月平均降水量最高的一年为 1998 年，为 150mm，而 2010 年则为生长季月平均降水量最低的一年，仅为 22.9mm。从图 5-17 中可以看出，绝大多数年份生长季月平均降水量都高于 5 月月平均降水量，大部分年份生长季月平均降水量和 5 月月平均降水量成正相关变化，但是个别极端降水格局的年份会出现 5

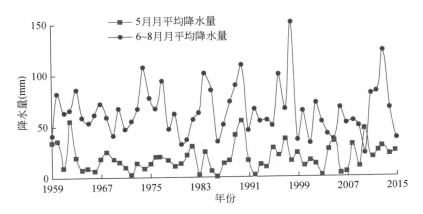

图 5-17　1959~2015 年 5 月月平均降水量和生长季 6~8 月月平均降水量变化

月月平均降水量和生长季月平均降水量持平（2005 年）甚至反超的情况（2010 年）。线性回归显示，多年来生长季月平均降水量几乎没有什么变化——年平均减少 0.02mm，但是年际间波动极大；5 月月平均降水量多年变化也很小，年平均增长 0.06mm，年际间波动也较大。

（3）降水事件分布频率

图 5-18 显示了呼伦贝尔生态功能区 56 年来每年的降水格局分布。分别统计了每年降水超过 1mm 的湿润天气数量、生长季降水超过 10mm 的日数和生长季降水超过 20mm 的日数。线性回归结果显示，湿润天数在多年间变化出现缓慢增加，年平均增加 0.1 天；湿润天数年际间波动较大，波动相关系数为 0.05。生长季降水超过 10mm 的日数多年间几乎没有变化，年平均减少 0.01 天；生长季降水超过 10mm 的日数年际间波动很大，波动相关系数为 0.007。生长季降水超过 20mm 的日数多年间几乎没有变化，年平均减少 0.006 天；生长季降水超过 20mm 的日数年际间波动很大，波动相关系数为 0.004。

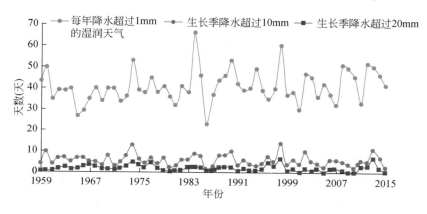

图 5-18　1959~2015 年不同降水量日数统计

二、水文变化

1. 呼伦湖总体概况

呼伦湖，也称达赉湖、呼伦池，"呼伦"是由蒙语"哈溜"音转而来，意为"水獭"，因古代湖区内生产水獭而得名，生活在湖区的蒙古人便以动物名将其命名。关于呼伦湖的记载最早见诸 2000 多年前的《山海经》，称之为"大泽"；《旧唐书》称之为"俱轮泊"；《明史》称之为"阔滦海子"；《朔漠方略》称之为"呼伦诺尔"。

呼伦湖位于内蒙古自治区呼伦贝尔市新巴尔虎左旗、新巴尔虎右旗和满洲里之间（48°30′N~49°21′N，117°00′E~117°42′E），毗邻俄罗斯和蒙古国。呼伦湖湖面为不规则的斜长方形，轴线为东北至西南方向，轴长 93km，最宽处 41km，湖周长共计 447km，湖水面积约为 2339km²，加上周边草原面积共计 7400km²，平均水深为 5.7m，最大深度接近 10m，湖水矿化度为 1.055g/L，总储水量为 138.5×10⁸m³，湖泊集水面积为 153 669km²。

2. 呼伦湖水系

呼伦湖水系由呼伦湖、贝尔湖、克鲁伦河、乌尔逊河、哈拉哈河和沙尔勒金河互相连通而成。流域内河道总长度超过100km的河流有3条，总长度为20～100km的河流有13条，总长度为20km以下的河流有64条，河流总长度达2374.9km，国内部分流域总面积为37 214km^2。呼伦湖水系还有一些时令河流和湖泡分布在呼伦湖周围，受湖底地形地貌影响，小型的时令湖泡多分布在呼伦湖西岸—克鲁伦河一带，大型的时令湖泡则多分布于湖东岸和西南岸。这些时令河流和湖泡的水位随呼伦湖水位的涨落而发生周期性的变化，并且受降水量的影响明显。

呼伦湖水源主要由乌尔逊河、克鲁伦河和周边约5000km^{2}积水面积径流补给。乌尔逊河位于呼伦贝尔市新巴尔虎右旗和新巴尔虎左旗交界处，发源于贝加尔湖，在乌兰诺尔湿地处形成75km^{2}的乌兰诺尔（"乌兰泡"），继续向北流入呼伦湖，全长223km。河流两岸地形平坦，河宽60～70m，河漫滩上苇柳丛生，湿地较多。乌尔逊河流域的地理环境构成了天然牧场、鱼类洄游通道和繁殖场、百鸟栖息地，自然风光优美独特，河流两岸牧业发达。克鲁伦河发源于蒙古人民共和国的肯特山东麓，向南流出后折向东方，经过肯特省和东方省的广阔草原地带在中游乌兰恩格尔西端进入中国境内，自西向东流经呼伦贝尔阿敦础鲁苏木、阿拉坦额莫勒镇注入呼伦湖，全长1264km，在我国境内长度为206km，流域面积为7153km^2。该区地表径流不发达，河谷宽约为35km，河宽为60～70m，洪水期水深为1.93m，枯水期水深为0.7m，11月到次年4月为结冰期，水质浑浊，透明度低（仅为5～28cm），含沙量大，平均含沙量为353～652g/m^3。

克鲁伦河是典型的草原河流，两岸沼泽湿地较多，水草条件好，牧业发达，自古为重要的农牧业地带。乌尔逊河水源来自于哈拉哈河和贝尔湖。哈拉哈河属于额尔古纳水系，为中国同蒙古国的界河，发源于我国大兴安岭西侧的摩天岭北坡松叶湖（原名"达尔滨湖"），流经杜鹃湖，干流由东向西经伊尔施镇流入蒙古国，注入贝尔湖后折返入境流入呼伦湖，同时还汇集于苏呼河和古尔班河等支流。哈拉哈河上游为暗河，河水在茂密的林海中穿越火山熔岩地段，蜿蜒向西流至新巴尔虎左旗的阿木古郎镇成为中蒙界河，河流全长为399km，我国境内流域长度为136km，河床宽为40～200m，河宽为100～200m，平均水深为2m，年平均流量为13.7m^3/s，在我国流域面积为7520km^2，河水含沙量小，水流清澈。

贝尔湖（47°36′N～47°58′N，117°30′E～117°58′E）位于呼伦贝尔市新巴尔虎右旗的西南部，为中蒙两国界湖，与呼伦湖一起被誉为呼伦贝尔草原的一对姊妹湖，湖泊呈现椭圆形状，长为36km，最宽处达20km，面积约为608km^2，其大部分位于蒙古国境内，仅西北部的40.26km^{2}为我国所有。湖泊最大水深为15m，平均水深为6.7m，蓄水量约为40.2×10^{8}m^3。湖水补给靠地表径流和湖面降水，主要入湖河流为源于大兴安岭的哈拉哈河，出流乌尔逊河，注入呼伦湖。

3. 降水量和蒸发量

呼伦湖的降水量如图5-19所示。从20世纪60年代至今，呼伦湖的降水量呈现波动下降趋势，其中最大降水量为589mm，出现在1998年，最小降水量为127mm，出现在2004年。

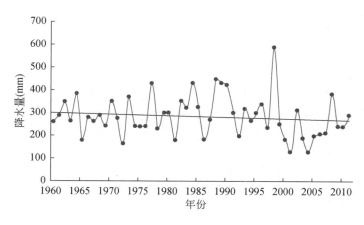

图 5-19　呼伦湖的降水量变化

　　呼伦湖的年蒸发量如图 5-20 所示。从 20 世纪 60 年代至今，呼伦湖的年蒸发量呈现波动上升趋势，其中最大年蒸发量为 2050mm，出现在 1980 年，最小年蒸发量为 1420mm，出现在 1968 年，近年来的年蒸发量在 1750 ~ 2000mm 不断波动。

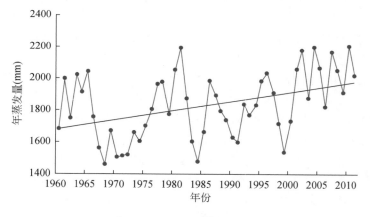

图 5-20　呼伦湖的年蒸发量变化

4. 径流量

　　克鲁伦河和乌尔逊河是呼伦湖水系中的两大河流，其径流量如图 5-21 所示。在 20 世纪 60 ~ 70 年代，两条河流径流量均呈现稳定波动，自 1970 年开始出现较大波动，克鲁伦河径流量在 1972 年骤降至 $0.8 \times 10^8 m^3$，而乌尔逊河径流量在 1971 年激增至 $9 \times 10^8 m^3$。自 20 世纪 80 年代开始，两河径流量开始在 $1 \times 10^8 \sim 12 \times 10^8 m^3$ 出现大幅波动，进入 2000 年后两河径流量逐渐趋于平稳。

5. 水体面积

　　如图 5-22 所示，呼伦湖水体面积呈现减少的趋势，在 1987 ~ 2000 年水体面积逐渐增加至 $2300 km^2$ 后下降至 $2000 km^2$，之后水体面积逐年下降。

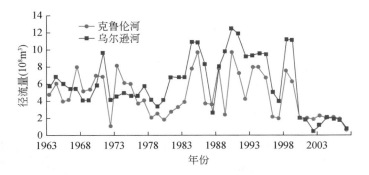

图 5-21 呼伦湖水系两大河流的径流量变化

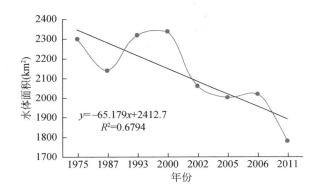

图 5-22 呼伦湖水体和滩涂面积变化

第三节 生态系统宏观结构变化

一、生态系统构成与空间分布特征

呼伦贝尔生态功能区的生态系统主要由草地、湿地、沙质裸地、森林和农田组成（图 5-23）。草地是呼伦贝尔生态系统的主体部分，全区均有分布，其面积占全区总面积的 80% 以上；其次是湿地，面积占全区总面积的 12% 以上，主要分布在呼伦湖及其沿岸地区，位于呼伦贝尔防风固沙生态功能区的西北方向。

如表 5-2 所示，沙质裸地、森林及农田合计占全区总面积的 3% 左右。沙质裸地主要分布在呼伦贝尔生态功能区的中部地区，以新巴尔虎左旗沙质裸地居多，其次是陈巴尔虎旗；森林面积不足全区总面积的 1%，分布在呼伦贝尔生态功能区的东南角，主要位于新巴尔虎左旗及鄂温克族自治旗境内；农田面积低于 0.5%，主要位于新巴尔虎左旗境内的东南角，农田面积在 1990~2015 年呈现递增趋势。

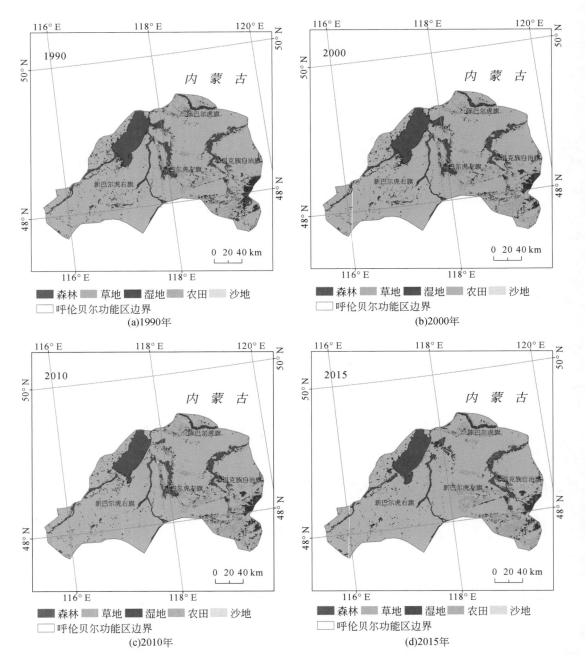

图 5-23　呼伦贝尔生态功能区生态系统空间分布特征

表 5-2　1990～2015 年呼伦贝尔生态功能区土地类型面积及比例

类型	1990 年		2000 年		2010 年		2015 年	
	面积（km²）	比例（%）	面积（km²）	比例（%）	面积（km²）	比例（%）	面积（km²）	比例（%）
草地	32 937.0	81.03	32 949.0	81.06	33 018.7	81.23	33 780.9	83.11
湿地	6 323.5	15.56	6 309.5	15.52	5 946.2	14.63	5 033.2	12.38
沙质裸地	666.1	1.64	674.5	1.66	691.1	1.70	586.7	1.44
森林	354.7	0.87	263.5	0.65	290.8	0.72	276.9	0.68
农田	68.9	0.17	155.4	0.38	161.4	0.40	169.1	0.42
城镇	203.8	0.50	224.6	0.55	254.7	0.63	319.7	0.79
其他	91.9	0.23	69.5	0.17	283.1	0.70	479.3	1.18
合计	40 645.9		40 645.9		40 645.9		40 645.9	

二、草地时空格局

1. 面积动态

如图 5-24 所示，呼伦贝尔生态功能区草地面积在 1990 年、2000 年和 2010 年均为 $3.3×10^4 km^2$ 左右，呈现小幅度波动；2015 年草地面积出现明显增加，由 2010 年的 $3.30×10^4 km^2$ 增加至 2015 年的 $3.38×10^4 km^2$。其中，新巴尔虎左旗和新巴尔虎右旗的草地面积远高于陈巴尔虎旗与鄂温克族自治旗，前两者草地面积普遍在 $1.2×10^4 km^2$ 以上，而后两者草地面积均小于 5000km²。1990～2010 年，新巴尔虎左旗和新巴尔虎右旗草地面积均保持平稳状态，然而 2010～2015 年新巴尔虎左旗草地面积突然由 $1.24×10^4 km^2$ 增长至 $1.33×10^4 km^2$，这主要是因为乌尔逊河古河道转换为草地。新巴尔虎右旗草地面积并未发生明显改变，鄂温克族自治旗、陈巴尔虎旗草地面积均保持平稳状态。呼伦贝尔生态功能区草地分布空间变化见图 5-25。

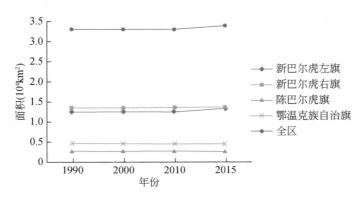

图 5-24　呼伦贝尔生态功能区草地面积变化

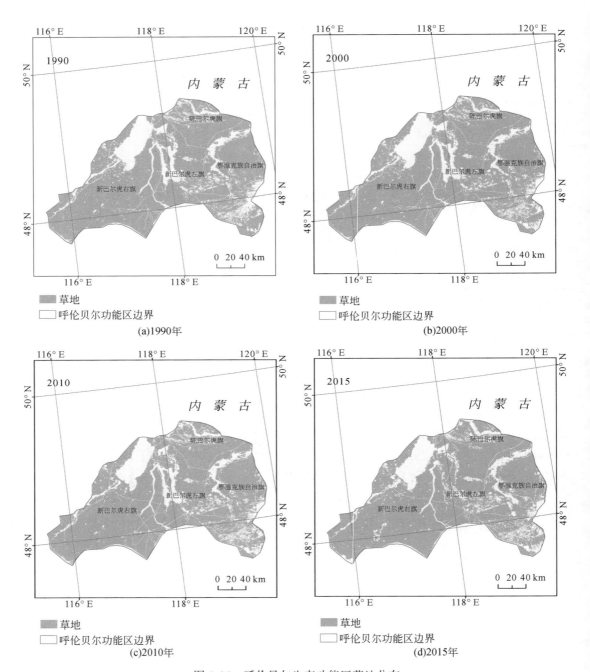

图 5-25 呼伦贝尔生态功能区草地分布

如表 5-3 所示，与 1990 年相比，2015 年呼伦贝尔生态功能区的草地被大量转换为其他土地利用类型，其中转换面积最大的是湿地（463.05km²）和其他（包括：沙漠、沙质裸地、稀疏灌木林和盐碱地等；411.48km²）。草地转换为湿地（图 5-26）主要位于辉河流域、海拉尔河流域、克鲁伦河入湖口和乌尔逊河古河道北侧，由河流改道引起。草地转换为其他，位于沙地的边缘，主要由草地沙化引起。草地向农田和森林的转换面积分别仅为 122.68km² 和 101.33km²，主要分布在呼伦贝尔生态功能区的东南角，靠近大兴安岭的区域。在此期间，有一定面积的草地转换为城镇。与此同时，有大面积的湿地也被转换成了草地，面积高达 1572.34km²；森林和其他土地分别有 168.24km² 和 277.45km² 被转换为草地。

表 5-3 1990~2015 年呼伦贝尔防风固沙生态功能区草地转换表

生态系统		2015 年					
		草地	农田	森林	其他	城镇	湿地
1990 年	草地	—	122.68	101.33	411.48	184.95	463.05
	农田	28.11	—	—	—	—	—
	森林	168.24	—	—	—	—	—
	其他	277.45	—	—	—	—	—
	城镇	81.26	—	—	—	—	—
	湿地	1572.34	—	—	—	—	—

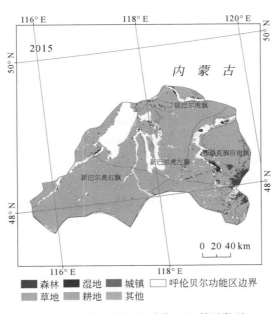

图 5-26 草地转换为其他土地利用类型

在呼伦贝尔生态功能区，整体上全区的草甸和草原面积均呈现逐渐增加的趋势，草甸面积在 2015 年达到 387.83km²，比 1990 年的草甸面积高出近 5 倍；草原面积逐年上升，从 1990 年的 32 879.23km² 逐渐增加至 2015 年的 33 393.11km²。新巴尔虎左旗、新巴尔虎右旗和陈巴尔虎旗的草甸面积在 1990~2010 年保持平稳状态，到 2015 年出现明显增加，其中新巴尔虎左旗的草甸面积增加最多，由 26.55km² 增至 222.97km²，增加了 196.42km²；

此外，新巴尔虎右旗和陈巴尔虎旗的草甸面积也分别约增加了 10 倍和 7 倍，鄂温克族自治旗的草甸面积约增加了 1 倍。从各旗草原面积变化趋势来看，新巴尔虎左旗草原面积略有增加，而鄂温克族自治旗的草原面积却逐渐下降；新巴尔虎右旗和陈巴尔虎旗草原面积都呈现波动式下降的规律（表 5-4）。

表 5-4　呼伦贝尔生态功能区不同类型草原面积变化 　　　　　（单位：km²）

旗名	类型	1990 年	2000 年	2010 年	2015 年
新巴尔虎左旗	草甸	26.55	26.79	28.07	222.97
	草原	12 354.09	12 425.09	12 391.18	13 055.86
新巴尔虎右旗	草甸	10.30	10.31	10.31	110.37
	草原	13 420.02	13 427.85	13 538.49	13 480.21
陈巴尔虎旗	草甸	0.29	0.28	0.29	2.44
	草原	2 672.27	2 671.24	2 673.05	2 583.45
鄂温克族自治旗	草甸	20.66	20.64	21.76	52.05
	草原	4 432.84	4 366.80	4 355.56	4 273.59
总计	草甸	57.79	58.03	60.44	387.83
	草原	32 879.23	32 890.98	32 958.27	33 393.11

2. 草地景观参数变化

本研究选取的景观格局参数有：斑块数量（NP，单位：个）、斑块密度（PD，单位：斑块数/100hm²）、分散和并列指数（IJI，单位：%）、聚合度指数（AI，单位：%）、景观分割指数（DIVISION），用于定量描述草地景观破碎化程度的变化。

从呼伦贝尔生态功能区的草地景观参数分析结果来看（表 5-5），1990～2015 年，呼伦贝尔生态功能区的 NP 与 PD 增加，DIVISION 下降，IJI、AI 均有所上升。这表明呼伦贝尔生态功能区草地面积恢复状况良好，其恢复区域以破碎化的小斑块居多。由于草地面积增长速度远远大于草地斑块增长速度，因此虽然 NP 和 PD 变化结果显示草地景观整体破碎化程度增加，但是因为草地面积呈现较强的上升趋势，所以景观破碎化程度实际并未明显增加。

表 5-5　呼伦贝尔生态功能区草地景观类型指数

年份	NP（个）	PD（斑块数/100hm²）	IJI（%）	DIVISION	AI（%）	面积（km²）
1990	3318	0.08	78.57	0.70	99.40	33 048
2015	3707	0.09	83.80	0.67	99.49	33 871

三、湿地时空格局

如图 5-27 所示，呼伦贝尔生态功能区的湿地面积呈现逐年递减趋势，湿地面积由 1990 年的 6323.5km² 下降至 2015 年的 5033.2km²，减少的区域主要位于呼伦贝尔生态功能区的中部，此处为乌尔逊河古河道。在各旗当中，新巴尔虎左旗、新巴尔虎右旗湿地面积总体上大于陈巴尔虎旗和鄂温克族自治旗，前两者湿地面积在1500km²以上，后两者湿地面积小于1000km²。新巴尔虎左旗和新巴尔虎右旗湿地面积都呈现下降趋势，2015年两旗湿地面积分别比1990年分别下降了40%和12%。陈巴尔虎旗和鄂温克族自治旗湿地面积均有所增加，2015年湿地面积分别比1990年分别提高了9%和3%（图5-28）。

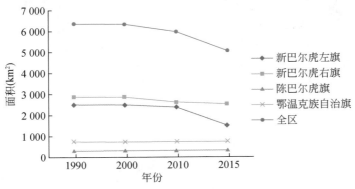

图5-27　呼伦贝尔生态功能区湿地面积变化

从1990～2015年的转换矩阵来看（表5-6），湿地被大量地转换为草地，其面积高达1572.34km²，位于呼伦贝尔防风固沙生态功能区的中部（图5-29）；湿地向其他的转换面积也较大，达224.97km²，同样位于呼伦贝尔防风固沙生态功能区的中部，即乌尔逊河古河道。但其余类型土地的转换面积均不足10km²。与此同时，在所有土地利用类型当中，草地被转换成湿地的面积最大，达463.05km²，其次是其他，转换面积为59.79km²。

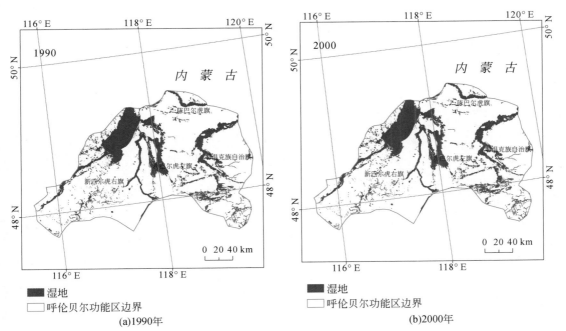

(a)1990年　　　　　　　　　　　　　　　　　(b)2000年

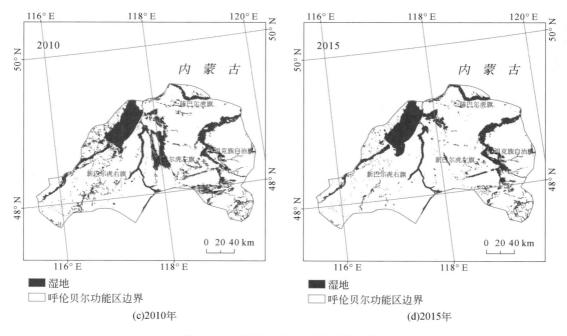

(c)2010年 　　　　　　　　　　　　　(d)2015年

图 5-28　呼伦贝尔生态功能区湿地分布

表 5-6　1990～2015 年呼伦贝尔防风固沙生态功能区湿地转换表　（单位：km²）

生态系统		2015 年					
		草地	农田	森林	其他	城镇	湿地
1990 年	草地	—	—	—	—	—	463.05
	农田	—	—	—	—	—	1.12
	森林	—	—	—	—	—	0.14
	其他	—	—	—	—	—	59.79
	城镇	—	—	—	—	—	1.38
	湿地	1572.34	6.86	1.78	224.97	9.81	—

　　呼伦贝尔生态功能区各湿地类型中，沼泽和湖泊的面积最大（表 5-7），其余河流和水库/坑塘面积均不足 100km²。全区沼泽面积呈现波动变化，由 1990 年的 3874.27km² 下降至 2000 年的 3665.18km²，之后又在 2010 年升高至 3878.78km²，到 2015 年下降至 2643.39km²。湖泊面积由 1990 年的 2375.80km² 降至 2010 年的 2013.06km² 后，在 2015 年又增加至 2293.92km²。河流面积除 2010 年降至 61.59km² 外，其他年份均为 70～80km²。水库/坑塘面积在 1990～2010 年处于 0.7～1.7km²，然而在 2015 年增加至 18.31km²。各旗的湿地面积变化不一。新巴尔虎左旗在 1990～2010 年未发现水库/坑塘的分布，但在 2015 年出现了 14.07km²。沼泽是新巴尔虎左旗地区面积分布最大的湿地类型，总体上呈现波动式递减的变化趋势。新巴尔虎右旗的面积最大湿地类型是湖泊，总体上呈现波动式的变化趋势，沼泽是其第二大湿地类型，在 2010～2015 年下降了将近 40%。陈巴尔虎旗

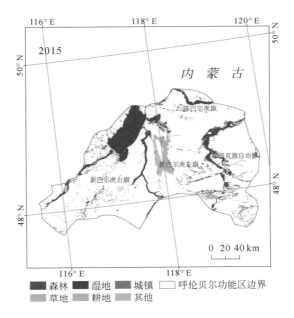

图 5-29　湿地转换为其他生态系统类型

整体上湿地的面积较小，分布面积最大的沼泽面积不超过 300km²，其余类型面积均不足 30km²。鄂温克族自治旗的沼泽面积最大，为 700km² 左右，呈现微弱增加的趋势，但是水库/坑塘面积逐年减少。

表 5-7　呼伦贝尔生态功能区不同类型湿地面积变化　　　　　　　　　（单位：km²）

旗	类型	1990 年	2000 年	2010 年	2015 年
新巴尔虎左旗	沼泽	2099.74	1965.14	2068.36	1141.48
	河流	25.38	25.91	23.00	28.90
	湖泊	347.25	473.34	250.70	290.22
	水库/坑塘	0	0	0	14.07
新巴尔虎右旗	沼泽	839.31	776.45	861.63	517.05
	河流	22.44	23.74	14.61	17.02
	湖泊	1983.44	2041.80	1723.80	1965.80
	水库/坑塘	0.20	0.40	0.03	4.22
陈巴尔虎旗	沼泽	260.13	254.41	261.98	287.53
	河流	19.31	19.31	19.31	22.75
	湖泊	12.59	16.63	10.46	8.13
	水库/坑塘	0	0	0	0

续表

旗	类型	1990 年	2000 年	2010 年	2015 年
鄂温克族自治旗	沼泽	675.09	669.19	678.81	697.33
	河流	4.66	4.78	4.67	8.94
	湖泊	32.53	37.70	28.11	29.77
	水库/坑塘	1.46	0.71	0.71	0.03
总计	沼泽	3874.27	3665.18	3878.78	2643.39
	河流	71.78	73.73	61.59	77.61
	湖泊	2375.80	2569.47	2013.06	2293.92
	水库/坑塘	1.66	1.12	0.74	18.31

四、农田时空格局

呼伦贝尔生态功能区内农田面积整体上呈现增加的趋势（图5-30），全区农田面积由 1990 年的 68.90km^2 增加至 2015 年的 169.10km^2。新巴尔虎左旗农田面积整体在 50km^2 以上，远高于新巴尔虎右旗和鄂温克族自治旗，而后两者农田面积始终未超过 30km^2。新巴尔虎左旗农田覆盖面积由 1990 年的 54.77km^2 增长至 2000 年的 134.61km^2，增长了约 1.5 倍，之后逐渐增加，直到 2015 年达到 151.77km^2，比 2000 年时增加了 12.75%。陈巴尔虎旗农田面积始终趋近于 0，在 2010～2015 年，由 0.09km^2 增至 0.41km^2。新巴尔虎右旗和鄂温克族自治旗的农田面积相对变化稳定，2010 年两旗的农田面积达到最大值 20.77km^2 后，2015 年出现下降（图5-31）。

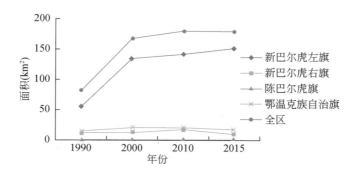

图 5-30　呼伦贝尔生态功能区农田面积变化

如表 5-8 所示，呼伦贝尔生态功能区中农田主要被转换为草地，面积为 28.11km^2（图5-32），其次是城镇和湿地，面积分别为 2.79km^2 和 1.12km^2。与之相比，转换为农田的草地面积为 122.68km^2，另外也有 6.86km^2 的湿地被转换成农田。

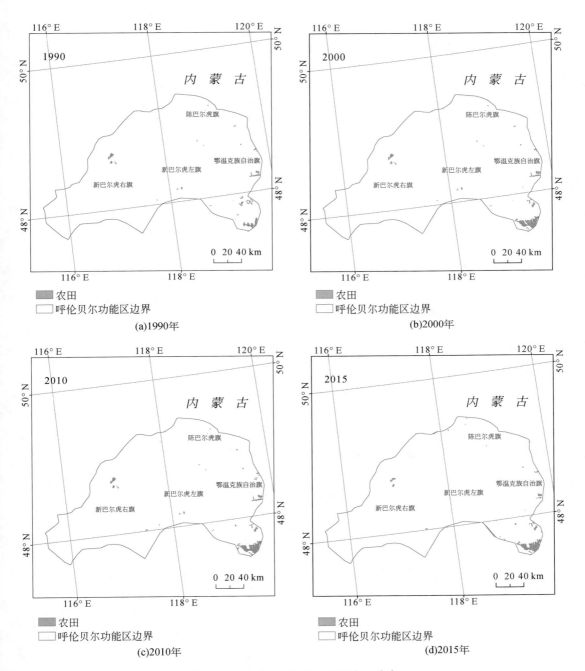

图 5-31　呼伦贝尔生态功能区农田分布

表 5-8　1990～2015 年呼伦贝尔防风固沙生态功能区农田转换表　（单位：km²）

生态系统		2015 年					
		草地	农田	森林	其他	城镇	湿地
1990 年	草地	—	122.68	—	—	—	—
	农田	28.11	—	0.08	0.05	2.79	1.12
	森林	—	0.56	—	—	—	—
	其他	—	0.01	—	—	—	—
	城镇	—	0.31	—	—	—	—
	湿地	—	6.86	—	—	—	—

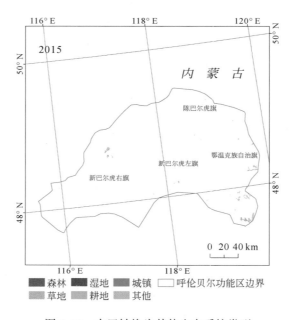

图 5-32　农田转换为其他生态系统类型

　　如表 5-9 所示，在呼伦贝尔生态功能区中农田主要包括旱田和水田两种类型，其中旱田面积远大于水田面积。呼伦贝尔生态功能区的旱田面积呈现逐年增加的趋势，其中增幅最大的时间段是 1990～2000 年，期间旱田面积由 1990 年的 80.24km² 增加至 2015 年的 178.87km²，增幅达 122.92%。水田面积在 1990～2010 年无变化，始终维持在 0.38km² 水平上。新巴尔虎左旗水田面积 1990～2010 年始终固定在 0.38km² 的水平，2015 年突然降为 0，然而其他三旗都不具有水田。新巴尔虎左旗旱田面积连年增加，2015 年比 1990 年增加了近 1.8 倍。新巴尔虎右旗和鄂温克族自治旗的旱田面积都呈现先升后降的变化规律，新巴尔虎右旗的拐点出现在 2010 年，鄂温克族自治旗的拐点出现在 2000 年。陈巴尔虎旗的旱田面积很少，在 1990～2010 年维持在 0.09km² 的水平上，2015 年上升至 0.41km²。

表 5-9　呼伦贝尔生态功能区各旗不同类型农田面积变化　　（单位：km^2）

旗	类型	1990 年	2000 年	2010 年	2015 年
新巴尔虎左旗	旱田	54.31	134.23	141.15	151.77
	水田	0.38	0.38	0.38	0
新巴尔虎右旗	旱田	11.75	12.48	18.03	9.75
	水田	0	0	0	0
陈巴尔虎旗	旱田	0.09	0.09	0.09	0.41
	水田	0	0	0	0
鄂温克族自治旗	旱田	14.08	20.67	19.74	16.94
	水田	0	0	0	0
总计	旱田	80.24	167.47	179.02	178.87
	水田	0.38	0.38	0.38	0

五、森林时空格局

如图 5-33 所示，呼伦贝尔生态功能区内森林面积整体上呈现下降趋势，其中在 1990 ~ 2000 年下降幅度较大，达到 13.62%，之后在 250km^2 附近波动。新巴尔虎左旗和鄂温克族自治旗的森林覆盖面积远高于新巴尔虎右旗和陈巴尔虎旗。1990 ~ 2000 年，新巴尔虎左旗森林面积由 300km^2 下降到约 160km^2，同时鄂温克族自治旗森林面积由 100km^2 上升至约 180km^2，之后两旗森林面积均保持较小幅度的波动变化。值得一提的是，1990 ~ 2015 年，新巴尔虎右旗的森林覆盖率始终为 0，而陈巴尔虎旗的森林覆盖面积一直不超过 5km^2（图 5-34）。

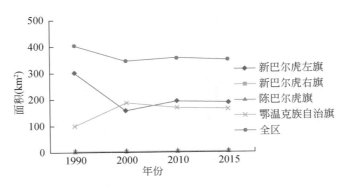

图 5-33　呼伦贝尔生态功能区森林面积变化

如表 5-10 所示，呼伦贝尔生态功能区中森林大量被转换为草地，转换面积达 168.24km^2，主要位于呼伦贝尔生态功能区的东南角，应为毁林开荒后恢复为草地（图 5-35），而森林向其他类型生态系统的转换面积均不超过 10km^2。同时，草地也在向森林转换，位于呼伦贝尔生态功能区东南部，即罕达盖苏木，面积为101.33km²，主要得益于森林自然更新和植树造林，其余类型用地向森林的转换面积均小于2km²。

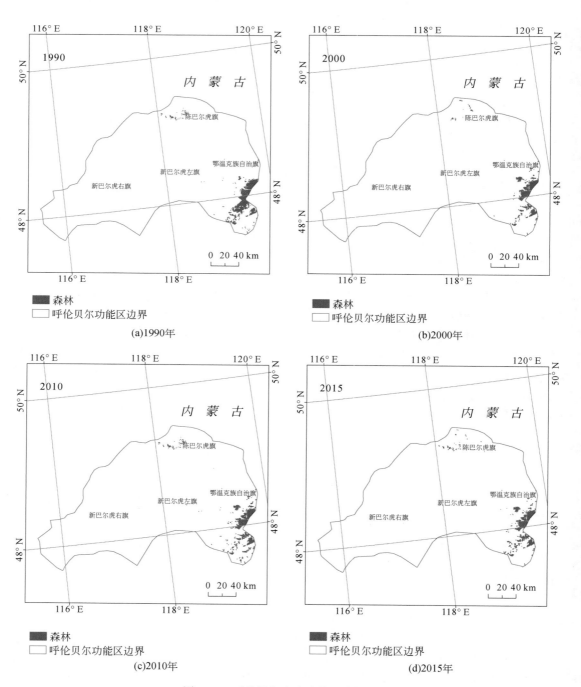

图 5-34　呼伦贝尔生态功能区森林分布

表 5-10　1990～2015 年呼伦贝尔防风固沙生态功能区森林转换表 （单位：km²）

生态系统		2015 年					
		草地	农田	森林	其他	城镇	湿地
1990 年	草地	—	—	101.33	—	—	—
	农田	—	—	0.08	—	—	—
	森林	168.24	0.56	—	9.49	1.42	0.14
	其他	—	—	0.64	—	—	—
	城镇	—	—	0.27	—	—	—
	湿地	—	—	1.78	—	—	—

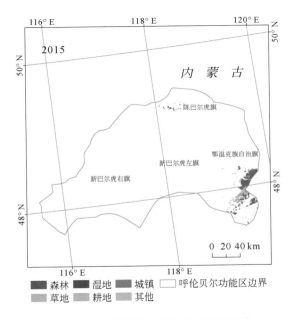

图 5-35　森林转换为其他生态系统类型

　　如表 5-11 所示，在呼伦贝尔生态功能区中，常绿针叶林的面积最大，超过了 240km²，其余 3 种森林类型的面积累计不足 20km²。全区中，常绿针叶林面积在 1990 年为 336.15km²，2000 年下降至 240.15km²，而后 2015 年又上升至 260.25km²。落叶阔叶灌木林的面积呈现波动下降的趋势，落叶针叶林的面积呈现增加的趋势，落叶阔叶林的面积由 1990 年的 3.21km² 增加至 2010 年的 13.73km² 后，在 2015 年下降至 3.86km²。在呼伦贝尔生态功能区内的 4 个旗中只有新巴尔虎左旗同时拥有 4 种森林类型，新巴尔虎右旗没有森林覆盖。新巴尔虎左旗常绿针叶森林面积远高于其他 3 种森林类型，1990～2000 年由 263.32km² 下降至 117.38km²，之后逐渐增加至 2015 年的 147.27km²。新巴尔虎左旗落叶阔叶灌木林和落叶阔叶林呈现波动式的变化规律，而落叶针叶林大体稳定。

表 5-11　呼伦贝尔生态功能区各旗不同类型森林面积变化　　（单位：km²）

旗	类型	1990 年	2000 年	2010 年	2015 年
新巴尔虎左旗	常绿针叶林	263.32	117.38	135.99	147.27
	落叶阔叶灌木林	2.10	0.98	3.61	0.40
	落叶阔叶林	2.47	3.39	12.99	3.32
	落叶针叶林	1.42	1.54	1.55	1.55
新巴尔虎右旗	常绿针叶林	0	0	0	0
	落叶阔叶灌木林	0	0	0	0
	落叶阔叶林	0	0	0	0
	落叶针叶林	0	0	0	0
陈巴尔虎旗	常绿针叶林	0	0	0	0
	落叶阔叶灌木林	0	0	0	0.96
	落叶阔叶林	0.74	4.00	0.74	0.54
	落叶针叶林	0	0	0	0.01
鄂温克族自治旗	常绿针叶林	72.83	122.76	117.65	112.97
	落叶阔叶灌木林	0	0.07	0.07	0
	落叶阔叶林	0	0.72	0	0
	落叶针叶林	0.09	0.17	0.17	0.17
总计	常绿针叶林	336.15	240.15	253.64	260.25
	落叶阔叶灌木林	2.10	1.05	3.67	1.36
	落叶阔叶林	3.21	8.11	13.73	3.86
	落叶针叶林	1.50	1.71	1.73	1.73

六、沙漠化土地时空格局

如表 5-12 所示，呼伦贝尔生态功能区中沙漠化土地面积占全区总面积的 40% 左右。在 1990 ~ 2000 年，沙漠化土地面积由 12 025.7km² 增加到 16 557.9km²，在 2010 年以后沙漠化面积一直在 16 000km² 左右。在整个研究时段内，全区轻度沙漠化土地面积逐年增加，由 6218.2km² 逐渐增加至 10 848.0km²，增长率达 73%；与此同时，中度沙漠化和重度沙漠化土地面积呈现先增加后减少的变化规律，在 2000 年时，全区中度沙漠化和重度沙漠化的土地面积分别达到 3362.6km² 和 2645.9km²；严重沙漠化的土地面积却呈现逐年降低的趋势，由 1990 年的 2139km² 逐渐下降至 2015 年的 1071.2km²，降幅达 49%；未沙漠化土地的面积由 1990 年的 28 620.2km² 下降至 2000 年的 24 088.2km²。在各旗当中，新巴尔虎右旗的未沙漠化面积最大，表明受沙漠化影响面积最小；而新巴尔虎左旗自 2000 年起严重沙漠化面积最大，说明该地区受沙漠化影响面积最大（图 5-36）。

表 5-12　呼伦贝尔功能区沙漠化程度变化　　　　　　（单位：km²）

时间和区域		轻度沙漠化	中度沙漠化	重度沙漠化	严重沙漠化	未沙漠化	小计
1990 年	新巴尔虎左旗	4 121.1	699.6	931.2	794.8	9 278.5	15 825.2
	新巴尔虎右旗	341.2	490.6	412.4	1 103.4	14 059.4	16 407.0
	陈巴尔虎旗	1 040.6	57.2	299.9	204.2	1 477.8	3 079.7
	鄂温克族自治旗	715.2	491.5	286.1	36.6	3 804.5	5 333.9
	全区	6 218.2	1 738.9	1 929.6	2 139	28 620.2	40 645.8
2000 年	新巴尔虎左旗	5 848.7	1 119.2	1 083.9	1 423.8	6 349.6	15 825.2
	新巴尔虎右旗	856.0	997.7	939.8	154.1	13 459.5	16 407.1
	陈巴尔虎旗	1 174.8	57.0	290.5	197.7	1 359.6	3 079.6
	鄂温克族自治旗	853.6	1 188.7	331.7	40.7	2 919.5	5 334.2
	全区	8 733.1	3 362.6	2 645.9	1 816.3	24 088.2	40 645.9
2010 年	新巴尔虎左旗	6 174.0	1 402.2	618.9	1 060.2	6 569.9	15 825.1
	新巴尔虎右旗	1 673.3	603.2	333.5	155.8	13 641.2	16 407.0
	陈巴尔虎旗	1 158.9	57.2	131.3	372.7	1 359.6	3 079.6
	鄂温克族自治旗	979.0	1 075.5	222.0	28.1	3 029.5	5 334.1
	全区	9 985.2	3 138.1	1 305.7	1 616.8	24 600.2	40 645.9
2015 年	新巴尔虎左旗	6 392.3	1 403.1	681.3	729.0	6 619.5	15 825.1
	新巴尔虎右旗	1 566.6	759.4	332.7	99.6	13 648.7	16 407.0
	陈巴尔虎旗	1 163.1	53.8	288.7	214.5	1 359.6	3 079.6
	鄂温克族自治旗	1 726.0	387.2	159.0	28.1	3 033.8	5 334.1
	全区	10 848.0	2 603.5	1 461.7	1 071.2	24 661.6	40 645.9

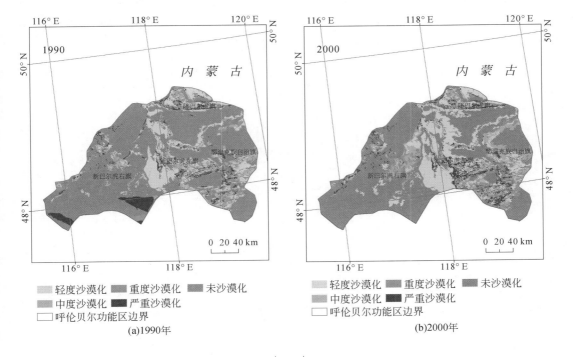

(a)1990年　　　　　　　　　　　　　(b)2000年

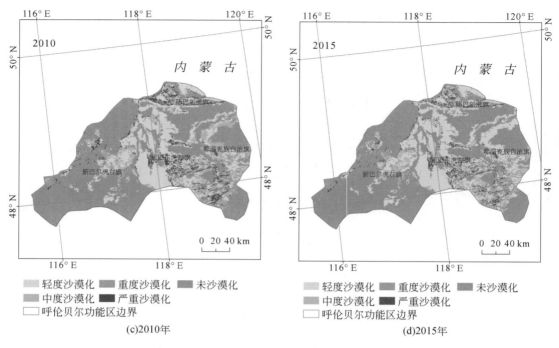

图 5-36 呼伦贝尔生态功能区土地沙漠化程度分布

草地沙漠化面积约占草地总面积的 40%（表 5-13），1990~2015 年，草地沙漠化面积增加了约 4000km²，到 2015 年已经上升至 14 729km²。轻度沙漠化的草地面积上升幅度最大，由 1990 年的 5717.3km² 上升至 2015 年的 10 334.9km²；中度沙漠化及重度沙漠化的草地面积在 2000 年增至顶峰，随后呈现下降趋势；严重沙漠化的草地面积逐年下降，在 1990~2015 年，严重沙漠化的草地面积由 1714.2km² 降至 735.9km²。

表 5-13 呼伦贝尔生态区不同沙漠化程度土地类型的面积变化 （单位：km²）

年份及类型		草地	湿地	森林	农田	城镇	其他	合计
1990 年	轻度沙漠化	5 717.3	290.5	55.7	8.4	43.0	103.1	6 218.0
	中度沙漠化	1 477.4	133.7	64.7	5.6	11.5	46.0	1 738.9
	重度沙漠化	1 666.0	90.3	64.9	0.9	7.9	99.6	1 929.6
	严重沙漠化	1 714.2	185.5	2.2	0.0	18.4	218.5	2 138.8
	小计	10 574.9	700.0	187.5	14.9	80.8	467.2	12 025.3
2000 年	轻度沙漠化	8 148.7	372.3	45.4	7.7	58.7	100.0	8 732.8
	中度沙漠化	3 049.0	172.6	68.1	3.8	19.9	49.1	3 362.5
	重度沙漠化	2 458.8	100.0	13.3	1.3	11.0	61.2	2 645.6
	严重沙漠化	1 272.3	244.6	0.6	0.3	19.9	278.6	1 816.3
	小计	14 928.8	889.5	127.4	13.1	109.5	488.9	16 557.2

续表

年份及类型		草地	湿地	森林	农田	城镇	其他	合计
2010 年	轻度沙漠化	9 399.9	353.8	49.5	7.5	67.8	106.4	9 984.9
	中度沙漠化	2842.1	137.1	70.4	5.2	20.9	62.3	3 138.0
	重度沙漠化	1 190.2	59.8	14.8	1.8	6.4	32.6	1 305.6
	严重沙漠化	1 119.8	185.2	2.3	1.0	15.2	293.2	1 616.7
	小计	14 552.0	735.9	137.0	15.5	110.3	494.5	16 045.2
2015 年	轻度沙漠化	10 334.9	163.1	78.8	8.4	103.0	159.4	10 847.6
	中度沙漠化	2 379.2	65.5	54.3	1.9	22.4	80.1	2 603.4
	重度沙漠化	1 279.0	51.4	10.7	0.8	8.8	111.1	1 461.8
	严重沙漠化	735.9	41.1	0.5	0.2	7.6	285.9	1 071.2
	小计	14 729	321.1	144.3	11.3	141.8	636.5	15 984.0

森林沙漠化面积约占森林总面积的 40% 左右，1990~2000 年，森林沙漠化的面积急剧下降，由 187.5km² 下降至 127.4km²，随后小幅度上升至 2015 年的 144.3km²。轻度沙漠化的森林居多，1990~2010 年轻度沙漠化的森林面积保持在 50km² 左右，随后上升至 2015 年的 78.8km²；中度沙漠化的森林面积由 1990 年的 64.7km² 上升至 2010 年的 70.4km²，随后下降至 2015 年的 54.3km²；重度沙漠化的森林面积下降幅度最大，在 1990 年重度沙漠化的森林面积为 64.9km²，在 2000 年之后，重度沙漠化的面积始终不超过 15km²；严重沙漠化的森林面积较小，1990~2015 年森林的严重沙漠化面积始终不超过 3km²。

农田沙漠化的面积很少，1990 年农田沙漠化面积约占农田总面积的 20%，在 2000~2015 年农田沙漠化面积只占农田总面积的 10% 左右。农田沙漠化面积在 1990~2015 年呈现波动式下降趋势，由 1990 年的 14.9km² 下降至 2015 年的 11.3km²。轻度沙漠化的农田面积居多，1990~2015 年面积一直在 8km² 左右；中度沙漠化的农田面积在 2~6km² 来回波动；重度及严重沙漠化的农田面积始终不超过 3km²。

第四节　主要生态系统服务能力变化

一、植被叶面积指数变化

1. 年均植被 LAI 变化趋势

LAI 是指植物的总叶面积与占地覆盖面积之比，是反映植被生长状况、描述植被冠层表面水分、衡量生态系统初级生产力、生态环境特征、健康状况的重要指标。LAI 值越大，植被生长发育状况越好，LAI 值越小，植被生长发育状况越差。其动态变化可以较好地反映植被的结构和数量特征的变化，精确测算 LAI 是评估植被长势和固碳能力的重要前提。

从呼伦贝尔生态功能区 2000~2015 年不同年份平均 LAI 的年际变化（图 5-37）可以看出，在 2000~2015 年呼伦贝尔生态功能区的年均植被 LAI 值为 0.89~1.72，呈现波动上升趋势，年均增量约为 0.0251。其中，最小值在 2007 年，为 0.89，最大值在 2014 年，为 1.72，多年平均值为 1.28，呼伦贝尔生态功能区的 LAI 随时间变化的线性回归方程斜率为 0.0251。

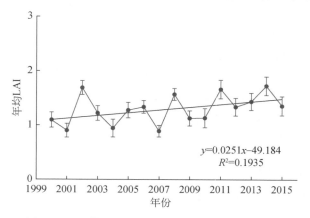

图 5-37　呼伦贝尔生态功能区年均 LAI 年际变化

从空间分布上看（图 5-38），2015 年呼伦贝尔生态功能区 LAI 总体上呈现东高西低的趋势。呼伦贝尔生态功能区 2015 的年均 LAI 为 1.35，乌尔逊河流域是呼伦贝尔生态功能区年均 LAI 值最高的区域，最高值可达 7，其次为呼伦贝尔生态功能区东部鄂温克族自治旗和新巴尔虎左旗东南部地区，年均 LAI 值也高达 5.5 左右，呼伦贝尔生态功能区中部地区、西部地区多为典型草原和草甸，植被 LAI 差异不大，多集中在 1~3。

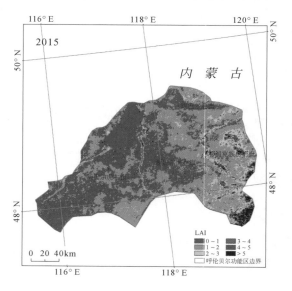

图 5-38　2015 年呼伦贝尔生态功能区 LAI 空间分布

注：2001 年 10 月 10 日撤呼伦贝尔盟设立呼伦贝尔市

从表5-14可知，2000～2015年呼伦贝尔生态功能区的LAI整体呈现上升趋势，其中上升地区约占整个呼伦贝尔生态功能区面积的63.81%，研究时段内LAI变化趋势以略微上升为主，面积为23 318.23km²，占比约为57.37%，其次LAI为略微下降趋势，面积为14 096.25km²，占比约为34.68%。LAI极显著下降和极显著上升的地区面积相对较小，面积分别为168.49km²和259.76km²。

表5-14　2000～2015年LAI变化统计

变化趋势	LAI变化范围	面积（km²）	占比（%）
极显著下降	LAI<-2	168.49	0.41
显著下降	-2<LAI<-1	447.31	1.10
略微下降	-1<LAI<0	14 096.25	34.68
略微上升	0<LAI<1	23 318.23	57.37
显著上升	1<LAI<3	2 355.89	5.80
极显著上升	LAI>3	259.76	0.64

从区域分布来看（图5-39），2000～2015年LAI显著上升的区域主要集中分布在新巴尔虎右旗东南部地区、新巴尔虎左旗东南部地区和鄂温克族自治旗中部地区。LAI略微下降的区域多集中在陈巴尔虎旗东南部地区、鄂温克族自治旗中部、北部地区、新巴尔虎左旗中部地区和新巴尔虎右旗西南部地区及呼伦湖库区附近区域。LAI显著下降的区域主要分布于鄂温克族自治旗西部地区和北部地区。呼伦贝尔生态功能区大部分区域的LAI处于略微上升趋势，其他变化趋势类型分布较为分散。

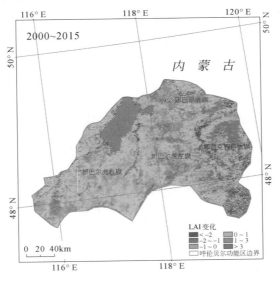

图5-39　2000～2015年呼伦贝尔生态功能区LAI空间变化特征

2. 植被 LAI 年变异系数

变异系数反映了 LAI 的年际波动程度，变异系数值越大，表示 LAI 年际间变化差异越大，反之，变异系数值越小，表示 LAI 年际间变化差异越小，较为平稳。

图 5-40 表征的是呼伦贝尔生态功能区的 LAI 年变异系数，年结果表明，LAI 年变异系数由 2000 年的 77% 增加到 2004 年的 86%，之后波动减少到 2011 年的 50%，然后又增加到 2015 年的 63%。这说明，在 2000~2004 年，LAI 年变异系数属于强度变异，呼伦贝尔生态功能区的年均 LAI 值年际变化呈现扩大趋势，2004~2015 年 LAI 年变异系数属于中度变异，呼伦贝尔生态功能区的年均 LAI 值年际变化呈现缩小趋势。

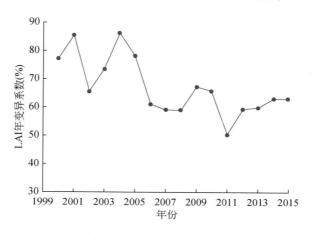

图 5-40　2000~2015 年呼伦贝尔生态功能区 LAI 年变异系数

3. 不同生态系统类型 LAI 变化分析

2000 年、2010 年和 2015 年呼伦贝尔生态功能区草地生态系统、湿地生态系统、森林生态系统和农田生态系统年平均 LAI 及其年变异系数如图 5-41 和图 5-42 所示。

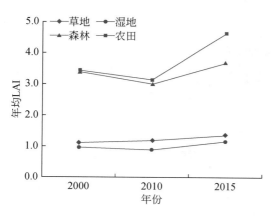

图 5-41　2000~2015 年不同生态系统年均 LAI 年际变化

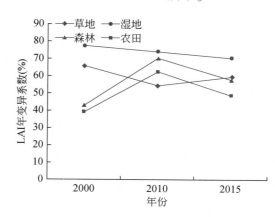

图 5-42　2000~2015 年不同生态系统 LAI 变异系数差异情况

可以看出，草地生态系统 LAI 在 2000～2015 年呈现持续增加的趋势，由 1.10 增加到 1.35。草地生态系统 LAI 年变异系数先减少后增加，说明草地生态系统 LAI 差异逐渐增大。湿地生态系统 LAI 在 2000～2010 年略微减少，由 0.94 减少到 0.86；2010～2015 年 LAI 大幅度增加，由 0.86 增加到 1.13；2000～2015 年 LAI 呈现增加趋势。湿地生态系统 LAI 年变异系数逐渐减少，说明湿地生态系统 LAI 差异逐渐减少。森林生态系统 LAI 在 2000～2010 年呈现持续下降趋势，由 3.39 下降到 2.98，2010～2015 年 LAI 持续增加且增加幅度加快，由 2.98 增加到 3.67；2000～2015 年 LAI 呈现波动增加趋势。森林生态系统 LAI 年变异系数呈现先增加后减少的趋势，说明森林生态系统 LAI 差异逐渐减少。农田生态系统 LAI 在 2000～2010 年呈现略微减少趋势，由 3.42 增加到 3.13；2010～2015 年 LAI 持续增加且增加幅度加快，由 3.13 增加到 4.61；2000～2015 年的农田生态系统 LAI 呈现波动增加趋势。农田生态系统 LAI 年变异系数呈现先增加后减少的趋势，说明农田生态系统 LAI 差异逐渐减小。4 种生态系统植被 LAI 对比来看，农田生态系统 LAI 最高，森林生态系统 LAI 略低，其次为草地生态系统，LAI 最低的是湿地生态系统。

二、植被覆盖度变化评估

1. 年均 FVC 变化趋势

FVC 作为一个重要的生态学参数被应用在多种气候模型和生态模型中；在生态功能评价中，FVC 是用来评估植被状况、土地退化和沙漠化的有效指数；同时，FVC 也是水土流失的控制因子之一，对土壤侵蚀研究有重要意义。

从呼伦贝尔生态功能区 2000～2015 年不同年份平均 FVC 的年际变化（图 5-43）可以看出，2000～2015 年呼伦贝尔生态功能区 FVC 变化范围为 0.42～0.63，平均值为 0.52。2000～2015 年 FVC 总体上呈现波动增加趋势，2000～2015 年年平均增量约为 0.0066。

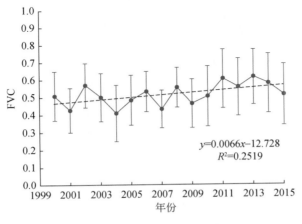

图 5-43　2000～2015 年呼伦贝尔生态功能区年平均 FVC 变化趋势

FVC 空间分布情况如图 5-44 所示，2015 年呼伦贝尔生态功能区的 FVC 总体上呈现鄂温克族自治旗、新巴尔虎左旗东南部地区最高，新巴尔虎左旗西部地区、陈巴尔虎旗地区较高，新巴尔虎左旗地区较低的趋势。呼伦贝尔生态功能区 2015 年的年平均 FVC 为 0.514，其中鄂温克族自治旗东南部是呼伦贝尔生态功能区年均 FVC 值最高的区域，最高值可达 0.964，其次新巴尔虎左旗东南部地区，FVC 值也高达 0.85 左右，呼伦贝尔生态功能区中西部地区大部分区域，FVC 差异不大，多集中在 0.4 ~ 0.6。

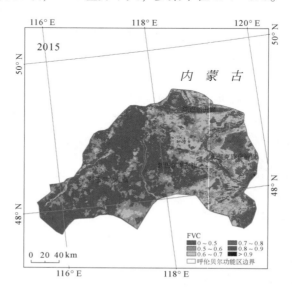

图 5-44　2015 年呼伦贝尔生态功能区 FVC 空间分布

从表 5-15 可知，2000 ~ 2015 年呼伦贝尔生态功能区 FVC 整体呈现上升趋势，以略微下降和略微上升为主，占比分别为 32.57% 和 33.79%。FVC 上升的面积占呼伦贝尔生态功能区总面积的 57.7%，FVC 减少的面积占呼伦贝尔生态功能区总面积的 42.3%，FVC 极显著下降和极显著上升区面积相对较小，占比分别为 1.48% 和 5.44%。

表 5-15　2000 ~ 2015 年 FVC 变化统计

变化趋势	FVC 变化范围	面积（km²）	占比（%）
极显著下降	FVC<-0.2	601.96	1.48
显著下降	-0.2<FVC<-0.1	3 350.93	8.25
略微下降	-0.1<FVC<0	13 239.74	32.57
略微上升	0<FVC<0.1	13 731.80	33.79
显著上升	0.1<FVC<0.2	7 508.86	18.47
极显著上升	FVC>0.2	2 212.64	5.44

FVC 变化空间分布如图 5-45 所示，相对于 2000 年，2015 年呼伦贝尔生态功能区的大部分地区 FVC 是略微增加的，2000 ~ 2015 年呼伦贝尔生态功能区 FVC 显著上升区和极显

著上升区分布在新巴尔虎右旗的中部和南部、鄂温克族自治旗中部及新巴尔虎左旗东南部，其他地区多集中在 0 ~ 0.1，呈现略微上升趋势。FVC 降低 0 ~ 0.2 的区域主要分布在呼伦贝尔生态功能区的新巴尔虎左旗中部和新巴尔虎右旗的西南部。

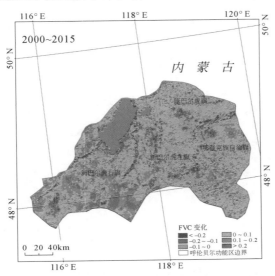

图 5-45　2000 ~ 2015 年呼伦贝尔生态功能区年 FVC 空间变化特征

2. FVC 年变异系数

2000-2015 年呼伦贝尔生态功能区 FVC 年变异系数为 30% ~ 40%，属于中等变异（图5-46）。FVC 年变异系数呈现波动上升趋势，2000 ~ 2003 年和 2007 ~ 2009 年 FVC 年变异系数波动较大，说明在以上两个时段内呼伦贝尔生态功能区 FVC 差异明显增大。2000 年 FVC 年变异系数达到最大，为 40.12%，2011 年 FVC 年变异系数最小，为 32.28%。

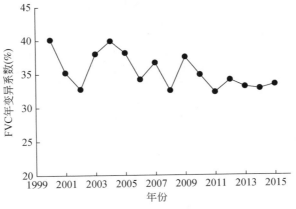

图 5-46　2000 ~ 2015 年呼伦贝尔生态功能区 FVC 年变异系数

3. 不同生态系统类型 FVC 变化分析

2000 年、2010 年和 2015 年吉林省西部地区湿地生态系统、森林生态系统、农田生态系统和草地生态系统年平均 FVC 及其变异系数如图 5-47 和图 5-48 所示。由此可以看出，2000～2015 年整体上草地生态系统、森林生态系统和农田生态系统的年平均 FVC 均有不同程度的增加。

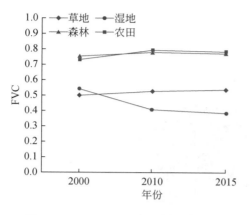

图 5-47　2000～2015 年不同生态系统
年平均 FVC 年际变化

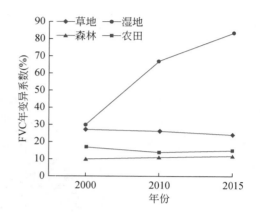

图 5-48　2000～2015 年不同生态系统
FVC 年变异系数

2000～2015 年，湿地生态系统的年平均 FVC 呈现下降趋势，其中在 2000～2010 年年平均 FVC 的下降幅度较大，由 0.54 减少到 0.41；2010～2015 年年平均 FVC 的下降幅度较小，由 0.41 减少到 0.38。2000～2015 年，湿地生态系统 FVC 年变异系数逐年增加，说明湿地生态系统的年平均 FVC 差异逐年增加。森林生态系统和农田生态系统的年平均 FVC 在 2000～2015 年波动幅度基本一致，在 2000～2010 年时段内，以上两种植被类型的 FVC 由 0.73 增加到 0.79；在 2010～2015 年时段内，以上两种生态系统的年平均 FVC 保持在 0.80 左右；其中 2000～2015 年农田生态系统的 FVC 年变异系数先减少后增加，说明农田生态系统的年平均 FVC 差异逐渐增大；森林生态系统的 FVC 年变异系数持续增加，说明森林生态系统的年平均 FVC 差异逐渐增大。草地生态系统的年平均 FVC 在 2000～2015 年呈现略微增加趋势，由 0.5 增加到 0.53。其 FVC 年变异系数持续下降，说明草地生态系统的年平均 FVC 差异也逐渐减小。通过 4 种生态系统植被 FVC 对比来看，农田生态系统年平均 FVC 最高，森林生态系统年平均 FVC 略低，其次为草地生态系统年平均 FVC，年平均 FVC 最低的是湿地生态系统。

三、植被净初级生产力

1. 植被 NPP 变化趋势

植被 NPP 是指植物在单位时间、单位面积上由光合作用产生的有机物质总量中扣除自养呼吸后的剩余部分，是表征植被活动的关键变量，能直接反映植被群落在自然环境条件下的生产能力，对于评估生态系统承载力，理解陆地生态系统碳循环有着重要意义。

从呼伦贝尔生态功能区 2000～2015 年不同年份年平均 NPP 的年际变化（图 5-49）可以

看出，该功能区年平均 NPP 均值维持在 $100 \sim 250 gC/(m^2 \cdot a)$ 的水平。$2000 \sim 2015$ 年，呼伦贝尔生态功能区年平均 NPP 总体上呈现波动增加趋势，年平均增量约为 $3.6443 gC/(m^2 \cdot a)$。

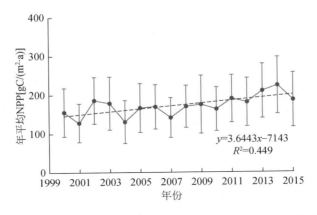

图 5-49 $2000 \sim 2015$ 年呼伦贝尔生态功能区年平均 NPP 变化趋势

从空间分布上看（图 5-50），2015 年呼伦贝尔生态功能区的 NPP 总体上呈现东高西低的趋势。该功能区 2015 年的年平均 NPP 为 $187.60 gC/(m^2 \cdot a)$，鄂温克族自治旗东南部地区和新巴尔虎左旗东南部地区是呼伦贝尔生态功能区落叶阔叶林、落叶针叶林和落叶阔叶灌丛林等植被的主要分布区域，是该功能区年平均 NPP 值最高的区域，最高值可达 $500.7 gC/(m^2 \cdot a)$，其次为克鲁伦河、乌尔逊河和海拉尔河区域，其年平均 NPP 值也高达 $248.3 gC/(m^2 \cdot a)$ 左右，该功能区西部新巴尔虎右旗的年平均 NPP 值整体较低，多集中在 $100 \sim 120 gC/(m^2 \cdot a)$。其原因为该功能区中西部是以草甸、草原、湿地等低植被覆盖度为主的区域。

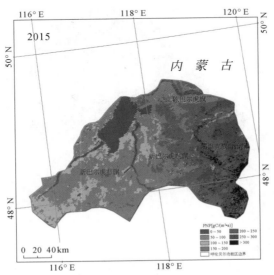

图 5-50   2015 年呼伦贝尔生态功能区 NPP 空间分布

从表 5-16 可知，2000～2015 年呼伦贝尔生态功能区 NPP 以略微上升变化为主，占比约为 56.92%，其次为显著上升区域，占比约为 24.40%。呼伦贝尔生态功能区 NPP 上升的区域面积占该功能区总面积的 82.73%，而 NPP 下降的区域面积占 17.27%。

表 5-16　2000～2015 年 NPP 变化统计

变化趋势	NPP 变化范围 [gC/(m²·a)]	面积（km²）	占比（%）
极显著下降	NPP<-100	4.56	0.01
显著下降	-100<NPP<-50	32.54	0.08
略微下降	-50<NPP<0	6 980.74	17.18
略微上升	0<NPP<50	23 136.11	56.92
显著上升	50<NPP<100	9 918.66	24.40
极显著上升	NPP>100	573.31	1.41

NPP 变化空间分布如图 5-51 所示，2000～2015 年大部分呼伦贝尔生态功能区植被 NPP 上升范围为 0～100gC/(m²·a)，只有呼伦湖库区、新巴尔虎左旗中西部和陈巴尔虎旗的局部区域植被 NPP 是处于下降趋势的；2000～2015 年的植被 NPP 上升大于 100gC/(m²·a) 面积的区域主要分布在呼伦贝尔生态功能区东南部，该区域以落叶阔叶林、落叶针叶林和落叶阔叶灌丛林等植被为主；年 NPP 降低 0～100gC/(m²·a) 面积的区域主要分布在城镇用地等人类干扰明显的土地利用类型上。

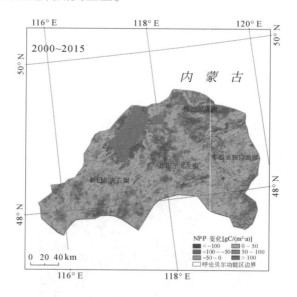

图 5-51　2000～2015 年呼伦贝尔生态功能区年 NPP 空间变化特征

2. 植被 NPP 年变异系数

2000～2015 年呼伦贝尔生态功能区年 NPP 变异系数为 32%～43%，属于中等变异（图 5-52）。2002～2004 年、2008～2009 年年 NPP 变异系数波动较大，说明呼伦贝尔生态功能区年 NPP 差异明显增大，其中 2009 年年 NPP 变异系数达到最大，为 42.72%，2011 年年 NPP 变异系数达到最小，为 32.28%。2000~2015 年呼伦贝尔生态功能区的年 NPP 变异系数总体呈现波动下降趋势，说明该时段内呼伦贝尔生态功能区的年 NPP 差异逐年减小。

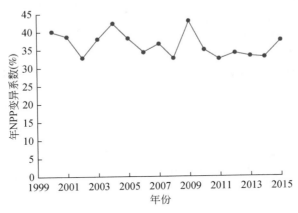

图 5-52　2000~2015 年呼伦贝尔生态功能区年 NPP 变异系数

3. 不同生态系统类型植被 NPP 变化分析

植被年 NPP 的大小与植被类型和气候条件等有直接的关系。2000 年、2010 年和 2015 年呼伦贝尔生态功能区草地生态系统、湿地生态系统、森林生态系统和农田生态系统的年平均 NPP 及其变异系数如图 5-53 和图 5-54 所示。可以看出，2000~2015 年，4 种生态系统对比来看，年平均植被 NPP 由高到低为森林生态系统>农田生态系统>草地生态系统>湿地生态系统。

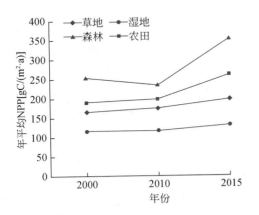

图 5-53　2000~2015 年不同生态系统
年平均 NPP 年际变化

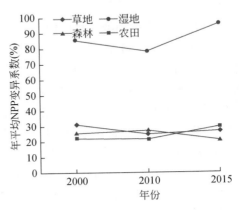

图 5-54　2000~2015 年不同生态系统年平均
NPP 变异系数差异情况

森林生态系统年平均 NPP 在 2000~2010 年略微减小，由 252.04gC/（m²·a）减少到 230.9gC/（m²·a）；2010~2015 年年平均 NPP 大幅度增加，由 230.9gC/（m²·a）增加到 350.02gC/（m²·a）；2000~2015 年年平均 NPP 呈现增加趋势。森林生态系统年平均 NPP

变异系数先升高后降低，说明森林生态系统年平均 NPP 差异先增加后减少。

农田生态系统年平均 NPP 在 2000～2010 年略微增加，由 188.86gC/（m²·a）增加到 196.81gC/（m²·a）；2010～2015 年年平均 NPP 大幅度增加，由 196.81gC/（m²·a）增加到 258.10gC/（m²·a）；2000～2015 年年平均 NPP 呈现增加趋势。农田生态系统年平均 NPP 变异系数先降低后升高，说明农田生态系统年平均 NPP 差异先减小后增加。

草地生态系统年平均 NPP 在 2000～2015 年平稳增加，由 162.89gC/（m²·a）增加到 195.50gC/（m²·a）。草地生态系统年平均 NPP 变异系数在 2000～2010 年略微降低，在 2010～2015 年年平均 NPP 变异系数逐年升高，说明草地生态系统年平均 NPP 差异也逐年增加。

湿地生态系统年平均 NPP 在 2000～2015 年平稳增加，由 114.76gC/（m²·a）增加到 128.89gC/（m²·a）。湿地生态系统年平均 NPP 变异系数在 2000～2010 年略微降低，在 2010～2015 年年平均 NPP 变异系数逐年升高，说明湿地生态系统年平均 NPP 差异也逐年增加。

四、防风固沙能力变化

呼伦贝尔生态功能区是内蒙古高原东北部典型的防风固沙重要区，该区地处大风入侵我国华北的主通道上，呼伦贝尔草原已经成为影响我国华北地区的重要沙源之一。防风固沙服务功能是我国华北地区生态系统的主要服务功能之一。防风固沙量的多少直接反映了防风固沙能力的强弱，本书中防风固沙量采用修正风蚀方程（RWEQ）进行估算。通过风速、土壤、植被覆盖等因素估算防风固沙量（Ouyang，2016）。最终求得 1990 年、2000 年、2015 年三期呼伦贝尔生态功能区的防风固沙量。

1. 呼伦贝尔生态功能区防风固沙能力

1990 年呼伦贝尔生态功能区的固沙量为 3.147×10⁸t。全区的防风固沙能力，整体呈现由北到南逐渐降低的趋势，1990 年呼伦贝尔生态功能区总的防风固沙能力为 7843.9t/km²，其中，大部分地区防风固沙能力不到 1000t/km²，约占整个呼伦贝尔生态功能区面积的 29%。2000 年呼伦贝尔生态功能区的固沙量为 5.4059×10⁸t，与 1990 年相比增加了 2.2589×10⁸t。全区的防风固沙能力，整体仍呈现由北到南逐渐降低的趋势，呼伦贝尔生态功能区总的防风固沙能力从 1990 年的 7843.9t/km² 上升至 2000 年的 13 486.7t/km²，增加了 5642.8t/km²。大部分地区防风固沙能力不到 5000t/km²，约占整个呼伦贝尔生态功能区面积的 51.6%。2015 年呼伦贝尔生态功能区的防风固沙量为 5.3983×10⁸t，与 2000 年相比减少了 0.0076×10⁸t。2015 年呼伦贝尔生态功能区总的防风固沙能力为 13 416.3t/km²，与 2000 年相比较少了 70.2t/km²。其中，新巴尔虎左旗南部地区和东南部地区的防风固沙能力低于 1000t/km²，约占整个呼伦贝尔生态功能区的 10.7%。

呼伦贝尔生态功能区的防风固沙能力高值区主要分布在海拉尔河流域、乌尔逊河流域东部、伊敏河流域和鄂温克族自治旗东南部林区。新巴尔虎右旗东南部地区、新巴尔虎左旗南部地区及鄂温克族自治旗中部地区防风固沙能力较低。1990～2015 年，城市建设速度过快对农田、草地和湿地资源造成了较大的压力，草地、农田的荒漠化现象依旧存在，部分草地生态系统受气候和人为因素的双重影响而出现质量降低、部分农田和草地在向林地转变的过程中会出现短期的地表覆盖下降、地表保护力降低的现象，这些问题的存在往往会弱化生态系统的防风固沙功能。1990 年、2000 年和 2015 年呼伦贝尔生态功能区防风固沙能力具体分布情况如图 5-55 所示。

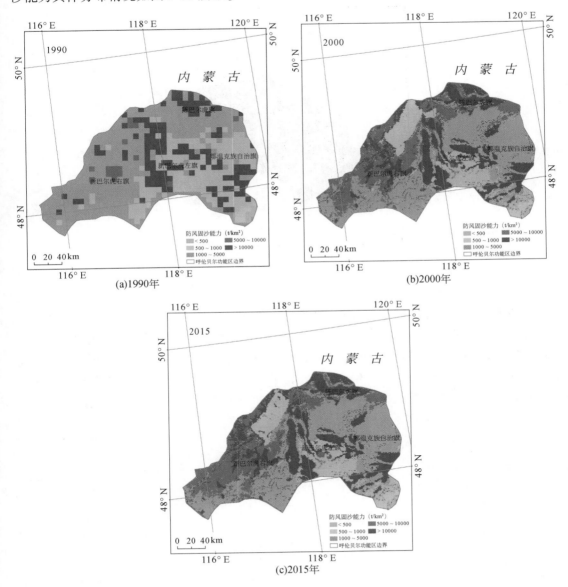

图 5-55　1990 年、2000 年和 2015 年呼伦贝尔生态功能区防风固沙能力分布

2015 年呼伦贝尔生态功能区的防风固沙能力与 1990 年的差值结果如图 5-56 所示，1990~2015 年，呼伦贝尔生态功能区大部分区域的防风固沙能力呈现上升的趋势。防风固

沙能力下降的区域主要集中分布于新巴尔虎左旗，其次零星分布于呼伦贝尔生态功能区其他各旗。经统计，1990～2015年，呼伦贝尔生态功能区防风固沙能力升高的区域面积占呼伦贝尔生态功能区总面积的55.4%，防风固沙能力降低的区域面积占呼伦贝尔生态功能区总面积的10.1%。

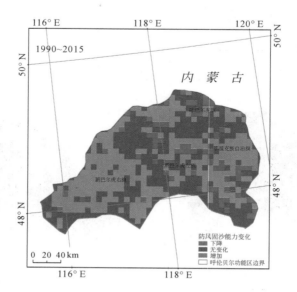

图 5-56　1990～2015 年呼伦贝尔生态功能区防风固沙能力变化特征分布

2. 各旗单位面积防风固沙能力及分布

受气候（大风日数、湿润指数）、坡度、土壤可蚀性及植被覆盖度的影响，呼伦贝尔生态功能区各旗的防风固沙能力不同。据2015年计算结果统计（表5-17），呼伦贝尔生态功能区范围内，陈巴尔虎旗的防风固沙能力最高，为31 341.1t/km²。其次为新巴尔虎左旗和新巴尔虎右旗，防风固沙能力分别为14 472.6t/km²和9897.2t/km²。鄂温克族自治旗防风固沙能力最低，为9739.9t/km²。

表 5-17　2015 年各旗防风固沙总量分布

旗	防风固沙能力（t/km²）	防风固沙量（10⁶t）	防风固沙量占比（%）
陈巴尔虎旗	31 341.1	96.48	17.87
新巴尔虎左旗	14 472.6	229.02	42.43
新巴尔虎右旗	9 897.2	162.38	30.08
鄂温克族自治旗	9 739.9	51.95	9.62
全区	13 416.3	539.83	100

从防风固沙量来看，新巴尔虎左旗和新巴尔虎右旗的防风固沙量最高，分别为229.02×10⁶t和162.38×10⁶t，约占呼伦贝尔生态功能区防风固沙总量的42.43%和30.08%。其次为陈巴尔虎旗，防风固沙量为96.48×10⁶t，约占呼伦贝尔生态功能区防风固沙总量的

17.87%。防风固沙量最小的旗为鄂温克族自治旗，防风固沙总量为 51.95×10^6 t，约占呼伦贝尔生态功能区防风固沙总量的 9.62%。

3. 防风固沙量的变化及驱动力分析

1990 ~ 2000 年和 2000 ~ 2015 年呼伦贝尔生态功能区的防风固沙量变化（表 5-18）主要表现为前期大幅度上升，后期维持稳定不变的趋势。1990 ~ 2015 年呼伦贝尔生态功能区的防风固沙量总计增加了 2.2513×10^8 t，增加率为 71.54%，年均增加量为 0.09×10^8 t。1990 ~ 2000 年，呼伦贝尔生态功能区的防风固沙量由 3.147×10^8 t 上升到 5.4059×10^8 t；其中，陈巴尔虎旗和新巴尔虎右旗的防风固沙量增加比例最大，10 年间分别增加了 0.9135×10^8 t 和 0.8702×10^8 t。2000 ~ 2015 年，呼伦贝尔生态功能区的防风固沙量由 5.4059×10^8 t 减少到 5.3983×10^8 t；其中，陈巴尔虎旗的防风固沙总量仍呈现增加趋势，2000 ~ 2015 年增加了 6.92×10^6 t，；新巴尔虎右旗的防风固沙量减少比例最大，2000 ~ 2015 年减少了 6.02×10^6 t。

从各旗的防风固沙能力上看（表 5-18），1990 ~ 2015 年防风固沙能力上升最为显著的是鄂温克族自治旗，1990 ~ 2015 年防风固沙能力增加了 8787.2t/km²，年均增加量为 351.49t/km²；其次为陈巴尔虎旗，1990 ~ 2015 年防风固沙能力增加了 5989.71t/km²，年均增加量为 239.59t/km²；新巴尔虎右旗和新巴尔虎左旗的防风固沙能力在 1990 ~ 2015 年上升幅度较小，1990 ~ 2015 年分别增加了 5118.7t/km² 和 3526.51t/km²，年均增加量分别为 204.75t/km² 和 141.06t/km²。

表 5-18 呼伦贝尔生态功能区各旗防风固沙量变化情况

旗名	1990 年		2000 年		2015 年		1990 ~ 2000 年		2000 ~ 2015 年		1990 ~ 2015 年	
	防风固沙能力 (t/km²)	防风固沙量 (10^6t)	防风固沙能力 (t/km²)	防风固沙量 (10^6t)	防风固沙能力 (t/km²)	防风固沙量 (10^6t)	变化量 (10^6t)	变化率 (%)	变化量 (10^6t)	变化率 (%)	变化量 (10^6t)	变化率 (%)
鄂温克族自治旗	22 553.9	69.43	31 679.6	97.52	31 341.1	96.48	28.09	40.46	-1.04	1.07	27.05	38.96
新巴尔虎右旗	9 353.9	148.02	14 852.9	235.04	14 472.6	229.02	87.02	58.79	-6.02	2.56	81.00	54.72
陈巴尔虎旗	3 907.5	64.11	9 475.56	155.46	9 897.21	162.38	91.35	142.49	6.92	4.45	98.27	153.28
新巴尔虎左旗	6 213.4	33.14	9 856.45	52.57	9 739.91	51.95	19.43	58.63	-0.62	1.18	18.81	56.76
全区	7 843.9	314.70	13 486.7	540.59	13 416.3	539.83	225.89	71.78	-0.76	0.14	225.13	71.54

草地是呼伦贝尔生态功能区的主要生态系统类型。1990 年呼伦贝尔生态功能区草地分布面积为 3.29×10^4 km²，占整个呼伦贝尔生态功能区总面积的 81.03%。在 1990 ~ 2000 年，林地、湿地面积呈现减少趋势，而草地、农田均表现出不同程度的面积扩张。1990 ~ 2000 年，林地面积减少了 91.2km²，湿地面积减少了 14km²，林地和湿地是草地与农田生态系统类型得以扩张的来源。在面积增加的生态系统类型中，农田的动态度变化最大，面积增加了 86.5km²，变化幅度为 1.08%。

根据 1990 ~ 2000 年的生态系统类型转移矩阵（表 5-19），1990 ~ 2000 年呼伦贝尔生态功能区生态系统类型的转换主要是从林地和湿地向草地与农田转移。转入草地的面积总计 305.81km²，其中林地、湿地和其他转向草地的面积为 180.17km²、55.4km² 和 42.55km²。

草地转出的面积总计 293.83km², 其中 35% 的草地转向农田生态系统类型, 草地转入、转出的波动面积达 599.64km², 变动强度较大。农田转出的面积总计 21.81km², 其中有 90% 的农田转向草地, 同时转入农田的面积总计 109.04km², 波动面积达 130.85km²。1990 ~ 2000 年草地和农田生态系统类型表现为大面积净转入特征, 是呼伦贝尔生态功能区防风固沙量大幅度增加的原因。

表 5-19   呼伦贝尔生态功能区 1990 ~ 2015 年土地利用类型转移矩阵 　　　　（单位: km²）

时段	地类	草地	耕地	林地	其他	人工表面	湿地
1990 ~ 2000 年	草地	—	103.57	91.64	26.64	25.85	46.13
	耕地	20.28	—	0.03	0.03	0.51	0.96
	林地	180.17	0.48	—	8.06	0.38	0.66
	其他	42.55	0	2.29	—	0.85	23.91
	人工表面	7.41	0.07	0.28	0.26	—	0.61
	湿地	55.4	4.92	3.58	20.56	1.84	—
2000 ~ 2015 年	草地	—	38.95	50.86	439.26	175.35	464.59
	耕地	23.34	—	0.05	0	3.14	1.22
	林地	31.3	0.01	—	2.59	0.7	0.61
	其他	280.83	0.41	0.72	—	4.04	55.02
	人工表面	90.39	0.37	0.25	4.37	—	1.46
	湿地	1567.49	2.78	9.81	216.79	8.73	—

2000 ~ 2015 年的转移矩阵（表 5-19）的转换主要是从湿地、其他向草地转移、草地向林地和湿地转移。2000 ~ 2015 年转为草地、林地和农田的净转化面积呈现增加的趋势, 分别增加了 831.9km²、13.4km² 和 13.7km²。其中转入草地的类型主要有湿地、其他和人工表面这三种, 转入面积分别为 1567.49km²、280.83km² 和 90.39km²。转为林地的类型主要有草地和湿地, 转入面积分别为 50.86km² 和 9.81km²。根据类型转移矩阵分析可知, 2000 ~ 2015 年草地、林地和耕地这三种类型表现为净转入特征, 全区的生态系统防风固沙功能得到了一定程度的增强。

五、草原产草量变化

1. 基于定点观测的放牧草地地上生物量变化

数据来自内蒙古呼伦贝尔草原生态系统国家野外科学观测研究站, 群落植被以贝加尔针茅、羊草为主。从 20 世纪 80 年代, 采用常规观测技术对草地群落特征及结构变化进行定期监测, 多年监测结果如下。

通过监测数据发现（图 5-57 和图 5-58）, 草甸草原放牧草地虽然年际间地上生物量变化有所波动, 但整体上呈现下降趋势（$y = -20.82x + 208.3$, $R^2 = 0.567$）, 尤其进入 2005 年后, 放牧草地地上生物量极速下降, 并于 2015 年达到最低, 为 61.83g/m², 最大值出现在 1995 年，地上生物量为 189.56g/m²。典型草原放牧草地地上生物量整体上呈现先下降后上升的趋势，2005 年达到最低值，为 79.82g/m²，2015 年达到最大值，为 146.67g/m²。

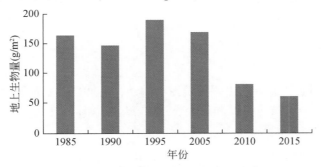

图 5-57　草甸草原地上生物量年际变化

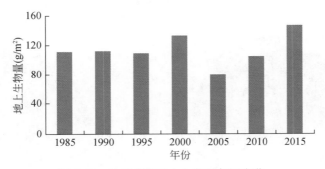

图 5-58　典型草原地上生物量年际变化

2. 基于定点观测的围封草地地上生物量变化

数据来自内蒙古呼伦贝尔草原生态系统国家野外科学观测研究站综合观测场，属温性草甸草原，群落植被以贝加尔针茅、羊草为主。2007~2015 年采用常规观测技术对样地群落特征及结构变化进行定期监测，多年监测结果如下。

2007~2015 年 8 月地上生物量整体呈现上升的趋势（$y = 34.30x + 92.64$，$R^2 = 0.727$）（图 5-59），2007 年地上生物量为 100.27g/m²，2015 年增长到 482.19g/m²。2014 年相对较低，地上生物量为 244.68g/m²。

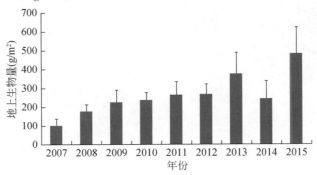

图 5-59　样地植被地上生物量年际变化

六、生物多样性维持能力

（一）生境质量动态监测

1. 生境质量评价因子

对生境质量具有直接影响的生存环境控制因子，具体包括：水源状况（湖泊密度和河流密度）、干扰因子（居民地密度和道路密度）、遮蔽条件（土地覆盖类型和坡度）和食物丰富度（NDVI），如图 5-60 所示。

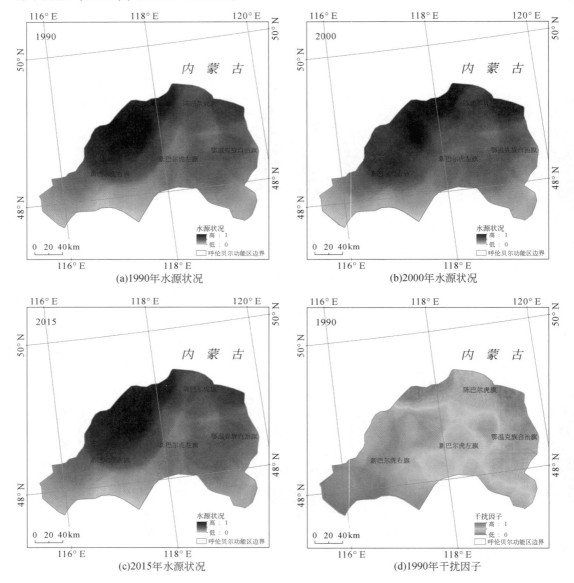

(a)1990年水源状况

(b)2000年水源状况

(c)2015年水源状况

(d)1990年干扰因子

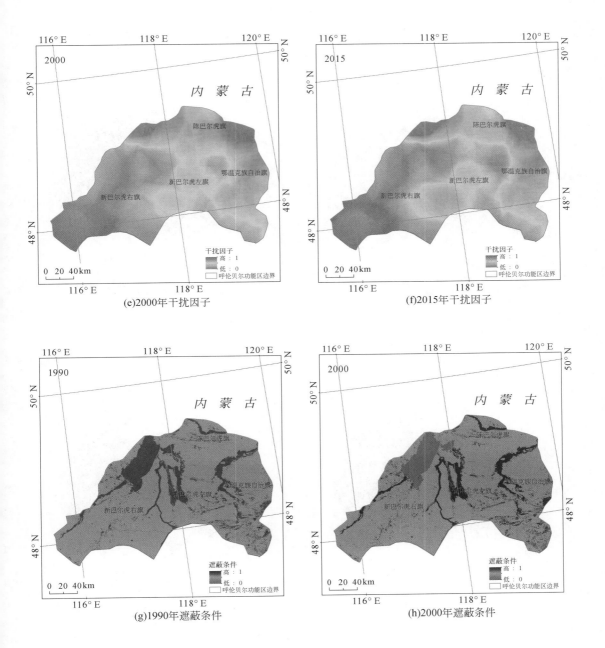

(e)2000年干扰因子

(f)2015年干扰因子

(g)1990年遮蔽条件

(h)2000年遮蔽条件

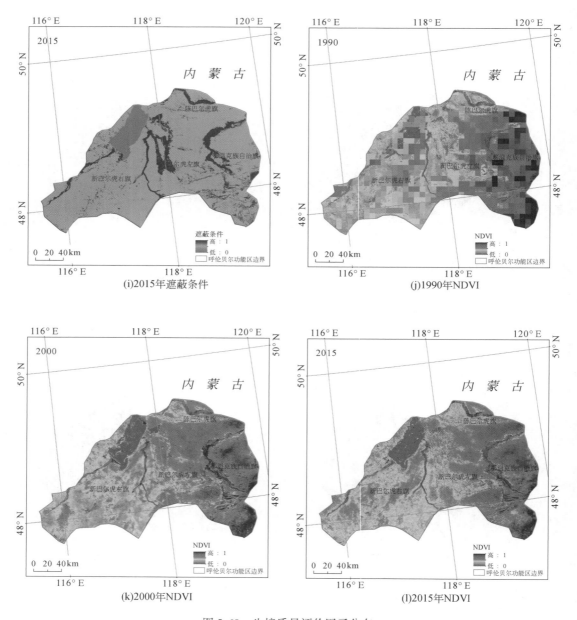

图 5-60　生境质量评价因子分布

2. 生境质量动态监测

呼伦贝尔生态功能区生境质量的空间分布特征和不同等级的面积及其比例如图 5-61 和表 5-20 所示。从各时期的生境质量空间分布图可以看出，呼伦贝尔生态功能区内，三期生境质量等级最好的区域与湿地、林地空间分布较为一致，主要分布于克鲁伦河、乌尔逊河、海拉尔河和伊敏河沿岸，以及呼伦贝尔生态功能区东南部的林地区域。呼伦贝尔生态功能区三期生境质量为良好等级的区域大部分是草地（草原）地区。2000 年呼伦贝尔生态功能区生境质量一般的区域主要集中分布在新巴尔虎右旗南部地区。1990 年呼伦贝尔生态功能区生境质量差的区域零散分布，面积很小。2000 年和 2015 年呼伦贝尔生态功能区生境质量差的区域主要集中分布在呼伦湖北部，其他小片区域零星分布在呼伦贝尔生态功能区内。

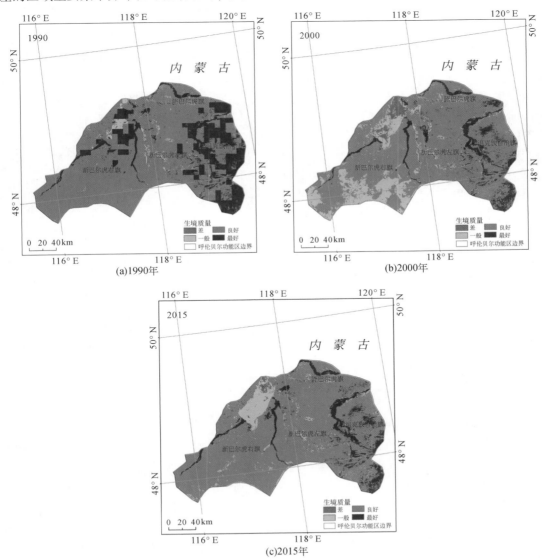

图 5-61　呼伦贝尔生态功能区生境质量等级空间分布

表 5-20　呼伦贝尔生态功能区生境质量等级面积及其比例

年份	最好（km²）	比例（%）	良好（km²）	比例（%）	一般（km²）	比例（%）	差（km²）	比例（%）
1990	8 567.57	21.08	30 926.15	76.09	1 171.26	2.88	0.13	0.00
2000	4 547.30	11.19	29 822.66	73.37	5 284.14	13.00	991.85	2.44
2015	3 440.68	8.46	33 918.38	83.45	3 028.03	7.45	258.86	0.64

1990 年呼伦贝尔生态功能区的生境质量整体最优，生境质量等级最好的面积为8567.57km²，面积占呼伦贝尔生态功能区总面积的21.08%。2000 年呼伦贝尔生态功能区生境等级最好的面积由 1990 年的8567.57km²减少到4537.30km²，减少的面积占呼伦贝尔生态功能区总面积的9.9%。2015 年呼伦贝尔生态功能区生境质量等级最好的面积由 2000年的4537.30km²减少到3440.68km²，减少的面积占呼伦贝尔生态功能区总面积的2.7%。1990 年、2000 年和 2015 年呼伦贝尔生态功能区三期生境质量等级良好的面积占比最高，分别占呼伦贝尔生态功能区总面积的76.09%、73.37%和83.45%。呼伦贝尔生态功能区三期生境质量等级一般和差的面积较小，1990 年呼伦贝尔生态功能区生境质量等级一般和差的面积合计仅占功能区总面积的2.88%。呼伦贝尔生态功能区三期生境质量等级一般和较差的总面积，面积占比分别为2.88%、15.44%和8.09%。

1990~2015 年，呼伦贝尔生态功能区的生境质量没有发生剧烈的退化，虽然生境质量等级最好的面积稍有减少，但是生境质量等级良好的面积有所增加（表 5-20）。1990 年、2000 年和 2015 年呼伦贝尔生态功能区三期生境质量等级最好和良好的面积占呼伦贝尔生态功能区总面积的97.17%、84.56%和91.92%。1990~2015 年生境质量等级最好的面积在逐年减少，主要集中分布在新巴尔虎左旗乌尔逊河流域和鄂温克族自治旗内。截至 2015年，乌尔逊河东部的大面积湿地退化成草地。2015 年生境质量等级最好的区域面积比1990 年减少5126.89km²，比 2000 年减少1106.62km²。生境质量等级良好的面积在 1990~2015 年呈现先减少后增加的趋势，1990~2000 年由 30 926.15km²减少到的 29 822.66km²，减少的面积占呼伦贝尔生态功能区总面积的百分比为2.7%。2000~2015 年由 29 822.66km²增加到 33 918.38km²，增加的面积占呼伦贝尔生态功能区总面积的百分比为10.1%。

（二）生境质量变化的驱动因素分析

1. 土地利用变化的影响

生境质量变化与经济发展和退耕还林还草工程驱动下土地利用变化特点有着密切联系。湿地、草地和森林生态系统变化是影响生境质量的重要因素。不同生态系统类型为动物提供的生存环境差异较大，湿地生态系统是水禽最适宜栖息生存的环境，草地和森林生态系统是鸟类和爬行类、哺乳类动物的主要生存场所。

1990~2000 年及 2000~2015 年，湿地生态系统表现为大面积的转出特征，两个时期的面积分别减少了14km²和1276.3km²；在湿地生态系统转出的生态系统类型中，1990~2000年64%的湿地生态系统转换为草地生态系统、5.7%的湿地生态系统转换为农田生态系统、24%的湿地生态系统转换为其他生态系统和2%的湿地生态系统转换为城镇生态系统；后

15 年 87% 的湿地生态系统转换为草地生态系统、12% 的湿地生态系统转换为其他生态系统和 0.5% 的湿地生态系统转换为城镇生态系统。

1990~2000 年, 草地生态系统转出的类型中, 有 35% 的草地生态系统转换为农田生态系统、9% 的草地生态系统转换为其他生态系统和 8.8% 的草地生态系统转换为城镇生态系统。从空间上看, 生境质量最好区域与湿地生态系统的空间分布有明显的空间一致性, 同时, 湿地减少的区域与草地、旱田增加区域有较为明显的空间一致性, 所以湿地退化成草地和湿地开垦成农田是导致生境质量最好区域面积减少的主要原因。

1990~2000 年及 2000~2015 年, 农田生态系统转为草地生态系统 (20.28km², 23.34km²) 和林地生态系统 (0.03km², 0.05km²) 的面积远大于农田生态系统转为城镇生态系统 (0.51km², 3.14km²) 的面积, 这些因素也导致了呼伦贝尔生态功能区的生境质量整体呈现变好的趋势。

道路和居民地等城镇生态系统面积呈现增加趋势, 1990~2000 年和 2000~2015 年, 城镇生态系统面积分别增加了 20.8km² 和 95.1km², 城镇生态系统面积的增加主要来自于草地向人工表面的转换, 前 10 年草地的 8.7% 转换为人工表面等建设用地, 后 15 年 15% 的草地转换为人工表面。人类的活动对动物栖息地适应性有较强烈的干扰, 但与旱田、草地和林地相比, 它们的面积所占比例较小, 反映到呼伦贝尔生态功能区内, 它们的干扰作用被其他影响因子弱化, 所以生境质量良好的区域面积变化仍主要与湿地、草地、林地和旱田变化趋势较为一致。

2. 人文因素的影响

人口作为一种外界压力对动物栖息地适宜性变化起着重要作用, 人类活动通过改变土地利用与土地覆盖变化间接影响动物的栖息地适宜性。1990~2015 年, 呼伦贝尔生态功能区各旗的人口数量整体上均呈现上升趋势。人口的增长直接促进粮食需求增长和生存生活必需基础设施与场所的规模扩大, 导致动物栖息地适宜性一般的旱田快速扩张, 生境质量等级最好的湿地、生境质量等级良好的森林和草地等自然资源被开垦, 从而使呼伦贝尔生态功能区生境质量等级最好的面积有所降低。

3. 自然因素变化的影响

呼伦贝尔生态功能区水资源主要来自大气降水, 呼伦湖及海拉尔河、伊敏河、乌尔逊河和克鲁伦河几大水系构成了影响该地区动物栖息地适宜性的主要水源因素。呼伦贝尔生态功能区气温呈现波动上升趋势, 降水量的波动性较大, 呈现略微减少趋势。年均蒸发量呈现波动上升趋势, 气候变干、变暖, 从而引起湿地退化、湖泊消退, 生态系统结构和功能遭到破坏, 进而引起动物栖息地适宜性下降, 整体上导致生境质量最好区域的面积下降, 生境质量良好区域的面积增加。

(三) 基于定点观测的放牧草地群落变化

1. 放牧草地物种丰富度变化

随着年限的增长, 草甸草原放牧草地物种丰富度整体上呈现先降低后增加又减小的趋势 (图 5-62 和图 5-63), 虽然存在波动, 但年际间物种丰富度变化幅度不大, 最大值出现在 2010 年，在 1m×1m 的样方内，平均物种数为 20.7 种；最小值出现在 2015 年，平均物种数为 15.2 种，两者相差 5.5 种。典型草原放牧草地物种丰富度整体上呈现先上升后降低的趋势，最大值出现在 2005 年，在 1m×1m 的样方内，平均物种数为 19.8 种；最小值出现在 1995 年，平均物种数为 12.8 种，两者相差 7 种。

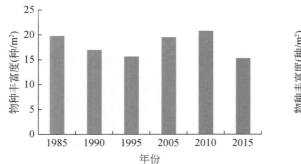

图 5-62 草甸草原物种丰富度年际变化

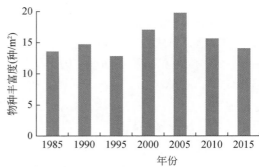

图 5-63 典型草原物种丰富度年际变化

2. 放牧草地功能群变化

草原植被主要由多年生根茎禾草、多年生丛生禾草、莎草类、杂类草、灌木及小半灌木和一二年生草本组成，从监测数据来看（图 5-64），1980～2000 年草甸草原杂类草增幅最大，由 73.44% 增加到 78.23%，一二年生草本也有所增加，灌木及小半灌木有所减少。典型草原杂类草增加明显，由 55.32% 增加到 68.75%，多年生丛生禾草及一二年生草本均有所减少（图 5-65）。

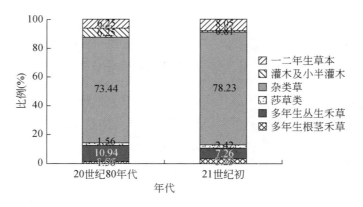

图 5-64 草甸草原功能群变化

3. 放牧草地水分生态型变化

依照植物对水分因子的生态适应而划分不同的水分生态类型，呼伦贝尔站观测样地植物主要为 4 个水分生态类型，分别为旱生型、旱中生型、中旱生型、中生型。草甸草原旱生型植物所占比例有所下降，由 45.31% 下降到 23.39%；中生型植物大幅度增加，由 12.50% 增加到 34.67%（图 5-66）。典型草原中旱生型植物所占比例有所增加，由

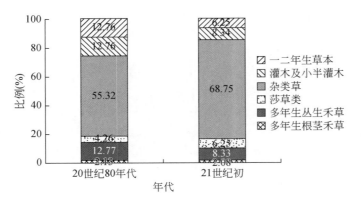

图 5-65 典型草原功能群变化

27.66%增加到39.58%；中生型植物所占比例有所下降，由19.14%下降到8.33%（图5-67）。

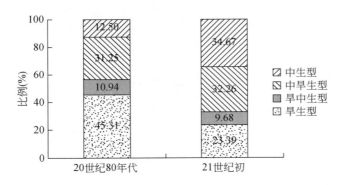

图 5-66 草甸草原植物水分生态类型

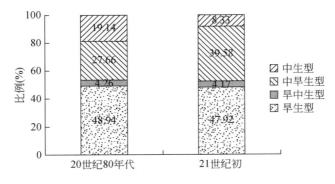

图 5-67 典型草原植物水分生态类型

（四）基于定点观测的围封草地群落变化

1. 围封草地群落植物组成

2007～2015 年监测样地共登记 29 科、76 属、114 种植物，其中豆科 7 属 11 种；禾本科 12 属 13 种；菊科 8 属 16 种；百合科 5 属 9 种；蔷薇科 3 属 7 种；十字花科 5 属 5 种；毛茛科 3 属 4 种，其他科属植物物种较少。从年际动态来看（图 5-68），2007～2010 年植物物种数量相对较多，均在 70 种以上，2011～2015 年植物物种数量相对稳定，均在 63～65。

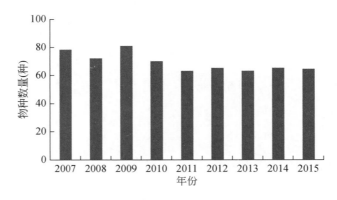

图 5-68　监测样地植物物种数量年际变化

2. 围封草地物种丰富度变化

样地围封后，随着年限的增长物种丰富度整体上呈现先增加后降低又增加的趋势（图 5-69），2007 年开始围封，围封伊始，在 1m×1m 的样方内，平均物种数为 21.0 种，2007～2010 年物种数量整体呈现上升的趋势，2010 年每平方米的平均物种数量为 22.5 种。2011～2014 年物种数量整体呈现下降的趋势，2014 年下降到最小，每平方米物种数量为 11.0 种，之后 2015 年每平方米物种数量增加为 15.7 种。

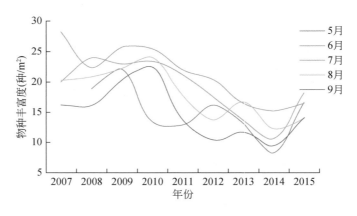

图 5-69　监测样地植被物种丰富度年际变化

3. 围封草地功能群及生物量变化

（1）功能群组成年际变化

样地植被主要由多年生根茎禾草、多年生丛生禾草、多年生薹草、杂类草、灌木及一二年生草本组成，从 2007～2015 年监测数据来看（图 5-70），可以分为两个阶段，2007～2010 年为第一阶段，此阶段以杂类草为主，占生物量的 35.73%～49.17%，多年生根茎禾草、多年生丛生禾草、多年生薹草比例基本在 30% 以下。2011～2015 年为第二阶段，此阶段以多年生根茎禾草为主，占生物量的 64.74%～78.9%，杂类草、多年生丛生禾草、多年生薹草比例均在 20% 以下，此时灌木比例也整体呈现下降趋势。一二年生草本在监测年间无显著变化。

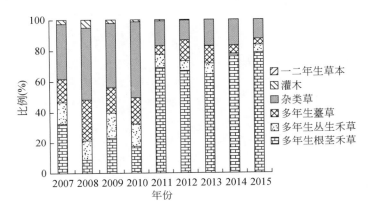

图 5-70　监测样地植被功能群生物量相对比例年际变化

（2）功能群组成生物量变化

2007～2015 年多年生根茎禾草地上生物量呈现逐步增加的趋势，主要分为两个阶段，2007～2010 年地上生物量介于 14.75～50.42g/m²，2011～2015 年地上生物量介于 184.12～380.43g/m²，两个阶段地上生物量差异极显著（图 5-71）。2007～2010 年多年生丛生禾草（图 5-72）、多年生薹草（图 5-73）、杂类草（图 5-74）地上生物量规律比较相似，整体上呈现先增大后减小再增大的规律，2009 年均为最大值，多年生丛生禾草地上生物量为 35.14g/m²，多年生薹草为 35.21g/m²，杂类草为 68.56g/m²。

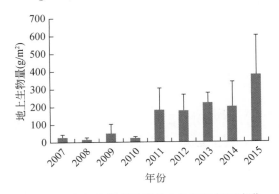

图 5-71　多年生根茎禾草地上生物量年际变化

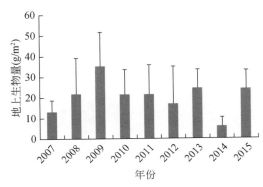

图 5-72　多年生丛生禾草地上生物量年际变化

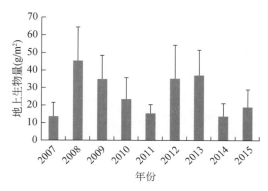

图 5-73　多年生薹草地上生物量年际变化

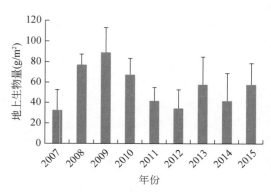

图 5-74　杂类草地上生物量年际变化

4. 围封草地植物水分生态类型变化

依照植物对水分因子的生态适应而划分不同的水分生态类型（表 5-21），2007～2015年呼伦贝尔站观测样地植物主要为 4 个水分生态类型，其中中生型的种类最多，有 46 种，占物种总数的 40.35%；中旱生型次之，有 35 种，占 30.70%；旱生型及旱中生型共计 33 种，占 28.95%，符合草甸草原物种以中生型物种为主的特点。

表 5-21　监测样地植物水分生态类型

水分生态类型	种数	比例（%）
旱生型	26	22.81
旱中生型	7	6.14
中旱生型	35	30.70
中生型	46	40.35
总计数	114	100

从呼伦贝尔站观测样地年际动态来看，监测样地不同年限水分生态类型相对较为稳定（图 5-75），旱生型植物占总数的 25.00%～31.75%；旱中生型植物占总数的 6.18%～9.38%；中旱生型植物占总数的 30.16%～35.71%；中生型植物占总数的 26.98%～34.62%。

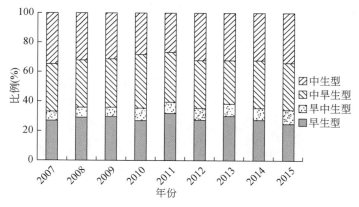

图 5-75　监测样地植物水分生态类型年际变化

（五）打草场与放牧场恢复能力

从 2007～2013 年地上生物量动态来看（图 5-76），2009 年，即围封第 3 年末，放牧恢复样地的地上生物量超过 200g/m²，刈割恢复样地的地上生物量达 180g/m²，差距尚不明显。但从 7 年的时间尺度来看，放牧恢复样地地上生物量持续增加，而刈割恢复样地地上生物量却表现出波动状态，最高地上生物量都未超过 200g/m²，仅从地上生物量恢复速度来看，可以判断，呼伦贝尔草甸草原区，打草场可能比放牧场退化更严重，仅通过围栏封育，实现不了自然恢复，需要加以人工辅助措施。

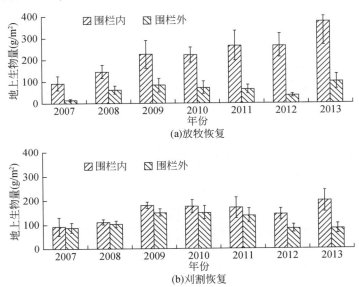

图 5-76　放牧恢复样地和刈割恢复样地恢复演替地上生物量动态变化

七、生态系统固碳能力变化

1. 呼伦贝尔生态功能区碳储量动态变化

1990 年、2000 年和 2015 年呼伦贝尔生态功能区三期的总碳储量（表 5-22）分别为 387.13Tg、381.71Tg、390.23Tg。呼伦贝尔生态功能区的区域总碳储量变化趋势呈现先减少后增加的趋势，1990～2000 年生态系统总碳储量净减少 5.42Tg，减少率为 1.4%，年减少率 0.14%。2000～2015 年生态系统总碳储量净增加 8.52Tg，增加率为 2.2%，年增加率 0.15%。

表 5-22　1990～2015 年呼伦贝尔生态功能区碳储量变化

指标	1990 年	2000 年	2015 年	1990～2000 年	2000～2015 年	1990～2015 年
总碳储量（Tg）	387.13	381.71	390.23	−5.42	8.52	3.1
单位面积碳储量（t/km²）	9526.34	9391.81	9602.11	−134.53	210.30	75.77

1990～2015 年单位面积碳储量的变化趋势呈现先减少后增加的趋势，1990～2000 年单位面积碳储量由 9526.34t/km² 减少到 9391.81t/km²，减少了 1.4%；2000～2015 年单位面积碳储量由 9391.81t/km² 增加到 9602.11t/km²，增加了 2.2%。

1990～2015 年，呼伦贝尔生态功能区的碳储量减少最多的旗是新巴尔虎左旗，1990～2015 年减少了 2.77Tg；区域碳储量增加最多的旗是新巴尔虎右旗，1990～2015 年增加了 3.10Tg，其次是陈巴尔虎旗和鄂温克族自治旗，区域碳储量分别增加了 1.45Tg 和 1.32Tg（表 5-23）。

表 5-23　1990～2015 年呼伦贝尔生态功能区各旗的碳储量及变化　（单位：Tg）

旗	1990 年	2000 年	2015 年	1990～2000 年	2000～2015 年	1990～2015 年
陈巴尔虎旗	25.68	25.60	27.13	−0.08	1.53	1.45
新巴尔虎右旗	164.98	161.37	168.08	−3.61	6.71	3.10
新巴尔虎左旗	139.90	137.46	137.13	−2.44	−0.33	−2.77
鄂温克族自治旗	56.57	57.28	57.89	0.71	0.61	1.32

从 1990 年、2000 年和 2015 年碳储量的空间分布情况来看（图 5-77），呼伦贝尔生态功能区的碳储量分布存在明显的空间异质性，主要表现在碳储量的高值区多集中在湿地和林地地区，其中东部主要是山地林区，植被覆盖度高且植被生长状况良好，人类干扰强度不大；碳储量的低值区多分布在草地地区，虽然低值区是草地地区，但是呼伦贝尔生态功能区的草地分布面积较大，导致草地生态系统总的碳储量较高。1990～2015 年，呼伦贝尔生态功能区碳储量增加和减少的区域分布均较为分散，大部分区域的碳储量基本以无变化为主。其中，1990～2000 年碳储量减少的区域集中分布在呼伦湖周围的湿地，碳储量增加的区域集中分布在呼伦贝尔生态功能区东南部林区，其他碳储量增加和减少的区域较为零散；2000～2015 年，碳储量减少的区域面积相比 1990～2000 年有所减少，碳储量增加的区域面积相比 1990～2000 年有所增加；增加的区域仍集中分布在呼伦湖周围的湿地和乌尔逊河沿岸湿地。

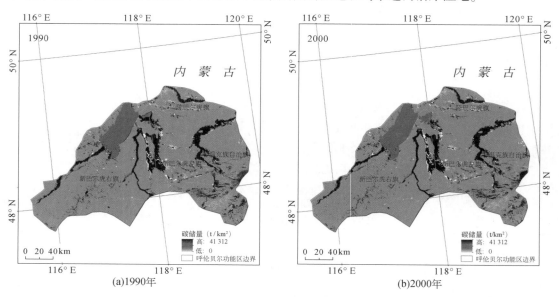

(a)1990年　　　　　　　　　　　　　(b)2000年

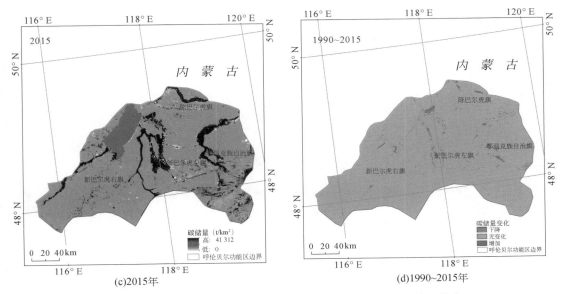

图 5-77   1990～2015 年呼伦贝尔生态功能区碳储量及变化特征分布

2. 不同生态系统类型碳储量及变化

由图 5-78 和表 5-24 分析可知，不同生态系统类型的碳储量所占比例，呼伦贝尔生态功能区 1990 年、2000 年和 2015 年三期的碳储量，其中以草地生态系统的碳储量所占比例最大，三期所占比例分别为 48.50%、49.67% 和 57.48%。其次是湿地生态系统，三期所占的比例分别为 47.73%、47.45% 和 39.07%。以农田生态系统的碳储量所占比例最小，三期所占比例分别为 0.08%、0.17% 和 0.20%。通过对比各生态系统类型的面积比例可知（表 5-25），1990 年、2000 年和 2015 年草地面积占了呼伦贝尔生态功能区总面积的 81.03%、81.06% 和 83.09%；湿地面积占了功能区总面积的 15.56%、15.52% 和 12.37%。草地生态系统和湿地生态系统的碳储量之所以较高主要是由于草本植物面积较大，草本的地上和地下生物量较多；湿地土壤大多处于水分含量过多、厌氧的环境，在这种环境下植物分解缓慢，使湿地土壤富含有机质或形成泥炭层，因而土壤碳储量高。

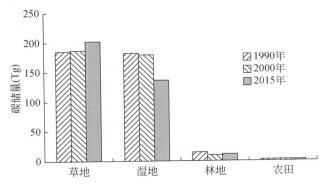

图 5-78   1990～2015 年呼伦贝尔生态功能区不同植被生态系统类型碳储量变化

表5-24 1990~2015年不同生态系统类型碳储量及变化

生态系统类型	1990年（Tg）	2000年（Tg）	2015年（Tg）	1990~2000年（Tg）	2000~2015年（Tg）	1990~2000年变化比例（%）	2000~2015年变化比例（%）
湿地	183.62	179.27	137.23	-4.35	-42.04	-2.37	-23.45
草地	186.58	187.65	201.87	1.07	14.22	0.57	7.58
林地	14.19	10.24	11.42	-3.95	1.18	-27.84	11.52
农田	0.31	0.64	0.71	0.33	0.07	106.45	10.94
总碳储量	384.7	377.8	351.23	-6.9	-26.57	-1.79	-7.03

表5-25 1990~2015年呼伦贝尔生态功能区土地利用变化情况

土地利用类型	1990年		2000年		2015年	
	面积（km²）	比例（%）	面积（km²）	比例（%）	面积（km²）	比例（%）
林地	342.96	0.84	251.02	0.62	277.5	0.68
草地	32 937.03	81.03	32 949.01	81.06	33 773.35	83.09
湿地	6 323.52	15.56	6 309.49	15.52	5 026.79	12.37
农田	80.61	0.20	167.85	0.41	182.61	0.45
城镇	203.77	0.50	224.56	0.55	319.69	0.79
其他	758.05	1.87	744	1.83	1 065.99	2.62
总计	40 645.93		40 645.93		40 645.93	

1990~2015年呼伦贝尔生态功能区的主要生态系统类型中，草地生态系统和农田生态系统的总碳储量呈现增加的趋势，草地生态系统的碳储量由1990年的186.58Tg增加到2015年的201.87Tg；农田生态系统的碳储量由1990年的0.31Tg增加到2015年的0.71Tg。1990~2000年和2000~2015年，草地生态系统碳储量分别增加了1.07Tg、14.22Tg，增加比例分别为0.57%、7.58%；农田生态系统碳储量分别增加了0.33Tg、0.07Tg，增加比例分别为106.45%、10.94%。湿地生态系统的总碳储量呈现减少的趋势，由1990年的183.62Tg减少到2015年的137.23Tg。1990~2000年和2000~2015年的湿地生态系统碳储量分别减少了4.35Tg、42.04Tg，减少比例分别为2.37%、23.45%。1990~2015年，林地生态系统的总碳储量呈现先减少后增加的趋势，林地生态系统的碳储量由1990年的14.19Tg减少到2000年的10.24Tg；而后增加到2015年的11.42Tg。前10年林地生态系统碳储量减少了3.95Tg，后15年增加了1.18Tg。两期的变化比例分别为-27.84%和11.52%。

3. 土地利用变化对碳储量变化的影响

不同土地利用与土地覆盖变化对区域碳储量产生了影响。通过对土地利用与土地覆盖变化转移矩阵分析发现各个时间段的土地利用与土地覆盖变化主要发生在森林、湿地、农田和草地之间（表5-26）。1990~2000年，在土地利用与土地覆盖变化和其他可能的因子（如气候变化）作用下，林地和湿地转化的净面积减少了91.93km²和14.03km²。森林和湿地转向其他类型导致呼伦贝尔生态功能区总碳储量减少了约4.39Tg。

其中由森林、湿地向草地转化导致的碳储量分别下降了 2.95Tg、1.44Tg。2000～2015 年，湿地净转化的面积减少了 1282.7km²。湿地转向其他类型导致呼伦贝尔生态功能区总碳储量减少了约 34.85Tg。其中由森林、湿地向草地转化导致的碳储量分别下降了 0.96Tg、33.63Tg。1990～2000 年及 2000～2015 年，不考虑土地利用与土地覆盖类型不变部分，森林、湿地转移到其他类型，是呼伦贝尔生态功能区的总碳储量呈现先减少后增加趋势的主要原因。

表 5-26　1990～2015 年呼伦贝尔生态功能区土地利用类型净转化面积　　（单位：km²）

时段	草地	林地	湿地	农田	人工表面	其他
1990～2000 年	11.98	-91.93	-14.03	87.23	20.8	-14.05
2000～2015 年	824.34	26.48	-1282.7	14.77	95.12	321.99

　　呼伦贝尔生态功能区土地利用与土地覆盖类型转化引起的碳储量增加主要源于农田、草地向森林、湿地的转换。1990～2000 年和 2000～2015 年由草地、农田向森林、湿地转变使碳储量分别增加了 3.68Tg、10.15Tg。具体的土地利用类型转化引起的碳储量变化见表 5-27。

表 5-27　土地利用类型变化对生态系统碳储量变化的影响　　（单位：Tg）

时段	类型	森林	农田	草地	湿地	城镇	总计
1990～2000 年	森林	—	-0.008 58	-2.932 77	0.004 158	-0.008 11	-2.95
	农田	0.000 987	—	0.022 308	0.022 731	-0.002 02	0.04
	草地	2.909 061	-0.171 47	—	1.038 95	-0.132 41	3.64
	湿地	0.030 072	-0.123	-1.296 36	—	-0.052 38	-1.44
2000～2015 年	森林	—	-0.000 33	-0.960 21	-0.007 58	-0.023 68	-0.99
	农田	0.001 506	—	0.063 537	0.025 593	-0.001 33	0.09
	草地	1.450 075	-0.041 11	—	9.002 722	-0.354 6	10.06
	湿地	0.058 206	-0.065 7	-33.631 4	—	-0.214 76	-33.85

4. 基于定位观测的草原固碳量变化

　　呼伦贝尔站综合观测场通量数据表明：呼伦贝尔草原每年夏季是碳吸收（净生态系统碳交换，NEE）高峰期，峰值碳吸收数据在 2～3gC/（m²·d）波动，在初春和秋季末期是生态系统呼吸高峰期，峰值碳释放数据在 0.5～1gC/（m²·d）波动，不同年份之间峰值数据差异较大（图 5-79）。根据每年夏天副热带高气压带在呼伦贝尔地区的运动规律可以看出，每年夏天呼伦贝尔草原在生长季中期会有一段时间的碳吸收减弱期，在副热带高气压带来临和离开时伴随着大量降水都会出现碳吸收峰值。值得注意的是每年的碳吸收峰值和谷值到来的时间并不同，而且持续时间长短也并不固定。

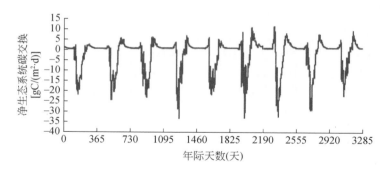

图 5-79 2007~2015 年净生态系统碳交换量值日变化

第五节 主要问题与生态保护建议

一、生态变化综合评估的主要结论

1. 气候因子变化显著

呼伦贝尔生态功能区的环境因子变化显著,其中年日照时数以 20 世纪 80 年代中期为界,在此之前较长,基本超过 3000h。1959~2015 年积温呈现增加趋势,≥5℃年积温年增加 7.1℃。1959~2015 年的年平均风速呈现持续下降的趋势,其中 1977 年达到最大值 4.6m/s,2012 年达到最小值 1.8m/s,年平均减少 0.04m/s($R^2=0.82$)。1959~2015 年年平均气温呈现周期性变化并缓慢波动升高的趋势,升温幅度为 0.4℃/10a,显著高于我国整个东北地区(0.20℃/10a)的变暖趋势,其中 2007 年为年平均气温最高的一年,其值为 2.76℃,而年平均气温最低的一年为 1969 年,其值为-1.83℃,1 月、7 月年平均气温及极端高温和极端低温均呈现增加趋势。1959~2015 年平均年降水量为 280mm,最大值 591mm 出现在 1998 年,最小值 126mm 出现在 1986 年,年际间降水量波动很大,多年间变化却并不大。日照数据、年平均风速均呈现逐步下降趋势。

2. 生态系统宏观结构变化较为明显

草地是呼伦贝尔生态功能区的主体,其面积占全区总面积的 80% 以上;其次是湿地,面积占全区总面积的 12% 以上。呼伦贝尔生态功能区草地面积在 1990 年、2000 年和 2010 年均高于 $3.2×10^4 km^2$,呈现小幅度波动;2015 年草地面积出现明显增加,由 2010 年的 $3.30×10^4 km^2$ 增加至 2015 年的 $3.39×10^4 km^2$;湿地面积呈现逐年递减趋势,湿地与水体面积由 1990 年的 6323.5km² 下降至 2015 年的 5033.2km²;森林面积整体上呈现下降趋势,其中 1990~2000 年下降幅度较大,达到 13.62%,之后在 250km² 附近波动;农田面积整体上呈现增加的趋势,全区农田面积由 1990 年的 68.9km² 增加至 2015 年的 169.1km²;沙漠化土地面积小幅度回落(从 16 045.6km² 下降到 15 984.3km²),但相对 1990 年 12 025.7km² 仍大幅度增加,其中轻度、中度沙漠化土地面积增加,而重度、严重沙漠化土地面积下降。

3. 区域生态系统质量变化呈现波动趋势

基于遥感数据，以植被LAI、FVC、NPP为参考标准，呼伦贝尔生态功能区2000~2015年整体上呈现波动上升趋势。2000~2015年呼伦贝尔生态功能区的植被LAI年平均值在0.89~1.72呈现波动上升趋势，年平均增量约为0.0251。从空间分布上看，2015年呼伦贝尔生态功能区LAI总体上呈现东高西低的趋势，乌尔逊河流域是呼伦贝尔生态功能区年平均LAI值最高的区域，最高值可达7；其次是东部鄂温克族自治旗和新巴尔虎左旗东南部地区，其年平均LAI值也高达5.5左右；呼伦贝尔生态功能区中部、西部地区多为典型草原和草甸，植被LAI差异不大，多集中在1~3。2000~2015年呼伦贝尔生态功能区FVC变化范围为0.42~0.63，呈现波动上升趋势，均增量约为0.0066。从空间分布上看，2015年呼伦贝尔生态功能区的FVC总体上呈现鄂温克族自治旗、新巴尔虎左旗东南部地区最高，新巴尔虎左旗西部地区、陈巴尔虎旗地区较高，新巴尔虎左旗地区较低的趋势。2000~2015年NPP在100~250gC/（m·a）呈现波动增加趋势，年均增量约为3.6443。从空间分布上看，2015年呼伦贝尔生态功能区的NPP总体上呈现东高西低的趋势。鄂温克族自治旗东南部地区和新巴尔虎左旗东南部地区是呼伦贝尔生态功能区年平均NPP值最高的区域；其次为克鲁伦河、乌尔逊河和海拉尔河区域；新巴尔虎右旗的NPP值整体较低。

通过地面监测数据，草甸草原放牧草地地上生物量整体上呈现下降趋势，尤其进入2005年后，地上生物量极速下降，典型草原地上生物量整体上呈现先下降后上升的趋势，2005年达到最低值。1980~2000年草甸草原杂类草增幅最大，由73.44%增加到78.23%，一二年生草本也有所增加，灌木及小半灌木有所减少。典型草原杂类草增加明显，由55.32%增加到68.75%，多年生丛生禾草及一二年生草本均有所减少。草甸草原、典型草原旱生型植物占据绝对优势，但草甸草原物种组成呈现向中生型植物方向发展，由12.50%增加到34.67%；典型草原中旱生型植物所占比例有所增加，由27.66%增加到39.58%。

针对草原生态系统变化及原因，通过问卷形式对呼伦贝尔牧业4旗草原一线监理人员进行了调查，主要包括草原现状、利用与保护建议等问题。回收37份有效问卷，发现目前55.55%的草原处于中等状态，16.67%的草原处于差或非常差的状态（图5-80）。从草原退化表现形式上看（图5-81），牧草产量下降、植被覆盖度减少是主要表现形式，占总数的53.53%；而土地沙化、盐渍化，优质牧草减少，有害、有毒物种增加，虫害鼠害增多也是较为主要的表现形式，占总数的35.35%。气候变化和过度放牧是造成草原退化的最主要原因（图5-82），占总数的40.00%；工业破坏、草原开垦、旅游开发、政府防治投入不足、牧民缺乏相关意识均为次要原因。

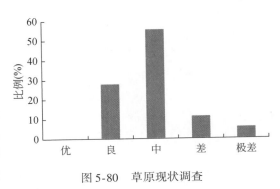

图5-80 草原现状调查

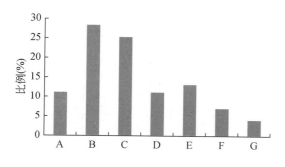

图 5-81　草原退化表现形式

注：A. 土地沙化、盐渍化；B. 牧草产量下降；C. 植被覆盖度减少；D. 优质牧草减少，有害、有毒物种增加；E. 虫害鼠害增多；F. 工业破坏；G. 其他

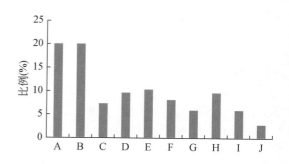

图 5-82　草原退化原因

注：A. 气候变化；B. 过度放牧；C. 工业破坏；D. 草原开垦；E. 旅游开发；F. 政府防治投入不足；G. 相关法律法规不完善；H. 牧民缺乏相关意识；I. 企业环保责任缺失；J. 其他

4. 生态系统服务能力有所上升

1990～2015 年，呼伦贝尔生态功能区防风固沙总量整体上呈现前期大幅度上升、后期小幅度降低的趋势。其中，1990～2000 年，防风固沙量由 $3.147×10^8$ t 上升到 $5.4059×10^8$ t，与 1990 年相比增加了 $2.2589×10^8$ t；2000～2015 年，防风固沙量由 $5.4059×10^8$ t 下降到 $5.3983×10^8$ t，15 年总计下降了 $0.0076×10^8$ t。防风固沙能力也呈现前期上升、后期降低的趋势，1990 年呼伦贝尔生态功能区总的防风固沙能力为 7843.9t/km^2。2000 年上升至 13 486.7t/km^2，增加了 5642.8t/km^2；2015 年防风固沙能力减少到 13 416.3t/km^2，与 2000 年相比较少了 70.2t/km^2。1990～2015 年，呼伦贝尔生态功能区的生境质量未发生剧烈退化，1990 年、2000 年和 2015 年三期生境质量等级最好和良好的面积占呼伦贝尔生态功能区总面积的 97.17%、84.56% 和 91.92%。呼伦贝尔生态功能区 1990～2015 年的区域总碳储量呈现先减少后增加的趋势，三期总碳储量分别为 387.13Tg、381.71Tg、390.23Tg。

二、主要生态问题、原因及建议

（一）主要生态问题及原因

1. 草原总体面积增加，草地退化现象仍然存在

呼伦贝尔生态功能区的草地面积明显增加，与 1990 年相比，2015 年的草地面积增加幅度最大，超过了 800km^2。然而，该地区草地面积的大幅度增加是以湿地萎缩为代价，由湿地转换为草地的面积超过了 1500km^2。湿地面积的减少在一定程度上降低了流域的水源涵养量，影响流域径流量。另外，草地面积的增加还与森林面积缩小有关。另外，值得注意的是该区以沙化土地为主的其他类型土地面积也出现了一定的增加，全区共增加 300 多平方千米。此外，城镇的面积也出现了大幅度增加，主要来自于中东部地区的采矿、建筑用地和居民地等对草地面积的占用。因此，呼伦贝尔生态功能区表面上草地

面积的增加是以背后大面积湿地和小规模森林的流转为代价，并且一部分流转后的草地被人类活动开发所占用，呈现出片面性偏好草地生态系统的特点，不利于该区生态环境多样化的建设，也不利于当地生态系统的健康发展。

通过监测数据发现，草甸草原放牧草地虽然年际间地上生物量变化有所波动，但整体上呈现下降趋势，尤其进入 2005 年后，放牧草地地上生物量下降明显，同时群落杂类草增幅扩大，由 73.44% 增加到 78.23%，一二年生草本也有所增加。通过调查问卷发现，目前，55.55% 的草原处于中等状态，16.67% 的草原处于差或非常差的状态。从草原退化表现形式上看，牧草产量下降、植被覆盖度减少是主要表现形式，占总数的 53.53%，而土地沙化、盐渍化、优质牧草减少，有害、有毒物种增加，虫害鼠害增多也是较为主要的表现形式，占总数的 35.35%。而气候变化和过度放牧是造成草原退化的最主要原因，占总数的 40.00%，工业破坏、草原开垦、旅游开发、政府防治投入不足、牧民缺乏相关意识均为次要原因。

2. 人类活动强度逐步增加

（1）GDP 迅速增加源自第二产业占比不断加大

根据统计年鉴数据，从 GDP 来看，呼伦贝尔生态功能区 4 旗整体的 GDP 呈现上升趋势（图 5-83），尤其在 2000 年以后呈现急剧上升趋势，1986 年呼伦贝尔生态功能区 4 旗 GDP 总和为 17 979.3 万元，2000 年呼伦贝尔生态功能区 4 旗 GDP 总和为 218 603 万元，2015 年 4 旗 GDP 总和为 3 164 175 万元。呼伦贝尔生态功能区 4 旗 GDP 整体也呈现上升趋势，其中鄂温克族自治旗 GDP 明显高于其他 3 旗，陈巴尔虎旗、新巴尔虎右旗次之，新巴尔虎左旗大幅度低于其他旗。

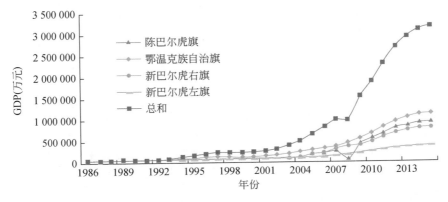

图 5-83　1986~2015 年呼伦贝尔生态功能区 4 旗 GDP 变化

从产业结构来看，呼伦贝尔生态功能区 4 旗均发生很大变化，整体趋势都是第一产业比例逐步下降，第二产业比例逐渐增加（图 5-84），其中鄂温克族自治旗相对变化幅度较小，从 1992 年开始，第二产业一直处于主导地位；而陈巴尔虎旗、新巴尔虎右旗及新巴尔虎左旗产业结构发生了质的变化，由原来的第一产业占主导地位变成第二产业占主导地位，其中以新巴尔虎右旗最为突出，1993~2001 年，第二产业比例均值在 10% 以下，而

2006 年以后基本保持在 75% 以上。

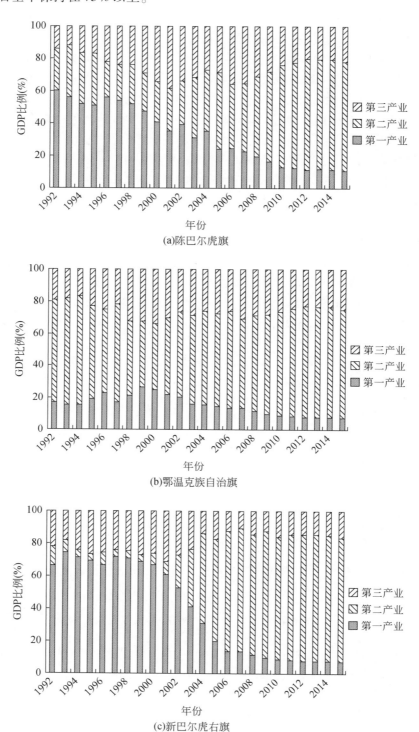

(a)陈巴尔虎旗

(b)鄂温克族自治旗

(c)新巴尔虎右旗

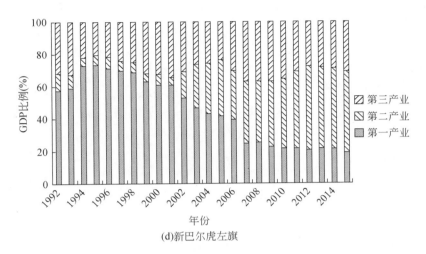

图 5-84　1986～2015 年呼伦贝尔生态功能区 4 旗产业比例变化

（2）人口小幅度增加

根据统计年鉴数据，1986～2015 年呼伦贝尔生态功能区 4 旗人口总数整体呈现上升趋势（图 5-85），由 1986 年的 23.23 万人上升到 2015 年的 27.36 万人，其中人口数量最大值出现在 2008 年，人口总数为 28.03 万人。呼伦贝尔生态功能区 4 旗人口数量整体也呈现上升趋势，其中陈巴尔虎旗由 1986 年 4.47 万人上升到 2015 年的 5.68 万人；鄂温克族自治旗由 1986 年 12.05 万人上升到 2015 年的 13.98 万人；新巴尔虎右旗由 1986 年 2.98 万人上升到 2015 年的 3.50 万人；新巴尔虎左旗由 1986 年的 3.73 年万人上升到 2015 年的 4.21 万人。从人口数量上看，鄂温克族自治旗要明显高于其他 3 旗，其他人口数量由大到小依次为陈巴尔虎旗、新巴尔虎左旗、新巴尔虎右旗。

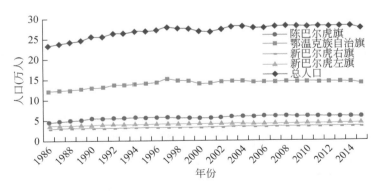

图 5-85　1986～2015 年呼伦贝尔生态功能区 4 旗人口数量变化

（3）家畜波动上升

根据统计年鉴数据，从 1986～2015 年大牲畜、羊数量变化来看，呼伦贝尔生态功能区 4 旗大牲畜、羊总量整体上呈现先增加后降低再增加的趋势（图 5-86），其中 2004～

2006 年是第一个高峰，之后出现下降，2010 年以后又逐步增加。4 旗大牲畜、羊总量由 1986 年的 114.62 万头（只）增加到 2015 年 368.97 万头（只）。陈巴尔虎旗由 1986 年的 20.73 万头（只）增加到 2015 年 71.67 万头（只）；鄂温克族自治旗由 1986 年的 18.03 万头（只）增加到 2015 年 65.64 万头（只）；新巴尔虎右旗由 1986 年的 41.57 万头（只）增加到 2015 年 120.93 万头（只）；新巴尔虎左旗由 1986 年的 34.29 万头（只）增加到 2015 年 110.73 万头（只）。从呼伦贝尔生态功能区各旗来看，新巴尔虎右旗、新巴尔虎左旗大牲畜、羊数量总量明显高于鄂温克族自治旗、陈巴尔虎旗。

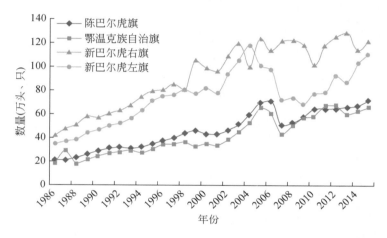

图 5-86　1986～2015 年呼伦贝尔生态功能区 4 旗大牲畜、羊数量总量变化

从呼伦贝尔生态功能区 4 旗大牲畜、羊数量组成来看，各旗大牲畜数量大幅度低于羊数量，除新巴尔虎右旗大牲畜数量整体上呈现下降趋势（由 1986 年 7.8 万头下降到 2015 年 6.86 万头），其他旗均呈现上升趋势（图 5-87）。羊数量变化规律整体与总数变化规律相似，呈现先上升再下降，最后上升的趋势。

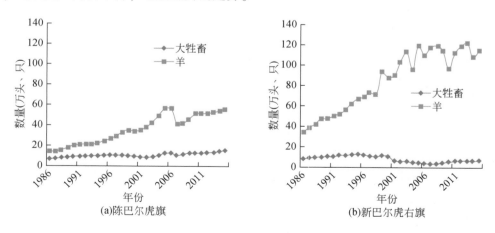

(a)陈巴尔虎旗　　　　　　　　　(b)新巴尔虎右旗

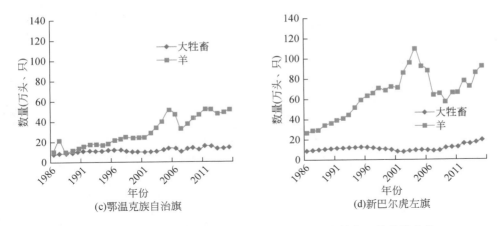

图 5-87 1986~2015 年呼伦贝尔生态功能区 4 旗大牲畜、羊数量变化

（4）草原载畜量上升

1990~2015 年呼伦贝尔生态功能区各旗载畜量总体呈上升趋势（图 5-88），合计增幅 32.4%。其中，新巴尔虎右旗载畜量变化较大，1990~2000 年呈上升趋势且数值较高，但 2000~2010 年载畜量呈现下降趋势，成为载畜量数值最低的旗，2010~2015 年再次呈现上升趋势，数值仅次于鄂温克族自治旗；鄂温克族自治旗除在 2000 年时载畜量数值略低于新巴尔虎左旗以外，其余年份载畜量数值都是最高的，到 2015 年鄂温克族自治旗载畜量达到 1.6 只羊/hm²，其余从高往低依次是新巴尔虎右旗、新巴尔虎左旗、陈巴尔虎旗。

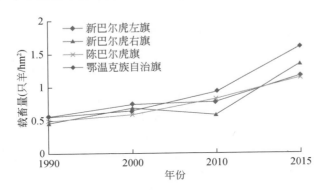

图 5-88 呼伦贝尔生态功能区 4 旗 1990~2015 年载畜量变化

（5）呼伦贝尔旅游发展迅猛

从 2000~2015 年旅游统计数据来看（图 5-89），2000~2015 年呼伦贝尔旅游人数逐步增加，从 2000 年的 131.5 万人增加到 2015 年的 1417.13 万人，同时旅游收入也逐年递升，从 2000 年的 8.73 亿元增加到 2015 年 448.36 亿元。

（6）煤矿发展变化

呼伦贝尔市是我国重要煤炭产区。煤炭资源占全市固体矿产总量的 99.76%，基本集

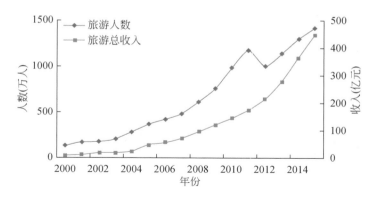

图 5-89　2000~2015 年呼伦贝尔旅游人数和收入变化

中于草原牧区 6 旗市区；含煤面积达 $2.7 \times 10^4 km^2$，占该区土地总面积的近 1/3，煤炭资源的不断开发利用，也将成为未来呼伦贝尔草原退化的最重要的原因之一。草原矿产资源开发扰动大。内蒙古草原煤炭资源富集，近几年随着国内能源需求的不断加大，许多煤炭、电力、煤化工产业迅猛发展，资源与环境矛盾日益凸显。特别是草原露天煤矿及其开采量的逐年增加，不但破坏草原植被，引发地表塌陷，加剧土壤风蚀沙化，而且城镇化扩张、交通占地等也对草原产生重要影响。据统计数据（表 5-28），2000~2010 年呼伦贝尔生态功能区煤矿业发展极为迅速，鄂温克族自治旗、陈巴尔虎旗 2010 年原煤生产分别达到 $2296.9 \times 10^4 t$、$2471.7 \times 10^4 t$，并一直处于发展趋势，2015 年原煤生产分别达到 $2958.86 \times 10^4 t$、$3256.41 \times 10^4 t$，而陈巴尔虎旗 1990 年、2000 年原煤生产仅为 $165.75 \times 10^4 t$、$266.52 \times 10^4 t$。新巴尔虎右旗 2010 年铅精矿含铅量、锌精矿含锌量分别为 29 934t、41 012t，2015 年发展到 77 094.9t、80 398.3t。陈巴尔虎旗与新巴尔虎右旗在矿业生产上也十分相似，铅精矿含铅量、锌精矿含锌量分别由 2010 年的 1725t、3523t，发展到 2015 年的 25 490t、15 050t。

表 5-28　功能区三旗煤矿业发展变化

年份	鄂温克族自治旗	新巴尔虎右旗			陈巴尔虎旗		
	原煤 ($10^4 t$)	原煤 (t)	铅精矿含铅量 (t)	锌精矿含锌量 (t)	原煤 ($10^4 t$)	铅精矿含铅量 (t)	锌精矿含锌量 (t)
1990	—	2.32	—	—	165.75	—	—
2000	—	2.05	—	—	266.52	—	—
2010	2 296.9	5	29 934	41 012	2 471.7	1 725	3 523
2015	2 958.86	—	77 094.9	80 398.3	3 256.41	25 490	15 050

3. 沙漠化土地扩展有所控制，但面积仍然较大

2000~2015 年沙化土地面积小幅度回落（16 045.6km² 减少到 15 984.3km²），但相对

1990 年的 12 025.7km² 仍大幅度增加, 其中以轻度、中度沙漠化土地面积增加, 而重度、严重沙漠化土地面积下降。其中, 轻度沙漠化土地面积逐年增加, 由 1990 年 6218.0km² 逐渐增至 2015 年 10 847.6km²; 中度沙漠化土地面积由 1738.9km² 逐渐增加至 2603.4km²; 重度、严重沙漠化土地面积由 1929.6km²、2138.8km² 逐渐下降至 1461.8km²、1071.2km²。

4. 湿地萎缩明显

呼伦贝尔市是我国湿地的重要分布区, 重点湿地有: 呼伦湖湿地 (242 910hm²), 辉河湿地 (75 100hm²), 莫尔格勒河湿地 (70 000hm²), 二卡湿地 (30 760hm²), 大兴安岭湿地 (1 128 788hm²)。因为河流源头大面积的湿地开垦, 水湿地造林及水利工程建设的影响, 造成湿地面积锐减, 湿地景观丧失, 破碎化严重, 生态功能严重衰退。

呼伦湖也在萎缩。2006 年, 流经草原腹地的海拉尔河、伊敏河河流量减少近 1/2, 克尔伦河、辉河先后断流干涸, 成为季节性河流。林区由于冻土退化、水湿地造林, 大量的原始湿地遭到破坏。干旱周期加长, 丰水周期远不能恢复枯水周期所造成的破坏损失。

呼伦贝尔生态功能区的湿地与水体面积由 1990 年的 6330km² 下降至 2010 年的 5953.38km² 后, 在 2015 年升高至 7222km²。在各旗当中, 新巴尔虎左旗、新巴尔虎右旗湿地面积总体上大于陈巴尔虎旗和鄂温克族自治旗, 前两者湿地面积在 1500km² 以上, 后两者湿地面积小于 1000km²。新巴尔虎左旗和新巴尔虎右旗湿地面积都呈现下降趋势, 2015 年 2 旗湿地面积分别比 1990 年下降了 40% 和 12%。其中, 大面积的湿地和水体被转换成了草地, 面积高达 463.41km²。

呼伦湖水体面积呈现减少的趋势, 在 1987～2000 年水体面积逐渐增加至 2300km² 后下降至 2000km², 之后水体面积逐年下降。一方面受蒸发量呈现波动上升的影响; 另一方面受降水量呈现波动下降的影响。此外, 也在一定程度上与当地人口不断增加、耗水量增加、周边环境条件的变化有关。

5. 打草场退化严重

放牧场经过围封后, 草地质量随着时间成正相关关系, 而刈割后围封草地表现出波动状态, 仅从地上生物量恢复速度来看, 可以判断, 呼伦贝尔草甸草原区, 割草场可能比放牧场退化更严重。长期打草会逐渐抽空土壤养分库和种子库, 造成土壤养分缺失严重, 仅通过围栏封育, 实现不了自然恢复, 因此必须要通过人工干涉其土壤、种子库、群落组成以促进恢复。

打草场在短期甚至十几年连续打草都不会表现出产草量明显下降。打草场退化比放牧场退化缓慢, 夏季打草场也会保持一定的草群高度, 相对于放牧引起的植被高覆盖度变化, 天然打草场的退化经常被忽视, 因此造成天然打草场没有严重退化的错觉, 导致目前对天然打草场退化状况之严峻认识不足。

6. 牧区生产发展水平不高

呼伦贝尔牧区目前仍然以传统畜牧业为主, 生产发展水平不高, 牧民生活水平提高与畜牧生产波动的矛盾依然严峻。虽然通过草地奖励补助机制, 执行了草地平衡和禁牧措施, 但牧民增收仍然以增加牲畜头数为核心, 增收渠道较少, 这也是牲畜头数在 2014 年以前不断增加的原因。

（二）针对呼伦贝尔生态功能区的建议

针对呼伦贝尔生态功能区存在的问题，对于呼伦贝尔生态功能区，应该从坚持生态保护优先，重点治理的原则，把保护和修复草原环境、增强草原产品生产能力作为首要任务，坚持保护优先，以草定畜，持续发展。针对退化严重或潜在风险较大的区域，采取以自然恢复或人工辅助恢复为主的方针，加强生态环境监管和监测，防止对生态系统的干扰和破坏。建议在长期研究与监测的基础上，实行重点区域围封保护、一般区域草场实施禁牧和退耕还草；以草定畜，实施划区轮牧或季节性休牧；禁止滥挖滥采野生植物；调整和改变耕种方式，提倡节水技术和管理、推广免耕技术和农牧互补模式，发展生态农牧业。具体对策建议如下。

1. 草原保护方面

（1）建立流域生态保护区，推进生态保护与建设工程。

为发挥呼伦湖湿地功能，以生态保护为主题，建议建立呼伦湖流域生态保护区，加紧清理湖区沿线、河道及其流域内的围堰、堤坝等人工设施，尽快恢复流域内湿地的连通功能，扩大河湖连通范围。加大湖区围封力度，加快推进土地和草牧场流转工作，全面落实好禁牧、休牧和轮牧等各项制度。在此基础上，以呼伦湖为主体尝试建立国家公园。建议建立呼伦湖综合治理长效机制，组建专业队伍、强化院地合作、整合项目资源，进一步加大科研工作力度，不断提升监管能力和科研水平。要切实加强对呼伦湖周边生态环境、生物种质资源的长期监测与研究，积极推动呼伦湖长远保护和有序利用。

在生态保护区中，建议保留一定面积的原生境，这是保存土壤种子库、保障草原区种质资源安全的重要举措。如果任由开发性利用，草原原生境将不复存在。从呼伦贝尔站综合观测场可知，仅是放牧利用草场，围封3年后可快速恢复（图5-90），并且在2013年降水历史最多基础上，2014年降水仍然处于丰水年，样地内出现了中生型植物瘤毛獐牙菜、扁蕾和绥草（图5-91），在样地外未发现，而且2015年在样地内，也从未发现。此结果表

图 5-90 围封与放牧对比

明：草原原生境未破坏土壤种子库，遇合适条件（中生型植物在降水多时），种子可迅速萌发并完成生活史，当外界条件改变时，可保持在土壤中，待下一次机会的到来。

(a)瘤毛獐牙菜   (b)扁蕾   (c)绥草

图 5-91 极大丰水年次年围封样地出现的中生植物

（2）沙地开展禁牧及封育，开展生物质能源开发

对于呼伦贝尔生态功能区沙地区域，建议减少或停止导致草地生态系统退化的人为活动，禁止放牧，实施防风固沙工程，恢复草地植被，特别要探索沙产业发展技术与模式。在沙地中，选择以灌木为主的木本植物乡土物种，通过封育、人工辅助播种等方式，促进退化植被恢复的同时，发展沙地生物质能源。

（3）加大草原保护宣传力度

在调查问卷结果中，政府及相关部门、相关企业、农牧民在草原保护中的职责相差不大，分别占总数的 40.48%、28.57%、30.95%，说明三者的作用均不可忽视。关于草原开发和草原保护态度方面，76.92% 被调查者认为"草原保护更重要，任何的草原开发不能以牺牲草原保护为代价"，无任何调查认为草原开发更重要，要先搞好开发再进行保护，同时，63.16% 被调查者认为一定要保护草原植被。在众多的草原保护措施中，"广泛深入宣传保护草原的重要性"是选择最多的一条，占总数的 24.79%，而"退耕还牧，封育草原"也仅占 20.66%，"设立自然保护区""限制经济开发""推广人工草地及防治虫害鼠害"也处于相当重要的地位，分别占总数的 15.70%、15.70%、13.22%。基于此，建议分别针对政府及相关部门、相关企业、农牧民，利用媒体、互联网等实施多途径、多对象、多角度、多层次宣传推广草原保护。

2. 草原恢复与利用方面

（1）在打草场开展草地改良工程

2001～2003 年，呼伦贝尔草原退化率只有 27%，是全国退化程度最低的草原；2013～2014 年，呼伦贝尔地区天然打草场的退化比锡林郭勒要严重得多。呼伦贝尔羊草草原每年吸收的营养元素总量约为 2.7kg/亩，其中 2kg 通过干草刈割被带离草原。年复一年，打草场土壤中的营养成分日益贫乏，最终造成难以自然恢复的土壤退化。健康的草原对干旱具有更强的弹性和适应性，退化程度越高的草原，干旱的减产作用越严重。

结合草原生态保护补助奖励政策和退牧还草工程进行集中投入，选择自然条件好的草原地段，通过松土、灌溉、施肥等各种措施，快速恢复天然打草场草地生产力、优化牧草品质，保障冷季越冬饲草来源，为促进牧区畜牧业现代化、增加牧民收入和改善草原生态环境奠定物质基础。天然打草场的改良不但是生态保护的需要，更是稳定草地畜牧业生产、实现美丽与发展双赢的需要。

针对天然打草场植被和土壤退化问题，主要采取围栏封闭退化草地、补播、切根、打孔、施肥等天然打草场改良和培育技术措施，有效提高草原综合生产能力，解决半干旱草原牧区越冬饲草安全的技术瓶颈。根据呼伦贝尔站近几年的打草场改良试验，通过土壤疏松+四位一体肥料，每亩成本为 180～210 元，发挥效果可持续 5 年左右，改良当年可增产80%，2017 年增产 5 倍以上，且优质牧草（羊草）比例在 80% 以上，每亩羊草增产100kg，按每吨 1400 元计算，2 年即可收回成本。同时，从打草场优化收获与合理利用的角度考虑，应掌握适宜的打草时期、适宜的割草高度及合理的轮刈制度，把打草场的利用与休闲结合起来，有利于营养更新和种子繁殖，通过围封、施肥（微肥）、切根、打孔等农业技术措施，改善牧草的生长条件，促进打草场培育，提高牧草产量和质量，平衡呼伦贝尔牧区草畜供求关系，促进草地畜牧业良性发展。

（2）实施退耕还草及高效人工草地建设工程

20 世纪五六十年代，在呼伦贝尔开展了大范围的开垦草原行动，组建了海拉尔农牧场管理局和大兴安岭农场管理局两大农垦企业，在之后毁林毁草开荒行为持续开展。现在呼伦贝尔耕地为 2664 万亩，岭西耕地为 725 万亩。为做好呼伦贝尔草原保护与建设，需要对河流周边、其他生态保护敏感区的耕地实施退耕还草、开展高效人工草地建设。采用适于地区生境条件的种植与管理技术，建设优质高产牧草生产基地，使天然草原压力得到有效缓解，草原退化沙化趋势得到有效控制，逐步实现草畜平衡，增加农牧民收入。

3. 生态产业发展方面，建立现代农业示范区

建立现代农业示范区是一个系统工程，涉及自然、经济、社会、生活和文化等多个方面，对于呼伦贝尔草牧业而言，包含放牧草地高效利用、精细人工草业、现代化肉奶业、多种特色生物产业等多个产业，并非某一政策、单一技术、某项措施、小规模示范等就能解决，必须以一个完整的社会经济单元为基本单位，进行自然-经济-社会复合系统诸要素的整体设计和系统调控。

呼伦贝尔牲畜年末存栏数量从 1949 年的 110.6 万头（只）增加到了 2015 年的 1282万头（只），农区尚有农作物秸秆可以支撑。牧业 4 旗 486 万头（只），合 739 万羊单位，已远远超过了理论载畜量 525 万羊单位，并导致草地载畜能力下降了 46%，形成了草少-畜多-草更少的恶性循环，夏季草场通常超载过牧，而冬春草场则不能支持畜群的需要，在频繁灾害的侵袭下，造成经常性的畜牧业崩溃事件。

随着科技的不断发展，草牧业正从传统的生产方式向现代化的管理方式转变，利用信息化手段进行呼伦贝尔生态牧场管理已成为必然的趋势，建议拓展高新技术应用，促进草食畜牧业管理技术升级，实现草、畜、市场等各个环节的精准监控和衔接。针对生态牧场草地植被供给功能的基础关键背景因子，基于对地观测技术、物联网技术，组建牧场背景数据和生产过程动态监测系统，实现以草定畜，实施划区轮牧或季节性休牧等，提升牧场资源管理效率；促进智能化家畜信息管理系统开发应用，通过移动智能终端对家畜信息进行实时检索、查询、跟踪、监测和管理，实现畜产品全程溯源，提升有机草食畜牧业产业链价值。

人工草地的生产力可以达到天然草地的 10 倍甚至 30 倍。建立稳定、优质、高产的人工草地是减轻天然草地放牧压力、促进退化草地自然恢复的根本出路。因此在呼伦贝尔生态功能区内开展草牧业试验，针对有条件灌溉的地区，种植优良的多年生牧草和青贮玉米等饲料作物，开发为人工草地和饲料基地。针对杂类草占多数、优良牧草很少、土壤板结、生产力很低的严重退化草地，无论放牧或刈草利用，其营养价值、经济效益都很低，应采用先进的草地科学技术和农业技术措施，将低产的天然草地改造为高产的天然草地，将退化的天然草地建成高产的人工草地、饲料地来增加饲草饲料的生产，把那些能够利用但还没有被利用的草地用于草地生产，充分利用草地资源，提高草地生产能力，为草牧业的稳定发展准备充足的物质基础。

积极响应国家启动实施的"振兴奶业苜蓿发展行动"政策，整合苜蓿产业资源，积极调整种养结构，摒弃种草占用粮田的传统观念，在一定范围内种植苜蓿可替代饲料粮的种植，实行草田轮作制，切实推广实施"粮+经+饲+草"四元种植结构模式，充分利用苜蓿对中低产田的改造作用和对土壤的改良作用，以更好实现粮食高产稳产，为提高奶牛单产和牛奶质量找到新的抓手，振兴呼伦贝尔奶牛畜牧业的发展。同时，鼓励草业企业、奶业企业和农牧民专业合作组织参与优质苜蓿生产基地建设，提高苜蓿生产组织化程度，更加合理有效地推进草原畜牧业现代化的步伐。

以呼伦贝尔特有的两大主导畜牧品种三河牛和呼伦贝尔羊为对象，围绕三河牛肉用型、三河牛乳用型和呼伦贝尔羊肉用型三条产业链，开展乳制品加工与附加值提升、屠宰生产线和品牌产品打造、精准养殖示范场建设等重点工作。形成全程可追溯的全封闭产业链，以期在畜牧大产业形成高值、优质产品，同时在每个主要环节形成分产业和系列产品。发展自主的畜牧业品牌，通过优质优价而非增加头数来实现牧民增收与生态健康双赢。

发挥区位优势、组织优势、环境优势，以资源为基础、以市场为导向、以保护为前提，树立健康、生态、全域、特色的理念，构建"旅游景区、旅游精品线路、风景道、旅游功能版块"相结合的空间发展格局。推进生态观光、农场休闲、健康旅游、体育旅游、产业旅游等产业发展路径。同时发掘野生资源利用等多项工作，丰富旅游特色商品，完善生态旅游产业链。

第六章　吉林省西部生态变化评估

第一节　吉林省西部基本情况与生态建设

一、地理概况

　　吉林省西部地区位于松嫩平原西南部，科尔沁大草原的东部，属于低洼易涝盐碱地与风沙地交错分布区，生态环境十分脆弱（陈永生，2007），同时地处我国最大的苏打盐碱地集中分布区，其经纬度范围为：121°38′E ~ 126°11′E，43°59′N ~ 46°18′N（图 6-1）。面积约为 $4.69×10^6 hm^2$，吉林省西部行政区域包括白城和松原两个市，白城直辖白城市市区、通榆县、洮南市、大安市及镇赉县，松原地区直辖松原市市区、前郭尔罗斯蒙古族自治县（简称前郭县）、乾安县、长岭县及扶余县[①]（卢远等，2005），东部与吉林省长春市接壤，

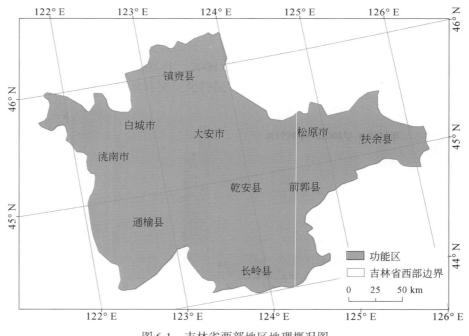

图 6-1　吉林省西部地区地理概况图

---

　　① 该地 1992 年 6 月 ~ 1995 年 7 月为扶余区，1995 年 7 月设立扶余县，2013 年 1 月 24 日撤扶余县设立扶余市。本书主要分析 1990 年、2000 年、2010 年和 2015 年数据，为便于数据统计与比较，本书均基于"扶余县"进行分析与评价。

西部和南部分别与内蒙古自治区、四平市及辽宁省接壤。吉林省西部主要的河流包括：嫩江、西流松花江、洮儿河三大河流，大型湖泊/水库有月亮湖水库、向海水库、查干湖和大布苏湖。

二、地形地貌

本书中的地形因子主要包括高程和坡度两个方面。高程对于土地景观格局影响明显，不同高程范围内，植被类型差异明显，高程相对较低的地区，多为人工种植植被，如玉米、大豆和水稻等农作物类型，以及人工育林的杨树、白桦等森林植被；高程较高的地区多为自然生长植被。坡度是影响自然环境的重要因子，坡度的大小决定土地利用情况，坡度较小的地区，人类利用程度较大；而坡度较大的地区，如坡度大于25°的范围地区，因不适合耕种和建设而利用程度较小。吉林省西部地区内高程总体上呈现中间低、四周高的地势，平均海拔为130~200m，相对高度为5~10m，属低平原。其地势低洼、排水能力弱，形成了当地的生草土层薄而盐碱层厚的土壤条件（曹勇宏，2011）。该区域内的整体坡度低于21°，空间特征同高程分布类似，坡度随山体的走向发生变化；中部地区坡度较小，多位于3°以上；东西两侧坡度较大，大多位于5°以下。全区坡度位于5°以下地区约占全区面积的82.81%，随着坡度的升高，土地面积比例逐渐下降（图6-2~图6-4）。

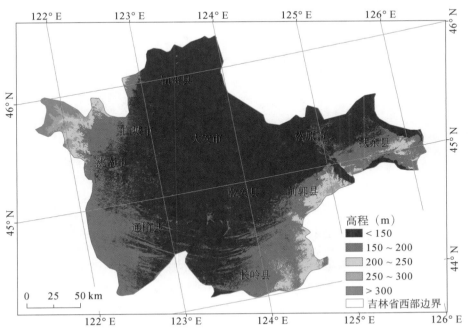

图6-2 吉林省西部地区高程图

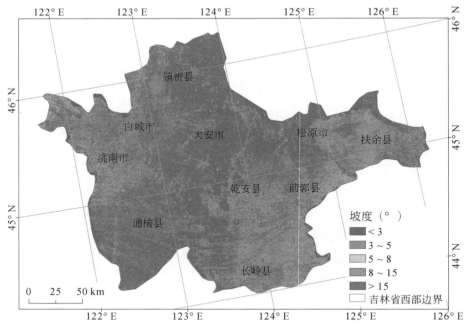

图 6-3　吉林省西部地区坡度图

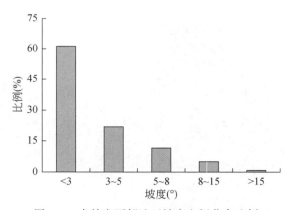

图 6-4　吉林省西部地区坡度空间分布比例

吉林省西部地区地貌类型以低海拔冲积平原、低海拔冲积扇平原为主，多为广阔低平的地貌特征；该区东部地势相对较高，但也以平原和漫滩为主，局部有低海拔小起伏山地（极少）及低海拔丘陵地貌。该区平原、山地、丘陵、台地、漫滩及湖泊地貌分别占总面积比例的 84.53%、0.01%、3.04%、6.56%、4.65% 和 1.21%（图 6-5），具体分布如图 6-6 所示。

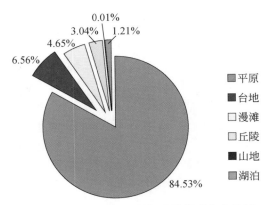

图 6-5　吉林省西部地区各地貌类型分布比例

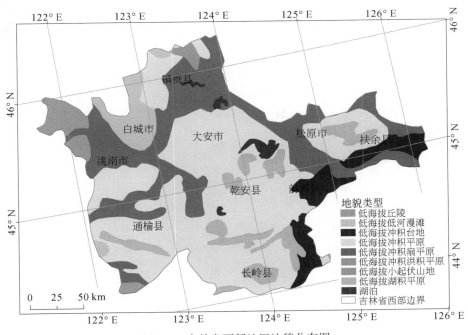

图 6-6　吉林省西部地区地貌分布图

三、气候条件

吉林省西部地区属半湿润半干旱气候，大陆性季风特征显著，该区年日照时数为 2800 ~ 3000 h，年总辐射为 510 ~ 520kJ/cm²，多年平均降水量为 360 ~ 520mm，75% ~ 85% 集中在

7~10月。年平均气温为4.8~6.8℃，最热月平均气温在22℃以上，雨热同季。多年平均蒸发量为1500~1900mm，平均相对湿度为60%~65%，无霜期为140~160天（王明全等，2008）。吉林省西部地区气候受大陆性气候影响较大。一方面，降水在时间和空间上的分布表现不均匀，近年来，温度在时间尺度上持续上升等是造成吉林省西部地区生态环境变化的一个影响因素；另一方面，该区春季的干燥少雨与多风同步，大大加剧了吉林省西部地区生态环境恶化的速度。本书将主要从气温、降水两方面来描述吉林省西部地区内的气候状况。

吉林省西部地区年平均气温呈现由北向南逐渐增高的趋势，全区年平均气温为5.89℃，多年平均气温分布如图6-7所示。在过去的几十年里该区内年平均气温变化趋势并不显著，1990~2015年，该区最高年平均气温出现在2007年，为7.15℃；最低年平均气温出现在2013年，为5.08℃。

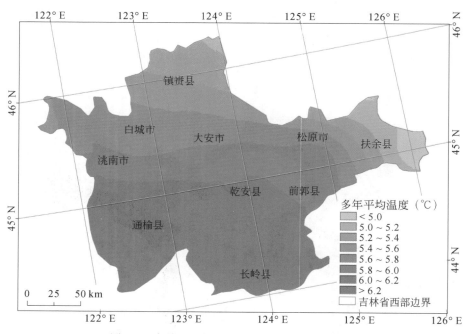

图6-7　吉林省西部地区多年平均气温分布格局

吉林省西部地区降水量的分布具有明显的空间异质性，总体上呈现由西向东增加的趋势，扶余县及松原市市区年平均降水量最高。全区近15年来的年平均降水量为411.07mm，全年降水量的60%~70%集中在夏季，2000年至今总体上呈现上升的趋势。最高年平均降水量为510.68mm，出现在2013年；最低年平均降水量为231.33mm，出现在2001年，该区多年平均年降水分布如图6-8所示。

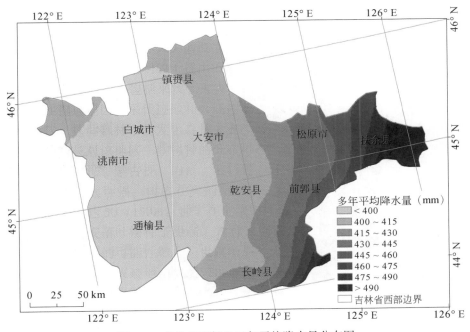

图 6-8　吉林省西部地区年平均降水量分布图

四、土壤类型

　　吉林省西部地区特定的地质环境、气候特征和生物循环，形成了典型的干旱草原地带性土壤——钙层土。该区的钙层土土壤主要有黑土、黑钙土、淡黑钙土、草甸土、盐碱土、栗钙土、草甸沼泽土等。其中，黑土、黑钙土、淡黑钙土、草甸土均为质量较好的土壤。草原土壤主要为盐碱化黑钙土、盐碱化淡黑钙土、盐碱化草甸土、盐土、碱土及盐碱化沼泽土。土壤表层有明显的灰白石色石灰淀积层，土壤 pH 呈碱性反应（林年丰和汤杰，2005）。从面积分布上看，吉林省西部地区土壤类型以黑钙土、草甸土、风沙土、碱土和栗钙土为主，具体分布如图 6-9 和图 6-10 所示。该区盐碱化土是环境综合作用的结果，半干旱气候下强烈蒸发使地表水析盐和地下水上升，地表积盐的耦合机制是盐碱化土形成的主导原因（孙广友和王海霞，2016）。

五、植被类型

　　吉林省西部地区是一个闭流区，有独特的现代积盐过程，盐碱土得到充分的发育，在一定程度上影响了地带性植被类型的发育和分布。该区内植被类型以农作物为主，一年

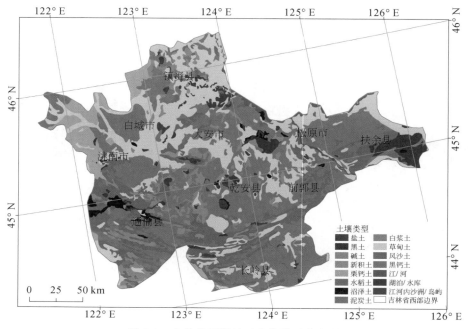

图 6-9　吉林省西部地区土壤类型分布图

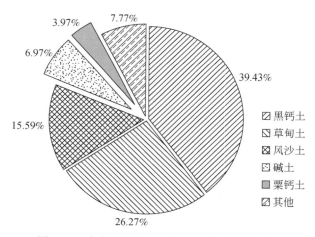

图 6-10　吉林省西部地区各土壤类型分布比例

熟玉米、水稻、大豆分布广泛，部分地区分布有少量的春小麦、高粱、向日葵、亚麻等经济作物。草地为第二大植被类型，主要分布在该区的中部；吉林省西部地区主要的草种类型以羊草和碱茅居多，部分地区分布有线叶菊、贝加尔针茅、禾草和杂草等。湿地多沿河流分布，湿生和沼生植物主要有小叶章、塔头薹草和芦苇等；森林主要散落分布在农田间，以防护林居多，林地类型主要有：榆树疏林、黑杨林、白桦林、蒙古栎等。具体分布如图6-11所示。

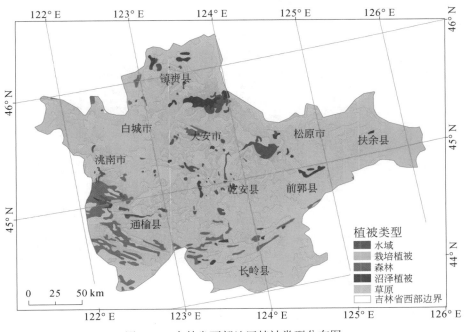

图6-11 吉林省西部地区植被类型分布图

六、土地利用

受自然因素、人类活动两方面因素驱动，吉林省西部地区土地利用强度较大，截至2015年，吉林省西部地区内耕地分布最为广泛，耕地总面积达$305×10^4hm^2$，占整个区域面积的64.99%，主要分布于平原地带，其中旱田面积为$276×10^4hm^2$，水田面积为$33.00×10^4hm^2$。该区域已是我国重要的商品粮种植基地。草地为该区的第二大土地覆被类型，面积为$60.67×10^4hm^2$，主要分布在该区的中部地区和南部地区。林地面积为$24.25×10^4hm^2$，主要为分布在农田间及道路两侧的防护林，散落分布在各县（市、区）。湿地主要分布在地势低洼及沿河地区，面积为$21.77×10^4hm^2$。水体主要包括湖泊、水库/坑塘、河流和运河/水渠，总面积为$22.40×10^4hm^2$，城镇面积为$20.36×10^4hm^2$；盐碱裸地面积约为$14.37×10^4hm^2$，约占全区总面积的3.06%。其他类型面积较小，不足全区面积的0.25%（具体空间分布如图6-12所示）。

七、社会经济

吉林省西部地区范围包含两个市：白城市和松原市，2015年全区总人口为508.1

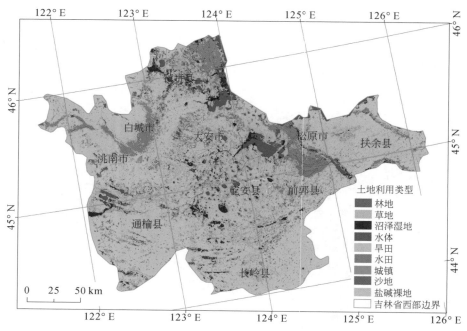

图6-12　2015年吉林省西部地区土地利用与土地覆盖空间分布图

万人，其中白城市总人口为 230 万人，松原市总人口为 278.1 万人，全年出生人口为 3.64 万人，出生率为 5.06‰。该区是多民族共居地区，共有汉、蒙、满、朝、回等 30 个民族。

由 2015 年《吉林统计年鉴》数据来看，2015 年松原市实现 GDP 1680.3 亿元，按可比价格计算，比上年增长 6.3%。其中，第一产业增加值为 285.0 亿元，增长 5.1%；第二产业增加值为 745.1 亿元，增长 5.6%；第三产业增加值为 650.2 亿元，增长 8.0%。松原市人均 GDP 达到 60 385 元，比上年增长 7.3%。三种产业的结构比例为 17∶44.3∶38.7，对经济增长的贡献率分别为 12.2%、44.7% 和 43.1%。2015 年白城市实现 GDP 615.4 亿元，按可比价格计算，比上年增长 12.2%。其中，第一产业增加值为 110.6 亿元，增长 4.6%；第二产业增加值为 293.8 亿元，增长 16.1%；第三产业增加值为 211.0 亿元，增长 10.3%。按年平均人口计算，人均 GDP 达到 30 571 元，比上年增长 11.7%。

第二节　环境要素变化

一、气候变化

吉林省西部地区位于中国东北平原腹地，西依大兴安岭，东部、北部分别与千山山脉和小兴安岭相接，地势相对封闭。吉林省西部地区的气候特点：四季分明，春季多风沙、夏季降水集中、秋季晴朗、冬季寒冷。

1. 降水

降水是影响土壤温度的重要因子，是间接衡量土壤干燥程度的重要指标。陆地表面干湿状况的气象划分依据 3 个年降水量标准：800mm 是湿润与半湿润气候的分界线；400mm 是半湿润与半干旱气候的分界线；200mm 半干旱与干旱气候的分界线。

图 6-13 是吉林省西部 10 个气象台站近 16 年来年平均降水量的变化状况。除去 2001 年、2004 年、2007 年，其他年份的年降水量均在 300mm 以上。其中，有 8 个年份（2002 年、2003 年、2005 年、2008 年、2012～2015 年）年降水量大于 400mm，2012 年为本研究时段内的最大年降水量，564.19mm。大于 400mm 年降水量的年份有 4 年出现在 2010 年以后，说明吉林省西部地区年降水量有增加趋势，年降水量增加值为 10.58mm/a。

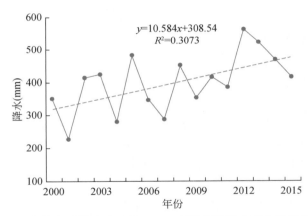

$$y=10.584x+308.54$$
$$R^2=0.3073$$

图 6-13　吉林省西部地区 2000～2015 年的年际降水变化趋势分析图

2. 温度

温度的变化是影响土壤蒸发量的重要因子，进而影响土壤干燥状况。温度升高会使土壤水分减少，增加土壤退化的可能性。2000～2015 年，气温时序数据集的均值为 5.75℃，最大值为 7.10℃（2007 年），最小值为 4.64℃（2010 年）（图 6-14）。年平均气温与时间序列相关性分析表明年平均气温时序变化没有明显的趋势性存在，波动性大是近年来气温变化的主要特点。对年平均气温分析，2000～2014 年的年平均温度大于 2016 年的平均值，而 2009～2015 年的年平均温度小于 16 年年平均值，其中 2010 年、2012 年和 2013 年表现为偏冷年份。总体上，吉林省西部地区 2010～2015 年为偏冷年际段。

吉林省西部属于半干旱气候，表现出明显的大陆性气候特征，蒸发量远大于降水量。气候因子的周期性变化频率增加、波动振幅变大，不稳定性增强。土地干旱是面临的重要环境问题。

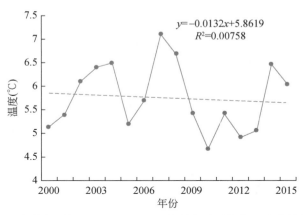

图 6-14　吉林省西部地区 2000～2015 年的年季平均气温变化趋势分析

二、水文水环境变化

1. 地表水环境变化

（1）吉林省西部地区产水量

产水量是通过吉林省西部地区的降水量、蒸散发和植被覆盖度信息计算分析获得。

产水量的概念较广，主要表现形式包括：生态系统的拦蓄降水、调节径流、影响降水量、净化水质等。不同生态系统的产水量有差异性，包括不同森林、草地的种类之间及各种群内部产水量的差异。

由于地理位置、气候条件、植被结构存在空间差异，产水量也表现出明显的区别。产水量较高的地区主要分布在该区中部和南部，该区西北部和东北部相对较低。从表 6-1 可以看出，各县（市、区）产水量在不同年份差异明显。1990 年产水量较高的地区主要分布在该区中部和东南部（图 6-15）。2000 年产水量较高的地区主要分布在该区中部，产水量相对较低的地区主要分布在该区北部（图 6-16）。2015 年产水量在空间分布上发生变化，产水量较高区域主要分布在该区的北部，其他地区产水量相对较低（图 6-17）。

表 6-1　吉林省西部地区各县（市、区）产水量及变化率

县（市、区）	产水量（m³/km²）			变化率（%）	
	1990 年	2000 年	2015 年	1990～2000 年	2000～2015 年
松原市市区	14.01	5.98	13.12	−57.32	119.41
前郭县	15.98	6.87	7.81	−57.02	13.71

县（市、区）	产水量（m³/km²）			变化率（%）	
	1990 年	2000 年	2015 年	1990~2000 年	2000~2015 年
长岭县	19.15	8.42	7.14	−56.03	−15.18
乾安县	15.42	6.767	8.53	−56.11	26.01
扶余县	12.38	5.412	10.33	−56.23	90.74
白城市市区	12.69	3.03	12.00	−76.11	295.72
镇赉县	12.53	3.71	9.75	−70.42	163.15
通榆县	15.58	5.06	6.81	−67.55	34.72
洮南市	11.65	2.54	6.43	−78.16	152.72
大安市	12.83	5.31	8.48	−58.56	59.56
吉林省西部	14.53	5.40	8.31	−62.83	53.78

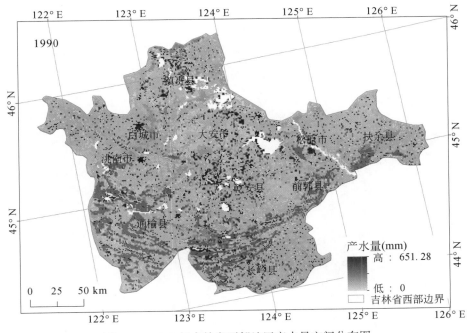

图 6-15　1990 年吉林省西部地区产水量空间分布图

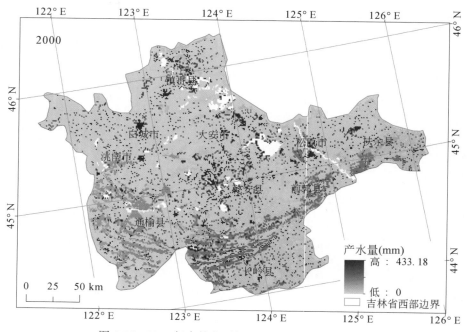

图 6-16　2000 年吉林省西部地区产水量空间分布图

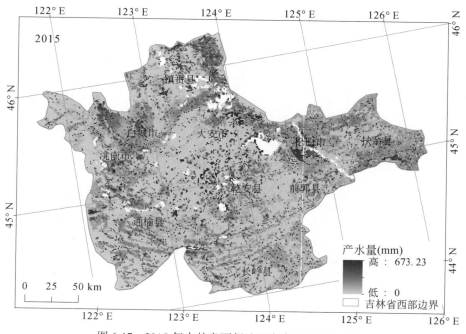

图 6-17　2015 年吉林省西部地区产水量空间分布图

从各县（市、区）产水量来看（表6-1）。1990 年吉林省西部地区产水量均在 $11m^3/km^2$ 以上，其中产水量最高的县（市、区）为长岭县，为 $19.15m^3/km^2$，其次为前郭县、乾安县和通榆县，产水量最低的县（市、区）为洮南市，产水量为 $11.65m^3/km^2$。2000 年吉林省西部地区产水量明显降低，最高的县（市、区）仍为长岭县，为 $8.42m^3/km^2$，其次为前郭县和乾安县，产水量最低的县（市、区）为洮南市，仅为 $2.54m^3/km^2$；2015 年吉林省西部地区各县（市、区）的产水量明显升高，其中产水量最高的县（市、区）为松原市市区，为 $13.12m^3/km^2$，其次为白城市市区和扶余县，产水量最低的县（市、区）仍为洮南市，为 $6.43m^3/km^2$。

从各县（市、区）的区域总产水量来看，1990 年各县（市、区）中区域总产水量最高的地区是通榆县，为 $1320.29×10^4m^3$，其次为长岭县和前郭县，区域总产水量分别为 $1098.79×10^4m^3$ 和 $962.97×10^4m^3$，区域总产水量最低的县（市、区）是松原市市区，为 $175.33×10^4 m^3$。2000 年各县（市、区）区域总产水量明显下降，区域总产水量最高的地区是长岭县，为 $483.16×10^4 m^3$。其次为通榆县和扶余县，区域总产水量分别为 $428.46×10^4m^3$ 和 $413.89×10^4 m^3$。区域总产水量最低的县（市、区）为白城市市区，仅为 $67.56×10^4 m^3$。2015 年吉林省西部地区区域总产水量有所提高，各县（市、区）中区域总产水量最高的地区是通榆县，为 $577.23×10^4 m^3$，其次为镇赉县和扶余县，区域总产水量分别为 $494.62×10^4m^3$ 和 $479.26×10^4 m^3$，区域总产水量最低的县（市、区）为松原市市区，为 $164.20×10^4 m^3$（表6-2）。

表 6-2　吉林省西部地区各县（市、区）区域总水量变化　　（单位：10^4m^3）

县（市、区）	1990 年	2000 年	2015 年
松原市市区	175.33	74.84	164.20
前郭县	962.97	413.89	470.62
长岭县	1098.79	483.16	409.82
乾安县	541.93	237.87	299.74
扶余县	574.11	251.27	479.26
白城市市区	282.79	67.56	267.36
镇赉县	635.42	187.96	494.62
通榆县	1320.29	428.46	577.23
洮南市	594.72	129.86	328.20
大安市	626.18	259.47	414.00
吉林省西部	6818.22	2534.45	3897.49

（2）吉林省西部地区产水量动态变化

1990~2000 年，整个区域产水量呈现下降的趋势，而产水量增加的区域面积较小且分散（图 6-18）。1990~2000 年，吉林省西部地区草地面积迅速较少，导致蒸散量明显提高，而该区降水量变化并不明显。因此，该时段内产水量下降主要是草地退化引起的。

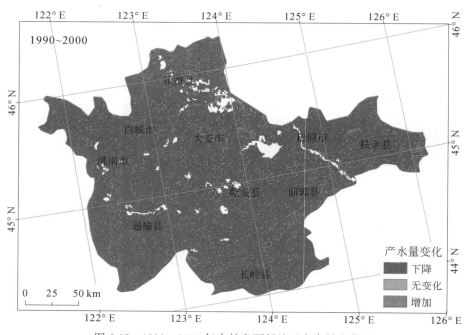

图 6-18　1990~2000 年吉林省西部地区产水量变化图

2000~2015 年吉林省西部产水量有所增加，增加区域主要分布在该区的西部和东北部。该区产水量减少区域主要分布在中部和东南部（图 6-19）。2000~2015 年吉林省西部产水量由 2000 年的 2534.45×10⁴m³ 增加到 3897.49×10⁴m³，增加率为 53.78%。产水量变化与各年的气温和降水的不同及生态系统宏观结构的变化密切相关。2000~2015 年该区草地呈现恢复状态，草地面积明显增高，蒸发量随之减少，且该时段内降水量升高。这是导致 2000~2015 年该区产水量明显增加的主要原因。

（3）吉林省西部河流径流量

吉林省西部江河水位年内、年际变化较大。低水位多出现于 3~5 月，高水位多出现于 7~9 月。年内水位变幅嫩江大赉站、松花江下岱吉站可达 3.2~6.8m，西流松花江各监测站在 1.8~4.6m，拉林河、挑儿河各站一般为 1.0~4.0m。近年来因为大部分河流上游兴建了水库，河水被拦截，使河流下游来水量减少，枯水季节造成河流断流，甚至河床常年干涸。这些河流虽然年径流量较大，但都属于难以利用的地表水。因此，区内地表水资源较少（表 6-3），多数难以利用（赵海卿，2012）。

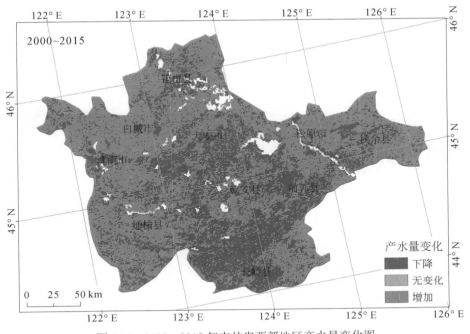

图 6-19　2000~2015 年吉林省西部地区产水量变化图

表 6-3　各主要监测站径流量统计

站名	所在江河	年数	多年平均 ($10^8\mathrm{m^3/a}$)	最大 ($10^8\mathrm{m^3/a}$)	最小 ($10^8\mathrm{m^3/a}$)	倍比
扶余	西流松花江	45	156.0	294.0	55.0	5.3
镇西	洮儿河	41	12.80	44.5	0.8	56.3
务本	蛟流河	43	1.90	6.5	0.1	68.7
洮南	洮儿河	44	12.00	46.4	0.5	88.7
大赉	嫩江	43	234.7	501.0	59.0	8.5
松花江	西流松花江	40	159.1	320.4	62.4	5.1
蔡家沟	拉林河	41	34.0	66.9	9.1	7.4
街基	霍林河	34	1.80	5.9	0.4	16.8

2. 地下水环境变化

吉林省西部埋藏有多个含水层，包括孔隙潜水含水层和孔隙承压水含水层（分别为浅层、中深层）、第三系大安组、泰康组裂隙孔隙含水层（深层）和白垩系孔隙裂隙含水层（深层）。在天然情况下，各含水层之间在平面或剖面有着直接或间接的水力联系，其边界由盆地周边白垩系或之前的各种弱透水地层、岩浆岩、阻水断层和区域地下水分水岭（南缘）组成，构成一个较完整的地下水系统，具有统一的补径排条件。

（1）地下水资源量

吉林省西部地下水资源主要的补给项有降水入渗、山前侧向流入和地表水体入渗。逐年地下水资源量计算结果见表6-4。

表6-4　吉林省西部2001～2009年地下水资源量计算结果表　（单位：$10^8 m^3$）

年份	地区	降水入渗补给量	山前侧向流入量	地表水体入渗补给量		井灌回归补给量	总补给量	地下水资源量
				补给量	其中河川基流补给			
2001	白城市	8.05		1.87		0.59	10.51	9.92
	松原市	5.17	0.00	0.74	0.00	0.34	0.25	5.91
2002	白城市	15.50		0.46		0.43	17.39	16.96
	松原市	10.64	0.00	0.46	0.00	0.27	11.37	11.10
2003	白城市	17.91	0.00	0.13	0.02	0.99	19.03	18.04
	松原市	12.21		0.97	0.20	0.28	13.46	13.19
2004	白城市	10.54	0.00	0.25	0.10	0.78	11.57	10.79
	松原市	8.60	0.00	0.61	0.13	0.66	9.86	9.20
2005	白城市	20.00		0.96	0.24	2.48	23.44	20.96
	松原市	13.12	0.00	0.99	0.14	0.58	14.69	14.11
2006	白城市	16.66	0.00	0.78	0.17	2.48	19.92	17.44
	松原市	8.76	0.00	0.95	0.20	0.58	10.29	9.71
2007	白城市	13.39	0.75	0.31	0.11	0.87	15.32	14.45
	松原市	7.36	0.00	0.70	0.12	0.22	8.29	8.06
2008	白城市	13.27	0.80	0.30	0.12	1.20	15.57	14.37
	松原市	10.88	0.00	0.84	0.22	0.26	11.99	11.73
2009	白城市	15.44	0.76	0.36	0.25	1.19	17.75	16.56
	松原市	8.66	0.00	0.77	0.15	0.28	9.71	9.43
均值	白城市	14.53	0.39	0.71	0.14	1.22	16.72	15.50
	松原市	9.49	0.00	0.78	0.13	0.39	10.66	10.27

资料来源：赵海卿（2012）

从行政分区分析，2001～2009年吉林省西部平均地下水资源量为 $25.77×10^8 m^3$其中，白城市为 $15.50×10^8 m^3$，松原市为 $10.27×10^8 m^3$。白城市平均降水入渗补给量为 $14.53×10^8 m^3$，占总地下水补给量的87%；松原市平均降水入渗补给量为 $9.49×10^8 m^3$，占总补给量的89%。由此可以看出该区降水入渗补给是地下水的主要补给来源，也是组成地下水资源的基础。

（2）地下水水质变化

从现有监测数据得出，连续种植水稻，地下水 pH 逐年降低，但间断种稻与光板地地下水 pH 明显高于连续种稻（图6-20），说明间断种稻有次生盐渍化风险，防止次生盐渍化的有效措施是连续种稻。

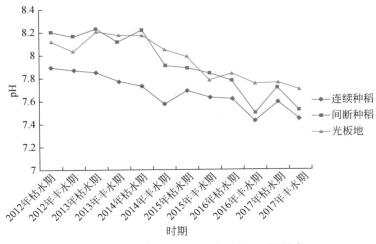

图 6-20　不同种植方式对地下水 pH 的影响

从现有监测数据分析，连续种稻地下水电导率（electrical conductivity，EC）高于间断种稻及光板地（图6-21）。地下水水质与土壤水盐运动相关，盐碱土耕作和改良措施会增加土壤的导水能力，在水平冲洗排盐效率达到最大值以后，水盐运动的方向将以垂直向下为主，可能会对地下水水质产生影响。

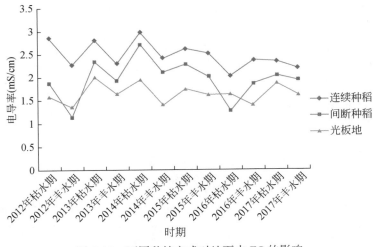

图 6-21　不同种植方式对地下水 EC 的影响

三、土壤环境变化

吉林省碱土基本属于内陆苏打（Na_2CO_3）盐碱型，盐分组成中以苏打和小苏打（$NaHCO_3$）为主，含有少量的硫酸盐和氯化物。因为土壤在苏打盐化过程中伴随发生碱化过程，所以苏打盐碱土兼有不同程度的盐化和碱化特征。中国科学院大安碱地生态试验站位于松嫩平原腹地的吉林省大安市境内，属于中重度苏打盐碱土的典型代表区域。

1. 吉林省西部地区土壤 pH 变化特征

监测结果表明，4 个土壤剖面除个别点外，土壤 pH 均在 10.0 以上；20～100cm 土层范围，土壤 pH 多在 10.3 以上，说明土壤呈强碱性（表 6-5）。

表 6-5　土壤 pH 及其在剖面中的变化

深度（cm）	M1	M2	M3	M4
0～20	9.94	10.01	10.19	10.33
20～40	10.3	10.14	10.33	10.43
40～60	10.33	10.3	10.39	10.37
60～80	10.31	10.38	10.4	10.4
80～100	10.33	10.36	10.33	10.35
100～120	10.28	10.42	10.43	10.27
120～140	10.34	10.4	10.25	10.2
140～160	10.32	10.38	10.2	10.18
160～180	10.11	10.11	10.23	10.11
180～200	10.02	10.08	10.17	–

资料来源：李彬等（2006a）

2. 吉林省西部地区土壤含盐量变化特征

由图 6-22 可知，20～80cm 土层盐分含量明显高于其他土层，是盐分积累层，含盐量为 6.0～10.0g/kg，其他土层含盐量均较低，整个剖面含盐量呈倒 "S" 形曲线变化。

3. 吉林省西部地区土壤含盐量变化特征

土壤碱化度（exchange sodium percentage，ESP）是指土壤胶体吸附的交换性钠离子占阳离子交换量的百分率。当土壤 ESP 达到一定程度，可溶盐含量较低时，土壤就呈极强的碱性反应，pH 大于 8.5 甚至超过 10.0 时，土壤 ESP 常被用来作为碱土及碱化土壤改良利用的指标和依据。吉林省西部地区 30～110cm 的土壤 ESP 均在 20% 以上，最高可达 42%（图 6-23），为明显的土壤碱化层；表层 0～20cm 及深层 120cm 以下土壤 ESP 均较低。这种分布趋势与土壤含盐量的分布较为一致，土壤盐分积累层同时也是土壤的碱化层。这是由于本区的苏打盐碱土，是在现代气候条件下，由低矿化度地下水蒸发富集而形成的（李彬等，2006b）。

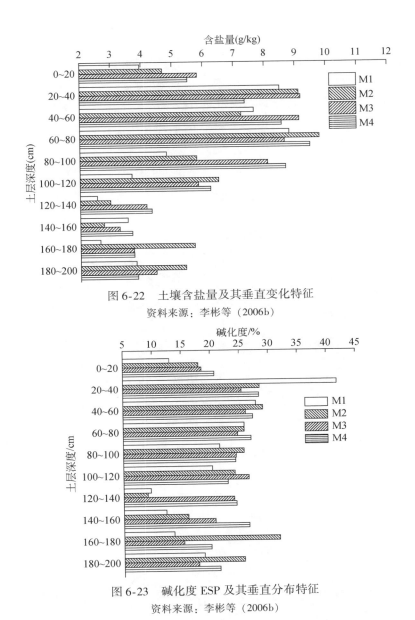

图 6-22　土壤含盐量及其垂直变化特征

资料来源：李彬等（2006b）

图 6-23　碱化度 ESP 及其垂直分布特征

资料来源：李彬等（2006b）

第三节　生态系统宏观结构变化

一、生态系统构成与空间分布特征

吉林省西部地区生态系统主要有草地、沼泽湿地、森林、农田、裸地等，其中裸地以盐碱裸地为主。该区从植被空间分布特征上看，以农田为主，大部分为旱田，水田集中分布在西部的白城市市区、北部的镇赉县和东部的前郭县、松原市市区。其次为草地,约占全区总面积的 12.93%;森林较分散,多以农田间及道路旁的防护林为主,约占全区总面积的 5.03%;沼泽湿地主要分布在该区的中部和北部的湖泊、河流附近及低洼地区;吉林省西部地区是一个闭流区,有独特的现代积盐过程,盐碱土得到充分的发育,同时土壤盐碱化也在一定程度上影响了地带性植被类型的发育和分布。1990 年、2000 年、2010 年和 2015 年的生态系统空间分布如图 6-24 所示。

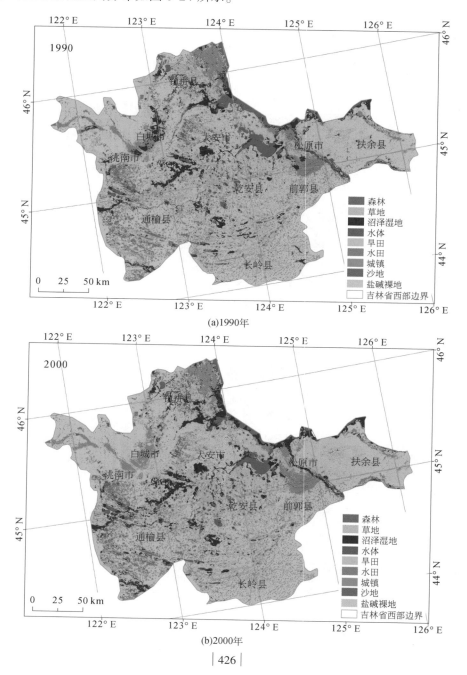

(a)1990年

(b)2000年

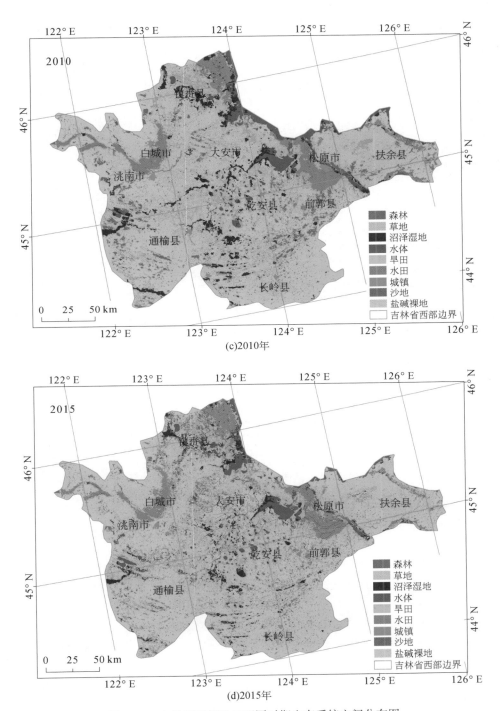

图 6-24　吉林省西部地区不同时期生态系统空间分布图

2000～2010 年吉林省西部地区变化显著的生态系统类型主要为城镇、沼泽湿地、农田、盐碱裸地和草地，沼泽湿地和盐碱裸地呈现减少的趋势，相反城镇、草地和农田呈现增加的趋势。2010～2015 年吉林省西部地区农田和城镇生态系统面积持续增加，但增加幅度明显降低，沼泽湿地和草地面积仍在减少，减少幅度也呈降低趋势。1990～2000 年吉林省西部地区变化显著的生态系统类型为草地、沼泽湿地和农田。其中，草地和湿地呈现减少趋势，农田呈现增加趋势。

1990～2015 年吉林省西部地区生态系统类型面积变化显著，森林、农田、城镇生态系统面积增加，沼泽湿地、草地生态类型面积减少。具体各生态系统类型转入转出及变化情况见表 6-6。

表 6-6　吉林省西部地区生态系统类型面积及其变化

类型	1990 年 ($10^4 hm^2$)	2000 年 ($10^4 hm^2$)	2010 年 ($10^4 hm^2$)	2015 年 ($10^4 hm^2$)	1990～2000 年		2000～2010 年		2010～2015 年	
					变化量 ($10^4 hm^2$)	变化率 (%)	变化量 ($10^4 hm^2$)	变化率 (%)	变化量 ($10^4 hm^2$)	变化率 (%)
森林	22.26	23.08	23.90	24.24	0.82	3.68	0.82	3.55	0.34	1.42
草地	65.27	58.64	64.06	60.97	−6.63	−10.16	5.42	9.24	−3.09	4.82
沼泽湿地	37.27	34.75	23.08	21.68	−2.52	−6.76	−11.66	−33.55	−1.4	−6.07
水体	26.04	20.21	18.67	22.39	−5.84	−22.43	−1.53	−7.57	3.71	19.87
水田	21.79	25.75	28.73	33.41	3.96	18.17	2.98	11.61	4.68	16.25
旱田	260.13	269.31	273.77	270.39	9.18	3.53	4.46	1.66	−3.38	−1.23
盐碱裸地	16.86	17.63	15.87	14.80	0.77	4.57	−1.76	−9.98	−1.07	−6.68
沙质裸地	1.26	1.08	1.24	0.72	−0.18	−14.29	0.16	13.89	−0.52	−41.94
城镇	18.39	18.83	19.95	20.42	0.44	2.39	1.12	5.95	0.47	2.36

二、草地生态系统结构动态

1. 面积变化

从多期数据统计分析可知（图 6-25），2000 年吉林省西部地区草地面积约为 $58.64 \times 10^4 hm^2$，占该区总面积的 12.49%，2010 年吉林省西部地区草地面积约为 $64.06 \times 10^4 hm^2$，占该区总面积的 13.31%，与 2000 年相比增加了 $5.42 \times 10^4 hm^2$，增加面积主要来源于湿地和盐碱裸地，2000～2010 年吉林省西部地区草地呈现增加的趋势，增加效果显著，这主要是受吉林省生态省建设工程等生态建设项目实施的影响，提高了草地的面积；2015 年吉林省西部地区草地面积约为 $60.97 \times 10^4 hm^2$，草地面积占该区总面积的 12.93%，与 2010 年相比草地减少了 $3.09 \times 10^4 hm^2$，草地多半转化为农田、沼泽湿地和盐碱地。2010～2015 年，吉林省西部地区草地面积呈现减少趋势，减少幅度约为 2000～2010 年草地增加幅度的 1/2。虽然吉林省西部地区生态建设对草地的恢复起到了一定的作用，但一些农业工程的实施削弱了草地保护的力度。吉林省西部地区生态建设实施前草地面积呈现减少趋势，

1990 年草地面积约为 65.27×10⁴hm²，占该区总面积的 13.91%；截至 2000 年草地共计减少了 6.63×10⁴hm²，草地退化现象明显，大量草地被开发利用转化为旱田；2010～2015 年草地的减少幅度明显低于 1990～2000 年，2000～2010 年是吉林省西部地区生态建设实施的重要时期，以恢复草地为主，因此该时间段内的草地面积增加明显。从四期草地的空间分布图（图 6-26）可以看出，1990～2000 年草地减少主要集中发生在吉林省西部地区的北部，而 2000～2010 年，草地面积增长的地区主要为大安市中部和洮南市东部，2010～2015 年草地变化区则主要集中在大安市和镇赉县。

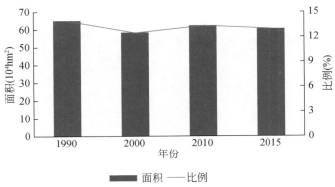

图 6-25　草地面积、百分比变化情况分布图

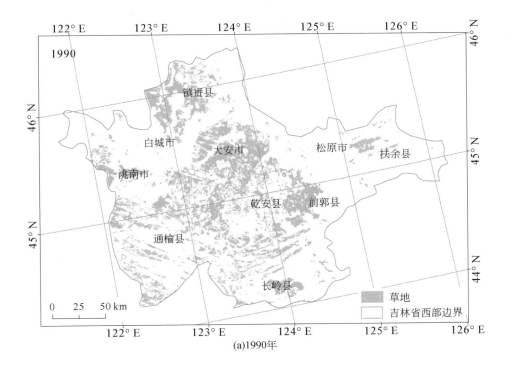

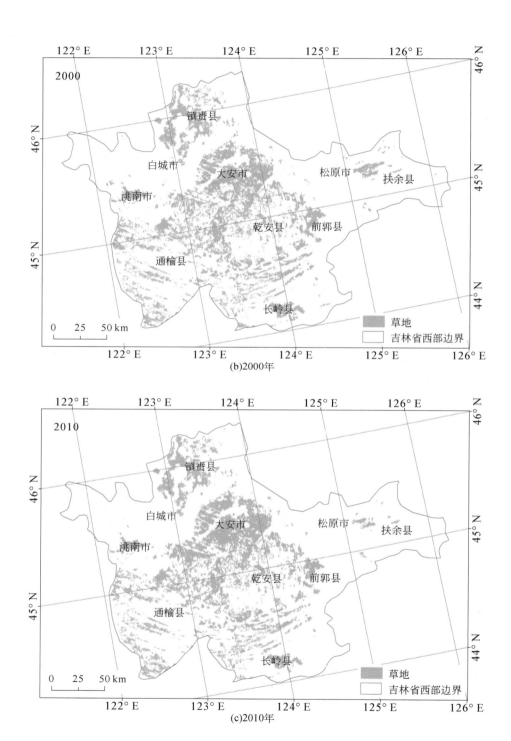

(b)2000年

(c)2010年

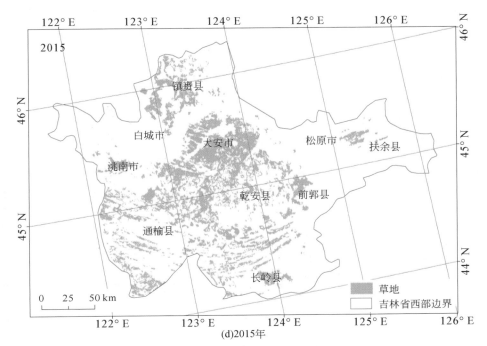

图 6-26 吉林省西部地区草地格局演变

2000~2010 年，草地呈现增加趋势，共有 $7.72×10^4 hm^2$ 其他生态系统类型转化为草地，贡献者主要有沼泽湿地、农田、水体和盐碱裸地，转入面积分别为 $4.40×10^4 hm^2$、$0.18×10^4 hm^2$ 和 $1.42×10^4 hm^2$ 和 $1.72×10^4 hm^2$。同时也有 $2.25×10^4 hm^2$ 的草地被转化为其他生态系统类型，主要包括沼泽湿地、农田、水体和盐碱裸地，转出面积分别为 $0.21×10^4 hm^2$ 和 $1.90×10^4 hm^2$、$0.05×10^4 hm^2$ 和 $0.04×10^4 hm^2$（表 6-7）。2015 年草地面积减少至 $60.97×10^4 hm^2$，共有 $5.61×10^4 hm^2$ 草地转化为其他生态系统类型，主要有沼泽湿地、农田和水体，面积分别为 $1.63×10^4 hm^2$、$1.95×10^4 hm^2$ 和 $1.44×10^4 hm^2$（表 6-8）。2010~2015 年草地减少的主要原因是湿地的保护与农田开垦。1990~2000 年，共有 $7.93×10^4 hm^2$ 草地被转化为其他生态系统类型，草地的主要转出类型是农田和沼泽湿地，转出面积分别为 $7.70×10^4 hm^2$ 和 $0.09×10^4 hm^2$；同时也有 $1.93×10^4 hm^2$ 其他生态系统类型转化为草地，转入草地的类型有沼泽湿地和水体（表 6-9）。1990~2000 年是草地骤减的时段，2000~2010 是草地的恢复阶段，说明吉林省西部地区生态建设工程的实施，如草地保护、禁牧等措施对吉林省西部地区草地恢复发挥了作用，但 2010 年草地没有恢复到 1990 年的面积。2010~2015 年减少幅度远远小于 1990~2000 年草地的减少幅度，1990~2015 年草地呈现了先减少后增加的趋势，但整体表现为草地面积减少。农田开垦、退草还林政策及城镇扩张占用天然草地是草地减少的主要因素。随着草地研究的深入、草地重要性的宣传及吉林省西部地区生态建设的实施，草地保护意识有了很大程度的提高，但是随着大面积的开垦草地，将草地开发为旱田或者水田，导致了 2010 年后草地面积的减少。未来应大力开展草地恢复，减缓草地退化；加强宣传教育力度，继续强化民众草地保护意识；在保护草地的前提下，合理利用草地，制订科学合理的土地利用和生态保护政策，引导草地资源合理开发和有效保护。

表 6-7　吉林省西部地区 2000～2010 年草地转化情况表　（单位：$10^4 hm^2$）

生态系统		2010 年						
		草地	沼泽湿地	水体	水田	旱田	盐碱裸地	城镇
2000 年	草地	56.31	0.21	0.05	0.29	1.61	0.04	0.05
	沼泽湿地	4.40	—	—	—	—	—	—
	水体	1.42	—	—	—	—	—	—
	水田	0.01	—	—	—	—	—	—
	旱田	0.17	—	—	—	—	—	—
	盐碱裸地	1.72	—	—	—	—	—	—
	城镇	0.00	—	—	—	—	—	—

表 6-8　吉林省西部地区 2010～2015 年草地转化情况表　（单位：$10^4 hm^2$）

生态系统		2015 年						
		草地	沼泽湿地	水体	水田	旱田	盐碱裸地	城镇
2010 年	草地	58.38	1.63	1.44	1.16	0.79	0.43	0.16
	沼泽湿地	1.30	—	—	—	—	—	—
	水体	0.10	—	—	—	—	—	—
	水田	0.02	—	—	—	—	—	—
	旱田	0.59	—	—	—	—	—	—
	盐碱裸地	0.40	—	—	—	—	—	—
	城镇	0.03	—	—	—	—	—	—

表 6-9　吉林省西部地区 1990～2000 年草地转化情况表　（单位：$10^4 hm^2$）

生态系统		2000 年						
		草地	沼泽湿地	水体	水田	旱田	盐碱裸地	城镇
1990 年	草地	56.67	0.09	0.03	0.44	7.26	0.04	0.07
	沼泽湿地	0.66	—	—	—	—	—	—
	水体	1.26	—	—	—	—	—	—
	水田	0.00	—	—	—	—	—	—
	旱田	0.00	—	—	—	—	—	—
	盐碱裸地	0.01	—	—	—	—	—	—
	城镇	0.00	—	—	—	—	—	—

2. 县（市、区）尺度对比

1990 年大安市草地面积约为 14.79×10⁴hm²，草地面积比例高达 30.28%；其次为通榆县、镇赉县和前郭县，草地面积分别在 12.11×10⁴hm²、9.16×10⁴hm² 和 7.52×10⁴hm²，比例分别为 14.28%、18.05% 和 12.47%（表 6-10）。1990～2015 年，该区草地面积整体呈现减少趋势，人为因素是草地退化的主要原因，人为影响叠加在自然因素之上，对草地的退化产生放大作用。其中，草地减少最为严重的县（市、区）为镇赉县，减少面积为 2.36×10⁴hm²，其次为前郭县和乾安县，面积分别减少了 1.81×10⁴hm² 和 1.43×10⁴hm²；在所有县（市、区）中，只有大安市和通榆县在 1990～2015 年草地面积有所增加，增加面积分别为 1.95×10⁴hm² 和 1.55×10⁴hm²，其他县（市、区）草地面积均呈现减少趋势，吉林省西部地区整体生态环境退化、生物多样性降低等问题仍很严重。

1990～2000 年，除大安市和通榆县外，全区其他县（市、区）草地面积比例均呈现下降趋势，其中，下降最明显的为乾安县，洮南市次之，下降最缓的为扶余县。2000～2010 年，全区仅有 4 个县（市、区）草地面积比例呈现下降趋势，分别为扶余县、前郭县、白城市市区和松原市市区，其中，面积下降最大的仍为扶余县，前郭县次之，下降最缓的为松原市市区；其余县（市、区）均呈现增加趋势，其中面积增加最大的为大安市，增加了 2.32×10⁴hm²。2010～2015 年，全区有 5 个县（市、区）草地面积比例呈现下降趋势，分别为大安市、镇赉县、长岭县、洮南市和乾安县。其中，面积减少最大的为大安市，其次为镇赉县，下降最缓的乾安县；其余 5 个县（市、区）草地面积比例略有上升，其中通榆县草地面积上升最大，上升了 0.72×10⁴hm²。

表 6-10 吉林省西部地区各县（市、区）不同时期草地面积及面积比例

草地	1990 年		2000 年		2010 年		2015 年	
	面积（10⁴hm²）	比例（%）	面积（10⁴hm²）	比例（%）	面积（10⁴hm²）	比例（%）	面积（10⁴hm²）	比例（%）
大安市	14.79	30.28	15.90	32.56	18.22	37.32	16.74	34.28
通榆县	12.11	14.28	12.19	14.38	12.94	15.27	13.66	16.12
镇赉县	9.16	18.05	7.89	15.56	8.05	15.88	6.80	13.41
白城市市区	1.34	6.01	0.83	3.75	0.59	2.64	0.65	2.91
洮南市	6.21	12.17	4.46	8.73	5.93	11.62	5.76	11.29
长岭县	6.17	10.75	5.52	9.62	5.72	9.97	5.43	9.46
扶余县	2.09	4.5	1.80	3.89	0.94	2.03	1.40	3.02
松原市市区	0.04	0.32	0.03	0.27	0.00	0.00	0.00	0.00
乾安县	5.85	16.65	3.88	11.03	4.53	12.88	4.42	12.59
前郭县	7.52	12.47	6.13	10.18	5.49	9.10	5.71	9.47

3. 草地景观参数变化

从吉林省西部地区斑块类型水平指数上的草地景观指标分析（表6-11）可知：1990～2000 年吉林省西部地区草地 NP 和 DIVISION 整体呈现递减趋势；生态建设实施以后，NP 和 DIVISION 值增加。1990～2000 年景观类型 PD 呈下降趋势，表明景观破碎化程度加剧。该区生态建设实施以来，PD 值明显上升，说明草地斑块有恢复的现象。AI 表示空间格局聚散程度，1990～2000 年 AI 变化较小，生态建设实施以后，AI 明显降低，说明草地连通性降低，破碎化程度略有增加，也说明了人类干扰强度明显增加。

表6-11　吉林省西部地区草地景观类型指数

年份	NP（个）	PD（斑块数/100hm²）	DIVISION	AI
1990	4044	0.09	0.99	73.38
2000	3485	0.07	0.99	73.95
2010	2768	0.06	1.00	70.47
2015	3852	0.08	1.00	65.89

三、沼泽湿地生态系统时空格局

1. 面积变化

四个时期吉林省西部地区沼泽湿地空间分布图如图 6-27 所示。从多期数据统计分析可知（图 6-28），2000 年该区沼泽湿地面积约为 $34.75×10^4 hm^2$，占该区总面积的 7.40%；2010 年该区沼泽湿地面积约为 $23.08×10^4 hm^2$，占该区总面积的 4.92%，与 2000 年相比减少了 $11.66×10^4 hm^2$，沼泽湿地大规模减少，大量沼泽湿地被开垦为农田，部分转化为草地。2015 年该区沼泽湿地面积约为 $21.68×10^4 hm^2$，占该区总面积的 4.62%，与 2010 年相比仅减少了 $1.40×10^4 hm^2$，与 2000～2010 年沼泽湿地减少量相比，减少幅度明显降低，这也说明对于湿地保护政策及生态建设项目的实施，沼泽湿地面积减少得到了遏制。1990 年吉林省西部地区沼泽湿地面积约为 $37.27×10^4 hm^2$，占该区总面积的 7.94%；1990～2000 年，即生态建设实施前的 10 年，该区沼泽湿地呈现减少趋势，减少了 $2.52×10^4 hm^2$。2000～2010 年沼泽湿地减少幅度明显高于 1990～2000 年，沼泽湿地受人为干扰性强，加之受一些农业工程影响，大量沼泽湿地被开发利用为水田和旱田；1990～2015 年，该区沼泽湿地面积共减少了 $15.59×10^4 hm^2$，主要集中发生在吉林省西部地区北部的镇赉县和大安市。

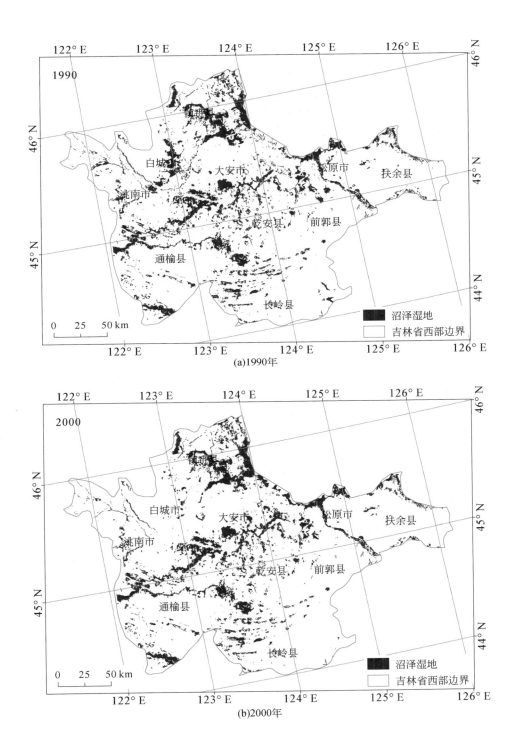

(a)1990年

(b)2000年

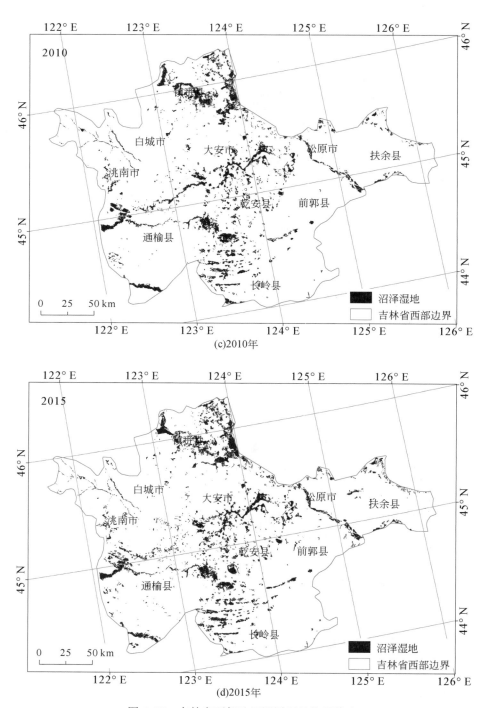

(c)2010年

(d)2015年

图 6-27 吉林省西部地区沼泽湿地格局演变

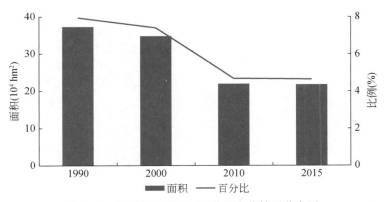

图 6-28　沼泽湿地面积、百分比变化情况分布图

2000～2010 年，沼泽湿地面积继续减少与 1990～2000 年相比减少幅度增加，共减少了 $11.66 \times 10^4 hm^2$，有 $14.6 \times 10^4 hm^2$ 面积的沼泽湿地转化为其他生态系统类型，主要转化为农田、草地、水体和盐碱裸地，转出面积分别为 $5.29 \times 10^4 hm^2$、$4.41 \times 10^4 hm^2$、$4.36 \times 10^4 hm^2$ 和 $0.54 \times 10^4 hm^2$；同时也有 $3.30 \times 10^4 hm^2$ 的其他生态系统类型转化为沼泽湿地，主要有水体和盐碱裸地，转化面积分别为 $2.12 \times 10^4 hm^2$ 和 $0.61 \times 10^4 hm^2$（表 6-12）。2015 年沼泽湿地面积为 $21.68 \times 10^4 hm^2$，与 2010 年相比减少了 $1.40 \times 10^4 hm^2$，约有 $6.07 \times 10^4 hm^2$ 的沼泽湿地转化为其他生态系统类型，草地和农田是其转出的主要类型，转出面积分别为 $1.30 \times 10^4 hm^2$ 和 $1.06 \times 10^4 hm^2$（表 6-13）。1990～2000 年，共有 $5.53 \times 10^4 hm^2$ 沼泽湿地转化为其他生态系统类型，沼泽湿地的主要转出类型是农田、草地和水体，转出面积分别为 $4.11 \times 10^4 hm^2$、$0.66 \times 10^4 hm^2$ 和 $0.64 \times 10^4 hm^2$；同时也有 $3.12 \times 10^4 hm^2$ 其他生态系统类型地转化为沼泽湿地，转入沼泽湿地的类型有草地和水体，转入面积分别为 $0.09 \times 10^4 hm^2$ 和 $3.01 \times 10^4 hm^2$（表 6-14）。2000～2010 年沼泽湿地面积减少与 1990～2000 年相比减少幅度明显增加，虽然 2010 年以后，沼泽湿地面积减少的趋势得到了遏制，但是沼泽湿地面积与 1990 年相比，降低了 41.8%，总体上看，21 世纪初吉林省西部开展的一些生态工程及粮食等工程，以草地生态系统及农田生态系统为保护目标，忽略了湿地生态系统的保护，进而导致了湿地面积减少。

表 6-12　吉林省西部地区 2000～2010 年沼泽湿地转化情况表　（单位：$10^4 hm^2$）

生态系统		2010 年					
		草地	沼泽湿地	水体	水田	旱田	盐碱裸地
2000 年	草地	—	0.21	—	—	—	—
	沼泽湿地	4.41	19.74	4.36	0.85	4.44	0.54
	水体	—	2.12	—	—	—	—
	水田	—	0.03	—	—	—	—
	旱田	—	0.33	—	—	—	—
	盐碱裸地	—	0.61	—	—	—	—

表 6-13　吉林省西部地区 2010～2015 年沼泽湿地转化情况表 （单位：$10^4\,hm^2$）

生态系统		2015 年					
		草地	沼泽湿地	水田	旱田	水体	盐碱裸地
2010 年	草地	—	1.63	—	—	—	—
	沼泽湿地	1.30	16.81	0.32	0.74	3.30	0.41
	水田	—	0.06	—	—	—	—
	旱田	—	0.92	—	—	—	—
	水体	—	1.50	—	—	—	—
	盐碱裸地	—	0.54	—	—	—	—

表 6-14　吉林省西部地区 1990～2000 年沼泽湿地转化情况表 （单位：$10^4\,hm^2$）

生态系统		2000 年					
		草地	沼泽湿地	水田	旱田	水体	盐碱裸地
1990 年	草地	—	0.09	—	—	—	—
	沼泽湿地	0.66	31.54	2.53	1.58	0.64	0.12
	水田	—	0.00	—	—	—	—
	旱田	—	0.02	—	—	—	—
	水体	—	3.01	—	—	—	—
	盐碱裸地	—	0.00	—	—	—	—

　　吉林省西部湿地面积的剧烈萎缩，大部分湿地被开发利用。湿地环境的这种剧烈变化，会加剧吉林省西部生态系统的不稳定性，并导致严重的生态后果。未来湿地应该加大力度保护，并且在退耕还林、还草的基础上开展退耕还湿，在减少沼泽湿地退化基础上，恢复湿地面积。还要增加宣传教育力度，强化民众沼泽湿地保护意识；在保护沼泽湿地的前提下，合理利用沼泽湿地，制定科学合理的土地利用和生态保护政策，引导沼泽湿地资源合理开发和有效保护。

2. 县（市、区）尺度对比

　　吉林省西部地区各县（市、区）沼泽湿地面积及占各县（市、区）面积比例见表 6-15，1990 年镇赉县沼泽湿地面积及面积比例均为最大，沼泽湿地面积约为 $8.07\times10^4\,hm^2$，面积比例为 15.91%；其次为通榆县、大安市、洮南市和前郭县，沼泽湿地面积分别在 $7.57\times10^4\,hm^2$、$4.49\times10^4\,hm^2$、$3.30\times10^4\,hm^2$ 和 $3.26\times10^4\,hm^2$，比例分别为 8.93%、9.20%、6.46% 和 5.41%。1990～2015 年，该区沼泽湿地面积整体现呈减少趋势，人为因素是其变化的主要原因，农耕对沼泽湿地的退化产生放大作用。其中减少最为严重的县（市、区）为通榆县，减少面积为 $3.30\times10^4\,hm^2$，其次为洮南市和镇赉县，面积分别减少了 $2.62\times10^4\,hm^2$ 和 $2.42\times10^4\,hm^2$；在所有县（市、区）中，只有乾安县在 1990～2015 年沼泽湿地面积有所增加，增加面积为 $0.24\times10^4\,hm^2$，其他县（市、区）沼泽湿地面积均呈现减少趋势，人口增加、粮食需求及人们对沼泽湿地保护工作的意义认识不够，导致湿地不合理开发利用，是致使吉林省西部地区沼泽湿地面积减少的主要因素。

表 6-15　吉林省西部地区各县市不同时期沼泽湿地面积及面积比例

县（市、区）	1990 年		2000 年		2010 年		2015 年	
	面积（$10^4 hm^2$）	比例（%）	面积（$10^4 hm^2$）	比例（%）	面积（$10^4 hm^2$）	比例（%）	面积（$10^4 hm^2$）	比例（%）
大安市	4.49	9.20	5.60	11.47	3.14	6.43	3.06	6.26
通榆县	7.57	8.93	7.47	8.81	4.72	5.57	4.27	5.04
镇赉县	8.07	15.91	8.38	16.52	5.46	10.77	5.65	11.13
白城市市区	2.21	9.91	0.31	1.37	0.17	0.75	0.13	0.57
洮南市	3.30	6.46	2.61	5.11	0.78	1.54	0.68	1.34
长岭县	2.87	5.00	2.48	4.32	2.89	5.04	2.55	4.45
扶余县	2.08	4.49	2.01	4.34	1.12	2.42	1.38	2.97
松原市市区	1.93	15.45	1.73	13.84	0.37	2.94	0.43	3.45
乾安县	1.48	4.22	1.45	4.14	1.53	4.35	1.72	4.90
前郭县	3.26	5.41	2.70	4.48	1.80	2.99	2.01	3.33

1990～2000 年，除大安市和镇赉县外，全区其他县（市、区）沼泽湿地面积比例均呈现下降趋势，其中，下降最剧烈的为白城市市区，下降面积为 $1.90 \times 10^4 hm^2$，洮南市次之，下降最缓的为乾安县。2000～2010 年，全区除了长岭县和乾安县外，所有县（市、区）沼泽湿地面积均减少且下降幅度明显高于 1990～2000 年，其中，下降最剧烈的为镇赉县，下降面积为 $2.92 \times 10^4 hm^2$，紧随其后的是通榆县和大安市，下降面积均在 $0.24 \times 10^4 hm^2$ 以上，下降最缓的为白城市市区；2010～2015 年，全区有 5 个县（市、区）沼泽湿地面积比例呈现下降趋势，分别为通榆县、长岭县、洮南市、大安市和白城市市区，其中减少面积最大的为通榆县，其次为长岭县，下降最缓的白城市市区；沼泽湿地面积下降幅度明显低于 2000～2010 年，其余 5 个县（市、区）沼泽湿地面积比例略有上升，其中扶余县沼泽湿地面积上升最大，但也仅上升了 $0.26 \times 10^4 hm^2$。

3. 沼泽湿地景观参数变化

从吉林省西部地区斑块类型水平指数上的沼泽湿地景观类型指标分析（表 6-16）可见，1990～2000 年吉林省西部地区沼泽湿地 NP 和景观类型 PD 整体呈现减少趋势，说明沼泽湿地景观破碎化程度加剧，但生态建设实施以来，NP 和 PD 增加说明沼泽湿地在逐渐恢复；DIVISION 逐年递增，表示吉林省西部地区沼泽湿地聚集程度降低；AI 表示空间格局聚散程度，1990～2000 年吉林省西部地区 AI 变化较小，生态建设实施以后，AI 呈现明显的下降趋势，说明沼泽湿地连通性降低，破碎化程度略有增加，也说明了人类干扰强度明显增加，沼泽湿地质量下降。

表 6-16　吉林省西部地区沼泽湿地景观类型指数

年份	NP（个）	PD（斑块数/100hm²）	DIVISION	AI
1990	4044	0.09	0.99	73.38
2000	3485	0.07	0.99	73.95
2010	2768	0.06	1.00	70.47
2015	3852	0.08	1.00	65.89

四、森林生态系统时空格局

1. 面积变化

四个时期吉林省西部地区森林生态系统空间分布图如图 6-29 所示。从多期数据统计分析可知（图 6-30），2000 年吉林省西部地区森林面积约为 23.08×10⁴hm²，占该区总面积的 4.92%。2010 年吉林省西部地区森林面积约 23.90×10⁴hm²，占该区总面积的 5.09%，与 2000 年相比增加了 0.82×10⁴hm²，说明退耕还林政策对林地保护发挥了一定的作用。2015 年吉林省西部地区森林面积约为 24.24×10⁴hm²，森林面积占该区总面积的

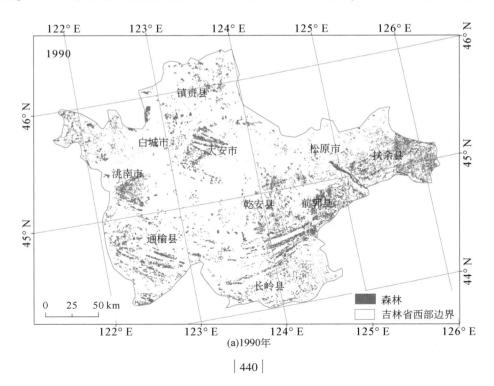

(a)1990年

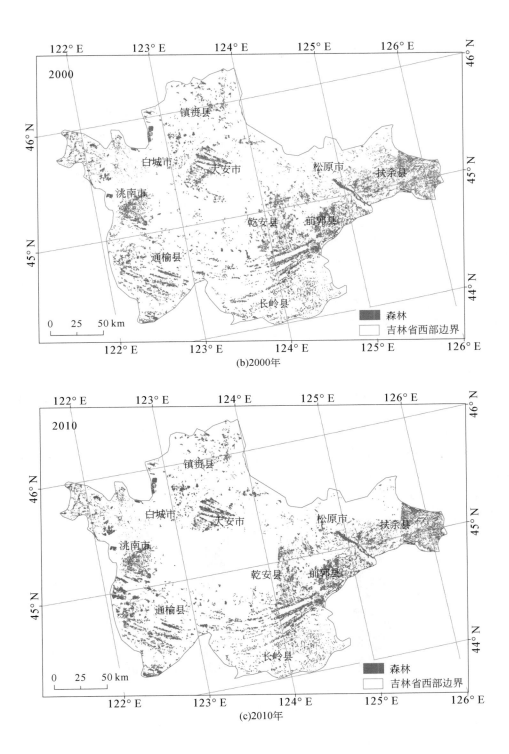

(b)2000年

(c)2010年

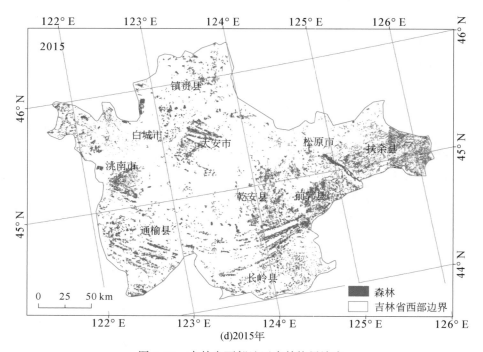

图 6-29　吉林省西部地区森林格局演变

5.17%，与 2010 年相比森林增加了 $0.34×10^4 hm^2$。1990 年吉林省西部地区内森林面积约 $22.26×10^4 hm^2$，占该区总面积的 4.74%；1990 ～2000 年森林共计增加了 $0.82×10^4 hm^2$，森林面积增加主要来源于草地。2000 ～2010 年森林面积增加幅度基本与 1990 ～2000 年基本持平，2010 ～2015 年森林增加幅度下降，约为 1990 ～2000 年森林面积增加幅度的 2/5。1990 ～2015 年，吉林省西部地区森林面积共增加了 $1.98×10^4 hm^2$，主要集中发生该区西南部的通榆县和洮南市。

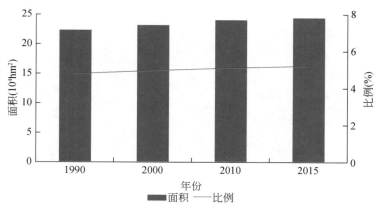

图 6-30　森林面积、百分比变化情况分布图

2000~2010年，森林生态系统面积持续增加，在此期间有 $0.66×10^4 hm^2$ 的其他生态系统类型转化为森林，以农田为主，转化面积为 $0.42×10^4 hm^2$（表6-17）。2010~2015年共有 $1.01×10^4 hm^2$ 的其他类型转化为森林，仍以农田为主，转入面积为 $0.93×10^4 hm^2$，但森林转出面积相比其他时段较高，2010~2015年共有 $0.59×10^4 hm^2$ 的森林转化为其他类型，转出类型主要为农田和草地，转出面积分别为 $0.44×10^4 hm^2$ 和 $0.09×10^4 hm^2$（表6-18）。1990~2000年，该区森林生态系统面积呈现增加的趋势，其中有 $0.82×10^4 hm^2$ 的其他生态类型转化为森林，转入类型主要有草地、沼泽湿地和水体，面积分别为 $0.67×10^4 hm^2$、$0.07×10^4 hm^2$ 和 $0.04×10^4 hm^2$；森林转出面积不到 $0.01×10^4 hm^2$（表6-19）。

表6-17 吉林省西部地区2000~2010年森林转化情况表 （单位：$10^4 hm^2$）

生态系统		2010年						
		森林	草地	沼泽湿地	水体	水田	旱田	盐碱裸地
2000年	森林	23.04	0.00	—	0.00	0.00	0.02	0.00
	草地	0.08	—	—	—	—	—	—
	沼泽湿地	—	—	—	—	—	—	—
	水体	0.09	—	—	—	—	—	—
	水田	0.03	—	—	—	—	—	—
	旱田	0.39	—	—	—	—	—	—
	盐碱裸地	0.07	—	—	—	—	—	—

表6-18 吉林省西部地区2010~2015年森林转化情况表 （单位：$10^4 hm^2$）

生态系统		2015年						
		森林	草地	沼泽湿地	水体	水田	旱田	盐碱裸地
2010年	森林	23.19	0.09	—	0.01	0.06	0.38	0.05
	草地	—	—	—	—	—	—	—
	沼泽湿地	0.06	—	—	—	—	—	—
	水体	0.02	—	—	—	—	—	—
	水田	0.07	—	—	—	—	—	—
	旱田	0.86	—	—	—	—	—	—
	盐碱裸地	0.00	—	—	—	—	—	—

吉林省西部地区森林呈现增加趋势，这主要是受到退耕还林、退耕还草政策的影响，2010~2015年增加幅度减少，主要是由于农田、草地、湿地等政策的实施。吉林省西部原

始植被类型中，只有部分榆树生长，现有的杨树等其他物种大多为人工种植，尤其是"三北"防护林的建设，虽然森林不是吉林省西部地区的主要植被类型，但其在整个生态系统构成中有着不容忽视的作用，尤其是防风固沙等方面。由于森林重要性的宣传及大众对森林保护意识的增强，近几年森林乱砍滥伐现象几乎没有出现，而是着重保林、育林。在未来仍应继续开展森林保护，加强森林保护的宣传教育力度，强化民众森林保护意识。

表 6-19 吉林省西部地区 1990~2000 年森林转化情况表 （单位：$10^4\,\mathrm{hm}^2$）

生态系统		2000 年						
		森林	草地	沼泽湿地	水体	水田	旱田	盐碱裸地
1990 年	森林	22.26	0.00	0.00	0.00	0.00	0.00	0.00
	草地	0.67	—	—	—	—	—	—
	沼泽湿地	0.07	—	—	—	—	—	—
	水体	0.04	—	—	—	—	—	—
	水田	0.00	—	—	—	—	—	—
	旱田	0.03	—	—	—	—	—	—
	盐碱裸地	0.01	—	—	—	—	—	—

2. 县（市、区）尺度对比

吉林省西部地区各县（市、区）森林面积及占各县（市、区）面积比例见表 6-20，1990 年前郭县森林面积约为 $5.17\times10^4\,\mathrm{hm}^2$，森林面积比例 8.58%；其次为通榆县、扶余县和洮南市，森林面积分别为 $3.46\times10^4\,\mathrm{hm}^2$、$3.19\times10^4\,\mathrm{hm}^2$ 和 $2.52\times10^4\,\mathrm{hm}^2$，比例分别为 4.08%、6.88% 和 4.94%。1990~2015 年，全区所有县（市、区）森林面积均呈现增加趋势，森林自然分布面积很少，又受还林政策的影响，使得该区森林增加具有一定的推动作用。在所有县（市、区）中森林增加最为明显的前郭县和乾安县，增加面积分别为 $0.54\times10^4\,\mathrm{hm}^2$ 和 $0.29\times10^4\,\mathrm{hm}^2$。其次为洮南市和通榆县，面积分别增加了 $0.25\times10^4\,\mathrm{hm}^2$ 和 $0.20\times10^4\,\mathrm{hm}^2$；其余县（市、区）增加幅度均在 $0.20\times10^4\,\mathrm{hm}^2$ 以下。

1990~2000 年，全区县（市、区）森林面积比例均呈现上升趋势，其中，增加最显著的县（市、区）为乾安县，增加了 $0.28\times10^4\,\mathrm{hm}^2$，洮南市次之，增加了 $0.21\times10^4\,\mathrm{hm}^2$，增加最缓慢的县（市、区）为通榆县，仅增加了 $0.01\times10^4\,\mathrm{hm}^2$。2000~2010 年，各县（市、区）森林面积有增有减。其中，有 4 个县（市、区）森林面积比例呈现下降趋势，分别为乾安县、大安市、洮南市和镇赉县，其中，下降最剧烈为乾安县，下降面积为 $0.61\times10^4\,\mathrm{hm}^2$，大安市次之，下降最缓的为镇赉县；其余县（市、区）森林面积均呈现增加趋势，其中面积增加最大的县（市、区）为通榆县，增加了 $1.16\times10^4\,\mathrm{hm}^2$。2010~2015 年，全区有 3 个县（市、区）森林面积比例呈现下降趋势，分别为通榆县、长岭县和扶余县，其中通榆县面积减少较大，减少了 $0.97\times10^4\,\mathrm{hm}^2$。其余各县（市、区）森林面积比例均呈现上升趋势，其中乾安县森林面积上升幅度最大，增加了 $0.62 \times 10^4 \mathrm{hm}^2$，松原市市区森林面积增加幅度最小。

表6-20 吉林省西部地区各县（市、区）不同时期森林面积及面积比例

县（市、区）	1990 年		2000 年		2010 年		2015 年	
	面积（$10^4\mathrm{hm}^2$）	比例（%）	面积（$10^4\mathrm{hm}^2$）	比例（%）	面积（$10^4\mathrm{hm}^2$）	比例（%）	面积（$10^4\mathrm{hm}^2$）	比例（%）
大安市	1.87	3.83	1.90	3.89	1.64	3.36	1.94	3.97
通榆县	3.46	4.08	3.47	4.09	4.63	5.46	3.66	4.32
镇赉县	1.74	3.43	1.80	3.55	1.76	3.47	1.88	3.71
白城市市区	0.71	3.19	0.75	3.37	0.79	3.54	0.86	3.86
洮南市	2.52	4.94	2.73	5.35	2.56	5.02	2.77	5.43
长岭县	1.78	3.10	1.83	3.19	1.92	3.35	1.85	3.23
扶余县	3.19	6.88	3.22	6.94	3.35	7.22	3.28	7.07
松原市市区	0.30	2.40	0.31	2.48	0.49	3.92	0.49	3.92
乾安县	1.52	4.33	1.80	5.12	1.19	3.39	1.81	5.15
前郭县	5.17	8.58	5.27	8.74	5.57	9.24	5.71	9.47

3. 森林景观参数变化

从吉林省西部地区斑块类型水平指数上的森林景观类型指标分析（表6-21）可见，1990~2015 年吉林省西部地区森林 NP 整体呈现上升趋势，景观类型 PD 和 DIVISION 几乎没变，森林景观较其他生态系统类型相比，景观破碎化最为严重；AI 表示空间格局聚散程度，1990~2015 年，AI 整体呈现上升趋势，说明破碎化程度略有降低。

表6-21 吉林省西部地区森林景观类型指数

年份	NP（个）	PD（斑块数/$100\mathrm{hm}^2$）	DIVISION	AI
1990	10 117	0.22	1.00	46.99
2000	10 226	0.22	1.00	47.63
2010	9 195	0.20	1.00	51.22
2015	10 392	0.22	1.00	47.82

五、农田生态系统时空格局

农田是吉林省西部地区第一大生态系统类型，其面积约占整个区域的2/3。从多期数

据统计分析可知（图6-31），2000年吉林省西部地区农田面积约为295.06×10⁴hm²，占该区总面积的62.88%；2010年吉林省西部地区农田面积约为302.50×10⁴hm²，占该区总面积的64.84%，与2000年相比增加了7.44×10⁴hm²，增加面积主要来源于草地和湿地。2015年吉林省西部地区农田面积约为303.80×10⁴hm²，农田面积占该区总面积的64.99%，与2010年相比农田增加了1.30×10⁴hm²，与2000~2010年相比农田增加幅度明显降低。2010~2015年扩展的农田多半由草地和湿地转化而来。1990年吉林省西部地区农田面积约为281.92×10⁴hm²，占该区总面积的60.07%；1990~2000年吉林省西部农田面积共计增加了13.14×10⁴hm²，大量草地、湿地被开发利用转化为农田，1990~2000年农田增加现象显著；2000~2010年农田增加面积与1990~2000年农田增加面积相比降低；2010~2015年农田增加的面积仅为1990~2000年农田增加面积的5.31%。1990~2000年农田面积增加区域主要集中发生在该区的西北部；而2000~2010年，农田面积的增加区域主要集中在该区西部，2010~2015年农田面积增加的区域主要集中在该区的东部。农田主要包括旱田和水田两大类，该区以旱田为主。吉林省西部旱田面积约占农田总面积的89.05%，水田则只占农田总面积的10.95%。为了更加清楚的表达该区农田的时空分布情况，本小节将分别对旱田和水田进行阐述。

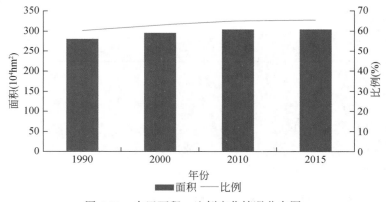

图6-31 农田面积、比例变化情况分布图

1. 旱田时空格局

（1）面积变化

从多期数据统计分析可知（图6-32），2000年吉林省西部地区旱田面积约为269.31×10⁴hm²，占该区总面积的57.39%；2010年吉林省西部地区旱田面积约为273.77×10⁴hm²，占该区总面积的58.34%，与2000年相比增加了4.46×10⁴hm²，增加面积主要来源于草地和湿地。2015年吉林省西部地区旱田面积约为270.39×10⁴hm²，旱田面积占该区总面积的57.65%，与2010年相比旱田减少了3.38×10⁴hm²，旱田多半转化为森林、草地、湿地和城镇。1990年吉林省西部地区内旱田面积约为260.13×10⁴hm²，占该区总面积的55.43%；1990~2000年吉林省西部旱田面积共计增加了9.18×10⁴hm²，大量草地、湿地被开发利用转化为旱田，2000~2010年旱田增加面积与1990~2000年增加面积相比

减少了约1/2；2010～2015年旱田面积变化趋势与1990～2000年相反呈现减少趋势，旱田开垦受到控制，主要是由于其他生态系统类型保护政策的实施。从四个时期的空间分布图（图6-33）可以看出，1990～2000年旱田面积增加区域主要集中发生在该区的西北部；而2000～2010年，旱田面积增加的区域主要集中在该区西部，2010～2015年旱田面积减少的区域主要集中在该区的北部。

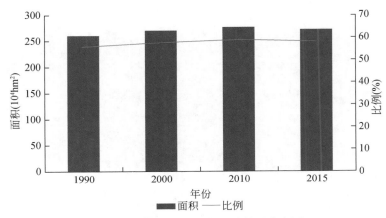

图 6-32　旱田面积、比例变化情况分布图

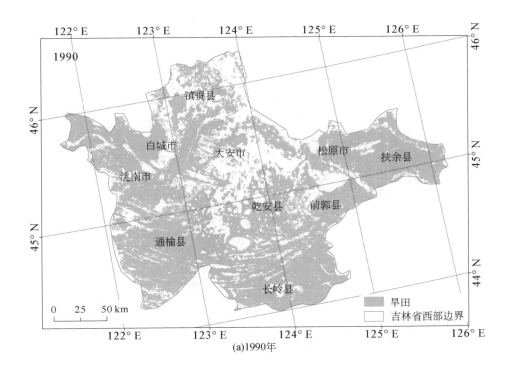

(a)1990年

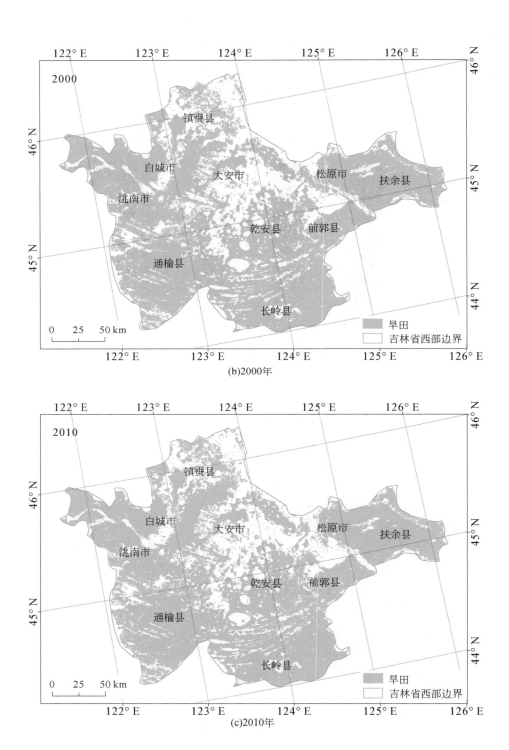

(b)2000年

(c)2010年

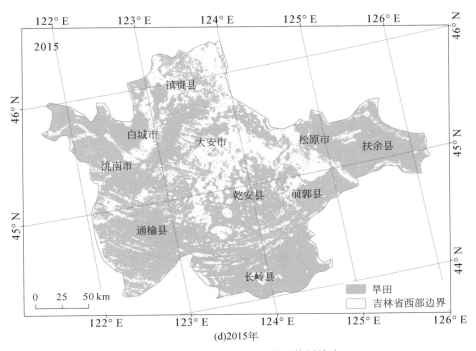

图 6-33　吉林省西部地区旱田格局演变

2000～2010 年，有 $8.00\times10^4\,\mathrm{hm^2}$ 其他类型转化为旱田，同时有 $4.18\times10^4\,\mathrm{hm^2}$ 旱田转为其他类型，旱田的转入类型主要有草地和沼泽湿地，转入面积分别为 $1.61\times10^4\,\mathrm{hm^2}$ 和 $4.44\times10^4\,\mathrm{hm^2}$（表 6-22）。2010～2015 年，吉林省西部地区由其他类型转入旱田面积为 $3.74\times10^4\,\mathrm{hm^2}$，同时有 $6.92\times10^4\,\mathrm{hm^2}$ 的旱田转化成其他类型，旱田主要转换为水田、水体和沼泽湿地，面积分别为 $2.98\times10^4\,\mathrm{hm^2}$、$1.10\times10^4\,\mathrm{hm^2}$ 和 $0.92\times10^4\,\mathrm{hm^2}$（表 6-23）。1990～2000 年，旱田面积共计增加了 $9.18\times10^4\,\mathrm{hm^2}$。期间由其他生态系统类型转化为旱田的面积共计 $10.18\times10^4\,\mathrm{hm^2}$，主要来自草地、沼泽湿地和水体，面积分别为 $7.26\times10^4\,\mathrm{hm^2}$、$1.58\times10^4\,\mathrm{hm^2}$ 和 $1.31\times10^4\,\mathrm{hm^2}$；同时也有 $1.02\times10^4\,\mathrm{hm^2}$ 的旱田转化为其他生态系统类型，转化类型主要表现在农田内部水、旱田的转化及城镇扩张占用农田，由旱田转化为水田和城镇的面积分别为 $0.75\times10^4\,\mathrm{hm^2}$ 和 $0.19\times10^4\,\mathrm{hm^2}$（表 6-24）。总体上看，吉林省西部地区旱田呈现增加趋势，2000 年以后，随着人口的增长及一些农业工程的开展，旱田面积增加显著，虽然吉林省西部地区生态建设工程的实施遏制了旱田的增长，但如何平衡旱田开垦与生态建设的工作，实现人类–自然–生态的和谐发展，仍是目前吉林省西部地区有待解决的问题。

表 6-22　吉林省西部地区 2000～2010 年旱田转化情况表　（单位：$10^4 hm^2$）

生态系统		2010 年						
		森林	草地	沼泽湿地	水体	水田	旱田	城镇
2000 年	森林	—	—	—	—	—	0.02	—
	草地	—	—	—	—	—	1.61	—
	沼泽湿地	—	—	—	—	—	4.44	—
	水体	—	—	—	—	—	1.36	—
	水田	—	—	—	—	—	0.39	—
	旱田	0.39	0.17	0.32	0.19	2.23	265.08	0.88
	城镇	—	—	—	—	—	0.18	—

表 6-23　吉林省西部地区 2010～2015 年旱田转化情况表　（单位：$10^4 hm^2$）

生态系统		2015 年						
		森林	草地	沼泽湿地	水体	水田	旱田	城镇
2010 年	森林	—	—	—	—	—	0.38	—
	草地	—	—	—	—	—	0.79	—
	沼泽湿地	—	—	—	—	—	0.74	—
	水体	—	—	—	—	—	1.41	—
	水田	—	—	—	—	—	0.31	—
	旱田	0.86	0.59	0.92	1.10	2.98	266.48	0.47
	城镇	—	—	—	—	—	0.11	—

表 6-24　吉林省西部地区 1990～2000 年旱田转化情况表　（单位：$10^4 hm^2$）

生态系统		2000 年						
		森林	草地	沼泽湿地	水体	水田	旱田	城镇
1990 年	森林	—	—	—	—	—	0.00	—
	草地					—	7.26	
	沼泽湿地	—	—	—	—	—	1.58	—
	水体	—	—	—	—	—	1.31	—
	水田	—	—	—	—	—	0.02	—
	旱田	0.03	0.00	0.02	0.03	0.75	259.11	0.19
	城镇	—	—	—	—	—	0.01	—

（2）县（市、区）尺度对比

吉林省西部地区各县（市、区）旱田面积及占各县（市、区）面积比例见表 6-25，1990 年通榆县旱田面积约为 53.38×10⁴hm²，旱田面积比例高达 62.99%；其次为扶余县、洮南市和前郭县，旱田面积分别在 32.97×10⁴hm²、31.24×10⁴hm² 和 29.73×10⁴hm²，比例分别为 71.09%、61.23% 和 49.32%。1990～2015 年，该区旱田面积整体呈现增加趋势，人为因素是旱田面积增加的主要原因，但随着时间的推移增加速率降低。在所有县（市、区）中旱田面积增加最多的县（市、区）为洮南市，增加面积为 2.50×10⁴hm²，其次为长岭县、通榆县和镇赉县，面积分别增加了 2.42×10⁴hm²、1.72×10⁴hm² 和 1.69×10⁴hm²；在所有县（市、区）中，只有白城市市区和前郭县在 1990～2015 年旱田面积减少，减少面积均为 0.26×10⁴hm²，其他县（市、区）旱田面积均呈增加趋势，增加幅度在 0.65×10⁴hm² 以下。

1990～2000 年，除松原市市区外，全区其他县（市、区）旱田面积比例均呈现增加趋势，其中，面积增加最为显著的是洮南市，面积增加了 2.10×10⁴hm²，镇赉县次之，增加最缓的为通榆县，仅增加了 0.10×10⁴hm²。2000～2010 年，全区有 3 个县（市、区）旱田面积比例呈现下降趋势，分别为前郭县、白城市市区和松原市市区，其中下降最剧烈的为前郭县，下降最缓的为松原市市区；其余县（市、区）均呈现增加趋势，其中旱田面积增加最大的县（市、区）为通榆县，增加了 2.04×10⁴hm²。2010～2015 年，全区旱田面积整体呈现下降趋势，仅有长岭县和松原市市区两个县（市、区）旱田面积增加，且增加面积均在 0.75×10⁴hm² 以下。而其他县（市、区）旱田面积均呈现下降趋势，其中旱田面积下降最多的是镇赉县，下降面积约为 1.83×10⁴hm²，其次为白城市市区和洮南市，下降最缓的县（市、区）为大安市，但也下降了 0.21×10⁴hm²；纵观 1990～2015 年，旱田面积呈现先增高后减少，1990～2010 年旱田面积增加幅度高于 2000～2010 年的增加幅度，且 2010～2015 年旱田面积呈现减少趋势，说明盲目耕种现象减退，退耕还林政策效果显著。

表 6-25　吉林省西部地区各县（市、区）不同时期旱田面积及面积比例

县（市、区）	1990 年		2000 年		2010 年		2015 年	
	面积 (10⁴hm²)	比例 (%)	面积 (10⁴hm²)	比例 (%)	面积 (10⁴hm²)	比例 (%)	面积 (10⁴hm²)	比例 (%)
大安市	15.30	31.33	15.93	32.62	16.73	34.28	16.52	33.83
通榆县	53.38	62.99	53.48	63.10	55.52	65.51	55.10	65.01
镇赉县	16.25	32.03	17.96	35.40	19.77	38.97	17.94	35.38
白城市市区	13.44	60.30	14.54	65.26	13.97	62.70	13.18	59.15
洮南市	31.24	61.23	33.34	65.33	34.47	67.55	33.74	66.12
长岭县	40.23	70.14	41.23	71.88	41.92	73.07	42.65	74.35

续表

县（市、区）	1990 年		2000 年		2010 年		2015 年	
	面积（10⁴hm²）	比例（%）	面积（10⁴hm²）	比例（%）	面积（10⁴hm²）	比例（%）	面积（10⁴hm²）	比例（%）
扶余县	32.97	71.09	33.09	71.36	33.90	73.09	33.59	72.43
松原市市区	7.82	62.54	7.53	60.16	7.23	57.83	7.94	63.50
乾安县	19.75	56.20	21.42	60.96	22.14	63.01	21.47	61.11
前郭县	29.73	49.32	30.78	51.06	30.10	49.94	29.47	48.89

（3）旱田景观参数变化

从吉林省西部地区斑块类型水平指数上的旱田景观指标分析（表6-26）可见，1990～2000 年吉林省西部地区 NP 和 DIVISION 整体呈现减少的趋势；生态建设实施以来 NP 值增加，新开垦的旱田导致了旱田破碎化加剧。1990～2015 年景观类型 PD 基本持平。AI 表示空间格局聚散程度，1990～2000 年，AI 呈现上升趋势，说明旱田连通性升高，也说明了人类干扰强度增加，旱田面积增加。生态建设实施以来 AI 增加幅度降低，说明人为干扰强度有所减少，旱田面积的增加幅度降低。

表 6-26　吉林省西部地区旱田景观类型指数

年份	NP（个）	PD（斑块数/100hm²）	DIVISION	AI
1990	3455	0.07	0.90	87.12
2000	3035	0.06	0.89	87.87
2010	3009	0.06	0.79	88.67
2015	3175	0.07	0.81	87.98

2. 水田时空格局

（1）面积变化

从多期数据统计分析可知（图6-34），2000 年吉林省西部地区水田面积约为 25.75×10⁴hm²，占该区总面积的 5.49%，2010 年吉林省西部地区水田面积约为 28.73×10⁴hm²，占该区总面积的 6.12%，与 2000 年相比增加了 2.98×10⁴hm²，增加面积主要来源于旱田、草地和沼泽湿地；2015 年吉林省西部地区水田面积约为 33.41×10⁴hm²，水田面积占该区总面积的 7.12%，与 2010 年相比水田增加了 4.68×10⁴hm²，水田多半转化为草地、旱田、盐碱裸地和湿地。从转化类型上看沼泽湿地转换成水田的面积迅速降低，2010～2015 年与 2000～2010 年相比，沼泽湿地转化为水田的面积减少了 0.53×10⁴hm²。由盐碱裸地转化为水田的面积持续增加，2010～2015 年吉林省西部地区由盐碱裸地转化水田面积比 2000～2010 年面积增加了 0.44×10⁴hm²，这也说明吉林省西部地区生态建设工程效果显著。1990 年吉林省西部地区内水田面积约为 21.79×10⁴hm²，占该区总面积的 4.64%；1990～2000

年吉林省西部地区水田面积共计增加了 $3.96×10^4hm^2$，大量沼泽湿地、草地被开发利用转化为水田；也有部分旱田转化成了水田。值得一提的是，2000～2010 年盐碱裸地转化成水田的面积约为 1990～2000 年盐碱裸地转化成水田面积的 6 倍，说明治碱工程发挥效用。若不考虑农田内部转化，2000～2010 年由草地和沼泽湿地转化为水田的面积明显低于 1990～2000 年两者转入水田的面积。这也从另一方面说明吉林省西部地区对草地、沼泽湿地等自然植被的保护工作加强。从四个时期的空间分布图（图 6-35）可以看出，水田面积增加区域主要分布在该区的西北部和东北部。1990～2000 年水田增加区域主要集中发生在该区的西北部；而 2000～2010 年，水田面积增长的区域主要集中在该区西部，2010～2015 年水田减少的区域主要集中在该区的西北部和东北部。

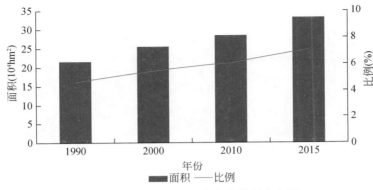

图 6-34　水田面积、比例变化情况分布图

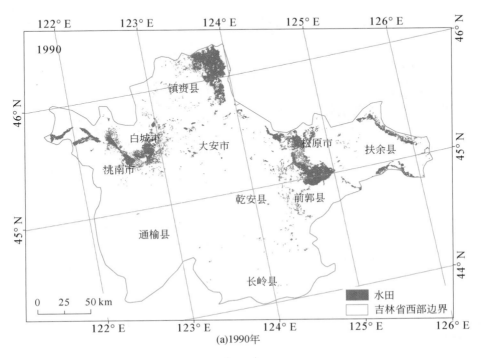

(a)1990年

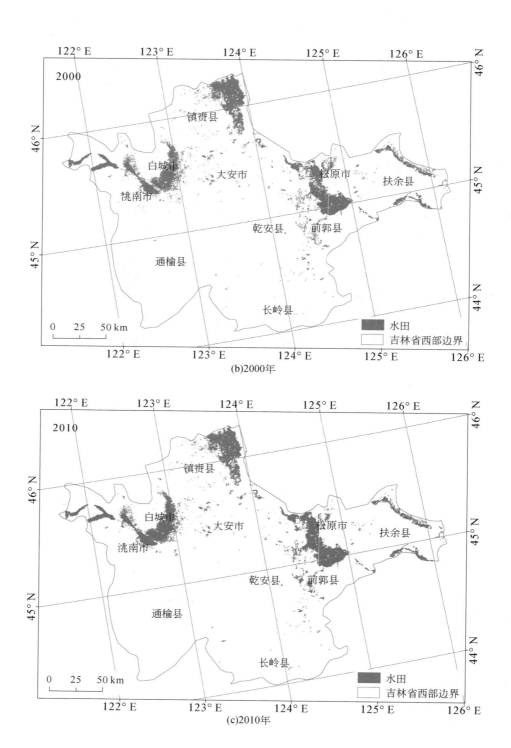

(b)2000年

(c)2010年

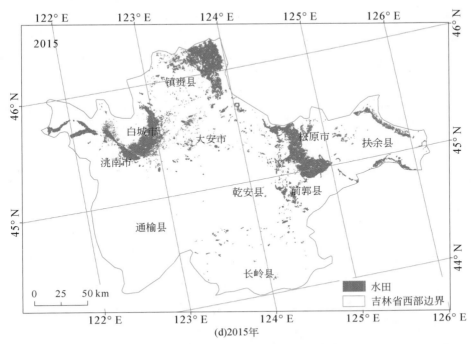

图 6-35　吉林省西部地区水田格局演变

2000～2010 年，有 $3.57×10^4 hm^2$ 其他生态系统类型转化为水田，同时有 $0.12×10^4 hm^2$ 水田转为其他生态系统类型，水田的转入生态系统类型以沼泽湿地为主，转入量为 $0.85×10^4 hm^2$；其次为旱田和草地，转入量分别为 $2.23×10^4 hm^2$ 和 $0.29×10^4 hm^2$（表6-27）。2010～2015 年，吉林省西部地区由其他生态系统类型转入水田面积为 $5.17×10^4 hm^2$，同时有 $0.51×10^4 hm^2$ 的水田转化成其他生态系统类型，其中转换为水田的生态系统类型以旱田和草地为主，转化面积分别为 $2.97×10^4 hm^2$ 和 $1.16×10^4 hm^2$，其次为盐碱裸地和沼泽湿地，面积分别为 $0.49×10^4 hm^2$ 和 $0.32×10^4 hm^2$，沼泽湿地转出比例明显下降，自然资源得到有效控制（表6-28）。1990～2000 年，该区水田共计增加了 $3.96×10^4 hm^2$，期间有 $3.99×10^4 hm^2$ 的其他生态系统类型转化成水田，主要转入生态系统类型为沼泽湿地和旱田，转入面积分别为 $2.53×10^4 hm^2$ 和 $0.75×10^4 hm^2$；水田转出面积较小，仅有 $0.02×10^4 hm^2$，主要转化为旱田（表6-29）。总体来看，吉林省西部地区水田变化呈现逐年增加的趋势；从不同时段盐碱裸地转入水田的面积可以看出，转入面积逐渐增加，说明吉林省西部地区生态建设工程的实施使盐碱裸地面积得到有效控制。

表 6-27　吉林省西部地区 2000～2010 年水田转化情况表　（单位：$10^4 hm^2$）

生态系统		2010 年						
		森林	草地	沼泽湿地	水体	水田	旱田	盐碱裸地
2000 年	森林	—	—	—	—	0.00	—	—
	草地	—	—	—	—	0.29	—	—
	沼泽湿地	—	—	—	—	0.85	—	—
	水体	—	—	—	—	0.15	—	—
	水田	0.03	0.01	0.03	0.01	25.15	0.04	0.00
	旱田	—	—	—	—	2.23	—	—
	盐碱裸地	—	—	—	—	0.05	—	—

表 6-28　吉林省西部地区 2010～2015 年水田转化情况表　（单位：$10^4 hm^2$）

生态系统		2015 年						
		森林	草地	沼泽湿地	水体	水田	旱田	盐碱裸地
2010 年	森林	—	—	—	—	0.06	—	—
	草地	—	—	—	—	1.16	—	—
	沼泽湿地	—	—	—	—	0.32	—	—
	水体	—	—	—	—	0.17	—	—
	水田	0.07	0.02	0.06	0.05	28.16	0.31	0.00
	旱田	—	—	—	—	2.97	—	—
	盐碱裸地	—	—	—	—	0.49	—	—

表 6-29　吉林省西部地区 1990～2000 年水田转化情况表　（单位：$10^4 hm^2$）

生态系统		2000 年						
		森林	草地	沼泽湿地	水体	水田	旱田	盐碱裸地
1990 年	森林	—	—	—	—	0.00	—	—
	草地	—	—	—	—	0.44	—	—
	沼泽湿地	—	—	—	—	2.53	—	—
	水体	—	—	—	—	0.26	—	—
	水田	0.00	0.00	0.00	0.00	21.75	0.02	0.00
	旱田	—	—	—	—	0.75	—	—
	盐碱裸地	—	—	—	—	0.01	—	—

（2）县（市、区）尺度对比

吉林省西部地区各县（市、区）水田面积及占各县（市、区）面积比例见表6-30，1990年镇赉县水田面积约为$6.65×10^4hm^2$，水田面积比例为13.11%；其次为前郭县，水田面积为$6.27×10^4hm^2$，水田面积比例为10.40%。洮南市、白城市市区和扶余县水田面积均在$3.00×10^4hm^2$以下。其他县（市、区）水田分布面积较小，面积比例均在6.50%以下，通榆县水田面积比例仅为0.01%。1990～2015年，该区水田面积整体呈现快速增加趋势，沼泽湿地退化、吉林省西部地区的治碱工程是其面积增加的主要因素。其中，水田面积增加最为显著的县（市、区）为前郭县，增加面积为$3.05×10^4hm^2$，其次为白城市市区和镇赉县，面积分别增加了$2.84×10^4hm^2$和$2.32×10^4hm^2$，其他县（市、区）水田增加面积均在$1.00×10^4hm^2$以下。

1990～2000年，全区各县（市、区）水田面积比例均呈现上升趋势，其中，上升最为显著的是白城市市区，前郭县次之，上升最为缓慢的为通榆县，通榆县本身水田面积仅为$7200hm^2$，且当地的自然情况并不适合种植水田。2000～2010年，全区除通榆县水田面积有所下降外，其他各县（市、区）水田面积比例均呈现上升趋势，其中上升幅度最大的为前郭县，水田面积增加了$1.30×10^4hm^2$，白城市市区次之，增加面积为$0.75×10^4hm^2$，其余各县（市、区）水田面积增加幅度均在$0.25×10^4hm^2$以下，其中上升最为缓慢的为乾安县。2010～2015年，全区各县（市、区）水田面积均呈现增加的趋势，且增加幅度明显高于之前两个时间段，其中增加幅度最大的县（市、区）为镇赉县，水田面积增加了$1.92×10^4hm^2$，其次为前郭县、大安市和白城市市区，增加面积分别为$0.80×10^4hm^2$、$0.71×10^4hm^2$和$0.64×10^4hm^2$，其余各县（市、区）水田增加面积均在$0.25×10^4hm^2$以下。水田面积增加的区域主要集中在该区的北部和中部。

表6-30　吉林省西部地区各县（市、区）不同时期水田面积及面积比例

县（市、区）	1990 年		2000 年		2010 年		2015 年	
	面积 （10^4hm^2）	比例（%）	面积 （10^4hm^2）	比例（%）	面积 （10^4hm^2）	比例（%）	面积 （10^4hm^2）	比例（%）
大安市	0.50	1.02	0.65	1.32	0.72	1.48	1.43	2.93
通榆县	0.01	0.01	0.01	0.01	0.00	0.00	0.00	0.00
镇赉县	6.65	13.11	6.89	13.59	7.05	13.89	8.97	17.69
白城市市区	2.34	10.50	3.79	16.99	4.54	20.37	5.18	23.23
洮南市	3.00	5.89	3.48	6.83	3.60	7.05	3.83	7.51
长岭县	0.04	0.08	0.05	0.09	0.10	0.17	0.28	0.49
扶余县	2.10	4.53	2.29	4.94	2.46	5.30	2.63	5.67
松原市市区	0.78	6.22	1.24	9.88	1.46	11.66	1.52	12.17
乾安县	0.11	0.30	0.12	0.35	0.14	0.41	0.21	0.60
前郭县	6.27	10.40	7.22	11.98	8.52	14.14	9.32	15.47

（3）水田景观参数变化

从吉林省西部地区斑块类型水平指数上的水田景观指标分析（表6-31）可见，1990～2010年吉林省西部地区斑块数量区 NP 呈现减少趋势，说明在某种程度上水田的破碎化减少，该区生态建设实施以后，新增水田导致 NP 增加；1990～2015年 DIVISION 呈现减少趋势。1990～2000年景观类型 PD 持续下降，该区生态建设实施以来年 PD 值上升。AI 表示空间格局聚散程度，1990～2015年，AI 整体呈现上升趋势，说明水田连通性升高，破碎化程度略有减少。

表6-31　吉林省西部地区水田景观类型指数

年份	NP（个）	PD（斑块数/100hm²）	DIVISION	AI
1990	2337	0.05	0.9998	76.73
2000	2092	0.04	0.9996	79.41
2010	1622	0.03	0.9994	82.70
2015	2117	0.05	0.9993	80.24

六、盐碱裸地变化过程

吉林省西部盐碱化的土地及其变化是土地利用与土地覆盖变化中的特殊情形，对局部和区域环境产生着重要的影响（周云轩等，2003）。吉林省西部地区是一个闭流区，有独特的现代积盐过程，盐碱土得到充分的发育，盐碱裸地是该区典型的土地利用类型，同时土壤盐碱化也在一定程度上影响了地带性植被类型的发育和分布。随着生态环境的恶化，水质下降等问题日益突出，土壤盐碱化问题获得越来越多人的关注，并在2005年针对吉林省西部实施治碱工程，意在改善吉林省西部地区盐碱化土壤的现状，提高土地利用效率，加强全区的生态建设。

吉林省西部地区盐碱裸地主要分布在镇赉县和大安市。2000年吉林省西部地区盐碱裸地面积约为 $17.63 \times 10^4 hm^2$，占该区总面积的 3.76%（图6-36）；2010年吉林省西部地区盐碱裸地面积约为 $15.87 \times 10^4 hm^2$，占该区总面积的 3.47%，与2000年相比减少了 $1.76 \times 10^4 hm^2$；2015年吉林省西部地区盐碱裸地面积约为 $14.80 \times 10^4 hm^2$，盐碱裸地面积占该区总面积的 3.16%，与2010年相比盐碱裸地减少了 $1.07 \times 10^4 hm^2$。盐碱裸地面积持续减少，且减少幅度与2000～2010年基本持平。1990年吉林省西部地区内盐碱裸地面积为 $16.86 \times 10^4 hm^2$，占全区总面积的 3.59%，1990～2000年吉林省西部盐碱裸地的面积增加了 $0.77 \times 10^4 hm^2$；1990～2000年盐碱裸地面积增加，但2000～2010年、2010～2015年盐碱裸地减少幅度远大于之前增加的幅度，产生这一现象的主要原因是在2000～2010年吉林省西部地区开展的各项生态建设工程，使盐碱裸地面积逐渐下降。盐碱裸地减少多半转化为草地和农田等。具体的盐碱裸地面积变化情况如图6-36和图6-37所示。

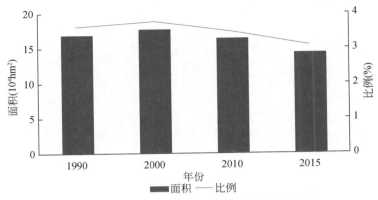

图 6-36　盐碱裸地面积、比例变化情况分布图

2000～2010 年，该区盐碱裸地面积减少了 $1.66×10^4 hm^2$。大面积的盐碱裸地转出为草地、沼泽湿地和农田，转出面积分别为 $1.72×10^4 hm^2$、$0.61×10^4 hm^2$ 和 $0.71×10^4 hm^2$（表 6-32）。2010～2015 年盐碱地持续减少，减少面积为 $1.10×10^4 hm^2$，说明吉林省西部地区生态建设效果显著（表 6-33）。1990～2000 年，吉林省西部地区盐碱裸地面积增加 $0.78×10^4 hm^2$，共有 $0.82×10^4 hm^2$ 其他生态系统类型转化为盐碱裸地，转入类型主要为水体、沼泽湿地和沙质裸地，转入面积分别为 $0.53×10^4 hm^2$、$0.12×10^4 hm^2$ 和 $0.13×10^4 hm^2$；在该区生态建设项目实施前，吉林省西部地区主要注重的还是农田、草地等生态系统的保护工作，忽视了盐碱化土地的扩张。但随着该区生态项目的实施，以及政府对土地盐碱化的重视，2000～2010 年吉林省西部地区盐碱裸地减少面积已经超过了 1990～2000 年该区盐碱裸地增加的面积，并且 2010～2015 年该区盐碱裸地面积持续减少，说明吉林省西部地区生态建设等项目的实施取得了较好的成果（表 6-34）。

表 6-32　吉林省西部地区 2000～2010 年盐碱裸地转化情况表　（单位：$10^4 hm^2$）

生态系统		2010 年						
		草地	沼泽湿地	水体	水田	旱田	盐碱裸地	沙质裸地
2000 年	草地	—	—	—	—	—	0.04	
	沼泽湿地	—	—	—	—	—	0.54	—
	水体	—	—	—	—	—	1.07	—
	水田	—	—	—	—	—	0.00	
	旱田	—	—	—	—	—	0.04	
	盐碱裸地	1.72	0.61	0.27	0.05	0.66	14.15	0.05
	沙质裸地						0.01	

表 6-33　吉林省西部地区 2010~2015 年盐碱裸地转化情况表　　（单位：$10^4\,hm^2$）

生态系统		2015 年						
		草地	沼泽湿地	水体	水田	旱田	盐碱裸地	沙质裸地
2010 年	草地	—	—	—	—	—	0.43	
	沼泽湿地	—	—	—	—	—	0.41	—
	水体	—	—	—	—	—	0.24	—
	水田	—	—	—	—	—	0.00	
	旱田	—	—	—	—	—	0.19	
	盐碱裸地	0.40	0.54	0.97	0.49	0.14	13.24	0.06
	沙质裸地						0.23	

表 6-34　吉林省西部地区 1990~2000 年盐碱裸地转化情况表　　（单位：$10^4\,hm^2$）

生态系统		2000 年						
		草地	沼泽湿地	水体	水田	旱田	盐碱裸地	沙质裸地
1990 年	草地	—	—	—	—	—	0.04	
	沼泽湿地	—	—	—	—	—	0.12	—
	水体	—	—	—	—	—	0.53	—
	水田	—	—	—	—	—	0.00	
	旱田	—	—	—	—	—	0.00	—
	盐碱裸地	0.01	0.00	0.01	0.01	0.01	16.81	0.00
	沙质裸地						0.13	

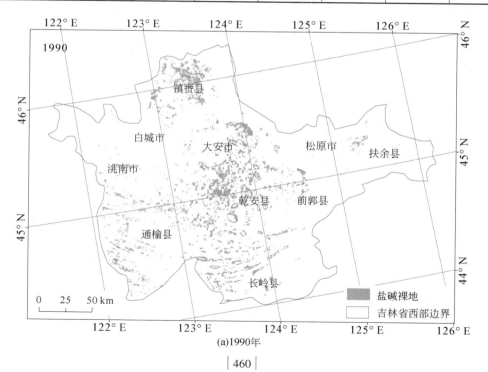

(a)1990年

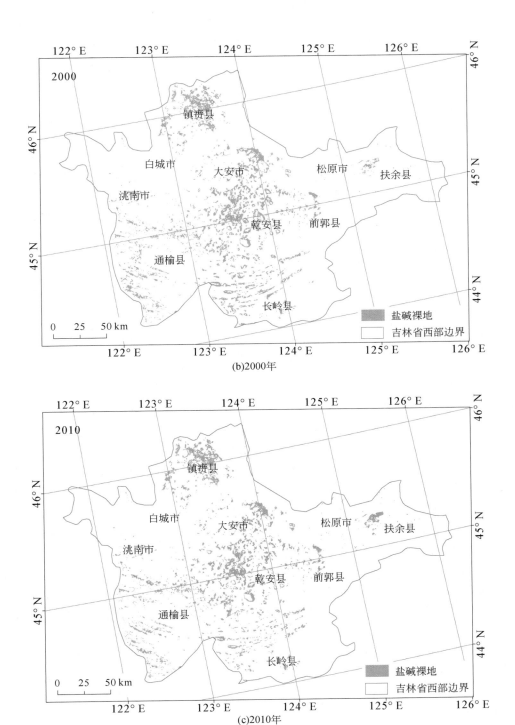

(b)2000年

(c)2010年

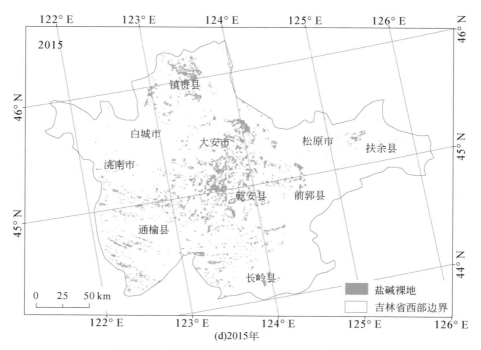

图 6-37　吉林省西部地区盐碱裸地时空分布图

为进一步掌握吉林省西部地区土地盐碱化的情况，本书通过 EC 和 pH 来反演 2015 年吉林省西部地区土地盐碱化程度（Farifteh et al., 2008），并将盐碱化分级（表 6-35），分为未受盐碱化影响、轻度盐碱化、中度盐碱化和重度盐碱化。吉林省西部地区受盐碱化影响的土地面积高达 142.20×10⁴hm²，约占整个吉林省西部地区的 30.30%。其中，中度盐碱化和重度盐碱化面积分别为 23.46×10⁴hm² 和 27.27×10⁴hm²。受盐碱化影响的植被类型以农田和草地为主。通过统计分析可知，该区受盐碱化影响的农田面积约为 68.98×10⁴hm²，占农田总面积的 22.61%；其中旱田受盐碱化影响的面积为 67.21×10⁴hm²，旱田以轻度盐碱化为主（图 6-38），约占旱田总面积的 20.90%，其次为中度盐碱化，面积为 8.27×10⁴hm²，重度盐碱化面积相对较低，仅占旱田总面积的 0.88%。水田受盐碱化影响面积较小（图 6-39），仅有 1.77×10⁴hm²，其中轻度盐碱化面积为 1.36×10⁴hm²，约占水田总面积的 4.07%，中度盐碱化和重度盐碱化面积较少，分别为 0.32×10⁴hm² 和 0.09×10⁴hm²，均占水田总面积的 1% 以下。草地受影响面积约为 47.46×10⁴hm²，约占草地总面积的 77.78%。可以看出草地受盐碱化影响的程度明显高于农田。草地仍以轻度盐碱化为主（图 6-40），面积为 27.31×10⁴hm²，但中度盐碱化和重度盐碱化草地明显高于农田（图 6-41），分别占草地总面积的 19.96% 和 13.07%，面积分别为 12.18×10⁴hm² 和 7.97×10⁴hm²。

表 6-35   吉林省西部地区土地盐碱化等级划分标准

等级	EC 和 pH 范围
未受盐碱化影响	pH<8.5 或 EC<0.2mS/cm
轻度盐碱化	EC<0.2mS/cm 且 8.5<pH<9.0；EC<0.2mS/cm 且 8.5<pH<9
	0.2mS/cm<EC<0.4mS/cm 且 8.5<pH
中度盐碱化	0.2mS/cm<EC<0.4mS/cm 且 8.5<pH<9；EC<0.2mS/cm 且 8.5<pH<9
	0.2mS/cm<EC<0.4mS/cm 且 8.5<pH
重度盐碱化	EC>0.8mS/cm 且 pH>9.5；0.4mS/cm<EC<0.8mS/cm 且 pH>9.5
	EC>0.8mS/cm 且 9.0<pH<9.5

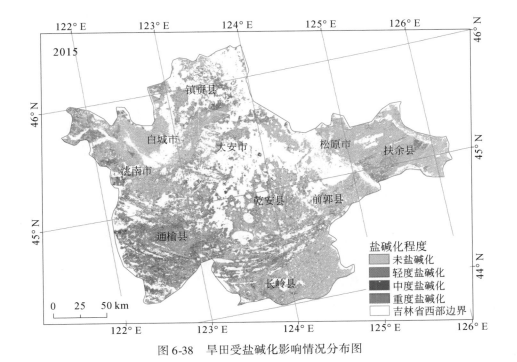

图 6-38   旱田受盐碱化影响情况分布图

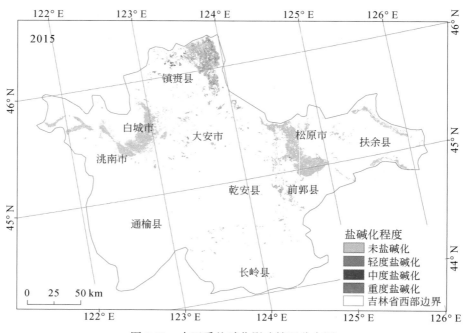

图 6-39　水田受盐碱化影响情况分布图

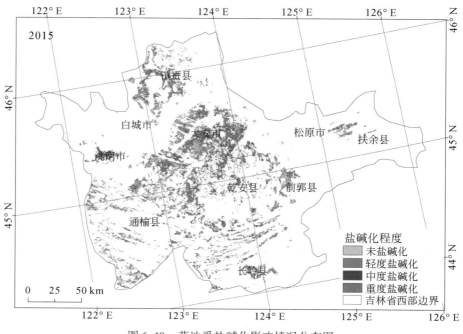

图 6-40　草地受盐碱化影响情况分布图

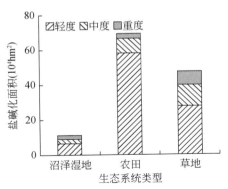

图 6-41　2015 年不同生态系统类型受盐碱化影响情况分布图

从土地盐碱化程度空间分布图可知（图 6-42），吉林省西部地区重度盐碱化土地主要集中在中部的大安市、前郭县；中度盐碱化土地主要分布在该区北部的镇赉县、中部的大安市和西南部的通榆县；轻度盐碱化区域分布较广，主要分布在该区中部、南部和北部部分地区；未盐碱化土地主要分布在该区西北部的白城市市区和洮南市、东北部的松原市市区和扶余县及长岭县的东部。

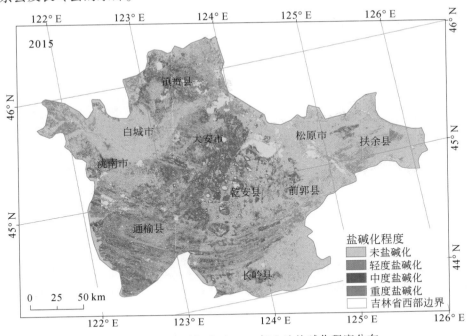

图 6-42　吉林省西部地区 2015 年土地盐碱化程度分布

从 2015 年各县（市、区）盐碱化程度表可知，大安市和通榆县盐碱化较为严重，盐碱化面积比例分别为 48.28% 和 52.70%，通榆县盐碱化面积最大，为 44.66×10⁴hm²，其次为大安市，盐碱化面积为 23.57 ×10⁴hm²，其中大安市以中重度盐碱化为主，通榆县以轻度盐碱化为主。此外受盐碱化影响的面积超过县（市、区）面积 1/3 的还有镇赉县和乾安县，受盐碱化影响最小的县（市、区）为松原市市区，受影响面积仅为 $0.73 \times 10^4 \, \text{hm}^2$。具体各县（市、区）盐碱化土地面积见表6-36。

表6-36 吉林省西部2015年各类盐碱地面积统计表 （单位：$10^4 \, \text{hm}^2$）

县（市、区）	盐碱地总面积	盐碱水田	盐碱旱地	盐碱草地	盐碱沼泽湿地	盐碱裸地
大安市	23.57	0.19	4.74	12.93	1.52	4.18
通榆县	44.66	0.00	27.76	11.34	2.60	2.97
镇赉县	16.88	0.92	5.72	5.39	2.44	2.42
白城市市区	2.04	0.13	1.46	0.40	0.04	0.02
洮南市	14.01	0.14	8.10	4.83	0.33	0.62
长岭县	14.66	0.04	7.63	4.06	1.94	0.98
扶余县	3.52	0.03	2.20	0.82	0.19	0.28
松原市市区	0.73	0.03	0.56	0.00	0.08	0.06
乾安县	11.61	0.02	4.30	3.82	1.31	2.16
前郭县	10.51	0.27	4.75	3.87	0.50	1.13
吉林省西部	142.20	1.77	67.21	47.46	10.95	14.82

七、沙质裸地变化过程

如图6-43所示，2000年吉林省西部地区沙质裸地面积为 $1.08 \times 10^4 \, \text{hm}^2$，2010年吉林省西部地区沙质裸地面积为 $1.24 \times 10^4 \, \text{hm}^2$，增加了 $0.16 \times 10^4 \, \text{hm}^2$。2015年吉林省西部地区的沙质裸地面积下降至 $0.72 \times 10^4 \, \text{hm}^2$。2010~2015年吉林省西部地区沙质裸地的减少幅度明显高于2000~2010年增加的幅度。1990年吉林省西部地区沙质裸地面积为 $1.26 \times 10^4 \, \text{hm}^2$，1990~2000年吉林省西部地区沙质裸地呈现减少趋势，减少量 $0.18 \times 10^4 \, \text{hm}^2$，与2000~2010年增加幅度基本持平。

沙质裸地主要分布在吉林省西部地区镇赉县、大安市、乾安县、通榆县和长岭县西部，其他县（市、区）分布较少。2015年镇赉县沙质裸地面积为 $0.69 \times 10^4 \, \text{hm}^2$，明显高于大安市、乾安县、通榆县和长岭县。1990~2015年镇赉县沙质裸地面积呈现逐渐增加的趋势，在1990~2000年镇赉县沙质裸地面积增加幅度较小，增加幅度为1.03%，2000~2010年增加幅度上升，为4.02%，2010~2015年增加幅度上升显著，约为31.85%。相反，其他三个县（市、区）整体呈现减少趋势，但大安市、松原市市区在1990~2000年沙质裸地面积呈现增加趋势。2000~2010年沙质裸地面积增加的县（市、区）有乾安县和长岭县，扶余县、松原市市区和通榆县沙质裸地面积下降。在2010年以后全区除镇赉县外，沙质裸地面积均减少，减少显著的县（市、区）以乾安县和大安市。具体如图6-44所示。

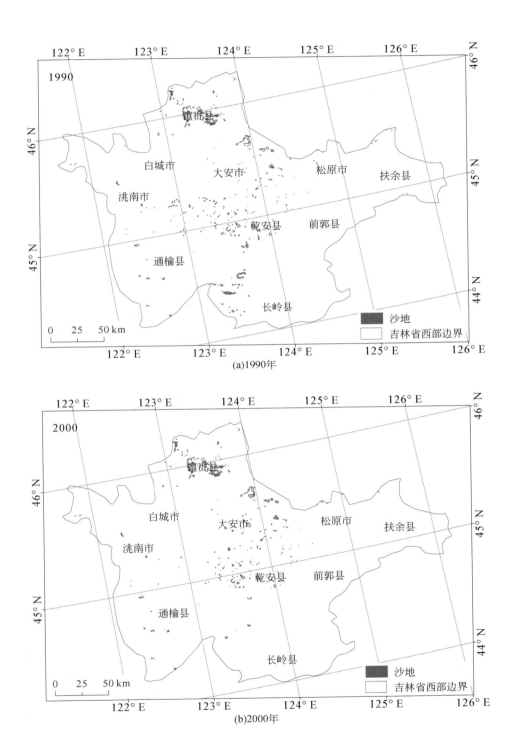

(a)1990年

(b)2000年

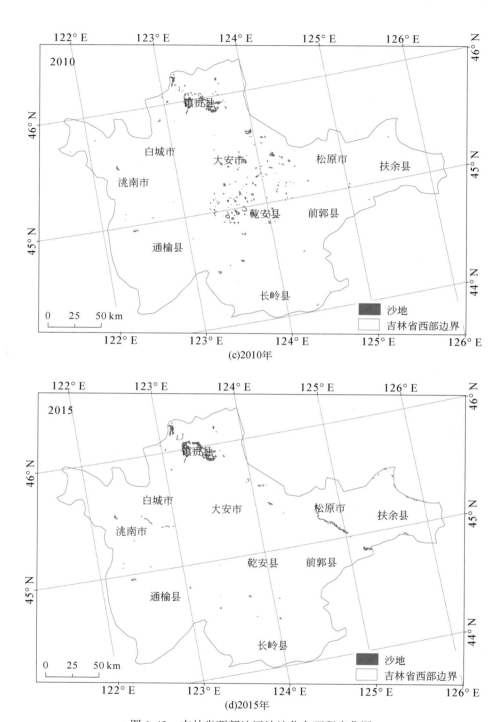

(c)2010年

(d)2015年

图 6-43 吉林省西部地区沙地分布面积变化图

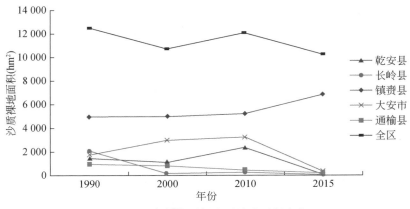

图 6-44　吉林省西部地区沙地面积变化

八、城镇生态系统时空格局变化

图 6-45 为吉林省西部地区城镇生态系统分布图，2000 年该区城镇生态系统面积上升到 $18.83 \times 10^4 hm^2$，2010 年吉林省西部地区城镇生态系统面积扩大，面积达 $19.95 \times 10^4 hm^2$，与 2000 年相比增长了 $1.12 \times 10^4 hm^2$，增长率为 5.94%。2015 年该区城镇生态系统面积达到 $20.42 \times 10^4 hm^2$，比 2010 年增加了 $0.47 \times 10^4 hm^2$，增长率为 2.34%，可见 2010～2015 年城镇生态系统面积增长率下降。1990 年吉林省西部地区城镇生态系统面积约 $18.39 \times 10^4 hm^2$，1990～2000 年城镇生态系统面积增加了 $0.44 \times 10^4 hm^2$，增长率达到 2.39%。2000～2010 年城镇扩展面积明显高于 1990～2000 年，多半是人口数量的迅速增长导致的。从图 6-46 可知，该区 1990～2015 年吉林省西部地区城镇生态系统面积呈现增加的趋势，共增加了 $2.03 \times 10^4 hm^2$，随着人口增多及对物质需求的提高，部分农田、沼泽湿地和草地被开发建设为城镇。

吉林省西部地区的城镇包括建设用地、交通用地和采矿场，其中采矿场分布较小，建设用地包括工业用地和居住地，城镇居民地相对集中，面积较大，主要分布在各县（市、区）政府所在的城市区域；农村居民地则零星分布于农田之中，交通用地与居住地呈现连接态势。

2000～2010 年，吉林省西部地区城镇面积呈增加趋势，共增加了 $1.12 \times 10^4 hm^2$，由其他生态系统类型转化为城镇的面积为 $1.32 \times 10^4 hm^2$，城镇增加主要由农田、沼泽湿地和草地的转变的较多，转变面积分别为 $0.99 \times 10^4 hm^2$、$0.13 \times 10^4 hm^2$ 和 $0.05 \times 10^4 hm^2$（表 6-37）。2010～2015 年城镇面积持续增加，但增加幅度与 2000～2010 年相比明显降低，该时段内由其他生态系统类型转化为城镇的面积为 $0.73 \times 10^4 hm^2$（表 6-38）。1990～2000 年，吉林省西部地区城镇面积呈现增加趋势，共有 $0.45 \times 10^4 hm^2$ 其他土地覆被类型转移为城镇，主要由农田和沼泽湿地转变的较多，转化面积分别为 $0.19 \times 10^4 hm^2$ 和 $0.14 \times 10^4 hm^2$（表 6-39）；2000～2010 年城镇面积的增加幅度明显高于 1990～2000 年，约为其增加幅度的 2.49 倍。而 2010～2015 年城镇的增长幅度与 1990～2000 年增长幅度持平，从变化数据可以看出，城镇扩建占用农田、草地和沼泽湿地等资源的面积明显下降，说明盲目扩建城镇得到了有效控制。

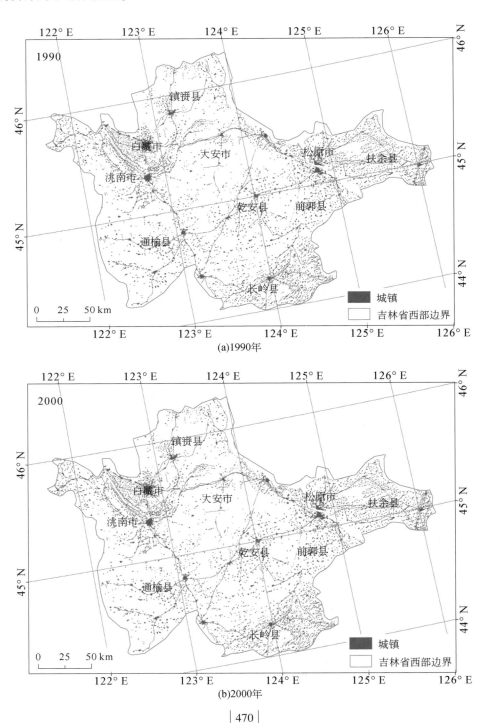

(a)1990年

(b)2000年

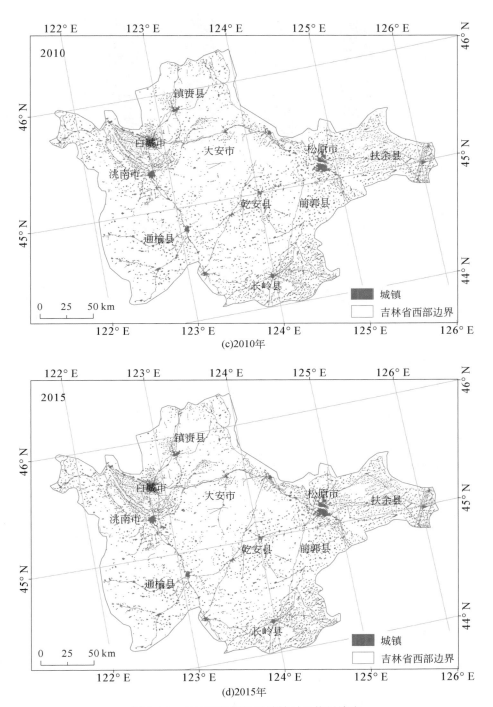

(c)2010年

(d)2015年

图6-45 吉林省西部地区城镇时空格局演变

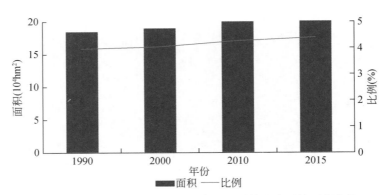

图 6-46　1990～2015 年吉林省西部地区城镇生态系统面积变化

表 6-37　2000～2010 年吉林省西部地区城镇转化表 （单位：$10^4 hm^2$）

生态系统		2010 年						
		草地	沼泽湿地	水体	水田	旱地	盐碱裸地	城镇
2000 年	草地	—	—	—	—	—	—	0.05
	沼泽湿地	—	—	—	—	—	—	0.13
	水体	—	—	—	—	—	—	0.07
	水田	—	—	—	—	—	—	0.11
	旱田	—	—	—	—	—	—	0.88
	盐碱裸地	—	—	—	—	—	—	0.08
	城镇	0.00	0.00	0.00	0.00	0.00	0.00	18.64

表 6-38　2010～2015 年吉林省西部地区城镇转化表 （单位：$10^4 hm^2$）

生态系统		2015 年						
		草地	沼泽湿地	水体	水田	旱地	盐碱裸地	城镇
2010 年	草地	—	—	—	—	—	—	0.16
	沼泽湿地	—	—	—	—	—	—	0.02
	水体	—	—	—	—	—	—	0.02
	水田	—	—	—	—	—	—	0.04
	旱田	—	—	—	—	—	—	0.47
	盐碱裸地	—	—	—	—	—	—	0.02
	城镇	0.00	0.00	0.00	0.00	0.00	0.00	19.66

表 6-39　1990～2000 年吉林省西部地区城镇转化表　　　（单位：$10^4 hm^2$）

生态系统		2000 年						
		草地	沼泽湿地	水体	水田	旱地	盐碱裸地	城镇
1990 年	草地	—	—	—	—	—	—	0.07
	沼泽湿地	—	—	—	—	—	—	0.14
	水体	—	—	—	—	—	—	0.05
	水田	—	—	—	—	—	—	0.00
	旱田	—	—	—	—	—	—	0.19
	盐碱裸地	—	—	—	—	—	—	0.00
	城镇	0.00	0.00	0.00	0.00	0.00	0.00	18.39

由图 6-47 可知，1990～2015 年吉林省西部地区建设用地扩张显著，建设用地面积大幅度增加，交通设施不断兴修。1990～2015 年，对于不同类型的城镇而言，建设用地、交通用地和采矿场的面积均为增加趋势。1990～2000 年、2000～2010 年和 2010～2015 年三个时段建设用地面积分别增加了 $0.29×10^4 hm^2$、$0.79×10^4 hm^2$ 和 $0.28×10^4 hm^2$，增加幅度分别为 1.81%、4.83%、1.66%；三个时段交通用地面积分别增加了 $0.15×10^4 hm^2$、$0.32×10^4 hm^2$ 和 $0.13×10^4 hm^2$，增加幅度分别为 6.34%、13.05% 和 4.51%。对比发现，1990～2015 年所有时段，交通用地的扩张速度均高于建设用地。

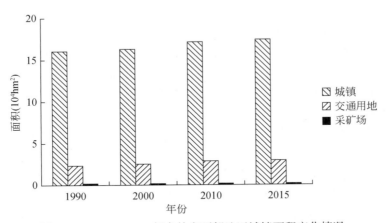

图 6-47　1990～2015 年吉林省西部地区城镇面积变化情况

综上分析可知，1990～2015 年吉林省西部地区建设用地、交通用地和采矿场面积不断扩张。建设用地、交通用地和采矿场面积分别增加了 $1.36×10^4 hm^2$、$0.60×10^4 hm^2$ 和 $84 hm^2$。建设用地的扩张速度高于交通用地和采矿场。城镇居民地的扩张方式主要是以居民地为中心向四周扩张，交通用地的扩张方式主要是原有交通用地的延长和新交通用地的建立。吉林省西部地区各县（市、区）不同时期城镇面积及面积比例见表 6-40。

表 6-40　吉林省西部地区各县（市、区）不同时期城镇面积及面积比例

县（市、区）	1990 年		2000 年		2010 年		2015 年	
	面积（hm²）	比例（%）	面积（hm²）	比例（%）	面积（hm²）	比例（%）	面积（hm²）	比例（%）
大安市	1.15	2.35	1.18	2.41	1.15	2.35	1.24	2.55
通榆县	2.08	2.45	2.08	2.45	2.22	2.62	2.19	2.59
镇赉县	1.25	2.47	1.28	2.53	1.32	2.61	1.37	2.71
白城市市区	1.69	7.57	1.79	8.04	1.99	8.93	2.02	9.08
洮南市	2.29	4.49	2.33	4.57	2.44	4.79	2.52	4.94
长岭县	2.83	4.94	2.85	4.97	2.96	5.16	2.95	5.14
扶余县	2.34	5.04	2.38	5.14	2.40	5.17	2.48	5.35
松原市市区	1.02	8.13	1.11	8.91	1.43	11.45	1.50	11.99
乾安县	1.35	3.83	1.36	3.87	1.39	3.97	1.38	3.92
前郭县	2.36	3.92	2.41	4.01	2.61	4.33	2.66	4.41

第四节　主要生态系统服务能力变化

一、草地产草量及载畜量变化

草地产草量不仅代表一个地区植被资源，而且在一定程度上能生产对国民经济具有重要作用的肉、奶、蛋、毛等畜产品，对人类社会生产具有不可或缺的作用，同时，草地作为绿色屏障对于生态环境安全具有重要作用（李建东，2009）。中华人民共和国成立初期，吉林省西部地区草原总面积达 $252.9 \times 10^4 hm^2$（章光新等，2004），因其独特的气候环境条件，该区有野生植物多达 800 余种，其中有上百种优良牧草，同时还有 200 余种中草药用植物等（李建东，2009），这在基础科学研究和农业生产中均占有重要地位。20 世纪 50 年代吉林省西部草原年均产草量约为 $233.75 \times 10^4 t$，70 年代末 80 年代初，该区年均产草量约为 $252.45 \times 10^4 t$；到 1985 年，该区年均产草量为 $1.35 t/hm^2$，$188.7 \times 10^4 hm^2$ 草地（因对草地定义不同，此处所指草地包括草地、沼泽湿地，部分水体等），理论上可承载 540 万只羊单位，而实际家畜饲养量为 586 万只羊单位；到 90 年代末，该区年均产草量为 $0.6 t/hm^2$，$136.03 \times 10^4 hm^2$ 草地，理论载畜量为 229.8 万只羊单位，而该区实际载畜量为 1205.5 万只羊单位，超载量达到 975.7 万只羊单位（胡金龙等，2001；王贵卿，2000）。80 年代初到 90 年代末，因盲目开垦、过度放牧等人为因素导致草原面积锐减，1985 年，该区草地面积为 $188.7 \times 10^4 hm^2$，到 1999 年，该区草地面积为 $136.03 \times 10^4 hm^2$，比 1985 年减少了 $52.67 \times 10^4 hm^2$（李建东，2009），90 年代末，该区年均产草量仅约为 $81.62 \times 10^4 t$（李建东，2009；章光新等，2004；胡金龙等，2001）。

自 2001 年吉林省启动生态省建设以来，通过围栏封育的方法，恢复吉林省西部退化草

地。吉林省西部地区降水量在 400mm 左右，这些降水量足以满足草地恢复的需要，而且草原退化呈现斑块状，也就是说附近有充足的水源；这些客观条件使在该地区实施围栏封育恢复草原成本低廉，效果明显。吉林省西部地区通过围栏封育明显提高草的产量，阻止人类和家畜对草原的继续破坏，使草原得到更好的保护。又因为草原承包制度的实施，草地使用权得以确认，进一步推动了草地的保护。一些退化草地通过围栏封育，产草量迅速上升，覆盖度大幅度提高，裸露碱斑明显减少。在封育 5 年、6 年、8 年后退化草地地上生物量，在原来 1.92t/hm² 的基础上分别增加了 33.9%、72.4% 和 92.2%；而持续放牧 5 年、6 年、8 年后退化草地地上生物量分别降低了 10.3%、52.6% 和 80.7%。通过围封，草地的产草量迅速上升，在围封一段时间后，草原的产草量达到了稳定的阶段（图 6-48）。对相同草地分别在 1981 年和 2005 年进行取样分析发现，羊草群落、五脉山黧豆群落、角碱蓬群落和朝鲜碱茅群落的单位面积现存生物量变化不明显，未达统计显著水平（$P>0.05$）。吉林省西部地区以多年生的羊草、碱茅为优势种，这些结果表明吉林省西部地区健康草地的生物量较为稳定。

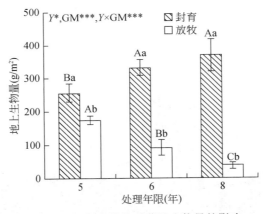

图 6-48　围封和放牧对草地生物量的影响

注：Y 表示年，GM 表示放牧管理；＊表示 0.05 水平上作用显著，＊＊表示 0.01 水平上作用显著，＊＊＊表示 0.001 水平上作用显著；不同小写字母表示同一年限内不同处理间差异显著（$P<0.05$），不同大写字母表示同一处理不同年限间差异显著（$P<0.05$）

资料来源：李强等（2014）

　　利用 250m 分辨率的 MODIS 系列数据，通过空间分析获取从 2000～2015 年生态系统质量的分布情况，掌握连续期间吉林省西部地区生态系统质量变化情况。生态系统质量评估主要从 FVC、LAI 和 NPP 三方面进行分析。

二、生态系统质量变化评估

1. 植被 LAI 变化评估
（1）年均植被 LAI 变化趋势

从吉林省西部地区 2000～2015 年不同年份平均 LAI 的年际变化（图 6-49）可以看出，

LAI 总体上呈现线性增加趋势，年均增量约为 0.0763。

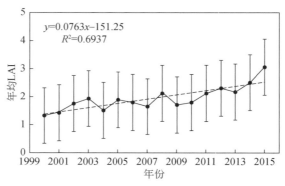

图 6-49　年均 LAI 年际变化图

　　从空间分布上看，扶余县、白城市市区和松原市市区是吉林省西部地区 LAI 值较高的区域，其中扶余县是该区年均 LAI 值最高的区域，最高值可达 6.9，其次主要分布在该区的东部和西北。具体空间分布情况如图 6-50 所示。

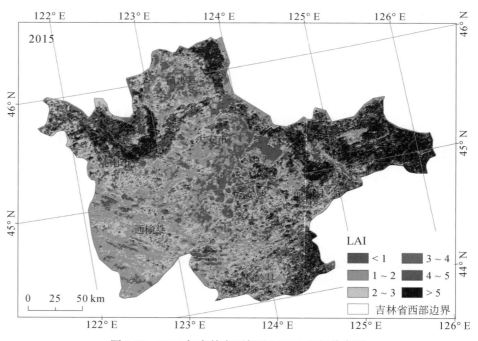

图 6-50　2015 年吉林省西部地区 LAI 空间分布图

　　从表 6-41 中可以看出，2000～2015 年吉林省西部大部分地区 LAI 整体呈现上升趋势，其中上升地区约占整个全区面积的 59.41%。其中以 LAI 显著上升的区域居多，面积为 175.68×10⁴hm²，占全区面积为 37.43%；LAI 显著下降和极显著下降区面积相对较小，其中极显著下降地区面积不到 0.95×10⁴hm²。

表 6-41　2000～2015 年 LAI 变化统计

变化趋势	LAI 变化范围	面积（$10^4 hm^2$）	占比（%）
极显著下降	LAI<-2	0.94	0.20
显著下降	-2<LAI<-1	14.19	3.02
无显著变化	-1<LAI<0	175.36	37.37
显著上升	0<LAI<3	175.68	37.43
极显著上升	LAI>3	103.13	21.98

　　从区域分布上看，2000～2015 年吉林省西部地区 LAI 极显著上升和显著上升区集中分布在西北部（洮南市）和东北部（扶余县），无显著变化区主要分布在中部（通榆县）和北部（大安市）。其他变化趋势类型分布较为分散（图 6-51）。

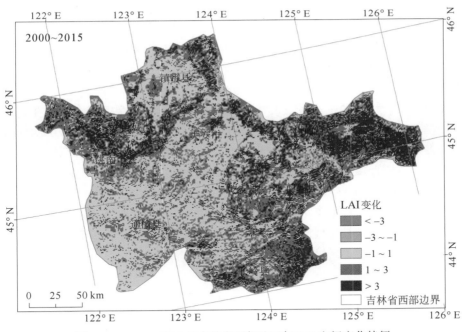

图 6-51　2000～2015 年吉林省西部地区年 LAI 空间变化特征

（2）植被 LAI 年变异系数

　　2000～2015 年植被 LAI 年变异系数为 50%～70%，属于高等变异。LAI 年变异系数整体呈现下降趋势，在 2000～2003 年为下降趋势，2004～2010 年呈现波动式变化，变化幅度约为 10%。从 2011 年开始变化幅度降低，约为 2%。具体情况如图 6-52 所示。

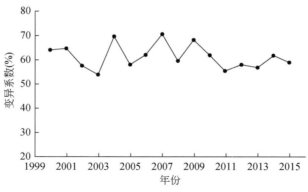

图 6-52　植被 LAI 变异系数变化图

（3）不同生态系统类型 LAI 变化分析

2000 年、2010 年和 2015 年吉林省西部地区森林生态系统、沼泽湿地生态系统、农田生态系统和草地生态系统年均 LAI 及其变异系数如图 6-53 和图 6-54 所示。可以看出，森林生态系统 LAI 在 2000～2010 年呈现增加趋势，由 1.41 到 1.81；2010～2015 年 LAI 大幅度增加，由 1.81 增加到 3.20；2000～2015 年 LAI 呈现逐渐增加趋势，且增加幅度变大。LAI 变异系数几乎呈现持平的状态，说明森林生态系统 LAI 差异变化不大。沼泽湿地生态系统 LAI 在 2000～2010 年呈现增加趋势，由 1.16 增加到 1.31；2010～2015 年 LAI 持续增加且增加幅度加快，由 1.31 增加到 1.94；2000～2015 年 LAI 呈现增加趋势。LAI 变异系数逐渐增加，说明沼泽湿地生态系统 LAI 差异略有增加。农田生态系统 LAI 在 2000～2010 年呈现增加趋势，由 1.52 到 2.09；2010～2015 年 LAI 大幅度增加，由 2.09 增加到 3.59；2000～2015 年 LAI 呈现增加趋势且增加幅度变大。LAI 变异系数先增加后减少，说明农田生态系统 LAI 差异逐渐减少。草地生态系统 LAI 在 2000～2010 年呈现增加趋势，由 0.81 到 1.05；2010～2015 年 LAI 大幅度增加，由 1.05 增加到 1.64；2000～2015 年 LAI 呈现增加趋势且增加幅度变大。LAI 变异系数先减少后增加，说明草地生态系统 LAI 差异逐渐增加。通过四种生态系统植被 LAI 对比来看，农田生态系统 LAI 最高，森林生态系统 LAI 略低，其次为沼泽湿地生态系统，LAI 最低的是草地生态系统。

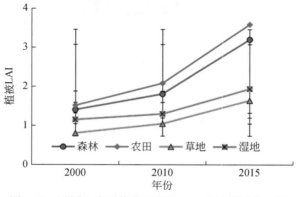

图 6-53　不同生态系统类型年均 LAI 差异情况分布图

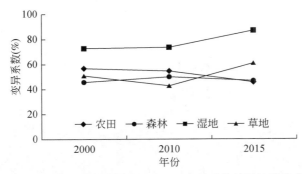

图 6-54　不同生态系统类型年均 LAI 变异系数差异情况分布图

2. 植被覆盖度变化评估

（1）年均 FVC 变化趋势

从吉林省西部地区 2000～2015 年不同年份平均 FVC 的年际变化（图 6-55）可以看出，FVC 总体上呈现线性增加趋势，年均增量约为 0.0103。从 2007 年开始 FVC 增长速度变快，2013 年开始略有下降。

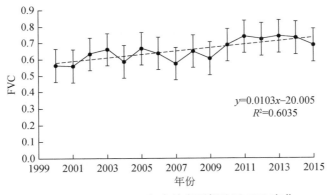

$$y=0.0103x-20.005$$
$$R^2=0.6035$$

图 6-55　2000～2015 年吉林省西部地区 FVC 变化

从空间分布上看，2015 年吉林省西部地区 FVC 相对较高的地区是扶余县和白城市市区，平均值均在 0.82 以上。其中，扶余县是该区年均 FVC 值最高的区域，最高值可达 0.99。FVC 较低的地区主要分布在该区中部的草地、盐碱裸地、沼泽湿地等分布的地方，FVC 值最低的县（市、区）为大安市和通榆县，两者 FVC 均不到 0.6。具体的空间分布情况如图 6-56 所示。

从表 6-42 中可以看出，2000～2015 年吉林省西部大部分地区 FVC 整体呈现上升趋势，以显著上升为主，显著上升区域占比约为 51.39%。该区内 FVC 上升的面积为 286.38×10⁴ hm²，占全区面积为 61.03%；FVC 显著下降和极显著下降区面积相对较小，占比均小于 5%，其中极显著下降区域占比仅为 1.68%。

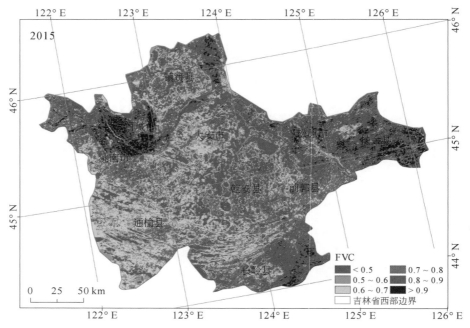

图 6-56　2015 年吉林省西部地区 FVC 空间分布

表 6-42　2000~2015 年 FVC 变化统计

变化趋势	FVC 变化范围	面积（$10^4 hm^2$）	占比（%）
极显著下降	FVC<-0.3	7.87	1.68
显著下降	-0.3<FVC<-0.1	21.33	4.54
无显著变化	-0.1<FVC<0.1	153.71	32.75
显著上升	0.1<FVC<0.3	241.16	51.39
极显著上升	FVC>0.3	45.22	9.64

从区域分布上看，2000~2015 年吉林省西部地区 FVC 极显著上升和显著上升区集中分布在长岭县东部、通榆县南部、洮南市中西部、大安市和扶余县，无显著变化区主要分布在洮南市东部、长岭县西北部及前郭县。FVC 减少区域主要集中分布在镇赉县北部、松原市市区和扶余县西南一小部分。具体的 FVC 变化空间分布如图 6-57 所示。

（2）FVC 年变异系数

2000~2015 年 FVC 年变异系数为 20%~35%，属于中等变异。FVC 年变异系数整体呈现下降趋势，在 2000~2003 年为下降趋势，2004~2010 年呈现波动式变化，变化幅度约为 5%。从 2011 年开始变化幅度降低，约为 2%。具体情况如图 6-58 所示。

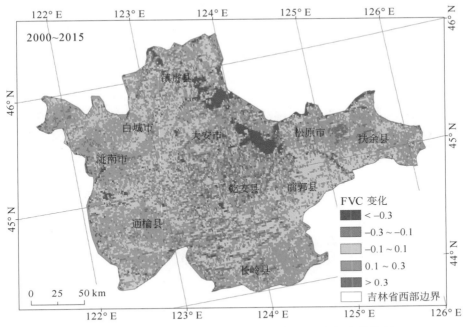

图 6-57　2000～2015 年吉林省西部地区年 FVC 空间变化特征

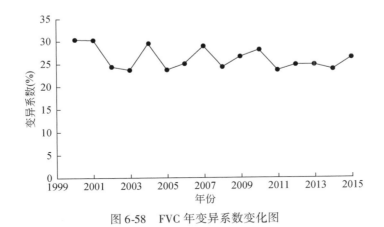

图 6-58　FVC 年变异系数变化图

（3）不同生态系统类型 FVC 变化分析

2000 年、2010 年和 2015 年吉林省西部地区森林生态系统、沼泽湿地生态系统、农田生态系统和草地生态系统年均 FVC 如图 6-59 和图 6-60 所示。可以看出，森林生态系统 FVC 在 2000～2010 年呈现增加趋势，由 0.62 增加到 0.74；2010～2015 年略有减少，由 0.74 减少至 0.73；2000～2015 年整体呈现增加趋势，其 FVC 年变异系数逐渐减少，说明森林生态系统 FVC 差异增加。沼泽湿地生态系统 FVC 在 2000～2010 年呈现增加趋势，由 0.4 增加到 0.69，增加幅度较大；2010～2015 年大幅度下降，由 0.69 减少到 0.56；2000～

2015 年整体呈现增加趋势，其 FVC 年变异系数先增加后减小，说明沼泽湿地生态系统 FVC 差异减少。农田生态系统 FVC 在 2000～2010 年呈现增加的趋势，由 0.62 增加到了 0.76；2010～2015 年略有下降，由 0.76 减少到 0.75；2000～2015 年整体呈现增加趋势，其 FVC 年变异系数逐渐减少，说明农田生态系统 FVC 差异逐年增加。草地生态系统 FVC 在 2000～2010 年呈现增加的趋势，由 0.40 增加到了 0.50；2010～2015 年持续增加，由 0.50 增加到 0.54；2000～2015 年呈现逐渐增加趋势，其 FVC 年变异系数逐渐减少，说明草地生态系统 FVC 差异逐年增加。通过四种生态系统植被 FVC 对比来看，农田生态系统 FVC 最高，森林生态系统 FVC 略低，其次为沼泽湿地生态系统，FVC 最低的是草地生态系统。

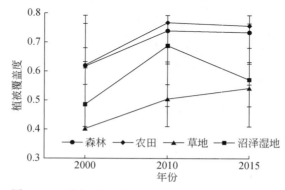

图 6-59　不同生态系统类型间 FVC 差异情况分布图

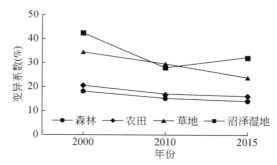

图 6-60　不同生态系统类型间 FVC 年变异系数差异情况分布图

3. 植被生产力变化评估

（1）年均植被 NPP 变化趋势

从吉林省西部地区 2000～2015 年不同年份平均 NPP 的年际变化（图 6-61）可以看出，NPP 总体上呈现线性增加趋势，增量约为 3.3453gC/（m² · a）。2000～2005 年 NPP 增长速度较快，2006～2010 年 NPP 呈现减少趋势，从 2011 年以后又逐步升高。

从空间分布上看，2015 年吉林省西部地区 NPP 整体相对较低，NPP 最高值为 402.5gC/（m² · a）。在吉林省西部各县（市、区）内 NPP 最高的为扶余县，2015 年该县

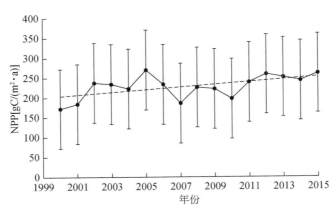

图 6-61 2000~2015 年吉林省西部地区 NPP 变化

NPP 为 311.88gC/（m² · a）。随后的是松原市市区和白城市市区 NPP 相对较高，平均值均在 280 gC/（m² · a） 以上。FVC 相对较低的地区主要分布在该区的中部镇赉县、大安市东部和通榆县西北部，具体的空间分布情况如图 6-62 所示。

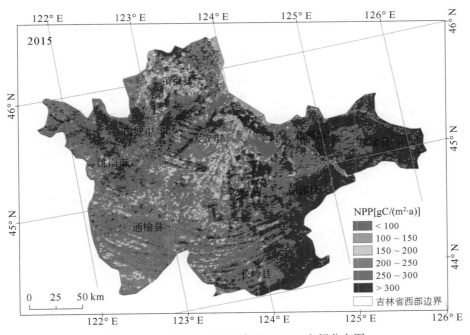

图 6-62 2015 年吉林省西部地区 NPP 空间分布图

从表 6-43 中可以看出，2000~2015 年吉林省西部地区 NPP 以极显著上升为主，占比约为 51.23%，其次为无显著变化区域，占比约为 38.74%。吉林省西部地区 NPP 上升的区域面积为 284.19×10⁴hm²，而 NPP 下降的地区仅为 3.32×10⁴hm²，仅占全区的 0.71%。

表 6-43　2000～2015 年吉林省西部地区 NPP 变化统计

变化趋势	NPP 变化范围［gC/（m²·a）］	面积（10⁴hm²）	占比（%）
极显著下降	NPP<-100	1.46	0.31
显著下降	-100<NPP<-50	1.86	0.40
无显著变化	-50<NPP<50	181.79	38.74
显著上升	50<NPP<100	43.74	9.32
极显著上升	NPP>100	240.45	51.23

　　从区域分布上看，2000～2015 年吉林省西部地区 NPP 除了扶余县、镇赉县、通榆县和乾安县内极小部分地区出现减少情况，其他各县（市、区）NPP 均为增加。NPP 极显著上升区主要分布在乾安县、洮南县、大安市及扶余县西北部、长岭县东部。NPP 显著上升区主要分布在该区东部的前郭县、南部通榆县和北部镇赉县。具体的 NPP 变化空间分布如图 6-63 所示。

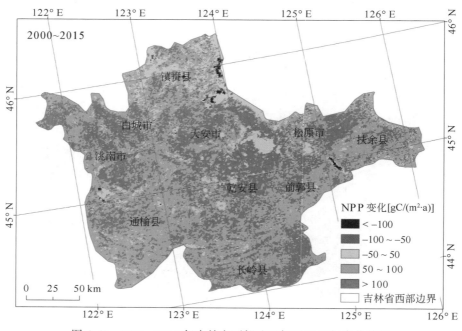

图 6-63　2000～2015 年吉林省西部地区年 NPP 空间变化特征

（2）植被 NPP 年变异系数

　　2000～2015 年植被 NPP 年变异系数为 25%～35%，属于中等变异。NPP 年变异系数整体呈现下降趋势，在 2000～2003 年为下降趋势，2004～2015 年呈现波动式下降变化，其中 2008 年下降幅度较大，与 2004 年相比下降幅度为 7。具体情况如图 6-64 所示。

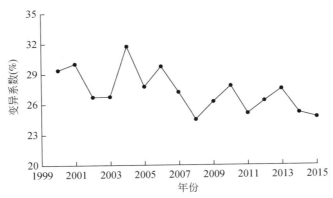

图 6-64　2000～2015 年吉林省西部地区植被覆盖度年变异系数变化图

（3）不同生态系统类型植被 NPP 变化分析

植被年 NPP 的大小与植被类型和气候条件等有直接的关系。2000 年、2010 年和 2015 年吉林省西部地区森林生态系统、沼泽湿地生态系统、农田生态系统和草地生态系统年平均 NPP 及其变异系数如图 6-65 和图 6-66 所示。由此可以看出，森林生态系统的 NPP 在 2000～2010 年均呈现增加趋势，其中森林生态系统 NPP 在此期间由 205.13gC/（m² · a）增加至 227.50 gC/（m² · a）；2010～2015 年森林生态系统 NPP 增加幅度升高，由 227.50 gC/（m² · a）增加至 300.84gC/（m² · a）；2000～2015 年 NPP 呈现增加趋势，其 NPP 年变异系数先增加后减少，说明森林生态系统 NPP 差异减少。沼泽湿地生态系统 NPP 在 2000～2010 年由 151.97gC/（m² · a）增加至 159.33gC/（m² · a），增加幅度较小；2010～2015 年沼泽湿地生态系统 NPP 由 159.33gC/（m² · a）增加至 212.15gC/（m² · a）；2000～2015 年沼泽湿地生态系统 NPP 呈现增加趋势且增加幅度上升，其 NPP 年变异系数先减少后增加，说明沼泽湿地生态系统 NPP 差异减少。农田生态系统 NPP 在 2000～2010 年由 190.27gC/（m² · a）增加至 215.68gC/（m² · a）；2010～2015 年农田生态系统由 215.68gC/（m² · a）增加至 283.04gC/（m² · a），增加幅度上升，其 NPP 年变异系数先增加后减少，说明农田生态系统 NPP 差异性减少。草地生态系统 NPP 在 2000～2010 年由 135.99gC/（m² · a）增加至 160.05gC/（m² · a）；2010～2015 年草地生态系统 NPP 由 160.05gC/（m² · a）增加至 225.64gC/（m² · a）；2000～2015 年草地生态系统 NPP 呈现逐渐增加的趋势，其 NPP 年变异系统逐渐减少，说明草地生态系统 NPP 差异逐渐增加。通过四种生态系统植被 NPP 对比来看，森林生态系统 NPP 最高，农田生态系统 NPP 略低，两者均高于草地生态系统和沼泽湿地生态系统。2000 年沼泽湿地生态系统 NPP 比草地生态系统略高，2010 年和 2015 年草地生态系统 NPP 比沼泽湿地生态系统略高。

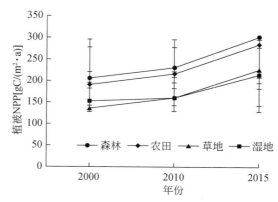

图 6-65　不同生态系统类型间 NPP 差异情况分布图

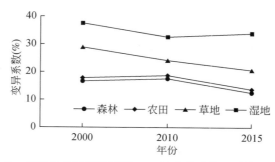

图 6-66　不同生态系统类型间 NPP 年变异系数差异情况分布图

三、生物多样性变化

（一）草地植被生物多样性

植被生物多样性对草地生态系统功能有重要的影响，其对草地生态系统功能作用的研究一直是多样性研究领域的核心问题之一。目前的研究中经常将生物多样性等同于物种多样性进行研究，除此之外，功能多样性及功能群多样性也在一定程度上代表了一定地区内的生物多样性（Adler et al.，2011；Hillebrand and Matthiessen，2009；白永飞等，2001；白永飞和陈佐忠，2000）。

20 世纪 60 年代以来，就该区退化草地而言，由于人为和自然因素的干扰，草地结构和功能受到严重破坏，植物严重退化，植被群落发生了逆向演替（韩维峥，2011）；退化草地群落以一年生的虎尾草群落、碱地肤群落、碱蓬群落和多年生的星星草群落、朝鲜碱茅群落为主，而且群落多样性低，结构单一。其中，碱地肤群落物种丰富度最大，其次为星星草群落和朝鲜碱茅群落，虎尾草群落和碱蓬群落最低。虎尾草群落仅个别样方中出现芦苇，碱蓬群落没有伴生种的出现。退化草地群落优势种地上生物量占整个群落的 95% 以上，且优势种有最大的密度和高度，而伴生种地上生物量不足 5%。另外，一年生植物群落地上生物量在 300g/m² 以上，大于多年生植物群落（宋彦涛，2012）。

通过生态省建设等相关工程，确立了围栏封育的方法恢复草地，使退化草地得以大面积恢复，草地的生物多样性得以升高，围栏封育使豆科和菊科牧草增加，可食牧草产量增加。在围封 5~10 年后，植物群落比较稳定，维持在 7~8 种/m²，生物多样性变化较小，总体而言生物多样性指数随围封年限的增加表现出先增加后降低趋势（崔健，2011；贾舒征，2011；刘泉波，2005）。围栏封育的草地更适应不同种类草食动物单一放牧的干扰，而不会使群落多样性发生明显改变；围封后的植物群落对干扰的抵抗能力更强，生态系统相对更加稳定。因此，通过围栏封育维持草地植物群落物种多样性保持在较高水平上，有利于防止放牧所导致的草地植物群落结构破碎化及生态系统退化，也有利于草地生物多样性管理和草地生态系统的可持续利用（刘军，2015）。

就该区未退化的草地而言，李建东和杨允菲（2004）1984~1988 年对吉林省西部羊草草甸植被的调查数据（36 个样地）显示，该区共涉及 36 科、112 属、160 余种植物，对贝加尔针茅草甸草原的调查（27 个样地）发现，该区共出现植被 150 余种，涉及 34 科、95 属，对榆树疏林植被的调查（10 个样地，40 个样方）发现，榆树疏林共出现植被近 90 余种，涉及 26 科、67 属，对该区盐生植被群落的调查（285 个样方）发现，盐生植被类型多达 70 余种，隶属于 20 科、47 属；而 1998 年对整个吉林省西部草原植被的调查数据显示，该区共有植物 700 余种，涵盖 80 余科，300 余属，其中，禾本科、菊科、豆科等 10 余科植物种达 503 种。韩大勇（2009）1981 年共调查的 14 个群落 105 个样方内共有植被 110 种，分属 29 科 76 属，而 2005 年所调查的 22 个群落 129 个样方内植被新增 20 种，但却消失 38 种，即共有植被 92 种，分属 28 科 71 属。杨利民和周广胜（2002）的研究表明，所调查的 16 个群落的物种多样性与草地生产力间呈现单峰型函数关系，其中，羊草群落生物量可达 508±161.4g/m²，而星星草群落仅有 316±21.5g/m²。2012~2013 年根据黄迎新等的调查（25 个样地，150 个主样方）研究显示，在 1m×1m 的样方中，平均只有 8~9 种植物，最少的群落仅有 2~3 种，最高的群落也只有 17 种（表 6-44）。范高华等（2016）的研究发现，所调查的吉林省西部局部草原以禾本科的羊草、星星草、牛鞭草、大叶章、小叶章、拂子茅等，菊科的苣荬菜、抱茎苦菜、碱蒿、委陵菜、柳叶旋覆花等，及豆科的扁蓿豆、甘草、黄花草木犀等植物为主，涉及 39 科、105 属草本植物。在 1m×1m 的样方中，平均只有 6~7 种植物，最少的羊草群落仅有 2~3 种，最高的甘草群落也只有 13 种。

总体而言，该区生态工程使该区物种丰富度增加，但是该区草地主要受土壤盐碱化的影响，群落物种数量较少，草地生态系统功能易于破坏，使该区农林牧业等的生产遭到前所未有的挑战。

表 6-44　群落的主要物种组成

群落类型	样方物种数均值	主要物种
冰草	10	冰草、扁蓿豆、地锦、针蔺、芦苇、萹蓄蓼、羊草、猪毛蒿、糙隐子草、狗尾草、虎尾草、雀瓢、刺藜、地锦等

续表

群落类型	样方物种数均值	主要物种
大针茅	9	细叶苦荬菜、地锦、五脉山黧豆、扁蓿豆、猪毛蒿、雀瓢、芦苇、羊草、细叶葱、胡枝子、大针茅、糙隐子草
多叶隐子草	10	苍耳、野豌豆、防风、细叶苦荬菜、猪毛蒿、虎尾草、水稗、甘草、中国旋覆花、地锦、胡枝子、狗尾草
野古草	13	细叶苦荬菜、西伯利亚蓼、虎尾草、蔓委陵菜、寸草苔、大蓟、猪毛蒿、拂子茅、野古草、羊草、狗尾草
胡枝子	8	糙隐子草、狗尾草、胡枝子
虎尾草	5	芦苇、狗尾草、糙隐子草、羊草、星星草、虎尾草
小禾草	5	灰绿藜、萹蓄蓼、碱蓬、水稗、芦苇、水稗、虎尾草
荆三棱	12	灰绿藜、刺藜、羊草、萹蓄蓼、狗尾草、荆三棱、虎尾草、猪毛蒿
苣荬	10	刺针、水稗、蒲公英、萹蓄蓼、灰绿藜、星星草、碱蓬、苣荬菜、虎尾草、野苣荬
碱蓬	2	虎尾草、芦苇、碱蓬
大油芒	8	胡枝子、荆三棱、糙隐子草、羊草、通泉草、地锦、大油芒
鹅绒委陵菜	17	细叶黄耆、日本旋覆花、荆三棱、虎尾草、糙隐子草、银灰旋花、狗尾草、猪毛蒿、羊草、大针茅、芦苇
芦苇	8	碱蒿、荆三棱、羊草、扁蓿豆、细叶藜、水稗、狗尾草、水稗、灰绿藜、碱蓬、碱地肤、虎尾草、星星草、芦苇
马蔺	10	蒲公英、萹蓄蓼、碱蓬、苍耳、水稗、委陵菜、芦苇、虎尾草、碱蒿、猪毛蒿、扁蓿豆、狗尾草、寸草苔、马蔺
线叶菊	14	细叶胡枝子、细叶黄耆、银灰旋花、芦苇、狗尾草、羊草、胡枝子、糙隐子草、大针茅、细叶菊
赖草	9	羊草、狗尾草、水稗、虎尾草、草地麻花头、猪毛蒿、芦苇、萹蓄蓼、赖草、日本旋覆花、水稗
水稗草	7	碱蓬、星星草、虎尾草、荆三棱、萹蓄蓼、水稗
委陵菜	10	虎尾草、蒲公英、碱蓬、虫食、水稗、萹蓄蓼、狗尾草、大针茅、胡枝子、糙隐子草、羊草、碱蒿、委陵菜
星星草	5	碱地肤、虎尾草、萹蓄蓼、芦苇、星星草
羊草	9	水稗、碱蓬、地锦、草地麻花头、萹蓄蓼、西伯利亚蓼、糙隐子草、芦苇、星星草、碱蓬、虎尾草、羊草
獐毛	5	虎尾草、碱地肤、狗尾草、羊草、獐毛
针蔺	6	星星草、虎尾草、萹蓄蓼、三棱草、水稗、针蔺
紫苣荬	8	蒲公英、糙隐子草、狗尾草、猪毛蒿、紫苣荬
芦苇+羊草	7	蒲公英、狗尾草、芦苇、羊草、水稗、碱蓬
糙隐子草	9	野糜子、兴安胡枝子、芦苇、胡枝子、羊草、猪毛蒿、狗尾草

在物种多样性方面，2012～2013 年的调查（共选取 113 个样地，共计 565 个样方）显示，吉林省西部地区主要植物群落类型包括羊草群落（*Leymus chinensis*）、芦苇群落（*Phragmites australis*）、赖草群落（*Leymus secalinus*）、冰草群落（*Agropyron cristatum*）、大油芒群落（*Spodiopogon sibiricus*）、多叶隐子草群落（*Cleistogenes polyphylla*）、鹅绒委陵菜群落（*Potentilla anserine*）、虎尾草群落（*Chloris virgate*）、马蔺群落（*Iris lactea var. chinensis*）及线叶菊群落（*Filifolium sibiricum*）等。不同草地群落物种多样性间差异明显：鹅绒委陵菜（*P. anserine*）、野古草（*A. anomala*）、线叶菊（*F. sibiricum*）和委陵菜（*P. chinensis*）的 Shannon 指数、Simpson 指数、Pielou 均匀度指数及 Patrick 丰富度指数均高于总体平均值，而小禾草、水稗（*E. crusgali*）、荆三棱（*S. yagara*）、多叶隐子草（*C. polyphylla*）、虎尾草（*C. virgate*）和獐毛（*Aeluropus sinensis*）的 Shannon 指数、Simpson 指数、Pielou 均匀度指数及 Patrick 丰富度指数均低于总体平均值（表 6-45）。这在一定程度上表明该区不同群落间生物多样性差异变化很大。

表 6-45 吉林省西部草地物种多样性指数（2012～2013 年）

群落类型	Shannon-Weiner 指数±SE	Simpson 指数±SE	Patrick 丰富度指数±SE	Pielou 均匀度指数±SE
冰草 *A. cristatum*	0.80±0.10	0.40±0.05	5.05±0.43	0.48±0.05
糙隐子草 *C. squarrosa*	0.68±0.16	0.35±0.09	4.80±0.37	0.43±0.10
大油芒 *S. sibiricus*	0.64±0.14	0.35±0.08	4.03±0.58	0.44±0.09
大针茅 *S. grandis*	1.07±0.10	0.54±0.04	5.18±0.60	0.66±0.04
多叶隐子草 *C. polyphylla*	0.18±0.03	0.07±0.01	5.05±0.52	0.11±0.01
鹅绒委陵菜 *P. anserine*	1.54±0.11	0.69±0.04	9.08±0.71	0.70±0.03
胡枝子 *L. bicolor*	0.91±0.02	0.51±0.02	4.40±0.40	0.64±0.06
虎尾草 *C. virgate*	0.26±0.06	0.12±0.03	3.52±0.31	0.18±0.03
野苜蓿 *M. falcata* L.	1.02±0.16	0.53±0.10	5.67±1.20	0.64±0.15
碱蓬 *S. glauca*	0.44±0.10	0.28±0.08	2.00±0.00	0.64±0.14
荆三棱 *S. yagara*	0.17±0.05	0.06±0.01	5.67±1.45	0.10±0.01
赖草 *L. secalinu*	0.72±0.04	0.36±0.02	5.28±0.18	0.44±0.02
芦苇 *P. australis*	0.78±0.06	0.43±0.03	3.92±0.25	0.58±0.04
马蔺 *I. lactea var. chinensis*	1.01±0.20	0.48±0.09	6.04±0.73	0.52±0.10
水稗 *E. phyllopogon*	0.14±0.04	0.06±0.02	4.00±0.54	0.10±0.03
委陵菜 *P. chinensis*	1.27±0.06	0.63±0.02	6.27±0.48	0.71±0.02
线叶菊 *F. sibiricum*	1.39±0.07	0.64±0.02	7.94±0.57	0.68±0.02
小禾草	0.11±0.02	0.04±0.01	2.58±0.09	0.11±0.01
星星草 *P. tenuiflora*	0.51±0.18	0.25±0.11	4.33±0.33	0.35±0.13

续表

群落类型	Shannon- Weiner 指数±SE	Simpson 指数±SE	Patrick 丰富度指数±SE	Pielou 均匀度指数±SE
羊草 *L. chinensis*	0.61±0.04	0.31±0.02	5.13±0.25	0.37±0.02
羊草+芦苇 *L. chinensis*+ *P. australis*	0.87±0.08	0.48±0.04	4.30±0.23	0.60±0.04
野古草 *A. hirta*	1.39±0.07	0.66±0.03	8.60±0.50	0.65±0.04
獐毛 *A. sinensis*	0.39±0.21	0.19±0.11	3.50±1.50	0.31±0.06
针蔺 *H. intersita*	0.40±0.07	0.22±0.05	3.40±0.60	0.39±0.08
紫苜蓿 *M. sativa*	0.80±0.16	0.41±0.07	3.80±0.48	0.60±0.06

范高华等（2016）的研究发现，吉林省西部草地在不同群落物种多样性方面：罗布麻（*Apocynum venetum*）群落的 Shannon- Weiner 指数（1.59±0.15）、Simpson 指数（0.72±0.06）和 Pielou 均匀度指数（0.72±0.06）最高，羊草（*L. chinensis*）群落最低；甘草（*Glycyrrhiza uralensis*）群落的 Patrick 丰富度指数最高（13.0±0.15），羊草（*L. chinensis*）群落也是最低（2.6±0.24）（表6-46）。这说明吉林省西部草地不同群落间物种多样性指数之间差异很大，与以往的研究一致（韩大勇，2009；李建东和杨允菲，2004；杨利民和周广胜，2002；杨利民等，2001）。

表6-46 吉林省西部草地不同群落物种多样性指数（平均值±标准误差）

群落类型	Shannon-Weiner 指数	Simpson 指数	Patrick 丰富度指数	Pielou 均匀度指数
羊草 *L. chinensis*	0.10±0.05	0.04±0.03	2.6±0.24	0.10±0.05
针茅 *Stipa capillata*	1.44±0.19	0.65±0.09	8.8±0.60	0.67±0.09
小叶章+羊胡子薹草 *D. angustifolia*+ *C. callitrichos*	0.92±0.12	0.42±0.06	7.3±0.99	0.47±0.05
小叶章+羊草 *D. angustifolia*+ *L. chinensis*	0.92±0.20	0.47±0.10	7.2±0.37	0.46±0.09
大叶章+毛芦苇 *D. langsdorffii*+ *Phragmites hirsute*	0.99±0.09	0.53±0.06	5.3±0.56	0.61±0.06
拂子茅 *Calamagrostis epigeios*	0.32±0.15	0.15±0.07	3.0±0.63	0.26±0.10
芦苇+羊草 *P. australis*+ *L. chinensis*	0.86±0.08	0.38±0.04	8.2±0.95	0.42±0.03
芦苇+星星草 *P. australis*+*P. tenuiflora*	0.85±0.12	0.46±0.06	4.3±0.42	0.59±0.07
獐毛+羊草 *Aeluropus sinensis*+ *L. chinensis*	0.69±0.03	0.45±0.02	4.0±0.52	0.53±0.04
野古草+羊胡子薹草 *Arundinella anomala*+ *C. callitrichos*	0.49±0.05	0.28±0.04	4.3±0.33	0.35±0.06
狗尾草+益母草 *Setaria viridis*+ *Leonurus japonicas*	0.62±0.11	0.30±0.07	7.3±0.56	0.31±0.06

群落类型	Shannon-Weiner 指数	Simpson 指数	Patrick 丰富度指数	Pielou 均匀度指数
抱茎苦菜+羊草 Ixeridium sonchifolium+L. chinensis	1.17±0.11	0.57±0.05	9.2±0.70	0.53±0.04
柳叶旋覆花 Inula salicina	1.29±0.08	0.63±0.03	7.5±0.99	0.66±0.03
阿尔泰狗娃花 Aster altaicus	1.43±0.07	0.71±0.02	9.5±0.62	0.64±0.02
全叶马兰 Kalimeris integrtifolia	0.91±0.14	0.50±0.05	6.2±1.30	0.53±0.05
甘草 Glycyrrhiza uralensis	1.52±0.17	0.66±0.07	13.0±1.15	0.59±0.06
牧马豆+羊草 Thermopsis lanceolata+ Leymus chinensis	0.62±0.07	0.36±0.05	5.8±1.11	0.38±0.03
细叶柴胡+羊草 Bupleurum scorzouerifolium+ L. chinensis	1.06±0.17	0.48±0.08	8.5±0.72	0.49±0.07
罗布麻 Apocynum venetum	1.59±0.15	0.72±0.06	9.2±0.60	0.72±0.06
蓬子菜 Galium verum	0.29±0.11	0.15±0.08	4.2±0.58	0.21±0.07
黄花刺茄 Solanum rostratum	1.18±0.05	0.60±0.03	7.2±0.60	0.61±0.04

(二) 鸟类生物多样性

该区不同鸟类种群间差异明显。其中，莫莫格国家级自然保护区（45°42′25″N～46°18′N，123°27′E～124°4′33″E）位于吉林省西部的松嫩平原西段的镇赉县境内，总面积约为1440hm²。该保护区是以白鹤等珍稀水禽栖息地为主要保护对象的内陆湿地和水域生态系统保护区，是世界白鹤种群迁徙的重要栖息地，每年停歇的白鹤数量超过整个种群的95%，其中白鹤湖是目前白鹤的主要停歇地。全球白鹤种群数量为3500～4000只，其中在中国越冬的东部物种数量约占全球种群数量的99%，其种群数量对于物种安全具有至关重要的意义（Li et al.，2012）。近几十年，白鹤种群栖息地改变、萎缩、破碎化成为影响其生态功能的主要问题，生境退化造成世界范围内白鹤数量下降，严重威胁了白鹤种群的健康和完整性。这些问题主要是由极端水文事件增多、水源供给不足、土地利用改变等人为因素干扰造成的。除外界的环境因素影响外，白鹤的生活习性、觅食方法、自身生理特征（腿长、喙长、颈长）、食物结构等内在因素也会限制白鹤栖息地的选择（孔维尧等，2013；Germogenov et al.，2013；Ma et al.，2010）。自2007年春天，该保护区内白鹤迁徙种群日最高统计数逐年增加，至2010年其数量超过3000只，占世界东部白鹤种群数量的80%以上（Jiang et al.，2015）。

(三) 生境质量变化

1. 生境质量评价因子

本书中生境质量评价因子主要包括水源状况、干扰因子、遮蔽条件和食物丰富度（NDVI），通过计算分析获得吉林省西部地区生境质量评价因子空间分布图，具体的各因子的空间分布如图 6-67 所示。

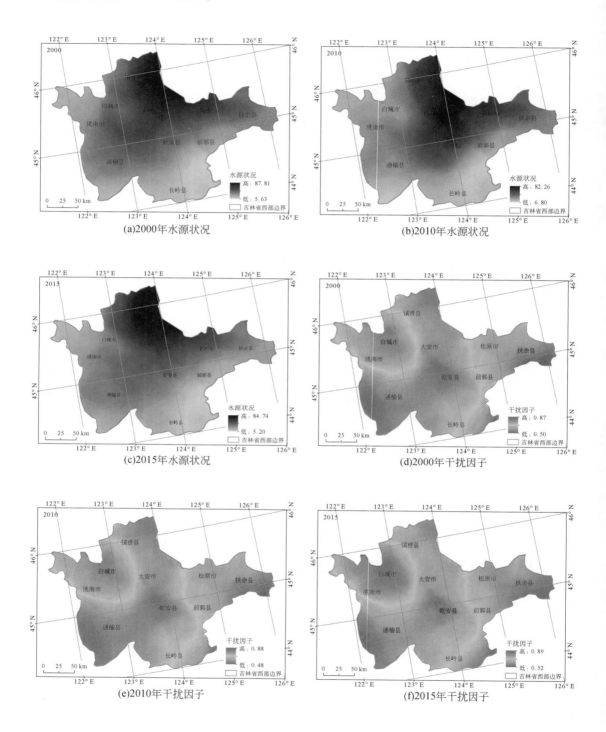

(a)2000年水源状况   (b)2010年水源状况

(c)2015年水源状况   (d)2000年干扰因子

(e)2010年干扰因子   (f)2015年干扰因子

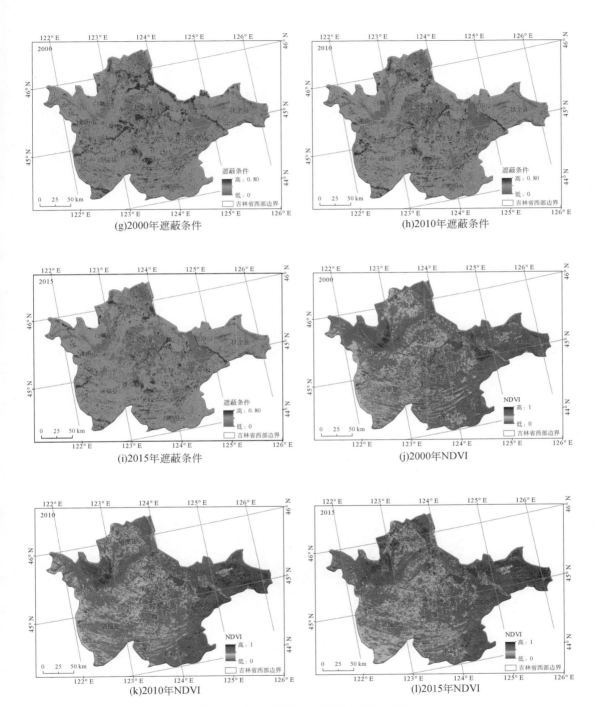

(g)2000年遮蔽条件

(h)2010年遮蔽条件

(i)2015年遮蔽条件

(j)2000年NDVI

(k)2010年NDVI

(l)2015年NDVI

图 6-67　生境质量适宜性评价因子分布图

2. 生境质量动态监测

基于生境质量评价系统和环境因子数据集，获取吉林省西部地区生境质量空间分布特征和不同适宜性级别的面积及其比例。为便于对 1990 年、2000 年、2010 年和 2015 年生境质量比较，将四期生境质量进行标准化，并按照质量得分，分为生境质量最好（75 ~ 100）、生境质量良好（50 ~ 75）、生境质量一般（25 ~ 50）、生境质量差（0 ~ 25）四个等级。通过计算分析可知，1990 年吉林省西部地区整体生境质量较好，其中生境质量最好的区域分布在该区北部的镇赉县。生境质量相对较差的区域分布在该区西北部的洮南市和东南部的长岭县。2000 年吉林省西部地区内，生境质量最好的区域与沼泽湿地空间分布较为一致，主要分布在镇赉县和大安市，即嫩江附近及月亮湖水库附近。该区大部分为生境质量良好区域，主要分布在该区的中部和北部。2010 年吉林省西部地区镇赉县和大安市生境质量分布最好的地区减少，生境质量仍以适宜性良好区和一般区域为主。2015 年吉林省西部地区生境质量最好的区域面积增加，仍分布在镇赉县及大安市。具体的空间分布如图 6-68 所示。

1990 ~ 2000 年吉林省西部地区生境质量最好区域面积减少，主要由于湿地面积在该时段内呈现轻度退化的趋势，部分湿地转化为耕地。吉林省西部地区生境质量最好区域的面积在 2000 ~ 2010 年持续减少且减少幅度较大，减少区域主要发生于镇赉县，该区内大量沼泽湿地转化为耕地；2015 年生境质量最好区域的面积比 2010 年明显升高，升高区域主要分布在镇赉县和大安市。该时段内沼泽湿地面积变化幅度较少，生态保护项目的实施对吉林省西部生境质量的恢复具有推动作用。1990 ~ 2015 年生境质量最好区域面积呈现先减少后增加趋势，总体来看，在此期间整体生境质量最好区域面积增加了 $0.9 \times 10^4 \mathrm{hm}^2$。

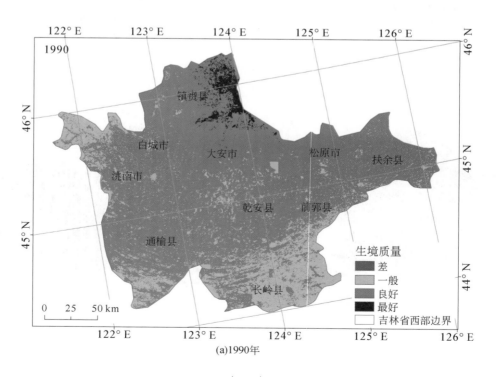

(a)1990年

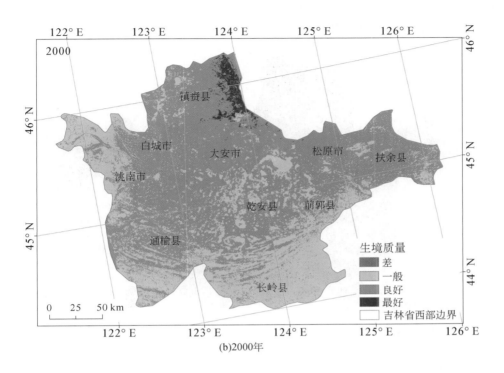

(b)2000年

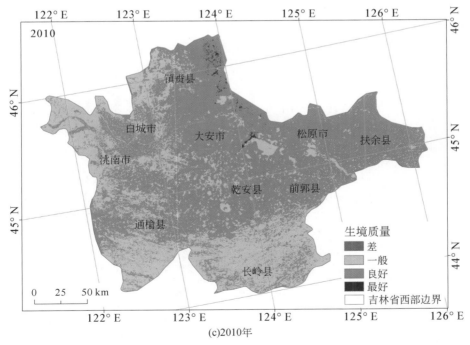

(c)2010年

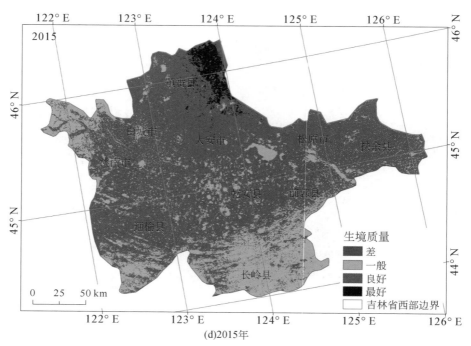

图 6-68 吉林省西部地区生境质量分布图

1990～2000 年吉林省西部地区生境质量良好区域呈现减少趋势，部分地区生境质量由良好变成一般，主要集中在东南部。2000 年以后，生境质量良好区域的面积变化呈现逐年递增的趋势，在 2000～2010 年，其面积增加了 12.73×10⁴ hm²，主要发生在扶余县、前郭县和乾安县，该时段内部分旱田转化为水田；生境质量良好区域的面积在 2010～2015 年继续呈现增加趋势，增加了 29.64×10⁴ hm²，增加幅度升高，主要分布于镇赉县和通榆县，该时段内部分草地、旱田改为水田，而且随着生态建设等工程的实施，部分盐碱裸地被开垦成水田。总体来看，1990～2015 年吉林省西部地区生境质量良好区域面积呈现先减少后增加趋势（表 6-47，图 6-69）。

表 6-47 吉林省西部地区生境质量等级面积及其比例

年份	最好（10⁴hm²）	比例（%）	良好（10⁴hm²）	比例（%）	一般（10⁴hm²）	比例（%）	差（10⁴hm²）	比例（%）
1990	10.27	2.19	367.44	78.29	91.59	19.52	6.00	0.00
2000	8.15	1.74	296.10	63.09	165.04	35.17	69.00	0.00
2010	1.42	0.30	308.83	65.81	159.04	33.89	19.00	0.00
2015	11.17	2.38	338.47	72.12	119.66	25.50	0.00	0.00

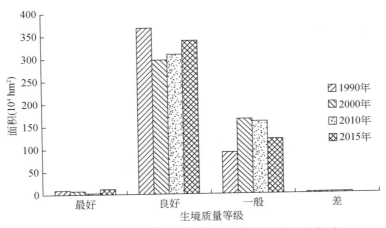

图 6-69　吉林省西部地区不同年份生境质量等级分布图

1990 ~ 2000 年吉林省西部地区生境质量一般的区域面积明显增加，面积增加区域主要分布在东南部的长岭县和前郭县。2000 年以后生境质量一般的区域面积明显减少，截至 2015 年吉林省西部地区生境质量一般区域面积共减少了 45.38×10^4 hm²。生境质量一般区域转化为生境质量良好区，主要是受水田种植面积增加和治碱工程实施等政策的影响。

生境质量差区域面积较小，1990 ~ 2000 年吉林省西部地区生境质量差的区域面积有所增加，但在 2000 年以后生境质量差的区域明显减少，2010 年生境质量差的区域的面积为 19.00hm²，2015 年生境质量差的区域变为面积为 0hm²。1990 ~ 2015 年的整个研究时段内，生境质量差的区域面积整体呈现减少趋势，2015 年生境质量差的区域消失，这也说明了生态工程项目的实施推动了生境质量向好发展。

3. 生境质量变化的驱动因素分析

（1）土地利用变化的影响

土地利用变化是影响生境质量的最重要因素。不同土地利用类型提供的生存环境差异较大。沼泽湿地能够提供最好的生境质量环境。1990 ~ 2000 年沼泽湿地共计减少了 2.52×10^4 hm²，这是该时段内生境质量最好区域面积小幅度减少的主要原因。2000 ~ 2015 年，沼泽湿地减少了 13.07×10^4 hm²，减少率为 37.35%。从空间上看，生境质量最好区域与沼泽湿地的空间分布有明显的空间一致性，同时，沼泽湿地减少区域与旱田增加区域有较为明显的空间一致性，所以沼泽湿地开垦为旱田是导致生境质量最好区域面积减少的一个主要原因。

相较于旱田，水田的生境质量较好，但比沼泽湿地要差一些；从水田、旱田和沼泽湿地的空间分布变化来看，吉林省西部地区土地利用变化有明显的沼泽湿地→旱田→水田的变化过程，1990 ~ 2000 年沼泽湿地减少，旱田增加是该区生境质量良好区域变差的主要原因。2000 ~ 2015 年水田面积增加了 7.66×10^4 hm²，使得生境质量良好的区域面积呈现增加趋势；尤其在 2010 ~ 2015 年，水田面积增加了 4.68×10^4 hm²，从空间上来看主要来源于旱田。林地和草地是生境质量良好的生存环境，在 2000 ~ 2015 年，草地整体呈现上升的趋势，增加面积

为 2.33×10^4 hm²，林地变化较为微小，对于生境质量良好区域面积变化的贡献较小。

城镇呈现增加趋势，对生境质量有较强烈的干扰，但与旱田相比，它们的面积所占比例较小，反映到研究区内，他们的干扰作用被旱田弱化，所以生境质量一般的区域面积变化与旱田变化趋势较为一致。

吉林省西部地区生境质量差的地区面积较小，1990～2015 年生境质量差的区域也呈现减少的趋势，直至 2015 年生境质量差的区域面积为 0hm²。

（2）人文因素的影响

人口作为一种外界压力对生境质量变化起着重要作用，人类活动通过改变土地利用与土地覆盖间接影响生境质量。1990～2015 年，吉林省西部地区除镇赉县和大安市人口处于持续减少外，其余各县（市、区）均呈现先增加后减少的趋势。其中，除松原市市区、白城市市区、前郭县和通榆县人口呈现增加外，其余各县（市、区）人口均呈现减少趋势。2000～2010 年吉林省西部地区人口的增长直接促进粮食需求增长，导致生境质量适宜性良好的水田扩张显著，生境质量适宜性最好的沼泽湿地、生境质量适宜性良好的林地和草地等自然资源被开垦，使得吉林省西部地区 2010 年生境质量适宜性降低。2010～2015 年，吉林省西部地区人口呈现下降趋势，对适宜性良好的林地和草地开垦情况减少，且部分适宜性一般的盐碱裸地转化成适宜性良好的水田，2015 年吉林省西部地区整体生境质量适宜性增高。

作为反映经济发展状况的重要指标，GDP 对生境质量有一定的影响。通过对吉林省各县（市、区）的人口及 GDP 的统计来看，2000～2015 年，吉林省西部地区除前郭县外，其他各县（市、区）GDP 均呈现上升趋势，其中 2000～2010 年涨幅明显高于 2010～2015 年。截至 2015 年，松原市宁江区 GDP 最大，扶余县次之，前郭县、长岭县、乾安县和白城市的洮北区依次减少（图 6-70）。镇赉县、洮南市、大安市和通榆县均不超过 150 亿元。经济发展加快城市化进程，城市规模及其配套交通网络不断扩增，使生境质量评价系统中干扰条件的作用增加。2010 年吉林省西部地区生境质量适宜性整体低于 2000 年，2015 年生态建设和生态环境治理等项目的驱使下，部分旱田、盐碱裸地转为水田，使得吉林省西部地区生境质量良好区域呈现增加趋势。

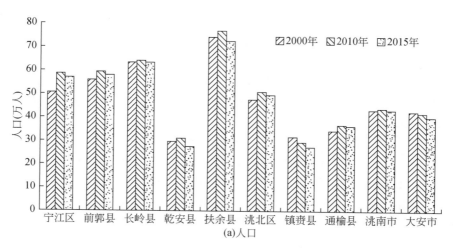

(a)人口

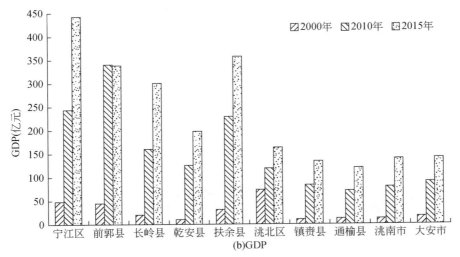

图6-70 吉林省西部地区各县（市、区）人口及 GDP 变化情况

注：数据来自《吉林统计年鉴》，宁江区为松原市市区，洮北区为白城市市区

（3）自然因素变化的影响

吉林省西部地区水资源主要来自于大气降水，气候变化通过影响水源状况影响该地区生境质量。该区气温变化幅度较小，整体呈现略微的减少趋势，因此近 15 年气温变化对该区生境质量的影响较小；降水量的波动性较大，呈现略波动式增加的趋势，在某种程度上能提高生境质量。

四、粮食生产能力变化评估

吉林省西部地区是生态省建设规划中的西部草原湿地保护与绿色产业生态经济区，同时也是全省重要的粮食生产基地。本节利用吉林省白城和松原的统计年鉴数据（1990 年、2000 年、2005 年、2010 年和 2015 年吉林省西部地区各县（市、区）主要作物播种面积、总产量数据），并用 ArcGIS 软件绘图，评估吉林省西部地区粮食生产能力的变化，得出如下结论：2000 年以来，特别是盐碱地治理生态建设工程、西部土地整理重大项目和百亿斤商品粮能力建设总体规划等生态建设工程和项目实施以来，吉林省西部地区水稻、玉米等粮食作物及葵花籽等杂粮杂豆的播种面积和产量在增加，单产水平也呈现增加趋势，粮食生产能力得到提高，为国家粮食安全提供了坚实的保障。

1. 吉林省西部地区粮食生产能力的变化评估

（1）主要作物总播种面积和总产量的变化评估

吉林省西部地区的松原和白城两市皆为粮食生产大市，水稻、玉米和大豆等主要粮食作物及葵花籽等杂粮杂豆在松原、白城两市皆有种植。据统计结果显示（表6-48），从主要作物的播种面积来看，两市的水稻和玉米播种面积 1990~2015 年呈现增加趋势，松原市的葵花籽（杂粮杂豆）播种面积呈现下降趋势，而白城市的葵花籽（杂粮杂豆）

播种面积 1990～2010 年呈现增加趋势，2015 年又下降。2015 年两市水稻播种面积较 1990 年分别增加了 457.83% 和 1093.52%，白城市水稻播种面积增加明显，这主要得益于生态省建设及治碱工程实施后，大面积的荒地和盐碱地开垦成为水田，增加了水田的面积。2015 年两市玉米播种面积较 1990 年分别增加了 83.05% 和 233.54%；2015 年松原市葵花籽的播种面积较 1990 年减少了 55.40%，白城市葵花籽的播种面积较 1990 年增加了 24.96%。白城市水稻的播种面积自 2010 年以后超过松原市，增加幅度也大于松原市，这说明白城市自 2010 年水田的开发力度加大，其中盐碱地改良为水田起到了巨大作用，也体现了白城市作为吉林省西部地区重要粮食主产区的功能特点。松原市玉米的播种面积大于白城市，但葵花籽等杂粮杂豆的播种面积小于白城市，松原市的旱田面积广阔，主要进行玉米种植，而白城市的旱田更倾向于多种作物共同种植。白城市的盐碱地面积远大于松原市，在开发盐碱地的过程中主要采用以稻治碱的途径，白城市的水稻播种面积自 2010 年开始超越松原市，而松原多地市的土壤盐碱化程度较低，适宜发展旱田作物种植（如玉米）。受"镰刀弯"地区玉米结构调整的影响，两市玉米播种面积在 2015 年增加幅度较小。两市主要作物的总产量变化趋势和播种面积类似（表 6-48），水稻、玉米及葵花籽的总产量在增加。白城市水稻和玉米的总产量增加幅度大于松原市，与 1990 年相比，2000 年松原市和白城市的水稻总产量分别增加了 215.63% 和 92.40%。玉米和葵花籽（杂粮杂豆）的总产量却呈现下降趋势。但与 2000 年相比，2015 年水稻总产量增加比例为白城市为 482.85%，松原市为 146.29%；玉米总产量增加比例为白城市为 254.10%，松原市为 244.91%；葵花籽总产量增加比例为白城市为 31.47%，松原市为 117.94%。以上说明说明了 2000 年以后吉林省西部地区的粮食生产进入了快速增长期，2002 年的西部治碱工程、2007 年末吉林省西部土地开发整理重大项目的启动和 2008 年的吉林省增产百亿斤粮食规划的实施极大地促进了吉林省西部地区各种荒地和盐碱地转化为农田（水田和旱田），增加了作物的播种面积和总产量。吉林省西部土地开发整理项目设 3 个项目区，镇赉项目区（2008～2012 年）、大安项目区（2008～2012 年）、松原项目区（2009～2013 年）。这两个重大项目"双管齐下"，将松原、白城两市的盐碱化土地、退化的草原荒地和未利用的土地进行整理，以水利工程建设为辅助，改造为可以生产粮食的水田和旱田，提高了粮食生产能力。

表 6-48　松原和白城两市主要作物播种面积及总产量的变化

年份	调查指标	水稻		玉米		葵花籽	
		松原市	白城市	松原市	白城市	松原市	白城市
1990	播种面积（hm²）	19 775	12 478	450 055	158 611	66 783	39 573
	总产量（t）	136 747	86 286	3 105 380	1 094 415	180 315	106 846
2000	播种面积（hm²）	50 650	28 554	361 006	168 838	23 576	43 316
	总产量（t）	431 615	166 015	1 697 677	735 898	44 962	44 113

续表

年份	调查指标	水稻		玉米		葵花籽	
		松原市	白城市	松原市	白城市	松原市	白城市
2005	播种面积（hm²）	63 391	58 049	425 914	241 583	22 066	58 546
	总产量（t）	618 618	437 312	4 722 976	1 460 055	50 065	69 796
2010	播种面积（hm²）	91 621	103 119	573 326	347 319	26 333	103 099
	总产量（t）	1 034 306	915 521	4 617 294	1 976 342	71 829	180 167
2015	播种面积（hm²）	110 311	148 928	823 816	529 035	29 785	49 450
	总产量（t）	1 063 010	967 626	5 855 488	2 605 830	97 990	57 994

注：表中数据来源于《吉林统计年鉴》、《白城统计年鉴》和《松原统计年鉴》。1990 年的数据由于年代久远，未能查到松原市和白城市的水稻、玉米和葵花籽的播种面积具体数值，总产量的数值来源于1990 年的年鉴，表中对应的面积数值是根据1990 年吉林省水稻、玉米和葵花籽的平均单产水平（据统计：1990 年水稻单产为 6.92t/hm²、玉米为 6.90t/hm²、葵花籽为 2.70t/hm² 与总产值的数据推算出1990 年两市水稻、玉米和葵花籽的播种面积）

（2）主要作物单位面积产量的变化评估

松原和白城两市主要作物的单位面积产量均呈现增加趋势，水稻和玉米的单产在年际间略有波动，但总体增加。水稻单位面积产量在 2010～2015 年略有下降，这可能是由于此期间大面积的盐碱地刚开垦为水田或旱田，水稻当年或起初几年内改良效果不明显，产量增加甚微（图 6-71）。两市的葵花籽等杂粮杂豆的单产在 2000 年较 1990 年呈现下降趋势，但此后一直上升。白城市的葵花籽等杂粮杂豆单产总体呈现下降趋势，2000 年以后略有增加。松原市葵花籽等杂粮杂豆的单产水平自 2000 年以来增加明显，这说明松原市在根据自身地理、气候和土壤等条件的基础上，不断种植多种类型作物，促进各类农业类型共同发展。

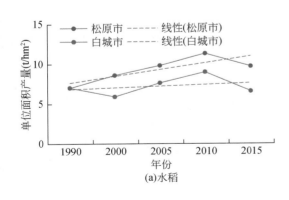

(a)水稻

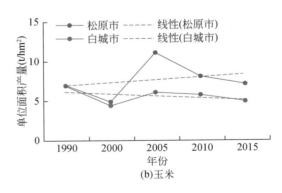

(b)玉米

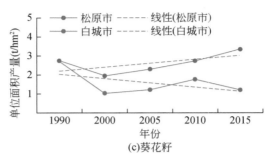

图 6-71　松原和白城两市主要作物单位面积产量的变化

注：由于年代久远，未能查到 1990 年两市的水稻、玉米和葵花籽的单产数据，图中 1990 年的单产数据为
当年吉林省的平均单产水平

（3）吉林省西部地区农业总产值的变化评估

两市农业总产值对比为松原市大于白城市，2005 年以前农业总产值增长缓慢，2010～2015 年快速增长。松原市 2000 年、2005 年、2010 年和 2015 年农业总产值较 1990 年分别增长了 47.14%、218.04%、610.89%、969.19%；白城市分别增长了 30.95%、109.85%、405.90% 和 759.85%（图 6-72），松原市的增长幅度远高于白城市。2007～2012 年正值吉林省实行西部土地整理项目和增产百亿斤商品粮规划的重要年份。在此期间，吉林省西部建设 3 个西部土地整理项目区（镇赉项目区、大安项目区和松原项目区），建设 2 个重大水利工程项目（引嫩入白项目和哈达山水利枢纽项目），治理盐碱地，改造中低产田。这些重大的农业工程和项目极大地促进了松原和白城两市农业总产值的提高。

2. 县（市、区）尺度粮食生产能力的变化评估

（1）县（市、区）尺度主要作物播种面积和总产量

通过分析吉林省西部地区 1990 年、2000 年、2005 年、2010 年和 2015 年各县（市、区）主要作物（水稻、玉米及葵花籽）的统计数据结果可知：从水稻播种面积来看，各县（市、区）播种面积自 2000 年总体呈现增加趋势，长岭县的水稻播种面积及比例呈现下降趋势。前郭县、镇赉县是水稻播种面积和总产量最大的两个县，2015 年镇赉县水稻播种面积已高居吉林省西部地区之首，通榆县和乾安县的水稻播种面积较小（表 6-49）。从总产量来看，吉林省西部地区 1990～2015 年水稻的总产量呈现增加趋势，前郭县和镇赉县始终保持着吉林省西部地区水稻总产量的前两位，其他各县（市、区）的水稻总产量也在增加（图 6-73）。

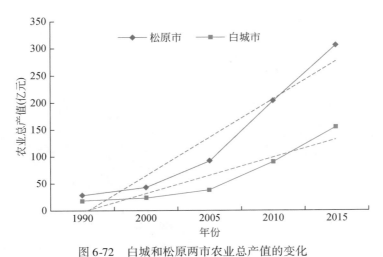

图 6-72　白城和松原两市农业总产值的变化

注：图中的农业总产值数据来自《吉林统计年鉴》、《白城统计年鉴》和《松原统计年鉴》

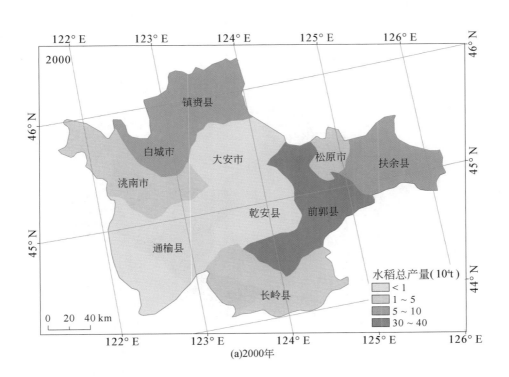

(a)2000年

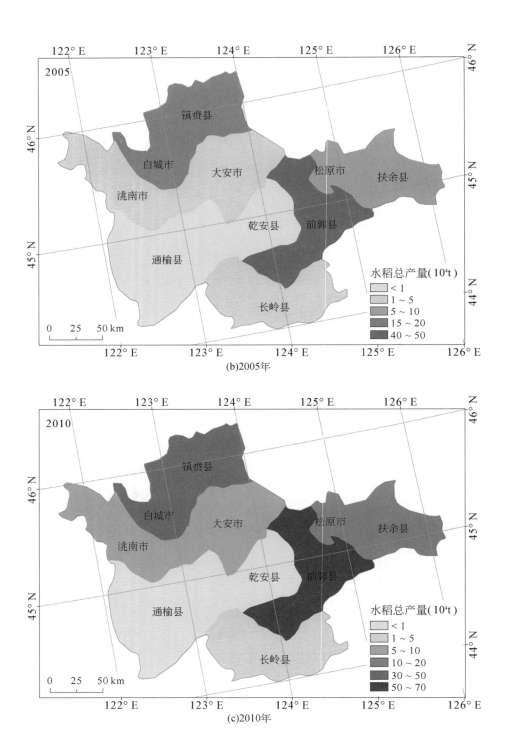

(b)2005年

(c)2010年

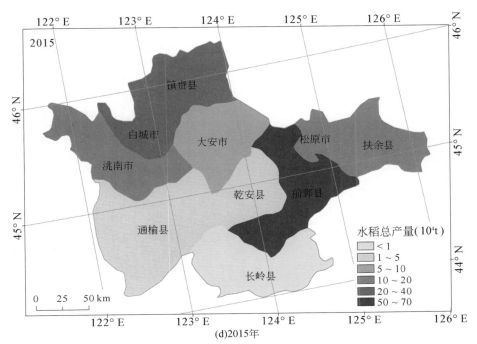

图 6-73　吉林省西部地区各县（市、区）水稻总产量的变化

表 6-49　吉林省西部地区各县（市、区）水稻播种面积的变化及比例

县（市、区）	2000 年		2005 年		2010 年		2015 年	
	面积（hm²）	比例（%）	面积（hm²）	比例（%）	面积（hm²）	比例（%）	面积（hm²）	比例（%）
松原市市区	5 908	13.88	9 536	18.30	13 814	18.83	14 528	20.12
前郭县	34 903	21.24	43 678	20.45	53 577	22.53	69 265	22.00
长岭县	3 086	2.04	1 120	0.61	1 623	0.65	706	0.21
乾安县	265	0.31	277	0.25	1 520	1.05	2 927	1.64
扶余县	6 688	3.68	8 780	3.80	21 087	8.60	22 885	7.08
白城市市区	7 462	11.58	22 353	22.58	34 385	27.92	40 999	23.65
镇赉县	13 874	19.06	27 740	24.90	52 452	30.95	74 376	36.14
通榆县	195	0.23	0.00	0.00	0.00	0.00	7 761	2.51
洮南市	4 749	4.78	4 818	3.61	9 995	5.70	16 562	6.82
大安市	2 274	3.75	3 138	3.70	6 287	6.27	9 230	7.40

注：表中为 2000～2015 年各县（市、区）水稻播种面积，1990 年各县（市、区）水稻的播种面积由于年代久远未能提供。表中数据来源于《吉林统计年鉴》、《白城统计年鉴》和《松原统计年鉴》

吉林省西部地区各县（市、区）玉米播种面积总体呈现增加趋势，长岭县和扶余县是吉林省西部地区玉米生产大县，玉米总产量也居前两位（表6-50和图6-74）。

表6-50　吉林省西部地区各县（市、区）玉米播种面积的变化及比例

县（市、区）	2000年		2005年		2010年		2015年	
	面积（hm²）	比例（%）	面积（hm²）	比例（%）	面积（hm²）	比例（%）	面积（hm²）	比例（%）
宁江区	23 367	54.88	32 218	61.84	46 032	62.74	40 135	55.58
前郭县	70 745	43.05	110 428	51.71	109 006	45.85	175 774	55.82
长岭县	103 464	68.26	85 861	47.10	147 201	58.97	231 587	69.08
乾安县	53 569	61.90	59 689	53.33	91 595	63.19	134 444	75.21
扶余县	109 861	60.41	137 718	59.53	179 492	73.21	241 876	74.80
洮北区	30 489	47.34	40 009	40.42	51 140	41.52	80 011	46.15
镇赉县	28 656	39.36	43 642	39.17	69 415	40.96	100 668	48.92
通榆县	39 255	46.85	49 128	27.48	86 659	28.87	113 074	36.56
洮南市	39 873	40.17	69 543	52.06	81 795	46.61	154 055	63.48
大安市	30 565	50.42	39 261	46.29	58 310	58.19	81 227	65.10

注：表中数据来源于《吉林统计年鉴》、《白城统计年鉴》和《松原统计年鉴》，1990年各县（市、区）玉米的播种面积由于年代久远未能提供

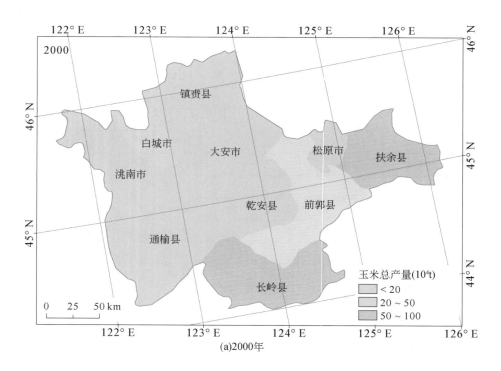

(a)2000年

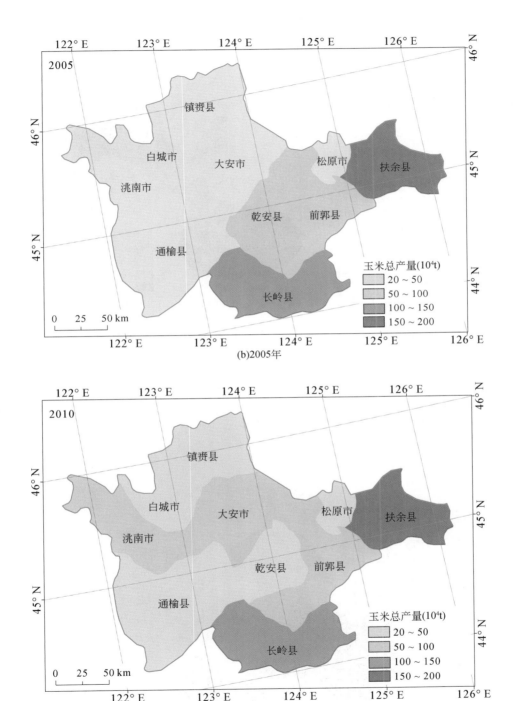

(b)2005年

(c)2010年

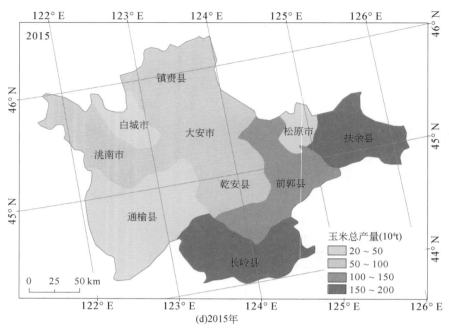

(d)2015年

图 6-74 吉林省西部地区各县（市、区）玉米总产量的变化

吉林省西部地区葵花籽的播种面积在 2010 年以前呈现增加趋势，在 2015 年略有下降。从总产量来看，通榆县葵花籽总产量 2010 年以前增加明显，2015 年略有下降，长岭县葵花籽总产量始终保持着增加的趋势，2015 年葵花籽总产量较大的 3 个县（市、区）是长岭县、通榆县和乾安县（图 6-75，表 6-51）。

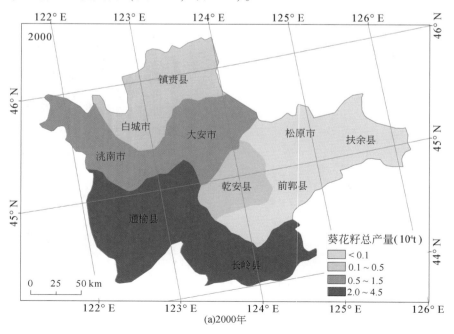

(a)2000年

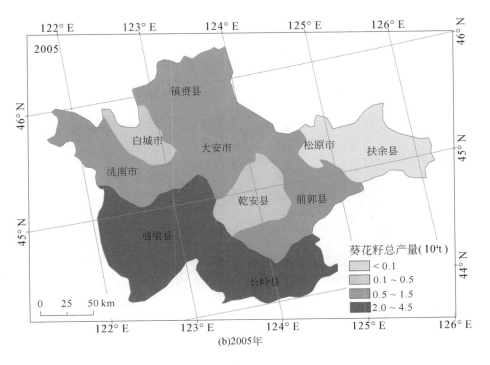

(b)2005年

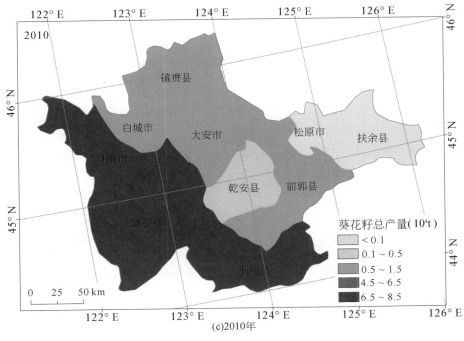

(c)2010年

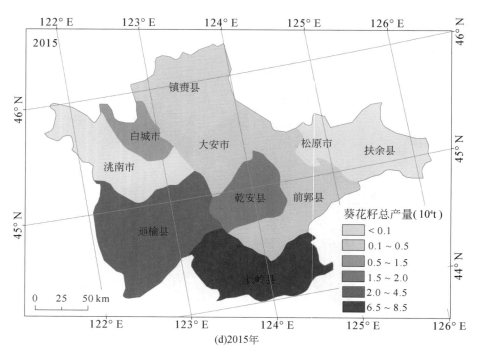

图 6-75　吉林省西部地区各县（市、区）葵花籽总产量的变化

表 6-51　吉林省西部地区各县（市、区）葵花籽播种面积的变化及比例

县（市、区）	2000 年		2005 年		2010 年		2015 年	
	面积（hm²）	比例（%）	面积（hm²）	比例（%）	面积（hm²）	比例（%）	面积（hm²）	比例（%）
宁江区	161	0.38	86	0.17	20	0.03	6	0.01
前郭县	2 158	1.31	4 785	2.24	2 742	1.15	547	0.17
长岭县	15 343	10.12	14 477	7.94	18 628	7.46	21 967	6.55
乾安县	5 320	6.15	2 406	2.15	4 734	3.27	7 175	4.01
扶余县	594	0.33	312	0.13	209	0.09	90	0.03
洮北区	1 599	2.48	2 738	2.77	3 101	2.52	2 667	1.54
镇赉县	3 012	4.14	4 413	3.96	6 845	4.04	1 515	0.74
通榆县	24 637	29.41	40 173	22.47	68 309	22.76	36 882	11.92
洮南市	7 112	7.16	5 777	4.33	19 559	11.15	6 841	2.82
大安市	6 956	11.47	5 445	6.42	5 285	5.27	1 545	1.24

注：宁江区为松原市市区，洮北区为白城市市区，下同。表中数据来源于《吉林统计年鉴》、《白城统计年鉴》和《松原统计年鉴》，1990 年各县（市、区）葵花籽的播种面积由于年代久远未能提供

（2）县（市、区）尺度主要作物单位面积产量

吉林省西部各县（市、区）受地理环境、气候和土壤等条件影响，水稻、玉米和葵花籽等其他杂粮杂豆的单产水平不尽相同，年际间也存在差异。吉林省西部各县（市、区）水稻、玉米和葵花籽三种主要作物在时间尺度上总体呈现增加趋势，各县（市、区）增加幅度不同。

各县（市、区）主要作物的单产水平总体呈增加趋势，但不同县（市、区）间发展的主要作物种类存在差异（表 6-52）。水稻的单位面积产量总体呈现增加趋势，各县（市、区）在 2010 年单产最大，2015 年较 2010 年略有下降，前郭县和扶余县的水稻单产水平较高，而播种面积和总产量较大的镇赉县和洮北区单产水平并不高，这与白城市地区盐碱地面积开垦为水田有关。玉米单产水平总体呈现增加趋势，在 2005 年单产水平较高，松原市各县（市、区）玉米单产高于白城市各县（市、区）。吉林省西部地区各县（市、区）中宁江区、通榆县和洮南市的葵花籽单产水平较低，其他县（市、区）较高，总体保持增加趋势。各类作物单产水平较高的是长岭县和扶余县。

表 6-52　吉林省西部地区各县（市、区）不同作物单位面积产量　（单位：kg/hm²）

作物种类	县（市、区）	2000 年	2005 年	2010 年	2015 年
水稻	宁江区	5 136.43	8 279.89	8 106.20	9 762.18
	前郭县	8 649.97	10 000.00	12 999.98	9 999.28
	长岭县	6 286.45	14 075.89	9 985.83	9 980.17
	乾安县	4 256.60	5 714.80	5 756.58	5 320.81
	扶余县	11 786.93	9 741.80	9 525.77	9 000.00
	洮北区	7 994.64	7 956.96	8 733.81	7 190.88
	镇赉县	5 578.49	6 793.15	8 802.79	5 470.31
	通榆县	717.95	0	0	2 402.78
	洮南市	4 000.00	8 799.92	9 739.87	9 827.07
	大安市	4 321.46	9 117.27	8 928.74	9 159.59
玉米	宁江区	4 473.70	8 157.21	7 154.39	8 329.44
	前郭县	2 899.99	9 460.00	7 421.61	7 345.07
	长岭县	4 968.23	14 033.74	8 736.12	6 835.22
	乾安县	3 104.46	11 253.43	5 205.50	5 879.49
	扶余县	6 441.27	11 174.00	9 561.43	7 676.26
	洮北区	7 707.96	5 572.85	7 659.84	5 578.92
	镇赉县	4 468.56	5 490.12	4 639.82	5 099.99
	通榆县	2 228.07	5 140.73	2 822.37	2 867.80
	洮南市	4 050.36	6 432.98	6 279.69	4 333.66
	大安市	4 052.87	7 579.23	8 648.84	8 053.39

续表

作物种类	县（市、区）	2000 年	2005 年	2010 年	2015 年
葵花籽	宁江区	1 459.63	976.74	1 600.00	500.00
	前郭县	231.70	1 775.97	2 516.41	2 212.07
	长岭县	2 676.79	2 568.90	3 149.99	3 661.99
	乾安县	459.21	1 566.08	1 220.95	2 240.14
	扶余县	1 202.02	1 682.69	2 100.48	2 900.00
	洮北区	1 498.44	1 521.55	2 199.94	2 599.93
	镇赉县	1 029.55	1 153.18	1 402.34	2 945.21
	通榆县	927.43	1 075.27	1 288.26	1 153.19
	洮南市	1 349.97	1 400.03	3 419.91	140.77
	大安市	886.43	1 699.91	1 675.69	2 008.41

注：表中数据来源于《吉林统计年鉴》、《白城统计年鉴》和《松原统计年鉴》，1990 年各县（市、区）水稻、玉米和葵花籽的播种面积由于年代久远未能提供，因此无法计算其单产水平

（3）各县（市、区）农业总产值的变化评估

吉林省西部地区各县（市、区）农业总产值自 1990 年以来呈现增加趋势，2005 年以前农业总产值增加较缓慢，之后增长速度加快。松原市的长岭县、扶余县和前郭县的农业总产值在吉林省西部地区各县（市、区）中占前 3 位，为农业生产大县，因此松原市的农业总产值也远高于白城市，这与松原市各县（市、区）农业产业结构调整密切相关。在时间尺度上增长幅度最快的为乾安县，其次为洮南市、长岭县和宁江区，如图 6-76 所示。

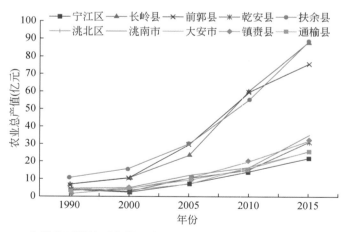

图 6-76 吉林省西部地区各县（市、区）1990～2015 年农业总产值的变化

注：图中的农业总产值数据来自《吉林统计年鉴》、《白城统计年鉴》和《松原统计年鉴》

五、防风固沙能力评估

科尔沁草原生态功能区是典型的防风固沙功能区，吉林省西部地区位于科尔沁草原的东部，具有相对吉林省其他地区较高的防风固沙能力。防风固沙量的多少直接反映了防风固沙能力的强弱，本书中防风固沙量采用修正风蚀方程进行估算，通过气象、土壤、地形、植被覆盖等因素估算防风固沙量（Ouyang, 2016），求得 2000 年和 2015 年吉林省西部地区的防风固沙量，并分析其变化特征，其中气象因素的降水量及温度数据用多年平均值。

1. 吉林省西部地区防风固沙能力

1990 年吉林省西部地区防风固沙量为 2.91×10^8 t。该区防风固沙能力呈现由南至北逐渐减少的趋势，防风固沙能力较好的地区主要分布在该区南部。其他地区防风固沙能力相对较低，其中大部分地区防风固沙能力在 5000t/km^2 以下，约占整个区域的 51.16%。1990 年防风固沙能力具体分布情况如图 6-77 所示。

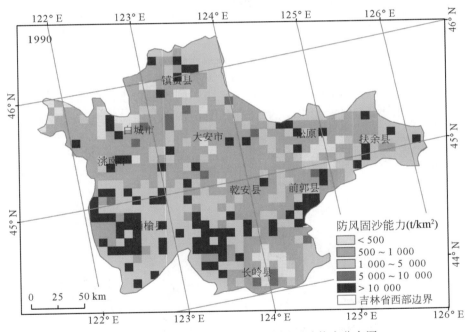

图 6-77　1990 年吉林省西部地区防风固沙能力分布图

2000 年吉林省西部地区防风固沙量为 1.55×10^8 t。该区防风固沙能力呈现由南至北逐渐减少的趋势，防风固沙能力较好的地区主要分布在该区南部和东北部。该区西部、北部及中部地区防风固沙能力较低，其中大部分地区防风固沙能力不到 500t/km^2，约占整个区域的 59.13%。防风固沙能力具体分布情况如图 6-78 所示。

2015 年吉林省西部地区防风固沙量为 1.61×10^8 t。与 2000 年相比增加了 0.06×10^8 t，防风固沙能力在空间上仍是呈现由南到北减少的趋势。全区防风固沙能力从 2000 年的

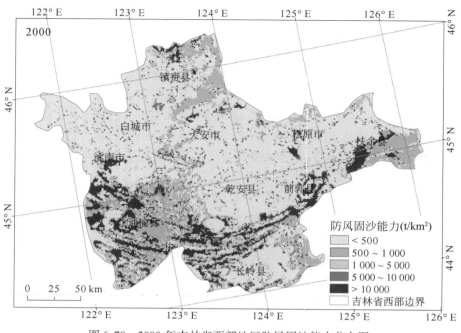

图 6-78 2000 年吉林省西部地区防风固沙能力分布图

3391t/km² 上升至 2015 年的 3467t/km²，2015 年防风固沙能力不到 500t/km² 的地区占整个区域的 57.06%，防风固沙能力具体分布情况如图 6-79 所示。

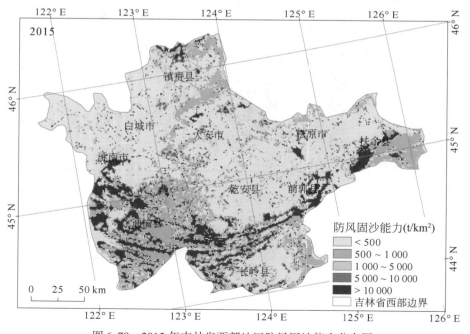

图 6-79 2015 年吉林省西部地区防风固沙能力分布图

1990～2015 年吉林省西部地区防风固沙能力整体呈现上升趋势，1990～2000 年防风固沙能力下降，主要是由于该时期草地大面积减少，地表裸露现象加剧，固沙能力降低。2000～2015 年该区防风固沙能力轻度呈现上升趋势，防风固沙能力上升区主要分布在该区的中部和西南部，从土地覆盖类型上看，增加区主要分布在草地和农田区；防风固沙能力降低的区域主要集中分布在北部镇赉县和中部等地区，从土地覆盖类型上看，降低区主要分布在盐碱裸地及南部的农牧交错区。

2. 各县（市、区）级单位防风固沙功能及分布

吉林省西部地区共包含 10 个县（市、区），受气候、土壤及植被生长状况的影响，各县（市、区）防风固沙能力不同。据 2015 年计算结果统计，吉林省西部地区的通榆县和长岭县防风固沙能力最高，分别为 7768t/km² 和 5806t/km²。其次为前郭县和扶余县，防风固沙能力分别为 3750t/km² 和 2597.2t/km²。镇赉县、大安市、洮南市、松原市市区和乾安县防风固沙能力均在 1000t/km² 以上，仅白城市市区防风固沙能力在 1000t/km² 以下。

从防风固沙量来看，2015 年通榆县和长岭县的防风固沙量最高，分别为 0.66×10⁸t 和 0.33×10⁸t，约占全区防风固沙总量的 40.67% 和 20.65%。其次为前郭县和扶余县，防风固沙总量分别为 0.22×10⁸t 和 0.12×10⁸t，约占吉林省西部防风固沙总量的 13.57% 和 7.47%。防风固沙量最小的县（市、区）为白城市市区和松原市市区，防风固沙总量均为 0.01×10⁸t。具体 2015 年吉林省西部地区各县（市、区）防风固沙能力及固沙总量见表 6-53。

表 6-53　2015 年吉林省西部地区各县（市、区）防风固沙总量分布

县（市、区）	防风固沙能力（10⁶t/km²）	防风固沙量（10⁸t）	防风固沙量占比（%）
大安市	12.10	0.06	3.60
通榆县	77.68	0.66	40.67
镇赉县	13.50	0.07	4.21
白城市市区	6.40	0.01	0.88
洮南市	18.58	0.09	5.87
长岭县	58.06	0.33	20.65
扶余县	25.97	0.12	7.47
松原市市区	11.21	0.01	0.86
乾安县	10.26	0.04	2.21
前郭县	37.50	0.22	13.57
吉林省西部	34.67	1.61	—

3. 防风固沙量的变化

1990～2000 年，吉林省西部地区防风固沙总量呈现减少趋势，从 1990 年的 2.91×10⁸t 减少至 1.55×10⁸t，减少率为 45.27%。防风固沙总量减少的原因，主要是由于该时间段内草地、沼泽湿地等固沙类型面积降低，特别是草地面积迅速减少，地表裸露面积增加，防风固沙总量减低。

2000～2015年，吉林省西部地区防风固沙总量呈现增加的趋势，从2000年的1.55×10^8t增加到2015年的1.61×10^8t，15年来总计增加了0.06×10^8t，增加率为3.80%，年均增加量为4.00×10^6t。吉林省西部地区防风固沙能力呈现微弱增加的趋势，这主要是受植被覆盖度和气候因素的影响，随着吉林省西部生态建设的实施，生态质量的逐步提高，该区的防风固沙能力也得到了提升。

从各县（市、区）防风固沙能力上看（表6-54），1990～2000年防风固沙能力变化最为显著的是白城市市区，减少率为74.16%；各县（市、区）中防风固沙能力变化幅度最大的是通榆县，变化量为66 347 300t/km²。2000～2015年防风固沙能力增加最为显著的县（市、区）是：通榆县，防风固沙能力增加了2 522 000t/km²；其次为长岭县和洮南市，分别增加了1 835 000t/km²和1 094 100t/km²，增加最小的县（市、区）是乾安县，增加了668 900t/km²。镇赉县、白城市市区、扶余县和松原市市区防风固沙能力均减少，减少最为显著的是镇赉县，防风固沙能力减少量351 700t/km²。

表6-54　吉林省西部地区各县（市、区）防风固沙量变化情况

县（市、区）	1990年		2000年		2015年		1990～2000年变化率（%）	2000～2015年变化率（%）
	能力（10^6t/km²）	总量（10^8t）	能力（10^6t/km²）	总量（10^8t）	能力（10^6t/km²）	总量（10^8t）		
大安市	14.20	0.07	11.21	0.05	12.10	0.06	−21.06	7.92
通榆县	141.50	1.20	75.16	0.63	77.68	0.66	−46.89	3.36
镇赉县	29.70	0.15	13.85	0.07	13.50	0.07	−53.35	−2.54
白城市市区	24.93	0.06	6.44	0.01	6.40	0.01	−74.16	−0.71
洮南市	26.95	0.14	17.49	0.09	18.58	0.09	−35.11	6.26
长岭县	111.37	0.64	56.22	0.32	58.06	0.33	−49.52	3.26
扶余县	35.49	0.16	26.04	0.12	25.97	0.12	−26.62	−0.28
松原市市区	19.10	0.02	11.23	0.01	11.21	0.01	−41.20	−0.21
乾安县	21.79	0.08	9.60	0.03	10.26	0.04	−55.96	6.97
前郭县	64.28	0.39	38.26	0.22	37.50	0.22	−40.47	−2.01
吉林省西部	61.95	2.91	33.91	1.55	34.67	1.61	−45.27	3.80

从防风固沙总量来看，1990～2000年各县（市、区）防风固沙总量呈现快速减少的趋势，其中长岭县防风固沙总量下降最为显著，共计减少了32.08×10^6t，下降幅度最小的是松原市市区，共计减少了1.00×10^6t。2000～2015年防风固沙总量增加的县（市、区）主要有大安市、洮南市、乾安县、长岭县和通榆县，其中通榆县防风固沙量增量最高，增加量为2.70×10^6t，其次为长岭县和洮南市，增加量分别为1.47×10^6t和0.66×10^6t；防风

固沙量减少最为显著的县（市、区）是镇赉县，共减少了 0.10×10^6 t。从各县（市、区）防风固沙变化率来看，变化较大的县（市、区）为大安市、洮南市和乾安县。

六、生态系统服务能力变化具体案例

吉林省西部位于农牧交错带脆弱区，生态环境问题十分突出，呈现显著恶化趋势。草原退化严重，面积大幅度减少；土地盐碱化局部有所好转，但总体面积大幅度增加，中度、重度盐碱斑块比例增大；风沙地呈现向中部扩散趋势，威胁中东部生态安全；天然湿地萎缩，生物多样性减少，珍稀物种保护形势严峻。随着对地下水资源的索取量日益增加，加之降水量减少，造成地下水位急剧下降。为了恢复和改善吉林省西部生态环境，治理盐碱地，吉林省政府从 2001 年开始陆续启动实施了吉林省生态省建设总体规划、吉林省西部地区河湖连通工程总体规划、吉林省西部土地整理开发整理重大项目三大主要规划与工程项目，这些工程和规划的实施，在优化生态建设格局、增强生态系统服务功能、提高生态建设质量方面发挥了重要作用。

截至目前，吉林省西部系列工程实施已取得较大进展，举例如下。

1. 西部治碱工程

为了恢复和改善吉林省西部生态环境，治理盐碱地，吉林省政府从 2002 年启动实施了西部治碱工程。通过在西部原天然草地上实行了封育和轮牧，并建设一批高产人工草地；同时采取工程、生物、化学、管理等措施，对吉林省西部盐碱地进行全面治理，逐步恢复吉林省西部地区生态环境。

截至 2005 年末，吉林省西部盐碱地治理生态建设工程各方面共投资 4 亿元，治理盐碱地面积达 50.87×10^4 hm^2，占治理总面积的 53%，建设工程围栏 80 万延长米，恢复羊草地为 33.33×10^4 hm^2，播种苜蓿面积为 2000hm^2，栽植银萄面积为 666.67hm^2，栽种罗布麻面积为 2000hm^2，增加草地生态服务价值 30.04 亿元。从治理效果看，项目区中、轻度盐碱化草原植被平均覆盖率，由治理前的 20%～30% 提高到治理后的 70%～85%，平均株高由 7～12dm 提高到 18～50dm，以羊草为代表的优质牧草比例大幅度增加，平均亩干草产量由 25～30kg 提高到 90～120kg，增加约 4 倍；重度盐碱化草原的裸露碱斑明显减少，土壤条件得到明显改善，多年生牧草显著增加（贾广和，2006）。以稻治碱、以苇治碱等生物措施，扩大了可利用土地面积，水田面积增加了 15.2×10^4 hm^2，其中通过荒改水新增面积为 10.2×10^4 hm^2，通过旱改水增加面积为 5.0×10^4 hm^2，荒改旱新增旱田（水浇地）面积为 6.8×10^4 hm^2。随着水田的开发，原来相对贫瘠的土壤将逐渐转化为水稻土，土壤肥力逐渐提高，农田植被的生产力水平、区域植被生物量都得到明显提高，土壤结构得到了明显改善（聂英，2015），增加耕地生态服务价值达 6.12 亿元。

2. 草原修复与保护重点工程

吉林省西部草地以通榆、大安、长岭、镇赉、洮南为主，点状分布在各县（市、区）。吉林省政府自 2002 年开始实施生态省建设战略，通过草原修复与保护重点工程在吉林省西部原天然草地上实行了封育和轮牧，并建设了一批高产人工草地，还在半农半牧区实施了种草休耕、退耕还草等措施，使吉林省西部生态环境有所改善。2000～2013年，吉林省西部草地植被指数整体呈现上升趋势，特别是2010年以来持续上升，说明草地植被长势有所好转，草地覆盖度呈现增加趋势，吉林省西部的草地生态系统在一定程度上得到恢复，草地资源得到改善（洪欣等，2017）。

姜家店草场位于松嫩平原中部低平原，属洮儿河和霍林河之间的河间地带，海拔为120～160m，地势平坦，总坡度为1/8000～1/5000。该区平均气温为4.3℃。年均降水量为413.7mm，其中6～9月降水量达344.8mm，占全年降水的83.3%。年均蒸发量为1610mm，最大蒸发量达1952.2mm。干燥度年均为1.15。春季多风、干旱，最大风出现在4～5月；一般风速在16m/s以上，最大瞬间风速达30m/s，全年平均风速为5m/s，风速大于8m/s的大风日多达47天，而且以风速17m/s的次数为多。土壤类型以盐化草甸土为主，姜家店草场的顶级群落为羊草群落，姜家店草场在1960～1990年被开垦或者放牧过度，在人为及自然因素的影响下，改变了羊草的优势地位，表土层消失，土壤开始盐渍化，不耐盐碱的植物消退，耐盐碱的盐生植物等迅速增加，形成单优势的盐生植物群落，最终退化为光板盐碱地。在2000年以后吉林省分两期实施生态草建设工程，第一期是2001～2005年，第二期是2006～2010年，用10年时间对生态草建设区全部采取围栏封育，退化的草地进行进展演替，草地状况得以恢复。

中国科学院东北地理与农业生态研究所梁正伟研究员团队经过多年反复实践，发明了羊草抗盐碱地移栽克隆恢复技术，打破了以往重度盐碱地无法直接恢复顶级羊草植被的瓶颈技术障碍，首次提出了盐碱地顶级植被跨越式恢复演替理论，实现了3～5年快速恢复重度盐碱地顶级植被的治理目标，使重度盐碱地羊草成活率和植被覆盖度由0～20%提高到80%以上，草地生产力由每公顷0～0.5t提高到2～3t，技术体系成熟，操作简单，可以在吉林西部草原优质牧草基地建设，为遏制荒漠化趋势提供了有力的科技保障。

在1990～2000年，盐碱裸地转化为草地面积为负增长300hm²，在2000～2010年，盐碱裸地转化为草地面积迅速增加为16 800hm²，2010～2015年盐碱裸地转化草地面积为负增长300hm²，即1990～2015年的盐碱裸地-草地净转化量为16 500hm²，以梁正伟等（重度苏打盐碱地顶级植被快速恢复核心关键技术的创新与应用，2010年国家科学技术进步奖二等奖）为例，进行经济效益估算，则2015年比1990年增加草地经济效益约8250万元[羊草经济效益5000元/（hm²·a）]。

3. 湿地保护重点工程

吉林省西部湿地主要分布在大安市、镇赉县、通榆县、前郭县、扶余县、乾安县、农安县等地，包括国际和国家重要湿地、自然保护区、湿地公园、蓄滞洪区等。政府已经划定湿地生态红线，推进湿地自然保护区核心区和缓冲区生态移民，禁止从事与保护湿地生态系统不符的生产活动。同时正积极推进湿地自然保护区晋级和新建，把国家重要湿地和省级重要湿地逐步划建为自然保护区，把国家湿地晋升为国际重要湿地。湿地公园建设同城镇化建设紧密结合，争取全区80%的自然湿地和所有的重要湿地得到有效保护。2014年，在吉林省林业厅的组织指导下，向海国家级自然保护区利用国家林业局退耕还湿试点项目，开展退耕还湿工程 1600hm²；莫莫格湿地开展退耕还林还草还湿工程，对被开垦的 4000hm² 湿地进行还林还草还湿；雁鸣湖湿地完成退耕还林还草还湿工程 1870hm²；大安嫩江湾国家湿地公园实施了退耕还湿 808hm²，投入资金共计 1130 万元，增加湿地生态服务价值 10.11 亿元。2015 年，这个以干旱著称的吉林省西部城市新连通水库泡塘 45 个，增加蓄水水量 $15.9 \times 10^8 \text{m}^3$，改善和恢复湿地面积 61 000hm²（鲍盛华，2016）。

逐步建立重要湿地生态补偿机制，加强西部芦苇种植管理，扩大芦苇生产规模，注重芦苇新产品开发，促进产业优化升级。通过湿地修复与保护工程，吉林省湿地生态环境得到明显改善，依赖湿地生存的 613 种湿地植物和 297 种湿地野生动物得到有效保护。符合鸟类觅食条件的栖息地面积明显增加，有效保护了亚洲东部候鸟迁徙的重要停歇地，提升了中国在国际保护濒危鸟类中的重要地位。莫莫格保护区鸟类种类比建区时增加 100 种，增长近 50%。向海补水生物种群数量明显增加。

4. 吉林省西部地区河湖连通工程

在党中央、国务院的大力支持下，2012 年，作为国家重大节水供水项目之一，振兴东北老工业基地河湖连通重大工程，在吉林省西部徐徐拉开大幕。近年来，着眼构建吉林西部生态屏障，针对生态环境相对脆弱的实际，白城突出水、林、草、湿四大生态要素，白城构建水、林、草、湿"四位一体"的生态系统，持续实施河湖连通、植树造林、草原治理、湿地修复"四大工程"，构筑吉林西部生态安全屏障。白城市大力实施了河湖连通、引嫩入白、引洮入向等水利工程，通过提、引、蓄、留等多种办法，把洪水富余水量引入众多天然湖泡，形成纵横交错的水域网络。2013 年汛期，洮儿河发生了自 1998 年以来最大的一次洪水，吉林省西部地区河湖连通工程惠及的向海水库、泉眼泡、四海泡等水库泡塘共分流洮儿河水 $3 \times 10^8 \text{m}^3$，使月亮泡水库水位降低近 1.1m，通过分洪和蓄水有效保证了防汛安全。

目前，白城市河湖连通工程已投资 4 亿多元，整治渠道 145km，连通水库小湖泊等 48 个，共改善和恢复湿地面积 64 000hm²，地下水水位最高时平均上涨 1.02m，增加生态服务价值湿地 67.17 亿元。恢复草原、芦苇面积 $4 \times 10^4 \text{hm}^2$，增加草地生态服务价值 3.56 亿元，吉林省西部地区河湖连通工程增效显著。降水量较历年同期明显增加，风沙次数显著减少，促进了生态系统的良性循环。河湖连通工程还促进了农业、渔业及旅游业的快速发展（刘宁，2014）。在莫莫格、向海湿地，更多的天鹅、丹顶鹤等鸟类来此繁衍生息。白城湿地繁殖水鸟比 2005 年增加了 30%，雁、鸭数量达上亿只。一个天蓝水碧、林茂粮丰、渔兴牧旺、人水和谐的美丽白城已经初具形态。同时，吉林省西部供水工程充分利用现有供水工程体系，合理调配和利用洪水等资源，向吉林省西部地区的重要湖泡、湿地供水，回补地下水，恢复和改善了区域生态环境（章文杰和王健，2017）。

5. 吉林省西部土地整理重大项目

2008 年 7 月 2 日，温家宝总理主持召开了国务院常务会议，会议上讨论并原则通过了《吉林省增产百亿斤商品粮能力建设总体规划》。为了实施该总体规划，吉林省委、省政府组织实施了吉林省西部土地整理重大项目。吉林省西部土地整理重大项目包括镇赉项目区、大安项目区和松原项目区，是分别与引嫩入白、大安灌区和哈达山水利枢纽三大水利工程相匹配的土地整理项目。项目总投资 62 亿元左右，项目区总面积为 558×10⁴ 亩，投资规模和建设规模之大，不仅开创了吉林省有史以来土地开发整理项目的新纪录，也是近 10 年来全国最大的一个土地整理项目。项目工程完工后，吉林省将新增耕地面积 255×10⁴ 亩，实现粮食增产 100 亿斤，使当地农村每年增加 33 亿元左右的产值。

吉林省西部地区土地开发整理重大项目作为《吉林省增产百亿斤商品粮能力建设总体规划》的一部分，于 2007 年启动实施。依托引嫩入白、大安灌区、哈达山水利枢纽等骨干水利枢纽建设而设立，包括镇赉、大安和松原三个项目区，涉及白城市的大安市和镇赉县、松原市的前郭县和乾安县。2007 年 9 月，镇赉项目区一期试点工程开工建设。在镇赉项目区哈吐气区片试点工作完成后，大安项目区和松原项目区也分别于 2008 年和 2009 年陆续开工建设。截至 2010 年，开工建设 26 个子项目，4 个现代农业示范区亦开工建设，累计完成投资 80.1 亿元（高峰，2010）。2011 年和 2014 年对重大项目实施方案进行了调整，确定吉林省西部地区土地开发整理重大项目分两期实施。用地类型不同，所产生的生态系统服务价值不同，吉林西部土地开发整理项目实施后，项目区用地结构发生较大变化（表 6-55），进而其生态系统服务价值也发生变化（表 6-56）。截至 2014 年底累计完成建设规模为 17.6×10⁴ hm²，占一期建设任务的 97.64%；新增耕地面积为 9.7×10⁴ hm²，占一期建设任务的 96.80%；建设高标准农田面积为 14.8×10⁴ hm²，占一期建设任务的 95.88%，这两项共增加耕地生态服务价值 6.81 亿元；通过土地平整工程、农田水利工程、田间道路工程、农田防护工程建设，田、水、路、林的综合治理，有效增加了耕地面积，提高了土地利用率，改善了生态环境，使农业综合生产能力有了大幅度提高。

表 6-55　项目区开发整理前后土地利用结构变化　　　（单位：hm²）

项目		森林	草地	农田	湿地	水域	荒漠
大安项目区	整理前	0.0042	0.52	1.17	0.68	0.5211	5.18
	整理后	0.0042	0.52	2.29	4.33	0.5211	0.41
松原项目区	整理前	0.34	1.83	13.94	4.598	0.6438	9.76
	整理后	0.34	1.83	12.13	15.18	0.2138	1.49
镇赉项目区	整理前	0.34	1.13	1.29	0.1045	0.31	5.79
	整理后	0.36	1.13	3.8	1.83	0.31	1.55

资料来源：聂英（2015）

截至 2015 年，一期工程已基本完工，根据骨干水利工程的进展情况，二期工程将适时启动。通过土地开发整理，新增耕地面积为 17.1×10⁴ hm²，新增耕地率为 50.03%；新增水田面积为 9.63×10⁴ hm²；建设高标准基本农田面积为 30.63×10⁴ hm²，其中水田面积将达到 13.85×10⁴ hm²；增产粮食 16.92×10⁸ kg（聂英，2015）。

表 6-56 项目区土地开发整理前后整体生态系统服务价值变化 ［单位：万元/(hm² · a)］

地类	大安项目区			松原项目区			镇赉项目区		
	开发前	开发后	增减	开发前	开发后	增减	开发前	开发后	增减
森林	0.0098	0.0098	0	0.79	0.79	0	0.84	0.84	0
草地	0.40	0.40	0	1.41	1.41	0	0.87	0.87	0
农田	1.42	2.78	1.36	16.96	14.75	-2.20	1.57	4.62	3.05
湿地	4.55	28.96	24.41	30.70	100.99	70.29	0.69	12.24	11.55
水域	2.55	2.55	0	3.15	1.05	-2.1	1.52	1.52	0
荒漠	0.23	0.0183	-0.21	0.44	0.066	-0.37	0.26	0.069	-0.19
合计	9.17	34.73	25.56	53.45	1.1907	65.62	5.76	20.16	14.40

资料来源：聂英（2015）

针对东北苏打盐碱地大规模种稻开发过程中缺乏主导抗逆品种，以及重度盐碱危害导致的有水也难以成功种稻等重大科技难题，中国科学院东北地理与农业生态研究所梁正伟研究员团队突破了抗逆品种选育及土壤理化障碍的瓶颈限制，创新了以稻治碱种质资源及改土增粮核心关键技术。对于轻度、中度和重度盐碱地实施均质化定位分区改良，可以根据盐碱轻重适当减少或增加改良剂用量10%～20%，实现了土地生产力的均衡提升。可在上述改良基础上使轻度苏打盐碱地水稻产量提高10%～15%，中度盐碱地水稻产量提高13%～20%，重度盐碱地水稻产量提高18%～30%。以重度盐碱地的物理化学同步快速改良方法为例，改良种稻平均经济效益为795元/亩，为吉林省实施的百亿斤粮食增产工程做出重要贡献。以梁正伟等（苏打盐碱地大规模以稻治碱改土增粮关键技术创新及应用，2015年国家科技进步二等奖）为例，进行经济效益估算，则2015年比1990年增加水田经济效益约6559万元［重度盐碱地物理化学同步快速改良方法，种稻平均经济效益为795元/(亩 · a)］。总体看来，盐碱裸地逐渐减少，产生这一现象的主要原因是在2000～2010年开展了吉林省西部治碱工程，大面积的吉林西部盐碱地转化为草地和水田等，盐碱裸地得到有效控制。

在吉林省西部土地开发整理建设取得成效的同时，也存在一些问题。主要表现在：生物多样性降低，盐碱地、荒草地改造为水田，农田生态系统功能单一，生物多样性有所下降，但生物总量总体平衡，表现为陆生生物物种将有所降低，水生生物物种将有所增加；生态系统的稳定性受影响，草地和湿地面积减少现象仍然存在。引水工程影响水生生物的生存和繁殖环境，农药和化肥的使用，对动植物和鸟类将产生一定的不利影响，存在次生盐渍化风险。水田开发易引起水田边缘区旱田和草原地下潜水位的上升，进而会引起土壤的次生盐渍化（刘璐等，2010）。这些问题在一定程度上制约了土地开发整理建设项目功能的充分发挥，也一定程度上影响了当地社会经济的发展。

第五节　吉林省西部生态建设成效综合评估

一、吉林省西部生态建设成效

1. 森林面积增加

2000～2010 年吉林省西部地区森林面积增加，增加面积为 0.82×10⁴hm²，2010～2015 年森林面积持续增加，增加了 0.34×10⁴hm²。森林面积增加主要受退耕还林政策的影响。吉林省西部原始植被类型中，只有部分榆树生长，现有的杨树等其他物种大多为人工种植，尤其是"三北"防护林的建设，虽然森林不是吉林省西部地区的主要植被类型，但其在整个生态系统构成中有着不容忽视的作用，尤其是防风固沙等方面。由于森林重要性的宣传及大众对森林保护意识的增强，近几年森林乱砍滥伐现象几乎没有出现，而是着重保林、育林。在未来仍应继续开展森林保护，加强森林保护的宣传教育力度，强化民众森林保护意识。

2. 草地面积减少幅度降低

吉林省西部地区生态建设实施前草地面积呈现减少趋势，1990 年草地面积约为 65.27×10⁴hm²，占该区总面积的 13.91%；截至 2000 年草地共计减少了 6.63×10⁴hm²，草地退化现象明显，大量草地被开发利用转化为旱田；2010～2015 年草地面积减少了 3.09×10⁴hm²，减少幅度明显低于 1990～2000 年，所以，吉林省西部开展生态系统建设以来草地面积减少幅度降低。未来应大力开展草地恢复，减缓草地退化；加强宣传教育力度，继续强化民众草地保护意识；在保护草地的前提下，合理利用草地，制定科学合理的土地利用和生态保护政策，引导草地资源合理开发和有效保护。

3. 农田增加幅度降低

农田是吉林省西部地区第一大生态系统类型，其面积约占整个区域的 2/3。2000 年吉林省西部地区农田面积约为 295.06×10⁴hm²，占该区总面积的 62.91%；2010 年吉林省西部地区农田面积约为 302.50×10⁴hm²，占该区总面积的 64.5%，与 2000 年相比增加了 7.44×10⁴hm²，增加面积主要来源于草地和湿地。2015 年吉林省西部地区农田面积约为 303.80×10⁴hm²，农田面积占该区总面积的 64.78%，与 2010 年相比农田面积增加了 1.3×10⁴hm²，与 2000～2010 年相比农田增加幅度明显降低。

4. 盐碱裸地、沙质裸地面积减少

2000 年吉林省西部地区盐碱裸地面积约为 17.63×10⁴hm²，占该区总面积的 3.76%；2010 年吉林省西部地区盐碱裸地面积约为 15.87×10⁴hm²，占该区总面积的 3.38%，与 2000 年相比减少了 1.76×10⁴hm²；2015 年吉林省西部地区盐碱裸地面积约为 14.80×10⁴hm²，盐碱裸地面积占该区总面积的 3.16%，与 2010 年相比盐碱裸地减少了 1.07×10⁴hm²。盐碱裸地面积持续减少，产生这一现象的主要原因是在 2000～2010 年吉林省西部地区开展的各项生态建设工程，特别是吉林省西部治碱工程项目的实施，使盐碱裸地面

积逐渐下降。盐碱裸地减少，多半转化为草地和农田等。

2000 年吉林省西部地区沙质裸地面积为 $1.08 \times 10^4 hm^2$，2010 年沙质裸地面积为 $1.24 \times 10^4 hm^2$，增加了 $0.16 \times 10^4 hm^2$。2015 年吉林省西部地区的沙质裸地面积下降，由 2010 的 $1.24 \times 10^4 hm^2$ 下降至 $0.72 \times 10^4 hm^2$。

5. 城镇面积增长率下降

2000 年城镇生态系统面积上升到 $18.83 \times 10^4 hm^2$，2010 年吉林省西部地区城镇生态系统面积扩大，面积达 $19.95 \times 10^4 hm^2$，与 2000 年相比增长了 $1.12 \times 10^4 hm^2$，增长率为 5.94%。2015 年该区城镇生态系统面积达到 $20.42 \times 10^4 hm^2$，比 2010 年增加了 $0.47 \times 10^4 hm^2$，增长率为 2.34%，可见 2010 ~ 2015 年城镇增长率下降。

6. LAI、FVC 和 NPP 呈现上升趋势

吉林省西部开展生态系统建设以来，吉林省西部地区整体的生态系统质量呈现上升趋势，评价指标主要有 LAI、FVC 和 NPP。其中，LAI 和 FVC 增加平缓，NPP 增加较为显著。2000 ~ 2015 年 LAI 年均增量约为 0.0763；FVC 年均增量约为 0.0103。从 2007 年开始 FVC 增长速度变快，2013 年开始略有下降；NPP 总体上呈现线性增加趋势，年均增量约为 3.3453；2000 ~ 2005 年 NPP 增长速度较快，2006 ~ 2010 年 NPP 呈现减少趋势，从 2011 年以后又逐步升高。

7. 生境质量等级提高

吉林省西部地区生境质量最好区域的面积在 2000 ~ 2010 年逐年减少，主要发生于镇赉县，该区内大量沼泽湿地转化为耕地；2015 年生境质量最好区域的面积比 2010 年明显升高，升高区域主要分布在镇赉县和大安市。2000 ~ 2015 年生境质量最好区域面积呈现先减少后增加趋势，总体来看，在此期间整体生境质量最好区域面积增加了 30 194hm² （增加了 37.06%）。

生境质量良好区域的面积变化呈现逐年递增的趋势，在 2000 ~ 2010 年，其面积增加了 127 322hm²，主要发生在扶余县、前郭县和乾安县，该时段内部分旱田转化为水田；生境质量良好区域的面积在 2010 ~ 2015 年继续呈现增加趋势，增加了 296 349hm²，增加幅度升高，主要分布于镇赉县和通榆县，该时段内部分草地、旱田改为水田，而且随着西部治碱工程的实施，部分盐碱裸地被开垦成水田。总体来看，2000 ~ 2015 年生境质量良好区域面积呈现增加趋势 （增加了 14.31%）。

2000 ~ 2015 年，生境质量一般区域的面积呈现逐年减少趋势，15 年间共减少了 453 802hm²。生境质量差区域面积较小，在 2000 ~ 2010 年呈现减少趋势 （72.46%）；生境质量差的区域 2010 年的面积为 19hm²，2015 年生境质量差的区域变为面积为 0hm²。

8. 防风固沙能力提升

自生态建设以来，吉林省西部地区防风固沙总量呈现增加的趋势，从 2000 年的 $1.55 \times 10^8 t$ 增加到 2015 年的 $1.61 \times 10^8 t$。吉林省西部防风固沙能力呈现微弱增加的趋势，这主要是受到植被覆盖度和气候因素的影响，随着吉林省西部生态建设的实施，生态质量的逐步提高，该区的防风固沙能力也得到了提升。

9. 产水量总量上升

吉林省西部地区 2000 ~ 2015 年区域总产水量呈现明显的上升趋势，由 2000 年的

$5903.65 \times 10^4 \mathrm{m}^3$ 增加到 2015 年的 $9187.47 \times 10^4 \mathrm{m}^3$，增加率高达 55.05%。产水量变化与区域总产水量总量一致，这些变化与各年的气温和降水的不同及生态系统宏观结构的变化密切相关。

二、主要生态问题与生态保护建议

作为东北西部的重要生态屏障，吉林省西部生态系统敏感性强、抗外界干扰能力和自身的自然恢复能力弱（李克让等，2005；欧阳志云等，2000）。在全球气候变化背景下，从 20 世纪 50 年代以来，由于不合理的农业开发和过度放牧，吉林省西部生态系统遭到了严重破坏，成为吉林省生态环境破坏最严重地区。为了遏制这种趋势，吉林省自 2002 年开始相继启动了吉林省西部治碱工程等一系列生态建设工程，取得了较好的成效，但同时也面临着一些突出问题。从现实需求和国家战略的角度看，依托吉林省西部生态建设评估报告，针对吉林省西部生态环境及其生态建设存在的主要问题并提出相应对策与建议，对于国家及地方政府实施吉林省西部生态环境改善政策与启动相应工程具有重要的参考价值与意义。

（一）吉林省西部土地盐碱化问题及其建议与对策

20 世纪 50 年代底，东北盐碱地主要分布在松嫩平原（占 90% 以上）和呼伦贝尔草原，至 2000 年迅速扩展，盐碱化程度从以轻度盐碱化为主发展为以中重度盐碱化为主，其中吉林省西部盐碱地扩展最显著，盐碱地面积最大（张树文等，2010），成为吉林省中部商品粮基地生态安全、东北老工业基地振兴和全面建设小康社会目标的重大障碍，是国家发展与改革委员会划定的东北地区生态严重退化地区的重要组成部分，已成为吉林省西部首要关注的生态环境问题。因而，系统梳理吉林省西部盐碱地现状及其以往生态建设中存在的问题，提出未来盐碱地治理建议及其配套工程，对于改善盐碱地区生态环境，促进吉林省西部生态严重退化地区升级转型具有重要的指导意义。

（二）吉林省西部盐碱地治理及其生态建设中存在的问题

（1）盐碱化土地面积较大，局部治理形势依然严峻

根据评估报告结果，吉林省西部盐碱地面积 2015 年已发展到 $142.20 \times 10^4 \mathrm{hm}^2$，已占吉林省西部土地总面积的 29.89%，低于 1996 年的 $159.33 \times 10^4 \mathrm{hm}^2$（庞治国等，2004）及 2000 年的 $146.83 \times 10^4 \mathrm{hm}^2$（刘志明等，2004），但仍高于 1986 年吉林省西部盐碱化土地 $130.96 \times 10^4 \mathrm{hm}^2$（庞治国等，2004）。尽管自 2000 年生态建设工程启动以来，盐碱裸地面积持续降低，但目前盐碱化土地面积依然较大。其中，盐碱化草地占吉林省西部草地总面积的比例较大，达 77.78%；盐碱化农田较大，面积为 $68.98 \times 10^4 \mathrm{hm}^2$，占农田总面积的 24.84%。从分布空间上看，中、重度盐碱化土地分布相对比较集中，轻度盐碱化土地分布较为广泛。从分布县（市、区）看，大安市和通榆县盐碱化土地占本区域土地总面积的比例较高，超过 50%，镇赉县、乾安县、洮南市、长岭县与前郭县比例均超过 25%。从

大幅度改善盐碱地区生态环境的角度看，局部治理形势依然严峻。

（2）苏打盐碱地土壤理化性质恶劣，治理难度大

吉林西部地处我国苏打盐渍土最大集中分布区，该区地势低平，泡沼遍布，排水不畅，缺乏有效淋洗而蒸发强烈，致使盐分大量累积，土壤盐碱化严重。土壤盐分组成以苏打为主，pH 多在 8.5 以上，呈强碱性反应，碱化度高达 70% 以上，理化性质恶劣（张晓光等，2013；李取生等，2004）。同时因受区域气候干旱、地力瘠薄等多重因素的综合交互影响，盐碱地生产力水平一直处于较低水平，治理难度大、时间长、见效慢。

（3）土壤治理资金投入严重不足，先进科技成果落地难

盐碱地治理一次性投资较大，需要投入较多的人力、物力、财力和技术，因为现阶段农户经济水平还较低，投入能力有限，投资意愿不高，依靠国家与地方投资，渠道单一，使改造规模难以扩大。此外，我国盐碱地改良治理存在着多个政府部门投入、多头管理的现象，缺乏宏观管理决策战略指导与体制保障，致使各地盐碱地改良治理工作政出多门，分散治理，零星开发，没有形成合力，没有一张蓝图绘到底，使有限的盐碱地治理利用资金难以发挥出最大的效益。

以往的盐碱地治理工程多集中在水利等基础设施建设，缺少必要土壤改良和农艺推广措施的配套资金，最后一公里设计不到位，难以实现基础工程的最大效益化。同时盐碱地治理科技成果转化专项资金匮乏，严重阻碍盐碱地治理先进适用技术的推广和应用，亟须联合实施"重大工程+技术配套"实现基础工程的最大效益化及先进科技成果"落地开花结果"。

（4）盐碱地治理生态效益与经济效益失衡，可持续性不足

多年来，国家及地方一直致力于盐碱化治理工作，但生态建设与产业开发互动性不足，未充分考虑区域群众增收致富需求，易于出现"治不起、管不好、用不上、前边治、后面丢、治了坏、坏了再治"的怪圈（刘延春等，2007）。归其原因是盐碱地治理的生态效益与经济效益失衡。例如，以往的围栏封育对有效遏制过度放牧，防止人为破坏草原起到了恢复生态的作用，特别是提高了植被的盖度，使产草量上升，但由于自然恢复缺乏方向性，优质牧草往往无法快速得以恢复，放牧利用价值不高，经济效益较差。据中国科学院大安碱地生态试验站长期定位监测数据，优质牧草因为种源缺乏自然演替进程缓慢，致使重度盐碱地即使封育 15 年以上也很难实现羊草等优质牧草的定向恢复，难以支撑当地草地畜牧业的健康发展，经济效益差，可持续性不足。

（三）吉林省西部土地盐碱化治理建议与对策

1. 加强顶层设计，坚持"因区施策，分类指导，集中连片"盐碱地治理原则

盐碱地治理需坚持"因区施策，分类指导，集中连片"治理原则，突出规模效益。针对无水利工程配套的大部分盐碱地区，尤其是轻中度盐碱化草地，采用"以草治碱"模式，宜选择优质牧草加速恢复盐碱地生态，解决盐碱地治理生态效益与经济效益失衡、吸引力差及可持续不足的问题。针对水利工程完备的盐碱地区，采用"以稻治碱"模式，选择开发种稻实现盐碱地生态环境改善的同时达到资源高效利用的目标。为此，应加强顶层

设计，实施国家重大专项，选取大安、镇赉、长岭等盐碱化典型分布县（市、区），先行试点，规模化示范，成熟后在东北盐碱地区范围内循序渐进地组织推广，整体推进盐碱地资源利用，为我国其他生态严重退化地区的转型发展提供示范样板。

2. 以科技为支撑，采取"政产学研"相结合的模式协同治理盐碱地，实现体制机制创新

盐碱地治理投资前期投入大，需多方筹集资金。针对盐碱化草地占比较高的问题，建议以中国科学院等长期致力于盐碱地治理的科研院校为技术依托，以草牧业龙头企业为实施主体，在政府的引导下，采取"政产学研"联合治理模式，打破行政区域限制规模化成片开发，建立健全盐碱地"三权"（所有权、承包权和经营权）利益分配机制，在开放竞争中利用市场机制，鼓励企业、农民和民间资本从事盐碱地治理利用。为了破解我国"种草不养畜，养畜无草地"草畜产业链条断裂的矛盾，建议大力推广"种草养畜"模式，即引进国内外大型乳业集团，依企业饲养规模承包相应面积的盐碱地发展人工或半人工草地，克服"买草养畜"模式的弊端。这样不仅可以加速盐碱地生态治理与恢复进程，还可有效带动贫困地区脱贫，保障肉奶食品安全。

3. 建议实施盐碱地治理重大工程

以吉林省西部盐碱地生态严重退化地区的转型发展为切入点，率先实施苏打盐碱地专项治理工程，因地制宜，分类实施，改善区域生态环境，同步推动区域绿色发展。建议启动盐碱地治理重大工程，有助于遏制当前东北盐碱地恶化趋势，对于稳固我国东北粮食主产区生态屏障具有重要的意义。

（1）吉林省西部以草治碱-草畜双优工程

草畜双优工程主要是指实施"以草治碱"工程，主要内容包括优质牧草-优质畜牧业联合建设工程，在改善盐碱化草地生态环境的同时将盐碱化草地定向升级为生态经济型优质牧草地。在保护 $10 \times 10^4 hm^2$ 吉林西部姜家甸羊草天然草地及腰井子羊草草原省级自然保护区基础上，依据政府的经济状况将盐碱裸地 $14.80 \times 10^4 hm^2$ 消减 10%，逐步恢复为有植被的盐碱地。中重度盐碱化草地 $20.15 \times 10^4 hm^2$，逐步恢复为以羊草为主的草地（300 万亩）；轻度盐碱化草地 $27.31 \times 10^4 hm^2$（410 万亩），按轻度盐碱化草地的 30% 逐步恢复为以苜蓿为主的优质牧草地（120 万亩），轻度盐碱化草地的 30% 恢复为以羊草为主的草地（120 万亩），最终将盐碱退化草地升级为苜蓿为主优质牧草基地（120 万亩）。同时配套建设草食动物养殖基地，完善草畜产业链，形成基于优质牧草-优质畜牧业良性循环导向的盐碱地治理新产业发展路径。

（2）吉林省西部以稻治碱-绿色农业工程

项目区内可利用水资源有两部分：一是地表水；二是地下水。在考虑项目区灌溉问题时，主要考虑项目区可利用地表水资源，项目区能够用于农业灌溉的水源是嫩江和西流松花江，灌溉用水全部来自三个水利枢纽工程供水。吉林省西部三大水利工程建成后可调剂水量为 $25 \times 10^8 m^3$，可供农业用水水量为 $22.3425 \times 10^8 m^3$（聂英，2015）。

关于水利工程配套项目，优先采用以稻治碱模式改良盐碱地。实施吉林省西部以稻治碱工程，可以大幅度改善项目区生态环境。在吉林省西部三大盐碱地开发种稻项目区以中重度盐碱地为主的基础条件下，在 2008 年吉林省西部水田面积 $26.725 \times 10^4 hm^2$（400 万亩）基础上，最大可以稻治碱的盐碱地为 $26.7×10^4hm^2$（400万亩），即吉林省西部发展水田的红线为 $53.3×10^4hm^2$（800万亩）。设计依据是按照吉林省西部盐碱地水田田间需水（包括盐碱冲洗）$6700m^3/hm^2$ 及渠系利用系数 0.55 计算，治理 $13.3×10^4hm^2$（200万亩）需水 $16.24×10^8m^3$，小于吉林省西部三大项目年计划供水设计 $22.34×10^8m^3$（表6-57）。如果渠系利用系数进一步提高至0.8，三大灌区年设计供水能力为 $22.34×10^8m^3$ 可最大限度地治理 $26.7×10^4hm^2$（400万亩）盐碱地，为三大灌区年设计供水能力条件下的盐碱地转化为水田的最大规模，即吉林西部水田的发展红线为800万亩（表6-57）。

表6-57　吉林西部水田发展规模及红线

盐碱地治理工程	设计年供水量（10^8m^3）	拟治理面积（10^4hm^2）	投入（亿元）	田间需水量（$m^3/10^4hm^2$）	渠系利用系数	拟总需水量（10^8m^3）	累计水田面积（10^4hm^2）	评价结果
以稻治碱	22.34	13.3	40	6700	0.55	16.24	40.0	可行
	22.34	26.7	80	6700	0.80	22.36	53.3	红线

（3）吉林省西部盐碱化旱田粮改饲工程

针对中、重度盐碱化旱田生态经济效益差的问题，调减中、重度盐碱化旱田 $10.65×10^4hm^2$（160万亩）的利用方式，退耕还草，重点发展盐碱抗性比较强的羊草草地。轻度盐碱化旱田 $56.56×10^4hm^2$（848万亩），建议发展20%左右，约 $10×10^4hm^2$ 苜蓿，其余建议结合沿江沿河优质水稻产业带、中部优质玉米产业带与杂粮杂豆作物产业带，因地制宜，发展特色植物（杂粮杂豆、玉米、水稻等），在改善吉林省西部旱田区生态环境的同时带动区域农民收入提高。

（四）吉林省西部草地问题及其建议与对策

1. 吉林省西部草地主要问题

（1）草地退化变缓，但局部有所恶化

在20世纪50年代初期，吉林省西部地区有草原 $140×10^4hm^2$。根据评估报告，自2000年起吉林省实施了相关的生态工程，2000~2010年该区草地面积增加，共计增加 $7.75×10^4hm^2$，到了2010年草地面积得到了恢复，达到 $64.06×10^4hm^2$，接近1990年的水平。但2010~2015年草地面积呈现小幅度减少趋势，共计减少 $5.63×10^4hm^2$，2010~2015年减少幅度远远小于1990~2000年草地的减少幅度。进一步分析吉林省西部该阶段的草地转化情况，发现2010~2015年草地减少的主要原因是湿地的保护与农田开垦。

从草地变化区域看，与吉林省西部生态省建设实施前的2000年相比，2010年除白城市区、扶余县及前郭县面积有所下降外，其余县（市、区）草地面积均有所上升；而2015年，除大安市、通榆县、洮南市、乾安县草地面积有所上升外，其余县（市、区）草地面积均有所降低。从2010~2015年阶段看，大安市、镇赉县、洮南市、长岭县、乾安县草地面积均呈下降趋势，说明局部地区有所恶化，未从根本遏制草地退化。

（2）草地生产力不高、品质下降，草畜矛盾依然严峻

东北西部是我国主要畜牧业基地之一，20 世纪 50 年代以羊草草甸草原为主，由于盐碱化程度加剧、过度放牧及不合理利用的原因，草地生产力及品质均严重下降，产草量由过去平均 2~3t/hm^2 下降到 0.5t/hm^2 以下（李继红等，2016；曹勇宏，2011；郑慧莹和李东健，1990）。包括吉林省西部在内的松嫩平原盐碱化草地面积为 240×10^{4}hm^2，已占松嫩平原草地 2/3 以上（李建东和郑慧莹，1995），草地破碎化程度加剧（王宗明等，2008），导致草地生态功能与生产功能远未发挥。

2017 年，农业部明确公布的 586 个畜牧大县，吉林省西部仅扶余县、长岭县、前郭县被列入，与作为传统畜牧业基地的地位明显不符，一定程度上说明了吉林省西部草地难以支撑畜牧业的发展。此外，诸如草原围栏时常遭到人为破坏，禁牧政策落实不到位，草原保护执法力度不够，草原权属不明，确权进展缓慢，草原保护意识淡薄，投入不足等因素也影响了草地畜牧业的健康发展。

（3）吉林省西部人工草地发展不足，亟待发展人工草地减缓天然草地退化趋势

人工草地面积的高低代表一个国家现代化发展水平。国外经验表明，集约化管理的人工草地生产力可达天然草地的 10~20 倍，发达国家新西兰和英国人工草地面积分别占其草地总面积的 75% 和 59%，而我国人工草地面积仅占天然草地总面积的 3% 左右（洪绂曾和元素，2006）。据任继周等（2002）研究表明，随着人工草地比例的增加，牛羊等动物性产出呈现指数增长趋势（图 6-80）。

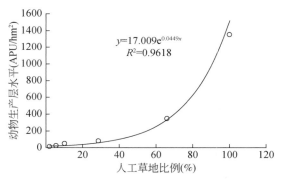

图 6-80　人工草地比例与动物生产水平关系

资料来源：任继周等（2002）

吉林省西部地区处于 400mm 降水量平均线，历史上是大片草原区，特别适宜优质牧草生长。以羊草为例，羊草已成为我国北方地区建立永久性人工草地的主要草种。吉林羊草种植面积由 2001 年的 568 万亩发展到 2003 年的 727 万亩，之后开始下降，到 2011 年吉林羊草保留种植面积仅为 276 万亩，相当于 2015 年吉林省西部草地总面积 915 万亩的 30.2%，仍难以支撑吉林省西部草地畜牧业的发展。因而，大力发展高产出的人工饲草地，增加饲草产出，对于减缓吉林省西部草畜矛盾，降低天然草地载畜量从而恢复退化草地及提升区域生态环境治理具有重要的意义。

2. 吉林省西部草地发展建议与对策

（1）调整非优势产区玉米结构，发展优质牧草地，减缓对于天然草地的草畜压力

人工草地生产力一般是天然草地的 5～10 倍。如果将吉林省西部的人工草地发展到 $6×10^4hm^2$（相当于 10% 的吉林省西部草地面积），即相当于 $30×10^4～60×10^4hm^2$ 天然草地的产出，理论为 50%～100% 的天然草地可以得到彻底保护，发展前景广阔。建议重点选取低产旱田、边际土地及退化草地，因地制宜发展人工饲草地。此外，吉林省西部地处镰刀湾地区，需要消减不适宜的玉米种植面积。按照吉林省西部非优质玉米产业带的玉米 $70×10^4hm^2$（约 1050 万亩）15% 计，大力发展苜蓿优质牧草人工草地，可建成 $7×10^4hm^2$（105 万亩）苜蓿优质牧草基地；考虑到吉林省西部的降水情况，按 40% 计，大力发展羊草草地，可建成 $28×10^4hm^2$（约 420 万亩）羊草草地。同时配套建设优质牧草种苗繁育基地、重点恢复保育基地、牧草收获加工基地、绿色生态畜牧养殖基地，形成牧草种苗繁育—牧草定植—牧草管理—机械收获—捆包仓储—饲草加工—畜牧养殖—奶业—屠宰加工—产品销售等一条龙式完整的牧草产业链。

（2）实施草原综合治理工程

通过围栏封育、人工种草、飞播牧草、羊草移栽、草原改良、棚圈建设等配套措施，以建促保，对草原进行综合治理，快速提高植被覆盖度与优质牧草生产力。提高降水与过境洪水资源利用率，配套草原补充灌溉设施，逐步改善草场用水。在沙地和沙漠边缘以草治沙，大力种植旱生、超旱生牧草与灌木，倡导草、灌结合，提高植被覆盖度。加强优良牧草繁育体系建设，提高良种的供应能力。加强草原火灾、病虫鼠害、毒害草等灾害监测预警、防灾储备物质库等基础设施建设，提高抵御灾害能力。

（3）禾豆优质牧草种植及水肥管理工程

筛选和培育抗逆性强、丰产禾豆科品种（如羊草，苜蓿），建立牧草种子生产田，配套建设牧草机械化耕作、播种、水肥管理，收获加工示范基地，形成产加销一体化的生产体系。施加氮素肥料，维持草地生态系统养分平衡，缓解草场长期超载过牧压力，快速恢复植被退化，提高草地初级生产力。利用河湖连通工程，在草场周边挖沟蓄水，排涝，降盐排碱，解决草场干旱缺水时期的应急调亏灌溉，促进草原快速恢复。

（4）草原封育工程

采取封禁、舍饲与种植优质牧草相结合，对重度盐碱地实施封原育草、全面退牧 3～5 年，在部分碱斑地种植耐盐碱牧草，对中度盐碱地实施季节性禁牧（4～6 月），严格核定载畜量、放牧强度、放牧频次和持续时间。

（5）草原轮牧工程

按载畜量科学计算养殖规模，合理确定家庭或企业牧场规模，实施家庭或企业承包责任制，强化农户或集体管理。加强牧区草地的管理与改造，半农半牧区实行粮草轮作制，增加饲料来源，农区推广作物秸秆青贮，提高秸秆饲料利用率。

吉林省西部草地在恢复过程中，要遵循生态学原则。在恢复早期，植被覆盖度低，生产力低下，不宜进行放牧等行为，因为放牧会破坏植被，对土壤扰动也比较严重。但恢复的草地也不能只是围栏封育，还要适当利用，这样才能促进草地植被生长，应该在

生长季末进行刈割，避免立枯物对第二年植被萌发造成影响。当植被恢复到羊草等当地的典型群落，生物量能够达到 $1 \sim 2t/hm^2$ 时，应该进行割草或者放牧利用。割草利用一般为放牧利用的补充手段，是为了动物度过冬季及早春季节等时间，无法进行放牧采食阶段时的一种补饲手段；割草利用只能作为放牧利用的补充手段，而不能作为草地利用的主要手段。

同时松嫩草地放牧应遵守以下原则：①放牧应该以划区轮牧为主，而不应进行连续放牧，划区轮牧是一种集约的草地放牧饲养方法和草地管理对策，能获得单位面积的动物高产量，具有更高的饲草生产潜力并维持稳定的饲草产量，能够连续获得高质量饲草及牲畜的高生长速率和收益，并且还能减少牲畜选择性采食机会，降低不可食饲草比例并维持稳定的种类组成；②放牧起始时间不应早于 6 月初，否则会对草地的生长及可持续利用造成极其严重的影响；自春季植物返青生长，先后经历丛叶期、拔节期、抽穗期、开花期等；理论上，牧草在抽穗前 $7 \sim 10$ 天的营养最高，此时牧草日产量与质量的乘积最大，为放牧开始的最佳时间；③根据松嫩草地羊草的生长过程，可以确定松嫩草地适宜的放牧间隔为 $35 \sim 40$ 天，也就是羊草被采食以后，恢复到采食前个体大小及营养状态所需要的时间；④放牧强度需要根据草产量进行计算，一般为 $2kg$ 干草$/(d \cdot 羊单位)$，以 $2t/hm^2$ 产量的草地为例，从 6 月初到 9 月末，适宜的放牧强度为 $8 \sim 9$ 羊$/hm^2$。

（6）积极推行各项草原保护制度

在政府主导的各项宏观规划，不能"翻烧饼"，需要维持草原保护的一惯性，限制各种农业开发工程对草原的破坏。依法加强草原监理体系建设，加大草原执法力度，认真贯彻落实《中华人民共和国草原法》规定的基本草原保护、草畜平衡，禁牧休牧等制度。禁止开垦草原，禁止在荒漠、半荒漠和严重退化、沙化的草原及生态脆弱区的草原上采挖植物和从事破坏草原植被的活动，严厉打击乱开、乱采、滥挖等各种破坏草原的违法行为，巩固草原保护、建设成果，维护牧民群众的合法权益，维护草地生态环境。同时建立健全具有奖惩机制的监督方法，要发动民众对草原保护的监督，全民监管。

（7）不断提高草原保护与建设科技含量

进一步发挥科技和人才对草原生态保护建设的重要支撑作用，增强草原科技创新能力和成果转化能力，广泛运用实用技术，提升草原保护建设利用整体技术水平。研究推广草原植被恢复和合理利用、优质高产牧草种植和饲草青贮，草原资源的动态监测及信息管理等先进适用技术，建立一批科技示范区、示范点，通过技术集成、创新和成果展示，实现工程项目与科技项目的有机融合，探索草原生态保护建设与草原经济可持续健康发展的有效模式，按照"点—线—面"模式推进，推动草原保护建设的科技进步。

（8）大力保护天然草原，建设草地生态景观旅游区

目前，全国著名的几大草原都存在不同程度的退化，从观光旅游的角度看，优质草原资源的旅游价值越来越高。吉林省西部大安市姜家甸草原面积为 $6 \times 10^4 hm^2$、长岭县腰井子草原面积为 $4 \times 10^4 hm^2$，这样面积大、植被覆盖好的羊草草原，在全国也是少有的。要利用这一优势，力争把大安市姜家甸草原、长岭县腰井子草原建成国家级的草地类自然保护区，利用草原动植物品种多样化特点，吸引国内外游客，发展草地生态景观旅游业。

（五）吉林省西部湿地退化问题

（1）湿地面积持续降低

根据评估报告，1990 年吉林省西部地区沼泽湿地面积约为 $37.27 \times 10^4 hm^2$，占该区总面积的 7.94%；1990～2000 年，即生态建设实施前的 10 年，沼泽湿地呈现减少趋势，减少了 $2.52 \times 10^4 hm^2$。自 2000 年起吉林省实施了相关的生态工程，2000～2010 年沼泽湿地面积降低，2010 年达到 $23.08 \times 10^4 hm^2$。尽管降低幅度小于 2000～2010 年，2010～2015 年仍降低，2015 年达 $21.68 \times 10^4 hm^2$。

（2）湿地农田转化不平衡，以湿地转化为农田为主

1990～2000 年，共有 $5.53 \times 10^4 hm^2$ 沼泽湿地转化为农田、草地和水体；同时也有 $3.12 \times 10^4 hm^2$ 其他生态系统类型地转化为沼泽湿地，转入沼泽湿地类型主要有草地和水体。2000～2010 年，沼泽湿地面积共减少了 $11.66 \times 10^4 hm^2$，有 $14.6 \times 10^4 hm^2$ 面积的沼泽湿地主要转化为农田、草地、水体和盐碱裸地；同时也有 $3.30 \times 10^4 hm^2$ 的其他生态系统类型转化为沼泽湿地，主要有水体和盐碱裸地。2010～2015 年沼泽湿地面积减少了 $1.40 \times 10^4 hm^2$，约有 $6.07 \times 10^4 hm^2$ 的沼泽湿地转化为其他生态系统类型，草地和农田是其转出的主要类型；转入以草地和水体为主。综上，说明沼泽湿地以面积降低为主，沼泽湿地与农田转化不平衡，以向农田转化一侧为主。

（3）尽管湿地退化有所减缓，但与 20 世纪 90 年代水平差距较大

1990～2015 年，吉林省西部沼泽湿地面积整体呈现减少趋势。1990 年镇赉县沼泽湿地面积及面积比例均为最大，沼泽湿地面积约为 $8.07 \times 10^4 hm^2$，面积比例为 15.91%；其次为通榆市、大安市、洮南市和前郭县，沼泽湿地面积分别为 $7.57 \times 10^4 hm^2$、$4.49 \times 10^4 hm^2$、$3.30 \times 10^4 hm^2$ 和 $3.26 \times 10^4 hm^2$，比例分别为 8.93%、9.20%、6.46% 和 5.41%。而 2015 年镇赉县、通榆县、大安市、洮南市和前郭县沼泽湿地面积分别是 $5.65 \times 10^4 hm^2$、$4.27 \times 10^4 hm^2$、$3.06 \times 10^4 hm^2$、$0.68 \times 10^4 hm^2$、$2.01 \times 10^4 hm^2$，比例分别为 11.13%、5.04%、6.26%、1.34%、3.33%。总体上，与 1990 年相比吉林省西部沼泽湿地面积相比，当前沼泽湿地面积与比例均有较大差距。

（六）湿地恢复的对策与建议

1. 实施湿地生态系统恢复工程

开展湿地生态系统恢复工程，有效遏制湿地面积萎缩、功能退化的趋势。对于可以自我恢复的湿地，实施生物治理工程，逐步恢复退化的湿地生态系统功能。对于难以自然恢复的湿地，实施工程治理。开展退耕还湿工程、兴建保护区水源补给工程、水质改善工程等，建立湿地长效补水机制，完善并实施湿地水资源调控。利用河湖连通等工程，将过境洪水资源和灌溉回归水引到湿地，恢复湿地水源涵养空间，同时对富营养化湿地展开生物治理。开展石油开采对湿地带来的石油和高盐分污染等治理工程。建议启动以下工程。

（1）重要湿地生态修复工程

在向海、莫莫格、扶余、乾安花敖泡、大安牛心套保、月亮湖、波罗湖、丹江等重要湿地，采取土地整理、引水、蓄水、退耕、植被恢复等措施，开展松嫩平原湿地生态修复工程。修复湿地面积 $5 \times 10^4 hm^2$。重点落实"引洮入向""分洪入向""引嫩入莫""引松入波"等生态补水工程。推进文牛格尺河洪水资源化工程。

（2）恢复沿江洪泛区工程

"人水争地"使吉林省西部洮儿河、霍林河等洪泛区面积锐减，不仅致使洪泛湿地大面积消失，同时调蓄空间大幅度减少。建议加强洪泛区规划建设与湿地生态恢复管理，加大退耕还湿政策的执行力度，划定调节 100 年一遇、20 年一遇、10 年一遇、5 年一遇等不同洪水频率下洪泛区面积。依据莫莫格水文情势，在确保生态安全的前提下，从哈尔挠水库通过嫩江防洪堤坝涵闸与周边水库和泡沼湿地连通，可增引洪水 $1 \times 10^8 \sim 2 \times 10^8 m^3$，按照湿地生态需水量 $6750 m^3/hm^2$ 的标准，恢复湿地可达 $1.5 \times 10^4 \sim 3.0 \times 10^4 hm^2$，恢复洮儿河、霍林河沿江洪泛区。

（3）珍稀水鸟栖息地修复工程

在莫莫格、向海、查干湖、波罗湖等珍稀水鸟的重要栖息地，兴建围堰蓄水、生态补水、生物围栏、巡护道路、观察站等设施，营造优质稳定的水鸟栖息环境，修复水鸟关键栖息地面积 $2 \times 10^4 hm^2$。重点建设丹顶鹤、白鹤、东方白鹳等珍稀水鸟的栖息、迁徙地，改善觅食环境，促进珍稀濒危水鸟种群数量稳步增长。

（4）湿地污染防控工程

在查干湖、向海湖、大布苏湖、莫莫格、哈尔挠泡，采取土地整理、植被恢复、水质监测等措施，开展富营养化湖泊的生物治理示范工程，建设总面积为 $1 \times 10^4 hm^2$。通过面源控制减少氮、磷的入湖排放量，减少旅游、船舶和养殖等对湖区的污染。开展生物治碱工程，复壮芦苇。

2. 完善湿地保护体系，扩大保护范围

加快实施吉林省西部的湿地名录编制，将全部自然湿地纳入保护管理体系，划定湿地生态红线，切实加强综合管护，实行严格的湿地资源总量管控，做到自然湿地面积不减少、功能不下降、性质不改变。推进湿地自然保护区核心区和缓冲区生态移民，禁止从事与保护湿地生态系统不符的生产活动。积极推进湿地自然保护区晋级和新建，把国家重要湿地和省级重要湿地逐步划建为自然保护区，把国家湿地晋升为国际重要湿地。把湿地公园建设同城镇化建设紧密结合，来加大湿地公园建设力度，争取全区 80% 的自然湿地和所有的重要湿地得到有效保护。逐步建立重要湿地生态补偿机制，并将吉林省西部水田纳入人工湿地管理范围，加大投入力度，全面提高湿地保护管理水平。建议实施以下工程。

（1）湿地保护区建设工程

新建、续建湿地自然保护区，申报晋升国家级湿地自然保护区、新建省级湿地自然保护区、新建湿地自然保护小区。同时增设办公住房、保护站点、围栏、界碑、巡护道路等基础设施；修建防火、交通、通信、检测、宣教、科研等配套设施。

（2）湿地公园建设工程

积极申报国家级湿地公园。结合城市污水净化处理工程，建造一批城镇湿地公园，使每个中心城镇［市、县（市、区）政府所在地］至少建 1 个湿地公园。建设办公用房、野生动物救助站、展示厅、主次干道、游步道、停车场等设施及供电、供暖、供气、给排水等配套设施；对公园河流及湖泊进行整饰，绿化美化、小品及廊道、旅游线路、服务系统等工程建设。

3. 发挥湿地综合效益，提高湿地资源利用的可持续性

在保护优先的前提下，培养湿地生态旅游新的绿色经济增长点，力争区域内县城或中心城镇实现一城一园，让湿地公园在调节气候、美化环境、提升城镇知名度和美誉度、促进城镇经济社会发展中发挥重要作用。以湿地资源科学利用为核心，充分发挥湿地资源的经济功能，加强西部芦苇种植管理，扩大芦苇生产规模，注重芦苇新产品开发，促进产业优化升级。加强莲藕的培育和种植，建设千亩、万亩规模荷花园。扩大雁鸭类水鸟的人工驯养和繁殖，培养新的绿色经济增长点。把种植、养殖与生态旅游相结合，开展基于生物共生和物质循环原理构建的苇–鱼（蟹）–稻复合生态系统等适于西部湿地可持续利用的生态工程模式，实现湿地保护与合理利用形成良性循环。

参 考 文 献

白永飞, 陈佐忠. 2000. 锡林河流域羊草草原植物种群和功能群的长期变异性及其对群落稳定性的影响. 植物生态学报, 24 (6): 641-647.

白永飞, 李凌浩, 黄建辉, 等. 2001. 内蒙古高原针茅草原植物多样性与植物功能群组成对群落初级生产力稳定性的影响. 植物学报, 43 (3): 280-287.

包玉斌. 2015. 基于 InVEST 模型的陕北黄土高原生态服务功能时空变化研究. 西安: 西北大学硕士学位论文.

宝日玛, 峥嵘, 周梅, 等. 2016. 大兴安岭火烧迹地土壤微生物生物量及酶活性研究. 内蒙古农业大学学报 (自然科学版), (4): 77-83.

鲍盛华. 2016-09-22. 浩瀚冲波行 云霞万里开——吉林西部湿地保护新图景. 光明日报, (07).

边玉明, 代海燕, 王冰, 等. 2017. 内蒙大兴安岭林区年降水量变化特征及周期分析. 水土保持研究, 24 (3): 146-150.

曹扬, 陈云明, 晋蓓, 等. 2014. 陕西省森林植被碳储量、碳密度及其空间分布格局. 干旱区资源与环境, 28 (9): 69-73.

曹勇宏. 2011. 吉林省西部盐碱化草地生态草业示范区发展思路与模式探讨. 干旱资源与环境, 25 (6): 98-104.

常晓丽, 金会军, 于少鹏, 等. 2011. 大兴安岭林区不同植被对冻土地温的影响. 生态学报, 31 (18): 5138-5147.

常晓丽, 金会军, 何瑞霞, 等. 2013. 大兴安岭北部多年冻土监测进展. 冰川冻土, 35 (1): 93-100.

陈杰. 2016. 国外林火管理及森林大火对辽宁省的启示. 森林防火, (4): 43-48.

陈凯奇, 张馨月, 李佳芸, 等. 2016. 1951–2014 年丹东地区气候变化特征. 气象与环境学报, 32 (3): 61-70.

陈涛, 徐瑶. 2006. 基于 RS 和 GIS 的四川生态环境质量评价. 西华师范大学学报 (自然科学版), 27 (2): 153-157.

陈永生. 2007. 松嫩平原盐碱地研究存在的两个问题. 黑龙江水专学报, 34 (1): 101-104.

初兴国. 2016. 大兴安岭东部林区湿地资源现状分析、利用评价及建议. 内蒙古林业调查设计, (6): 78-80, 68.

崔健. 2011. 松嫩平原割草地与放牧地围封后的物种多样性与生产力关系. 长春: 东北师范大学硕士学位论文.

代海燕, 陈素华, 武艳娟, 等. 2016. 内蒙古大兴安岭生态功能区冷暖季节气候变化趋势分析. 冰川冻土, 38 (3): 645-652.

戴春胜, 张明, 魏延久. 2006. 关于黑龙江省水资源配置总体布局问题的思考. 黑龙江水利科技, 34 (2): 15-18.

刁兆岩. 2015. 呼伦贝尔草地防风固沙功能区优先生态用地识别研究. 北京: 北京林业大学博士学位论文.

董崇智，姜作发．2004．黑龙江·绥芬河·兴凯湖渔业资源．哈尔滨：黑龙江科学技术出版社．

董张玉，刘殿伟，王宗明，等．2014．遥感与 GIS 支持下的盘锦湿地水禽栖息地适宜性评价．生态学报，34（6）：1503-1511．

杜海波，吴正方，张娜，等．2013．近 60a 丹东极端温度和降水事件变化特征．地理科学，（4）：473-480．

段晓男，王效科，逯非，等．2008．中国湿地生态系统固碳现状和潜力．生态学报，28（2）：463-469．

范高华，神祥金，黄迎新，等．2016．松嫩草地草本植物生物多样性：物种多样性和功能群多样性．生态学杂志，35（12）：3205-3214．

方精云，刘国华，徐嵩龄．1996．我国森林植被的生物量和净生产量．生态学报，16（5）：497-508．

冯宇，王文杰，刘军会，等．2013．呼伦贝尔草原生态功能区防风固沙功能重要性主要影响因子时空变化特征．环境工程技术学报，3（3）：220-230．

傅斌，徐佩，王玉宽，等．2013．都江堰市水源涵养功能空间格局．生态学报，33（3）：789-797．

高峰．2010-5-4．吉林省政协建言增产百亿斤粮食能力建设：提出应坚持政府主导、市场化运作、业主负责和规范化操作的原则．人民政协报，（02）．

高景文，刘景元，张秋菊，等．2003．大兴安岭森林生态形成对我国生态环境的影响及保护对策．内蒙古科技与经济，（11）：24-25．

高维宇，樊洪君，林宝信，等．2005．浅析林区草地面临退化威胁的根源．内蒙古林业调查设计，（4）：11-12．

高燕，陶正达，赵晓钰，等．2015．1961—2010 年普兰店市气温变化特征分析．中国农学通报，31（26）：229-234．

高扬，何念鹏，汪亚峰．2013．生态系统固碳特征及其研究进展．自然资源学报，28（7）：1264-1272．

高永刚，赵慧颖，高峰，等．2016．大兴安岭区域未来气候变化趋势及其对湿地的影响．冰川冻土，（1）：47-56．

龚诗涵，肖洋，郑华，等．2017．中国生态系统水源涵养空间特征及其影响因素．生态学报，37（7）：2455-2462．

谷会岩，金崎淞，张芸慧，等．2016．林火对大兴安岭偃松–兴安落叶松林土壤养分的影响．北京林业大学学报，38（7）：48-54．

郭金停，韩风林，胡远满，等．2017．大兴安岭北坡多年冻土区植物生态特征及其对冻土退化的响应．生态学报，37（19）：6552-6561．

郭雷，马克明，张易．2009．三江平原建三江地区 30 年湿地景观退化评价．生态学报，29（6）：3126-3135．

韩冰，王效科，逯非，等．2008．中国农田土壤生态系统固碳现状和潜力．生态学报，28（2）：612-619．

韩大勇．2009．松嫩草地破碎化生境植物组成多样性格局及维持机制．长春：东北师范大学博士学位论文．

韩佶兴．2012．2000–2011 年东北亚地区植被覆盖度变化研究．长春：中国科学院研究生院（东北地理与农业生态研究所）硕士学位论文．

韩维峥．2011．吉林西部草地退化恢复与碳收支的耦合研究．长春：吉林大学博士学位论文．

韩晓敏，延军平．2015．气候暖干化背景下东北地区旱涝时空演变特征．水土保持通报，35（4）：314-318．

韩永伟，拓学森，高吉喜，等．2011．黑河下游重要生态功能区植被防风固沙功能及其价值初步评估．自然资源学报，26（1）：58-65．

何瑞霞，金会军，常晓丽，等.2009.东北北部多年冻土的退化现状及原因分析.冰川冻土，31（5）：829-834.

何瑞霞，金会军，吕兰芝，等.2009.东北北部冻土退化与寒区生态环境变化.冰川冻土，31（3）：525-531.

何瑞霞，金会军，马富廷，等.2015.大兴安岭北部霍拉盆地多年冻土及寒区环境研究的最新进展.冰川冻土，37（1）：109-117.

洪必恭，赵儒林.1989.江苏森林自然保护区植被基本特征及其生态学意义.生态学杂志，8（5）：43-46.

洪绂曾，元素.2006.中国南方人工草地畜牧业回顾与思考.中国草地学报，28（2）：71-75，78.

洪娇娇，陈宏伟，齐淑艳，等.2017.火干扰强度对大兴安岭森林地上植被碳储量的影响.应用生态学报，28（8）：2481-2487.

洪欣，唐晓玲，李宝庆，等.2017.吉林省西部草地 NDVI 变化特征及与气温降水相关性分析.吉林气象，24（1）：45-48.

侯光良.1993.中国农业气候资源.北京：中国人民大学出版社.

胡海清，金森.2002.黑龙江省林火规律研究Ⅱ，林火动态与格局影响因素的分析.林业科学，38（2）：98-102.

胡海清，罗碧珍，魏书精，等.2015.大兴安岭 5 种典型林型森林生物碳储量.生态学报，35（17）：5745-5760.

胡金龙，赵明清，王志锋，等.2001.吉林省西部草原的保护与利用.吉林农业科学，26（2）：43-45.

黄慧萍.2003.面向对象影像分析中的尺度问题研究.北京：中国科学院研究生院（遥感应用研究所）博士学位论文.

黄麟，曹巍，吴丹，等.2015.2000—2010 年我国重点生态功能区生态系统变化状况.应用生态学报，26（9）：2758-2766.

黄首华，田家龙，刘立鑫.2009.大兴安岭林区貂熊种群调查研究.林业科技，34（6）：36-38.

黄志宏，周国逸，MorrisJ，等.2003.桉树人工林冠层气象因子对雨季土壤水分的影响.热带亚热带植物学报，11（3）：197-204.

贾广和.2006.建设西部治碱工程发展碱地生态经济.财经界，（2）：28-29.

贾明明.2014.1973～2013 年中国红树林动态变化遥感分析.长春：中国科学院研究生院（东北地理与农业生态研究所）博士学位论文.

贾明明，刘殿伟，宋开山，等.2010.基于 MODIS 时序数据的澳大利亚土地利用/覆被分类与验证.遥感技术与应用，25（3）：379-386.

贾舒征.2011.松嫩平原退化放牧地恢复演替过程中的物种多样性—生产力关系.长春：东北师范大学硕士学位论文.

江凌，肖燚，饶恩明，等.2016.内蒙古土地利用变化对生态系统防风固沙功能的影响.生态学报，36（12）：3734-3747.

金凤新，吕文博，张芸慧.2007.试论大兴安岭地区湿地与冻土的依存关系.防护林科技，（6）：69-71.

金会军，于少鹏，吕兰芝，等.2006.大小兴安岭多年冻土退化及其趋势初步评估.冰川冻土，28（4）：467-476.

金会军，王绍令，吕兰芝，等.2009.兴安岭多年冻土退化特征.地理科学，29（2）：223-228.

靳华安，刘殿伟，王宗明，等.2008.三江平原湿地植被叶面积指数遥感估算模型.生态学杂志，27（5）：803-808.

孔博，张树清，张柏，等．2008．遥感和 GIS 技术的水禽栖息地适宜性评价中的应用．遥感学报，（6）：1001-1009．

孔健健，杨健．2014．火干扰对北方针叶林土壤环境的影响．土壤通报，45（2）：291-296．

孔健健，张亨宇，荆爽．2017．大兴安岭火后演替初期森林土壤磷的动态变化特征．生态学杂志，36（6）：1515-1523．

孔维尧，郑振河，吴景才，等．2013．莫莫格自然保护区白鹤秋季迁徙停歇期觅食生境选择．动物学研究，34（3）：166-173．

李彬，王志春，迟春明．2006a．吉林省大安市苏打碱土碱化参数与特征．西北农业学报，15（1）：16-19，35．

李彬，王志春，迟春明．2006b．吉林省大安市苏打盐碱土碱化参数与特征分析．生态与农村环境学报，（01）：20-23，28．

李继红，李文慧，王凯．2016．松嫩平原典型区域盐渍化特征遥感监测．东北农业大学学报，47（10）：93-99．

李建东．2009．吉林西部草地持续利用几个问题的商榷//2009 年中国草原发展论坛论文集．

李建东，郑慧莹．1995．松嫩平原盐碱化草地改良治理的研究．东北师大学报（自然科学版），（1）：110-115．

李建东，杨允菲．2004．松嫩平原盐生群落植物的组合结构．草业学报，1（13）：32-38．

李洁，张远东，顾峰雪，等．2014．中国东北地区近 50 年净生态系统生产力的时空动态．生态学报，34（6）：1490-1502．

李克让，曹明奎，於俐，等．2005．中国自然生态系统对气候变化的脆弱性评估．地理研究，24（5）：653-663．

李强，宋彦涛，陈笑莹，等．2014．围封和放牧对退化盐碱草地土壤碳、氮、磷储量的影响．草业科学，31（10）：1811-1819．

李取生，裘善文，吴乐知．2004．吉林西部盐碱荒漠化动力过程与防治途径研究//中国地理学会地貌与第四纪专业委员会．地貌·环境·发展（2004 丹霞山会议文集）．北京：中国环境科学出版社．

李绍云，田苹，梁杰，等．2009．1961—2007 年台安县气候变化特征分析．气象与环境学报，25（3）：35-38．

李文华，等．2008．生态系统服务功能价值评估的理论方法与应用．北京：中国人民大学出版社．

李晓东，傅华，李凤霞，等．2011．气候变化对西北地区生态环境影响的若干进展．草业科学，28（2）：286-295．

李月辉，胡志斌，冷文芳，等．2007．大兴安岭呼中区紫貂生境格局变化及采伐的影响生物多样性．生物多样性，15（3）：232-240．

李振旺，唐欢，吴琼，等．2015．草甸草原 MODIS/LAI 产品验证．遥感技术与应用，30（3）：557-564．

李志静，孙丽，卢娜，等．2015．1961—2012 年本溪地区日照时数变化特征．现代农业科技，（15）：241-242，246．

梁守真，施平，邢前国．2011．MODISNDVI 时间序列数据的去云算法比较．国土资源遥感，23（1）：33-36．

林年丰，汤杰．2005．松嫩平原环境演变与土地盐碱化、荒漠化的成因分析．第四纪研究，25（4）：474-483．

刘滨凡，吕任涛．2004．森林生态采伐与森林生物多样性保护．森林工程，20（3）：5-19．

刘闯．2010．1958—2004 年本溪地区气候变化特征．气象与环境学报，26（5）：57-60．

刘丹，杜春英，于成龙，等.2011.黑龙江省兴安落叶松和红松的生态地理分布变化.安徽农业科学，39（16）：9643-9645.

刘东霞，卢欣石，张兵兵.2007.草原人口承载力评价——以陈巴尔虎旗为例.草业学报，16（5）：1-12.

刘国强，严承高，王凤友，等.2008.洪河国家级自然保护区水资源恢复与管理研究.北京：科学出版社.

刘红玉，吕宪国，张世奎，等.2005.三江平原流域湿地景观破碎化过程研究.应用生态学报，16（2）：289-295.

刘华，蔡颖，於梦秋，等.2012.太湖流域宜兴片河流生境质量评价.生态学杂志，31（5）：1288-1295.

刘吉平，吕宪国，杨青，等.2009.三江平原东北部湿地生态安全格局设计.生态学报，29（3）：1083-1090.

刘军.2015.放牧对松嫩草地植物多样性、生产力的作用及机制.长春：东北师范大学博士学位论文.

刘璐，王永慧，王丹.2010.实施土地整理重大项目：促进新农村建设——以吉林省西部土地开发整理重大项目为例.吉林农业，（11）：35.

刘敏，张耀存，周昕，等.2006.铁岭市近45年气候变化特征分析.气象，32（5）：99-104.

刘明，付晓玉，杨璐，等.2015.1960—2014年抚顺地区主要气候要素变化特征.气象与环境学报，（6）：140-146.

刘明芝，张海军.2012.辽宁省本溪县近52年来气候变化特征研究.安徽农业科学，40（2）：987-989.

刘宁.2014.加快实施河湖连通工程推动西部湿地生态建设.吉林人大，12：12-13.

刘泉波.2005.吉林省西部退化草地改良恢复研究.长春：吉林大学硕士学位论文.

刘仁涛.2007.三江平原地下水脆弱性研究.哈尔滨：东北农业大学硕士学位论文.

刘晓英，李玉中，王庆锁.2006.几种基于温度的参考作物蒸散量计算方法的评价.农业工程学报，22（6）：12-18.

刘兴土.2007.三江平原沼泽湿地的蓄水与调洪功能.湿地科学，5（1）：64-68.

刘延春，赵彤堂，刘明.2007.吉林省西部的荒漠化治理途径——生态草建设研究.草业科学，24（1）：7-12.

刘钰景.2014.浅析内蒙古大兴安岭林区湿地生态系统保护的重要性.内蒙古林业调查设计，（4）：1-2，15.

刘志明，晏明，何艳芬.2004.吉林省西部土地盐碱化研究.资源科学，26（5）：111-116.

卢远，华璀，王娟.2005.吉林西部农业生态系统能值动态分析.干旱资源与环境，19（7）：12-17.

路春燕.2015.综合利用雷达影像和光学影像的泥炭沼泽（peatlands）分布遥感分类研究.长春：中国科学院研究生院（东北地理与农业生态研究所）博士学位论文.

罗承平，薛纪瑜.1995.中国北方农牧交错带生态环境脆弱性及其成因分析.干旱区资源与环境，9（1）：1-7.

罗玲，王宗明，毛德华，等.2011.松嫩平原西部草地净初级生产力遥感估算与验证.中国草地学报，33（6）：21-29.

马文红，韩梅，林鑫，等.2006.内蒙古温带草地植被的碳储量.干旱区资源与环境，20（3）：192-195.

满卫东，王宗明，刘明月，等.2016.1990-2013年东北地区耕地时空变化遥感分析.农业工程学报，32（7）：1-10.

满卫东，刘明月，王宗明，等.2017.1990-2015年三江平原生态功能区水禽栖息地适宜性动态研究.应用生态学报，28（12）：4083-4091.

毛德华．2011. 东北多年冻土区冻土退化对植被生态参数的影响．北京：中国科学院研究生院中国科学院大学硕士论文．

毛德华．2014. 定量评价人类活动对东北地区沼泽湿地植被 NPP 的影响．长春：中国科学院研究生院（东北地理与农业生态研究所）博士学位论文．

毛德华，王宗明，罗玲，等．2012.1982-2009 年东北多年冻土区植被净初级生产力动态及其对全球变化的响应．应用生态学报，23（6）：1511-1519.

毛子龙．2007. 吉林省通榆县土地生态安全预警与土地资源利用优化研究．长春：吉林大学硕士学位论文．

米楠，卜晓燕，米文宝．2013. 宁夏旱区湿地生态系统碳汇功能研究．干旱区资源与环境，27（7）：52-55.

牟长城，王彪，卢慧翠，等．2013. 大兴安岭天然沼泽湿地生态系统碳储量．生态学报，33（16）：4956-4965.

倪志英．2007. 大小兴安岭退化森林湿地过渡带群落恢复与重建途径及模式研究．哈尔滨：东北林业大学博士学位论文．

聂晓．2012. 三江平原寒地稻田水热过程及节水增温灌溉模式研究．长春：中国科学院研究生院（东北地理与农业生态研究所）博士学位论文．

聂英．2015. 吉林省西部地区土地开发整理区域效应及其综合效益评价．长春：吉林农业大学博士学位论文．

牛亚芬，李闯，牛亚君．2010. 大兴安岭地区水质变化趋势分析．黑龙江水利科技，38（5）：113-114.

欧阳志云，王效科，苗鸿．2000. 中国生态环境敏感性及其区域差异规律研究．生态学报，20（1）：9-12.

庞治国，李纪人，李取生．2004. 吉林西部盐碱化土地空间变化及防治措施．国土资源遥感，60（2）：56-60.

彭德福．2001. 内蒙古退耕土地生态建设调查与建议//中国治沙暨沙业学会．西部大开发，建设绿色家园学术研讨会论文集．中国治沙暨沙业学会．

朴世龙，方精云，贺金生，等．2004. 中国草地植被生物量及其空间分布格局．植物生态学报，28（4）：491-498.

朴正吉，睢亚臣，崔志刚，等．2011. 长白山自然保护区猫科动物种群数量变化及现状．动物学杂志，46（3）：78-84.

戚玉娇．2014. 大兴安岭森林地上碳储量遥感估算与分析．哈尔滨：东北林业大学博士学位论文．

任继周，李向林，侯扶江．2002. 草地农业生态学研究进展与趋势．应用生态学报，13（8）：1017-1021.

任慕莲．1981. 黑龙江鱼类．哈尔滨：黑龙江人民出版社．

任慕莲．1994. 黑龙江的鱼类区系．水产学杂志，1（1）：1-14.

商晓东．2009. 内蒙古大兴安岭湿地保护与利用问题研究．北京：中国农业科学院硕士学位论文．

邵霜霜，师庆东．2015. 基于 FVC 的新疆植被覆盖度时空变化．林业科学，51（10）：35-42.

申陆，田美荣，高吉喜，等．2016. 浑善达克沙漠化防治生态功能区防风固沙功能的时空变化及驱动力．应用生态学报，27（1）：73-82.

司国佐，毛正国，杨文娟．2006. 大兴安岭地区水文特征分析．黑龙江水利科技，34（6）：78-79.

司振江，庄德续，黄彦，等．2015. 自动称重式蒸渗仪在水稻需水规律研究中的应用．水利天地，（1）：24-26.

宋彦涛．2012. 松嫩草地植物功能生态学研究．长春：东北师范大学博士学位论文．

孙晨曦, 刘良云, 关琳琳. 2013. 内蒙古锡林浩特草原 GLASSLAI 产品的真实性检验. 遥感技术与应用, 28 (6): 949-954.

孙凤华, 袁健, 路爽. 2006. 东北地区近百年气候变化及突变检测. 气候与环境研究, 11 (1): 101-108.

孙广友, 王海霞. 2016. 松嫩平原盐碱地大规模开发的前期研究、灌区格局与风险控制. 资源科学, 38 (3): 407-413.

孙家宝. 2010. 火干扰后大兴安岭兴安落叶松林群落动态研究. 哈尔滨: 东北林业大学博士学位论文.

孙龙, 张瑶, 国庆喜, 等. 2009. 1987 年大兴安岭林火碳释放及火后 NPP 恢复. 林业科学, 45 (12): 100-104.

孙小银, 郭洪伟, 廉丽姝, 等. 2017. 南四湖流域产水量空间格局与驱动因素分析. 自然资源学报, 32 (4): 669-679.

孙兴齐. 2017. 基于 InVEST 模型的香格里拉市生态系统服务功能评估. 昆明: 云南师范大学硕士学位论文.

田晓瑞, 舒立福, 王明玉. 2005. 林火动态变化对我国东北地区森林生态系统的影响. 森林防火, (1): 21-25.

万勤琴. 2008. 呼伦贝尔沙地沙漠化成因及植被演替规律的研究. 北京: 北京林业大学硕士学位论文.

王春鹤. 1999. 中国东北冻土区融冻作用与寒区开发建设. 北京: 科学出版社.

王春裕, 王汝镛, 李建东. 1999. 东北地区盐渍土的生态分区. 土壤通报, (5): 193-196.

王贵卿. 2000. 吉林省西部地区草原利用现状、问题和对策. 吉林农业大学学报, 22 (S1): 22-26.

王焕毅, 刘俊杰, 宋长远, 等. 2010. 近 50 年三江-长白区气候变化特征分析. 安徽农业科学, 38 (18): 9927-9929.

王纪军, 裴铁璠, 王安志, 等. 2009. 长白山地区近 50 年平均最高和最低气温变化. 北京林业大学学报, 31 (2): 50-57.

王建生, 钟华平, 耿雷华, 等. 2006. 水资源可利用计算. 水科学进展, 17 (4): 549-553.

王莉雁, 肖燚, 饶恩明, 等. 2015. 全国生态系统食物生产功能空间特征及其影响因素. 自然资源学报, 30 (2): 188-196.

王淼, 关德新, 王跃思, 等. 2006. 长白山红松针阔叶混交林生态系统生产力的估算. 中国科学: 地球科学, 36, (1): 70-82.

王明全, 王金达, 刘景双. 2008. 基于主成分分析和熵权的吉林西部生态承载力演变. 中国科学院研究生院学报, 25 (6): 764-770.

王明玉. 2009. 气候变化背景下中国林火响应特征及趋势. 北京: 中国林业科学研究院博士学位论文.

王文杰, 祖元刚, 王辉民, 等. 2007. 基于涡度协方差法和生理生态法对落叶松林 CO_2 通量的初步研究. 植物生态学报. 31 (1): 118-128.

王喜华. 2015. 三江平原地下水-地表水联合模拟与调控研究. 中国科学院研究生院 (东北地理与农业生态研究所) 博士学位论文.

王昕. 2015. 论内蒙古大兴安岭林区湿地保护的重要性. 科技创新导报, 12 (8): 111-111.

王治良. 2016. 嫩江流域湿地自然保护区空缺 (GAP) 分析. 长春: 中国科学院研究生院 (东北地理与农业生态研究所) 博士学位论文.

王宗明, 张柏, 宋开山, 等. 2008. 松嫩平原土地利用变化对区域生态系统服务价值的影响研究. 中国人口·资源与环境, 18 (1): 149-154.

王宗明, 国志兴, 宋开山, 等. 2009. 2000~2005 年三江平原土地利用/覆被变化对植被净初级生产力的影响研究. 自然资源学报, 24 (1): 136-146.

魏智，金会军，张建明，等.2011.气候变化条件下东北地区多年冻土变化预测.中国科学：地球科学，41（1）：74-84.

吴炳方等.2017.中国土地覆被.北京：科学出版社.

吴健，李英花，黄利亚，等.2017.东北地区产水量时空分布格局及其驱动因素.生态学杂志，36（11）：3216-3223.

吴庆标，王效科，段晓男，等.2008.中国森林生态系统植被固碳现状和潜力.生态学报，28（2）：517-524.

吴哲，陈歆，刘贝贝，等.2014.不同土地利用/覆盖类型下海南岛产水量空间分布模拟.水资源保护，30（3）：9-13.

徐化成.1998.中国大兴安岭森林.北京：科学出版社.

徐振邦，代力民，陈吉泉，等.2001.长白山红松阔叶混交林森林天然更新条件的研究.生态学报，21（9）：1413-1420.

解玉浩.2007.东北地区淡水鱼类.沈阳：辽宁科学技术出版社.

杨达，贺红士，吴志伟，等.2015.火干扰对大兴安岭呼中林区地上死木质残体碳储量的影响.应用生态学报，26（2）：331-339.

杨丽萍，秦艳，张存厚，等.2016.气候变化对大兴安岭兴安落叶松物候期的影响.干旱区研究，33（3）：577-583.

杨利民，周广胜.2002.松嫩平原草地群落物种多样性与生产力关系的研究.植物生态学报，26（5）：589-593.

杨利民，韩梅，李建东，等.2001.中国东北样带草地群落放牧干扰植物多样性的变化.植物生态学报，25（1）：110-114.

杨湘奎，杨文，张烽龙，等.2008.三江平原地下水资源潜力与生态环境地质调查.北京，地质出版社.

杨新芳，鲍雪莲，胡国庆，等.2016.大兴安岭不同火烧年限森林凋落物和土壤 C、N、P 化学计量特征.应用生态学报，27（5）：1359-1367.

杨志香，周广胜，殷晓洁，等.2014.中国兴安落叶松天然林地理分布及其气候适宜性.生态学杂志，33（6）：1429-1436.

姚云龙，吕宪国.2009.三江平原挠力河流域湿地垦殖与气候变化的水文效应研究.长春：中国科学院研究生院（东北地理与农业生态研究所）博士学位论文.

易伯鲁，章宗涉，张觉民.1959.黑龙江流域水产资源的现状和黑龙江中上游泾流调节后的渔业利用.水生生物学报，（2）：97-118.

尹云鹤，吴绍洪，赵东升，等.2016.过去30年气候变化对黄河源区水源涵养量的影响.地理研究，35（1）：49-57.

于贵瑞，方华军，伏玉玲，等.2013.区域尺度陆地生态系统碳收支及其循环过程研究进展.生态学报，31（19）：5449-5456.

玉宝，乌吉斯古楞，王百田，等.2009.兴安落叶松天然林2种林型林分更新特征.林业资源管理，（6）：64-69.

张保林，刘福涛.1996.大、小兴安岭多年冻土退化规律及利弊的初步分析.冰川冻土，18（S1）：252-258.

张春丽，佟连军，刘继斌，等.2009.三江自然保护区湿地保护与退耕还湿政策的农民响应.生态学报，29（2）：946-952.

张春丽，佟连军，刘继斌．2008．湿地退耕还湿与替代生计选择的农民响应研究——以三江自然保护区为例．自然资源学报，23（4）：568-574．

张殿发，卞建民．2010．中国北方农牧交错区土地荒漠化的环境脆弱性机制分析．干旱区地理，23（2）：133-137．

张端梅．2013．吉林省西部灌区土地整理对地下水环境影响及风险评价．长春：吉林大学博士学位论文．

张金波．2006．三江平原湿地垦殖和利用方式对土壤碳组分的影响．北京：中国科学院研究生院博士学位论文．

张晶．2016．内蒙古东部地区草地生产力时空格局与影响因素．长春：吉林大学硕士学位论文．

张莉，吴文斌，杨鹏，等．2013．黑龙江省宾县农作物格局时空变化特征分析．中国农业科学，46（15）：3227-3237．

张璐，王静，施润和．2015．2000–2010 年东北三省碳源汇时空动态遥感研究．华东师范大学学报（自然科学版），2015（4）：164-173．

张树文，杨久春，李颖，等．2010．1950s 中期以来东北地区盐碱地时空变化及成因分析．自然资源学报，25（3）：435-442．

张晓光，黄标，梁正伟，等．2013．松嫩平原西部土壤盐碱化特征研究．土壤，45（2）：1332-1338．

张新时．1989．植被的 PE（可能蒸散）指标与植被–气候分类（二）——几种主要方法与 PEP 程序介绍．植物生态学与地植物学学报，13（3）：197-207．

张艳平，胡海清．2008．大兴安岭气候变化及其对林火发生的影响．东北林业大学学报，36（7）：29-31．

张媛媛．2012．1980–2005 年三江源区水源涵养生态系统服务功能评估分析．北京：首都师范大学硕士学位论文．

章光新，杨建锋，刘强．2004．吉林西部农业生态环境问题及对策．生态环境，13（2）：290-292．

章文杰，王健．2017．吉林西部供水工程引洪对洮儿河下游影响分析．黑龙江水利，3（5）：34-39．

赵国帅，王军邦，范文义，等．2011．2000–2008 年中国东北地区植被净初级生产力的模拟及季节变化．应用生态学报，22（3）：621-630．

赵海卿．2012．吉林西部平原区地下水生态水位及水量调控研究．北京：中国地质大学（北京）博士学位论文．

赵建军，张洪岩，王野乔，等．2011．人类活动对长白山典型区域自然环境的影响．东北师大学报（自然科学版），43（3）：126-132．

赵魁义，陈克林．1999．保护大自然的"肾"——湿地．中国青年科技，（8）：22-24．

赵魁义，张文芬，周幼吾，等．1994．大兴安岭森林大火对环境的影响和对策．北京：科学出版社．

赵魁义，娄彦景，胡金明，等．2008．三江平原湿地生态环境受威胁现状及其保育研究．自然资源学报，23（5）：790-796．

赵敏，周广胜．2004．中国森林生态系统的植物碳贮量及其影响因子分析．地理科学，24（1）：50-54．

赵献英．1995．自然保护区在自然资源保护方面的作用和意义．自然资源学报，10（3）：279-285．

赵晓松．2005．涡动相关法估算森林生产力及与测树学方法的比较．北京：中国科学院研究生院硕士学位论文．

赵英时．2003．遥感应用分析原理与方法．北京：科学出版社．

郑慧莹，李建东．1990．松嫩平原草原植被分类系统的探讨．植物生态学与地植物学学报，14（4）：297-304．

支晓亮，钟林强，张立博，等．2014．内蒙古大兴安岭林区驼鹿种群数量及分布．野生动物学报，35（4）：365-370．

中国水产科学研究院黑龙江水产研究所. 1985. 黑龙江省渔业资源. 牡丹江：黑龙江朝鲜民族出版社.

周春艳，王萍，张振勇，等. 2008. 基于面向对象信息提取技术的城市用地分类. 遥感技术与应用，23（1）：31-35.

周广胜，张新时. 1995. 自然植被净第一性生产力模型初探. 植物生态学报，19（3）：193-200.

周广胜，张新时. 1996. 全球气候变化的中国自然植被的净第一性生产力研究. 植物生态学报，20（1）：11-19.

周文佐，刘高焕，潘剑君. 2003. 土壤有效含水量的经验估算研究——以东北黑土为例. 干旱区资源与环境，17（4）：88-95.

周宇渤. 2011. 三江平原地下水循环环境演化研究. 长春：吉林大学硕士学位论文.

周云轩，付哲，王磊，等. 2003. 吉林省西部土壤沙化、盐碱化和草原退化演变的时空过程研究. 吉林大学学报（地球科学版），33（3）：348-354.

朱文泉，潘耀忠，何浩，等. 2006. 中国典型植被最大光利用率模拟. 科学通报，51（6）：700-706.

祝惠，阎百兴. 2011. 三江平原水田氮的侧渗输出研究. 环境科学，32（1）：108-112.

祝奎，刘闯，廖晶晶. 2012. 本溪市57年气温和降水特征分析. 安徽农业科学，40（35）：17219-17222.

《第二次气候变化国家评估报告》编写委员会. 2011. 第二次气候变化国家评估报告. 北京：科学出版社.

Adler P B, Seabloom E W, Borer E T, et al. 2011. Productivity is a poor predictor of plant species richness. Science, 333（6050）：1750-1753.

Allen H C, Mecartney M L, Hemminger J C. 1998. Minimizing transmission electron microscopy beam damage during the study of surface reactions on sodium chloride. Microscopy & Microanalysis the Official Journal of Microscopy Society of America Microbeam Analysis Society Microscopical Society of Canada, 4（1）：23.

Allen R G, Pereira L S, Raes D, et al. 1998. Crop Evapotranspiration：Guidelines for Computing Crop Water Requirements（FAO irrigation and drainage paper 56）. Rome：Food and Agriculture Organization of the United Nations.

Baatz M, Schäpe A, 2000. Multiresolution segmentation：an optimization approach for high quality multi-scale image segmentation//Strobl J, Blaschke T. Angewandte Geographische Information sverarbeitung XII. Heidelberg：Wichmann-Verlag：12-23.

Bisbing S M, Alaback P B, DeLuca T H. 2010. Carbon storage in old-growth and second growth fire-dependent western larch（*Larix occidentalis* Nutt.）forests of the Inland Northwest, USA. Forest Ecology and Management, 259（5）：1041-1049.

Certini G. 2005. Effects of fire on properties of forest soils：a review. Oecologia, 143（1）：1-10.

Chen J, Jönsson P, Tamura M. 2004. A simple method for reconstructing a high-quality NDVI time-series data set based on the Savitzky-Golay filter. Remote Sensing of Environment, 91（3）：332-344.

DeLuca T H, MacKenzie M D, Gundale M J, et al. 2006. Wildfire-produced charcoal directly influences nitrogen cycling in ponderosa pine forests. Soil Science Society of America Journal, 70（2）：448-453.

Ding Y, Ge Y, Hu M, et al. 2014. Comparison of spatial sampling strategies for ground sampling and validation of MODIS LAI products. International Journal of Remote Sensing, 35（20）：7230-7244.

Dong Z, Wang Z, Liu D, et al. 2013. Assessment of habitat suitability for waterbirds in the West Songnen Plain, China, using remote sensing and GIS. Ecological Engineering, 55（3）：94-100.

Dunkin L, Reif M, Altman S. 2016. A spatially explicit, multi-criteria decision support model for loggerhead sea turtle nesting habitat suitability：a remote sensing-based approach. Remote Sensing, 8（7）：573.

Farifteh J, van der Meer F, van der Meijde M, et al. 2008. Spectral characteristics of salt-affected soils: a laboratory experiment. Geoderma, 145 (3-4): 196-206.

Foody G M. 2009. Sample size determination for image classification accuracy assessment and comparison. International Journal of Remote Sensing, 30 (20): 5273-5291.

Frohn R C, Autrey B C, Lane C R. 2011. Segmentation and object-oriented classification of wetlands in a karst Florida landscape using multi-season Landsat-7 ETM + imagery. International Journal of Remote Sensing, 32 (5): 1471-1489.

Germogenov N I, Solomonov N G, Pshennikov A E, et al. 2013. The ecology of the habitats, nesting, and migration of the eastern population of the siberian crane (*Grus leucogeranus*, Pallas, 1773) . Contemporary Problems of Ecology, 6 (1): 65-76.

Glenz C, Massolo A, Kuonen D. 2001. A wolf habitat suitability prediction study in Valais (Switzerland) . Landscape and Urban Planning, 55 (1): 55-65.

Gu H, Mu C C, Zhang B W, et al. 2012. Short-term effects of fire disturbance on greenhouse gases emission from hassock and shrubs forested wetland in Lesser Xing'an Mountains, Northeast China. Acta Ecologica Sinica, 32 (19): 6044-6055.

Hillebrand H, Matthiessen B. 2009. Biodiversity in a complex world: consolidation and progress in functional biodiversity research. Ecology Letters, 12 (12): 1405-1419.

Holden S R, Rogers B M, Treseder K K, et al. 2016. Fire severity influences the response of soil microbes to a boreal forest fire. Environmental Research Letters, 11 (3): 035004.

IPCC. 2007. Climate change 2007: Synthesis report. Contribution of working groups Ⅰ, Ⅱ and Ⅲ to the fourth assessment report of theIntergovernmental Panel on Climate Change. Geneva: IPCC.

IPCC. 2012. IPCC Special Report on Managing the Risks of Extreme Events and Disasters to Advance Climate Change Adaptation (SREX) . Cambridge: Cambridge University Press.

IPCC. 2013. Working Group I Contribution to the IPCC Fifth Assessment Report. Climate Change 2013: The Physical Science Basis: Summary for Policymakers.

Jiang H, Liu C, Sun X, et al. 2015. Remote sensing reversion of water depths and water management for the stopover site of siberian cranes at Momoge, China. Wetlands, 35 (2): 369-379.

Jiang W, Deng Y, Tang T, et al. 2017. Carbon storage under different scenarios by linking the CLUE-S and the InVEST models. Ecological Modelling, 345: 30-40.

Kadlec R H. 2000. The inadequacy of first-order treatment wetland models. Ecological Engineering, 15 (1): 105-119.

Li F S, Wu J D, Harris J, et al. 2012. Number and distribution of cranes wintering at Poyang Lake, China during 2011-2012. Chinese Birds, 3 (3): 180-190.

Li X S, Ji C C, Zeng Y, et al. 2009. Dynamics of water and soil loss based on remote sensing and GIS: a case study in Chicheng County of Hebei province. Chinese Journal of Ecology. 28 (9): 1723-1729.

Liu J, Wang B, Cane M A, et al. 2013. Divergent global precipitation changes induced by natural versus anthropogenic forcing. Nature, 493 (7434): 656-659.

Lou Y J, Zhao K Y, Wang G P, et al. 2015. Long-term changes in marsh vegetation in Sanjiang Plain, northeast China. Journal of Vegetation Science, 26 (4): 643-650.

Lu C, Wang Z, Li L, et al. 2016. Assessing the conservation effectiveness of wetland protected areas in northeast China. Wetlands Ecology and Management, 24 (4): 381-398.

Lv X G, Liu H Y, Yang Q. 2000. Wetlands in China: feature, value and protection. Chinese Geographical Science, 10 (4): 296-301.

Ma Z, Cai Y, Li B, et al. 2010. Managing wetland habitats for waterbirds: an international perspective. Wetlands, 30 (1): 15-27.

Martin. 2009. Global dimming and brightening: a review. Journal of Geophysical Research Atmospheres, 114 (114): 1192-1192.

Mcvicar T R, Roderick M L, Donohue R J, et al. 2012. Global review and synthesis of trends in observed terrestrial near-surface wind speeds: implications for evaporation. Journal of Hydrology, 416- 417 (3): 182-205.

Muller A, Jena F. 2003. Advanced land use classification using polarimetric high-resolution SAR. Definiens, 1-3.

Oja T, Alamets K, Parnamets H, et al. 2005. Modelling bird habitat suitability based on landscape parameters at different scales. Ecological Indicators, 5 (4): 314-321.

Osborne P E, Alonso J C, Osborne P E, et al. 2001. Modelling landscape-scale habitat use using GIS and remote sensing: a case study with great bustards. Journal of Applied Ecology, 38: 458-471.

Ouyang Z, Zheng H, Xiao Y, et al. 2016. Improvements in ecosystem services from investments in natural capital. Science, 352 (6292): 1455-1459.

Potter C S, Randerson J T, Field C B, et al. 1993. Terrestrial ecosystem production: a process model based on global satellite and surface data. Global Biogeochemical Cycle, 7: 811-841.

Reich P B, Peterson D W, Wedin D A, et al. 2001. Fire and vegetation effects on productivity and nitrogen cycling across a forest-grassland continuum. Ecology, 82: 1703-1719.

Renard K G, Foster G R, Weesies G A, et al. 1997. Predicting soil erosion by water: a guide to conservation planning with the revised universal soil loss equation (RUSLE). Washington D C: Agriculture Handbook.

Reza M I H, Abdullah S A, Nor S B, et al. 2013. Integrating GIS and expert judgment in a multi-criteria analysis to map and develop a habitat suitability index: a case study of large mammals on the Malayan Peninsula. Ecological Indicators, 34 (11): 149-158.

Seaquist J W, Olsson L, Ardo J. 2003. A remote sensing-based primary production model for grassland biomes. Ecological Modelling, 169 (1): 131-155.

Seoane J, Justribo J H, García F, et al. 2006. Habitat-suitability modelling to assess the effects of land-use changes on Dupont's lark Chersophilus duponti: a case study in the Layna important bird area. Biological Conservation, 128 (2): 241-252.

Sharp R, Tallis H T, Ricketts T, et al. 2015. InVEST 3. 2. 0 User's Guide. The Natural Capital Project, Stanford University, University of Minnesota, the Nature Conservancy, and World Wildlife Fund.

Tallis H, Ricketts T, Guerry A, et al. 2011. InVEST 2. 2. 4 User's Guide. The Natural Capital Project, Stanford.

Tang X, Li H, Xu X, et al. 2016. Changing land use and its impact on the habitat suitability for wintering Anseriformes in China's Poyang Lake region. Science of the Total Environment, 557-558: 296-306.

Turner M G, Romme W H, Smithwick EAH, et al. 2011. Variation in aboveground cover influences soil nitrogen availability at fine spatial scales following severe fire in subalpine conifer forests. Ecosystems, 14 (7): 1081-1095.

Wang Z, Mao D, Li L, et al. 2015. Quantifying changes in multiple ecosystem services during 1992−2012 in the Sanjiang Plain of China. The Science of the total environment, 514: 119-130.

Weiers S, Bock M, Wissen M, et al. 2004. Mapping and indicator approaches for the assessment of habitats at different scales using remote sensing and GIS methods. Landscape and Urban Planning, 67: 43-65.

Willem F, de Boer, Cao L, et al. 2011. Comparing the community composition of European and eastern Chinese waterbirds and the influence of human factors on the China waterbird community. Ambio, 40 (1): 68-77.

Williams J R, Jones C A, Dyke P T. 1984. Modeling approach to determining the relationship between erosion and soil productivity. Transactions of the American Society of Agricultural Engineers, 27 (1): 129-144.

Wirth C, Schulze E D, Schulze W, et al. 1999. Above-ground biomass and structure of pristine Siberian scots pine forests as controled by competition and fire. Oecologia, 121 (1): 66-80.

Wischmeier W H, Smith D D. 1958. Rainfall energy and its relationship to soil loss. Transaction American Geophysical Union, (39): 285-291.

Wu J, Guan D, Wang M, et al. 2006. Year-round soil and ecosystem respiration in a temperate broad-leaved Korean Pine forest. Forest Ecology and Management, 223 (1-3): 35-44.

Wu X, Wang S, Fu B, et al. 2018. Land use optimization based on ecosystem service assessment: a case study in the Yanhe watershed. Land Use Policy, 72: 303-312.

Yang F, Sun J, Fang H, et al. 2012. Comparison of different methods for corn LAI estimation over northeastern China. International Journal of Applied Earth Observation & Geoinformation, 18 (18): 462-471.

Zhang B L, Zhang Q Y, Feng Q Y. 2017. Simulation of the spatial stresses due to territorial land development on Yellow River Delta Nature Reserve using a GIS-based assessment model. Environmental Monitoring and Assessment, 189 (7): 331.

Zhang L, Walker G. 2001. Response of mean annual evapotranspiration to vegetation changes at catchment scale. Water Resources Research, 37 (3): 701-708.

Zhou L, Wang S Q, Kindermann G. 2013. Carbon dynamics in woody biomass of forest ecosystem in China with forest management practices under future climate change and rising CO_2 concentration. Chinese Geographical Science, 23 (5): 519-536.